Chemisch-technische

Untersuchungsmethoden

der

Gross-Industrie, der Versuchsstationen und Handelslaboratorien.

Unter Mitwirkung

von

C. Balling, M. Barth, C. Bischof, E. Büchner, P. Jeserich, C. Kretzschmar, O. Mertens, A. Morgen, J. Nessler, R. Nietzki, E. Scheele, A. Stutzer

herausgegeben

von

Dr. Fr. Böckmann,

Chemiker der Solvay'schen Sodafabrik zu Wyhlen.

Mit 62 in den Text gedruckten Abbildungen.

Zweiter Band.

Springer-Verlag Berlin Heidelberg GmbH

1884.

ISBN 978-3-662-37498-6   ISBN 978-3-662-38265-3 (eBook)
DOI 10.1007/978-3-662-38265-3
Softcover reprint of the hardcover 1st edition 1884

Inhaltsverzeichniss des zweiten Bandes.

Luft.

Inhaltsverzeichniss.

Thonanalyse.

Von **Dr. C. Bischof** in Wiesbaden.

Unter Thon ist dem chemischen Begriffe nach zu verstehen und zwar im engeren Sinne kieselsaures Aluminiumhydroxyd, die amorphe wasserhaltige kieselsaure Thonerde; während Thon im weitern Sinne als ein wasserhaltiges Aluminiumdoppelsilicat anzusehen ist, bestehend aus kieselsaurer Thonerde mit kieselsauren Erden, Alkalien und Eisen.

Weder das einfache noch das doppelte Silicat wird in der Natur rein und auch nicht in bestimmter Zusammensetzung angetroffen und wird der Werth des Thones oder seine technische Brauchbarkeit nicht allein durch dessen grösseren oder geringeren Grad der Reinheit bedingt, sondern auch durch dessen äusserst wechselvolle Zusammensetzungsweise. In technischer Beziehung unterscheidet man bei den Thonen die beiden Hauptbestandtheile: die Thonerde und Kieselsäure (letztere stets in verschiedener Form auftretend) schlechthin von den Flussmitteln (Bittererde, Kalkerde, Eisen und Alkalien), welche oft ausschlaggebend sind.

Gehen wir die Bestandtheile der Thone ihrer beziehungsweise maassgebenden Bedeutung nach im Einzelnen kurz durch und knüpfen daran das Wichtigste in theoretischer wie technischer Beziehung mit wenigen Worten an.

1. **Thonerde.** Die Thonerde, welche den Vorzug besitzt, sowohl als Basis wie Säure auftreten zu können, ist der werthvollste wie entscheidendste Bestandtheil der Thone. Ihre Menge ist meist maassgebend für die in physikalischer Hinsicht charakteristischen Haupteigenschaften der Thone (Plasticität, Schwinden und was damit im Zusammenhange steht) und zugleich auch für die Schwerschmelzbarkeit wie deren Güte im Allgemeinen. Sie ist nicht nur an sich am schwersten schmelzbar, sondern sie vermehrt auch stets die Schwerschmelzbarkeit der Verbindungen, sie wirkt der Kieselsäure wie den Flussmitteln entgegen. Die Ermittelung der Thonerde ist für das eigenthümliche Wesen der Thone überhaupt, sowie für Werthstellung in pyrometrischer Beziehung einerseits gegenüber den Flussmitteln und andererseits gegenüber der Kieselsäure entscheidend.

Hinsichtlich der analytischen Bestimmung der Thonerde hat man noch zu unterscheiden zwischen der chemisch gebundenen und der freien, dem Thonerdehydrat.

2. **Kieselsäure.** Ihre Wirksamkeit ist gegenüber der absoluten der Thonerde eine relative und zudem meist eine die Eigenschaften des Thones beschränkende.

Sie vermindert die Plasticität und vermehrt die Schmelzbarkeit und namentlich den Einfluss der Flussmittel für hohe Hitzgrade, für geringere kann sie deren Wirkung aufheben, ja die Schmelzbarkeit erhöhen. Die Kieselsäure findet sich in den Thonen in chemischer Verbindung, wie mechanisch beigemengt (meist in krystallinischer Form als Sand) und ist besonders in letzterer Beziehung ihre exacte analytische Bestimmung und die weitere Untersuchung der Sandeinschlüsse unabweislich. Man hat in früherer Zeit aus mangelnder Einsicht in das Wesen der Thone auf diese Unterscheidung nicht geachtet und doch ist nicht nur die Sandmenge in einem Thone, aus mehreren technischen Gründen, genau festzustellen, sondern sind es die, wenn auch nicht immer vorfindlichen, unzersetzten Muttergesteinsreste wie sonstige seltenere accessorische Beimengungen, welche darin sich verbergen und einer speciellen Ermittelung sich keineswegs entziehen dürfen.

Wir kommen zu den sogenannten Flussmitteln, welche oft eine (wenn auch früher überschätzte), einflussreiche Rolle bei den Thonen spielen und wofür das Gesetz der Aequivalenz gilt, d. h. äquivalente Mengen der als Schmelzmittel auftretenden Basen üben auf die Schmelzbarkeit der Thone einen gleichen Einfluss aus.

3. **Magnesia.** Sie tritt als kräftigstes Flussmittel auf, indem z. B. eine gleiche Gewichtsmenge derselben eine doppelt so grosse Wirkung ausübt, als dies bei dem Eisenoxydul und noch mehr als dies bei dem Kali der Fall ist.

4. **Kalk.** Derselbe wirkt als zweitstärkstes Flussmittel. Seine genaue Bestimmung gewinnt noch durch den Umstand an Wichtigkeit, dass eine gewisse Kalkmenge bei den Ziegelthonen für deren Brennfarbe (roth oder gelb) bestimmend ist. Eine allzu grosse Kalkmenge macht ferner einen Thon und selbst zu gewöhnlichen Ziegeln unbrauchbar.

5. **Eisen.** Als Hauptfactor der Färbung der Thone und Verfärbung wie Missfärbung der Thonfabrikate, sowie mit Rücksicht auf seine unter Umständen besonders nachtheilige pyrometrische Wirksamkeit ist dessen exacteste Ermittelung durchaus nicht zu übersehen.

6. **Alkalien.** Sie sind bei den Thonen fast nur als das äquivalent am wenigsten wirksame Kali vertreten und daher als solches in der Regel zu berechnen.

7. **Flüchtige Bestandtheile** resp. Glühverlust. Der Glühverlust besteht meist aus Wasser und organischen Substanzen. Die scharfe Be-

stimmung des Wassers ist für die Berechnung der Bestandtheile im wasserfreien Zustande, welcher letztere in technischer Hinsicht schliesslich maassgebend ist, nothwendig. Der Kohlengehalt, sofern er ein grösserer, welcher die Plasticität der Thone und deren dichtes Brennen beeinträchtigt, ist zu beachten. Gehört zu den flüchtigen Bestandtheilen (wozu auch Kohlensäure zu zählen) Schwefel, so ist auf die quantitative Ermittelung einer selbst kleinen Beimengung dieses (in Form von Schwefelkies) grossen Feindes der Thone ein besonderes Augenmerk zu richten.

8. **Seltene Beimengungen.** Hierzu gehören einzelne Metallverbindungen, deren Vorkommen ein selteneres wie Mangan, Vanadin, Cer, Titan, Molybdän, Chrom, Kobalt, Blei und auch selbst Gold etc. in verschiedenen Zuständen, worunter z. B. das Vanadin zu den sehr unliebsamen gelblichen oder grünlichen Verfärbungen gebrannter Ziegel Anlass giebt. Unter den Nichtmetallen ist auf Phosphorsäure zu achten.

Chemische Untersuchung.

Die chemische Untersuchung kann sein eine nur qualitative oder eine quantitative Analyse und ferner noch im Gegensatze zur empirischen Analyse eine rationelle.

Besteht ein Thon augenscheinlich aus einem Gemenge von Thon und Sand oder sonstigen gröberen verschiedenartigen Theilen, so empfiehlt es sich als sehr zweckmässig, vor der chemischen Analyse erst eine mechanische anzustellen. Man bedient sich dazu des Schlämmapparates von Schulze und des noch mehr vervollkómmneten von Schöne (S. 88).

Die qualitative Untersuchung hat ihr Augenmerk zu richten auf die in Minimalmengen fast stets vorkommenden und bei quantitativen Bestimmungen mitunter theils übersehenen löslichen Bestandtheile der Thone, wie: Chloride (Kochsalz und Salmiak), Sulfate (Gyps und Eisenvitriol), und Extractivstoffe oder die wohl nie fehlende organische Materie.

Durch Kochen einer grösseren Menge Thones (ca. 25 g) mit Wasser, längeres Absetzen und Filtriren lassen sich die angeführten Substanzen in dem klaren Wasserauszuge mit bekannten Reagentien und Mitteln leicht nachweisen. Durch Digeriren mit Salzsäure werden fast in allen Thonen meist reichlich Thonerde und etwas Kieselsäure, das Eisen, (auch Mangan), der Kalk, die Magnesia ein Theil der Alkalien und zuweilen Phosphorsäure ausgezogen.

Durch Kochen mit kohlensaurer Natronlösung wird eine reichliche Menge Kieselsäure gelöst, die häufig stark gefärbt erhalten wird.

Werden die Thone andauernd mit wenig verdünnter Schwefelsäure erhitzt, zuletzt bis zur Verdampfung des Hydrats, so wird der thonige Theil vollständig unter Ausscheidung fast aller Kieselsäure zersetzt.

Auf seltnere Metalle, wie oben angedeutet, und etwa zugleich auf Schwefelkies ist die mittelst kohlensaurem Alkali aufgeschlossene Thonmasse mit Hülfe der bekannten Reagentien zu prüfen (m. s. unten). Einen praktischen Werth erhält die qualitative Untersuchung erst, wenn damit eine quantitative verbunden wird.

Gang der Thonanalyse des Verfassers.

Bei meinen Thonanalysen wurde nachstehender Gang gewählt. Von der regelrecht und richtig aus mindestens einigen Kilogramm dargestellten Durchschnittsprobe des lufttrockenen Thones werden, nachdem eine hinreichende Menge in dem Achatmörser auf das Allerfeinste zerrieben und dieselbe gesiebt worden ist, 5—6 Portionen von ca. 1—2 g abgewogen[1]).

Das hygroskopische Wasser wird durch vorsichtiges längeres Trocknen bei einer Temperatur bis zu 120°, bis zwei 1 Stunde auseinander liegende Wägungen übereinstimmen, ermittelt. Den Totalglühverlust (Constitutionswasser, Organisches und Kohlensäure) findet man durch stärkeres oder (bei grösserem Kohlengehalt) fortgesetztes Glühen unter Sauerstoffzutritt. Ist die Kohlenbeimengung bedeutend, so wird die Probe mit Schwefelsäure und Chromsäure im Kolben nach Ullgren verbrannt und die sich bildende Kohlensäure gewogen.

Eine neue Portion wird alsdann zur Bestimmung der Kieselsäure mit der 8 bis 10 fachen Menge reinem kohlensauren Natrons[2]) nach innigstem vorherigen Mischen im Platintiegel durch allmähliches einstündiges, bis zur völligen Schmelzung gesteigertes Glühen aufgeschlossen. In der mit Wasser aufgeweichten und sorgfältig mit Salzsäure versetzten Masse scheidet sich die Kieselsäure aus der klar werdenden salzsauren Lösung beim Eindampfen ab. Nach völligem Eindampfen im Wasserbade

---

[1]) Am besten wird ein Durchschnittsmuster des Thones von 50—100 kg gezogen und nach dem Zerkleinern und Mischen diesem erst das zur Untersuchung bestimmte Quantum entnommen. Hat man diese Feinprobe von vornherein in ein gut verschliessbares Glas gebracht, so genügt es von einem Theil derselben das hygroskopische Wasser durch Trocknen zu bestimmen, und berechnet man dann das zur Analyse angewendete lufttrockne Gewicht auf das Trockengewicht bei 120°. Wurden z. B. 2,000 g eingewogen und dieselben bei 120° getrocknet und nunmehr nur 1,912 g gefunden, so sind angewendet nicht 2,000 g, sondern 1,912 g oder berechnet sich für 1 g = 0,956 g.

[2]) Die ausschliessliche Anwendung des schwerschmelzbaren Natriumcarbonats bewirkt, dass das Schmelzen bei höherer Temperatur und, nachdem die deplacirte Kohlensäure entwichen ist, eintritt, wodurch ein Spritzen fast absolut vermieden wird.

wird die Masse in einem Luftbade unter gelegentlichem Umrühren bei 110°
20—30 Minuten lang erhitzt, dann mit mässig concentrirter Salzsäure
durch und durch angefeuchtet und etwa eine halbe Stunde stehen gelassen.
Hiernach wird sie auf dem Wasserbade erwärmt und nach Verdünnung
4—5 mal digerirt und decantirt, wobei auf die von der klar abgegossenen
Flüssigkeit zurückgebliebene Kieselsäure wiederholt einige Tropfen nicht
conc. Salzsäure gegossen werden, alsdann wird die Kieselsäure auf ein
Filter gebracht und schliesslich heiss ausgewaschen, bis die angestellte
Uhrglasprobe keinen oder keinen grösseren Rückstand als das destillirte
Wasser zeigt. Die getrocknete Kieselsäure wird mit dem Filter vorsichtig erhitzt und erst nach beendeter Verkohlung die Temperatur gesteigert. Der noch ziemlich heisse Tiegel wird endlich in den Exsiccator
gebracht und, nachdem er abgekühlt, gewogen.

Es darf nicht versäumt werden, die so erhaltene und nach möglichst
starkem Glühen wiederholt gewogene Kieselsäure mit Flusssäure zu behandeln und ist im Falle, dass ein merklicher Rest (von mehreren Milligrammen) verbleibt, derselbe zu bestimmen.

Bei vorher stark erhitzten Thonen und namentlich bei sehr heftig
gebrannten feuerfesten Fabrikaten, ist diese Behandlung der Kieselsäure
mit Flusssäure unerlässlich, da alsdann das Aufschliessen mittelst
kohlensauren Alkalis ein unvollständiges und sonst die Thonerde um
mehrere Procent zu gering bestimmt wird.

Das Filtrat von der Kieselsäure wird stets mit einigen Tropfen
rauchender Salpetersäure aufgekocht und nach Finkener zur Fällung der
Thonerde nebst dem Eisenoxyd die siedende Ammoniaklösung mit Essigsäure übersättigt, um dann in der kochenden Flüssigkeit sehr vorsichtig
den Ueberschuss von Essigsäure mit verdünntem Ammoniak zurückzunehmen.
Ein kleiner Ueberschuss von Essigsäure schadet nichts, wenn man stets
siedend heiss filtrirt resp. mit siedendem Wasser, dem etwas essigsaures
Ammon zugesetzt, ohne Unterbrechung bis zur 20,000 fachen Verdünnung
decantirt. Das abgegossene Waschwasser lasse ich sämmtlich durch das
Filter laufen und der Thonerdeniederschlag wird schliesslich auf dasselbe
gespült, um mit kochendem Wasser das Auswaschen zu beendigen. Man
kann sich dabei des Bunsen'schen Schnellfiltrirapparates mit dem besten
Erfolge und wesentlicher Zeitersparniss bedienen. Das Auswaschen ist
bis zum 12 fachen Volum des Thonerdeniederschlages fortzusetzen und
zuletzt das Filtrat stets zu prüfen, ob es frei von Chlormetallen ist.

Das Glühen der Thonerde nebst dem Eisenoxyd geschieht mit Vorsicht in einer hinreichend heftigen Oxydationsflamme. Die Thonerde wird
gleichfalls wiederholt gewogen.

Zur Controle der Reinheit der Thonerde löse ich dieselbe in einem

Kolben in dem reichlich überschüssigen[1]) Gemisch Mitscherlich's von 8 Gewichtstheilen conc. Schwefelsäure und 3 Theilen Wasser. Scheiden sich
dabei wollige Flöckchen von Kieselsäure aus, so wird dieselbe abfiltrirt,
ausgewaschen und gewogen und deren Gewicht, wenn sie sich mittelst
Flusssäure rein erweist, von dem der Thonerde + Eisenoxyd in Abzug gebracht und der oben gefundenen Quantität Kieselerde zugerechnet. Das
Filtrat dient dann zur Eisenbestimmung und wird, nachdem der grösste
Theil der Thonerde mittelst Kali abgeschieden, das Eisen nochmals in
Schwefelsäure gelöst, die Lösung mittelst reinen Zinkes reducirt und mit
Chamäleon titrirt. Hierbei ist noch zu beachten, dass man sich möglichst
eisenfreier Filter bedient d. h. solcher, die vorher mit verdünnter heisser
Salzsäure ausgewaschen worden. Zu einer zweiten Controlbestimmung
kann der von der nachfolgenden Alkalienbestimmung abfallende Eisen-
niederschlag benutzt werden.

Nachdem in dem etwas eingeengten Filtrate von der Thonerde + Eisenoxyd durch Einrühren von Brom in die völlig erkaltete schwach essigsaure Lösung und Uebersättigen mit hochconcentrirtem Ammoniak etwa
vorhandenes Mangan als Dioxyd gefällt und nach raschem Aufkochen
sofort abfiltrirt ist, kommen die Erden zur Fällung.

Die Flüssigkeit, welche eingeengt[2]) und übersättigt mit Ammoniak
klar bleiben muss, wird rasch aufgekocht und der Kalk heiss mit oxal-
saurem Ammon gefällt; nach Eindampfen des Filtrates und Verjagen des
Salmiaks die Magnesia mit phosphorsaurem Ammon unter den bekannten
Vorsichtsmaassregeln abgeschieden. Soll das Filtrat noch zur Alkalien-
bestimmung dienen, so fällt man die Magnesia mit kohlensaurem Ammon
(Schaffgott'sche Mischung; S. 108) und filtrirt nach 12—24 Stunden das
Magnesium-Ammoniumcarbonat ab.

Zur Ermittelung der nicht chemisch gebundenen Kieselsäure
oder des Sandes und der Muttergesteinsreste, wenn sich solche vorfinden, wird eine neue Portion von ca. 2 g mit einer reichlichen Menge
ziemlich concentrirter, reiner (bleifreier) Schwefelsäure wiederholt und andauernd wenigstens 12 Stunden lang in einem nicht zu engen Platintiegel
erhitzt, bis die überschüssige Säure fast, aber nicht völlig abgeraucht ist,
alsdann gehörig verdünnt und digerirt, das Klare abgegossen, der Rückstand
noch mit mässig conc. Salzsäure digerirt und endlich die abgeschiedene Gesammt-Kieselsäure (einschliesslich des Sandes) auf einem getrockneten und

---

[1]) Auf 1 g Thonerde sind mindestens 16 g Schwefelsäure zu nehmen.
[2]) Es ist wohl zu beachten, dass dieses Einengen der ammoniakalischen
Filtrate in Glas- und Porzellangefässen nur nach vorherigem Ansäuern geschehen
darf. Man bedient sich daher, um die hierbei entstehenden Salmiakmengen zu
umgehen, besser einer Platinschale.

gewogenen Filter abfiltrirt. Völlig rein ausgewaschen, getrocknet und gewogen, kann dieselbe zur Controle dienen[1]), wird jedoch ein Ueberschuss gefunden, so sind entschieden die weiteren ergänzenden Bestimmungen damit vorzunehmen.

Aus dieser Gesammt-Kieselsäure nebst Einschlüssen, welche vorher nicht zu glühen sondern bei 100° zu trocknen ist, wird der Sand abgeschieden durch drei bis viermaliges[2]) Einkochen mit gelöstem kohlensauren Natron bis sich eben ein Salzhäutchen zu zeigen beginnt, aber nicht weiter. Hierauf wird. verdünnt und bis zur völligen Klärung stehen gelassen, durch ein Filter decantirt und alsdann vollständig mit heissem Wasser gewaschen.

Nachdem hierauf der ungelöst bleibende Sand in eine Porzellanschale abgespritzt und mit Salzsäure ausgekocht worden, wird er filtrirt, ausgewaschen und gewogen.

Im Falle die Alkalien in grösserer Menge vorhanden sind oder man dieselbe getrennt bestimmen will, werden 2 g des Thones mit Salzsäure und gasförmiger Flusssäure aufgeschlossen und hierauf mit Schwefelsäure zur Trockene verdampft, wobei kein oder höchstens ein kohliger aber keinenfalls knirschender Absatz bei nachheriger Lösung in Salzsäure sich zeigen darf. Hierauf werden mit reiner, wenig überschüssiger Aetzbarytlösung die Schwefelsäure, Thonerde, Eisenoxyd wie Magnesia abgeschieden; das Filtrat der Fällungen wird mit kohlensaurem Ammoniak bei gelinder Wärme behandelt. Nach dem Abfiltriren des neuen Niederschlages wird die angesäuerte Flüssigkeit eingedampft, der Salmiak bei gelindem Glühen verjagt, dann der gelöste Rückstand nochmals mit kohlensaurem Ammoniak (Schaffgott'sche Mischung) ebenso behandelt, bis die Chloralkalien rein erhalten werden, worin dann das Kali mittelst Platinchlorid abgeschieden und bestimmt wird.

Im Falle, dass sich Anwesenheit von Titansäure erkennen lässt, wird nach Zersetzung des Thons mittelst Schwefelsäure die Titansäure aus der erhaltenen schwefelsauren Lösung nach starkem Verdünnen und Zusatz von schwefliger Säure durch anhaltendes Kochen in einem Kolben aus gutem böhmischen Glase bei wiederholtem Zusatz von conc. Lösung der schwefligen Säure gefällt. Die schweflige Säure muss das Eisenoxyd zu Eisenoxydul reduciren und so erhalten — sonst fällt leicht Eisenoxyd mit nieder.

Die quantitative Bestimmung des Schwefels ist in einer besonderen

---

[1]) Zur Berechnung der Kieselsäure dient ein abgewogener aliquoter Theil, von dem bei 100° getrockneten Gemenge, welcher scharf geglüht wird.

[2]) Bei sehr sandreichen Thonen setzt man das Kochen mit kohlensaurem Natron so lange fort, bis Salmiak keinen Niederschlag mehr giebt.

grösseren Portion von wenigstens 5 g vorzunehmen. Dieselbe wird mit pulverisirtem chlorsauren Kali und allmählich zugegossener mässig concentrirter Salpetersäure (beide schwefelsäurefrei) gemengt, das Ganze gelinde digerirt und zuletzt gekocht unter wiederholtem Zusatze von Salzsäure, bis alle Salpetersalze zersetzt sind. Die Schwefelsäure wird nach dem Verdampfen des Säureüberschusses in der hinreichend verdünnten Flüssigkeit durch Chlorbarium gefällt.

Die freie Thonerde — auf deren Vorhandensein bei einem gefundenen grösseren Wassergehalte zu schliessen und die je reichlicher sie anzunehmen, um so mehr von Wichtigkeit ist — hat man bis jetzt ermittelt durch Schmelzen mit kohlensaurem Natron. Auslaugen mit Wasser, Abdampfen zur Trockne, hierauf Lösen in Salzsäure und Fällen durch Schwefelammonium.

Abgekürzter aber mehrfach controlirter Gang.

1. **Aufschliessen mit kohlensaurem Natron:** Abscheiden der Kieselsäure durch Salzsäure: Behandeln derselben mit reiner Flusssäure; Rückstand in Salzsäure gelöst; mit Ammoniak gefällt: Niederschlag Thonerde in Abzug gebracht.

Filtrat von Kieselsäure mit Ammoniak versetzt unter Wegkochen des Ueberschusses oder Wegnahme desselben mit Essigsäure in sehr geringem Ueberschuss, in der Siedehitze abfiltrirt, etwas ausgewaschen, in Salzsäure gelöst und wieder ebenso gefällt: Niederschlag Thonerde + Eisenoxyd zur Controle bestimmt.

2. **Aufschliessen mit Flusssäure und Schwefelsäure:** Abdampfen der Schwefelsäure. Lösen in Salzsäure, Fällen mit Ammoniak in der bezeichneten Weise; nach mehrmaligem Auswaschen wieder Lösen in Salzsäure und abermaliges gleiches Fällen. Eisenoxyd + Thonerde gewogen, in Schwefelsäure-Mischung gelöst, darin Eisenoxyd mit Chamäleon bestimmt und in Abzug gebracht.

Filtrat von Eisenoxyd + Thonerde eingedampft, Kalk mit Ammoniumoxalat heiss gefällt. Flüssigkeit eingedampft und Ammoniumsalze abgeraucht. Rückstand gewogen als Magnesium- + Kaliumsulfat. Darin Magnesia bestimmt: Kali aus der Differenz.

3. **Aufschliessen mit Schwefelsäure:** Längeres Digeriren in Schwefelsäure, aber nicht bis zur völligen Trockne und hierauf in Salzsäure. Gewogen einen aliquoten Theil und mit Sodalösung wiederholt gekocht. Ausgewaschen, mit Salzsäure gekocht, filtrirt und den Sand gewogen.

Sand endlich mit kohlensaurem Natron aufgeschlossen und darin ev. Thonerde, Eisen und Erden bestimmt und Alkalien aus der Differenz.

Ferner möge noch der abgekürzte Gang folgen, den Richters bei seinen Thonanalysen befolgte:

3—4 g des bei 120⁰ getrockneten Thones werden mit Fluorwasserstoffsäure aufgeschlossen und die auf bekannte Weise aus den Fluormetallen erhaltene salzsaure Lösung der schwefelsauren Salze in drei gleiche Theile getheilt. In dem einen bestimmt man Eisenoxyd und Thonerde, Kalk und Magnesia.

In dem 2. Theile der Lösung wird das Eisenoxyd durch Zink reducirt, mit Chamäleon titrirt und die berechnete Menge Eisenoxyd von dem Gewichte des durch Ammoniak sub 1) erhaltenen Niederschlags in Abzug gebracht. Der 3. Theil der ursprünglichen Lösung dient zur Bestimmung der Alkalien. Schwefelsäure, Thonerde, Eisenoxyd und Magnesia werden zu diesem Behufe durch eine durchaus reine, in geringem Ueberschuss angewandte Lösung von Aetzbaryt gefällt. Das Filtrat wird mit kohlensaurem Ammon bei gelinder Wärme behandelt und der Niederschlag abfiltrirt, die Flüssigkeit eingedampft, der Rückstand zur Verflüchtigung des Salmiaks schwach geglüht und mit Wasser aufgenommen. Die Lösung wird wiederum, zur Entfernung der letzten Spuren gelöst gebliebener Erden, mit kohlensaurem Ammon behandelt, endlich eingedampft und der Rückstand ganz schwach geglüht. Die auf diese Weise rein erhaltenen Chloralkalimetalle werden gewogen und das Chlorkalium vom etwa vorhandenen Chlornatrium durch Platinchlorid getrennt.

Zur Ermittelung der Menge der als Sand vorhandenen Kieselsäure wird 1 g des getrockneten Thones 12 Stunden lang bei 250 bis 300⁰ mit ziemlich concentrirter Schwefelsäure in einer Platinschale erhitzt und der Inhalt derselben darauf·mit Wasser verdünnt. Die abgeschiedene Kieselsäure wird mit dem Sande abfiltrirt und ausgewaschen. Beide werden mit siedender, ein wenig Aetznatron enthaltender Sodalösung wiederholt behandelt, bis letztere, abfiltrirt, mit Salmiak keinen Niederschlag mehr giebt; der auf diese Weise erhaltene Sand, welcher die etwaigen Mineraltrümmer enthält, wird auf einem Filter gesammelt, ausgewaschen, getrocknet, geglüht, und gewogen. Die Gesammtmenge der im Thone enthaltenen Kieselsäure wird durch Aufschliessen von 1 g des getrockneten Thones mit kohlensaurem Natronkali u. s. w. auf bekannte Weise bestimmt. Der Gehalt an gebundenem Wasser wird durch Glühen des gleichfalls getrockneten Thones bis zum Constantbleiben des Gewichts gefunden.

Rationelle Analyse.

Nach Seger und Aron[1]) wird der Thon vorerst geschlämmt und zwar in dem oben erwähnten Schöne'schen Apparate bei einer bestimmten Stromgeschwindigkeit im Schlämmraume, um auf diese Weise die sog. Thonsubstanz von einer Korngrösse von 0,01 mm zu erhalten. Dieselbe wird,

---

[1]) Notizblatt 1874 p. 226 und Zwick, Jahresber. 1878 p. 21 und 1879 p. 41.

nachdem sie bei 100 bis 130⁰ getrocknet ist, gewogen. Seger behandelt sie alsdann noch mit Salzsäure, um etwaigen kohlensauren Kalk oder auch etwa Eisenoxydhydrat zu entfernen, wäscht aus, trocknet und wägt. Die so vorbereitete Thonmasse wird in einer Platinschale durch 12 bis 15 stündiges Abrauchen mit Schwefelsäure aufgeschlossen. Die Schwefelsäure zersetzt hierbei den Thon unter Ausscheidung von Kieselsäure und verwandelt die Thonerde wie die Flussbasen in schwefelsaure Salze. Den Kieselsäure-Rückstand, bestehend aus der chemisch gebundenen, amorphen wie mechanisch beigemengten Kieselerde nebst den darin vorfindlichen nicht zersetzten Mineraltrümmern, kocht man mit einer Lösung von Natriumcarbonat, welche die amorphe Kieselsäure (der Thonerde vornehmlich zukommend), auflöst und den bezeichneten Gesammtsandgehalt unverändert lässt.

Die Behandlung mit Schwefelsäure und ebenso die mit kohlensaurem Natron wird so oft wiederholt, bis letzteres aus dem Rückstande keine Kieselsäure mehr auflöst, alsdann wird er ausgewaschen, getrocknet, geglüht und gewogen.

Dieser Rückstand, der nur noch aus dem Quarzsand nebst den etwaigen Mineraltrümmern besteht, wird nun wie bei jeder Silicatanalyse aufgeschlossen und in der oben beschriebenen Weise untersucht, resp. Kieselsäure und Basen darin quantitativ bestimmt.

Schliesst man den Rückstand statt mit Alkali mit Flusssäure auf, und bestimmt alsdann die Kieselsäure aus dem Verluste, so gestattet, wie Holthof[1]) und Lindhorst[2]) ausgeführt, dieselbe Probe eine directe Ermittelung der Alkalien.

Seger combinirt dann schliesslich den in Schwefelsäure und kohlensaurem Natron unlöslichen Rückstand in der Weise mit der Gesammtanalyse, dass er unter der Annahme, derselbe enthalte ein Mineral von nur feldspathiger Zusammensetzung, in dem durch Schwefelsäure unzersetzt gebliebenen Rückstand aus der gefundenen Thonerde die Menge der Mineraltrümmer als Feldspath berechnet und ferner aus der sich alsdann ergebenden Menge des Quarzes die übrig bleibende sogenannte Thonsubstanz findet. Die so hypothetisch ermittelten Mineraltrümmer abgezogen von dem eben bezeichneten unlöslichen Rückstand, geben den Quarz, sowie Mineraltrümmer und Quarz abgezogen von dem angewendeten geschlämmten Thon die Thonsubstanz.

Ein künstlich-theoretisches Bild wird so von den „näheren Bestandtheilen" des Thones gegeben, das aber, abgesehen von den mit dieser Bestimmungsweise (d. h. Zersetzung mit Schwefelsäure) verbundenen und nicht zu verhehlenden grösseren analytischen Fehlerquellen von dem

---

[1]) Notizbl. 1876.
[2]) Thonindustrie-Z. 1878 S. 49.

wirklichen sehr abweichen wird, wenn die Mineraltrümmer nicht unalterirter Feldspath sondern von anderer und möglicher Weise recht verschiedener Natur sind.

Geeigneter erscheint es daher, in der Elementaranalyse des Thones die fernerhin gefundenen Bestandtheile positiv in der Art anzugeben, dass man in der Gesammtkieselsäure auf Grund des Aufschlusses mit Schwefelsäure und Auskochen mit kohlensaurem Natron die chemisch gebundene Kieselsäure (in den Thonbestandtheilen), ferner den Sand incl. den etwa vorfindlichen Mineraltrümmern sowie mittelst weiterer Aufschliessens die Componenten der letzteren mit Ausnahme der Kieselsäure, also Thonerde, Eisen, Erden, Alkalien im Einzelnen ermittelt. In dem nicht so seltenen Falle, wo keine Mineraltrümmer oder nur unbestimmbare Spuren gefunden werden, d. h. der Sand rein ist, ergiebt sich die absolute Menge des Quarzsandes.

Glas.

Von

Dr. Böckmann.

I. Rohmaterialien.

Es kommen hier hauptsächlich in Betracht: Kieselsäure (weisser Sand; selten Quarz oder Feuerstein), Soda, Glaubersalz, Potasche, Kalk, Flussspath[1]) und für Krystall (Bleiglas) Mennige oder Glätte.

1. Der **Sand** muss für die Herstellung weisser Gläser möglichst rein und weiss, namentlich frei von Eisenoxyd sein. Den Gehalt an letzterem ermittelt man durch Ausziehen von 50 g Sand mit reiner, etwas verdünnter Salzsäure in der Wärme, Verjagen des grösseren Theiles der Säure, Reduction mit Zink und Titriren mit Chamäleon unter Zusatz von Mangansulfatlösung (vgl. bei Eisen unter Titration der Eisenerze). Wird der Sand für Erzeugung von grünem Flaschenglas verwendet, so braucht man an seine Reinheit (namentlich hinsichtlich des Eisengehaltes) keine so strengen Anforderungen zu stellen.

2. Die **Soda.** Sowohl die Leblanc-Soda als auch die Ammoniaksoda finden Anwendung. Von letzterer zieht man die schwere der leichten vor (vgl. hierüber S. 174 u. 339). Eine zur Glasfabrikation geeignete Soda soll möglichst rein[2]), namentlich (bei Anwendung zu weissem Glas) möglichst eisenfrei sein. Die Soda soll ferner keinen grossen Gehalt an in Wasser (und namentlich in verdünnter Säure) Unlöslichem haben. (Die Bestimmung beider siehe bei Untersuchung der calc. Soda S. 172.) Das in verdünnter Säure Unlösliche der Soda besteht im Wesentlichen aus Sand. Derselbe kann, wenn er in irgendwie grösseren Mengen in der Soda sich findet, dem Glasfabrikanten sehr schaden. Da er nämlich nicht fein gemahlen, sondern

---

[1]) Derselbe wird bei Herstellung von Grünglas verwendet, weil hierdurch die Schmelzdauer abgekürzt wird.

[2]) Merkwürdiger Weise ziehen viele Glasfabrikanten eine 96 proc. Soda einer 98 proc. vor, weil letztere zu „scharf" sei.

in Form gröberer Stückchen vorhanden ist, entzieht er sich der aufschliessenden Wirkung der Soda und kommt dann als knotenförmige Missbildungen im Glase vor. Man kann etwa 0,5 % Unlösliches und allerhöchstens 0,1 % in Säure Unlösliches noch gelten lassen. In der Regel wird man aber nicht mehr als 0,2—0,3 % in Wasser Unlösliches von einer guten Soda erwarten. Ein allzuhoher Kochsalzgehalt (etwa mehr als $1\frac{1}{2}$ %) der Soda vermehrt die „Glasgalle", erschwert deren Ausscheidung und kann so ebenfalls — gleich dem in Säure Unlöslichen — zu flockenartigen Missbildungen im Glase beitragen. Auch ist zu beachten, dass durch verdampfendes Salz das Mauerwerk angegriffen wird.

3. Das **Glaubersalz**[1] wird bei Herstellung billiger Glassorten der theuereren Soda allgemein vorgezogen. Man verwendet das Sulfat und den Salpeterrückstand der chemischen Fabriken sowie das schwefelsaure Natron der Stassfurter Industrie. Man prüft es auf Gehalt an Eisenoxyd, freie Säure und gebundene Schwefelsäure und Kochsalz. (Seine Untersuchung siehe bei dem Abschnitte „Sulfatfabrikation" unter chem. Fabriken" S. 155.)

4. **Potasche.** Dieselbe wird zur Fabrikation des Krystallglases (Kali-Bleiglases) angewendet. Ihre Prüfung für die Glasfabrikation hat von denselben Gesichtspunkten wie die Prüfung der Soda auszugehen. (Vgl. übrigens auch den Abschnitt „Potasche" bei chemischen Fabriken".)

5. **Kalk.** Man verwendet für Grünglas Mergel, für weisses Glas gemahlenen Kalkspath, Marmor oder Kreide. (Untersuchung geht aus Analyse der reinen und thonigen Kalksteine — S. 360 u. 363 — hervor.) In der Regel wird man sich mit der — genau wie beim Sand — auszuführenden Eisenbestimmung und etwa noch der Kohlensäurebestimmung nach Scheibler begnügen.

6. **Flussspath.** Man prüft in demselben den Eisengehalt und den Gehalt an Fluorcalcium. Letztere Bestimmung führt man nach Miller[2] derart aus, dass man 1 g der fein geriebenen Substanz und 1 g Kieselsäure (welche man sich von den Kieselsäurebestimmungen aufhebt) im Achatmörser mischt und in ein ca. 150 ccm fassendes Kölbchen bringt, welches man alsdann wägt. Aus einem zweiten, etwa 50 ccm fassenden Kölbchen, auf dessen Hals mittelst Gummistopfen eine kleine Pipette befestigt ist, fügt man soviel concentrirte Schwefelsäure hinzu, dass das Gemisch reichlich bedeckt ist. Durch Zurückwägen des Schwefelsäurekölbchens erfährt man die verbrauchte Schwefelsäure. Nunmehr setzt man einen gut schliessenden Gummistopfen mit grösserem Chlorcalciumrohr

---

[1] Das mit Kohle geglühte Glaubersalz verwandelt sich im Glashafen zu schwefligsaurem Natron, welches durch die Kieselsäure unter Entbindung von schwefliger Säure zu kieselsaurem Natron umgesetzt wird.

[2] Post's chem.-techn. Analyse II, 1056.

auf und erwärmt gelinde. Sobald keine Dämpfe von Fluorsilicium mehr entweichen, verbindet man den kleinen Apparat mit einer Saugvorrichtung, saugt bei geringer Aspiration kurze Zeit und wägt. Aus dem Verlust an Fluorsilicium berechnet man den Gehalt an Fluorcalcium.

7. **Mennige und Glätte.** Dieselben müssen durchaus frei von Kupferoxyd und Eisenoxyd sein. Beide Bestandtheile, auch nur in Spuren, würden sonst das Krystallglas färben. Man zieht zum Nachweis beider Verunreinigungen einige Gramm Substanz mit Salpetersäure auf dem Wasserbade aus, giesst die überstehende Lösung in ein Porzellanschälchen, versetzt mit Schwefelsäure (zur Ausfällung des Bleis) und verjagt durch Eindampfen die freie Salpetersäure. Alsdann verdünnt man in einem Becherglas mit Wasser, lässt absitzen und filtrirt die überstehende Flüssigkeit. Das stark eingedampfte Filtrat bringt man zu gleichen Theilen in zwei Probirgläschen und prüft mit Ammoniak auf Kupfer und mit Rhodankalium auf Eisen.

Hierzu kommen noch:

8. **Feldspathhaltige Gesteine,** welche in neuerer Zeit öfters zur Glasfabrikation verwendet werden. Je mehr Alkali sie enthalten, desto besser sind sie für die Glasfabrikation. Ihre quantitative Analyse wird durch Schmelzen mit kohlensaurem Natron-Kali in bekannter Weise ausgeführt. Man bestimmt gewöhnlich nur Kieselsäure, Ammoniakniederschlag, Kalk und Magnesia und berechnet die Alkalien aus der Differenz.

9. **Braunstein** (als Entfärbungsmittel). Je höher sein Gehalt an Superoxyd, desto besser erfüllt er seinen Zweck. Man bestimmt auch seinen Eisengehalt, der für Grünglasfabrikation nur in geringer Menge, für Weissglasfabrikation gar nicht vorhanden sein darf.

II. Analyse des Glases.

Dieselbe wird gerade so wie die oben erwähnte des Feldspathes ausgeführt. 1 g des feinst zerriebenen Glaspulvers wird mit der 6—10fachen Menge von reinem kohlensauren Natron-Kali im Platintiegel zuerst $\frac{1}{2}$ Stunde über der Bunsen'schen Lampe, dann über dem Gebläse geschmolzen und in der salzsauren Lösung der Schmelze Kieselsäure, Eisenoxyd, Thonerde, Mangan, Kalk (und Magnesia) nach bekannten Methoden bestimmt.

Die Schwefelsäure, welche man nur selten zu bestimmen haben wird, fällt man in einem aliquoten Theile des Kieselsäure-Niederschlages. Englische Gläser, zu deren Fabrikation zuweilen Witherit als Flussmittel benutzt wird, können Baryt enthalten, welchen man nach Abfiltriren des Kieselsäureniederschlages mit Schwefelsäure ausfällt. In dem hieraus resultirenden Filtrate bestimmt man Eisenoxyd u. s. w.

Die Alkalien im Glase (wie in Silicaten überhaupt) bestimmt man nach Miller[1]) am einfachsten auf folgende Weise. Das feingepulverte Glas wird innig mit der achtfachen Menge reinem kohlensauren Baryt gemischt und im Tiegel längere Zeit auf Weissgluth erhitzt. Der gesinterte Tiegelinhalt wird mit Wasser ausgekocht und die abfiltrirte, siedend heisse Lösung mit Kohlensäure zur Fällung des Kalkes und Baryts behandelt. Das mit Salzsäure angesäuerte Filtrat wird zur Trockene verdampft, nochmals mit Wasser aufgenommen und von einem etwa bleibenden Rückstande abfiltrirt. Die jetzt erhaltene Lösung wird eingedampft, der schwach geglühte Rückstand ergiebt die Menge des Alkalichlorids.

Ist das Glas bleihaltig (die qualitative Reaction hierauf siehe weiter unten), so darf man zum Aufschliessen nur einen Porzellantiegel verwenden. Aber auch dann hat man zu beachten, dass die Glasur des Tiegels theilweise vom kohlensauren Natron-Kali angegriffen wird, wesshalb man die Kieselsäure etwas zu hoch findet. Nach Miller's Vorschlag soll man desshalb bei absolut genauen Kieselsäurebestimmungen von Bleigläsern die Aufschliessung in kleinen, aus Schmiedeeisen getriebenen Tiegeln vornehmen.

Das Blei in Bleigläsern bestimmt man im Filtrat von der Kieselsäure als schwefelsaures Blei.

III. Qualitative Reactionen zur Erkennung des Bleis und der färbenden Metalloxyde.

Nach Miller schmilzt man an einen dünnen Glasstab ein Stückchen von der Grösse einer grossen Linse des zu prüfenden Glases an und erhitzt dasselbe 1—2 Minuten in der Stichflamme des Gebläses.

War das Glas bleihaltig, so findet man nach dem Erkalten die Oberfläche des Glastropfens mit einem schwarzen, oft in Regenbogenfarben schillernden Ueberzuge (von metallischem Blei) bedeckt. Aus der Stärke der Schwärzung kann man auf die Höhe des Bleioxydgehaltes schliessen. Enthält das Glas nur Bruchtheile von Procenten, so ist keine deutliche Schwärzung, sondern nur ein düsterer Schleier wahrzunehmen, welcher jedoch während des Glühens zerreisst und sich zu dunklen Wolken zusammenballt. Man kann nach Miller auf diesem Wege noch $\frac{1}{4}\%$ Bleioxyd nachweisen. Auf diese Weise kann man auch die Glasur eines Kochgeschirres auf Bleigehalt prüfen.

Grüne Gläser sind durch Eisenoxyd, Uranoxyd, Chromoxyd oder Kupferoxyd gefärbt. Die von Eisen herrührende Färbung ergiebt sich ebenso wie die gelbgrüne Färbung von Uran schon durch die Prüfung mit dem Auge. Die von Chromoxyd und Kupferoxyd herrührende Färbung kann man in bleifreien Gläsern leicht dadurch unterscheiden, dass man

---

[1]) Post's chem.-techn. Analyse II, S. 1067.

ein Stückchen des Glases wie oben beschrieben in der reducirenden Flamme des Gebläses erhitzt. Mit Chromoxyd (ebenso mit Eisenoxyd und Uranoxyd) gefärbte Gläser verändern hierbei die Farbe nicht, während mit Kupferoxyd grün gefärbte Gläser (oder durch denselben Körper blau gefärbtes Alabasterglas) sich durch rothe Färbung des erkalteten Glastropfens zu erkennen geben.

Durchsichtige rothe Gläser, welche metallisches Gold oder Kupfer gelöst enthalten. Man erhitzt nach Miller ein kleines Stückchen des (meist bleihaltigen) Glases in einer Glasröhre mit dem Gebläse und zieht beides zusammen im weichen Zustande etwas aus. Nach dem Erkalten der Probe ist die vom Golde herrührende Rothfärbung unverändert, während die rothen Kupfergläser vollkommen farblos geworden sind[1].

----

[1] Es erklärt sich dieses verschiedene Verhalten daraus, dass die die Rothfärbung in Goldgläsern verursachende Ausscheidung zur Wiederauflösung der höchsten Weissgluth bedarf, während bei Kupfergläsern hierzu schon die Hitze des Gebläses hinreicht.

Kalkstein, Kalk und Cement.

Von

Dr. Böckmann.

I. Kalkstein.

Man stellt sich eine grössere Durchschnittsprobe (vgl. S. 25) her und lässt dieselbe im grossen eisernen Mörser fein pulverisiren. Ein weiteres Zerkleinern im Achatmörser ist nicht nöthig.

a) **Wasser.** Bei technischen Analysen, wo es auf rasche Ausführung in erster Linie ankommt, kann man den Kalkstein, wenn er nicht vorher dem Regen ausgesetzt war, ohne Trocknen direct zu den nachfolgenden Bestimmungen anwenden. Hat man genügende Zeit, so ist selbstverständlich ein etwa 4 stündiges Erhitzen im Dampftrockenschrank (genauer im Luftbade bei 110—120⁰) vorzuziehen. Will man hierbei das Wasser bestimmen (was nicht nöthig ist, da man ja in diesem Falle doch auf wasserfreien Kalkstein berechnen wird), so verfährt man genau wie bei der Feuchtigkeitsbestimmung der Steinkohlen (Abschnitt „Brennmaterialien") angegeben ist.

b) **Bestimmung von Kieselsäure, Eisenoxyd und Thonerde, Kalk und Magnesia.** 1 g Kalkstein wird in einem hohen Becherglas mit concentrirter Salzsäure zersetzt und die Flüssigkeit direct im Becherglas auf einem Sandbade eingedampft. Hat man keinen grossen Ueberschuss von Salzsäure angewendet, so geht auf diese Weise das Verdampfen der mit Wasser gar nicht verdünnten Flüssigkeit sehr rasch vor sich. Man lässt auf dem Sandbade weiter erhitzen, bis der Rückstand grauweiss geworden ist und nicht den geringsten Geruch nach Salzsäure mehr zeigt. Man stellt das Becherglas nun vom Sandbade und befeuchtet die völlig erkaltete Masse mit concentrirter Salzsäure. Nach einer halben Stunde setzt man (nicht zuviel) heisses Wasser hinzu, erwärmt kurze Zeit auf dem Drahtnetz und filtrirt die Kieselsäure ab. Der ausgewaschene Niederschlag wird in noch feuchtem, auf Filtrirpapier vorher abgedrücktem Filter in den Platintiegel gebracht.

24

Das Filtrat erwärmt man zum beginnenden Sieden, fügt noch etwas Salmiak hinzu und fällt alsdann mit Ammoniak in geringem Ueberschuss. Zur Trennung des Eisenoxydes und der Thonerde ist es am einfachsten, den Ammoniakniederschlag in Salzsäure zu lösen und auf 100 ccm zu verdünnen. 50 ccm nimmt man mit einer Pipette heraus, fällt sie abermals mit Ammoniak, bringt den ausgewaschenen Niederschlag feucht in den Tiegel und wägt ihn nach dem Glühen. Die im Messkolben verbliebenen 50 ccm giesst man in ein grosses Becherglas, verdünnt mit reichlich 1 l destillirten Wassers, setzt 20 ccm Mangansulfatlösung (siehe Titration der Eisenerze im Abschnitte „Eisen") hinzu und titrirt mit Chamäleonlösung. (1 g in 1000 ccm.) Durch Differenz beider Bestimmungen ergiebt sich die Thonerde. Sehr häufig genügt es aber vollkommen, Eisenoxyd und Thonerde zusammen zu ermitteln.

Zur Bestimmung des Kalkes darf man das ganze Filtrat des Ammoniakniederschlages nicht verwenden, denn man würde alsdann zu lange Zeit brauchen, um den Kalkniederschlag bis zum constanten Gewicht zu glühen. Man verdünnt deshalb die abfiltrirte Flüssigkeit auf etwa 500 ccm und nimmt hiervon 100 ccm (= 0,2 g ursprünglicher Substanz) zur Fällung des Kalkes, während man die übrigen 400 ccm ebenfalls für sich mit oxalsaurem Ammoniak fällt und bei Seite stellt. Der oxalsaure Kalk muss unbedingt 12 Stunden an einem warmen Orte stehen, ehe er abfiltrirt wird. (Handelt es sich um Ermittelung kleiner, etwa $\frac{1}{4}$—1 % betragenden Kalkmengen, so kann man zwar bei technischen Analysen sich dadurch helfen, dass man die mit oxalsaurem Ammoniak gefällte Flüssigkeit einige Minuten im Sieden erhält und nach etwa 3 stündigem Stehen an einem warmen Orte abfiltrirt. Bei so grossen Niederschlägen aber, wie sie bei Kalksteinanalysen in Betracht kommen, würde ein solcher Nothbehelf durchaus unzulässig sein. Ist auch vielleicht das eine Mal der Kalk vollständig gefällt, so erhält man das andere Mal um mehrere Procente zu geringe Resultate.)

- Das Filtrat des Kalkniederschlages (entsprechend 0,2 g ursprünglicher Substanz) wird mit $\frac{1}{3}$ seines Volumens Ammoniak und mit phosphorsaurem Natron versetzt. Entsteht nicht gleich ein nennenswerther Niederschlag, so filtrirt man den bei Seite gestellten Kalkniederschlag der 400 ccm ebenfalls; concentrirt die Flüssigkeit durch Eindampfen und fügt das mit $\frac{1}{3}$ Volum Ammoniak versetzte Filtrat dem Magnesianiederschlag bei. Letzteren kann man, sowie er sich klar abgeschieden hat, abfiltriren, was in etwa 3 Stunden der Fall sein wird. Der Magnesianiederschlag wird ebenso wie der Kalkniederschlag im feuchten, nur zwischen Filtrirpapier abgepressten Filter in den Platintiegel gebracht und geglüht.

c) **Bestimmung von schwefelsaurem Kalk.** Derselbe kommt häufig im Kalkstein in geringen Mengen von etwa 0,1—2,0 % vor. Ist seine

Menge nur unbedeutend, so kann man die Bestimmung desselben bei Fabrikanalysen auch unterlassen. Im anderen Falle bringt man etwa 2 bis 3 g Kalkstein in eine Porzellanschale, zersetzt mit verdünnter Salzsäure, dampft die Lösung zur Trockene und fällt nach Abscheidung der Kieselsäure das Filtrat mit Chlorbarium.

d) **Bestimmung der Alkalien.** 1. mit Hülfe Schaffgotscher Lösung (S. 108). Etwa 20 g Kalkstein werden in einem hohen Becherglase mit Wasser durchfeuchtet, alsdann noch mit etwa 20 ccm Wasser übergossen und durch allmählichen Zusatz von conc. Salzsäure zersetzt. Um zu starkes Schäumen zu vermeiden, kann man der Flüssigkeit vor dem Salzsäurezusatz zweckmässig eine geringe Menge Aether hinzufügen. Man erhitzt die völlig zersetzte Flüssigkeit zum Sieden und fällt mit Ammoniak. Der aus Kieselsäure, (Thon), Eisenoxyd und Thonerde bestehende Niederschlag wird abfiltrirt und das Filtrat mit oxalsaurem Ammoniak gefällt. Der Kalkniederschlag wird durch ein grosses glattes Filter abfiltrirt. Das Filtrat fällt man mit Schaffgotscher Lösung. Da auf diese Weise die Magnesia durch kein fixes Alkali gefällt wird, kann man das Filtrat des Magnesianiederschlages direct zur Bestimmung der Alkalien verwenden. Man verdampft die mit etwas Salzsäure angesäuerte Flüssig- in einer Platinschale, erhitzt letztere bei nicht zu starker Flamme direct über der (zweckmässig hin und herbewegten) Lampe und bringt den gewogenen Rückstand als „Chloralkalien" in Rechnung.

2. Durch vorheriges Brennen des Kalksteines. Diese Methode beruht darauf, dass man von dem gerade zum Brennen gelangenden Kalkstein eine Durchschnittsprobe nimmt und in derselben alle Bestandtheile mit Ausnahme der Alkalien ermittelt. Nachdem dieser Kalkstein im Kalkofen geglüht wurde, nimmt man von dem gezogenen Aetzkalk ebenfalls eine Durchschnittsprobe, pulvert dieselbe und wägt 200 g für die Analyse ab[1]). Dieselben werden mittelst eines grösseren Trichters und eines dünnen Glasstabes in einen 2-Literkolben gebracht. Den auf dem Trichter bleibenden Rest spült man mit Wasser in den Kolben und lässt die etwa 1000 ccm betragende Flüssigkeit unter öfterem Umschütteln so lange stehen, bis der Kalk sich vollständig gelöscht hat. Alsdann verdünnt man bis zur Marke, filtrirt, misst 1500 ccm des Filtrates ab und fällt in der warmen Flüssigkeit durch Einleiten von Kohlensäure den gelösten Kalk. Das Filtrat bringt man in eine Porzellanschale und verdampft es unter Zusatz von etwas

---

[1]) Falls man diese Untersuchung nicht in einer Fabrik, welche Kalköfen besitzt, vornimmt, macht man in den Boden eines hessischen Tiegels ein Loch von $\frac{1}{2}$ cm Weite, füllt den Tiegel mit erbsengrossen Stücken Kalkstein, und glüht einige Stunden in einem mit Holzkohle gefeuerten Ofen, wobei man den Tiegel so stellt, dass durch seine untere Durchbohrung ein die Kohlensäure wegführender Luftstrom eintreten kann.

Salzsäure zur Trockne. Man löst in Wasser, versetzt mit wenig oxalsaurem Ammoniak und filtrirt in eine gewogene Platinschale. Der gewogene schwach geglühte Rückstand ist gleich den in 150 g geglühtem Kalk enthaltenen Chloralkalien. Um diese Menge auf ungeglühten Kalkstein zu berechnen, hat man nur auszurechnen, wie viel Theilen Kalkstein die angewendeten 150 g Aetzkalk entsprechen.

Es habe beispielsweise ein Kalkstein enthalten:

$$90,81\ \% \text{ kohlensauren Kalk}$$
$$3,20\ „ \text{ kohlensaure Magnesia}$$
$$1,07\ „ \text{ Eisenoxyd} + \text{Thonerde}$$
$$0,63\ „ \text{ schwefelsauren Kalk}$$
$$\underline{4,29\ „ \text{ Kieselsäure}}$$
$$100,00\ \%$$

Beim Glühen geben die 90,81 % kohlensauren Kalk 50,85 % Aetzkalk und die 3,20 % kohlensaure Magnesia 1,52 % Magnesia, in Summa also 52,37 % Kalk und Magnesia, dies macht mit den unverändert bleibenden 5,99 % Kieselsäure, Eisenoxyd, Thonerde und schwefelsauren Kalk 58,36 Theile gebrannter Kalk, welche aus 100 Theilen des betreffenden Kalksteines erhalten werden. Hieraus ergiebt sich durch einfache Berechnung die im ursprünglichen Kalkstein vorhandene Menge Chloralkalien.

e) **Die Bestimmung der Kohlensäure.** Bei nur wenig Magnesia enthaltendem Kalkstein bedient man sich des Scheibler'schen (S. 73) oder des ihm ganz ähnlichen Finkener-Scheibler'schen[1]) Apparates, um mit Hülfe von Tabellen aus dem abgelesenen Volumen Kohlensäure den Procentgehalt an kohlensaurem Kalk zu finden. Dieses Verfahren passt ganz gut, wenn der Gehalt des Kalksteines an kohlensaurer Magnesia nur einige Zehntel Procente beträgt.

Anhang. Die Analyse thonhaltiger Kalksteine erfolgt wie die des Cementes: Will man den Gehalt des Thones näher ermitteln, so schliesst man den Kalkstein zuvor durch Glühen über dem Gebläse auf. (Sehr thonhaltige Mergel bedürfen hierbei noch eines besonderen Zusatzes von reinem, feingepulvertem kohlensauren Kalk.)

II. Kalk.

Im technischen Betriebe erstreckt sich die Untersuchung auf den aus den Kalköfen direct kommenden gebrannten Kalk, auf die aus ihm hergestellte Kalkmilch und auf den bei der Bereitung der Kalkmilch verbleibenden Rückstand.

---

[1]) Post's chem.-techn. Analyse II, 592.

Die ausserdem noch in vielen Industrien bei der Scheidung und Zersetzung von Flüssigkeiten mittelst Kalk gewonnenen rückständigen Schlammproducte können unschwer unter Zugrundelegung der in diesem Abschnitte besprochenen Methoden untersucht werden. (Vgl. auch bei dem Abschnitte „Zucker" die Untersuchung des Scheide- und Saturationsschlammes.)

a) Gebrannter Kalk.

Eine Untersuchung desselben wird nur sehr selten vorgenommen. Man kann ja auch jederzeit die bei der Analyse des Kalksteines gefundenen Zahlen auf gebrannten Kalk umrechnen. Ausserdem sieht der Fabrikant durch die Prüfung der Kalkmilch und des bei ihrer Bereitung in den Bassins verbleibenden Kalkrückstandes ganz deutlich, ob der angewandte Kalk gut oder schlecht ist. Er wird desshalb die etwas lästige und (wegen sofortiger Absorption von Kohlensäure und Feuchtigkeit) unsichere Analyse des gebrannten Kalkes in der Regel vermeiden.

Zur Untersuchung des gebrannten Kalkes wägt man 50 g in Stücken in einer tarirten Porzellanschale ab und löscht mit wenigen Cubikcentimetern lauwarmen[1] Wassers. Ist der Kalk vollständig zu Pulver zerfallen, so setzt man noch etwa 150 ccm Wasser hinzu und rührt das Ganze zu einem möglichst gleichmässigen Brei an. Alsdann wägt man von Neuem und erfährt so die hinzugesetzte Menge Wasser.

Etwa 20 g des Breies werden abgewogen, mit Wasser übergossen, durch Zusatz von conc. Salzsäure gelöst und Kieselsäure, Eisenoxyd und Thonerde auf gewöhnliche Weise bestimmt. Das Filtrat des Ammoniakniederschlages bringt man auf 500 ccm und pipettirt hiervon etwa 20 ccm zur Bestimmung des Kalkes ab. Im Filtrat des Kalkniederschlages fällt man die Magnesia. Ist der entstehende Niederschlag nur gering, so fällt man weitere 100 ccm des Filtrates des Ammoniakniederschlages[2] mit oxalsaurem Ammoniak und fügt das Filtrat der zur Ausfällung der Magnesia bestimmten anderen Flüssigkeit bei.

Die Bestimmung der Alkalien und des schwefelsauren Kalkes wurde bereits bei „Kalkstein" beschrieben. Man verwendet zu letzterer Bestimmung etwa 10 g Kalkbrei.

Die Prüfungen des Kalkes auf Ausgiebigkeit und auf „Stehen" werden meist durch den blossen Augenschein vorgenommen. Je grösser die Volumenzunahme des Kalkes beim Löschen, desto „ausgiebiger" und

---

[1] Mit lauwarmem Löschwasser gelingt das Löschen besser. Nöthigenfalls stellt man ausserdem noch warm, um das Löschen rascher herbeizuführen.

[2] Der Vorsicht halber fällt man diese 100 ccm im Voraus mit oxalsaurem Ammoniak, so dass man sie nöthigenfalls ohne Zeitverlust gebrauchen kann.

besser ist er[1]). Gut gebrannter Kalk ist leicht und bleibt längere Zeit in zusammenhängenden Stücken, ehe er zerfällt (d. h. er „steht“). Gut gebrannter Kalk muss sich beim Uebergiessen mit Wasser rasch erwärmen und löschen. Zu stark gebrannter Kalk löscht sich schwer oder gar nicht, zu schwach gebrannter löscht sich nur theilweise, während die ungelöschten Stücke starke Kohlensäurereaction geben.

Rasche Prüfung des gebrannten Kalkes auf seinen Gehalt an Kalk (nach Degener). Man wägt 100—150 g Kalk ab, löscht ihn völlig und bringt den Brei in einen Halbliterkolben. Man füllt bis zur Marke, pipettirt unter Umschütteln 100 ccm heraus, lässt dieselben in einen Literkolben fliessen, füllt auf und nimmt von dem gut gemischten Inhalt 25 ccm, welche man in eine Porzellanschale giebt. Man setzt einige Körnchen gefällten kohlensauren Kalk und etwas alkoholisches Phenacetolin (S. 96) hinzu und titrirt unter stetem Umrühren mit Normalsalzsäure. Man setzt letztere so lange hinzu, als die an der Einfallstelle gelb werdende Flüssigkeit sofort wieder roth wird. Wenn das Rothwerden einige Secunden auf sich warten lässt, liest man ab und setzt wieder zwei Tropfen Säure zu; wenn die Flüssigkeit jetzt gelb bleibt, so war die vorige Ablesung richtig; wenn sie wieder roth wird, so war es noch zu früh.

b) Kalkmilch.

1. Specifisches Gewicht. Man tarirt einen Literkolben (noch besser einen 2 Literkolben) und füllt denselben direct aus dem zur Herstellung der Kalkmilch dienenden Bassin mit letzterer bis zur Marke, spült aussen mit Wasser ab, entfernt die über der Marke an der inneren Glaswandung haftenden Kalktheile mittelst eines mit Filtrirpapier umwickelten dicken Glasstabes und wägt abermals.

2. Die eigentliche Analyse. Man nimmt eine neue Probe Kalkmilch aus dem Bassin, schüttelt dieselbe tüchtig, so dass auch die mechanisch beigemengten Sandtheilchen in der Flüssigkeit gleichmässig suspendirt sind, und füllt ein 100 ccm-Kölbchen bis zur Marke. Diese Flüssigkeitsmenge bringt man in einen Literkolben, füllt bis zur Marke an, schüttelt gut durch und nimmt 20 ccm zur Analyse. Man löst in Salzsäure, scheidet die Kieselsäure durch Eindampfen zur Trockne ab, fällt das Filtrat mit Ammoniak und weiterhin den Kalk und die Magnesia nach bekannter Weise.

Weitere 50 ccm der zum Liter verdünnten obigen Flüssigkeit löst man in Salzsäure, filtrirt und fällt das Filtrat mit Chlorbarium. (Bestimmung des schwefelsauren Kalkes.)

---

[1]) W. Michaelis hat zur Prüfung auf Ausgiebigkeit einen besonderen Apparat (das Mörtelvolummeter) construirt. Deutsche Töpfer- und Zieglerzeitung X, 101; Post's chem.-techn. Analyse II, S. 599.

Schliesslich filtrirt man noch 100 oder 200 ccm derselben auf 1 l verdünnter Kalkmilch, wäscht mit Wasser genügend aus, spritzt den Niederschlag in einen Kohlensäureapparat und bestimmt auf diese Weise den kohlensauren Kalk.

Zieht man die dem letzteren und dem schwefelsauren Kalk entsprechende Kalkmenge von dem sub 3 gefundenen Gesammtkalk ab, so erhält man den in der Kalkmilch vorhandenen Aetzkalk.

Tabelle über den Gehalt der Kalkmilch an Aetzkalk.[1])

| Grade Beaumé | Gew.-Proc. CaO | 100 Liter | | Grade Beaumé | Gew.-Proc. CaO | 100 Liter | | Grade Beaumé | Gew.-Proc. CaO | 100 Liter | |
		wiegen kg	enthalten kg CaO			wiegen kg	enthalten kg CaO			wiegen kg	enthalten kg CaO
10	10·60	125·9	13·3	29	18·46	148·8	27·4	48	20·37	150·2	30·7
11	11·12	127·4	14·2	30	18·67	149·0	27·7	49	20·43	150·3	30·7
12	11·65	129·2	15·2	31	18·86	149·1	27·9	50	20·48	150·3	30·8
13	12·16	130·8	16·1	32	19·02	149·3	28·2	51	20·53	150·3	30·9
14	12·68	132·6	17·0	33	19·17	149·3	28·4	52	20·57	150·4	31·0
15	13·20	134·5	18·0	34	19·31	149·4	28·7	53	20·62	150·4	31·1
16	13·72	136·3	18·9	35	19·43	149·5	28·9	54	20·66	150·4	31·1
17	14·25	138·2	19·8	36	19·53	149·6	29·1	55	20·70	150·5	31·2
18	14·77	139·9	20·7	37	19·63	149·7	29·3	56	20·74	150·5	31·3
19	15·23	141·7	21·6	38	19·72	149·8	29·5	57	20·78	150·5	31·3
20	15·68	143·6	22·4	39	19·80	149·9	29·6	58	20·82	150·5	31·4
21	16·10	145·1	23·3	40	19·88	149·9	29·8	59	20·85	150·6	31·4
22	16·52	146·2	24·0	41	19·95	150·0	29·9	60	20·89	150·6	31·5
23	16:90	146·9	24·7	42	20·03	150·0	30·1	61	20·93	150·6	31·5
24	17·23	147·4	25·3	43	20·10	150·0	30·2	62	20·97	150·6	31·6
25	17·52	147·8	25·8	44	20·16	150·1	30·3	63	21·00	150·6	31·6
26	17·78	148·1	26·3	45	20·22	150·1	30·4	64	21·03	150·7	31·7
27	18·04	148·4	26·7	46	20·27	150·1	30·5	65	21·05	150·7	31·7
28	18·26	148·6	27·0	47	20·32	150·2	30·6				

3. Rasche Bestimmung von Kalk und Sand in der Kalkmilch.

a) *Kalk*. Hat man das specifische Gewicht nach Nr. 1 bestimmt, so nimmt man 50 ccm der gut durchgeschüttelten Kalkmilch, verdünnt dieselben zu 1 Liter, schüttelt um und verwendet 100 ccm dieser Mischung. Dieselben werden mit alkoholischer Phenacetolinlösung im Becherglase versetzt und mit Salzsäure oder auch mit der für Sodatitrationen etc. angewandten Schwefelsäure (S. 98) bis zum Eintritt der gelben Färbung (siehe oben bei rascher Prüfung des gebrannten Kalkes) titrirt.

Ich verwende hierzu eine Schwefelsäure, von welcher 100 ccm genau 10 g kohlensaurem Natron entsprechen und von welcher demnach 1 ccm 0,0528 g Aetzkalk anzeigt.

---

[1]) Nach Mateczek.

Die verbrauchten Cubikcentimeter dieser Säure mit 10,56 multiplicirt ergeben die vorhandenen Gramme Kalk pro Liter Kalkmilch.

b) *Sand.* Oft ist es von Interesse, die Gewichtsmenge Sand zu wissen, welche in der zur Verwendung gelangenden Kalkmilch noch vorhanden ist[1]). Man erfährt dies sehr rasch und genügend genau auf folgende Weise. 1 l Kalkmilch wird in einer grossen Porzellanschale mit Brunnenwasser verrührt, einige Secunden absetzen gelassen und die Kalkmilch von dem abgesetzten Sand vorsichtig abgegossen. Dies wird so lange wiederholt, als noch eine milchige Trübung beim Verrühren mit Wasser eintritt. Alsdann setzt man von Neuem wenig Wasser und conc. rohe Salzsäure hinzu, um die letzten Reste Kalk zu lösen, verdünnt mit Wasser, giesst letzteres ab, spritzt den Sand in ein Becherglas, befeuchtet mit Alkohol, giesst letzteren ab und trocknet auf dem Dampftrockenschrank. Den trockenen Sand bringt man mittelst eines Pinsels vom Becherglase in ein vorher gewogenes Uhrglas.

c) In den Bassins verbleibender Rückstand.

Man prüft denselben auf Kalkgehalt. Diese Untersuchung wird häufig ausgeführt und ist wichtig, weil sie dem Fabrikanten den bei Bereitung der Kalkmilch erlittenen Kalkverlust angiebt.

Zur raschen Prüfung des Kalrückstandes auf noch vorhandenen Kalk wäge ich 100 g der aus den Bassins heraus geschaufelten (ungetrockneten) Rückstände (von welchen man sich eine gute Durchschnittsprobe verschaffte) in einer tarirten Porzellanschale ab, rühre mit Wasser an und schlämme wiederholt in einen mit aufgesetztem Trichter versehenen 1500 ccm-Kolben ab. Ist aller Kalk abgeschlämmt (was durch Zerdrücken der härteren Kalkknollen beschleunigt wird), so füllt man zu 1500 ccm auf und nimmt von der gut durchgeschüttelten Masse 50 ccm, welche man nach Verdünnen mit Wasser und Zusatz von alkohol. Phenacetolin bis zum Eintritt der längere Zeit andauernden gelben Färbung titrirt. Hat man statt Salzsäure die oben (bei Kalkmilch) erwähnte Schwefelsäure (1 ccm = 0,0528 g CaO) angewandt, so erfährt man durch Multiplication der verbrauchten ccm mit 1,584 den Procentgehalt des (feuchten) Kalkrückstandes an Kalk. Event. kann man diese Zahl durch eine vorzunehmende Wasserbestimmung auf getrockneten Rückstand umrechnen. Der nach Abzug des gefundenen Kalkes und Wassers verbleibende Rest ist gleich dem vorhandenen Procentgehalt an Sand, Koks und sonstigen im gebrannten Kalke vorhandenen Verunreinigungen.

---

[1]) Hiervon ist also der bei Bereitung der Kalkmilch im Rückstand der Bassins verbleibende (der Menge nach weit mehr betragende) Sand wohl zu unterscheiden.

III. Cement.

a) Allgemeines.

Zum besseren Verständniss der chemischen und der (weit wichtigeren) physikalischen Prüfung des Cementes müssen einige allgemeine Eigenschaften desselben zunächst angeführt werden.

Der Cement[1]) wird aus etwa 1 Th. Thon und 3 Th. Kalk gewonnen. Letzterer wird in Form von kohlensaurem Kalk (Kreide, Süsswasserkalk) angewendet. Beide Materialien werden durch Schlämmen, Thonschneider, Walzen innigst gemischt, zu Ziegeln geformt und mit Koks in Schachtöfen gebrannt. Sowie die Kohlensäure des kohlensauren Kalkes verjagt ist, wirkt der Aetzkalk aufschliessend auf den Thon. Nicht genügend gebrannter Cement ist hellgelbbraun, erhitzt sich mit Wasser und zerfällt an der Luft. Ebenso kann auch todtgebrannter Cement oder normal gebrannter bei fehlerhafter Zusammensetzung nach dem Erkalten an der Luft leicht zerfallen. Kalkreicher Cement erhärtet sehr gut, zieht aber langsam an.

Der gebrannte Cement kommt als fein gemahlenes, graues oder grünlich graues Pulver in den Handel. Guter Cement soll beim Anmachen mit Wasser unter kaum merkbarer Entbindung von Wärme in 20 Minuten bis 6 Stunden erhärten. Das Volumen vermehrt sich hierbei nur wenig (im Verhältniss von etwa 118:100). In ca. 3 Monaten erlangt der Cement Steinhärte; seine absolute Festigkeit beträgt alsdann 42, seine rückwirkende bis 520 kg pro qcm. Das specifische Gewicht des Cementes ist 3,0—3,3, nach dem Erhärten 2,7. Während der Erhärtung muss der Cement unter Wasser liegen. Der Erhärtungsprocess geht unter Bindung von Wasser (12—20 %) und von freier Kieselsäure an Basen vor sich.

Nachfolgend einige Analysen von Cement:

	White & Brothers	Stettiner Cement	Bonner Cement
Kalk	59·06	62·81	57·83
Kieselsäure	24·07	23·22	23·81
Thonerde	6·92	5·27	9·38
Eisenoxyd	3·41	2·00	5·22
Magnesia	0·82	1·14	1·35
Kali	0·73	} 1·27	0·59
Natron	0·87		0·71
Schwefelsaurer Kalk .	2·85·	1·30	1·11
Thon und Sand . . .	1·47	2·54	—

---

[1]) Hierunter ist hier stets der für die Technik allein noch in Betracht kommende Portland-Cement verstanden.

b) Chemische Prüfung.

1. Die noch ungebrannte Mischung. Um in derselben das Verhältniss des kohlensauren Kalkes zum Thon festzustellen, kann man entweder mittelst des Scheibler'schen (S. 73) oder Finkener-Scheibler'schen (S. 363) Apparates die Kohlensäure bestimmen oder man ermittelt den Thon- (Gesammtsilicat-) Gehalt nach der sub 2 beschriebenen Methode.

2. Der gebrannte Cement. Die weitaus wichtigste und meist nur allein vorgenommene Prüfung ist die Ermittlung des Thon- (Gesammtsilicat-) Gehaltes. 2 g fein gemahlener Cement werden in einer Schale mit etwa 20 ccm Wasser übergossen und mit· verdünnter Salzsäure (der man etwas Salpetersäure hinzugesetzt hat) zersetzt. Alsdann erhitzt man zum beginnenden Sieden, fällt mit Ammoniak, filtrirt den Niederschlag ab, wäscht ihn aus und verbrennt ihn sammt dem zwischen Filterpapier getrockneten Filter im Platintiegel.

Die eigentliche Analyse des Cementes wird seltener vorgenommen, dann aber gerade so wie die des Kalksteines (speciell des thonigen Kalksteines) ausgeführt.

Guter Cement (vgl. oben die Analyse des Bonner Cementes) löst sich in conc. Salzsäure fast ganz oder ganz. Will man den in Salzsäure unlöslichen aus unaufgeschlossenem Thon und Sand bestehenden Rückstand untersuchen, so zersetzt man in einem hohen Becherglase 100 g Cement mit roher conc. Salzsäure, verdünnt mit Wasser und filtrirt auf ein Filter ab, welches durch ein genau gleich schweres zweites Filter (S. 23) tarirt wurde. Man trocknet bei 100° im Dampftrockenschrank und wägt.

Zur Trennung des Sandes vom Thone benutzt man den Schöne'schen oder sonst einen Schlämmapparat (vgl. S. 85).

Von Verfälschungen des Cementes ist hauptsächlich der Zusatz von Hohofenschlacke und von gemahlenem Kalkstein und Kreide zu erwähnen. Zu diesen Verfälschungen führte die vor etwa drei Jahren gemachte Entdeckung, dass gebrannter Portland-Cement Zusätze von einigen fein gemahlenen Körpern (Kreide, Kalkstein, Hohofenschlacke, Trass, verschiedenen Farben) verträgt, ohne an seiner Festigkeit Schaden zu nehmen[1].

---

[1] Die im Jahre 1882 in Berlin abgehaltene aussergewöhnliche Generalversammlung des Vereins deutscher Cementfabrikanten hat erklärt, dass der Verkauf von Cement, welchem fremde minderwerthige Körper nach dem Brennen zugesetzt sind, als „Portland-Cement" für eine Täuschung des Abnehmers zu erachten ist, wenn nicht beim Verkauf und bei der Lieferung der gemischten·Waare deutlich kenntlich gemacht wird, dass ein solcher Zusatz sich im Cement befindet. Zusätze bis 2 Proc. des Gewichtes zum Zwecke dem Cemente besondere Eigenschaften zu ertheilen, sollen jedoch nicht als Verfälschung angesehen werden.

Die Prüfung auf eine Verfälschung mit Kalkstein, Kreide oder Hohofenschlacke erfolgt einfach dadurch, dass man in ein Kelchgas etwa 5 g (einen Theelöffel voll) Cement und 50 ccm verdünnte Salzsäure (1:4) bringt. Entsteht ein Aufbrausen, so ist eine Verfälschung mit Kalkstein oder Kreide erwiesen. (Reiner Cement enthält keinen kohlensauren Kalk, da er bei Weissgluth gebrannt wurde.) Ist die Farbe der Lösung nicht rein gelb, sondern milchig (von ausgeschiedenem Schwefel herrührend), während gleichzeitig die Gelbfärbung verschwindet und ein starker Geruch nach Schwefelwasserstoff auftritt, so war dem Cement Hohofenschlacke (welche bekanntlich Schwefelcalcium-Verbindungen enthält) zugesetzt.

c) Physikalische Prüfung.

1. **Specifisches Gewicht.** Man wählt ein Becherglas von etwa 130 bis 140 ccm Inhalt aus und bestimmt letzteren genau, indem man das Glas auf eine mit drei Stellschrauben horizontal gestellte Glasplatte setzt und nun so lange aus einer 100 ccm enthaltenden und in $^2/_{10}$ ccm getheilten Bürette Wasser in das Becherglas fliessen lässt, bis dasselbe gerade überlaufen will. Man hat diese Inhaltsermittelung des Becherglases ein für alle Mal im Voraus vorgenommen und ebenso das Gewicht des Glases im Voraus ermittelt.

Zur Ermittelung des specifischen Gewichtes des Cementes füllt man in das vollkommen trockene Becherglas unter zeitweise wiederholtem Aufklopfen den fein gemahlenen Cement dicht ein, streicht mittelst einer Glasplatte den überschüssigen Cement ab und wägt.

2. **Sonstige physikalische Prüfungen.** Die deutschen Cementfabriken haben unter sich seit etwa 5 Jahren folgende „Normen" verabredet:

I. „Das Gewicht der Tonnen und Säcke, in welchen Portland-Cement in den Handel gebracht wird, soll ein einheitliches sein. Es sollen nur Normaltonnen von 180 kg Brutto und 170 kg Netto, halbe Tonnen von 90 kg Brutto und 83 kg Netto, sowie Säcke von 60 kg Bruttogewicht von den Fabriken verpackt werden. Streuverlust, sowie etwaige Schwankungen im Einzelgewicht können bis zu 2 pCt. nicht beanstandet werden. Die Tonnen und Säcke sollen die Firma der betreffenden Fabrik und die Bezeichnung des Bruttogewichtes mit deutlicher Schrift tragen.

II. Je nach der Art der Verwendung ist Portland-Cement langsam oder rasch bindend zu verlangen. Für die meisten Zwecke kann langsam bindender Cement angewandt werden und es ist diesem dann wegen der leichteren und zuverlässigeren Verarbeitung und wegen seiner höheren Bindekraft immer der Vorzug zu geben. Als langsam bindende sind solche Cemente zu bezeichnen, welche in $^1/_2$ Stunde oder in längerer Zeit erst abbinden.

III. Portland-Cement soll volumbeständig sein. Als entscheidende Probe soll gelten, dass ein dünner, auf Glas oder Dachziegel ausgegossener Kuchen von reinem

Cement unter Wasser gelegt auch nach längerer Beobachtungszeit durchaus keine Verkrümmungen oder Kantenrisse zeigen darf.

IV. Portland-Cement soll so fein gemahlen sein, dass eine Probe desselben auf einem Sieb von 900 Maschen pro Quadratcentimeter höchstens 20 pCt. Rückstand hinterlässt.

V. Die Bindekraft von Portland-Cement soll durch Prüfung einer Mischung von Cement und Sand ermittelt werden. Daneben empfiehlt es sich, zur Controle der gleichmässigen Beschaffenheit der einzelnen Lieferungen auch die Festigkeit des reinen Cements festzustellen. Die Prüfung soll auf Zugfestigkeit nach einheitlicher Methode geschehen und zwar mittelst Probekörper von gleicher Gestalt und gleichem Querschnitt und mit gleichen Zerreissungsapparaten. Die Zerreissungsproben sind an Probekörpern von 5 qcm Querschnitt der Bruchfläche vorzunehmen.

VI. Guter, langsam bindender Portland-Cement soll bei der Probe mit 3 Gewichtsth. Normalsand und einem Gewichtsth. Cement nach 28 Tagen Erhärtung — 1 Tag an der Luft und 27 Tage unter Wasser — eine Minimalzugfestigkeit von 10 kg pro Quadratcentimeter haben. Bei einem bereits geprüften Cement kann die Probe sowohl des reinen Cements als des Cements mit Sandmischung als Controle für die gleichmässige Güte der Lieferung dienen.

Der Normalsand wird dadurch gewonnen, dass man einen möglichst reinen Quarzsand wäscht, trocknet, durch ein Sieb von 60 Maschen pro Quadratcentimeter siebt, dadurch die gröbsten Theile ausscheidet und aus dem so erhaltenen Sande mittelst eines Siebes von 120 Maschen pro Quadratcentimeter noch die feinsten Theile entfernt. Die Probekörper müssen sofort nach der Entnahme aus dem Wasser geprüft werden."

Es ist wesentlich, dass man genau den im Vorhergehenden beschriebenen Normalsand anwendet. Denn die Korngrösse des Sandes beeinflusst die Festigkeitsresultate bedeutend. Ebenso unerlässlich für die Erlangung übereinstimmender Resultate ist es, dass man die Probekörper genau nach derselben Vorschrift herstellt. Michaelis[1] giebt hierzu folgende Anleitung.

„Man legt auf eine zur Anfertigung der Proben dienende Metall- oder Marmorplatte 5 mit Wasser getränkte Blättchen Fliesspapier und setzt hierauf 5 vorher gut gereinigte und mit Wasser angenetzte Formen. Man wägt 250 g Cement und 750 g trockenen Normalsand ab und mischt beides in einer Schale gut durcheinander. Hierauf bringt man 100 ccm Wasser hinzu und arbeitet die ganze Masse mit einem Spatel so lange durch, bis dieselbe ein gleichmässiges Ansehen zeigt. Man erhält auf diese Weise einen sehr steifen Mörtel, welcher das Aussehen von frisch gegrabener, feuchter Erde hat und sich in der Hand gerade noch ballen lässt. Mit diesem Mörtel werden die Formen auf einmal so hoch angefüllt, dass sie

---

[1] Post's chem.-techn. Analyse II, S. 604.

stark gewölbt voll werden. Man schlägt nun mittelst eines eisernen Anmachspatels (im Gewicht von ca. 150—200 g) anfangs schwach, dann stärker den überstehenden Mörtel in die Formen so lange ein, bis derselbe elastisch wird und an seiner Oberfläche sich Wasser zeigt. Ein bis zu diesem Moment fortgesetztes Einschlagen ist unbedingt erforderlich. Ein nachträgliches Aufbringen und Einschlagen von Mörtel ist nicht statthaft, weil Probekörper von gleicher Dichtigkeit hergestellt werden sollen. Man streicht nun das die Form Ueberragende mit einem Messer ab und glättet mit demselben die Oberfläche. Nachdem die Proben hinreichen erhärtet sind, löst man durch Oeffnen der Schrauben die Formen ab und befreit die Proben von dem noch anhaftenden Fliesspapier. Um richtige Durchschnittszahlen zu erhalten, sind für jede Prüfung mindestens 10 Probekörper anzufertigen.

Nachdem die Probekörper 24 Stunden an der Luft gelegen haben, werden dieselben unter Wasser gebracht und hat man nur darauf zu achten, dass sie während der ganzen Erhärtungsdauer stets vom Wasser bedeckt bleiben. Am Tage der Prüfung werden die Proben unmittelbar vor der Prüfung aus dem Wasser genommen und auf dem Apparate sofort zerrissen. Das Mittel aus sämmtlichen 10 Bruchgewichten ergiebt die Festigkeit des geprüften Cementmörtels. Befinden sich jedoch unter den Zahlen abnorm niedrige, so sind diese, als durch Fehler in der Darstellung der Probekörper verursacht, von der Berechnung auszuschliessen."

Schätzenswerthe Beiträge zur Prüfung des Cementes hat Maclay[1]) geliefert. Wer die in der Anmerkung citirte Schrift dieses Ingenieurs liest, wird freilich auch sehen, dass über viele wichtige Punkte hinsichtich Behandlung der Proben etc. oft einander direct entgegenstehende Ansichten noch herrschen.

Maclay lässt den Cementprobekörper, wenn er frisch und ohne Sandzusatz verwendet wird, nach einem Wasserzusatz von 6—7 Th. auf 32 Th Cement, in der Regel 15—20 Minuten in der Form. Langsam abbindender Cement braucht mitunter 1—6 Stunden, ehe die Form entfernt werden kann. Die Probekörper (ohne Sandzusatz) lässt Maclay nach Entfernung der Formen 2 Stunden an der Luft und alsdann 7 Tage in Wasser von 15^0 liegen. Die Temperatur des Proberaumes soll zwischen 15 und 21^0 liegen.

---

[1]) W. Maclay, Hülfsingenieur im „Departement of Docks" in New-York, „Der Portland-Cement, seine Prüfung und Verwendung". Ins Deutsche übersetzt von B. Stahl, Regierungsbaumeister und R. Rudloff, Bauführer bei der Marine-Hafenbau-Commission zu Kiel. Leipzig 1880. Karl Scholtze.

Brennmaterialien.

(Kohlen und Koks.)

Von

Dr. Böckmann.

Die hier weitaus am häufigsten vorkommenden Bestimmungen sind die Ermittlung des Aschen- und Wassergehaltes.

Bevor man zur Analyse schreitet, muss man sich eine vollkommen gute Durchschnittsprobe (vgl. das auf S. 25 u. f. Gesagte) hergestellt haben. Man hat hierbei namentlich zu beachten, dass die Steinkohlen (einer und derselben Art) oft in ihren verschiedenen Partieen sehr verschiedenen Aschengehalt haben und dass ein und dieselbe Kohlensendung aus verschiedenen Kohlenarten bestehen kann. Die drei hier in Betracht kommenden Kohlenarten sind die (spaltbare und Glasglanz besitzende) Glanzkohle, die (nicht spaltbare und dem Brandschiefer ähnelnde Mattkohle und die in geringeren Mengen vertretene weiche Faserkohle („mineralische Holzkohle"). Die Mattkohlen besitzen fast stets mehr Asche (und disponiblen Wasserstoff) als die Glanzkohlen. Die Faserkohlen werden sich wegen ihrer weichen Beschaffenheit hauptsächlich in der Feinkohle vorfinden.

Aus dem Gesagten ist ersichtlich, dass man total falsche Zahlen erhalten kann, wenn man bei der Probenahme der Kohlen nicht aufs Sorgfältigste die erwähnten Verschiedenheiten berücksichtigt und durch gleichmässige Auswahl auszugleichen sucht. Man nehme ca. hundert Kilo Probe. Kommen die Kohlensendungen täglich an, so nehme man täglich eine Probe von allen Waggons, und mische und pulverisire dieselbe nach 8 oder 14 Tagen.

Bei den Koks, welche meist in säulenförmigen Stücken sich finden, kommen nicht so grosse innere Verschiedenheiten wie bei den Kohlen vor und kann man sich desshalb mit einer kleineren Probenahme begnügen. Immerhin ist zu beachten, dass aber die äusseren Schichten der Säulen in Folge Abbrandes oft aschenreicher sind, als die inneren. Wollte man also beim Pulverisiren der Probe stets nur die abgeschlagenen äusseren Theile nehmen, so würde man zu hohe Zahlen erhalten.

1. Bestimmung des Wassers. Man tarirt auf einer Wage, wie sie Fig. 2 od. 3 zeigt, und welche noch 0,1 g scharf angiebt, eine flache Porzellan-

schale, wägt genau 100 g Kohle oder Koks ab und trocknet etwa 4—5 Stunden im Dampftrockenschrank. Alsdann wägt man die Schale sammt erkaltetem Inhalt, entfernt letzteren, wägt die leere Schale zurück und findet durch Differenz den Wassergehalt.

Zu beachten ist, dass die gepulverten Koks sehr rasch ihre Feuchtigkeit beim blossen Liegen an der Luft verlieren und desshalb ohne langes Aufbewahren untersucht werden müssen.

2. **Bestimmung der Asche.** Man verwendet hierzu entweder die vorher getrocknete oder die feuchte Substanz, je nach dem in den einzelnen Fabriken geltenden Gebrauch.

1 g Substanz wird im Platintiegel (oder in einer Platinschale) bis zum constanten Gewicht geglüht, wozu bei Kohlen etwa 4 Stunden, bei Koks aber oft 8 Stunden und darüber erforderlich sein werden. Weit rascher gelangt man zum Ziele, wenn man verhütet, dass die Verbrennungsgase der Lampe in den Tiegel gelangen können. Zu diesem Zwecke wendet man am besten (nach Lunge) runde Scheiben von Asbestpappe an, in welche man mit dem Messer ein für den Tiegel passendes Loch schneidet, durch welches man den Tiegel steckt. Die Verbrennungsgase sind bei dieser Anordnung gezwungen, sich unter der Asbestscheibe kreisförmig auszubreiten und dann erst an den Rändern derselben in die Höhe zu steigen. Die Verbrennung ist in circa 2 Stunden beendet.

Vorsichtsmassregeln bei der Veraschung.[1]) Man beachte, dass die Steinkohlen bei Anfang der Erhitzung stets Neigung zum Spritzen haben, wesshalb man zuerst bei aufgelegtem Deckel erhitzt. Man erhitze die Steinkohlen anfangs nur bei ganz schwacher Flamme, um ein Verkoken derselben zu vermeiden. Die Veraschung würde bei eingetretener Koksbildung ganz unnöthigerweise verlangsamt. Hat man aber einige Zeit bei schwacher Flamme erhitzt, so dass die flüchtigen Bestandtheile vergast sind, so geht das völlige Veraschen ziemlich rasch bei relativ kleiner Flamme von Statten.

Um sich zu überzeugen, dass die Veraschung eine vollständige ist, befeuchtet man die erkaltete Asche mit etwas Alkohol. Etwa vorhandene unverbrannte Kohlentheilchen werden alsdann obenauf schwimmen. Dieses Befeuchten mit Alkohol empfiehlt sich auch dann, wenn die Veraschung überhaupt sehr langsam fortschreitet. Beim Abbrennen des Alkohols wird die Kohle fest an die Tiegelwandungen angelagert, was ihre völlige Veraschung beschleunigt.

Man sehe sorgfältig darauf, ob beim Veraschen am Tiegel sich Russ abscheidet. An den Stellen nämlich, wo dieser Russ sich ablagerte, tritt eine Disgregation des Platins ein und es scheidet sich ein oft mehrere

---

[1]) Vgl. Muck in Post's chem.-techn. Analyse I, 18.

Milligramme betragender schwarzgrauer Beschlag von Platin ab. Da derselbe mit abgerieben wird, so folgt hieraus die Vorsichtsmassregel, den
Tiegel nach dem Wägen und Entfernen der Asche stets abermals leer zu
wägen, sowie sich Kohle am Tiegel abgeschieden hatte.

Schliesslich sei noch erwähnt, dass die Veraschung der Steinkohlen
und namentlich der Koks am bequemsten in einem Muffelofen, wie ihn
Fig. 36 zeigt, sich ausführen lässt[1]).

Fig. 36.

Man kann in diesem Muffelofen auch Porzellantiegel zur Veraschung
anwenden. Am bequemsten sind viereckige und an den Rändern aufge-
bogene Einäscherungskapseln von Platin, wie sie in Fig. 37 veranschaulicht
sind. Man kann gleichzeitig etwa 6 solche Platinkapseln bequem in den
Muffelofen stellen. Anfangs erwärmt man auch hier langsam und zwar
erst dann, wenn die Platinkapseln oder Tiegel im Ofen stehen. Die vollständige Veraschung im Muffelofen ist in der Regel nach $^3/_4$ Stunden erreicht.

---

[1]) Von Marquart's Lager chemischer Utensilien (C. Gerhardt) in Bonn zum
Preise von 50 M. zu beziehen.

**3. Bestimmung der wirklichen Asche in der „praktischen"
Asche (Schlacke).** Die durch die Rohstäbe der Feuerungen von Dampf-
kesseln, Trocken-, Calciniröfen etc. fallende „praktische" Asche oder
Schlacke ist weit davon entfernt, völlig verbrannt zu sein. So können die
Dampfkesselfeuerungen eine Schlacke liefern, welche (im getrockneten Zu-

Fig. 37.

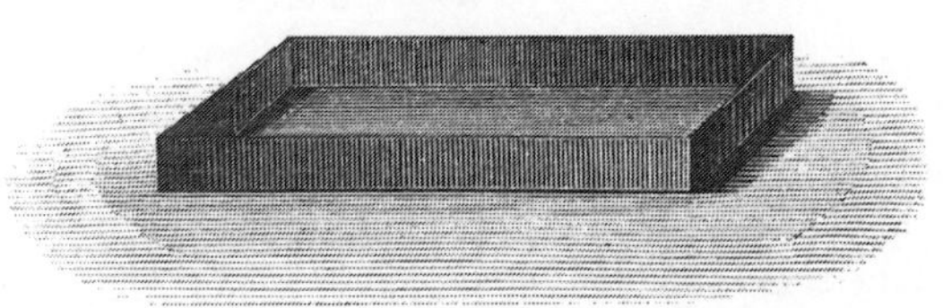

stande) noch 20—30 % unverbrannte Kohle enthalten. Oft noch viel beträchtlicher ist der Gehalt an unverbrannter Kohle in Feuerungen von Cal-
cinir- und Trockenöfen etc.

Es ist desshalb die Bestimmung dieses nicht unbeträchtlichen Kohlen-
verlustes eine wichtige und in wohlgeleiteten Fabriken öfters ausgeführte
Operation. Man sammelt sich eine grössere Durchschnittsprobe der während
ca. 12 Stunden fallenden Asche, pulvert und trocknet dieselbe und verascht 1—2 g.

Der Feuchtigkeitsgehalt der praktischen Asche interessirt den
Fabrikanten nicht, weil derselbe je nach den äusseren Umständen (zu-
fälliges oder absichtliches Bespritzen der Schlacke mit Wasser u. dergl.)
sehr variirt. Man nimmt desshalb die Aschenbestimmung der Schlacke
stets mit der zuvor getrockneten Substanz vor.

4. Schwefel. Die Bestimmung desselben führt man nach der Methode
von Eschka[1]) aus. 1 g feingepulverte Kohle wird mit $1\frac{1}{2}$ g eines innigen
Gemisches von 2 Thl. gebrannter Magnesia und 1 Th. wasserfreier Soda
im Platintiegel mittelst eines Glasstabes gemengt. Man giebt dem Tiegel
hierauf eine schiefe Lage und erhitzt ihn unbedeckt so, dass nur die untere
Hälfte ins Glühen kommt. Unter öfterm Umrühren mit dem Platindraht
wird etwa 1 Stunde das Erhitzen fortgesetzt. Die Beendigung der Verbrennung giebt sich durch den Uebergang der grauen Farbe in Gelblich,
Röthlich oder Bräunlich zu erkennen. Man löscht nun die Flamme, versetzt den erkalteten Tiegelinhalt mit 0,5—1 g salpetersaurem Ammoniak
und erhitzt noch 5—10 Minuten bei aufgelegtem Deckel, um etwa vorhandenes Sulfid oder Sulfit in Sulfat überzuführen. Alsdann zieht man
mit heissem Wasser aus und fällt die filtrirte Lösung nach dem Ansäuern
mit Chlorbarium.

---

[1]) Zeitschr. anal. Chem. **13**, 344.

Oder man löst, statt mit salpetersaurem Ammoniak nochmals zu glühen, direct in Bromsalzsäure auf und fällt das Filtrat.

5. **Phosphor.** Man ermittelt denselben stets in dem eingeäscherten, nicht in dem ursprünglichen Brennmaterial. Man äschert die Substanz zweckmässig in den Fig. 36 veranschaulichten Einäscherungskapseln in dem Muffelofen (Fig. 35) ein. 1—2 g der Asche werden in einer Porzellanschale mit conc. Salzsäure auf dem Wasserbade digerirt. Alsdann verdampft man zur Trockne. Den Rückstand befeuchtet man mit Salzsäure, nimmt mit Wasser auf, filtrirt in eine zweite Porzellanschale und verdampft unter wiederholtem Zusatz von Salpetersäure bis nahe zur Trockne. Man nimmt mit salpetersäurehaltigem Wasser auf und fällt die in ein Becherglas gebrachte Flüssigkeit mit Molybdänlösung.

6. **Koksausbeute der Steinkohlen.** 1 g Steinkohlen (bei stark sich aufblähenden Kohlen nimmt man noch weniger) werden in einem Platintiegel mit glatten Wänden abgewogen, der Tiegel wird auf ein dünnes Drahtdreieck derart gebracht, dass sein Boden 3 cm von der Brennermündung entfernt ist. Es wird nun bei aufgelegtem Tiegeldeckel von Anfang an stark erhitzt. Der hierzu angewendete mit Schornstein versehene Bunsensche Brenner muss eine Flamme von nicht unter 18 cm Höhe haben. Man erhitzt so lange, bis zwischen Deckel und Tiegelwand fast keine Flamme mehr sichtbar ist.

Nur wenn man genau nach dieser (von Muck gegebenen) Vorschrift arbeitet, erhält man befriedigende und untereinander leidlich übereinstimmende Resultate.

Nachfolgend gebe ich eine Zusammenstellung der Koksausbeute verschiedener Steinkohlen nach Muck[1]).

	Koksausbeute im	
	Max.	Min.
Backende Saarkohlen	70	61
„ Sinterkohlen . . .	70,8	59,5
Sinterkohlen	73	56,4
Gesinterte Sandkohlen . . .	69,9	50,9
Sandkohlen	81,9	59,9

Die beim Laboratoriumsversuche gefundene theoretische Koksausbeute wird natürlich in der Praxis nicht erreicht, sondern bleibt in Folge Abbrandes um circa 5—6 % (nach Muck) hinter der theoretischen zurück.

Die Koksausbeute gestattet einen Schluss auf Art und Verwendbarkeit der betreffenden Steinkohle zu ziehen. So wird eine Kohle mit hoher Koksausbeute sehr geeignet für Kokereien, eine solche mit weniger Koksausbeute gut für Gaserzeugung sein.

---

[1]) Post's chem. techn. Analyse I, 22.

7. **Die Elementaranalyse** ergänzt die schon auf Grund der Verkokungsprobe gewonnene Einsicht in die Natur der betr. Steinkohle. Hat man Kohlenstoff und Wasserstoff bestimmt und hieraus den Sauerstoff durch Differenz ermittelt, so zieht man von der ganzen Menge des Wasserstoffes eine Menge ab, welche gleich $^1/_8$ des vorhandenen Sauerstoffes ist. Der übrig bleibende Wasserstoff ist der sog. disponible und für die Beurtheilung der Kohle von grosser Wichtigkeit. Je mehr disponiblen Wasserstoff eine Kohle enthält, desto reichere Gasentwickelung und einen desto geringeren Koksrückstand wird sie beim Erhitzen unter Luftabschluss liefern.

Die Menge des vorhandenen Sauerstoffes beeinflusst die Vergasung bei Luftabschluss in der Regel weit weniger als der disponible Wasserstoff. Denn 4 Th. des letzteren, aber erst 32 Th. des ersteren vergasen 12 Th. Kohlenstoff (unter Bildung von CH_4, resp. CO_2).

8. **Der Heizwerth.** a) Berthier's Probe. Dieselbe beruht auf der (unrichtigen) Voraussetzung, dass die bei der Verbrennung eines Brennstoffes erzeugte Wärme direct proportional der Menge des verbrauchten Sauerstoffes sei. Glüht man also den Brennstoff mit Bleiglätte gemischt, so wird die reducirte Menge Blei als dem absoluten Wärmeeffect des Brennmaterials proportional angenommen. Diese Voraussetzung ist eine irrige, denn 2 H verbinden sich mit 16 O zu H_2 O und 12 C mit 32 O zu CO_2. Es entsprechen also 32 Gewichtstheile verbrauchten Sauerstoffes 12 Gewichtstheilen Kohlenstoff und 4 Gewichtstheilen Wasserstoff, d. h. 1 Th. Wasserstoff reducirt so viel Bleioxyd wie 3 Th. Kohlenstoff. Da der absolute Wärmeffect des Wasserstoffes 34500, der des Kohlenstoffes 8000 Calorien ist, so entspricht die gleiche Menge reducirten Bleies einer Verbrennungswärme des Wasserstoffes von $1 \times 34,5 = 34,5$ und einer solchen des Kohlenstoffes von $3 \times 8 = 24$. Bei wasserstoffreicheren Brennmaterialien fallen also die Resultate zu niedrig aus. Ausserdem ist auch der Einfluss der reducirenden Gase des Ofens auf die Glätte nicht zu vermeiden.

Man führt den Versuch wie folgt aus. 1 g Brennmaterial wird mit 40—50 g gesiebter reiner Bleiglätte (oder noch besser 70—90 g Bleiweiss) gemengt und das Gemenge im bedeckten hessischen Tiegel allmählich im Kohlenfeuer erhitzt; wenn die Masse vollständig fliesst, steigert man kurze Zeit die Hitze, lässt alsdann erkalten, befreit den Bleiregulus durch vorsichtiges Klopfen mit einem Hammer von der Schlacke, bürstet ihn ab und wägt.

Nach Munroe wendet man statt des Tiegels weit besser ein eisernes (nicht galvanisirtes) Gasrohr von 1 Zoll Durchmesser und 1 Fuss Länge an. An einem Ende desselben ist ein dichtschliessender Stöpsel, am anderen ein halbzölliges, 3 Fuss langes Rohr angeschraubt. 1 g fein pulverisirte Kohle wird mit 40 g Glätte gemengt und das Gemenge noch mit einer Lage Bleiglätte im Rohr bedeckt. Letzteres wird in das Feuer eines Dampfkessels derart gelegt, dass sein offenes Ende 6 Zoll herausragt. Es wird nun erhitzt, bis man durch Auflegen eines Fingers auf die Rohröffnung keinen Druck mehr bemerkt. Man erhitzt etwa 10 Minuten. Alsdann nimmt man die Röhre heraus und stösst dieselbe mit dem geschlossenen Ende fest auf, so dass das geschmolzene Blei zu Boden sinkt. Hierauf spannt man das Rohr in einen Schraubstock, entfernt den Stöpsel und bringt das geschmolzene Blei (indem man zugleich mit einem Hammer an das Rohr schlägt) in ein Thongefäss. Das erkaltete Blei wird gewaschen, getrocknet und gewogen. Die Röhre giebt erst, wenn sie 2 bis 3 mal gebraucht war, gute Resultate. Man soll mit dieser Methode weit bessere Resultate als nach der bisher gebräuchlichen (oben beschriebenen) erhalten.

Von 1 Th. Kohlenstoff werden reducirt 34,52 Th. Blei, von Holz 12—15, Torf 8—18, Braunkohle 14—26, Steinkohle (Sandkohle) 21—31, Sinterkohle 19—27, Backkohle 23—31, Anthracit 26—33, Holzkohle 28 bis 34, Koks 22—30 Th. Blei. Schwefelkies (FeS_2) reducirt 8,7 Theile.

Wenn p das Gewicht des erhaltenen Bleiregulus ist, so ist der Wärmeeffect in Calorien $W = \dfrac{8080}{34,5} p$. Er ergiebt sich also durch Multiplication des reducirten Bleies mit 234.

b) Berechnung des Wärmeeffectes aus der Elementar-Analyse.

$$W = \frac{34500\ (H - \frac{1}{8} O) + 8000\ C}{100}$$

Hierbei bedeuten H, O und C die gefundenon Procente Wasserstoff, Sauerstoff und Kohlenstoff und W die bei der Verbrennung eines Gewichtstheils des lufttrockenen Brennstoffes frei werdenden Calorien. $\dfrac{W}{637}$ giebt den theoretischen Verdampfungseffect, d. h. die Gewichtsmenge Wasser von 0^0, welche durch einen Gewichtstheil des Brennstoffes in Dampf von 100^0 verwandelt werden kann. Vorausgesetzt ist hierbei, dass das Brennmaterial ohne Zutritt von überschüssiger Luft vollständig zu Kohlensäure und Wasser verbrennt und dass die Verbrennungsgase mit einer Temperatur von 0^0 entweichen. Diese Methode ist auch ferner desshalb ungenau, weil sie annimmt, dass Kohlenstoff und Wasserstoff als Elemente zur Verbrennung gelangen, während sie als Verbindungen vorhanden sind.

c) Directe Verdampfungsversuche im Dampfkessel. Dieselben haben für die Praxis weitaus den meisten Werth und werden desshalb auch am häufigsten angewendet, wenn es sich um die Ermittelung des Heizwerthes einer Kohle handelt. Man erhält durch diese directen

Verdampfungsversuche Zahlen, welche für die Praxis wirklich verwerthbar sind.

Man beginnt den Versuch etwa Morgens 6 Uhr, wobei man die Centimeter Höhe des Wasserstandes im Speisewasserreservoir notirt. Die zur Verbrennung gelangenden Kohlen werden genau abgewogen. Hat der Versuch etwa 12 Stunden gedauert, so notirt man abermals die Höhe des Wasserstandes und berechnet hieraus das Volumen des verdampften Wassers.

Angenommen man habe während dieser Zeit 6909 Kilo Kohlen und 57239 Kilo Wasser verbraucht, so verdampft 1 Kilo Kohlen 8,1 Kilo Wasser.

Diese praktischen Verdampfungsversuche werden in Fabriken fast stets bei gleichzeitig betriebener Dampfmaschine, also unter einem Druck von ca. 5 Atmosphären (richtiger aber ohne Druck und bei offen gehaltenen Mannlöchern der Kessel) ausgeführt. Sie haben einen Werth nur dann, wenn man mit einem und demselben Kessel verschiedene vergleichende Verdampfungsversuche mit verschiedenen Kohlensorten oder mit einer und derselben Kohle Verdampfungsversuche an verschiedenen Kesseln anstellt.

Zu beachten ist bei derartigeu Versuchen, dass die von dem Kessel betriebene Dampfmaschine während des Versuches in ganz gleichmässigem Gang erhalten wird; dass das Aufwerfen von Brennmaterial und die Kesselspeisung regelmässig in gleichen Zeitintervallen vor sich geht, dass das Nachschüren rasch bei geschlossenem Zugschieber und die Kesselspeisung mit Wasser von gleichmässiger Temperatur erfolgt.

Anhang.

Der Nachweis schädlicher Wirkungen des Steinkohlen- und Hüttenrauches auf die Vegetation.

---

a) Allgemeine für die Untersuchung wichtigen Bemerkungen.

Derartige Untersuchungen werden gar nicht selten den Fabrikschemiker beschäftigen. Bekanntlich sind die benachbarten Grundbesitzer einer Fabrik stets geneigt, letztere für jeglichen Schaden an der Vegetation verantwortlich zu machen. Es handelt sich also in solchen Fällen darum, zu entscheiden, ob die Beschädigung der Vegetation wirklich durch die eigene Fabrik oder durch eine andere Ursache hervorgerufen wurde. Desshalb

---

[1]) Desshalb schadet auch der Holzrauch der Vegetation gar nicht.

ist es jedem Fabrikschemiker anzurathen, sich die nöthige Gewandtheit und Erfahrung in derartigen Untersuchungen anzueignen.

Der Steinkohlen- (und Braunkohlen-)Rauch wirkt so gut wie nur durch seinen Gehalt an schwefliger Säure auf die Vegetation schädlich ein. Der relative Reichthum des Steinkohlenrauches an schwefliger Säure wird durch eine exacte Schwefelbestimmung der angewendeten Steinkohlen (S. 377) annähernd sich beurtheilen lassen. Der Russ des Steinkohlenrauches schadet den Blättern der Bäume so gut wie gar nicht. Ebenso verhält es sich mit den meisten unlöslichen Verbindungen des Flugstaubes des Hüttenrauches, wie arseniger Säure und Bleiverbindungen, welche sich auf den Blättern ohne merkbaren Schaden für dieselben ablagern, dagegen den solche Blätter essenden Thieren gefährlich werden können.

Nächst der schwefligen Säure sind namentlich Salzsäure und Schwefelsäure der Vegetation schädlich[1]). Bei Einwirkung von schwefliger Säure werden die Blätter von Laubhölzern auf der gesammten Fläche gleichmässig fahl. Salzsäure dagegen greift zuerst die Ränder der Blätter an. Uebrigens ist diese Wirkung nicht etwa für die Salzsäure charakteristisch, vielmehr ist anzunehmen, dass — ganz abgesehen von sonstigen gleich wirkenden Einflüssen, wie Absterben der Blätter im Herbste oder ein dem Strassenstaub exponirter Standpunkt — derartige Ränderungen der Blätter alle Säuren hervorbringen, welche bei der Verdunstung des Wassers, das sie an den Rand des Blattes geführt, sich stark concentriren und dass aus diesem Grunde die schweflige Säure eine derartige Wirkung im Allgemeinen nicht ausübt.

Nach Schröder zeigen alle durch saure Gase beschädigten Pflanzen eine herabgesetzte Transpiration und beobachtet man, wenn ein Ueberschuss von Wasser zur Aufnahme zu Gebote steht, an den Blättern eine eigenthümliche Nervaturzeichnung. Dieselbe ist eine Folge der gehemmten Wassercirculation und der hierdurch hervorgerufenen ungleichen Wasservertheilung. Zu beiden Seiten der Gewebe sind die Blätter mit Wasser überfüllt, so dass es zuweilen — namentlich an beiden Seiten der Hauptnerven — in Tröpfchen, ähnlich dem Honigthau austritt.

Gegenwart von Wasser, Licht und Wärme begünstigt die Wirkungen der sauren Gase, während Dunkelheit, niedrige Temperatur und Trocken-

---

[1]) Prof. Freytag hält umgekehrt die Wirkungen der Schwefelsäure und Salzsäure auf die Vegetation für weit nachtheiliger, als die der schwefligen Säure. Nach ihm sind von den im Hüttenrauche enthaltenen Metallverbindungen insbesondere solche wasserfreie Metallsalze, welche Krystallwasser aufnehmen und in Wasser leicht löslich sind, wie Kupfer-, Zink- und Eisenvitriol der Vegetation schädlich, indem sie das Laub bei Aufnahme des Wassers charakteristisch corrodiren.

heit der Luft sie erheblich abschwächen. Es ist eine bekannte Thatsache, dass der Rauch vorzugsweise schädlich wirkt, wenn Wasser in flüssiger Form sich auf den Blättern findet. Die schädliche Wirkung saurer Gase ist während der Periode der kräftigsten Stoffassimilation am grössten. Man stellt desswegen Versuche über die Wirkungen des Rauches am besten im Frühjahre an. Von Mitte Juli an übt der Rauch keine den Ernteertrag oder den Holzzuwachs schädigende Wirkung mehr aus, wenn auch die Blätter nach wie vor corrodirt werden.

Die landwirthschaftlichen Pflanzen sind widerstandsfähiger gegen Raucheinwirkung als die Bäume. Von den Laubhölzern ist die Eiche am widerstandsfähigsten, ihr sehr nahe stehen die Ahornarten und die Esche; dann kommen Erle, Pappel, Linde, Birke und Rothbuche. Von den Nadelhölzern ist die Kiefer am widerstandsfähigsten; dann folgt die Fichte und zuletzt die Tanne, die durch Rauch in kürzester Zeit abstirbt[1]).

b) Die Untersuchung.

Man beginnt dieselbe damit, dass man im näheren Umkreis der Fabrik Blätter der verschiedenartigsten Bäume und Baumarten äusserlich auf etwaige Beschädigungen prüft. Sollen letztere vom Rauch herrühren, so müssen sie an allen Baumarten — unter Berücksichtigung ihrer Empfindlichkeitsskala gegen Rauchwirkungen — wahrzunehmen sein. Ist beispielsweise Rothbuche weniger angegriffen als Eiche, die Kiefern mehr als die Tannen, so kann man hieraus schon entnehmen, dass die Beschädigungen entweder gar nicht oder nur theilweise vom Rauche herrühren. Oft sind die durch Spätfrost, mikroskopische kryptogamische Vegetabilien oder Insecten (als Larve oder im entwickelten Zustande) hervorgerufenen äusseren Veränderungen der Blätter täuschend ähnlich den durch Rauch hervorgerufenen Wirkungen. Aeusserste Vorsicht und Umsicht ist bei diesen Prüfungen also geboten.

Diese auf das äussere Blatt sich erstreckenden wichtigen Prüfungen werden ergänzt durch die ebenso wichtige **Schwefelsäurebestimmung in der Asche der Blätter.** Je mehr schweflige Säure der Rauch enthält, desto mehr Schwefelsäure wird sich in der Asche der Blätter und Nadeln finden, was sich durch Vergleichung mit dem ebenfalls zu ermittelnden Schwefelsäuregehalte ganz gesunder Blätter derselben Baumart aus derselben Gegend ergiebt.

---

[1]) Die Wirkungen der sauren Gase auf die Nadeln machen sich zuerst durch ein mattes Grün an der Spitze der Nadel bemerkbar. Dann wird dieselbe fahl und endlich braunroth, wobei sie aber scharf abgegrenzt gegen die graue Basis ohne irgend einen Uebergang der Färbung ist.

Man sammelt von einer bestimmten, in der betreffenden Gegend häufig vorkommenden Baumart etwa 200 g Blätter in unmittelbarer Nähe der Fabrik und eine gleiche Menge in Entfernungen von etwa 5, 15 und 25 Minuten. Man hat hierbei zu beachten, welche Richtung der Rauch gewöhnlich nimmt und hat möglichst in dieser Windrichtung liegende Bäume auszuwählen. Auch hat man nicht zu vergessen, dass von hohen Schornsteinen der Rauch oft 10 Minuten weit weggeführt werden kann, ehe er sich vollständig zu Boden senkt. Man findet alsdann in nächster Nähe der Fabrik oft nicht mehr Schwefelsäuregehalt in den Blättern als 10 Minuten davon entfernt.

Das Einfachste ist, die gesammelten Blätter in einer Reihe von Porzellanschalen im Dampftrockenschrank einen Tag zu trocknen, bis sie braun und mürbe geworden sind und alsdann ein Blatt nach dem andern in einzelnen Stücken in den glühenden Platintiegel zu werfen. Hat man etwa 1 g Asche auf diese Weise erhalten, so löst man eine abgewogene Menge der gepulverten Asche (möglichst wenig unter 1 g) in Salzsäure und fällt das Filtrat mit Chlorbaryum.

Man kann auch in 10 g der frischen Blätter durch Trocknen und Zurückwägen die Trockensubstanz und in letzterer die Aschenprocente ermitteln, so dass man im Stande ist, die gefundenen Procente SO_3 nicht nur auf Aschenprocente, sondern auch auf Procente vom Gewicht der trocknen oder feuchten Blätter zu berechnen.

Will man einem Schwefelverlust ganz sicher vorbeugen, was nur bei genaueren Versuchen nöthig ist, so durchtränkt man 30 g gepulverte und fein gemahlene, im Trockenschrank zuvor getrocknete Blätter mit einer Lösung von 1—3 g kohlensaurem Natron und dampft zur Trockene ein. Der getrocknete Rückstand wird verkohlt, mit Wasser extrahirt und die Kohle völlig verbrannt. Man vereinigt dann die Asche mit dem Extract, dampft wieder ab, scheidet die Kieselsäure ab und bestimmt im Filtrate die Schwefelsäure. Man darf nicht mehr kohlensaures Natron als angeben nehmen, weil sonst die Einäscherung mangelhaft ist und sehr in die Länge gezogen wird.

Steinkohlengas.

Von

Dr. Böckmann.

Eine eigentliche regelrechte analytische Controle ist nur in wenigen grösseren Gasfabriken (Berlin, Köln, Bremen u. s. w.) eingeführt. Die übrigen Fabriken begnügen sich damit, die allerwichtigsten Prüfungen, wie des Rohgases auf Ammoniak, von angelernten Gehülfen, mehr oder weniger vollständig ausführen zu lassen. Es wird desshalb der studirte Chemiker nur selten in die Lage kommen, eine Analytikerstelle in einer Gasfabrik anzunehmen und können wir uns im Folgenden auf das Nothwendigste beschränken.

Die Untersuchungen in Gasfabriken zerfallen in die Prüfung des **Rohmaterials** (der Steinkohlen), der **Betriebsproducte** (Rohgas und Reinigungsmasse) und des fertigen **Gases** (Strassengases). Hierzu kommt noch die Untersuchung der gebildeten **Nebenproducte** (Gaswasser und Gaskoks).

I. **Die Steinkohlen.** Ihre Untersuchung ist unter „Brennmaterialien" ausführlich beschrieben. Man zieht die Mattkohlen (siehe im genannten Abschnitt), welche reicher an disponiblen Wasserstoff sind, den Glanzkohlen vor. Am wichtigsten ist die Bestimmung des Schwefels, welche nach der Methode von Eschka (S. 377) ausgeführt wird.

II. **Rohgas.** Dasselbe wird auf Ammoniak, Kohlensäure, Schwefelwasserstoff, und Theer geprüft.

Die weitaus wichtigste und häufigste Bestimmung ist die des Ammoniaks. Das im Rohgase befindliche Ammoniak wird theils von den Condensatoren, theils von den Scrubbern und der Reinigungsmasse abgeschieden. Die Condensatoren scheiden (mit der Temperatur) sehr wechselnde Mengen Ammoniak ab. Je nach dem grösseren oder geringeren Ammoniakgehalt des die Condensatoren verlassenen Rohgases muss desshalb das Waschen in den Scrubbern regulirt werden. Bei guter Leitung des Betriebes kann das Rohgas schon vor der Reinigung vollständig ammoniakfrei gemacht werdent.

1. Die Ammoniakbestimmung des Rohgases führt man am besten mit dem Knublauch'schen Apparat[1]) aus. Man saugt mittelst eines grossen Aspirators das Rohgas durch eine abgemessene Menge titrirter Schwefelsäure, welche mit Rosolsäurelösung stark gelb gefärbt ist. Sowie alle Schwefelsäure neutralisirt ist, geht die gelbe Farbe in Roth über. Aus der ausgeflossenen Wassermenge des Aspirators und dem angewandten Volumen titrirter Schwefelsäure lässt sich der Ammoniakgehalt des Rohgases leicht berechnen. Knublauch umgeht diese Berechnung, indem er stets die gleiche Menge Säure anwendet und das aus dem Aspirator gelaufene Wasservolumen direct auf Gramme Ammoniak pro 100 000 l Gas umrechnet. Diese Zahlen sind bei den entsprechenden Volumen am Aspirator markirt.

Fig. 38 zeigt den Knublauch'schen Apparat. Um mit demselben eine

Fig. 38.

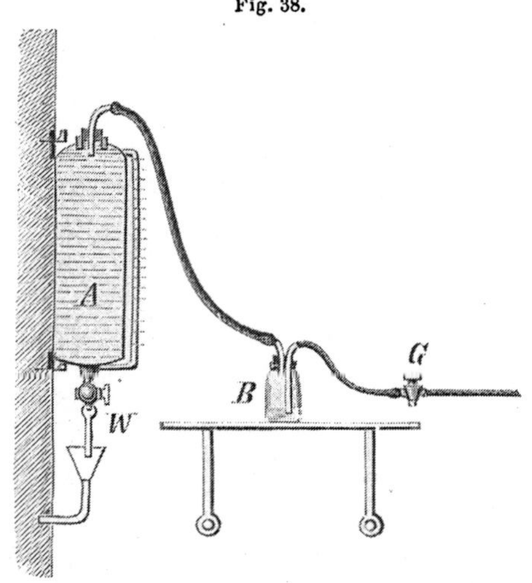

Untersuchung das Rohgases (vor den Scrubbern) zu machen, schaltet man B aus, verbindet die Schläuche mittelst eines Stückes Glasrohr, öffnet G und W und saugt so das in der Leitung stehende Gas fort. Während dessen giebt man in B 25 ccm der dem Apparat beigegebenen Säure S (Scrubber) und färbt dieselbe mit Rosolsäurelösung stark gelb. Nachdem der Aspirator von Neuem, jetzt bis zum Nullpunkte, gefüllt ist, wird B eingeschaltet. Man öffnet zuerst G, dann W und saugt das Gas durch

---

[1]) E. Leybold's Nachfolger in Köln liefert diesen Apparat, bestehend aus 2 Aspiratoren verschiedener Grösse, 2 Absorptionsgefässen, 2 Messkölbchen von 25 ccm, 2 verschiedenen Schwefelsäuren und Rosolsäurelösung für 50 Mark.

die Schwefelsäure (zweckmässig etwa 1 l in 3 Minuten). Ist die Endreaction (das plötzliche Rothwerden der Flüssigkeit) eingetreten, so schliesst man rasch W, dann G und liest den Ammoniakgehalt ab. War das Wasser beispielsweise bis zur Marke 200 abgeflossen, so beträgt der Ammoniakgehalt 200 g pro 100 000 l.

Falls sehr viel Ammoniak vorhanden sein sollte (mehr als 300 g), so wiederholt man den Versuch unter Anwendung von 50 ccm Säure. Das Resultat wird dann mit 2 multiplicirt. Auch verfährt man stets so, wenn der Gehalt ein hoher, aber noch an dem Apparat abzulesender ist, da bei Anwendung von mehr Gas die Beobachtungsfehler geringer werden. Man habe z. B. bei 25 ccm Säure 250 am Aspirator gefunden und wünscht das Resultat genauer, so verwendet man zum zweiten Versuch 50 ccm Säure. Ergiebt dieser 120, so ist der Gehalt 240 g.

Liegt der Gehalt unter 50 (was vor den Scrubbern kaum jemals vorkommen wird), so kann man sich damit begnügen, dieses zu wissen. Will man aber ein genaueres Resultat, so legt man nur 10 ccm der Säure vor und multiplicirt die am Aspirator abgelesene Zahl mit $^{10}/_{25}$.

Will man den (relativ sehr hohen) Gehalt des Rohgases vor den Condensatoren feststellen, so legt man stets 50 ccm der Säure S vor und multiplicirt die gefundene Zahl mit 2.

Zur Bestimmung des Gehaltes des Rohgases vor der Reinigung verwendet man 25 ccm der ebenfalls dem Apparat beigegebenen Säure R (Reinigung) und gebraucht den kleineren Aspirator[1]). Ist mehr Ammoniak als 20 g vor der Reinigung vorhanden, was bei mangelhafter Condensation und Waschen meist der Fall sein wird, so verfährt man so wie schon oben angegeben, d. h. man legt z. B. 50 ccm der Säure R vor. Liest man 15 am Aspirator ab, so ist der Gehalt pro 100 000 l $15 \times 2 = 30$ g Ammoniak.

Auf weniger als 1 g NH_3[2]) ist der Apparat nicht eingerichtet, um denselben nicht unnöthig zu vergrössern. Man kann sich aber dadurch helfen, dass man, falls die Endreaction bei 1 g nicht eingetreten ist, von Neuem füllt und das Gas abermals durchsaugt. Gebraucht man zwischen 1—2 Füllungen, so liegt der Gehalt zwischen 1 und $^1/_2$ g, bei 2—3 Füllungen zwischen $^1/_2$ und $^1/_3$ g u. s. w. Oder man legt nur 10 ccm Säure R vor und multiplicirt das Resultat mit $^2/_5$.

---

[1]) Die beiden Aspiratoren hängt man ein für alle Mal in der Fabrik auf und zwar den grösseren vor den Scrubbern und den kleineren vor der Reinigung. Ebenso bringt man Wasser-Zu- und Abfluss an, so dass man jederzeit rasch eine Bestimmung machen kann.

[2]) In der Kölner Gasfabrik wird nach Knublauch im Rohgase vor der Reinigung fast stets unter $^1/_2$ g gefunden.

Hat man den Knublauch'schen Apparat nicht zur Verfügung, so wendet man zwei Waschflaschen an, in welche man bei Prüfung des Rohgases hinter der Vorlage und den Condensatoren zusammen etwa 30 ccm Normalschwefelsäure, bei Prüfungen vor und hinter den Scrubbern ca. 60 ccm $\frac{1}{10}$ Normalschwefelsäure bringt. Nachdem das Gas die zwei Waschflaschen passirt hat, gelangt es in eine Woulf'sche Flasche, welche eine Lösung von Bleiacetat zur Absorption des Schwefelwasserstoffs enthält. Hierauf folgt ein mit loser Watte gefülltes U-Rohr zur Abscheidung des Theeres. Das so gereinigte Gas gelangt in einen Experimentirgaszähler, hinter welchem die Saugvorrichtung angebracht ist. Man regulirt den Mikrometerhahn des Gaszählers derart, dass ungefähr 20 l Gas pro Stunde durchgesaugt werden.

2. Bestimmung des Schwefelwasserstoffs. Man leitet das Rohgas durch zwei Waschflaschen, welche eine Lösung von salpetersaurem Silberoxyd enthalten, die durch Zusatz von etwas Ammoniak alkalisch gemacht wurde. Das aus den Waschflaschen tretende Gas wird zur Absorption des (die Zählerwerke angreifenden) Ammoniaks durch eine Flasche mit verdünnter Säure und alsdann in den Gaszähler mittelst einer hinter diesem angebrachten Saugvorrichtung geführt. Die Flüssigkeit wird nach beendetem Versuche in ein Becherglas gespült, mit einigen Tropfen Salpetersäure gerade sauer gemacht und das Schwefelsilber auf ein Filter abfiltrirt, welches durch ein genau gleich schweres zweites tarirt wurde (vgl. S. 23). Beide Filter werden im Dampftrockenschrank getrocknet. (1 g Schwefelsilber entspricht 0,1371 g oder 90,91 ccm Schwefelwasserstoff.)

3. Bestimmung der Kohlensäure. Man reinigt das Gas durch eine in Waschflaschen vorgelegte schwach essigsaure Lösung von Bleiacetat von Ammoniak und Schwefelwasserstoff und bestimmt die Kohlensäure in der Bunte'schen Bürette (S. 59) oder in dem hierzu eigens construirten Rüdorff'schen Apparate[1]).

4. Bestimmung des Theers. Um auf das Vorhandensein desselben qualitativ zu prüfen, hält man ein weisses Blatt Papier vor das ausströmende Gas. Das baldige Entstehen eines schwarzen Fleckes zeigt das Vorhandensein von Theer an.

Falls man denselben quantitativ zu bestimmen wünscht, so bedient man sich des Apparates von Tieftrunk[2]). Das Gas tritt in einen Glascylinder mittelst einer Glasröhre, welche fast auf den Boden des Cylinders reicht. Der Cylinder ist mit Alkohol gefüllt und enthält eine Reihe von über einander lagernden, mit feinen Löchern versehenen Messingglocken.

---

[1]) „Untersuchung der Industriegase" von Cl. Winkler. Zweiter Band S. 116; Post's Chem.-techn. Analyse, I, S. 85.

[2]) „Untersuchung d. Industriegase" von Cl. Winkler II, S. 51.

Indem das Gas durch diese Oeffnungen passirt, wird der in ihm enthaltene Theer ausgeschieden. Vor den Condensatoren lässt man ca. 8 Stunden das Gas mit einer Geschwindigkeit von 30 l pro Stunde den Apparat passiren. Untersucht man den Theergehalt des Gases vor oder nach den Scrubbern, so lässt man das Gas 10 Stunden lang mit einer Geschwindigkeit von 50 l pro Stunde passiren. Nach Beendigung des Versuches nimmt man die Glocken heraus, spritzt den an ihnen noch haftenden Theer mittelst einer Alkohol-Spritzflasche in ein Becherglas ab und giesst auch den in dem Glascylinder befindlichen Theer hinzu. Man filtrirt nach 12 Stunden auf ein Filter, welches durch ein genau gleich schweres Filter tarirt wurde, und trocknet im Exsiccator über Schwefelsäure.

III. **Die Reinigungsmasse.** Man ermittelt in derselben den Gehalt an freiem Schwefel und Gesammtschwefel, schwefelsaurem Ammoniak und Schwefelcyanammonium, Ammoniak, Cyan, Gesammteisen (einschliesslich das an Cyan gebundene) und Gesammteisen, welches als Oxyd und Oxydul vorhanden ist, wozu noch die getrennte Bestimmung des Eisenoxyds hinzutreten kann. Falls die Reinigungsmasse zur Schwefelsäurefabrikation verwendet wird (vergl. S. 128), kommt die Bestimmung des freien Schwefels in erster Linie in Betracht. Die eingehendere Untersuchung, wie sie im Folgenden beschrieben ist, wird nur zeitweise auszuführen sein.

1. Freier Schwefel. Etwa 3—5 g der bei 70—80° getrockneten, fein gepulverten und gut gemischten Reinigungsmasse kommen in eine Glasröhre, welche in ihrem unteren Theile an einer Stelle durch Ausziehen verengt ist und dort mit einem locker eingefügten Pfropfen von ausgeglühtem Asbest versehen ist. Die Glasröhre wird mittelst eines Korkes auf ein gewogenes Fractionirkölbchen aufgesetzt. Man giesst nun wiederholt Schwefelkohlenstoff auf, bis (nach etwa 6—12 maligem Wiederholen) aller Schwefel in Lösung gegangen ist, was man an dem Verschwinden des gelbbraunen Ringes in der Extractionsröhre ziemlich sicher wahrnehmen kann. Der im Kölbchen sich ansammelnde Schwefelkohlenstoff wird durch Einstellen des ersteren in warmes Wasser abdestillirt. Das Kölbchen wird schliesslich bei 70—80° getrocknet. Die Gewichtszunahme ist gleich dem Gehalt an freiem Schwefel.

2. Gesammtschwefel. Die Bestimmung desselben erfolgt zweckmässig nach der vom Verfasser empfohlenen Methode zur Schwefelbestimmung der Pyrite (S. 119). Etwa 0,5 g der nach No. 1 vorbereiteten Reinigungsmasse werden in einer geräumigen Platinschale mit der fünfzigfachen Menge der Mischung von 6 Th. kohlensaurem Natron und 1 Th. chlorsaurem Kali innig gemischt und die noch mit einer reinen Schicht der Chloratmischung bedeckte Masse geschmolzen.

3. Schwefelsaures Ammoniak, Schwefelcyanammonium und

Ammoniak. 10 g der bei 70—80⁰ getrockneten Reinigungsmasse bringt man in einen Literkolben, giesst Wasser (von gewöhnlicher Temperatur) hinzu und lässt unter öfterem Umschütteln etwa 1 Stunde lang stehen. Alsdann füllt man zur Marke auf, schüttelt um und filtrirt durch ein trockenes Faltenfilter dreimal je 100 ccm ($= 1$ g) ab. In der einen Portion bestimmt man nach dem Ansäuren mit Salzsäure die Schwefelsäure des schwefelsauren Ammoniaks, in der anderen ermittelt man nach Zusatz von Bromwasser die dem schwefelsauren Ammoniak + Schwefelcyanammonium entsprechende Menge Schwefelsäure[1]) und in der dritten bestimmt man durch Destillation mit Kalkmilch oder Magnesia das Ammoniak, wobei man letzteres durch überschüssige Schwefelsäure absorbiren lässt und den Ueberschuss unter Anwendung von Rosolsäure mit Normalalkali zurücktitrirt.

4. Cyan. 1 g bei 70—80⁰ getrockneter Reinigungsmasse wird mit Natronkalk verbrannt. (S. 214.) Vom gefundenen Ammoniak zieht man das als schwefelsaures Ammoniak, resp. Schwefelcyanammonium vorhandene ab und berechnet das übrig bleibende Ammoniak auf Cyan.

5. Gesammteisen (einschliesslich des an Cyan gebundenen). $2\frac{1}{2}$ g der bei 70⁰ getrockneten Reinigungsmasse werden in einem Porzellantiegel geglüht. Den erkalteten Glührückstand erwärmt man mit Salzsäure, giesst die Flüssigkeit in einen $\frac{1}{4}$-Literkolben, füllt bis zur Marke auf und filtrirt 100 ccm durch ein trockenes Filter. Dieselben werden mit Salzsäure unter Zusatz von chlorsaurem Kali zur Trockene verdampft. Der Rückstand wird in Wasser gelöst und die Lösung mit Ammoniak gefällt. Der gefällte und filtrirte Niederschlag wird in Salzsäure wieder gelöst, die Lösung mit Zink reducirt und unter Zusatz von schwefelsaurem Manganoxydul (siehe S. 104 und S. 412) mit Chamäleon titrirt. Oft auch genügt es, den durch Ammoniak gefällten Niederschlag direct zu wägen.

6. Gesammteisen, welches als Oxyd und Oxydul vorhanden ist. $2\frac{1}{2}$ g der bei 70⁰ getrockneten Substanz werden in einen $\frac{1}{4}$-Literkolben auf dem Wasserbade mit verdünnter Salzsäure etwa $\frac{1}{2}$ Stunde erwärmt. Hierauf füllt man zur Marke auf und filtrirt 100 ccm ab, mit welchen man genau nach No. 6 weiter verfährt. Die zwischen No. 5 und 6 sich ergebende Differenz im Eisengehalte entspricht dem als Cyanverbindung enthaltenen Eisen.

7. Bestimmung des Eisenoxyds neben Eisenoxydul. Man erwärmt $2\frac{1}{2}$ g Substanz im $\frac{1}{4}$-Literkolben auf dem Wasserbade mit Salzsäure unter Einleitung von Kohlensäure, lässt im Kohlensäurestrom nach beendeter Lösung erkalten, füllt zur Marke auf und nimmt 100 ccm der

---

[1]) Das in diesem Falle gefundene Mehrgewicht von schwefelsaurem Baryt giebt mit 0,25322 multiplicirt den Gehalt an H Cy S.

völlig geklärten Flüssigkeit zur Titration des Eisenoxyds mittelst Zinnchlorürs oder des Oxyduls nach Zusatz von schwefelsaurem Manganoxydul mit Chamäleon.

IV. **Die Prüfung des fertigen Gases.** Man prüft qualitativ auf Schwefelwasserstoff, Schwefelkohlenstoff und quantitativ auf Gesammtschwefel (seltener auf Kohlensäure und Ammoniak). Zur Prüfung auf Schwefelwasserstoff leitet man das Gas über Bleipapier. Da das Laboratorium einer Gasfabrik selten völlig frei von Schwefelwasserstoff sein wird, so empfiehlt es sich, das Bleipapier in ein an beiden Enden offenes und am einen Ende zur Spitze ausgezogenes Glasröhrchen zu bringen.

Schwefelkohlenstoff weist man dadurch nach, dass man das Gas durch eine ätherische Lösung von Triäthylphosphin streichen lässt. Färbt sich dieselbe roth, so ist Schwefelkohlenstoff vorhanden.

Die Bestimmung des Gesammtschwefels erfolgt nach der Methode von Valentin-Tieftrunk[1]). Das Princip derselben besteht darin, dass man das Gas mit der zehnfachen Menge Luft gemischt durch ein in einem Verbrennungsöfchen erhitztes Platinrohr leitet, welches vorne in Platindraht eingewickelten Platinschwamm, hinten gekörntes, trockenes kohlensaures Kali enthält. Das Leuchtgas wird durch eine rechtwinklig angebrachte Zweigröhre in die Hauptröhre von Platin eingeleitet. Man lässt 150 l Luft und 15 l Gas pro Stunde die Platinröhre passiren und beendet den Versuch in etwa 3—4 Stunden. Der im Leuchtgas vorhanden gewesene Gesammtschwefel findet sich als schwefelsaures Kali in dem vorgelegten kohlensauren Kali wieder und wird auf gewöhnliche Weise bestimmt.

Die Bestimmung der Kohlensäure und von Ammoniak erfolgt nach der beim Rohgas angegebenen Weise. Zur Bestimmung des Ammoniaks muss man natürlich eine sehr verdünnte Schwefelsäure anwenden. Drehschmidt[1]) lässt 100 l Gas (Geschwindigkeit von ca. 20 l pro Stunde) durch eine Flüssigkeit streichen, welche 2 ccm einer $^1/_{20}$ Normalschwefelsäure enthalten. Die Flüssigkeit wird im Becherglase zur Austreibung der Kohlensäure zum Sieden erhitzt, nach dem Erkalten mit Rosolsäure gefärbt und alsdann die überschüssige Säure zurücktitrirt. 1 ccm $^1/_{20}$ Normalschwefelsäure $= 0,85$ g Ammoniak auf 100 ccm Gas berechnet.

Den Leuchtwerth des Gases ermittelt man mit dem Bunsen'schen Photometer unter Anwendung eines Gaszählers. Oft jedoch wird man auch in anderen Fabriken den Leuchtwerth des häufig selbstfabricirten Gases zeitweise feststellen wollen, ohne dass man desshalb gerade eine Ausgabe von 150 M. für den Bunsen'schen Apparat machen möchte. Für solche Fälle eignet sich am besten die Anwendung eines Rumford'schen Photo-

---

[1]) Post's Chem.-techn. Analyse I; S. 97.

meters, welches man sich innerhalb weniger Stunden in der Fabrik-
schreinerei anfertigen lassen kann.

Man lässt sich einen aus einer auf zwei Füssen stehenden Bretter-
wand gebildeten Schirm herstellen und heftet auf denselben einen weissen
Bogen Papier mittelst Zeichenstifte auf. Ferner bedarf man noch eines
in einem Fuss stehenden, schwarz angestrichenen Stockes. Man verdunkelt
das Zimmer völlig, stellt den Schirm auf den Fussboden und etwa 1 m
von ihm entfernt eine Gaslampe, in welcher das zu untersuchende Gas
brennt und ziemlich dicht vor den Schirm den schwarzen Stock. Nun
nähert man von der Seite die Normalkerze dem Schirm und verschiebt
Kerze und Brenner so lange vorsichtig vor-, rück- und seitwärts, bis
die zwei auf den Schirm geworfenen Schatten möglichst gleich in der
Intensität der Farbe sind. Man operirt zweckmässig so, dass die beiden
Schatten in Form breiter Schattenbänder sich auf dem weissen Papier
des Schirmes dicht begrenzen. Auf diese Weise kann man die Färben-
Intensität beider Bänder sehr scharf mit einander vergleichen. Ist die
Intensität beider gleich, so misst man mit dem Meterstab die Entfernung
der Kerze und des Brenners vom Papierschirm. Die Lichtstärken beider
verhalten sich bekanntlich proportional den Quadraten der Entfernung.

V. Die Prüfung des Gaswassers. Dieselbe erstreckt sich auf die
Prüfung des nichtconcentrirten und des (durch Destillation) concentrirten
Ammoniakwassers sowie des bei der Destillation verbleibenden Abflusswassers. In allen diesen Fällen handelt es sich lediglich um die Ermittlung
des Ammoniakgehaltes.

1. Die Prüfung des schwachen und starken Ammoniakwassers erfolgt auf dieselbe Weise. Man ermittelt zunächst die Grade
Beaumé. Schwache Ammoniakwasser werden etwa zwischen 0,5 und 3⁰ Bé.,
starke zwischen 10 und 16⁰ Bé. zeigen. Aus den gefundenen Graden liest
man das entsprechende specifische Gewicht auf umstehender Tabelle ab[1]),
welche auch für die Untersuchung der Mutterwasser der Krystallsoda u. dgl.
(vgl. S. 175) zu benutzen ist.

Nunmehr werden 20 ccm des Ammoniakwassers in eine Porzellantasse
gebracht und mit etwa 200 ccm Wasser verdünnt. Man titrirt alsdann
mit Schwefelsäure unter Anwendung von Lackmuspapier (vgl. S. 94) als
Indicator. Die verbrauchten Cubikcentimeter, welche die zum Neutralisiren
der 20 ccm Ammoniakwasser nöthige Säuremenge repräsentiren, werden
mit dem specifischen Gewichte des Ammoniakwassers getheilt. Man er-

---

[1]) Selbstverständlich kann man auch (z. B. wenn die zu untersuchende Flüssigkeitsmenge zur Ermittelung der Grade Beaumé nicht ausreicht) das spec. Gewicht direct mittelst eines Pyknometers bestimmen und auf der nachstehenden
Tabelle die Grade Beaumé ablesen.

Grade Bé.	Spec. Gew.	Grade Bé.	Spec. Gew.	Grade Bé.	Spec. Gew.	Grade Bé.	Spec. Gew.	Grade Bé.	Spec. Gew.
0	1·0000	5·25	1·0377	10·25	1·0764	15·25	1·1181	21·00	1·1702
0·25	1·0017	5·50	1·0396	10·50	1·0780	15·50	1·1202	22·00	1·1798
0·50	1·0034	5·75	1·0415	10·75	1·0800	15·75	1·1223	23·00	1·1896
0·75	1·0051	6·00	1·0434	11·00	1·0825	16·00	1·1247	24·00	1·1994
1·00	1·0069	6·25	1·0453	11·25	1·0845	16·25	1·1269	25·00	1·2095
1·25	1·0086	6·50	1·0472	11·50	1·0865	16·50	1·1291	26·00	1·2198
1·50	1·0103	6·75	1·0491	11·75	1·0885	16·75	1·1313	27·00	1·2301
1·75	1·0120	7·00	1·0509	12·00	1·0907	17·00	1·1335	28·00	1·2407
2·00	1·0140	7·25	1·0528	12·25	1·0927	17·25	1·1357	29·00	1·2515
2·25	1·0158	7·50	1·0547	12·50	1·0947	17·50	1·1379	30·00	1·2624
2·50	1·0176	7·75	1·0566	12·75	1·0967	17·75	1·1391	31·00	1·2736
2·75	1·0194	8·00	1·0587	13·00	1·0990	18·00	1·1425	32·00	1·2849
3·00	1·0212	8·25	1·0596	13·25	1·1011	18·25	1·1447	33·00	1·2965
3·25	1·0230	8·50	1·0615	13·50	1·1032	18·50	1·1469	34·00	1·3082
3·50	1·0258	8·75	1·0634	13·75	1·1053	18·75	1·1491	35·00	1·3202
3·75	1·0276	9·00	1·0665	14·00	1·1074	19·00	1·1516	36·00	1·3324
4·00	1·0285	9·25	1·0684	14·25	1·1095	19·25	1·1538	37·00	1·3447
4·25	1·0303	9·50	1·0703	14·50	1·1116	19·50	1·1560	38·00	1·3574
4·50	1 0321	9·75	1·0722	14·75	1·1137	19·75	1·1582	39·00	1·3703
4·75	1·0339	10·00	1·0744	15·00	1·1160	20·00	1·1608	40·00	1·3834
5·00	1·0358								

hält so die für 20 Gramm Ammoniakwasser nöthige Anzahl ccm titriter Schwefelsäure und hieraus die Gewichtsprocente Ammoniak. Man kann gut die titrirte Schwefelsäure von S. 98 (von welcher 50 ccm genau 5 g reines kohlensaures Natron neutralisiren) zu dieser Bestimmung anwenden.

Oft will man auch wissen, wie viel Ammoniak im Gaswasser als freies oder kohlensaures und wie viel als Salmiak u. dgl. vorhanden ist. Man verfährt alsdann wie folgt. In eine blecherne Kochflasche von ungefähr 1 l Inhalt bringt man etwa 150 ccm reines Wasser und 20 ccm Ammoniakwasser. In der Oeffnung der Flasche sitzt ein Gummistopfen, durch dessen Durchbohrung eine gebogene kurze Glasröhre geht. Dieselbe trägt einen Kautschukschlauch, an dessen anderem Ende eine Glasröhre eingeschoben ist. Letztere taucht in eine mit etwa $^3/_4$ l Wasser gefüllte Porzellantasse. Das Wasser in der Tasse ist mit eben roth gemachter Lackmustinctur gefärbt. Nun wird die Kochflasche über freiem Feuer kräftig erhitzt. Das beginnende knatternde Absorptionsgeräusch zeigt die Entwicklung des Ammoniaks an, welche sich auch durch den auftretenden blauen Streifen an der Ausmündungsstelle des Glasrohrs in der Tasse zu zu erkennen giebt. Man lässt nun rasch und in geeigneten Intervallen die Säure hinzufliessen. Ist man dem Ende der Ammoniakentwicklung nahe gekommen, so regulirt man den letzten Säurezusatz mit Hülfe von Lackmuspapier. Obwohl keine Wasser-Kühlung bei diesem einfachen Apparate vorhanden ist und das Wasser sich in der Porzellantasse ziemlich erwärmt, sind die nach dieser Methode ausgeführten Ammoniakbestimmungen durchaus genau.

Hat man nun das freie und kohlensaure Ammoniak ermittelt, so unterbricht man das Kochen, giebt 2—3 Löffelchen Soda und etwas Wasser in das Blech und kocht von Neuem. Man erfährt jetzt das „gebundene Ammoniak".

2. Die Prüfung des Abflusswassers (von der Destillation des Gaswassers). Man kann für dieselbe sehr gut das soeben beschriebene Verfahren anwenden, wobei man etwa 100—250 ccm Abflusswasser der Destillation zuerst ohne Zusatz, dann mit Sodazusatz unterwirft. Das im ersteren Falle erhaltene Ammoniak ist in Folge der nicht lang genug fortgesetzten Destillation des Gaswassers im Abflusswasser verblieben, während das im zweiten Falle erhaltene gebundene Ammoniak beweist, dass nicht genug Kalk bei der Destillation angewendet wurde[1].

Zur Bestimmung des Ammoniaks in dem Abflusswasser kann man auch sehr vortheilhaft den Knublauch'schen Ammoniakprober[2] anwenden. Man füllt mit dem zu untersuchenden Abflusswasser nach dem Erkalten ein ·mit Glasstöpsel versehenes Fläschchen von etwa 150 ccm Inhalt ungefähr $^2/_3$ voll, giebt einige erbsengrosse Stückchen Kalk hinzu und lässt ca. 3 Stunden unter häufigem Umschütteln stehen. Von dieser Lösung werden 50 ccm in ein Messkölbchen filtrirt, wobei man jedoch die ersten trüben Tropfen fortlaufen lässt. Diese 50 ccm Filtrat giesst man in ein grösseres Kölbchen, färbt mit einigen Tropfen Rosolsäure roth und setzt aus dem Cylinder, welcher mit der beigegebenen Säure bis zur obersten Marke am Halse. gefüllt ist, diese Säure nach und nach und schliesslich tropfenweise zu, bis die rothe Farbe in Gelb übergeht. Die verbrauchten Theilstriche geben direct die Theile Ammoniak pro 100 000 Theile Wasser an. Ist der Gehalt des Wassers so hoch, dass man mit einer Füllung des Cylinders nicht auskommt, so füllt man zum zweiten Male, aber dann nur bis zur O-Marke.

Ein gut abdestillirtes Wasser enthält nach Knublauch 0,012—0,030 %, d. h. 12—30 Th. Ammoniak pro 100 000 Theile.

VI. **Die Prüfung der Gaskoks** wurde bereits im Abschnitte „Brennmaterialien" besprochen.

---

[1] Natürlich hat das hier Gesagte nur beschränkte Gültigkeit, d. h. man wird bei relativ viel vorhandenem freien resp. gebundenen Ammoniak auf unvollendete Destillation resp. ungenügenden Kalkzusatz schliessen können. Dagegen beweisen geringe Mengen freien oder gebundenen Ammoniaks Nichts.

[1] Zu beziehen sammt Säure und Zubehör von E. Leybold's Nachf. in Köln für 13 Mark.

Eisen.

Von

Dr. Böckmann.

Wir theilen die Besprechung des vorliegenden Themas ein in die Analyse der Eisenerze nebst Eisenschlacken, in die Analyse des Roheisens, Schmiedeeisens und Stahls und in die mehr anhangsweise besprochenen trockenen Proben, soweit solche noch von Bedeutung für den hüttenmännischen Betrieb sind.

I. Analyse der Eisenerze.

A. Allgemeines.

Die für Deutschland wichtigsten Eisenerze sind: der Rotheisenstein (mit beinahe 70 % Eisen). Er besteht aus Eisenoxyd, Wasser und Gangart nebst geringen Mengen von Kalk und Magnesia, Manganoxyd, Thonerde, Phosphorsäure und Schwefelsäure. Er findet sich bei uns hauptsächlich in Nassau, im Siegener Kreis, Oberhessen, Westfalen, auf dem Harz, in Sachsen und Württemberg. Der Spatheisenstein (mit ca. 45 bis 48 % Eisen) besteht aus kohlensaurem Eisenoxydul und Manganoxydul nebst kleineren Mengen von kohlensaurem Kalk und kohlensaurer Magnesia. Er findet sich u. A. im Siegener Lande. Der Brauneisenstein ist ein secundäres, durch Einwirkung der Atmosphärilien aus dem Spatheisenstein entstandenes Zersetzungsproduct. Er besteht aus Eisenoxydhydrat, welchem Kalk, Magnesia, Thonerde, Manganoxyd, Gangart, Kieselsäure, Phosphorsäure und Schwefelsäure in der Regel beigemengt sind. Der Thoneisenstein enthält Eisenoxyd, Thonerde und Wasser und findet sich bei uns hauptsächlich in Westfalen und Schlesien. Der Raseneisenstein findet sich in den nordischen Torfmooren unter dem Rasen der Wiesen. Er ist durch die Einwirkung von kohlensaurem Eisenoxydul-haltigem Wasser auf Pflanzenstoffe entstanden und besteht aus Eisenoxydhydrat mit kieselsaurem Eisenoxyd und -Oxydul nebst geringeren

Mengen von Kalk, Magnesia, Thonerde, Manganoxyd, Schwefelsäure, Phosphorsäure, organischer Substanz und Sand.. Zuweilen enthält er auch Arsensäure und Kupferoxyd. Der Magneteisenstein, das reichste aller Eisenerze (mit über 70 % Eisen) findet sich zwar allgemein verbreitet (bei uns namentlich im Königreiche Sachsen), jedoch vorzugsweise in nordischen Ländern (Canada, Russland, Norwegen·und Schweden). Er besteht bekanntlich aus Eisenoxyduloxyd.

Demnach finden sich in den Eisenerzen hauptsächlich folgende Verbindungen: Eisenoxyd und Eisenoxydul, Kieselsäure und Gangart, Wasser, Kalk und Magnesia, Mangan (als Oxyd oder Oxydul), Thonerde, Phosphorsäure, Schwefelsäure, Kohlensäure, organische Substanz, Arsen und Kupfer. Auch Antimon, Blei, Zink, Kobald, Nickel, Titansäure, Chrom, Vanadin und Barium finden sich in ihren verschiedenen chemischen Verbindungen dem Eisenerze öfters beigemengt.

B. Qualitative Prüfung der Eisenerze auf die ebengenannten Bestandtheile.

Die Prüfung auf Kalk, Magnesia, Thonerde und Kieselsäure ist überflüssig, da diese Bestandtheile sich, wenn auch nur in Spuren, in jedem Eisenerze finden werden.

Wasser. Man erhitzt eine Probe in einem langen Probirrohre, wobei event. im oberen Theile desselben der ausgetriebene Wasserdampf sich condensiren wird.

Mangan. Man schmilzt auf dem Platinmesser mit der 6 fachen Menge Soda unter Zusatz von wenig Salpeter. Bei den geringsten Spuren von Mangan ist die Schmelze grünlich gefärbt.

Phosphorsäure. Man erwärmt das feingepulverte Erz mit Salpetersäure von 1,2 spec. Gewicht und giesst die auf 40° erwärmte, resp. abgekühlte Lösung tropfenweise in das gleiche Volumen Molybdänlösung, welche ebenfalls auf ca. 40° erwärmt ist und schüttelt um. Der gelbe Niederschlag entsteht bei sehr geringen Spuren von Phosphorsäure erst nach einiger Zeit.

Schwefelsäure wird durch die bekannte Heparreaction (reducirendes Schmelzen auf Kohle und Befeuchten einer Silbermünze mit einem Tropfen der erhaltenen Lösung der Schmelze) erkannt.

Kohlensäure wird in allbekannter Weise nachgewiesen.

Organische Substanz. Man löst eine feingepulverte Probe des Erzes in Salzsäure und prüft die Farbe des verbleibenden unlöslichen Rückstandes. Ist dieselbe schwarz und verschwindet sie beim Glühen, so ist organische Substanz vorhanden.

Arsen erkennt man am Knoblauchgeruch beim reducirenden Schmelzen mit Soda auf der Kohle. Für diejenigen, welche mit keinem scharfen Geruchsinne begabt sind, empfehle ich folgende Probe. Man durchstösst den Boden eines sehr engen Reagensrohres mittelst eines Glasstabes, so dass eine kleine Oeffnung entsteht, bringt die Probe an das untere Rohrende und erhitzt sie über dem Gebläse mit kleiner Flamme. Das Arsen wird alsdann als ein geringer weisslicher Beschlag im oberen Theile des Rohres sichtbar sein.

Kupfer. Man löst eine Probe des Eisenerzes in starker Salzsäure, concentrirt durch Eindampfen und taucht einen dicken Platindraht in die Lösung. Bei Gegenwart von Kupfer färbt derselbe die Flamme blau. Oder man prüft in bekannter Weise (mittelst Boraxperle etc.) auf Kupfer, nachdem man durch Einleiten von Schwefelwasserstoff in die saure, auf ca. 70° erwärmte Eisenlösung dasselbe ausgefällt hat.

Antimon. Zum Nachweis sehr geringer Spuren desselben benutzt man die Fällbarkeit des Antimonchlorürs durch Zink als metallisches Antimon. Man löst eine Probe des feingepulverten Erzes in Königswasser, dampft wiederholt mit Salzsäure zur Trockene, löst (wenn alle Salpetersäure verjagt ist) den Rückstand in möglichst wenig Salzsäure und bringt die aus einigen Tropfen bestehende Lösung mit einem Stückchen Zink auf den Deckel eines Platintiegels. Selbst bei geringsten Spuren von Antimon wird ein brauner Fleck entstehen.

Handelt es sich um etwas grössere Mengen von Antimon, so genügt es, zum Nachweise desselben die mit Soda gemengte Erzprobe vor dem Löthrohr auf der Kohle zu erhitzen, wobei sich das Antimon an dem charakteristischen, durch Erhitzen oder Daraufblasen verschwindenden weissen Beschlag zu erkennen giebt.

Blei. Man dampft die salzsaure Lösung des Eisenerzes auf Zusatz von verdünnter Schwefelsäure in einer Porzellanschale stark ein, setzt zu der erkalteten Flüssigkeit ein Drittel ihres Volumens Alkohol und spült sie in ein kleines Becherglas, in welchem man eine etwa erfolgte Ausscheidung von schwefelsaurem Blei unschwer erkennt. Event. prüft man den Niederschlag mit Schwefelammonium, um ihn nicht mit schwefelsaurem Baryt zu verwechseln.

Zink. Man prüft vor dem Löthrohre durch reducirendes Schmelzen mit Soda auf Kohle (weisser, beim Erhitzen gelb werdender Beschlag). Ist das Zink nur in sehr geringen Spuren vorhanden, so fällt man aus der salzsauren Lösung des Erzes durch Zusatz von Salmiak und Ammoniak Eisenoxyd (und Thonerde) und leitet in das mit Essigsäure angesäuerte Filtrat Schwefelwasserstoff. Der entstandene abfiltrirte und ausgewaschene Niederschlag wird (event. sammt anhängenden kleinen Filtertheilchen) wie beschrieben vor dem Löthrohr geprüft.

Kobalt und Nickel. Man fällt die salzsaure Lösung des Erzes mit Ammoniak und Schwefelammonium, zieht den erhaltenen Niederschlag mit sehr verdünnter Salzsäure aus und prüft den etwa verbleibenden schwarzen Rückstand in der Oxydationsflamme mit Borax (blaue Perle mit Kobalt, hyacinthfarbige, in der Kälte blassgelbe Perle mit Nickel).

Titansäure. Man schmilzt eine nicht zu kleine Probe des Erzes mit saurem schwefelsaurem Kali, löst die erkaltete Schmelze in kaltem Wasser, filtrirt von der Kieselsäure ab, und bringt die Lösung sammt einigen Stückchen Zink in ein grosses Reagensglas. Bei Gegenwart von Titansäure stellt sich nach einiger Zeit eine violette Färbung der Flüssigkeit ein. Oder man prüft eine Probe des feingepulverten Erzes mit Phosphorsalz in der Reductionsflamme durch anhaltendes Blasen mit dem Löthrohr. Bei Gegenwart von Titansäure entsteht eine blutrothe Perle. Zusatz von Zinn beschleunigt das Eintreten der Färbung. Ist diese Prüfung wegen Vorhandenseins anderer Metalle, wie Kobalt u. dgl., in der ursprünglichen Substanz nicht ausführbar, so scheidet man zuerst die Titansäure ab. Man benutzt hierzu einen anderen Theil der Lösung der mit saurem schwefelsaurem Kali erhaltenen Schmelze. Man reducirt das Eisenoxyd durch Einleiten von Schwefelwasserstoff und kocht die Lösung andauernd im Kohlensäurestrom. Der etwaige gefällte Niederschlag wird filtrirt und derselbe mit Phosphorsalz in der Reductionsflamme (zweckmässig mit Zusatz von Zinn) vor dem Löthrohr geprüft. Die Phosphorsalzperle ist bei Gegenwart von Titansäure heiss gelb, kalt violett. Die Färbung verschwindet in der Oxydationsflamme. Da eisenhaltige Titansäure, wie schon oben erwähnt, in der Reductionsflamme eine blutrothe Perle giebt, so prüft man auf dieses charakteristische Verhalten durch Zusatz von Eisenvitriol.

Chrom erkennt man in sehr geringen Spuren am sichersten durch die blaue Färbung der ätherischen Lösung von Ueber-Chromsäure, welche bei der Einwirkung von Wasserstoffsuperoxyd auf Chromsäure in saurer Lösung gebildet wird. Man schmilzt das feingepulverte Erz mit einer Mischung von 6 Th. Soda und 1 Th. chlorsaurem Kali, zieht die Schmelze mit Wasser aus und säuert die Lösung mit Schwefelsäure an. Zur Bereitung von Wasserstoffhyperoxyd zerreibt man ein erbsengrosses Stück Bariumsuperoxyd mit wenig Schwefelsäure, welche mit 5 Theilen Wasser verdünnt ist, setzt 150 ccm Wasser hinzu und filtrirt. 6—8 ccm des Filtrates werden im Reagensglase mit Aether übergossen und die saure Lösung der Schmelze in kleinen Portionen unter Umschütteln hinzugefügt. Die Aetherschicht färbt sich, falls die geringste Menge Chrom vorhanden ist, deutlich blau. Diese Prüfung setzt die Abwesenheit von Vanadinverbindungen voraus, da Vanadinsäure mit Wasserstoffsuperoxydhaltigem Aether geschüttelt eine rothe Färbung giebt.

Man kann auch die oben erhaltene wässerige Lösung der Schmelze mit Essigsäure ansäuern und mit essigsaurem Bleioxyd versetzen (citronengelber Niederschlag).

Vanadin. Zu seinem Nachweise in Erzen resp. zu seiner vorherigen Isolirung benutzt man die Unlöslichkeit des vanadinsauren Baryts in Wasser und des vanadinsauren Ammoniaks in einer gesättigten Salmiaklösung. Man schmilzt das feingepulverte Erz mit dem mehrfachen Gewicht Salpeter längere Zeit, kocht nach dem Erkalten mit wenig Wasser aus, versetzt das Filtrat mit Salpetersäure, so dass es noch schwach alkalisch bleibt, filtrirt Thonerde und Kieselsäure ab und fällt mit Chlorbarium vanadinsauren (phosphorsauren und event. chromsauren) Baryt. Der ausgewaschene noch feuchte Niederschlag wird mit verdünnter Schwefelsäure gekocht, filtrirt, das Filtrat mit Ammoniak neutralisirt und durch Eindampfen möglichst concentrirt. Alsdann stellt man in die erkaltete Lösung ein Stück Salmiak oder man versetzt sie mit einer in der Wärme gesättigten Auflösung von Chlorammonium und einem drittel Volumen Alkohol. In beiden Fällen wird sich bei Gegenwart von Vanadin nach und nach ein weisses oder gelbes Krystallpulver von vanadinsaurem Ammoniak abscheiden. Letzteres wird auf die bekannten Reactionen der Vanadinsäure geprüft. (Die saure Lösung mit Zink reducirt giebt eine violette oder lavendelblaue rasch veränderliche Färbung. Aus der neutralen Lösung wird durch Schwefelammonium braunes Schwefelvanadin gefällt, löslich mit sehr starker und charakteristischer kirschrother Farbe in Einfach-Schwefelammonium; die mit Schwefelsäure angesäuerte Lösung des vanadinsauren Ammoniaks färbt sich beim Schütteln mit Wasserstoffsuperoxyd enthaltendem Aether roth. Vergl. für letztere Reaction das oben über den analogen Nachweis von Chrom Gesagte.)

Barium ist, wenn es sich als Begleiter von Eisenerzen findet, fast stets als Schwerspath vorhanden. Derselbe findet sich in der abgeschiedenen Kieselsäure. Zum Nachweise des Bariums schmilzt man entweder den Kieselsäureniederschlag mit wenig Chloratmischung (1 Th. chlorsaures Kali und 6 Th. Soda) und prüft die wässerige Lösung der Schmelze auf Schwefelsäure, den in Salzsäure gelösten Rückstand auf Barium; oder man prüft den Kieselsäureniederschlag direct in der Flamme (gelbgrüne Färbung).

C. Allgemeiner Gang der quantitativen Analyse.

Eine quantitative vollständige Analyse der Eisenerze wird in dem technischen Betriebe ziemlich selten vorgenommen. In der Mehrzahl der Fälle beschränkt man sich auf die Ermittlung des Eisengehaltes durch eine der bekannten maassanalytischen Methoden. (Siehe unter D) und auf die zeitweilige Bestimmung besonders wichtiger Bestandtheile, wie

z. B. der Phosphorsäure. Sollte aber eine vollständige Analyse erforderlich sein (wie bei dem erstmaligen Bezug fremder Erze u. s. w.), so beachte man folgende allgemeine Winke.

1. **Bestimmung des Wassers.** Enthält das Erz das Eisen nur in
Form von Eisenoxyd und keine Erdcarbonate, so bestimmt man das
Wasser (incl. organischer Substanz) durch den Glühverlust, welche 1 g der
feingepulverten Probe bei allmählich gesteigertem Glühen im Porzellantiegel erleidet. Sind Erdcarbonate oder Oxydulverbindungen des Eisens
vorhanden, so muss man das Wasser durch Gewichtszunahme eines Chlorcalciumapparates bestimmen. Man bringt 1 g feingepulvertes Erz in eine
Kugelröhre und leitet (aus einem Gasometer oder mittelst eines Aspirators)
vorher vollständig getrocknete Luft langsam durch die erhitzte Kugel.

Oder man füllt eine schwer schmelzbare Röhre von etwa 30 cm Länge
und 12 mm Weite zu $\frac{1}{3}$ mit vorher schwach geglühtem kohlensauren Blei,
bringt dann eine Mischung von 1 g feingepulpertem Erz und Bleicarbonat
und vornen reines Carbonat hinein. Im Uebrigen verfährt man ganz wie
bei einer Elementaranalyse. Die Gewichtszunahme des Chlorcalciumrohres
drückt indessen in diesem Falle selbstverständlich Wasser + oxydirter
Wasserstoff der organischen Substanz aus.

Durch einfaches Glühen bestimmt man namentlich im Brauneisenstein
(falls er nicht wägbare Mengen von Erdcarbonaten enthält) und Thoneisenstein das Wasser. Der Rotheisenstein enthält stets bestimmbare
Mengen von kohlensaurem Kalk und Magnesia, hier muss also das Wasser
durch Absorption ermittelt werden. Beim Raseneisenstein, welcher stets
organische Substanz enthält, ist eine genaue Wasserbestimmung überhaupt
nicht möglich.

2. **Organische Substanz.** Dieselbe wird entweder gleichzeitig mit
dem Wasser durch den Gewichtsverlust beim Glühen ermittelt oder, falls
Erdcarbonate vorhanden sind, nach Zusammenzählung aller übrigen Bestandtheile aus der Differenz von 100 berechnet. Da die Bestimmung un-
bedeutender Mengen organischer Substanzen in Eisenerzen keinen Werth
hat, kann man dieselbe füglich auch ganz vernachlässigen. Will man bei
Gegenwart von Erdcarbonaten oder Eisenoxydulverbindungeu (in welchen
Fällen also die Ermittlung von Wasser + organ. Substanz durch Glühverlust nicht zulässig ist) die organische Substanz dennoch bestimmen, so
bleibt nur die Elementaranalyse übrig. Von der gefundenen Menge Kohlensäure und Wasser muss man selbstverständlich die im Erze schon vorhandene Kohlensäure und Wasser abziehen. Man erhält alsdann aus der
Differenz die vorhandene Menge Kohlenstoff und Wasserstoff der organischen
Substanz und hieraus einen Anhaltspunkt zur Schätzung der vorhandenen
Menge letzterer. Doch wird in der Praxis diese Bestimmung nur höchst
selten ausgeführt werden.

3. Die Kohlensäure wird durch den Gewichtsverlust ermittelt, welchen das feingepulverte Erz im Fresenius-Willschen-Apparat beim Behandeln mit conc. Schwefelsäure erleidet.

4. Die Schwefelsäure. Man löst das Erz in conc. Salzsäure, verdünnt mit Wasser, filtrirt und fällt das Filtrat mit Chlorbaryum. Falls das Erz keine Schwefelverbindung enthält, ist es besser, die feingepulverte Probe mit Chloratmischung (siehe No. 5) zu schmelzen und in der wässerigen Lösung der Schmelze die Schwefelsäure zu bestimmen. Man umgeht hierdurch das Ausfällen der Schwefelsäure in einer sauren Eisenlösung, worin der schwefelsaure Baryt etwas löslich ist. Auch ist letzterer häufig mehr oder weniger mit Eisenoxyd verunreinigt, wenn er aus einer stark eisenhaltigen Lösung gefällt wird. (Siehe hierüber im Abschnitt „Chem. Fabriken" unter Schwefelbestimmung der Pyrite S. 118.)

5. Gesammtschwefel. Ist neben löslichen schwefelsauren Salzen auch noch Schwefel in Form von Schwefelmetall vorhanden und eine Gesammtschwefelbestimmung nöthig, so ist es entschieden am einfachsten, 0,5 g des feingepulverten Erzes mit ca. der 50 fachen Menge der Chloratmischung (1 Th. chlorsaures Kali auf 6 Th. Soda) in einer geräumigen Platinschale über dem Gebläse zu schmelzen, genau so, wie dies unter „Schwefelbestimmung der Pyrite" S. 119 angegeben wurde. Die Eggertz'sche Methode (Behandeln des Erzes mit chlorsaurem Kali und Salzsäure) ist zeitraubender, als die „Chloratmethode" in dieser von mir empfohlenen Modification[1]).

6. Phosphorsäure[2]). Man verwendet 2—3 g, von phosphorsäurereicheren Erzen (Raseuerz) 1 g der feinst gepulverten Probe. Zur Lösung des Erzes verwendet Ledebur[3]) pro 1 g Erz ein Gemisch von 6 ccm Salpetersäure von 1,2 spec. Gewicht und 6 ccm Salzsäure, digerirt damit längere Zeit in der Wärme (wobei nöthigenfalls noch etwas Säure hinzugesetzt wird) und verdampft im Wasserbade zur Trockene. Dann befeuchtet man den Rückstand wieder mit etwa 5 ccm Salpetersäure pro 1 g Erz, erwärmt einige Zeit damit, verdünnt mit der gleichen Menge Wasser, filtrirt und wäscht mit wenigst möglich Wasser aus. Die erhaltene salpetersaure Lösung wird durch Eindampfen so weit concentrirt, dass auf 1 g Erz höchstens 20 ccm Flüssigkeit kommen und alsdann mit Molybdänlösung gefällt.

Nach C. Holthof[4]) liefert die Molybdänmethode auch in salzsaurer

---

[1]) Zeitschr. anal. Chem., Januar-Heft 1882.

[2]) Vgl. auch das im Abschnitte „k. Dünger" (S. 219 u. f.) über die Ausführung der Molybdän-Methode Gesagte.

[3]) Post's Chem.-techn. Analyse I, 206.

[4]) Zeitsch. anal. Chem. **16**, 189.

Lösung ganz übereinstimmende Resultate, wenn die zur Ausfällung verwendete Molybdänlösung in grossem Ueberschuss — mindestens 60 ccm auf jedes Centigramm gelöster Phosphorsäure — vorhanden war, die freie Chlorwasserstoffsäure nicht über 2 % betrug, der Niederschlag die hinreichende Zeit zur Abscheidung hatte und jede Erwärmung über Blutwärme vermieden war. Die Abscheidung des Niederschlages aus salpetersaurer Lösung erfolgt allerdings viel schneller. Wird die mit der salpetersauren Lösung von molybdänsaurem Ammoniak versetzte salzsaure Eisenlösung erwärmt, so zersetzen sich Salzsäure und Salpetersäure wechselseitig, es geht dabei das Lösungsmittel der Molybdänsäure verloren und diese scheidet sich mit aus, wodurch dann in der überstehenden fast molybdänsäurefreien Flüssigkeit das ursprünglich gefällte Ammon-Molybdän-Phosphat wieder löslich wird.

Kommt es darauf an, eine möglichst rasche Bestimmung der Phosphorsäure von Eisenerzen auszuführen, so kann man hierzu, falls nicht der Phosphorsäuregehalt zu gering ist, die Kaliummolybdat-methode anwenden. Diese von Korschelt[1]) angegebene Methode wird wie folgt ausgeführt. Man löst 1 Th. Molybdänsäure und 1 Th. reines Kalihydrat in 6 Th. Wasser, setzt nach dem Erkalten $\frac{1}{2}$ Th. Weinsteinsäure in 2 Th. Wasser gelöst hinzu und giesst das Ganze in $7\frac{1}{2}$ Th. Salpetersäure von 1,2 spec. Gewicht. Die Flüssigkeit wird zum Kochen erhitzt und der entstandene weisse Niederschlag abfiltrirt. Die salpetersaure Lösung des Erzes wird wie oben dargestellt.

Nunmehr erwärmt man 25 ccm der Molybdänlösung im Wasserbade auf 100°, in einem zweiten Wasserbade die Eisenlösung auf dieselbe Temperatur und giesst dieselbe in die Molybdänlösung. Man erhitzt nun noch 20 Minuten und prüft alsdann einen Theil der über dem Niederschlage stehenden klaren Flüssigkeit durch erneuten Zusatz von etwas Molybdänlösung auf vollständige Fällung. Alsdann bringt man den Niederschlag auf ein Filter, welches vorher mit einem genau gleich schweren zweiten Filter tarirt wurde, wäscht zuerst mit salpetersäurehaltigem Wasser (2 bis $2\frac{1}{2}$ Volumprocente Salpetersäure) aus, bis alles Eisen entfernt ist, darauf zur Verdrängung der Salpetersäure drei- bis viermal mit Alkohol. Alsdann trocknet man beide Filter kurze Zeit (ca. $\frac{1}{2}$ Stunde) bei 120°. Der getrocknete Niederschlag enthält 4,044 % Phosphorsäure oder 1,768 % Phosphor.

7. Das Lösen das Erzes. Das beste Lösungsmittel ist concentrirte rauchende Salzsäure, welche man in einem hohen Becherglase auf das sehr feingepulverte Erz einwirken lässt. Zur Erzielung einer raschen und vollständigen Lösung ist es erforderlich, dass die Temperatur der Flüssigkeit im Becherglase etwa 50° betrage und dass letzteres recht häufig umge-

---

[1]) Zeitschr. d. Ver. z. Bef. d. Gewerbfl. 1877, S. 267.

schüttelt werde. Man erwärmt das Becherglas auf dem Sandbade. Bleibt ein ungelöster Rückstand, so wird derselbe nach dem Abfiltriren ·der Flüssigkeit im Platintiegel erhitzt. Wird er hierdurch nicht weiss, sondern bleibt noch gefärbt, so schmilzt man ihn mit kohlensaurem Natron-Kali, löst die Schmelze in Säure und fügt die erhaltene Lösung nach dem Abscheiden der Kieselsäure der Hauptlösung hinzu.

8. **Bestimmung von Kieselsäure neben Gangart.** Man bringt den gewogenen, in Salzsäure unlöslichen, aus Kieselsäure und Gangart bestehenden Rückstand in eine Platinschale, erhitzt mit einer Sodalösung einige Zeit zum Kochen und filtrirt die ungelöst bleibende Gangart auf ein Filter ab, welches vorher durch ein genau gleich schweres zweites Filter tarirt wurde. Man wäscht mit heissem, dann mit schwach salzsaurem und zuletzt wieder mit heissem Wasser aus und trocknet beide Filter ·bei 100°. Zur Controle kann man im alkalischen Filtrate die Kieselsäure bestimmen, indem man sauer macht, filtrirt, eindampft u. s. w.

9. **Trennung von Mangan und Eisen.** Man kann hiezu die Ammoniumcarbonat-, die Acetatmethode oder die neue Classen'sche Bestimmungsweise anwenden. (Die Pattinson'sche Methode siehe bei der Manganbestimmung von Eisen und Stahl S. 428.) Die Trennung wurde bisher meist nach der Ammoniumcarbonatmethode oder nach der Acetatmethode ausgeführt. Beide Methoden gehören zu den umständlichsten analytischen Operationen und verlangen ausserdem einen durchaus geübten Analytiker.

Zunächst wird in beiden Fällen das Eisen mittelst Salpetersäure völlig in Oxyd verwandelt. Die Farbe der oxydirten Flüssigkeit muss eine rein gelbe sein.

A. **Die Ammoniumcarbonat-Methode.** Die oxydirte salzsaure Lösung von 1—2 g Erz (bei sehr geringem Mangangehalt entsprechend mehr) wird zur Trockene verdampft (bei vorsichtiger Regulirung der Flamme kann dies direct im Becherglase auf dem Sandbade oder in der Porzellanschale auf dem Drahtnetz geschehen) und der Rückstand in salzsäurehaltigem, warmem Wasser gelöst. Man setzt alsdann Salmiak (auf je 1 g Erz circa 5 g hinzu) und verdünnt mit Wasser so stark, dass auf je 1 g Erz wenigstens $\frac{1}{4}$ l Flüssigkeit kommt. Hierauf neutralisirt man den grössten Theil der freien Säure, mit einer verdünnten Lösung von kohlensaurem Ammoniak. Man setzt letztere so lange hinzu, bis eine beginnende Trübung der Flüssigkeit entstanden ist. Sollte statt dessen ein bleibender Niederschlag entstanden sein, so setzt man einige Tropfen Essigsäure hinzu und wartet die Wiederauflösung des Niederschlages ab. Nunmehr erhitzt man langsam zum Sieden und unterhält das Kochen so lange, bis alle Kohlensäure ausgetrieben. Der sich rasch absetzende (basisches Eisenoxyd, Thonerde und Phosphorsäure enthaltende) Niederschlag wird durch Decantation mit heissem Wasser ausgewaschen. War die über dem Niederschlage stehende Flüssigkeit nicht farblos, sondern gelblich, so hatte man entweder nicht genügend neutralisirt oder zu viel Essigsäure zum Auflösen des etwa entstandenen Niederschlages gebraucht. Man fügt alsdann vor der Decantation der Flüssigkeit unter Umrühren noch einige Tropfen Ammoniak bis zur schwach alkalischen Reaction hinzu und filtrirt nach dem Absetzen des Niederschlages. Derselbe wird ausgewaschen, bis das Filtrat keine Trübung mehr mit Silberlösung giebt und noch feucht in den Platintiegel gebracht.

Das bei richtig geführter Operation schwach saure und farblose Filtrat wird mit Salzsäure schwach angesäuert (um eine Ausscheidung von Manganoxydhydrat zu verhüten), in einer Porzellanschale über freiem Feuer auf einen kleinen Rest eingedampft und noch heiss mit einigen Tropfen Ammoniak versetzt. Ein hierbei etwa noch entstehender Niederschlag (von Eisenoxyd und Thonerde) wird rasch abfiltrirt.

Das Filtrat wird in einem Becherglase auf dem Drahtnetz zum Kochen erhitzt und mit gelblichem (kohlensäurefreiem) Schwefelammonium versetzt. Nachdem man etwa 10 Minuten lang das Kochen unterhalten, lässt man etwas abkühlen, setzt nochmals etwas Schwefelammonium hinzu, so dass die Flüssigkeit stark darnach riecht, und filtrirt, nachdem der Niederschlag sich etwas abgesetzt, rasch durch ein doppeltes Filter. Der fleischrothe (oder bei starkem Kochen grünliche) Niederschlag wird mit schwefelammoniumhaltigem Wasser ausgewaschen, getrocknet und im Rose'schen Tiegel mit Schwefel im Wasserstoffstrome zuerst gelinde, später stark geglüht. Das hinterbleibende Mangansulfür enthält 63,15 % Mangan = 81,54 % Manganoxydul.

Das schwefelammoniumhaltige Filtrat wird mit Salzsäure erwärmt, vom ausgeschiedenen Schwefel abfiltrirt und im Filtrate Kalk und Magnesia wie gewöhnlich bestimmt.

(Die Bestimmung des Eisens in dem aus Eisenoxyd, Thonerde und Phosphorsäure bestehenden Niederschlage siehe unter maassanalytischer Bestimmung des Eisens.)

B. **Die Acetatmethode.** Die salzsaure oxydirte Lösung des Erzes wird zur Trockene verdampft, in möglichst wenig warmer Salzsäure gelöst und die mit Wasser verdünnte Lösung filtrirt. Das vollkommene erkaltete Filtrat wird mit einer Lösung von kohlensaurem Natron so weit neutralisirt, dass die Flüssigkeit beginnt trübe zu werden. Ist ein wirklicher Niederschlag entstanden, so wird derselbe durch einige Tropfen Salzsäure gelöst und alsdann von Neuem mit kohlensaurem Natron neutralisirt. Man bereitet sich zu dem Neutralisiren zweckmässig zwei Lösungen von kohlensaurem Natron, eine ziemlich concentrirte und eine sehr verdünnte, welch letztere man gegen das Ende der Operation zusetzt. Im Anfange kann man das kohlensaure Natron auch als Pulver anwenden.

Ist die Flüssigkeit neutralisirt, so setzt man auf je 1 g gelöstes Erz etwa 1 ccm concentrirte Essigsäure und 1 g essigsaures Natron hinzu, erhitzt in einer Porzellanschale zum Sieden und setzt das Kochen kurze Zeit fort. Man lässt den Niederschlag kurze Zeit sich absetzen, decantirt die farblose Flüssigkeit und wäscht den Niederschlag durch Decantation mit heissem Wasser aus, dem man zweckmässig etwas essigsaures Natron hinzufügt. Der Niederschlag, welcher aus basisch essigsaurem Eisenoxyd besteht und ausserdem die etwa vorhandene Thonerde und Phosphorsäure enthält, wird geglüht, gewogen und in ihm das Eisen titrimetrisch ermittelt.

Das essigsaure Filtrat wird durch Eindampfen concentrirt und warm[1]) mit einigen Tropfen Brom, Bromwasser oder Chlorwasser unter Umrühren versetzt. Ist die Flüssigkeit stark sauer, so neutralisirt man den grössten Theil der freien Säure mit kohlensaurem Natron. Man erwärmt alsdann anfangs gelinde, später bis zum Kochen. Man setzt das Erwärmen (event. den tropfenweisen weiteren Zusatz von Brom- oder Chlorwasser) so lange fort, bis die Flüssigkeit durch Bildung einer Spur Uebermangansäure röthlich gefärbt erscheint. Letztere wird durch Erwärmen mit etwas Alkohol reducirt und der abfiltrirte Niederschlag zuerst mit salzsäurehaltigem Wasser (1 Vol. Salzsäure auf 99 Vol. Wasser), dann mit reinem Wasser ausgewaschen, geglüht und das gebildete Manganoxyduloxyd gewogen.

Es ist wohl zu beachten, dass die Fällung des Mangans als Superoxyd bei Anwendung der Ammoniumcarbonatmethode nicht vorgenommen werden kann, weil bei Gegenwart von Ammoniaksalzen das Mangan durch Brom oder Chlor nicht vollständig oxydirt werden kann.

C. **Classen's Methode.** Die Ammoniumcarbonat- und die Acetat-Methode sind, wie schon erwähnt, überaus langwierig. Das allmähliche Neutralisiren der sauren Flüssigkeit erfordert viel Zeit und auch entschieden analytische Gewandtheit. Es hat desshalb Classen mit seiner neuen Trennung des Eisens vom Mangan der analytischen Chemie einen wesentlichen Dienst geleistet. Classen's Methode beruht auf folgenden Reactionen:

1. Fügt man zu der Lösung eines Mangansalzes tropfenweise eine Lösung von neutralem oxalsaurem Kali, so entsteht ein weisser Niederschlag von oxalsaurem Manganoxydul, der sich im Ueberschuss des Fällungsmittels unter Bildung von oxalsaurem Manganoxydul-Kali auflöst. Setzt man zu der Lösung dieses Doppelsalzes concentrirte Essigsäure, so wird dasselbe zersetzt unter quantitativer Abscheidung des Manganoxalates.

2. Wird die Lösung eines Eisenoxydsalzes mit überschüssigem neutralem oxalsaurem Kali versetzt, so entsteht eine (grünlich gefärbte) Lösung von oxalsaurem Eisenoxyd-Kali, welche durch Essigsäure nicht zersetzbar ist.

---

[1]) Bei Anwendung von Brom erwärmt man anfangs auf etwa 50°; das Chlor fügt man am besten zu der kochenden Flüssigkeit.

3. Der bei der Zersetzung des oxalsauren Manganoxydul-Kali durch Essigsäure störende Einfluss der Chloralkalien etc. wird vollkommen dadurch beseitigt, dass man vor der Fällung mit Essigsäure eine Lösung von Zinkchlorid zusetzt. Es wird alsdann ein Gemenge von Mangan- und Zinkoxalat ausgefällt und zwar ist die Ausfällung beider Metalle eine quantitative auch bei Gegenwart von Chloralkalien, schwefelsaurem Kali, essigsaurem Natron u. s. w.

4. Das bei Luftzutritt geglühte Gemenge beider Oxalate verwandelt sich in Manganoxyd und Zinkoxyd. Der geglühte Niederschlag wird nach der Bunsen'schen Methode mit conc. Salzsäure zersetzt und das ausgeschiedene Jod mit unterschwefligsaurem Natron titrirt.

Ausführung der Methode. Die Lösung des Erzes bewirkt man entweder in Salzsäure oder in Bromsalzsäure. In beiden Fällen verwendet man 0,7—0,9 g feingepulvertes Erz (bei manganreichen Erzen reicht schon die Hälfte aus).

a) *Lösen in Salzsäure.* Man löst das in einem hohen Becherglase befindliche Erz auf dem Sandbade bei der geeigneten Temperatur (ca. 50°) unter häufigem Umschütteln in conc. Salzsäure, setzt eine zur Oxydation etwa vorhandenen Eisenoxyduls genügende Menge Salpetersäure hinzu, erwärmt einige Zeit und dampft die rein gelbe Flüssigkeit über freiem Feuer in einer Porzellanschale ab. Den trockenen Rückstand befeuchtet man mit ganz verdünnter Salpetersäure, erwärmt kurze Zeit, fügt ungefähr die siebenfache Menge der vorhandenen Oxyde (incl. des später hinzuzufügenden Zinkoxydes) an oxalsaurem Kali (1:3) hinzu und digerirt etwa $^{1}/_{4}$ Stunde im Wasserbade. Der grösste Theil des Eisens und alles Mangan geht hierbei in Lösung, als oxalsaure Salze. Um alles Eisen zu lösen, fügt man unter Umrühren tropfenweise verdünnte Essigsäure hinzu. Die durch die Salpetersäure frei gemachte Oxalsäure wird durch Zusatz von Kali- oder Natronlauge bis zur Entstehung eines bleibenden geringen Niederschlages neutralisirt.

b) *Lösen in Bromsalzsäure.* Man übergiesst das Erz in einem auf dem Wasserbade stehenden hohen Becherglase mit einer Auflösung von Brom in Salzsäure und verdampft die Lösung zur Trockene. Den trockenen Rückstand übergiesst man nach dem Erkalten mit Bromwasser (etwa 5—10 ccm). (Unterlässt man diese Oxydation, so wird bei nachherigen Fällen des Mangans gewöhnlich etwas rothes Eisenoxyduloxalat mit ausgeschieden.) Man erwärmt nach Zusatz des Bromwassers kurze Zeit im Wasserbade, fügt das oxalsaure Kali hinzu und verfährt im Uebrigen wie in a) angegeben. Da keine Oxalsäure freigemacht wird, so hat man natürlich auch keine Kalilauge zur Neutralisation nothwendig.

c) *Die Fällung mit Essigsäure.* Die nach Zusatz des überschüssigen oxalsauren Kalis erhaltene, mehr oder weniger intensiv grün gefärbte

Flüssigkeit wird durch Eindampfen so weit concentrirt, bis sich die grünen Krystalle des oxalsauren Eisenoxyd-Kalis ausscheiden. Man bringt nun den Inhalt der Schale noch heiss in ein kleines Becherglas von etwa 100 ccm Inhalt und spült mit kleinen Quantitäten warmen Wassers nach, so dass die Gesammtmenge der zu fällenden Flüssigkeit etwa 40—50 ccm beträgt und setzt einige Cubikcentimeter Alkohol hinzu. Dies hat den Zweck, etwa zu Oxyd oxydirtes Manganoxydul wieder zu reduciren.

Man lässt hierauf aus einer Gay-Lussac'schen Bürette die drei- bis vierfache Menge des vorhandenen Manganoxyduls an Zinkoxyd in Form von Zinkchlorid[1]) hinzufliessen. Wenn eine genügende Menge von oxalsaurem Kali vorhanden ist, so löst sich der beim Eintropfen der Zinklösung entstehende Niederschlag (unter Bildung von Kalium-Zinkoxalat) zum grössten Theile wieder auf, event. versetzt man noch mit so viel oxalsaurem Kali, bis die grösste Menge des Niederschlages verschwunden ist.

Alsdann fügt man unter Umrühren conc. Essigsäure hinzu und zwar ungefähr so viel, als das Volumen der zu fällenden Flüssigkeit beträgt. Die Flüssigkeit, welche das Eisen als Doppelsalz gelöst und das oxalsaure Manganoxydul suspendirt enthält, beträgt demnach 80—100 ccm. Lässt man nun das mit einem Uhrglas bedeckte Becherglas kurze Zeit bei 50—60° im Sandbade stehen, so wird der Niederschlag bald schön krystallinisch und die über demselben befindliche Flüssigkeit vollkommen klar. Dies ist in etwa ½ Stunde der Fall. Fast alles Mangan ist ausgeschieden[2]).

d) *Die Filtration des Niederschlages* ist die einzige Operation der Classen'schen Methode, welche Aufmerksamkeit erfordert. Es handelt sich darum, ein Auskrystallisiren des Eisenoxydsalzes aus der concentrirten Flüssigkeit zu vermeiden. Desshalb muss die gefällte Flüssigkeit warm und ohne Unterbrechung filtrirt werden. Der im Becherglase befindliche Glasstab darf nicht über den Rand des Glases hinausragen. Das einmal ausgeschiedene grüne Eisendoppelsalz ist nicht leicht zu lösen und kann der Niederschlag hierdurch leicht eisenhaltig werden. Befolgt man jedoch genau

---

[1]) 100 g reines Zink werden in Salzsäure gelöst und die Lösung zu 1 l verdünnt. Die Auflösung, welche frei von Salzsäure sein muss, enthält in 1 ccm 0,2 g Zinkoxyd.

[2]) Classen giebt folgende Analysenresultate an.

Angewandte Menge von		Gefunden
Manganoxyduloxyd.	Eisenoxyd.	Manganoxyduloxyd.
0,0892 g	0,6 g	0,0860 g
0,1025 -	0,6 -	0,1008 -
0,1368 -	0,6 -	0,1318 -

Diese Genauigkeit ist für technische Analysen vollkommen genügend.

die nachfolgend angegebenen Vorsichtsmassregeln, so bietet das Filtriren des Niederschlages keinerlei Schwierigkeit und kann man sehr bequem eine grosse Anzahl solcher Manganbestimmungen nebeneinander ausführen.

Die über dem Niederschlage stehende Flüssigkeit wird klar durch ein Filter abgegossen und nach dem Aufgiessen der letzten Menge Lösung der Niederschlag mit der Waschflüssigkeit, aus gleichen Volumen conc. Essigsäure, Alkohol und Wasser bestehend, übergossen, so dass man sofort decantiren kann, wenn die letzte Menge Eisenlösung abgelaufen ist. Lässt man statt dessen das mit der concentrirten Lösung von oxalsaurem Eisenoxyd-Kali getränkte Filter eintrocknen, so scheidet sich das Salz krystallinisch aus und kann nur noch durch Aufgiessen von Wasser vom Filter entfernt werden. Befindet sich schon ein kleiner Theil des Niederschlages auf dem Filter, so ist ein kleiner Verlust von Mangan unvermeidlich. Das Auswaschen des Niederschlages wird fortgesetzt, bis das Filtrat mit Rhodankalium keine Reaction mehr giebt, was nach 3—4 maligem Decantiren mit jedesmal 10 ccm Waschflüssigkeit der Fall ist.

e) *Das Glühen und die weitere Behandlung des Niederschlages.* Der getrocknete Niederschlag wird sammt dem Filter in einen Platintiegel gebracht und zuerst nur ganz schwach bei aufgelegtem Deckel erhitzt. Die Temperatur darf erst ganz allmählich gesteigert werden. Erhitzt man gleich zum Glühen, so reisst das auftretende Kohlenoxyd Theile des Niederschlages mit sich fort. Sind die Oxalate zersetzt, was bei Gegenwart von Mangan die schwarzbraune Farbe des Rückstandes verräth, so erhitzt man zum Glühen, nimmt den Deckel ab und stellt den Tiegel schräg, so dass die Luft frei hinzutreten kann.

Der geglühte Rückstand (Manganoxyd und Zinkoxyd) enthält gewöhnlich noch etwas kohlensaures Kali (vom oxalsauren Kali herstammend), welches beim Glühen einen Theil des Mangan in mangansaures Kali überführt, wodurch die Resultate bei der Titration zu hoch ausfallen würden. Desshalb ist es unter allen Umständen rathsam, den Tiegelinhalt nach kurzem Glühen in ein Becherglas zu bringen, den Glührückstand mit heissem Wasser zu übergiessen, auf Zusatz von etwas Alkohol zu digeriren und dann zu filtriren. Der Rückstand wird zur Entfernung der letzten Spuren Alkali mit heissem Wasser ausgewaschen.

Der Niederschlag wird nun genau wie eine Braunsteinprobe nach der Bunsen'schen Methode behandelt. Aus der Gleichung:

$$Mn_2 O_3 + 6 HCl = 2 Mn Cl_2 + 2 Cl + 3 H_2 O$$

folgt, dass ein Molecül Jod einem Molecül Manganoxyd (zwei Atomen Mangan) entspricht.

f) *Titerstellung des unterschwefligsauren Natrons.* Man bereitet sich reines Manganoxyduloxyd, zersetzt dasselbe nach der Bunsen'schen Methode mit Salzsäure und titrirt das ausgeschiedene Jod mit unterschwefligsaurer

Natronlösung. Für die Bestimmung geringer Manganmengen (0,001—0,01 g Manganoxyd) löst man etwa 3 g krystall. unterschwefligsaures Natron in 1 l Wasser, so dass jeder ccm etwa 2 mg Manganoxyd entspricht. Zur Bestimmung grösserer Mengen von Mangan dienen Lösungen von 10—20 g unterschwefligsaurem Natron im Liter.

Zur Herstellung reinen Manganoxyduloxyds wird reines krystallisirtes Manganchlorür in Wasser gelöst und mit reiner Oxalsäure unter Zusatz von Alkohol gefällt. Das durch längeres Stehen in der Wärme abgeschiedene oxalsaure Manganoxydul wird abfiltrirt und mit verdünntem Alkohol vollkommen ausgewaschen. Der trockene Niederschlag wird in einer Platinschale geglüht. Man kocht dann nochmals den Rückstand mit Wasser aus, filtrirt und glüht den trocknen Niederschlag in einer Platinschale bis zum constanten Gewicht.

Das bei der Titerstellung der unterschwefligsauren Natronlösung gefundene Manganoxyduloxyd muss auf Manganoxyd, resp. Mangan umgerechnet werden. 100 Th. Manganoxyduloxyd entsprechen 72,03 Th. Mangan und 93,01 Th. Manganoxydul.

Bemerkt sei schliesslich noch, dass Kupfer, Kobalt, Nickel, Magnesium und Calcium gleichzeitig mit Mangan und Zink gefällt werden. Da man nicht den geglühten Niederschlag wägt, sondern die durch das Manganoxyd entwickelte Menge Chlor ermittelt, so schaden diese Beimengungen durchaus nicht. Dadurch übrigens, dass man den geglühten Niederschlag, d. h. also die entsprechenden Metalloxyde in Säure löst und nach den gewöhnlichen analytischen Methoden bestimmt, wird Classen's Methode zu einer sehr allgemein anwendbaren, welche ganze Gruppen von Elementen von einander zu trennen gestattet.

10. **Andeutungen zur Bestimmung der seltener oder in geringen Mengen vorkommenden Bestandtheile der Eisenerze** (Arsen, Antimon, Blei, Kupfer, Zink, Kobalt, Nickel, Chrom, Titansäure und Barium). Ein geübter Analytiker wird sich, wo es darauf ankommt, einen der hier genannten Bestandtheile zu bestimmen, leicht seine eigenen, für den betreffenden Zweck passenden Methoden zurechtlegen. Desshalb halte ich es auch für verfehlt, detaillirte Vorschriften zu geben, sondern begnüge mich mit einigen allgemeinen Andeutungen. Auf äusserste Genauigkeit wird es bei technischer Bestimmung dieser Bestandtheile in der Regel nicht ankommen.

a) **Bestimmung von Arsen, Antimon, Blei und Kupfer.** Man kann hierzu folgenden Gang wählen. 10 g Erz werden in rauchender Salzsäure unter zeitweisem Zusatz von conc. Salpetersäure auf dem Sandbade im Becherglase bei einer Temperatur von ca. 50° unter häufigem Umschütteln gelöst und die Lösung in einer Porzellanschale zur Trockene (zuletzt im Wasserbade) verdampft. Der Rückstand wird mit einer starken Lösung von schwefliger Säure übergossen und im Wasserbade eingedampft.

Man wiederholt das Eindampfen mit schwefliger Säure noch zweimal (event. auch noch öfter), setzt alsdann zu dem trockenen Rückstand etwas Salzsäure, verdünnt rasch mit Wasser (so dass sich kein Antimonsalz ausscheidet) und filtrirt die Lösung in ein Becherglas. Die Flüssigkeit wird auf ca. 70° erwärmt und Schwefelwasserstoff längere Zeit in ziemlich raschem Strome eingeleitet. Der Niederschlag wird auf ein Filter gebracht, welches durch ein zweites, genau gleich schweres Filter tarirt wurde. Man wäscht mit heissem Wasser aus, trocknet bei einer 100°—105° nicht übersteigenden Temperatur und wägt. Man erhält so die Schwefelmetalle von Arsen, Antimon, Blei und Kupfer zusammen genommen, was für viele Fälle genügt. Denn sehr oft wird eines der vier Bestandtheile (z. B. das Arsen) der vorwiegende sein, während die drei anderen (insgesammt oder theilweise) nur in geringen Spuren daneben sich finden.

Sind jedoch mehrere dieser vier Schwefelmetalle in grösseren Mengen vorhanden, so digerirt man sie mit Schwefelnatrium, filtrirt das ungelöste Schwefelkupfer und Schwefelblei ab, wäscht mit schwefelwasserstoffhaltigem Wasser aus und glüht im bedeckten Porzellantiegel. Kupfer und Blei werden auf bekannte Weise durch Auflösen in Salpetersäure, Abdampfen der Lösung mit Schwefelsäure, Zusatz von Alkohol zur abgekühlten Lösung und abfiltriren des schwefelsauren Bleies von einander getrennt. In der Schwefelnatrium-Lösung wird Schwefelarsen und Schwefelantimon durch Zusatz von Säure gefällt und das Gemenge beider Schwefelmetalle, wo es nöthig sein sollte, nach bekannten analytischen Methoden von einander getrennt. (Vergl. auch das bei Arsenbestimmung der Pyrite S. 126 und 127 Gesagte.)

b) Bestimmung von Zink, Kobalt und Nickel. Man kann hierzu beispielsweise folgende drei Wege einschlagen. 1. Man benutzt das Filtrat des bei der Acetatmethode resultirenden Eisenniederschlages, welches man nach Zusatz einiger Tropfen Essigsäure erwärmt und mit längere Zeit eingeleitetem Schwefelwasserstoff fällt. Der mit Wasser (unter Zusatz von etwas Essigsäure und Schwefelwasserstoffwasser) ausgewaschene Niederschlag von Schwefelzink wird in Salzsäure gelöst; die kochende Lösung wird mit kohlensaurem Natron gefällt und der Niederschlag durch allmählich gesteigertes Glühen in Zinkoxyd (mit 80,26% Zink) übergeführt. Im Filtrate werden Mangan, Kobalt und Nickel durch gelbliches Schwefelammonium gefällt (vergl. S. 403). Der Niederschlag der Schwefelmetalle wird mit verdünnter Salzsäure (1:6) behandelt, wodurch Mangan gelöst wird. Der unlösliche Rückstand wird auf ein durch ein zweites Filter tarirtes Filter gebracht und beide Filter bei 100° getrocknet. 2. Oder man benutzt das Filtrat des bei der Ammoniumcarbonatmethode erhaltenen Eisenoxydniederschlages, welches man nach Zusatz von essigsaurem Natron und Essigsäure ganz so wie das bei der Acetatmethode erhaltene Filtrat weiter behandelt. 3. Oder man benutzt die Classen'sche Methode zur

Ausscheidung der oxalsauren Salze von Zink, Kobalt, Nickel (Kupfer, Mangan, Kalk und Magnesia), wobei man jedoch kein Zinkchlorid hinzusetzt, glüht den Niederschlag wie oben angegeben, löst in Salzsäure, fällt das Kupfer mit Schwefelwasserstoff, versetzt das Filtrat mit essigsaurem Natron und Essigsäure, erwärmt und leitet Schwefelwasserstoff ein u. s. w.[1]).

c) **Chrom.** Man bereitet sich zunächst eine Losung des Erzes, welche das Chrom als Chromsäure enthält. Zu diesem Zwecke schmilzt man bei Spuren von Chrom eine grössere Menge des Erzes mit Soda und chlorsaurem Kali. Chromeisenstein versetzt man in feingepulvertem Zustande mit einer concentrirten Lösung von Fluorwasserstoff-Fluorkalium, dampft im Platintiegel ab und erhitzt den Rückstand 30—45 Minuten bis zur schwachen Rothgluth. Man fügt alsdann Salzsäure hinzu und erwärmt, bis keine Fluorwasserstoffsäure mehr entweicht. (Ein hierbei etwa noch verbleibender grünlicher Rückstand wird abfiltrirt und nochmals mit Fluorkalium geglüht.) Nunmehr wird die salzsaure Lösung mit Wasser stark verdünnt, mit kohlensaurem Natron bis zur beginnenden Trübung und mit je 1 g essigsaurem Natron auf 1 g Erz versetzt. In die schwach siedende Flüssigkeit leitet man wenigstens ½ Stunde lang Chlorgas ein, wobei man zeitweise das verdampfende Wasser ersetzt und etwas kohlensaure Natronlösung hinzufügt, um die Flüssigkeit annähernd neutral zu erhalten. Man filtrirt von dem Niederschlage von Eisenoxyd, Thonerde und Mangansuperoxyd ab, verdampft das chromsäurehaltige Filtrat wiederholt mit Salzsäure und Alkohol und fällt aus der reducirten, kochenden Lösung das Chrom als Chromoxyd mittelst Ammoniak in geringem Ueberschuss.

d) **Titansäure.** Dieselbe ist theils dem Kieselsäureniederschlag, theils dem durch Ammoniak erhaltenen Eisenoxyd- und Thonerdeniederschlag beigemengt.

α) *Die Titansäure im Kieselsäureniederschlag.* Man verjagt die Kieselsäure durch Fluorammonium oder Fluorwasserstoffsäure, schmilzt den Rückstand mit saurem schwefelsaurem Kali und fällt die Titansäure in der wässerigen (nöthigenfalls vorher filtrirten) Lösung der Schmelze durch anhaltendes Kochen im Kohlensäurestrom, wobei man das verdunstende Wasser zeitweilig ersetzt. Die mit Wasser ausgewaschene Titansäure wird unter Zusatz von etwas festem kohlensaurem Ammoniak geglüht.

β) *Die Titansäure in dem Eisenoxydniederschlage.* Man schmilzt denselben mit saurem schwefelsaurem Kali, reducirt die kalte, filtrirte Lösung der Schmelze mit Schwefelwasserstoffgas und fällt die Titansäure wie oben angegeben.

e) **Barium.** Dasselbe findet sich meist als Schwerspath den Eisenerzen

---

[1]) Die etwas umständliche, aber höchst exacte Delvaux'sche Methode zur Trennung von Kobalt und Nickel siehe bei Analyse des Roheisens etc. unter H.

27*

beigemengt. Man behandelt den Kieselsäureniederschlag entweder mit Fluorammonium oder Fluorwasserstoffsäure und wägt den zurückbleibenden schwefelsauren Baryt, oder man schmilzt den Kieselsäureniederschlag mit einem Gemenge von 6 Th. Soda und 1 Th. chlorsaurem Kali und bestimmt die Schwefelsäure in bekannter Weise. Ist das Barium dagegen als lösliches Salz in der sauren Lösung des Erzes vorhanden, so fällt man mit Schwefelsäure.

D. Die maassanalytischen Methoden zur Bestimmung des Eisengehaltes.

1. Die Probenahme des Erzes. Obwohl dieselbe selbstverständlich auch schon auf die bisher besprochenen Bestimmungsmethoden einzelner Bestandtheile der Eisenerze anzuwenden ist, schien uns doch hier der geeignetste Ort zu ihrer Mittheilung.

Eine grössere Menge Erz wird mittelst irgend einer der in Fabriken zur Verfügung stehenden Zerkleinerungsmaschinen etwa auf Nussgrösse zerkleinert und von der gut durcheinander gemischten Masse eine Probe von etwa 1 kg entnommen. Letztere wird in einem geräumigen (für Eisenanalysen unentbehrlichen) Mörser von Gussstahl (oder auch von Gusseisen) zu einem noch grobkörnigen Pulver zerkleinert. Das Pulver wird auf einem Bogen Packpapier kreisförmig ausgebreitet, mit einem Hornlöffel durchkreuzt und ein Quadrant zur weiteren Zerkleinerung herausgenommen. Man setzt das Pulvern im Stahlmörser und das Probenehmen eines Quadranten so lange fort, bis schliesslich eine Durchschnittsprobe von 20—30 g übrig bleibt. Dieselbe wird durch ein feines Sieb (25 Maschen auf 1 cm Länge) gesiebt und das auf dem Siebe etwa Bleibende so lange von neuem gepulvert, bis es völlig hindurch geht.

2. Die Titration der Eisenerze. Man wendet entweder die Chamäleon-Methode oder die Zinnchlorür-Methode an.

A. Die Chamäleon-Methode. Das Prinzip derselben muss hier als bekannt vorausgesetzt werden. Die Chamäleonlösung bereitet man sich durch Auflösen von etwa 5 g Krystallen in 1 Liter Wasser. Die Titerstellung geschieht am bequemsten mit chemisch reiner Oxalsäure (Siehe S. 103).

Das Lösen des Eisenerzes (circa 0,5 g) in Schwefelsäure wird zweckmässig in einem Erlenmeyer'schen Kölbchen vorgenommen. Ist das Erz durch Schwefelsäure nicht völlig zersetzbar, so löst man in Salzsäure, deren Ueberschuss man durch Abdampfen mit concentrirter Schwefelsäure verjagt. Die Reduction wird in demselben Kölbchen vorgenommen, man verdünnt stark mit Wasser, fügt einige Stückchen Zink und so viel conc. Schwefelsäure hinzu, dass die Wasserstoffentwicklung stetig und ziemlich rasch beginnt. Man erwärmt den Kolben schwach. Abschluss der Luft ist nicht erforderlich, vorausgesetzt natürlich, dass die Wasserstoffentwicklung ohne Unterbrechung fortdauert und dass man die erwärmte Flüssigkeit bei der Reduction nicht sich abkühlen lässt.

Man giesst nach beendeter Reaction (vorsichtshalber kann man mit Rhodanammonium prüfen, doch ist dies bei einiger Uebung kaum nöthig) die noch warme Flüssigkeit in ein mit circa 2 Liter Wasser gefülltes hohes Becherglas. (Von dem noch ungelösten Zink wird vorsichtig abgegossen und nochmals mit Wasser 1—2mal nachgewaschen.) Man titrirt die noch warme und mit etwas conc. Schwefelsäure versetzte Flüssigkeit.

Das Titriren mit Chamäleon ist bedeutend bequemer geworden, seitdem man fand, dass es bei Gegenwart eines Mangansalzes (am besten Mangansulfat) auch in salzsaurer Lösung sich ausführen lässt[1]). Man löst das Erz, resp. den erhaltenen Eisenoxyd-Niederschlag in conc. Salzsäure, reducirt mit Zink und versetzt die stark verdünnte Lösung mit etwa 20 Cubikcentimeter einer Mangansulfatlösung, die durch Auflösen von 100 g des Salzes in $\frac{1}{2}$ l Wasser erhalten wird. Man setzt das Chamäleon alsdann langsam und unter beständigem Umrühren hinzu. 20 Cubikcentimeter der Mangansulfatlösung machen nach Zimmermann selbst bei Gegenwart von 50 ccm freier Salzsäure (1,12 spec. Gew.) die Titration absolut genau.

Die Chamäleon-Methode wird hauptsächlich bei solchen Eisenerzen angewendet, welche das Eisen vorwiegend oder ausschliesslich als Oxydul enthalten. Spatheisenstein und Magneteisenstein wird man am besten mit der Chamäleonmethode prüfen.

B. Die Zinnchlorür-Methode. Man bedient sich derselben zweckmässig bei der Titration von Rotheisenstein, Brauneisenstein, Thoneisenstein und auch von Raseneisenstein. Bei der Titration der beiden erstgenannten Eisenerze verdient die Zinnchlorür-Methode unbedingt den Vorzug.

Dieselbe beruht bekanntlich auf folgender Reaction:

$$Fe_2Cl_6 + SnCl_2 = SnCl_4 + 2\,FeCl_2.$$

Zu ihrer Ausführung bedarf man einer titrirten Lösung von Zinnchlorür und einer Lösung von Eisenchlorid, deren Gehalt an Eisen genau bekannt ist. Die Zinnchlorür-Lösung bereitet man sich, indem man reines Zinn in einem geräumigen Glaskolben mit reiner conc. Salzsäure so lange erwärmt, bis die Gasentwicklung aufgehört hat. Man giesst die erhaltene concentrirte Lösung von dem ungelösten Zink ab und verdünnt sie mit ungefähr der neunfachen Menge verdünnter Salzsäure (1:2). Diese Lösung von Zinnchlorür muss sorgfältig vor dem oxydirenden Einfluss der Luft geschützt werden. Man bewahrt sie desshalb nach Uelsmann[2]) zweck-

---

[1]) Cl. Zimmermann in Deutsch-chem. Ges. Ber. 1881, S. 779.

[2]) Zeitschr. anal. Chem. **16**, 50.

mässig in einer etwa 6 l haltenden, am Boden mit Tubulus versehenen Flasche auf, aus welcher unten mittelst Glashahns die Lösung abgelassen wird, wodurch jede Erschütterung der Oberfläche vermieden wird. Die beim Ablassen nachdringende Luft passirt ein oben an der Flasche mittelst einer zweimal gebogenen Glasröhre befestigtes Kochfläschen, worin eine concentrirte Lösung von pyrogallussaurem Kali enthalten ist. Wenn die Flasche zu zwei Drittel leer ist, wird sie frisch· gefüllt und mittelst der Eisenlösung am andern Tage ihr Titer bestimmt.

Zur Bereitung der Eisenlösung löst man 10,04 Gramm dünnen, weichen, blanken Eisendraht.(entsprechend 10 g Eisen) in Salzsäure, setzt nach beendeter Lösung chlorsaures Kali in kleinen Portionen hinzu und hält ·die Flüssigkeit so lange in schwachem Sieden, als noch Chlor in derselben vorhanden ist. Gewöhnlich wird man das Sieden mehrere Stunden fortzusetzen haben. Man überzeugt sich nach der Verjagung allen freien Chlors durch Prüfung mit rothem Blutlaugensalz davon, dass das Eisen völlig in Chlorid umgewandelt ist und verdünnt die erkaltete Flüssigkeit auf 1 Liter. Die Titerstellung der Zinnchlorürlösung geschieht, indem man 50 ccm der Eisenlösung (= 0,5 g Eisen) mit etwas Salzsäure versetzt in einer Porzellanschale zum Sieden erhitzt und Zinnchlorür bis zur Entfärbung hinzufliessen lässt. (Oder man versetzt mit etwas überschüssigem Zinnchlorür, bringt in die abgekühlte Flüssigkeit Stärkelösung und titrirt mit der unten angegebenen Jodlösung zurück.)

Die Titration der Eisenerze mittelst Zinnchlorür wird in den Fabrikslaboratorien wie folgt vorgenommen. 1,5 Erz wird in einer Porzellanschale mit überschüssiger conc. Salzsäure bis nahe zum Sieden erhitzt und, ohne abzufiltriren, Zinnchlorürlösung aus einer mit Glashahn versehenen Bürette hinzufliessen gelassen. Die Reaction vollzieht sich in der starksauren, heissen Lösung stets ganz gleichmässig und so elegant, dass man über den letzten Tropfen nie im Zweifel sein kann, wenn man die Operation in einer Porzellanschale vornimmt. In dieser Modification ist die Zinnchlorür-Methode entschieden bequemer und kürzer als die Chamäleon-Methode.

Umständlicher wird die Methode, wenn man etwas Zinnchlorür im Ueberschuss hinzufliessen lässt und denselben mit Jodlösung ermittelt. Die Jodlösung bereitet man sich durch Auflösen von ungefähr 5 g Jod in Jodkalium und Verdünnen auf 1 Liter. Das Verhältniss derselben zur Zinnchlorürlösung wird ermittelt, indem man 2 ccm Zinnchlorür mit 5 ccm Wasser und etwas Stärkelösung versetzt und mit der Jodlösung bis zum Eintritt der (dauernden) blauen Färbung titrirt. Bei richtiger Concentration wird 1 ccm Jodlösung etwa 0,2 ccm Zinnchlorür entsprechen.

Enthält ein Eisenerz neben Oxyd auch Oxydul, so muss man letzteres in der erhaltenen Auflösung durch irgend ein Oxydationsmittel oxydiren und den Ueberschuss des letzteren durch Kochen entfernen.

C. Die Bestimmung von Eisenoxydul und Eisenoxyd nebeneinander. Dieselbe kann mit Hülfe der Chamäleon- und Zinnchlorür-Methode auf verschiedene, nahe liegende Arten ausgeführt werden. Am empfehlenswerthesten dürfte es sein, zwei Proben des sehr fein gepulverten Erzes im Kohlensäurestrom, resp. unter Luftabschluss in Salzsäure zu lösen und in der einen das Eisenoxydul mit Chamäleon, in der zweiten das Eisenoxyd mit Zinnchlorür zu bestimmen. Hat man eine Zinnchlorür lösung nicht zur Verfügung, so löst man die zweite Probe in Salzsäure unter Zusatz von chlorsaurem Kali und fällt die gesammte Menge von Eisen mit Ammoniak.

II. Analyse der Schlacken.

Die Eisenschlacken werden quantitativ und qualitativ genau nach den bei Analyse der Eisenerze angegebenen Methoden untersucht. Es mögen desshalb folgende Andeutungen genügen.

1. **Eisenfrischschlacke.** Dieselbe besteht aus Eisenoxydul, Eisenoxyd, metallischem Eisen, Kupferoxyd, Thonerde, Manganoxydul, Kalk, Magnesia, Kieselsäure, Titansäure, Phosphorsäure und Schwefelsäure.

Zur Bestimmung des metallischen Eisens werden 5 g der feingepulverten Schlacke mit einer Lösung von Kupfervitriol zersetzt. Man lässt unter häufigem Umrühren längere Zeit stehen und filtrirt alsdann das dem metallischen Eisen aequivalente ausgeschiedene Kupfer nebst dem Ungelösten ab. Der mit Wasser ausgewaschene Rückstand wird in Salpetersäure gelöst, die Flüssigkeit zur Trockene verdampft und das Kupfer in der salzsauren Lösung durch Schwefelwasserstoff gefällt. Selbstverständlich muss man von dem erhaltenen Kupfer das in der Schlacke etwa schon vorhandene abziehen.

Die Phosphorsäure bestimmt man durch Schmelzen der feingepulverten Schlacke mit dem sechsfachen Gewicht einer Mischung von 6 Th. Soda und 1½ Th. Kieselsäure bei mässig hoher Temperatur. Nachdem man etwa 20—30 Minuten die Schmelze im Fluss erhalten, behandelt man mit Wasser und dampft das wässerige Filtrat nach Zusatz von Salzsäure zur Trockene, scheidet die Kieselsäure ab und bestimmt in der Lösung die Phosphorsäure nach der Molybdän-Methode.

Zur Bestimmung der Schwefelsäure schmilzt man die Schlacke mit dem gleichen Gewicht von Soda und fällt das salzsaure Filtrat der Schmelze mit Chlorbarium.

2. **Hohofen-, Kupolofen- und Bessemerschlacken.** Dieselben enthalten im Grossen und Ganzen die nämlichen Bestandtheile wie die Eisenfrischschlacken und ausserdem noch Schwefelcalcium, Blei, Zink. Das

Kupfer findet sich in ihnen als Metall, nicht als Oxyd und das metallische Eisen kommt im Gegensatze zu den Eisenfrischschlacken nur zuweilen vor. Die Bessemerschlacken enthalten 30—40 % Manganoxydul. Was die Analyse dieser Schlacken betrifft, so kann auf das bei der Analyse der Eisenerze und der Eisenfrischschlacke Gesagte verwiesen werden. Das Schwefelcalcium bestimmt man am besten durch Schmelzen der Schlacke mit dem bekannten Gemisch von Soda und chlorsaurem Kali und Ermittlung der Gesammtschwefelsäure, von welcher man die schon als solche vorhandene abzieht. Ueberhaupt empfiehlt es sich, die hier genannten Schlacken mit dieser Chloratmischung (oder einer anderen Schmelzmischung) aufzuschliessen. Man kann alsdann der vollständigen Zersetzung sicher sein, was beim Lösen in Salzsäure nicht immer der Fall sein wird.

Anhang: Die Zuschläge. Die Analyse derselben fällt in der Regel mit der Analyse von Kalkstein[1]) oder Dolomit zusammen. Der Werth beider Gesteinsarten als Zuschläge beruht auf ihrem Gehalt an Kalk, resp. Magnesia, welche wie bekannt bestimmt werden. Von nachtheiligen Beimengungen kommen in erster Linie Phosphorsäure und Schwefel, in zweiter Kieselsäure in Betracht. Auch auf Eisen, Aluminium (und Mangan) wird man zuweilen zu prüfen haben.

III. Die Analyse des Roheisens und schmiedbaren Eisens.

1. Die Probenahme. Dieselbe ist bei schmiedbarem Eisen und grauem Roheisen sehr einfach. Man spannt das betreffende Stück Eisen in einen Schraubstock, legt einen Bogen Papier unter und feilt eine zur Analyse geeignete Menge Feilspäne ab. Die meisten der eben genannten Eisensorten werden sich nach dieser Methode leicht zerkleinern lassen. Im anderen Falle verfährt man wie bei weissem Roheisen. Die Zerkleinerung des letzteren kann wegen seiner grossen Härte nicht mit der Feile geschehen. Ist man in keiner Fabrik, wo die betreffenden Zerkleinerungsmaschinen zur Verfügung stehen, so gehe man zum nächsten Schlosser und lasse sich auf dem Ambos kleine Stückchen von den verschiedenen Stücken weissen Roheisens abschlagen. Diese Stückchen werden in einem geräumigen Morser aus Gussstahl (oder auch Gusseisen) mit einem schweren Pistill so lange zerstossen, bis das Pulver direct für die Analyse verwendbar ist. Die Zerkleinerung muss hierbei so weit fortgesetzt werden, dass man ein recht feines Pulver erhält, welches aber beim Reiben zwischen

---

[1]) Siehe S. 360.

den Fingern die einzelnen Körner noch erkennen lässt. Eine weitere Zerkleinerung des weissen Roheisens (etwa im sog. Diamantmörser) ist nicht nur höchst zeitraubend und oft auch sehr schwierig, sondern auch überflüssig.

2. **Die Analyse.** Bei derselben kommen hauptsächlich in Betracht: 1) Silicium, 2) Phosphor, 3) Schwefel, 4) Gesammt-Kohlenstoff, 5) Graphit (aus der Differenz beider ergiebt sich der chemisch gebundene Kohlenstoff) und 6) Mangan.

Ueber den Einfluss, welchen jede dieser Beimengungen auf die Eigenschaften des Eisens ausübt, geben die betr. Specialwerke beste Belehrung. Ueber die Menge, in welcher die Nebenbestandtheile des Eisens in den verschiedenen Formen desselben vorkommen, möge die nachstehende Zusammenstellung von Eisenanalysen einigermassen aufklären. Es braucht nicht gesagt zu werden, dass diese Analysen keineswegs als allgemein gültige Richtschnur für die Zusammensetzung der einzelnen Formen des Eisens gelten können.

	I.	II.	III.	IV.	V.
Chem. gebund. Kohlenstoff	0·556 %	0·576 %	3·482 %	4·086 %	0·368 %
Graphit	3·262 -	2·868 -	—	—	—
Silicium	1·358 -	1·971 -	0·110 -	0·243 -	0·172 -
Phosphor	0·128 -	0·027 -	0·062 -	0·220 -	0·044 -
Schwefel	0·027 -	0·018 -	0·029 -	0·018 -	0·015 -
Kupfer	0·020 -	0·025 -	Spur	Spur	0·037 -
Kobalt und Nickel . . .	Spur	0·083 -	Spur	0·133 -	0·020 -
Mangan	1·264 -	2·823 -	1·728 -	2·750 -	0·417 -
Eisen	93·385 -	91·609 -	94·589 -	92·550 -	98·927 -
	100·000 %	100·000 %	100·000 %	100·000 %	100·000 %

I. = Graues Roheisen   III. = Weissstrahliges Roheisen
II. = Gusseisen   IV. = Spiegeleisen
V. = Bessemer Stahl.

Aus diesen Zahlen geht wenigstens folgendes deutlich hervor: Der chem. gebundene Kohlenstoff findet sich in grosser Menge beim weissstrahligen Roheisen und Spiegeleisen, wenig im grauen Roheisen und Gusseisen, am wenigsten im Bessemerstahl. Der Graphit und das Silicium kommen in sehr grosser Menge im grauen Roheisen und Gusseisen vor. Dass das Spiegeleisen sich durch einen relativ ziemlich hohen Mangangehalt auszeichnet, darf als bekannt vorausgesetzt werden.

A. Die Bestimmung von Silicium.

a) *Methode nach Brown-Ledebur.* 1 g Erz wird mit 25 ccm Salpetersäure von 1,2 spec. Gewicht so lange erhitzt, bis alles Lösliche sich gelöst hat. Alsdann setzt man 35—40 ccm (im Verhältniss von 1:4) verdünnter Schwefelsäure (nach Ledebur; oder 25—30 ccm im Verhältniss von 1:3 verd. Schwefelsäure nach Brown) hinzu und erhitzt die Lösung auf dem Sand- oder Wasserbade, bis die Salpetersäure verjagt ist. Zu der abgekühlten Flüssigkeit fügt man vorsichtig 40—50 ccm Wasser, erwärmt bis zur völligen Lösung des weissen Eisensalzes und filtrirt heiss. Der Rückstand wird mit heissem Wasser gewaschen, bis im ablaufenden Waschwasser kein Eisenoxyd mehr nachweisbar ist. Alsdann wäscht man etwa vier Mal mit heisser Salzsäure von 1,12 spec. Gew. und schliesslich wieder mit heissem Wasser bis zur völligen Entfernung der Salzsäure. Das getrocknete Filter wird im Platintiegel geglüht, bis die Kieselsäure rein weiss erscheint, was nach Ledebur[1]) bei Untersuchung von graphitreichem Roheisen 2—3 Stunden zu dauern pflegt.

Diese Brown'sche Methode wendet man nur dann an, wenn man in der betreffenden Probe lediglich das Silicium bestimmen und desshalb auf das Filtrat verzichten will.

b) *Gewöhnliche Siliciumbestimmung.* 3—4 g im Stahlmörser gepulvertes Eisen werden in conc. Salzsäure im Becherglase bei ca. 50° und unter häufigem Umschütteln gelöst. Die Lösung wird direct im Becherglase auf dem Sandbade zur Trockene verdampft. Aus dem Trockenrückstande wird die Kieselsäure auf bekannte Weise abgeschieden.

Diese Methode der Siliciumbestimmung hat zwar den Vortheil, dass das Filtrat unschwer zur Bestimmung anderer Bestandtheile sich verwenden lässt, dagegen aber giebt sie nicht immer übereinstimmende Resultate, da die Kieselsäure mehr oder weniger mit Eisenoxyd u. dgl. verunreinigt zu sein pflegt, während sie nach Brown's Methode rein und schneeweiss beim Glühen hinterbleibt. Man müsste also den unreinen Kieselsäureniederschlag mit dem gleichen Gewicht eines Gemisches gleicher Theile Soda und Salpeter schmelzen, die wässerige Lösung der Schmelze mit Salzsäure verdampfen und aus dem Rückstande die Kieselsäure von Neuem abscheiden. Indessen ist leicht einzusehen, dass hierdurch die Methode umständlich wird. Ein Techniker, welcher viele Silicium-Bestimmungen zu machen hat, wird also entweder die gewöhnliche Methode mit ihrer Fehlerquelle hinnehmen müssen oder Brown's Methode adoptiren.

B. **Die Bestimmung des Phosphors im Eisen** ist durchaus keine so leichte analytische Operation, als es den Anschein haben könnte. Man muss sehr gewissenhaft und gewandt arbeiten, um völlig übereinstimmende Resultate zu erhalten. Wegen dieser Schwierigkeiten rathe ich auch entschieden, bei der Phosphorbestimmung stets eine Parallel-Analyse zu machen, was sonst der vielbeschäftigte Techniker im Allgemeinen nicht thun kann.

---

[1]) Post's „chem.-techn. Analyse" I, 250.

a) *Bestimmung des Phosphors durch Lösen in Salpetersäure.* 5 g Eisen werden in einer Platinschale mit Salpetersäure von 1,2 spec. Gew. schwach erwärmt. Nach erfolger Lösung wird zur Trockene verdampft. Den Rückstand löst man in verdünnter Salpetersäure und filtrirt das Unlösliche ab. Letzteres wird nach dem Einäschern mit dem gleichen Gewicht einer Mischung gleicher Theile Soda und Salpeter geschmolzen, die wässerige Lösung der Schmelze mit Salzsäure eingedampft und die wässerige Lösung des Rückstandes der Hauptlösung beigefügt. Letztere wird so weit concentrirt, dass auf 1 g gelösten Erzes höchstens 20 ccm Flüssigkeit kommen. Man bestimmt die Phosphorsäure entweder nach der gewöhnlichen (Sonnenschein'schen) oder nach der Korschelt'schen[1] Molybdänmethode. Die Korschelt'sche Methode (bei deren Anwendung man nicht mehr als 1 g Eisen für die Bestimmung verwendet) ist nach Ledebur anwendbar bei Eisensorten, welche nicht weniger als 0,5 und nicht mehr als 1,75 % Phosphor enthalten.

b) *Bestimmung des Phosphors nach Gintl* (siehe bei der Schwefelbestimmung des Eisens).

c) *Bestimmung des Phosphors durch Zersetzen des Eisens im Chlorstrom.* Eine Verbrennungsröhre wird an dem einen Ende zur Aufnahme einiger Cubikcentimeter Wasser birnförmig erweitert. In die Röhre kommt zwischen zwei Asbestpfropfen das in einem Porzellanschiffchen befindliche Eisen. Vor der birnförmigen Erweiterung kommt eine Schicht von reinem Chlorkalium. Dieselbe hat den Zweck, die bei der Einwirkung des Chlors sich bildende schwerflüchtige Doppelverbindung von Fünffach-Chlorphosphor und Eisenchlorid unter Absorption des letzteren zu zersetzen. Zu diesem Zwecke muss die Chlorkaliumschicht auf 3—400° erwärmt sein. Man trocknet zunächst die Verbrennungsröhre, indem man sie unter gleichzeitigem Hindurchleiten von trockener Luft schwach erwärmt. Jede Spur Feuchtigkeit muss natürlich entfernt werden, damit nicht die Chloverbindungen von Phosphor, Schwefel, Silicium sich in die betreffenden Säuren, welche in der Röhre zurückbleiben würden, umsetzen. Ist die Röhre trocken, so löscht man das Feuer unter dem Schiffchen aus, bringt einige Cubikcentimeter destillirtes Wasser in die birnförmige Erweiterung und verbindet letztere mit einer senkrecht aufsteigenden Röhre, welche mit Wasser getränkte Porzellanstücke enthält. Man leitet nun das Chlor (1 Blase pro Secunde) durch die Verbrennungsröhre. Sowie die Waschflaschen grüne Färbung zeigen, zündet man unter dem Porzellanschiffchen das Gas wieder an und erwärmt gelinde. Der Angriff beginnt alsbald. Ueber dem Schiffchen fliegen eine Menge glänzender Flitterchen von Eisenchlorid bis zu dem Momente, wo die Wand der Röhre stark erhitzt ist.

---

[1]) Siehe S. 401.

Alsdann unterscheidet man nur einen orangerothen Dampf, welcher bis zum Ende bleibt. Sein Verschwinden zeigt das Ende der Reaction an. Das Chlorkalium tränkt sich mit einer dunkelrothen Flüssigkeit; die Absorptionslinie schneidet (wegen der kräftigen Absorption) sehr scharf ab. Man treibt durch Erwärmen mit der Lampe allen etwa vorher sich verdichtenden Fünffach-Chlorphosphor in das Absorptionswasser der birnenförmigen Erweiterung. Wenn keine orangerothen Dämpfe mehr sichtbar sind, erhöht man die Temperatur der Chlorkaliumschicht, um auch hier etwa noch zurückgebliebenen Fünffach-Chlorphosphor aus seiner Doppelverbindung abzuscheiden und in das Absorptionswasser zu treiben.

Man lässt im Chlorstrom erkalten und trennt die birnenförmige Erweiterung mit einem Feilstrich los. Man lässt die Flüssigkeit in eine Porzellanschale fliessen und wäscht die verticale Röhre, ohne sie abzunehmen, 3—4 mal mit kleinen Mengen Wasser aus. Die Chlor, Salzsäure, Phosphorsäure, Schwefelsäure, Kieselsäure (und Arsensäure) enthaltende Flüssigkeit wird in der Schale gelinde erwärmt, um das Chlor zu verjagen. Man setzt das Verdampfen fort, indem man das verdampfte Wasser durch Salpetersäure ersetzt. Die Verjagung der Salzsäure ist vollständig, wenn der auf einem Glasstreifen condensirte Dampf keine Trübung mit Silberlösung mehr giebt.

Man giesst dann in die Schale eine concentrirte Lösung von salpetersaurem Silber, verdampft zur Trockene und schmilzt die Nitrate bei einer Temperatur, welche gerade hinreicht, um erstere an den Wandungen der Schale fliessen zu lassen. Man lässt die Schale erkalten und zieht ihren Inhalt mit kochendem Wasser aus, wodurch sich das schwefelsaure Silberoxyd und das überschüssige salpetersaure Silberoxyd lösen. Ungelöst bleibt neben Kieselsäure und etwaigem arsensauren Silber das phosphorsaure Silber. Man behandelt diesen Rückstand mit verdünnter Salpetersäure, filtrirt von der Kieselsäure ab, versetzt das Filtrat mit Salzsäure und filtrirt vom ausgeschiedenen Chlorsilber ab. In das neu erhaltene Filtrat leitet man Schwefelwasserstoff ein, indem man es gleichzeitig im Becherglase allmählich auf etwa 70^0 erwärmt. Man verdampft alsdann in einer Porzellanschale (event. unter Wasserzusatz) bis zur völligen Verjagung des Schwefelwasserstoffs, setzt Salpetersäure hinzu und verdampft von neuem, bis die Salzsäure vollständig verjagt ist (Prüfung des auf einem Glasstreifen condensirten Dampfes mit Silberlösung). Alsdann versetzt man mit einer concentrirten Lösung von salpetersaurem Silberoxyd, verdampft zur Trockene und schmilzt wie oben angegeben. Der Rückstand wird zur Lösung des überschüssigen salpetersauren Silberoxyds mit warmem Wasser behandelt und das gelbe dreibasisch phosphorsaure Silberoxyd abfiltrirt und gewogen.

Obwohl diese Methode der Phosphorsäurebestimmung der Beschreibung nach ziemlich umständlich zu sein scheint, ist sie in Wirklichkeit durchaus nicht so langwierig und hat den grossen Vorzug, dass sie sehr gut übereinstimmende Resultate giebt, was beispielsweise bei der Fällung der Phosphorsäure in der salpetersauren Lösung des Erzes mit Molybdän durchaus nicht immer der Fall ist. Es ist vielmehr die Phosphorbestimmung von Roheisen und schmiedbarem Eisen nach der Molybdän-Methode entschieden die schwierigste der bei Eisenanalysen vorkommenden Bestimmungen der regelmässigen Beimengungen. Schwefel, Gesammt-Kohlenstoff, Graphit, Mangan und auch Silicium lassen sich nach den hier empfohlenen Methoden unschwer exact bestimmen. Phosphor dagegen wird nur von geübten Analytikern nach der Molybdänsäure-Methode stets völlig genau bestimmt werden. Differenzen von 0,4 bis zu 1,2 %, wie sie bei von verschiedenen Analytikern ausgeführten Phosphorbestimmungen einer und derselben Eisenprobe vorgekommen sind, lassen sich entschieden nicht einzig und allein auf Kosten der ungenügenden Probenahme, des „aufs Stück Analysiren" zurückführen, sondern sind zum Theile auch in der Unsicherheit der Methode für den vorliegenden Fall begründet[1]).

C. Bestimmung von Schwefel. a) *Die Eisenchlorid-Methode nach Gintl.* Diese Methode hat den Vorzug, dass sie nicht nur völlig genau Resultate giebt, sondern auch, da sie keines besonderen Apparates bedarf, in jedem Laboratorium angewendet werden kann. 5 g fein gepulvertes Eisen werden mit 250—300 ccm einer Lösung von 400 g Eisenchlorid in 1 Liter Wasser im Becherglase bei gewöhnlicher Temperatur übergossen. Man sehe darauf, dass das Eisenchlorid keine stark saure Reaction hat, sondern möglichst neutral ist. (Etwas freie Säure schadet übrigens nichts.) Die Zersetzung ist in der Regel in einer Stunde vollendet. Sicherer ist es aber, längere Zeit (8 Stunden) im Sommer bei Zimmertemperatur, im Winter bei ca. 25° stehen zu lassen. Das Eisen geht grösstentheils als Chlorür in Lösung, Schwefeleisen, Phosphoreisen, Kohlenstoff und der grössere Theil des Siliciums bleiben ungelöst. Man filtrirt durch ein kleines Filter, wäscht mit kaltem Wasser aus und trocknet bei gelinder Wärme (unter 100°). Der schwarze Niederschlag wird möglichst vollständig vom Filter getrennt, letzteres verascht und Niederschlag sammt Asche im Platintiegel mit der gleichen Menge Salpeter und der fünffachen Menge kohlensaurem Natron-Kali (5 Th. Soda auf 7 Th. kohlensaures Kali) bis zum Aufhören der Gasentwicklung geschmolzen. Man löst in Wasser, filtrirt vom Eisenoxyd ab und dampft das mit Salzsäure angesäuerte Filtrat zur Trockene. Nach Abscheidung der Kieselsäure wird die Schwefelsäure in bekannter Weise gefällt.

Die Gintl'sche Methode lässt sich sehr gut auch zur Phosphorbestim-

---

[1]) Vergl. Carl Holthof in Zeitschr. anal. Chem. **16**, 189.

mung des Eisens anwenden. Man verfährt alsdann genau so wie eben angegeben, nur dass man nach Abscheidung der Kieselsäure den Trockenrückstand mit Salpetersäure befeuchtet und das salpetersaure Filtrat mit Molybdänlösung fällt.

b) *Die Brom-Methode* (nach Johnston, Landolt und Classen) 5 g feingepulvertes Eisen werden in den ungefähr $^1/_2$ l fassenden Kolben A gebracht und mit so viel Wasser übergossen, dass das zum Einleiten von Kohlen-

Fig. 39.

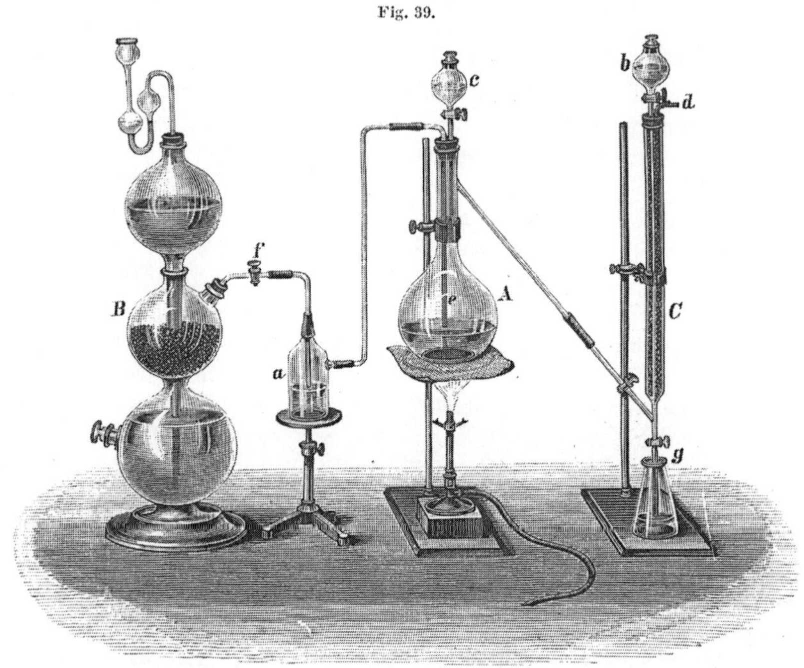

säure bestimmte Glasrohr in dasselbe eintaucht. Man prüft zunächst, ob der Apparat dicht ist, indem man Hahn f öffnet und den im Ansatzstücke des Rohres C befindlichen Hahn schliesst. Nun lässt man aus b, während der Hahn bei g geschlossen ist, langsam Bromsalzsäure über die in C enthaltenen Glasperlen fliessen, so dass letztere ganz durchtränkt werden und lässt aus dem Trichter c nach und nach 5—10 ccm starke Salzsäure in den Kolben eintreten. Der sich entwickelnde Schwefelwasserstoff wird von der Bromsalzsäure zu Schwefelsäure oxydirt. Man lässt zeitweise — namentlich wenn die Bromlösung entfärbt wird — die im unteren Theil des Glasrohres C angesammelte Flüssigkeit in den unterstehenden Becherkolben abfliessen und neue Bromlösung oben hinzufliessen. Hat die Gasentwicklung im Kolben A nachgelassen, so lässt man von Neuem Salzsäure hinzu und erwärmt schliesslich den Kolben unter gleichzeitigem Hindurchleiten von Kohlensäure, welche in Flasche *a* mittelst Quecksilberchloridlösung von Schwefelwasserstoff befreit wird. Man erwärmt nach und nach bis zum Sieden, lässt schliesslich die ganze Bromlösung aus *C* in den Becherkolben fliessen, wäscht die Glasperlen mit Wasser nach und verdampft die erhaltene gesammte Flüssigkeit in einer Porzellanschale. Nach der Verjagung des Broms und der Salzsäure wird mit etwas Wasser verdünnt, filtrirt und das Filtrat mit Chlorbarium gefällt.

Man kann die Glasröhre *C* auch durch eine gewöhnliche Bürette mit seitlichem Zuflussrohr oder im Nothfalle auch durch einen Will-Varrentrapp'schen Stickstoffbestimmungsapparat ersetzen. Der Stopfen, in welchem Trichter *b* sitzt, soll von Kork, nicht von Gummi sein. Er trägt zwei Durchbohrungen, von denen die zweite ein langes, gebogenes Glasrohr enthält, um die Bromdämpfe in den Schornstein oder in ein mit Salzsäure gefülltes Gefäss, in welches die Röhre eben eintaucht, zu leiten.

c) *Die Eggertz'sche Schwefelprobe* giebt keine genauen Resultate, leistet aber oft gute Dienste, wenn man im technischen Betrieb rasch den ungefähren Schwefelgehalt eines Eisens erfahren will. Diese Probe beruht darauf, dass man den durch Zusatz von Schwefelsäure entwickelten Schwefelwasserstoff auf ein Silberblech eine bestimmte Zeit einwirken lässt und aus der entstandenen Anlauffarbe den Gehalt des Eisens an Schwefel abschätzt.

Ein Silberblech von ca. 15 mm Länge, 6 mm Breite und 1 mm Dicke und aus einer möglichst homogenen Legirung von 75 Th. Silber und 25 Th. Kupfer bestehend (reines Silber giebt weniger scharf charakterisirte Anlauffarben) wird an einem Platindraht, welcher in dem Kork einer Flasche befestigt ist, aufgehängt. Letztere sei etwa 23 mm weit, 120 mm bis an den Hals hoch und mit einer Halsöffnung von 15 mm Weite versehen. 0,1 g gepulvertes Eisen werden in der Flasche mit 1,3 ccm Schwefelsäure von 1,23 spec. Gewicht[1]) übergossen. Hierauf verschliesst man rasch mit dem Kork, an welchem das Silberblech derart befestigt ist, dass sein oberer Rand sich 8—10 mm unterhalb des Korks befindet, schüttelt vorsichtig und lässt 15 Minuten ruhig stehen. Ist das Blech unverändert, so war das Eisen schwefelfrei; eine lichtgelbe Färbung (heller als Messing) zeigt ca. 0,01% Schwefel an; eine messinggelbe 0,02, eine goldgelbe 0,03, eine tombakbraune 0,04, desgl. mit einem schwachen Stiche ins Blaue 0,05, desgl. mit einem stärkeren Stiche ins Blaue 0,06, desgl. mit ebenso viel Blau als Braun 0,08, eine uhrfederblaue Färbung mit noch deutlich erkennbarem Braun 0,10, desgl. mit einer Spur Braun 0,15, desgl. ohne Braun 0,20,

---

[1]) Durch Vermischen von 27 ccm Schwefelsäure und 100 ccm Wasser erhalten.

eine bleigraue Färbung mehr als 0,20% Schwefel. Indessen sind die Farbentöne nur bis zur tombakbraunen Färbung scharf zu erkennen. Dies genügt aber für die meisten Fälle, dä die Eisensorten nur selten mehr als 0,05—0,06% Schwefel enthalten und da beispielsweise schon ein Gehalt von 0,04% für schmiedbares Eisen, wenn es brauchbar sein soll, die Grenze bildet.

D. Gesammt-Kohlenstoff. Die am leichtesten auszuführende und desshalb beste Methode ist die directe Verbrennung im Sauerstoffstrome. Die weiter unten besprochene Chromsäure-Methode giebt nur in den Händen von Geübten sichere Resultate und empfiehlt sich überhaupt nur da, wo derartige Bestimmungen sehr häufig gemacht werden müssen.

a) *Die directe Verbrennung des Eisens im Sauerstoffstrome* wird wie folgt ausgeführt. 4—5 g fein gepulvertes Eisen werden in einem geräumigen Porzellan- oder Platinschiffchen mit grobkörnigem Kupferoxyd gemengt. Das Schiffchen wird in ein Porzellanrohr (nicht Glasrohr!) geschoben und letzteres in den Verbrennungsofen gelegt. Der Sauerstoff wird durch conc. Kalilauge, Kalihydrat in Stücken, festes Chlorcalcium und conc. Schwefelsäure gereinigt. Die aus dem Kohlenstoff des Eisens entwickelte Kohlensäure passirt zunächst ein grosses U-Rohr, welches Glasperlen oder durch Zerstossen von Glasröhren erhaltene kleine Glasstücke enthält. Dieselben sind mit einer gesättigten Chromsäurelösung, welche die schweflige Säure zurückhält und den Gang der Verbrennung zu controliren gestattet, getränkt. Alsdann durchstreicht die Kohlensäure ein U-Rohr mit Chlorcalcium und gelangt von da in die zwei gewogenen Absorptionsröhren, welche zu $^5/_6$ mit Natronkalk[1]) und $^1/_6$ mit Chlorcalcium gefüllt sind. Den Absorptionsröhren folgt endlich noch ein Röhrchen, dessen dem Apparate zugewandter Schenkel mit festem Kalihydrat und dessen äusserer Schenkel mit Chlorcalcium angefüllt ist.

Die nach dieser Methode ausgeführte Kohlenstoffbestimmung lässt an Genauigkeit und Sicherheit nichts zu wünschen übrig.

b) *Die Kupfersulfat-Methode.* 4—5 g fein gepulvertes Eisen werden in einem Becherglase mit ca. 100 ccm einer Kupfervitriollösung, welche 200 g in 1 l Wasser gelöst enthält, übergossen. Man erwärmt unter öfterem Umrühren ganz schwach. Sämmtlicher Kohlenstoff scheidet sich neben metallischem Kupfer ab. Man filtrirt durch einen mit Asbest locker verstopften Trichter und wäscht zuerst mit Kupfervitriollösung, dann mit kaltem Wasser aus. Das bei der Filtration zuerst Ablaufende verdünnt man im Probirrohr mit Salzsäure und Wasser bis zur völligen Durchsichtigkeit, um zu sehen,

---

[1]) Man darf in diesem Falle nicht etwa Kalilauge als Absorptionsmittel gebrauchen, weil dieselbe im Sauerstoffstrom entwickelte Kohlensäure lange nicht so kräftig absorbirt, als dies Natronkalk thut.

ob kein Kohlenstoff durch das Filter gegangen ist. Ein sich während der Filtration etwa bildendes braunes Häutchen löst man durch Zusatz eines Tropfens Salzsäure. Der Trichter sammt feuchten Inhalt wird in den Ullgren'schen Apparat (siehe unten) gebracht, falls man den Kohlenstoff durch Chromsäure oxydiren will. Zieht man aber vor, den Kohlenstoff im Sauerstoff zu verbrennen — und dies halte ich wie schon gesagt für die sicherere und desshalb bessere Methode — so giesst man etwas Alkohol auf den Trichter, stellt ihn kurze Zeit in den Trockenschrank und hebt seinen nunmehr trockenen Inhalt in ein Schiffchen ab, wo er mit grobkörnigem Kupferoxyd gemischt und genau wie unter a angegeben verbrannt wird.

c) *Die Kupferammoniumchlorid-Methode.* Bei der Kupfersulfat-Methode wirkt die relativ grosse Menge ausgeschiedenen Kupfers beim Filtriren und Auswaschen störend. Dies wird bei der nunmehr zu beschreibenden Modification vermieden. 5 g Eisen werden im Becherglase mit 250 ccm einer Kupferammoniumchloridlösung, welche 300 g in 1 l Wasser gelöst enthält, übergossen und unter Umrühren ganz schwach so lange erwärmt, bis das im Anfange sich meist ausscheidende Kupfer wieder völlig gelöst hat. Im Uebrigen verfährt man genau wie oben.

Will man den nach Methode b oder c erhaltenen Gesammt-Kohlenstoff, resp. den Graphit (siehe unten) mit Chromsäure oxydiren, so rathe ich entschieden, den Ullgren'schen Apparat in der von Classen [1]) gewählten Modification anzuwenden. Die in Hüttenlaboratorien oft gebräuchliche und von Ledebur [2]) beschriebene Form ist nur den in derartigen Bestimmungen durchaus geübten Analytikern anzurathen. Man erhält sonst sehr leicht zu hohe Resultate. Nach der Classen'schen Modification, welche durch Anwendung eines kleinen Kühlers und zweier grosser mit Schwefelsäure getränkte Bimssteinstücke enthaltender Cylinder das Uebertreten von fremden Dämpfen in die Absorptionsapparate wirksam verhindert, wird Ullgren's Methode wie folgt ausgeführt.

In das Kölbchen K, welches während der Operation bei g mit einem Glasstab verschlossen ist, bringt man die Kohle sammt Asbestfilter, übergiesst mit etwa 40 ccm concentrirter Schwefelsäure und fügt, nach dem Erkalten, 8 g krystallisirte Chromsäure hinzu. Die Kohlensäure passirt zuerst den aufwärts gerichteten kleinen Kühler K (welcher zur Condensation des Wasserdampfes dient), dann den mit concentrirter Schwefelsäure getränkte Bimssteinstücke enthaltenden Cylinder a und die Chlorcalciumflasche b; c und d sind die zur Aufnahme der Kohlensäure bestimmten Natronkalkröhren, e ein mit Natronkalk, resp. Chlorcalcium gefülltes Schutzrohr.

---

[1]) Quant. Analyse, erste Aufl. S. 205.
[2]) Post's Chem.-techn. Analyse Bd. I, S. 216.

Man erhitzt das Kölbchen K, bis eine starke Gasentwicklung eintritt, und steigert nach und nach die Temperatur derart, dass in dem Kühler K weisse Dämpfe sichtbar werden. Das Erhitzen wird so lange fortgesetzt, als noch eine Gasentwicklung wahrnehmbar ist, dann nimmt man die Lampe fort, verbindet f mit einem Aspirator, saugt ein wenig an und ersetzt den Glasstopfen bei g durch ein Kalirohr, nachdem man vorher die

Fig. 40.

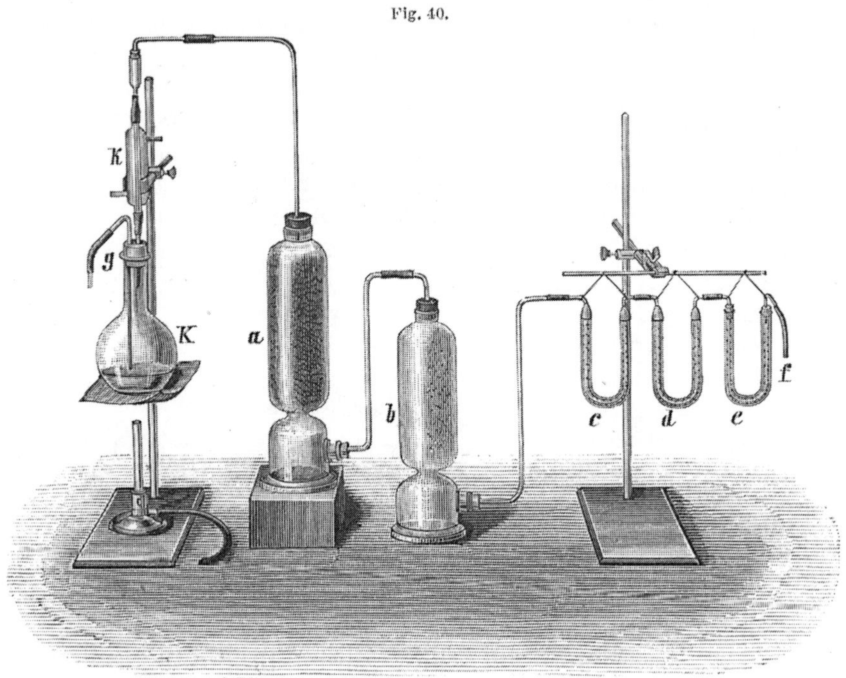

rechtwinklig gebogene Glasröhre in die Flüssigkeit heruntergedrückt hat. Das Durchsaugen von Luft wird eine Zeit lang fortgesetzt und schliesslich die Röhren c und d zurückgewogen.

E. Graphit. 5 g Eisen werden in verdünnter Salzsäure im Becherglase auf dem Drahtnetz gelöst, wobei man die Temperatur bis zum Sieden steigert. Nach beendeter Lösung wird der Rückstand durch ein Asbestfilter filtrirt. Man wäscht mit heissem Wasser, bis das Filtrat mit Silberlösung nicht mehr opalisirt, dann mit verdünnter Kalilauge 4—5 mal (bis das Filtrat völlig farblos ist), hierauf mit Alkohol, bis die Kalilauge verdrängt ist (Prüfung auf Platinblech) und schliesslich einige Mal mit Aether. Letzterer wird mit Wasser verdrängt und der Kohlenstoff im Ullgren-Classen'schen Apparate bestimmt, oder man verjagt den Aether durch Trocknen und verbrennt im Sauerstoffstrome.

F. **Chemisch-gebundener Kohlenstoff.** Derselbe wird entweder durch Differenz oder durch die **colorimetrische Kohlenstoffprobe** bestimmt. Letztere beruht darauf, dass die Auflösung von Eisen in Salpetersäure um so dunkler braun gefärbt ist, je mehr Kohlenstoff dieselbe enthält. Hat man demnach zwei derartige Eisenlösungen von gleicher Färbung, so verhalten sich ihre Kohlenstoffgehalte wie die Volumina dieser Lösungen. Diese Kohlenstoffprobe wird hauptsächlich für graphitarmes Eisen mit 0,3 bis 2% Kohlenstoff angewendet, d. h. also in erster Linie für Stahl, dann aber auch für Gusseisen und graues Roheisen. Prüft man weisses Roheisen nach dieser Methode, so muss man mit Rücksicht auf dessen bedeutenden Gehalt an gebundenem Kohlenstoff entsprechend weniger Eisen für den Versuch abwägen. Man kann nun die colorimetrische Kohlenstoffprobe, ähnlich wie beim Nesslerisiren, auf zwei Arten bestimmen. Entweder verdünnt man die salpetersaure Lösung des zu prüfenden Eisens so lange, bis sie gleiche Farbenintensität mit der Normallösung zeigt und liest die Volumina beider Flüssigkeiten ab, oder man stellt sich eine ganze Farbenscala her, welche bestimmten Kohlenstoffgehalten bei einem bestimmten Volumen entspricht und vergleicht hiermit den Farbenton der auf dasselbe Volum gebrachten salpetersauren Eisenlösung.

a) *Die nach Ledebur u. A. modificirte Eggertz'sche Kohlenstoffprobe.* Von einem Normalstahle, dessen gebundener Kohlenstoff am besten zwischen 0,9 bis 1,1% beträgt, wägt man 0,1 g Feilspäne (die man in hinreichender Menge in einer Flasche sich vorräthig hält) ab, schüttet dieselben in ein Probirrohr und zersetzt sie durch allmählichen Zusatz chlorfreier Salpetersäure, wozu $\frac{1}{4}$ bis $\frac{1}{2}$ ccm nöthig sein werden. Auf dieselbe Weise wird auch das zu prüfende Eisen zersetzt[1]). Alsdann stellt man beide Probirröhrchen in ein Becherglas, welches ca. 80° warmes Wasser enthält, um die völlige Lösung herbeizuführen. Man setzt hierbei zeitweise unter sorgfältiger Vermeidung jeden grösseren Ueberschusses von neuem Salpetersäure hinzu, bis die Lösung und Gasentwicklung völlig beendet ist. Nunmehr kühlt man beide Probirröhrchen in kaltem Wasser ab und spült die Normallösung in einen Glascylinder, welcher bei ca. 12 mm Weite im Lichten und 275 mm Höhe von unten anfangend in $\frac{1}{10}$ ccm getheilt ist und im Ganzen 30 ccm enthält. Man verdünnt die Normallösung auf so viele Cubikcentimeter, als der Normalstahl Zehntel Procente gebundenen Kohlenstoff enthält. Demnach wird die Lösung eines Normalstahles von 1,1% gebundenem Kohlenstoff auf 11 ccm gebracht. In einen zweiten Glascylinder von genau denselben Dimensionen spült man die Lösung des zu prüfenden Eisens und verdünnt dieselbe so lange, bis sie die gleiche

---

[1]) Von Stahl und Gusseisen wägt man 0,1 g, von weissem Roheisen 0,05 g ab. Im letzteren Falle verdoppelt man den gefundenen Kohlenstoffgehalt.

Farbe wie die Normalstahllösung zeigt. Wurde sie . beispielsweise auf 3,7 ccm verdünnt, so enthält das betreffende Eisen 0,37% chemisch gebundenen Kohlenstoff.

b) *Die nach Britton modificirte Eggertz'sche Probe.* Man löst eine abgewogene Menge des zu prüfenden Eisens (1 g bei einem Kohlenstoffgehalt bis 0,3%, bei höherem Gehalt 0,5 g) in einem Probirröhrchen in 10 ccm chlorfreier Salpetersäure vom specifischen Gewicht 1,2, giesst die klare Lösung nach einer Viertelstunde ab und behandelt den Rückstand nochmals mit 5 ccm Salpetersäure. Die vereinigten Lösungen werden durch ein trockenes Filter filtrirt und in ein 12 cm langes und 1,5 cm weites Probirrohr gebracht. Auf der anderen Seite bereitet man sich 15 Auszüge von gebranntem Caffee, Wasser und Alkohol, welche bestimmten Gehalten an gebundenem Kohlenstoff entsprechen. Der Farbenton der ersten Röhre entspricht einer Auflösung von 1 g Eisen in 15 ccm Salzsäure (von 1,2 spec. G.) mit 0,02% gebundenem Kohlenstoff, der der zweiten Röhre einem Gehalt von 0,04%, der der dritten einem solchen von 0,06% und demgemäss derjenige der fünfzehnten einen Gehalt von 0,3%. Diese Auszüge kommen in 15 luftdicht zu verschliessende Probirröhrchen, welche ebenfalls 12 ccm lang und 1,5 ccm weit sind und werden letztere derart in einem Stativ befestigt, dass man zwischen je zwei Röhren die mit der zu prüfenden Flüssigkeit gefüllte Probirröhre hineinstellen kann. Zu beachten ist, dass die Caffeeextracte nach längerer Zeit ihre Farbe ändern und desshalb durch frische ersetzt werden müssen.

G. **Bestimmung des Mangans.** Von den zahlreichen hierfür vorgeschlagenen Methoden empfehle ich die Classen'sche[1] und diejenige von Pattinson.

a) Bei Anwendung *der Classen'schen Methode* löst man höchstens 0,4 bis 0,5 g Eisen in einer mit Uhrglas bedeckten Porzellanschale im Wasserbade in Salzsäure, fügt nach erfolgter Lösung Bromsalzsäure hinzu und erwärmt so lange, bis zwischen Flüssigkeit und Uhrglas keine braunen Dämpfe mehr sichtbar sind. Man verdampft hierauf zur Trockene, übergiesst den Rückstand nach dem Erkalten mit 5—10 ccm Bromwasser, erwärmt die bedeckte Schale einige Minuten im Wasserbade, fügt dann in bekannter Weise oxalsaures Kali hinzu und verfährt genau wie auf S. 405 angegeben.

b) *Die Methode von Pattinson.* In einem Becherglase von 400 bis 500 ccm Inhalt löst man reichlich 1 g Eisen oder Eisenerz[2]) in möglichst wenig

---

[1]) Vgl. S. 404—408.

[2]) Ledebur giebt folgende Vorschriften: Von Rohmangan löst man so viel, dass die Lösung 0,1—0,15 g Mangan enthält, von Spiegeleisen mit 10—25 Proc. Mangan löst man 0,5 g; von gewöhnlichem Roheisen 1—2 g, von schmiedbarem Eisen 3 g; von manganreichen Erzen 0,5 g, von manganärmeren 1—2 g.

Salzsäure unter zeitweisem Zusatz von Salpetersäure auf, dampft die Lösung im Wasserbade zur Syrupconsistenz ein und setzt zu dem Rückstande behutsam nur so viel kaltes Wasser, dass das Eisenchlorid sich mit gelber Farbe löst. Zu der unfiltrirten Lösung fügt man nach und nach unter stetem Umrühren so viel kohlensauren Kalk[1]), bis die Lösung eine orange-rothe Färbung angenommen hat, alsdann 50—60 ccm einer Lösung von Chlorkalk[2]), hierauf kochendes Wasser in solcher Menge, dass die Lösung auf ca. 70° erwärmt wird und unmittelbar darauf so viel kohlensauren Kalk, dass nach gehörigem Umrühren einige wenige Körnchen desselben (jedoch kein allzu grosser Ueberschuss) ungelöst auf dem Boden des Becherglases sichtbar sind. Für Roheisen und schmiedbares Eisen wird man 1,2 bis 2,3 g kohlensauren Kalk, für Eisenerze 1,2 bis 1,6 g nöthig haben, ohne dass man sich jedoch allzu ängstlich an diese Zahlen zu halten braucht. Sämmtliches Eisen und Mangan (letzteres als Superoxydhydrat) befinden sich im Niederschlage. Die Flüssigkeit, welche deutlich nach Chlor riechen muss, lässt man unter Umrühren so lange stehen, bis keine Kohlensäure sich mehr entwickelt und der Niederschlag sich abzusetzen beginnt. Man filtrirt, wobei man dem grossen Eisenoxyd-Niederschlage entsprechend ein ziemlich grosses Filter wählen muss, wäscht mit warmem Wasser aus, bis das Filtrat mit Stärke versetzte Jodkaliumlösung nicht mehr bläut, bringt den Niederschlag sammt Filter in das vorher zur Fällung benutzte Becher-glas und übergiesst ihn mit 50 ccm einer stark sauren Eisenvitriollösung, welche durch Auflösen von 50 g Eisenvitriol in einem Gemische von 250 g englischer Schwefelsäure und 750 g Wasser dargestellt wurde. In wenigen Minuten ist vollständige Lösung unter Reduction des Superoxyds zu Mangan-oxydul erfolgt. Die Lösung wird mit etwa der dreifachen Menge Wasser verdünnt, durch ein Faltenfilter filtrirt[3]) und das Filtrat mit Chamäleon-lösung, wie sie bei der Eisentitration angewendet wird (5 g in 1 l) titrirt. Multiplicirt man den Eisentiter mit 0,491, so erhält man den Mangantiter für 1 ccm Chamäleon. Ebenso werden 50 ccm der Eisenvitriollösung direct mit Chamäleon titrirt. Die aus der Differenz sich ergebende Anzahl ccm Chamäleon entspricht dem Eisen des durch das Mangansuperoxyd oxydirten Eisenvitriols. Durch Multiplication dieser Eisenmenge mit 0,491 findet man das vorhandene Mangan.

---

[1]) Man verwendet geschlemmte Kreide oder frisch gefällten kohlensauren Kalk. Letzteren bereitet man sich durch Fällung einer Chlorcalciumlösung mit nicht überschüssigen kohlensaurem Natron bei ca. 80° und Auswaschen des Nieder-schlages durch Decantation und Trocknen.

[2]) 15 g Chlorkalk in 1 l kaltem Wasser (die Lösung wird nöthigenfalls filtrirt).

[3]) Ich ziehe das Filtriren der Lösung vor. Titrirt man direct die mit den Filterüberresten angefüllte Flüssigkeit, so lässt sich die Endreaction nicht so scharf erkennen.

Diese Methode der Manganbestimmung giebt sehr befriedigende Resultate und ist in kurzer Zeit auszuführen. Bevor man dieselbe zu wirklichen Analysen benutzt, empfiehlt es sich, sie ein- oder zweimal probeweise auszuführen. Dies genügt jedoch vollständig, um die nöthige Uebung in der Methode zu erhalten.

H. Die Bestimmung von Kupfer, Kobalt und Nickel (und Arsen). Man fällt die oxalsauren Salze von Mangan, Kupfer, Kobalt und Nickel nach der Classen'schen Methode[1] glüht den Niederschlag wie dort angegeben, löst in Salzsäure, fällt das Kupfer als Schwefelkupfer und glüht es im bedeckten Porzellantiegel (ohne Einleiten von Wasserstoff). Der geglühte Rückstand enthält 79,85 % metallisches Kupfer. Das Filtrat neutralisirt man mit Ammoniak und fällt mit Schwefelammonium. Die Schwefelmetalle von Mangan, Kobalt und Nickel werden in viel Salzsäure enthaltendem Königswasser gelöst. Man verdünnt stark mit Wasser, versetzt mit Ammoniak im Ueberschuss und fügt (zur Oxydation des Kobalts) Chamäleonlösung so lange hinzu, bis die Lösung einige Zeit roth bleibt. Setzt man nun reines Kalihydrat hinzu, so fällt das Nickel als Oxydhydrat zugleich mit Manganoxyd. Man wäscht durch Decantation aus und filtrirt. Da der Niederschlag noch etwas Kobalt enthält, so löst man ihn nochmals in Salzsäure auf und behandelt die Lösung von neuem mit Ammoniak, Chamäleonlösung und Kalilauge. Die vereinten Waschwässer, welche alles Kobalt enthalten, werden mit Essigsäure gesättigt und das Kobalt durch Schwefelwasserstoffgas gefällt. Das Gemenge von Nickel und Manganoxyd wird in Salzsäure gelöst, die Lösung mit hinreichendem Ammoniak gesättigt und einige Zeit an der Luft stehen gelassen. Alles Mangan fällt nach und nach als braunes Oxydhydrat. Man filtrirt von letzterem ab, versetzt das Filtrat mit Essigsäure und fällt das Nickel durch Einleiten von Schwefelwasserstoff. Diese von Delvaux[2] herrührende Trennungsmethode ist zwar langwierig, giebt aber gute Resultate.

Man kann auch statt Classen's Methode die Ammoniumcarbonat-Methode zur Bestimmung von Kupfer, Kobalt und Nickel anwenden. Sämmtliche drei Metalle befinden sich alsdann in dem vom Eisenoxyd-Niederschlage erhaltenen Filtrate. Letzteres wird mit Salzsäure schwach angesäuert und das Kupfer durch Schwefelwasserstoff gefällt. Das Filtrat des Kupfer-Niederschlages wird mit Ammoniak neutralisirt und mit Schwefelammonium Mangan, Kobalt und Nickel gefällt, welche nach der soeben beschriebenen Delvaux'schen Methode von einander getrennt werden.

Zur Bestimmung des Arsens finden sich in dem bei Analyse der Eisenerze (S. 408) Gesagten hinlängliche Anhaltspunkte. Bei Anwendnng

---

[1] Seite 404.

[2] Compt. rend. **93**, 723; Chem. Ind. 1881 S. 164.

der Ammoniumcarbonat-Methode geht das Arsen quantitativ in den Eisen-oxyd-Niederschlag über. Man löst denselben in Königswasser und verfährt im Uebrigen so wie S. 408 angegeben.

I. Die Bestimmung von Chrom. In manchen Roheisensorten findet sich Chrom bis zu 2%, im Chromstahle von $0,1-1\%$. (Qualitativ. Nachweis desselben S. 397.) Die quantitative Bestimmung wird nach Galbraith[1]) wie folgt ausgeführt. 5 g Roheisen oder Stahl werden bei Luftabschluss[2]) in einem Gemische von 200 ccm Wasser mit 25 ccm Salz-säure von 1,12 spec. Gew. gelöst. Man kocht einige Zeit, bis alle Gas-entwickelung aufgehört hat, lässt dann so viel Wasser aus einem vor-gelegten Kolben übersteigen, dass die Flüssigkeit auf etwa 400 ccm verdünnt ist, lässt erkalten und setzt, ohne zu filtriren, vorsichtig kohlen-sauren Baryt in geringem, aber deutlich erkennbarem Ueberschusse hinzu, verkorkt die Flasche luftdicht und lässt mindestens 24 Stunden unter öfterem Umschütteln stehen. Von dem gefällten Chromoxyd filtrirt man das Eisenchlorür ab. Man wäscht rasch mit kaltem Wasser aus, spritzt den Rückstand in ein kleines Becherglas, löst ihn in Salzsäure, erhitzt auf dem Drahtnetz zum Kochen (ohne die ungelöste Kohle etc. abzufiltriren) und fällt durch Ammoniak in vorsichtigem Ueberschuss. Da der Nieder-schlag von Chromoxyd öfters durch wenig Eisenoxyd und Kieselsäure ver-unreinigt ist, schmilzt man ihn nach dem Auswaschen und Trocknen mit 3 g Soda und 0,5 Salpeter, filtrirt das chromsaure und kieselsaure Natron ab, dampft (zur Abscheidung der Kieselsäure und Reduction der Chrom-säure) mit Alkohol und Salzsäure zur Trockene und fällt im Filtrate mit Ammoniak das Chromoxyd.

Anhang.

Die gebräuchlichsten Eisenproben.

Die Proben auf trockenem Wege sind in der Regel bei weitem nicht so genau, wie die gewöhnlichen analytischen Bestimmungen auf nassem Wege. Desshalb werden auch die meisten der trockenen Proben, wie sie sich noch vielfach in Büchern verzeichnet finden, kaum mehr in der Praxis angewendet. Die einzige Probe auf trockenem Wege, welche bei der Prüfung von Eisenerzen noch allgemeinere Anwendung findet, ist die

---

[1]) Dingl. pol. Journ. **226**, 399.

[2]) Der Luftabschluss ist desshalb unbedingt nöthig, weil das Eisenchlorid durch kohlensauren Baryt gefällt wird, während das Chlorür in Lösung bleibt. Den Luftabschluss erreicht man am einfachsten durch einen vorgelegten, mit etwa

deutsche Eisenprobe. Zn den Eisenproben rechnen wir auch die nicht selten angewandte Fuchs'sche Methode zur annähernden gewichtsanalytischen Bestimmung des Eisengehaltes.

1. Die deutsche Eisenprobe[1]). Dieselbe ahmt den im Hohofen vor sich gehenden Process im kleinen Maassstabe nach. Man schmilzt in mit Kohle ausgefütterten Tiegeln das mit geeigneten Zuschlägen vermischte Eisenerz und wägt den erhaltenen Regulus von Eisen. Da letzteres gerade so wie beim Hohofenprocess Kohlenstoff und gewöhnlich Silicium, Mangan etc. enthält, so bekommt man durch das Gewicht des Regulus einen directen Anhaltspunkt für das im Hohofen zu erwartende Rendement an Roheisen. Zugleich erhält man, falls man nur die auch im Hohofen angewendeten Zuschläge nimmt, im Voraus eine richtige Vorstellung über den Grad der Schmelzbarkeit einer Eisenerzsorte. In der Regel wird man auf Grund der Analyse des Eisenerzes die geeigneten Mischungsverhältnisse desselben mit den Zuschlägen stöchiometrisch berechnen und das Verhalten dieser Mischung durch die deutsche Eisenprobe prüfen. Wie man also sieht, ist diese Probe dem Fabrikanten von grossem Nutzen und wird sie desshalb häufig (am meisten in Schweden) ausgeführt.

Was die Art und Menge der Zuschläge betrifft, so richten sich dieselben nach der jeweiligen Natur des Eisenerzes, lassen sich aber bei einiger Uebung auf Grund der Analyse (Bestimmung der Gangart etc. des Erzes) leicht wählen und der Menge nach berechnen. Als Zuschlagsmittel gebraucht man am besten Kalk in Form von Kreide oder Marmor und Flussspath. Borax wendet man in der Regel nicht an, weil er sehr leichtflüssig und geneigt ist, Eisen zu verschlacken. Nur bei Thoneisensteinen oder sonst sehr thonreichen Eisenerzen findet Borax zur Verflüssigung der sonst sehr strengflüssigen Schlacken Anwendung. Thon und Quarz werden als Zuschläge ebenfalls angewendet. Im Clausthal beschickt man nach Kerl reiche Erze mit wenig oder keinen Erden mit 10 % Flussspath, 10 % Kreide und 15—20 % Thon; kalkige Erze mit 15—20 % Thon, 20—40 % Quarz und bei Anwesenheit grösserer Mengen Bittererde noch mit 10 % Kreide. Thonige Erze werden mit 20—25 % Kreide, 25 % Flussspath, kieselige mit 20 % Kreide, 25 % Flussspath und 2—3 % Thon, Eisenfrischschlacken mit 15—20 % Kreide, 15—20 % Flussspath und 5—10 % Thon

---

30 ccm destillirtem Wasser gefüllten Kolben, in welchen eine rechtwinklig gebogene Entwicklungsröhre eintaucht. Durch eine Schlauchverbindung mit Quetschhahn kann man die Verbindung beider Kolben herstellen oder unterbrechen.

[1]) Literatur: Die Probirkunde von Balling, Braunschweig 1879. Fr. Vieweg und Sohn. Dieses Buch ist Allen, welche sich für die hüttenmännischen Proben interessiren, in erster Linie zu empfehlen. Kerl's „metallurgische Probirkunst" (Leipzig 1882, Arthur Felix) enthält zu viel veraltete Methoden, wodurch der Gebrauch des Buches sehr erschwert wird.

beschickt. Nach Balling erhält man bei Anwendung einer gleichen oder
nahezu gleichen Gewichtsmenge schlackengebender Bestandtheile und Erz
die besten Resultate und zeigen die so angestellten Proben bei Abfall
von lichten, steinigen oder emailartigen, mitunter schneeweissen Schlacken
nie über $\frac{1}{2}$ % Differenz. Balling wendet auf 100 Th. Roth- oder Brauneisenstein 50 Th. Flussspath und 50 Th. carrarischen Marmor an. Bei
Thoneisensteinen oder überhaupt bei thonerdenreichen Eisenerzen fügt er
aus dem schon oben angegebenen Grunde 10—20 Th. Borax hinzu.

Als Schmelztiegel wendet man zweckmässig sogenannte Tutten an.
Es sind dies hessische Tiegel mit Fuss (Fig. 40), welche im Lichten

Fig. 41.   Fig. 42.

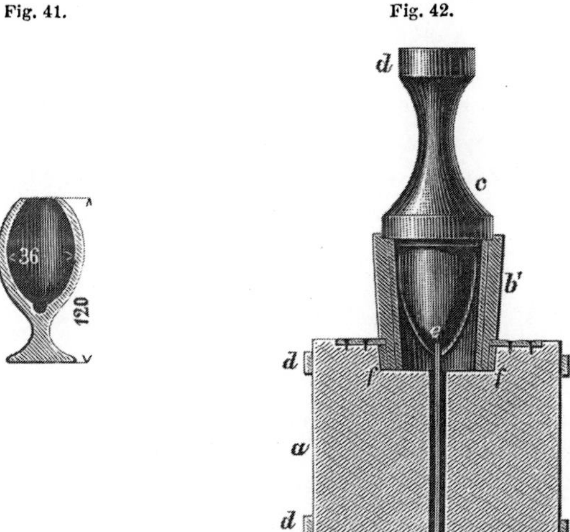

45 mm weit, 55 mm hoch, mit Fuss 90 mm hoch sind. Sie können u. A.
von L. F. Goebel in Epterode bei Grossalmerode (preuss. Prov. Hessen)
bezogen werden. Billiger natürlich ist es, wenn man sich die Tiegel selbst
herstellt, was nach Balling auf folgende Weise geschieht.

In einen runden oder viereckigen Holzblock a (Fig. 41) von etwa 250 mm
Höhe und 200 mm Durchmesser oder Seitenlänge, welcher in der Mitte einen
kreisrunden, etwa 25 mm tiefen und am Boden mit Blech gefütterten Ausschnitt von beiläufig 100 mm Durchmesser hat, ausserdem in der Mitte
bis herab durchbohrt ist, passt ein eiserner, innen glatt ausgedrehter und
nach unten zu etwas conisch zulaufender Ring b, die Nonne, welcher aussen
mit Blei umgossen ist. In dem Bleimantel sind zwei einander gegenüber-
liegende Führungen f ausgeschnitten, in welche zwei an den Holzblock
befestigte eiserne Vorsprünge eingreifen, um die eingesetzte Nonne, nachdem sie etwas gedreht wurde, in dem vertieften Ausschnitt festzuhalten.
Der Stempel c, der Mönch, ist aus Holz glatt gedreht, und erhält einen

an 100 mm langen Leitdorn *e* von starkem Draht, um den Stempel immer centrisch in die Nonne einzutreiben. Bei Anfertigung der Tiegel werden zuerst alle Bestandtheile der Tiegelform wohl gereinigt, Mönch und Nonne etwas eingeölt, sodann die Nonne eingesetzt, zu etwa $^3/_4$ mit feuerfester Thonmasse (1 Volumtheil ungebrannter feuerfester Thon und zwei Volumtheile Chamotte) gefüllt, der Mönch aufgesetzt und mittelst nicht zu starker Hammerschläge unter steter Drehung um seine Achse eingetrieben. Sobald der Mönch festsitzt und nicht tiefer eindringt, wird er drehend herausgezogen, die im Boden von dem Leitdorn gelassene Oeffnung verstopft und verschmiert, die Nonne herausgehoben, die vorstehenden Ränder der Thonmasse abgeschnitten, die Nonne dann umgestürzt, und der fertige Tiegel am besten mit einem runden Holze, welches ziemlich knapp in die untere Oeffnung der Nonne passt, vorsichtig herausgedrückt.

Der Mönch *c* ist an seinem oberen Theile, wo er die Hammerschläge erhält, sowie auch der Holzblock mit eisernen Reifen *d* armirt; der Hammer, mit welchem der Mönch eingetrieben wird, ist von Holz. Das Schlagen der Tiegel geschieht auf einem grossen Holzblock. Man fertigt eine grössere Anzahl Tiegel auf einmal, welche langsam getrocknet und sodann gebrannt werden. Der feuerfeste Thon wird mit wenig Wasser so angemacht, dass er sich ballen lässt, ohne auf der Hand Feuchtigkeit zu hinterlassen.

Die ausgebrannten Tiegel werden dann gefüttert. Als Futter verwendet man fein gesiebtes Holzkohlen- oder Kokspulver, das mit dünnem Leim- oder Bierwasser derart angefeuchtet oder durchgearbeitet wird, dass es nicht mehr Feuchtigkeit enthält, als die zur Anfertigung der Tiegel dienende Masse. Mit der Kohle wird der gebrannte Tiegel lose angefüllt, unter Drehen ein kleiner, hölzerner Mönch eingedrückt und ebenso wieder herausgezogen. Das Futter lässt man an der Luft trocknen. Es muss innen glatt sein und darf keine Sprünge zeigen. Die Tiegel selbst dürfen weder schmelzen noch springen. — Auch kleinere Graphittiegel können derart gefüttert und zur deutschen Eisenprobe verwendet werden. Für Möllerproben nimmt man grosse ausgefütterte Graphittiegel, da die Anfertigung grösserer feuerfester Tiegel schwieriger ist. Die (8—10 mm starken) Deckel zum Bedecken der Tiegel und die „Käse", d. h. die Untersätze der Tiegel werden aus feuerfestem Materiale in kleinen Kästchen wie Ziegel gestrichen. Die Käse seien unten breiter als oben und etwa 75 mm hoch.

Die Ausführung der Probe (nach Balling). 3—5 g gepulvertes und gesiebtes bei 110° getrocknetes Erz wird abgewogen, mit den ebenfalls gewogenen Zuschlägen auf Glanzpapier mit einem Glasstab oder in einer Mengkapsel mit dem Mengspatel gemengt, und das Gemenge in den ausgefütterten Kohlentiegel gefüllt; etwa am Papier haften Gebliebenes wird mit einem etwas steifen, kleineren Pinsel nachgekehrt. Man muss Acht haben, dass nichts an den Innenwänden des Tiegelfutters haften bleibe; geschieht dieses, so muss es mit einer Federfahne herabgekehrt werden. Als Decke giebt man etwas weniges von den Flüssen, die man beigemengt hat, zu welchem Zwecke man einen kleinen Theil der abgewogenen Flüsse zurück behält; dies hat den Zweck, zu vermeiden, dass Roheisentheilchen oben hängen bleiben, indem sie von der darüber befindlichen schmelzenden Schlackendecke abgewaschen werden. Auf diese Flussdecke giebt man Kohlenpulver, und setzt einen Pfropf darauf, der aus Holzkohle geschnitten ist und in welchen man, um Irrungen zu vermeiden, die Probenummern eingeritzt hat. Hierauf lutirt man den Thondeckel an, setzt den Tiegel auf den Untersatz, befestigt ihn daran mit feuerfestem Thon, und stellt die so vorbereitete Probe in den Windofen (oder Sefström'schen Gebläse- ofen). Nach dem Eintragen der Tiegel wird von oben angefeuert, indem man zuerst den Ofenschacht mit todten Kohlen füllt, und lebendige Kohlen oben aufgiebt; man sorge für nicht zu kleine Kohlen, damit sich dieselben nicht zu dicht legen, und die vollständige Verbrennung nicht beeinträchtigt werde. Man schliesst sodann den Ofen und lässt das Feuer sich nach unten verbreiten. Ein Hauptaugenmerk hat man darauf zu richten, dass die Temperatur nicht allzu rasch sich erhöht. Denn in diesem Falle würden die Zuschläge früher schmelzen, ehe das oxydirte Eisen Zeit ge- habt hat, sich zu reduciren. Die Reduction des Eisens beginnt bei 650 bis 700°, die Kohlung[1]) bei etwa 1000° und das Schmelzen des gekohlten Eisen bei 1600°.

Man steigert die Temperatur von 10 zu 10 Minuten entweder durch stärkeres Ziehen des Blasebalgs, oder durch allmählich weiteres Oeffnen des Zugregisters etwa eine halbe Stunde hindurch, und erhitzt schliesslich durch 15—20 Minuten bis zur völligen Weissgluth; während des Schmelzens werden Kohlen nach Bedarf nachgetragen. Nach beendetem Schmelzen, welches vom Einsetzen an gerechnet 1—1¼ Stunde dauert, und nachdem die Kohlen niedergegangen sind, ist es am zweckmässigsten, die Tiegel mit einer Zange herauszuheben; etwas aufzustossen, um die reducirten Eisentheilchen durch die Schlacke hindurchsinken zu machen und zu einem Regulus zu vereinigen, und dann erkalten zu lassen. Lässt man die Tiegel im Ofen erkalten, so findet man stets mehrere kleine Eisenkügelchen in der Schlacke vertheilt, auch haften die Tiegel am Roste oder Boden des Ofens an.

---

[1]) Diese wird theils durch das entstandene Kohlenoxydgas und die Cyan- verbindungen nach erfolgter Reduction, theils erst nach beendigtem Schmelzen durch directe Berührung des flüssigen Eisens mit dem festen Kohlenstoff der Tiegel- wände bewirkt.

Die erkalteten Tiegel werden aufgeschlagen, umgestürzt, der geschmolzene Regulus herausgenommen und in einem eisernen Mörser von der Schlacke getrennt; sind mehrere Eisenkügelchen vorhanden, so wird die Schlacke zerschlagen, die einzelnen grösseren Eisenkügelchen mit einer Pincette herausgesucht, sodann die Schlacke gepulvert und die kleinen Eisenflitter mit einem Magnet ausgezogen. Das erhaltene Eisen wird gewogen, und sollen Probe und Gegenprobe unter einander nicht über ein Procent differiren. Erze, welche viel Hydratwasser, Kohlensäure oder Eisenoxydul enthalten, werden abgeröstet, und auch eine Probe mit dem gerösteten Erze gemacht, um daraus Schlüsse wegen einer vielleicht nöthigen Abröstung des Erzes im Grossen vor dem Aufgeben in den Hohofen zu ziehen.

Bei leichtflüssiger Beschickung, bei einem Gehalte der Erze an Mangan, Schwefel, Phosphor und Arsen erhält man ein weisses Roheisen, bei strengflüssiger kalkreicher Beschickung und anhaltender hoher Temperatur erhält man ein graues Roheisen, oft mit Graphitausscheidung auf dem König. Solches Roheisen ist siliciumhaltig und enthält umsomehr davon, je höher die angewendete Schmelztemperatur war. Die Probe ist gerathen, wenn Probe und Gegenprobe stimmen, der Bruch des Königs grau oder halbirt und feinkörnig ist, wenn der König rund, nicht eckig, die Schlacke licht und nicht grün gefärbt ist, wenn sie glasig, steinig oder emailartig und gut geflossen, nicht blos gefrittet ist, und endlich keine oder nur wenig kleinere Eisenkügelchen eingeschlossen enthält. Grün gefärbte Schlacken enthalten Eisen verschlackt, gelbgrüne oder braune Schlacken Eisen und Mangan, schwarze Schlacken enthalten Schwefel oder Titan, graue Schlacken enthalten Thonerde oder Kohlenstoff.

2. **Die Eisenprobe von Fuchs.** Dieselbe beruht einerseits auf der Unlöslichkeit des Kupfers in verdünnter Salzsäure bei Luftabschluss, andererseits auf der Reaction:

$$Fe_2\,Cl_6 + 2\,Cu = 2\,Fe\,Cl_2 + 2\,Cu\,Cl$$

2—3 g fein gepulvertes und getrocknetes Erz werden in einen Kolben von etwa 300 ccm Inhalt gebracht und mit concentrirter Salzsäure übergossen. Man schliesst den Kolben mit einem Kork, in welchem ein kurzes, zu einer Spitze ausgezogenes Glasrohr steckt. Nach erfolgter Lösung des Erzes wird etwa vorhandenes Eisenoxydul durch Eintragen einiger Körnchen chlorsauren Kalis oxydirt und durch Kochen das freie Chlor verjagt. Alsdann versetzt man, wenn nöthig, von Neuem mit etwas Salzsäure, füllt den Kolben bis zur Hälfte mit heissem Wasser und erhitzt zum Kochen. Sobald die Flüssigkeit siedet, bringt man ein Stück genau abgewogenes und blank geputztes Kupferblech rasch in den Kolben, verschliesst wieder sofort und kocht von Neuem. Man setzt das Kochen so lange fort, bis die anfangs gelbe Flüssigkeit immer lichter, dann grün und endlich farblos oder schwach blaugrün gefärbt erscheint. Das Kupfer muss während des Kochens stets von der Lösung bedeckt bleiben. Sollte man befürchten, dass zuviel Flüssigkeit verdampfe und desshalb das Kupfer von der Lösung nicht bedeckt bleiben könne, so setzt man heisse verdünnte Salzsäure von Neuem hinzu. Nach beendeter Reduction füllt man den Kolben mit heissem Wasser an und kippt ihn über einer Porzellanschale um. Das Kupfer wird mit destillirtem Wasser mehrmals ausgewaschen und der schwarze Ueberzug darauf durch schwaches Reiben zwischen den Fingern weggewischt. Hierauf trocknet man es zwischen Fliesspapier und sodann in einem Wasserbade. Aus dem Gewichtsverluste ergiebt sich das im Erze vorhandene Eisen.

Die Fuchs'sche Probe wird in der hüttenmännischen Praxis hin und wieder angewendet. Sie hat den Vorzug, dass sie auch in dem primitivsten Laboratorium ohne irgend welchen Apparat ausführbar ist. Dagegen erfordert sie viel Zeit zur Ausführung und hat den Nachtheil, dass sie nur annähernde Resultate giebt.

Die übrigen Metalle.

(Enthaltend die wichtigeren trockenen und nassen hüttentechnischen Probirmethoden.)

Von

C. Balling,

Professor für Probirkunde an der k. k. Bergakademie in Pribřam.

---

1. Silber.

Die sowohl für ärmere, wie für reichere Substanzen anwendbare Probe auf trockenem Wege auf Silber ist die **Cupellationsprobe**. Dieselbe besteht aus zwei Operationen, dem Eintränken oder Ansieden, und dem Abtreiben, wovon die erste die Extraction des Silbers aus dem zu untersuchenden Körper durch Blei, die zweite die Abscheidung des Bleies vom Silber zum Zwecke hat.

Die Cupellationsprobe wird folgendermaassen ausgeführt: Man bringt in den Ansiedescherben etwa ein Drittel (5—7 g) des erforderlichen granulirten Bleies, darauf die genau abgewogene Menge der Probesubstanz, mengt beide in dem Scherben mit einem Glasstab gut durcheinander, bedeckt gleichmässig mit zwei Drittel (10—15 g) des zurückbehaltenen granulirten Bleies, und giebt, wenn strengflüssige Gangarten anwesend sind, etwas Boraxglas, und bei Gegenwart von viel Quarz auch etwa 0·5 g Bleiglätte zu, welche Letztere silberfrei sein muss. Je nach der Menge der in dem zu untersuchenden Körper anwesenden fremden Beimengungen wird der Bleizusatz bestimmt, und von der Reichhaltigkeit des Probenguts ist die Grösse der Einwage bedingt. Man wägt zur Probe bei einem Silbergehalt der Probesubstanz

$$\text{unter } 1\,\% \quad \ldots \ldots \ldots \quad 5\text{ g}$$
$$\text{über } 1\,\% \quad \ldots \ldots \ldots \quad 2\cdot5\text{ g}$$

und bei einem Gehalt von mehreren Procenten Silber bloss 1·0—0·5 g ein. Es müssen stets zwei Proben, Probe und Gegenprobe, angestellt werden, und dürfen die Gewichte der erhaltenen Silberkörner nur innerhalb weniger Tausendtheile differiren.

Die vorbereiteten Proben trägt man nun in die hellroth geheizte Muffel, legt in die Muffelmündung eine Kohle vor und schliesst die Thüre, um möglichst rasch einzuschmelzen; nach etwa 10 Minuten öffnet man die Muffelthür etwas und lässt Luft zutreten. Die auf dem eingeschmolzenen Blei schwimmenden Theilchen der Probepost werden nach und nach oxydirt, die Oxyde von dem Borax und dem gebildeten Bleioxyd aufgelöst und das Silber von dem Blei aufgenommen, und wenn nach und nach in Folge fortschreitender Oxydation die Oberfläche des geschmolzenen Bleies vollständig mit Schlacke überdeckt ist, so dass kein Metallspiegel in der Mitte der geschmolzenen Massen wahrnehmbar ist, schliesst man die Muffelthür wieder, schürt die Kohlen und giebt solche nach, erhitzt etwa 5 Minuten stärker, um alles in dünnen Fluss zu bringen, und giesst schliesslich den Inhalt der Scherben in mit Kreide ausgestrichene, angewärmte Ingusse. Diese erste Arbeit heisst das Ansieden.

Sofort nach erfolgtem Austragen der Scherben setzt man in die Muffel die nöthige Anzahl Capellen ein, legt ein Stück Kohle in die Muffelmündung, schliesst die Thüre und schürt die Kohlen auf, um alle Feuchtigkeit aus den Capellen auszutreiben, was man das Abathmen der Capellen nennt. Man schlackt nun die Bleikönige aus, hämmert sie in eine rundliche Form, so dass sie keine scharfen Kanten und Ecken behalten, und wenn nach etwa 15 Minuten das Abathmen der Capellen beendet ist und sich zwischen dem Boden derselben und dem Muffelboden kein dunkler Streifen mehr erkennen lässt, werden die Bleie mit einer Kluft vorsichtig auf die glühenden Capellen aufgesetzt, um keine derselben zu beschädigen.

Nach erfolgtem Eintragen der Bleie schliesst man die Muffelmündung, in welche man wieder eine Kohle gelegt hat, sofort, um rasch einzuschmelzen, nach etwa 10 Minuten öffnet man ein wenig die Thüre und sieht nach, ob die Oberfläche der eingeschmolzenen Bleie völlig blank geworden ist, und ob das Blei treibt, und wenn dies der Fall ist, öffnet man die Muffelthür so weit, dass die Proben ruhig treiben und nicht einfrieren, d. h. nicht bis zum Erstarren abkühlen. Gegen Ende dieser zweiten Operation, welche man das Abtreiben nennt, schürt man wieder nach und schliesst die Muffelmündung mehr, weil die nun an Silber reicher gewordene Legur auf der Capelle immer strengflüssiger wird; gegen Ende bemerkt man deutlich auf der Oberfläche der immer runder werdenden Körner die Bildung von Glättaugen, das Blumen, welche untereinander netzartig verbunden über die Convexität herabsinken und von der porösen Capelle aufgesogen werden, zuletzt beobachtet man die Bildung ganz dünner Oxydhäutchen, welche in Regenbogenfarben spielen, kommen und verschwinden, und schliesslich wird das während des ganzen Treibens beständig unruhige, in stetig zitternder Bewegung sich befindende Silberkorn vollständig blank, dunkel und ruhig; das Silber blickt. Nach erfolgtem Blick öffnet man die Muffelmündung, um die Silberkörner abzukühlen, damit sie nach dem Herausnehmen nicht spratzen, d. h. damit man nicht bei dem plötzlichen Entlassen des in hoher Temperatur von dem Silber absorbirten Sauerstoffs in Folge zu rascher Abkühlung mechanische Verluste durch Fortschleudern kleinster Silbertheilchen erleidet. Gespratztes Silber zeigt keine glatte, sondern eine zerrissene Oberfläche und mitunter entstehen hiebei blumenkohlartige Auswüchse.

Vor dem Erstarren leuchten die auf den Capellen zurückgebliebenen Silberköner noch einmal auf; die Körner werden noch heiss mit einer kleinen Zange, der Kornzange, ausgestochen, auf der Unterseite sofort mit einer sehr steifen kurzborstigen Bürste, der Kornbürste, abgeputzt und nach dem Auskühlen zur Wage gebracht. Die Auswage geschieht bis auf Milligramme genau und. wird der Silbergehalt bis auf Tausendstel von Procenten angegeben.

Man hat bei dem Abtreiben vornehmlich darauf zu achten, dass die Temperatur des Ofens nicht zu hoch sei, da man sonst grössere Verluste durch Verflüchtigung von Silber erfährt, gegen Ende des Treibens und zum Blicken aber muss die Temperatur gesteigert werden. So dargestelltes Silber ist nicht völlig rein, sondern enthält noch 0·2—0·3 Procent fremde Beimengungen, zumeist Blei:

Die früherer Zeit übliche Münzprobe oder Feinprobe wird gegenwärtig auf trockenem Wege nicht mehr vorgenommen, alle reichen Silberlegirungen prüft man auf nassem Wege und nur ärmere, wenige Procente Silber enthaltende Leguren werden noch durch Cupellation geprüft.

Für Untersuchungen der Körper auf Silber auf nassem Wege besitzen wir die folgenden zwei ausgezeichneten Verfahrungsarten.

1. **Silberprobe nach Gay Lussac.** Dieselbe beruht auf der Ausfällung des Silbers aus salpetersaurer Lösung durch Kochsalz als Chlorsilber.

Man bedarf zu dieser Probe folgende bei 15^0 bereitete und aufgemessene Titerflüssigkeiten:

a) Eine Normalkochsalzlösung, welche man durch Auflösen von 5·4202 g reinsten krystallisirten Steinsalzes (sogenanntes Adlersalz) zu einem Liter Flüssigkeit erhält, und welcher man dann noch 1—2 ccm Wasser zufügt. Dieselbe ist demnach nicht absolut genau normal. Es geschieht dies desshalb, weil die Lösung durch Verdunstung von Wasser ohnedies mit der Zeit ihren Titer ändert, und weil man mit dieser nur sehr unbedeutend schwächeren Flüssigkeit viel genauer arbeitet.

b) Eine Zehntelnormalkochsalzlösung, die man durch Verdünnen von 100 ccm der Normallösung zu einem Liter erhält.

Eine Zehntelsilberlösung sich zu bereiten ist, sofern man achtsam arbeitet, nicht nöthig, und das eventuelle Arbeiten damit auch nicht empfehlenswerth, weil die Endreaction weniger scharf hervortritt.

Für diese Probe soll der Silbergehalt der Probepost annähernd bekannt sein, und ist es auch gewöhnlich, da meist nur Probesilber und

Münzsilber zur Untersuchung gelangen; bei Legirungen mit unbekanntem Silbergehalt kann das Resultat einer vorher angestellten Cupellationsprobe als Anhaltspunkt genommen werden.

Man verfährt bei Vornahme dieser Probe folgendermaassen: Man wägt von der zu prüfenden Legirung so viel ein, dass darin 2—3 Miligramme Silber über 1 g enthalten sind, welches Gewicht sich nach der Vorprobe durch Rechnung ermitteln lässt; hierauf wägt man 1 g chemisch reines Silber ein, bringt beide Posten in genau bezeichnete, mit eingeriebenem Glasstopfen versehene Flaschen, fügt je 5 ccm Salpetersäure von 1·2 spec. Gew. hinzu und löst im Wasserbade auf; wenn sich keine braunrothen Dämpfe mehr entwickeln, deren letzte man mit einem Blasebalg herausbläst, nimmt man die Flaschen aus dem Wasserbad, trocknet sie ab und lässt auskühlen. Man bringt nun mittelst einer Pipette in jede Flasche genau abgemessen 100 ccm der Normalkochsalzlösung hinzu, schliesst die Flaschen mit dem in Wasser getauchten Glasstopfen, stellt die Flasche, um sie vor Lichteinwirkung zu schützen in ein Blechgehäuse und schüttelt kräftig so lange, bis die über dem abgesetzten Niederschlag von Chlorsilber stehende Flüssigkeit vollständig klar geworden ist.

Da 100 ccm der Normallösung nicht ganz 1 g Silber ausfällen, so setzt man nun mit einer Pipette in jedes der Fläschchen je 1 ccm der Zehntelkochsalzlösung zu und beobachtet, indem man die Flaschen gegen einen dunklen Hintergrund hält, ob sich in den Lösungen noch Wolken oder Trübungen von frisch entstandenem Chlorsilber zeigen, welche Reaction bei dem Zusatz der ersten Cubikcentimeter Zehntellösung, sofern die Einwagen richtig waren, in beiden Fläschchen eintreten muss, und schüttelt wieder, wie oben angegeben. Nach erfolgter Klärung der Flüssigkeiten setzt man in jedes Fläschchen wieder je 1 ccm der Zehntellösung, und wiederholt dies so lange, indem man nach jedem Zusatz genügend lang und kräftig schüttelt, bis in der klaren Flüssigkeit über dem Niederschlag bei weiterem Zusatz von je 1 ccm der Zehntellösung keine Trübung mehr erfolgt. Die in jedes Fläschchen zugefügte Anzahl Cubikcentimeter Zehntellösung müssen notirt werden, die letzten Cubikcentimeter aber, welche keine Reaction mehr hervorgerufen haben, werden wieder gestrichen, und nun in folgender Weise der Silbergehalt berechnet.

Da 100 ccm der Normallösung etwas weniger als 1 g Silber fällen, so ruft der Zusatz des ersten Cubikcentimeters der Zehntellösung zu der Lösung von 1 g chemisch reinem Silber jedenfalls noch eine Reaction hervor; je nach der Stärke der Normallösung wird man nun 1 oder 2 ccm der Zehntelkochsalzlösung zu der Lösung des reinen Silbers hinzuzufügen haben. Zum Ausfällen des Silbers in der Probelösung, welche mehr wie 1 g Silber enthält, waren mehrere Cubikcentimeter der Zehntellösung bis zu völliger Ausfällung des Silber nöthig.

Angenommen, man hätte für das reine Silber 100 ccm Normal- und 2 ccm Zehntelkochsalzlösung gebraucht, so haben zusammen also 1002 ccm Zehntellösung genau 1 g chemisch reines Silber ausgefällt. Hat man nun z. B. zu der Lösung der Probepost 5 ccm Zehntellösung hinzufügen müssen und 1010 mg Probesilber abzuwägen gehabt, so ergiebt sich der Silbergehalt der Probepost aus folgenden Proportionen:

$$1002 : 1000 = 1005 : x$$
$$x = \quad 1002{\cdot}9$$
$$\text{und } 1010 : 1002{\cdot}9 = 1000 : y$$
$$y = 992{\cdot}9 \text{ Feinsilber in Procenten.}$$

Die in dieser Art auf Silber zu prüfenden Körper dürfen kein Antimon, Wismuth, Blei und Quecksilber enthalten; ein Goldgehalt ist unschädlich, weil das Gold von Salpetersäure nicht gelöst wird.

In Laboratorien und Münzämtern, wo viele derlei Proben täglich vorzunehmen sind, hat man Apparate aufgestellt, welche eine raschere Arbeit zulassen und hat man ebenso auch Schüttelapparate in Anwendung, in welchen gleichzeitig 10—12 Proben durchgeschüttelt werden können.

2. **Silberprobe nach Vollhard.** Diese gründet sich auf die Zersetzung des blutrothen Eisenrhodanids durch Silbersalze, indem sich Silberrhodanid bildet. Wenn man nun in eine saure Lösung von Silber, welcher man als Indicator etwas Eisenoxydammoniakalaun zugesetzt hat, Rhodanammonium einträufeln lässt, so entsteht zwar bei Zusatz des Rhodanids im ersten Augenblicke eine blutrothe Färbung, dieselbe verschwindet aber bei dem Umschwenken, und diese Entfärbung erfolgt so lange, als nicht alles Silber als Rhodanid gefällt ist; ein Tropfen der Rhodansalzlösung im Ueberschuss aber färbt die über dem Silberniederschlag stehende Flüssigkeit bleibend röthlich.

Quecksilber und Palladium dürfen in der Probelösung nicht gegenwärtig sein.

Man verfährt bei dieser Probe entweder in der Art, wie bei der Gay-Lussac'schen Methode angegeben wurde, indem man die Lösung des Rhodansalzes so stellt, dass 100 ccm derselben genau 1 g Silber fällen, und sich davon eine Zehntellösung bereitet, — oder man stellt den Titer der Rhodansalzlösung auf eine Silberlösung von bekanntem Gehalt so ein, dass 1 ccm derselben 0,01 g Silber entspricht, so, dass dann bei dem Titriren mit einer in Zehntel Cubikcentimeter getheilten Bürette durch diese die Milligramme Silber leicht und sicher bestimmt werden können.

Als Reactiv empfiehlt sich vorzüglich das Rhodanammonium, wovon man 8 g in einem Liter Wasser löst und den Titer durch wiederholte übereinstimmende Versuche mit einer Silberlösung in oben angegebener Art gleichwerthig stellt, welche man sich durch Auflösen von 2·5 g Silber zu $\frac{1}{4}$ l bereitet. Jeder Cubikcentimeter dieser Silberlösung entspricht 0·01 g Silber. Der Titer des Rhodanammoniums ist sehr beständig.

Dieses Verfahren lässt sich nach einer vom Verfasser angegebenen Methode sehr gut zur **directen Bestimmung des Silbers im Bleiglanz auf nassem Wege** benützen. Je nach dem Silbergehalt des Galenits werden 2—3 g desselben in feingepulvertem Zustande mit dem 3—4 fachen Gewicht eines aus gleichen Theilen Soda und Salpeter bestehenden Flusses in einen entsprechend grossen Porzellantiegel gebracht, dieser bedeckt, und über einer Lampe bis zum Schmelzen des Tiegelinhalts erhitzt, nach erfolgtem Schmelzen aber die Masse mit einem Glasstab gut umgerührt. Den erkalteten Tiegel bringt man sammt Glasstab in eine zum Theil mit Wasser gefüllte Abdampfschale, spült die zerfallene Schmelze in die Schale, erwärmt, und filtrirt die wässrige Lösung ab. Den gut ausgewaschenen auf dem Filter verbliebenen Rückstand spült man in dieselbe Porzellanschale zurück, setzt verdünnte Salpetersäure zu, dampft über dem Wasserbade zur Trockne, nimmt in Salpetersäure haltendem Wasser auf, erwärmt, filtrirt in einen Kolben, wäscht mit heissem Wasser gut nach, lässt erkalten und titrirt mit Rhodansalz. Bei Abwesenheit von Eisen muss etwas Ferrisulfat zugefügt werden; bei viel Eisen neben Bleiglanz erhält man eine zu gefärbte Lösung und die Endreaction wird undeutlich. Zum Titriren benutzt man eine Zehntelrhodansalzlösung.

2. Gold.

In seltenen Fällen wird man Körper zur Untersuchung bekommen, welche blos Gold (ohne Silber) enthalten, die natürlichen, Gold führenden Erze enthalten fast immer Silber (1—36 % davon), auch viele Goldlegirungen sind silberhältig, und kommt es bei der Goldbestimmung daher meist auf eine Trennung des Goldes von dem beigemengten Silber an.

Die Goldprobe ist im Allgemeinen eine Cupellationsprobe, wie die auf Silber, und war mit dem Golde kein Kupfer legirt (die Münzen und Probegold enthalten alle Kupfer) oder waren zugleich keine Metalle des Polyxens anwesend, so giebt das Gewicht des bei dem Abtreiben erhaltenen Goldkornes auch unmittelbar den Goldgehalt der untersuchten Substanz an. Das Ansieden und Abtreiben wird so ausgeführt, wie bei der Silberprobe angegeben wurde, nur muss wegen der grösseren Strengflüssigkeit des Goldes die Temperatur zu Ende des Treibens höher gehalten werden. Bei ärmeren Substanzen ist entweder durch Vornahme einer Concentrationsprobe der Goldgehalt einer grösseren Menge Probesubstanz in verhältnissmässig wenig Blei anzureichern, oder es werden die grösseren Mengen derselben (bis 500 g) auf einmal unter Zuschlag von Blei, schwarzem Fluss und Glas in Tiegeln eingeschmolzen, und das goldhaltende Blei abgetrieben.

Goldhältige Kiese müssen vorher abgeröstet werden.

Die Probe auf Gold ist demnach in den weitaus meisten Fällen eine combinirte trockene und nasse Probe, und wird die das Gold und Silber enthaltende Legur durch Cupellation erhalten. Für die vollkommene Scheidung des Goldes vom Silber hielt man früher das Verhältniss von ein Theil Gold zu drei Theilen Silber für nothwendig, und wurde desshalb für den Fall, als das angegebene Verhältniss in der Legur nicht statthatte, die nöthige (fehlende) Menge Silber zulegirt; man nannte diese Operation die Quartation. Nach späteren Untersuchungen von Chaudet und Kandelhardt gelingt jedoch diese Scheidung am besten, wenn $2\frac{1}{2}$ Th. Silber auf ein Theil Gold vorhanden sind und man die später angegebenen Vorschriften genau einhält, wobei man noch den Vortheil erreicht, das vom Silber geschiedene Gold in fester, zusammenhängender, also leicht wägbarer Form zu erhalten.

Ist der Silbergehalt grösser, als der zwei und einhalbfache des Goldes, so kann die Legur sofort der Scheidung unterworfen werden, man erhält jedoch das Gold nicht als zusammenhängendes Stück, sondern als Pulver (Staub); in sehr vielen Fällen wird aber der Goldgehalt den Silbergehalt überwiegen und dann ist eine Quartation des Goldes nicht zu umgehen, denn sie dient als Vorprobe dazu, später für die Hauptprobe das richtige Verhältniss zwischen Gold und Silber (oder einem anderen Metall statt des Letzteren) Behufs der reinen Abscheidung des Goldes herzustellen. Zu diesem Zweck wägt man, je nach der Farbe der zu untersuchenden Legur (bei $60\,\%$ Silber neben $40\,\%$ Gold ist eine Färbung der Legur nicht mehr wahrzunehmen) das gleiche bis dreifache Gewicht des bei der Cupellation erhaltenen Goldsilberkorns au reinem goldfreiem Silber hinzu, beschickt das Ganze mit der nöthigen Menge Blei und treibt neuerdings ab. Das erhaltene Korn wird ausgeplättet, das Silber in derselben Art, wie später angegeben werden wird, weggelöst, das zurückbleibende Gold mit heissem Wasser ausgewaschen, ausgeglüht und gewogen. Das so erhaltene Gewicht dient als Anhaltspunkt für die Ausführung der Hauptprobe.

Ausführung der Hauptprobe a) bei Legiren mit Silber. Man nimmt hierzu nur die fehlerlosen, im Gewicht übereinstimmenden Körner der Cupellationsproben in einer solchen Menge, dass man voraussichtlich eine wägbare Menge Gold erhält; von schon fertigen zu prüfenden Legirungen wird $0 \cdot 5$ g zur Probe eingewogen, und kupferhaltende Leguren müssen vorher zur Entfernung des Kupfers mit Blei abgetrieben werden. Hierauf wägt man so viel goldfreies Silber hinzu, dass das vorher angegebene Verhältniss von $2\frac{1}{2}$ Silber zu 1 Gold nicht oder nur sehr unbedeutend überschritten wird, wobei man auf den Silbergehalt, welcher schon in der Legur enthalten ist Rücksicht zu nehmen und um so viel weniger Silber zuzuwägen hat. Das abgewogene Silber bringt man mit den zur Probe bestimmten Körnern von der Cupellation in ein aus dünnem Bleiblech zusammengerolltes Dütchen, schliesst dasselbe und trägt zwei gleiche Posten (Probe- und Gegenprobe) in die in der Muffel bereits abgeathmeten Capellen ein, in welche man schon etwas Blei zum Antreiben gebracht hat, worin man die Legirung zum Abblicken bringt. Nach erfolgtem Blick lässt man die Körner etwas abkühlen, damit sie nicht spratzen.

Die ausgestochenen, auf der Unterseite sauber abgebürsteten Körner werden nun mit einem polirten Hammer auf einer polirten Stahlplatte unter mehrmaligem Ausglühen ausgeplättet, die Plättchen, welche keine Kantenrisse zeigen dürfen, dann zusammengerollt, wieder ausgeglüht und in den Solutionskolben gebracht. Hierin werden sie einmal mit Salpetersäure von 1·2, hierauf zweimal mit solcher von 1·3 spec. Gew., jedesmal so lange (wenigstens 10 Minuten) ausgekocht, bis die rothen Dämpfe von salpetriger Säure ganz aus dem Kolben ausgetrieben sind, indem man den Bauch des Kolbens immer nur zur Hälfte füllt und die Silberlösung allemal abgiesst; schliesslich kocht man mehreremale mit schon in siedendem Zustand zugesetztem Wasser aus, bringt endlich die Röllchen in die Goldglühtiegel, saugt das über dem Golde stehende Wasser mit Fliesspapier vorsichtig ab, bedeckt die Tiegel, und glüht das Gold in der Muffel aus, indem man den Tiegel von der Muffelmündung nach und nach bis an die Rückwand der Muffel vorgeschoben hat. Das gut ausgeglühte Gold wird nach dem Abkühlen gewogen.

b) Bei Legiren mit Cadmium. Diese von mir angegebene Methode verwendet bei der Quartation statt des Silbers das entsprechende, gleiche Gewicht von Cadmium, jedoch so, dass die Gesammtmenge der fremden anwesenden Metalle (Silber und Cadmium) das zwei und einhalbfache des anwesenden Goldes ausmachen. Man schmilzt vorher in einem Porzellantiegel über einer Lampe ein Stückchen Cyankalium, trägt in dasselbe die zu prüfende Legur mit dem dazu gewogenen Cadmium ein, und erhitzt einige Minuten weiter, wobei die im Tiegel befindlichen Metalle sehr bald einschmelzen und zu einem Korn sich vereinigen; man nimmt dann vom Feuer, lässt abkühlen, löst das Cyankalium in heissem Wasser auf und bringt das runde Korn in den Solutionskolben, worin man dasselbe zuerst mit Salpetersäure von 1·2, hierauf mit solcher von 1·3 spec. Gew. behandelt, und zuletzt gut (10 Minuten hindurch) mit Wasser auskocht. Das Kochen mit Säure von 1·3 spec. Gew. muss längere Zeit, wenigstens eine halbe Stunde lang fortgesetzt werden, und giebt man, um das Stossen der siedenden Flüssigkeit zu vermeiden, ein verkohltes Erbsenkorn in das Kölbchen. Das von fremden Metallen befreite Gold wird im Uebrigen wie oben angegeben behandelt und das ausgeglühte Gold gewogen.

Dieses Verfahren hat gegenüber dem vorstehend angeführten die folgenden Vortheile: Man erspart sehr viel Zeit und Brennstoff, da das Abtreiben bei der Quartation wegfällt, man erfährt keine Goldverluste durch

Capellenzug, man kann in Porzellantiegeln viele Schmelzungen nach einander vornehmen, das Ausplatten der Goldlegur fällt fort, ein separates
Abtreiben zur Entfernung des Kupfers ist nicht nöthig, und das mit dem
Gold vorkommende Silber kann in der abgegossenen Flüssigkeit maassanalytisch bestimmt werden.

Von Legirungen werden zur Goldprobe zwei Posten zu je 250 mm abgewogen. Die Auswage bei Gold geschieht bis auf halbe Milligramme.

Für arme Substanzen, welche das Gold (Silber) sehr ungleichförmig
vertheilt enthalten, wie in Krätzen und sonstigen Abfällen, oder welche
die genannten Metalle in gediegenem Zustande oder an die Salzbilder gebunden enthalten wird die Tiegelschmelzprobe angewendet, und nimmt
man je nach der Reichhaltigkeit der Probepost 50—500 g in Untersuchung.

3. Quecksilber.

Für dieses Metall existirt eine Probe auf trockenem Wege, welche
sehr leicht und rasch ausführbar ist und für die Praxis sehr zufriedenstellende Resultate liefert.

Dieselbe wurde von Eschka angegeben und wird folgendermaassen
ausgeführt: Man wägt von armen Erzen 10 g, von 1—10 procentigen Erzen
5 g, von noch reicheren blos 2 oder 1 g zur Probe ein, beschickt das feingepulverte Probirgut mit dem halben Gewicht Eisenfeile, mengt beides in
einem Porzellantiegel gut durch, überstreut noch $1/_2$—1 cm hoch mit Eisenfeile und bedeckt den Tiegel mit einem vorher tarirten Deckel von reinem
Golde, in welchem eine tiefe Höhlung ausgetrieben ist derart, dass die
Vertiefung nach aussen, d. i. nach oben gekehrt ist. Man füllt die Vertiefung mit Wasser und bringt den Tiegel über eine Gas- oder Spiritus-
lampe, über welcher man etwa 10 Minuten lang erhitzt. Nach dem Erkalten nimmt man den Deckel ab, giesst das Wasser aus demselben aus,
und wäscht die nach innen gekehrt gewesene Convexität, an welcher sich
Goldamalgam gebildet hat, mit Alkohol ab, trocknet den Deckel und wägt.
Das Mehrgewicht des Deckels entspricht dem Quecksilbergehalt der Probesubstanz; der Deckel wird hierauf unter einem guten Dunstabzug ausgeglüht und zur Controle wieder gewogen.

Die Eisenfeilspäne müssen frei von Fett sein. Das Abspülen mit Alkohol hat den Zweck, den Quecksilberspiegel auf dem Golde glänzend und
rein zu waschen, da er durch bituminöse Destillationsproducte matt und
unansehnlich erscheint, und ohne Entfernung desselben zu schwer sein,
man daher zu hohe Resultate erhalten würde.

Waren die Probesubstanzen sehr reich, so erhält man ein dünn-
flüssiges Amalgam, weshalb bei dem Waschen desselben Vorsicht angewendet

werden muss, um nichts fortzuspülen oder zu verlieren, und empfiehlt es sich, das Abwaschen über einer Porzellanschale vorzunehmen; sollte hierbei etwas herabgefallen sein, so bringt man dasselbe in die Vertiefung des Deckels, wo es vom Golde aufgenommen wird.

Qecksilberproben auf nassem Wege finden keine Anwendung.

4. Kupfer.

Da die Kupferprobe auf trockenem Wege zu den ungenauesten Proben gehört, welche je im Probirwesen zur Anwendung gekommen sind, so steht dieselbe nur mehr an wenigen Orten in Uebung; wir können hier von derselben um so eher Umgang nehmen, als wir einige vortreffliche Methoden der Kupferbestimmung auf nassem Wege besitzen, welche in neuester Zeit fast ausschiesslich Anwendung finden.

Von den maassanalytischen sind es namentlich die beiden folgenden:

1. **Kupferbestimmung mit Zinnchlorür nach F. Weil.** Die Probe gründet sich auf die grosse Geneigtheit des Zinnchlorürs, bei Gegenwart hinlänglicher Mengen freier Säure höheren Oxyden den Sauerstoff zu entziehen und dieselben zu niederen Oxydationsstufen zu reduciren. Bringt man Zinnchlorür zu einer viel freie Säure enthaltenden Lösung von Kupferchlorid, so wird dieses zu Chlorür reducirt, und die anfangs grüne Flüssigkeit wird schliesslich farblos.

$$2 \, (Cu \, Cl_2) + Sn \, Cl_2 = 2 \, (Cu \, Cl) + Sn \, Cl_4.$$

Man wägt je nach dem Kupfergehalt des zu untersuchenden Körpers 2—5 g davon ab, löst in Königswasser und dampft unter Zusatz von Königswasser zur Trockne; den Rückstand nimmt man in mit Salzsäure angesäuertem Wasser auf, filtrirt und verdünnt das Filtrat auf $1/4$ Liter, wovon 25 ccm in ein Kochkölbchen von etwa 300 ccm Inhalt abpipettirt werden. Zu diesen setzt man 10 ccm Salzsäure hinzu, worauf die blaue Farbe des Sulfats sofort in die grüne des Chlorids übergeht. (Bei Gegenwart von Eisen ist die Farbe in verschiedenen Tönen gelbgrün, je nach dem Eisengehalt.) Man bringt die Lösung zum Kochen, und setzt, sobald sie in's Sieden geräth, aus einer Bürette Zinnchlorürlösung hinzu, bis die Flüssigkeit wasserhell geworden ist; der Sicherheit wegen werden jetzt noch 10 ccm Salzsäure zugesetzt, und wenn die Flüssigkeit hierauf noch einen Stich in's Grüne zeigen sollte, nimmt man diese Färbung noch mit einigen Tropfen Zinnchlorür fort.

Den Titer des Zinnsalzes bestimmt man auf eine Kupferlösung, die man erhält, wenn man 7·867 g chemisch reinen Kupfervitriol in $1/2$ Liter destillirten Wassers löst, und wovon man 25 ccm, entsprechend 0·1 g Kupfer unter gleichen Verhältnissen, wie oben angegeben, titrirt.

Ist Eisen gegenwärtig, so muss dasselbe, weil es durch Zinnchlorür ebenfalls reducirt wird, vorher entfernt werden; man nimmt dann den das Kupfer und Eisen als Sulfate enthaltenden Rückstand in mit Schwefelsäure angesäuertem Wasser auf, filtrirt und bringt zu dem Filtrat ein Stückchen Zink, mit welchem man allenfalls unter Zufügen eines weiteren Stückchen Zink die Lösung so lange digerirt, bis alles Kupfer metallisch gefällt wurde und die Lösung farblos geworden ist. Die klare Flüssigkeit wird abgegossen, das im Kolben zurückgebliebene Kupfer und Zink mit heissem Wasser nachgewaschen, das Waschwasser mit dem ersten Decantat vereinigt und darin mit Chamäleon der Eisengehalt bestimmt; das metallische Kupfer aber löst man sammt dem Zink in wenig Salpetersäure, dampft nach Zusatz von Schwefelsäure so weit ab, bis alle Salpetersäure verjagt ist und starke weisse Nebel von Schwefelsäure entweichen, fügt dann 10 ccm Salzsäure hinzu, verdünnt, bringt zum Kochen und titrirt das Kupfer.

Antimon darf neben Kupfer nicht anwesend sein, da sonst die Resultate unrichtig (zu hoch) ausfallen, Nickel und Kobalt dürfen nicht anwesend sein, weil ihre Lösungen gefärbt sind. (Wegen Gegenwart von Antimon siehe dessen „Bestimmung mit Zinnchlorür".)

2. **Kupferbestimmung mit Cyankalium nach Parkes.** Diese Methode gründet sich ebenfalls auf die leichte Reducirbarkeit, also die Entfärbung eines Kupferoxydsalzes, jedoch in ammoniakalischer Lösung durch Cyankalium.

$$4 (Cu\,N_2\,O_6) + 8\,KCy + 2\,(Am_2\,O) = 4\,(Cu\,Cy) + 8\,(KNO_3) + 2\,Am\,Cy + 2\,(Am\,CyO).$$

Bei Ausführung der Probe wägt man 2 g der Probesubstanz ab, löst in Königswasser, dampft mit Schwefelsäure zur Trockne, nimmt in mit Schwefelsäure angesäuertem Wasser auf und filtrirt; das Filtrat versetzt man mit Ammon im Ueberschuss, filtrirt nach Absetzen des Eisenoxydhydrates ab, löst dasselbe wieder in möglichst wenig verdünnter Säure, und fällt das Eisen nochmals mit Ammon, worauf man wieder filtrirt und mit heissem Wasser auswäscht. Das wiederholte Fällen und Lösen des Eisenoxydhydrates muss geschehen, weil mit demselben eine bedeutende Menge Kupfer niederfällt, welche in solcher Weise extrahirt wird. Bei Anwesenheit von viel Eisen muss das Lösen und Fällen des Eisenoxyds ein drittes Mal vorgenommen werden; man wird immer ein blau gefärbtes Filtrat erhalten. Die das ammoniakalische Kupfersalz enthaltenden Filtrate werden vereinigt, auf ½ Liter aufgemessen und 50 ccm der gut durchgemischten Lösung zum Titriren genommen. Man setzt so lange Cyankalium zu, bis die blaue Färbung vollkommen verschwunden und die Flüssigkeit wasserhell geworden ist.

Metalle, deren Salze in Ammoniak löslich sind, wie Zink, Mangan,

Kobalt und Nickel, so wie gleichzeitig Eisenoxyd und Arsensäure, dürfen, gleichgiltig ob ihre ammoniakalischen Lösungen gefärbt oder farblos sind, nicht anwesend sein, eben so ist die Gegenwart von Zinn und Antimon schädlich, und müssen diese Beimengungen vorher abgeschieden werden.

Zur Titerbestimmung des Cyankaliums benützt man eine Lösung von 5 g des Salzes in $1/4$ l Wasser; diese Flüssigkeit wird mit der Zeit braun und unbrauchbar, daher man nie viel davon auf einmal bereiten soll. Man stellt den Titer auf eine Kupferlösung, die man durch Auflösen von 1 g galvanisch gefällten Kupfers in Salpetersäure, Uebersättigen mit Ammoniak und Verdünnen zu 1 Liter bereitet, oder man löst 7·867 g chemisch reinen Kupfervitriol in Wasser, übersättigt mit Ammoniak, und füllt auf 1 Liter auf. 100 ccm der ersteren und 50 ccm der letzteren Lösung enthalten je 0·1 g Kupfer.

Diese Kupferlösungen müssen in wohl verschliessbaren Flaschen aufbewahrt werden, da sonst Ammon daraus verdunstet und der Kupfergehalt derselben pro Volumeinheit sich dann ändert.

Da sich bei dieser Probe auch Cyanammonium bildet, welches für sich ebenso wie Cyankalium reducirend wirkt, so ist der Verbrauch an Reactiv stets etwas geringer, als er sein sollte, und liegt hierin ein kleines Remedium für die Hütte.

Elektrolytische Bestimmung des Kupfers. Diese ursprünglich von Luckov angegebene Methode der Kupferbestimmung wird folgendermaassen ausgeführt: Je nach der Reichhaltigkeit des zu prüfenden Körpers werden 1—2 g davon in Salpetersäure gelöst, zur Trockne gedampft, der Rückstand in nicht zu viel, etwa 25 ccm Salpetersäure von 1·2 spec. Gewicht aufgenommen und die Lösung in ein Becherglas filtrirt; in dem wohl ausgewaschenen Rückstand sollen sich keine Schwefelklümpchen finden, und wenn dies der Fall sein sollte, wird der Filterinhalt getrocknet, das Filter eingeäschert, der Rückstand bis zur Verbrennung des Schwefels erhitzt und neuerdings mit Salpetersäure digerirt, um alles Kupfer auszuziehen. Man filtrirt dann wieder ab, vereinigt beide Filtrate in dem Becherglas, verdünnt die Lösung auf ca. 200 ccm, und stellt die Platinspirale a (Fig. 43) in das Becherglas, deren äusserste Windung sich möglichst genau an die Innenwände des Becherschäschens am Boden anschliessen soll. Ueber dieselbe hängt man den genau tarirten Platinconus b, welcher zweckmässig an einigen Stellen geschlitzt ist, derart in die Flüssigkeit, dass er bloss 5—7 mm vom Boden des Becherschäschens absteht, verbindet diese beiden Elektroden, und zwar die Spirale mit dem positiven, den Conus mit dem negativen Pol einer galvanischen Batterie und lässt den Strom einwirken. Das Becherglas wird hierbei mit Glasscheiben bedeckt, in welchen Einschnitte für das Durchführen der Leitungsdrähte ausgeschliffen sind. Je nach der Stärke des Stroms und dem Kupfergehalt der Lösung

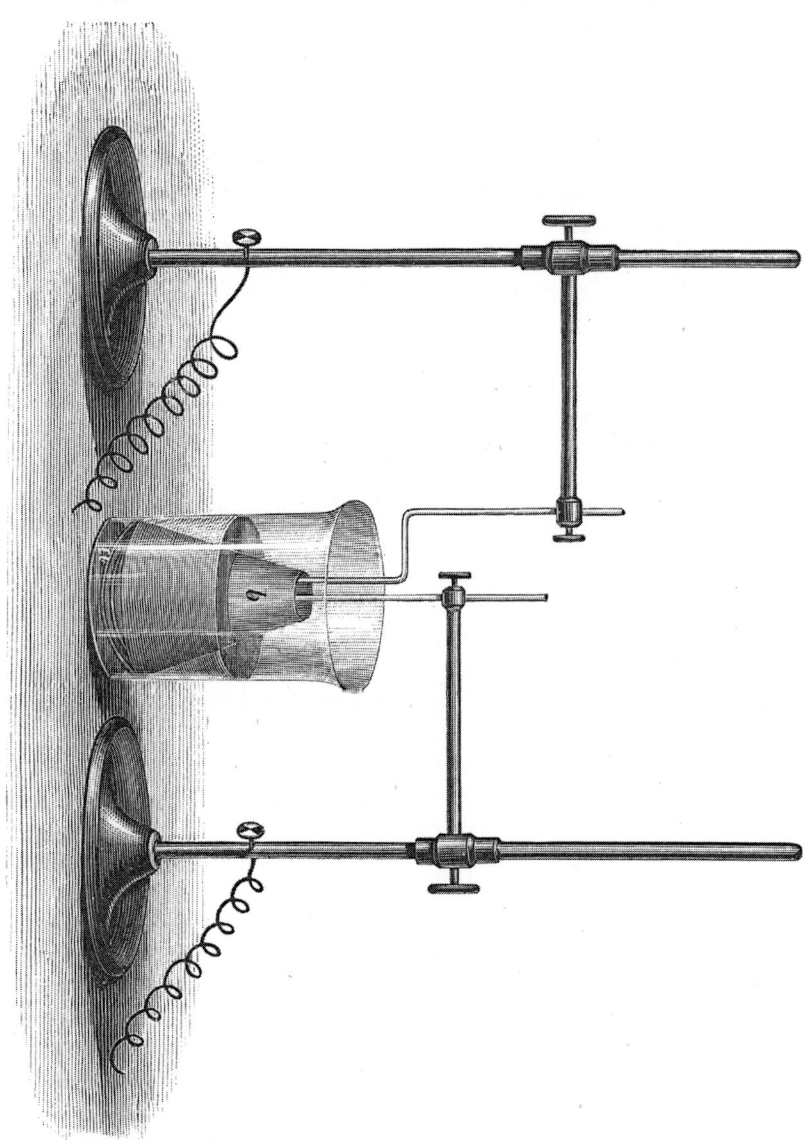

Fig. 43.

bedarf die Kupferfällung verschieden lange Zeit; 12 Stunden dürften im Allgemeinen genügen. Wenn die Flüssigkeit farblos geworden und ein herausgenommener Probetropfen durch Schwefelwasserstoffwasser keine Bräunung mehr erfährt, ist die Kupferfällung beendigt, anderenfalls man noch den Strom weiter fortwirken lassen muss. Auch dadurch, dass man zu der elektrolysirten Lösung noch etwas Wasser zufügt, umrührt, und einige Zeit unter fortwährender Einwirkung des galvanischen Stroms zuwartet, ob sich nicht der Platinconus innerhalb der erhöhten Flüssigkeitsschicht noch schwach mit Kupfer beschlägt, kann man die vollendete Ausfällung erkennen. Ist diese eingetreten, so saugt man mit einer Pipette die Flüssigkeit möglichst ab, giesst dann reines Wasser auf, entfernt dasselbe in gleicher Weise und wiederholt diese Operationen so lange, bis die Waschwässer keine saure Reaction mehr zeigen. Man kann sich hierzu auch eines Trichters mit langem Halse bedienen, dessen Hals man nahe auf den Boden des Becherglases einführt, wobei man das Becherglas über eine geräumige Porzellanschale stellt, und nun so lange reines Wasser durch den Trichter eingiesst, bis alle ursprüngliche Lösung daraus verdrängt ist und das zuletzt ablaufende Wasser nicht mehr sauer reagirt. Erst jetzt löst man die Klemmschrauben zu den beiden Polen, hebt den Platinconus aus, wäscht denselben in heissem Wasser, dann in Alkohol, und trocknet, indem man ihn in eine Porzellanschale stellt, die man von unten durch eine Flamme mässig erhitzt. Der völlig trocken gewordene ausgekühlte Conus wird gewogen; sein Mehrgewicht gegenüber seiner Tara entspricht dem gefällten Kupfer. Das niedergeschlagene Kupfer wird mittelst verdünnter Salpetersäure wieder weggelöst und der Platinconus durch Waschen in heissem Wasser und Alkohol wieder gereinigt. Ein Zurückwägen desselben nach erfolgter Reinigung kann zur Controle der vorhergegangenen Wägung dienen. Das gefällte Kupfer soll rein von Farbe und völlig blank sein.

Als galvanische Elemente finden meistens die von Bunsen, Meidinger und die Modificationen des Letzteren von Krüger und Pinkus, dann Thermosäulen Anwendung. Quecksilber, Antimon, Wismuth, Silber und Arsen dürfen nicht anwesend sein oder müssen vor dem Elektrolysiren entfernt werden; auch freie Salzsäure ist schädlich, Schwefelsäure nicht. Anwesendes Blei und Mangan scheiden sich am positiven Pol (Spirale) als Superoxyde ab.

5. Blei.

Die Proben auf trockenem Wege auf Blei lassen viel zu wünschen übrig; für Abführung von Bleiproben auf nassem Wege wurde ebenfalls noch kein Verfahren aufgefunden, das zufriedenstellende Resultate liefert, wesshalb Bleiproben auf trocknem Wege sich noch erhalten haben. Dieselben sind Niederschlagsproben. Es sind hauptsächlich die beiden folgenden in Uebung.

1. **Bleiprobe mit schwarzem Fluss und Eisen in Tutten.** Man stellt in die Spur einer Tutte zuerst einen drei bis vier Millimeter starken, 3—4 cm langen Eisendraht, bringt dann 5 g des zu prüfenden Galenits in die Tutte, schüttet 15 g schwarzen Fluss darüber (giebt bei basischen Gangarten noch 2—3 g Borax zu) und auf diesen eine starke Kochsalzdecke, auf welche man ein kleines Stückchen Kohle legt, lutirt die Tutte und setzt sie endlich auf einem Untersatz in die geheizte Muffel oder in den Windofen ein. Man lässt die Proben $^3/_4$—1 Stunde im Feuer, lässt abkühlen und findet bei dem Aufschlagen der Tute den Bleiregulus an dem zum Theil unversehrt gebliebenen Drahtstücke haften. Durch Aushämmern wird das Blei von dem Eisen getrennt, das Blei abgeputzt und gewogen.

2. **Bleiprobe mit schwarzem Fluss in eisernen Tiegeln.** 10 bis 15 g Bleiglanz werden mit schwarzem Fluss und Borax gemengt in einen schmiedeisernen Tiegel gebracht, dieser in den Windofen eingetragen und die geschmolzenen Massen in Ingusse ausgegossen. Die nach dem Erkalten von dem Blei getrennte Schlacke wird in demselben Tiegel unter Zugabe von etwas Potasche nochmals umgeschmolzen und wieder ausgegossen, wobei noch ein zweiter kleiner Regulus erfolgt, welcher mit dem ersten ausgewogen wird.

Man giebt die Bleihälte von 1 zu 1 Procent an; gewöhnlich sind zwischen Probe und Gegenprobe 2 (bis 3) Procent Differenz tolerirt.

3. **Röstreductionsprobe.** Diese giebt ebenfalls ungenaue Resultate und ist für solche Erze in Uebung, welche viel fremde Schwefelmetalle enthalten; die Probepost wird vorher abgeröstet, und das Röstgut mit schwarzem Fluss, Borax und Glas unter Zufügen eines Eisendrahtes in Tutten verschmolzen.

Schwefelfreie oxydische Erze oder solche Hüttenproducte werden nur mit schwarzem Fluss reducirend verschmolzen, höchstens zur Verflüssigung strengflüssiger Gangarten Borax hinzugefügt.

Von Schlacken nimmt man, da sie stets wenig Blei enthalten, 10 g zur Probe, welche mit schwarzem Fluss und Eisen (weil sie stets Schwefelblei halten) in Tutten verschmolzen werden.

An einigen Orten ist eine combinirte trockene und nasse Probe auf Blei in Uebung; dieselbe besteht darin, dass man zunächst das Blei auf nassem Wege als Sulfat von den übrigen Metallen trennt, und das Bleisalz dann mit schwarzem Fluss und Eisen in Tutten verschmilzt.

Bleihälte können genau nur durch eine quantitative Analyse ermittelt werden.

6. Zink.

Proben für Zink auf trockenem Wege sind nicht in Uebung. Für den nassen Weg empfehlen sich die folgenden zur Anwendung:

1. Bestimmung des Zinks mit Schwefelnatrium nach Schaffner. Dieselbe beruht auf der Ausfällung des Zinks aus ammoniakalischer Lösung durch Schwefelnatrium; 0·5—1 g der Probesubstanz wird in Königswasser gelöst, zuviel freie Säure abgedampft, die Lösung dann verdünnt, mit einem Gemisch von einem Theil kohlensaurem Ammon mit 3 Theilen Aetzammon übersättigt, und nach Absetzen des Niederschlags filtrirt. Das Präcipitat auf dem Filter wird in verdünnter Salzsäure gelöst und nochmals mit derselben Ammoniakmischung gefällt, um das bei der ersten Fällung mechanisch mitgerissene Zinkoxyd zu extrahiren. Die vereinigten Filtrate werden auf ein bestimmtes Volum, z. B. $^1/_2$ Liter verdünnt, und 50—100 ccm davon in ein geräumiges Becherglas abpipettirt; man setzt nun aus einer Bürette so lange Schwefelnatriumlösung hinzu, bis ein aus der über dem Niederschlag stehenden klaren Flüssigkeit ausgehobener Tropfen auf Bleipapier einen braunen Fleck erzeugt.

Das Bleipapier wird dargestellt, indem man reines Filtrirpapier zuerst mit einer Lösung von Bleiacetat tränkt, abtropfen lässt, und noch in halbfeuchtem Zustande in eine Lösung von Ammoniumcarbonat taucht, wo sich dann auf demselben Bleicarbonat niederschlägt. Das trocken gewordene Papier schneidet man in 5 cm breite und 10 cm lange Streifen, legt dieselben auf eine etwas grössere Glasplatte, deckt ein gleich grosses Stück reines Filtrirpapier darüber und setzt die ausgehobenen Tropfen unter schwachem Andrücken des Glasstabs auf das Deckpapier auf, damit allenfalls mitgenommenes Schwefelzink von dem Filtrirpapier zurückgehalten werde und nur die Lösung mit dem Bleipapier in Berührung komme. Wenn sich bei dem Abheben des Deckpapiers auf der Unterlage ein brauner Fleck von Schwefelblei zeigt, ist die Probe beendigt.

Die Probe ist eine Tüpfelprobe, desshalb Zeit und Geduld raubend, überdies nicht hinlänglich genau; es werden bei Anwendung derselben sehr häufig bis zwei Procent Probendifferenz tolerirt, und braucht die Vornahme der Probe die genaue Befolgung ganz besonderer, local vorgeschriebener Vorsichten.

2. Bestimmung des Zinks aus seiner Schwefelverbindung durch Umsetzung mit Silbernitrat. Methode des Verfassers. Das durch Scheidung von den anderen Metallen auf nassem Wege erhaltene reine Schwefelzink (am besten aus essigsaurer Lösung durch Fällen mit Schwefelwasserstoff) wird abfiltrirt, gut ausgewaschen, sammt dem Filter in ein Becherglas gebracht oder vom Filter in ein solches Glas vollständig abgespritzt, und in solcher Menge mit einer neutralen Silberlösung übergossen, dass Silber im Ueberschuss vorhanden ist, worauf man etwa $\frac{1}{2}$ Stunde kocht. Da 216 Silber (in Schwefelsilber $= Ag_2S$) 65,2 Zink entsprechen, so sind für jedes Centigramm erwartetes Zink $\frac{216}{65,2} = 3,312$ cg Silber mindestens hinzuzusetzen.

Die Umsetzung des Schwefelzinks und Silbernitrats tritt schon bei gewöhnlicher Temperatur deutlich wahrnehmbar ein und ist bei Kochhitze in $\frac{1}{2}$ Stunde vollständig erfolgt. Man filtrirt nun das Schwefelsilber ab, wäscht das Filter aus und bringt es sammt Inhalt in einen Kochkolben, worin man das Schwefelsilber in Salpetersäure von 1,2 spec. Gew. bei Siedehitze in Lösung bringt; man kocht so lange bis keine braunen Dämpfe aus der Flüssigkeit mehr entweichen, verdünnt mit Wasser, lässt erkalten und titrirt mit Rhodanammonium.

Als Titerflüssigkeiten dienen die für Silberproben dargestellte Normalsilberlösung und die entsprechend gestellte Rhodanammoniumlösung. Da das Zink durch die ihm äquivalente Silbermenge gemessen wird, so ist jeder Cubikcentimeter Silbersalz, der zur Umsetzung gedient hat, mit 0,30185 zu multipliciren, um den Zinkgehalt der Probesubstanz zu erfahren.

Man kann diese Untersuchung als Restmethode vornehmen, wodurch man rascher zum Ziele kommt. Man setzt dann mittelst einer Pipette eine genau gemessene Silberlösung hinzu, kocht, filtrirt, säuert das Filtrat mit Salpetersäure an und titrirt nach Zusatz von schwefelsaurem Eisenoxyd mit Rhodansalzlösung. Man bestimmt so den Rest des Silbers, welcher nicht zur Umsetzung des Schwefelzinks verwendet wurde, und erfährt diesen durch Subtraction von der Gesammtmenge des zugesetzten Silbers. Die Berechnung geschieht, wie oben angeben.

Bei der zuerst angeführten Probe dürfen Metalle, welche aus ammoniakalischen oder neutralen Lösungen durch Schwefelnatrium fällbar sind, nicht anwesend sein, oder müssen vorher abgeschieden werden; zumeist wird man Kupfer und Mangan zu erwarten haben. Ersteres entfernt man durch Einleiten von Schwefelwasserstoff, letzteres durch das Kochen der Lösung nach Zusatz von Bromwasser und Abfiltriren des Niederschlages.

3. Eine weitere Methode, welche ebenfalls Anwendung gefunden hat, rührt von Galetti her, und beruht dieselbe auf der Ausfällung des Zinks aus saurer Lösung durch Ferrocyankalium. 0·5—1·0 g Erz werden mit Königswasser (Zinkblende bloss mit Salpetersäure) in Lösung gebracht, alle Salpetersäure unter Zusatz von Salzsäure durch Eindampfen bis auf etwa das halbe Volum fortgekocht, die Lösung verdünnt, das Eisen durch überschüssiges Ammoniak gefällt, wieder gekocht und Essigsäure bis zur Lösung des Niederschlags zugefügt. Man erhält noch etwa zwei Minuten im Sieden und fällt das Eisen wieder mit Ammoniak, worauf man abfiltrirt, mit Natriumacetat auswäscht, und das Filtrat schwach· mit Essigsäure ansäuert. Als Titerflüssigkeit benutzt man eine Lösung von 32·485 g kry-

stallisirtem, gelbem Blutlaugensalz in einem Liter Wasser; 1 Cubikcentimeter dieser Flüssigkeit entspricht genau 0·01 g Zink. Die Endreaction erkennt man an dem milchartigen Aussehen der Flüssigkeit, welche bei Ueberschuss des Ferrocyankaliums auftritt, besser jedoch benutzt man zur Erkennung der Schlussreaction eine von Fahlberg empfohlene Uransalzlösung, mit welcher man zu Ende Tupfproben vornimmt, bis von überschüssigem Ferrocyankalium ein auf einen Porzellanteller gebrachter Tropfen Uransalz braun gefärbt wird.

Für alle Zinkproben auf nassem Wege stellt man den Titer des Reactivs auf eine reine Zinklösung von bekanntem Zinkgehalt so, dass ein Cubikcentimeter der Titerflüssigkeit 0·1 g metallischen Zinks entspricht.

7. Antimon.

Die Antimonproben auf trockenem Wege scheiden sich in die Probe auf Antimonium crudum und in die Probe auf Antimonii regulus. Erstere ist eine Saigerprobe, letztere wird ebenso wie eine Bleiprobe ausgeführt. Beide dürften dermalen kaum mehr irgendwo im Gebrauche stehen.

Eine sehr gute Antimonprobe auf nassem Wege wurde uns von F. Weil angegeben. Das Antimon muss als Antimonsäure in Lösung sein, als Indicator bei der Probe dient Kupferchlorid, die Antimonsäure wird durch Zinnchlorür früher reducirt, als das Kupferchlorid; wenn demnach die grüne Flüssigkeit farblos geworden ist, so ist der Versuch beendigt.

Je nach der Reichhaltigkeit der Probesubstanz werden 2—5 g davon in Königswasser gelöst, überschüssige Salzsäure zugefügt, und aus einer Bürette einige Tropfen Kaliumpermanganat bis zu bleibender schwach rosa Färbung der Flüssigkeit zutröpfeln gelassen; man kocht hierauf so lange, bis die Rosa-Farbe wieder verschwindet und die entweichenden Dämpfe Jodkaliumstärkepapier nicht mehr bläuen. Die Lösung enthält das Antimon nunmehr bloss als Antimonsäure; man verdünnt dieselbe auf $\frac{1}{4}$ Liter mit einer wässrigen Lösung von Weinsäure, hebt 10 ccm zur Probe aus, bringt sie in einen Kolben von etwa $\frac{1}{4}$ l Inhalt und fügt eine gemessene Menge einer Kupfervitriollösung von bekanntem Kupfergehalt hinzu. Dieses Gemisch wird zum Sieden erhitzt, 25 ccm concentrirte Salzsäure hinzugeben und nun mit Zinnchlorür bis zur völligen Entfärbung der Flüssigkeit titrirt (siehe „Kupfer"). Der Wirkungswerth auf das Kupfersalz muss ebenso bekannt sein; nachdem man nun von dem Gesammtverbrauch an Reactiv die dem Kupfer entsprechenden Anzahl Cubikcentimeter in Abzug bringt, ergiebt das Plus verbrauchten Reactivs das dem Antimon entsprechende Volumen. Berechnet man das diesem Volumen entsprechende Kupfer und multiplicirt mit 0·96214, so erhält man als Product den Antimongehalt der Probesubstanz, denn nach:

$$Sb\, Cl_5 + Sn\, Cl_2 = Sb\, Cl_3 + Sn\, Cl_4$$

und $2\,(Cu\, Cl_2) + Sn\, Cl_2 = 2\,(Cu\, Cl) + Sn\, Cl_4$

entspricht ein Aequivalent Antimon, zwei Aequivalenten Kupfer, also

$$\frac{Sb}{2\,Cu} = \frac{122}{126·4} = 0·96214.$$

Gleichzeitige Anwesenheit von Eisen und Kupfer können mittelst Zinnchlorür sehr rasch und scharf bestimmt werden. Man löst in Königswasser auf, trennt die Metalle durch Schwefelwasserstoff, filtrirt, oxydirt das Filtrat mit Kaliumchlorat, setzt Salzsäure zu und titrirt das Eisen.

Die gefällten Schwefelmetalle löst man in Königswasser, dampft stark ein, setzt noch Salzsäure hinzu, einige Tropfen Permanganat etc. (wie oben) und titrirt Kupfer und Antimon zugleich; die Flüssigkeit lässt man in einer Porzellanschale über Nacht stehen, wobei das Kupfer allein wieder oxydirt wird, und titrirt des andern Tags bloss das Kupfer. Die Differenz an Reactivverbrauch entspricht dem Antimon.

8. Zinn.

In der Hüttentechnik stehen die folgenden beiden Probirmethoden auf trockenem Wege im Gebrauch.

1. **Deutsche Zinnprobe.** 3—5 g der Probepost werden mit dem gleichen Gewicht eines aus gleichen Theilen Flussspath und Kalk bestehenden Gemenges beschickt, die beschickte Post in einen Kohlentiegel gebracht und in einem Windofen 1—5/4 Stunden, schliesslich bei bis zu Weissgluth gesteigerter Temperatur geschmolzen.

2. **Cornische Zinnprobe.** Man wägt 30 g rohes Erz mit der gleichen Menge Anthracitpulver, dann Borax und Flussspath, schüttet das Gemenge in einen Graphittiegel und schmilzt im Windofen ein; wenn alles gut fliesst, rührt man mit einem eisernen Stäbchen um, erhitzt noch 10 Minuten lang stark, und giesst die flüssige Masse in einen Inguss aus.

Wenn die Schlacken Zinnkörner eingeschlossen enthalten, so werden die Schlacken zerrieben, das Zinn aus dem Pulver abgeschlämmt und getrocknet und mit dem Regulus verwogen.

Probe und Gegenprobe dürfen nicht über 1 Procent differiren, die Körner müssen rein weiss und dehnbar sein, und sollen vom Magnet nicht angezogen werden. Gelbe, spröde, nicht glatte oder nicht runde Könige zeigen immer ein unreines Zinn an.

Da die Zinnerze häufig sehr arm sind, so müssen solche vor Anstellung der Probe durch Schlämmen angereichert und das Proberesultat auf die ganze unaufbereitete Masse bezogen werden.

9. Nickel und Kobalt.

Die Nickelprobe auf trockenem Wege dürfte gegenwärtig schon äusserst selten in Anwendung stehen und ist auch sehr schwierig gut durchzuführen.

Die **Kobaltprobe auf trockenem Wege, Smalteprobe,** bezweckt die Ermittelung der färbenden Kraft eines Erzes und die Aufsuchung der Umstände, unter welchen die schönste und reichste Farbe erzeugt werden kann.

Man wägt mehrere Posten 2—3 g von der Probesubstanz ab, und belässt eine Post roh, die andern aber röstet man derart, dass je eine Post eine Viertelstunde länger im Feuer verbleibt, als die vorhergehende, eine Post jedoch wird todtgeröstet. Von jeder gerösteten Post werden nun kleine Mengen von etwa 0.5 g mehrmals abgewogen, und jedesmal das Halbgramm mit einer anderen Menge sehr fein verriebenen, reinen metallfreien Quarzes, z. B. der doppelten, vierfachen etc. selbst bis zehnfachen davon gemengt; es wird jeder Post noch das halbe Gewicht des Gemenges an reiner Potasche zugegeben, alles gut gemengt, in kleine Thontiegel gebracht und geschmolzen. Wenn der Inhalt der Tiegel ruhig fliesst, nimmt man mit einer Zange etwas des Glases heraus, schreckt in Wasser ab, stösst (nicht zerreibt) in einem Stahlmörser, siebt das Pulver ab und vergleicht es nun auf reinem weissen Papier mit Musterfarben. Je mehr Sand eine Probe verträgt, um einen bestimmten Farbenton zu erzeugen, um so mehr Kobalt ist in derselben enthalten.

Neben der eben beschriebenen Untersuchung auf die tingirende Kraft der Probesubstanz — Probe auf die Farbenintensität — hat man noch die Probe auf die Reinheit des Farbentons vorzunehmen. Zu dieser Prüfung nimmt man für jede Probepost nur das dreifache Gewicht derselben an Quarz und das halbe Gewicht des Gemenges an Potasche, welche Beschickung in gleicher Art, wie vorher angegeben, geschmolzen und eben so auch davon Probe genommen wird. Da die Reinheit des Farbentons von der gleichzeitigen Anwesenheit einiger Metalloxyde neben Kobalt (Nickel, Kupfer, Eisen, Mangan, selbst Erden) sehr beeinflusst wird, erfährt man durch diese zweite Probe den bei Verarbeitung der Erze einzuhaltenden Röstgrad, bei welchem die anwesenden schädlichen Beimengungen den geringsten Einfluss auf die Schönheit der Farben nehmen.

Elektrolytische Bestimmung von Kobalt und Nickel. Auf nassem Wege ist dies gegenwärtig die beste Bestimmungsmethode. 1—2 g des zu prüfenden Materials werden in Königswasser unter Zusatz von Schwefelsäure gelöst und zur Trockne gedampft, der Rückstand genau so behandelt, wie bei der elektrolytischen Bestimmung des Kupfers angegeben wurde, und wenn dieses anwesend ist, dasselbe auch zuerst in jener Weise abgeschieden. Nachdem dies geschehen, wird die verbliebene Lösung unter Zusatz einiger Cubikcentimeter Salzsäure auf dem Wasserbade zur Trockne gedampft, der Rückstand in heissem Wasser aufgenommen und Eisen durch möglichst wenig Ammoniak abgeschieden (bei Gegenwart von viel Eisen muss der Niederschlag gelöst und wieder gefällt werden); dem Filtrat werden noch 10—15 ccm Ammoniak zugefügt, und die Lösung nun dem in Fig. 43 dargestellten Apparat der Elektrolyse unterworfen.

Wenn alles Nickel und Kobalt ausgefällt ist (man prüft einen herausgehobenen Tropfen der elektrolysirten Flüssigkeit mit Schwefelammonium), verfährt man wieder, wie bei „Kupfer" angegeben, und wägt schliesslich den Platinconus. Das Nickel und Kobalt setzen sich im Innern des Platinconus ab.

Um nun die Menge des Kobalts zu bestimmen, löst man die Metalle von dem Platinconus mit verdünnter Salzsäure fort, fällt das Kobalt in dieser Lösung mit Kaliumnitrit, löst den abfiltrirten, gewaschenen Niederschlag in wenig Salzsäure wieder auf, übersättigt mit Ammon und unterwirft nun diese Flüssigkeit der Elektrolyse. Der Nickelgehalt ergiebt sich aus der Differenz der beiden letzten Wägungen.

Enthielt die Probesubstanz viel Eisen und musste bei Abscheidung desselben mehrmals das Eisenhydroxyd gelöst und wieder gefällt werden, so enthält die Lösung in Folge dieser Operationen viel Salmiak, welcher die Ausfällung des Kobalts und Nickels hindert; in diesem Fall muss die von der Scheidung des Eisens verbliebene Flüssigkeit abgedunstet und der Rückstand erhitzt werden, um den grössten Theil des Ammoniaksalzes zu verflüchtigen.

10. Wismuth.

Die **trockene Probe auf Wismuth** wird wie die Bleiprobe in Tutten vorgenommen und leidet ebenfalls an allen den dort genannten Uebelständen. 5 g Erz werden mit 15 g schwarzem Fluss und 5 g Boraxglas, und wenn das Erz auch Schwefelwismuth enthält, unter Zugabe eines Eisendrahtes in Tutten verschmolzen.

11. Uran.

Technische Probe auf Urangelb. 5 g des Erzes werden mit Salpetersäure aufgeschlossen, wobei man einen grossen Ueberschuss an Säure möglichst vermeidet. Die Lösung wird ohne abzufiltriren mit Soda übersättigt, gekocht, filtrirt und der Rückstand gut ausgewaschen; in dem Filtrat wird Urangelb durch Aetznatron gefällt, der Niederschlag abfiltrirt, ausgewaschen, getrocknet, von dem Filter getrennt, das Filter verascht, der

Niederschlag dazu gegeben, ausgeglüht, nach dem Erkalten auf ein Filter gebracht, auf diesem mit warmem Wasser gut ausgewaschen, getrocknet und gewogen. 100 Gewichtstheile des Uransalzes enthalten 87·68 Procent Uranoxyduloxyd.

In Salzsäure gelöst darf die Farbe nicht stark brausen und muss sich darin klar lösen, die saure Lösung muss mit Ammon neutralisirt nach Zufügen von überschüssigem Ammoniumcarbonat wieder vollständig klar werden, bei dem Erwärmen darf sie sich nicht trüben und Schwefelwasserstoff darf in der sauren Lösung keinen Niederschlag hervorrufen.

12. Mangan.

In neuerer Zeit, seitdem das Mangan in der Hüttentechnik und Metallindustrie so ausgebreitete Anwendung gefunden hat, ist ein rasches Verfahren zur Bestimmung des Mangangehaltes in Erzen und Legirungen von Wichtigkeit. Die meisten Manganbestimmungsmethoden, deren es schon eine stattliche Anzahl giebt, gehören mehr der rein analytischen Chemie an, und müssen wir von der Mittheilung derselben hier absehen (vgl. S. 428).

Auf den Eisenhütten bestehen ausser jenen die folgenden beiden Verfahren in Uebung zur Bestimmung des Mangans in Eisensorten.

Auf der Martinhütte in Graz benutzt man die von der Eggertz'schen Kohlenstoffprobe (S. 427) erhaltene Eisenlösung, die man mit Mennige einige Minuten kocht, etwas verdünnt, über Asbest filtrirt und mit Ferrosulfat titrirt.

Auf den Eisenwerken in Ohio (Nordamerika) wird folgendes Verfahren als Betriebsprobe benutzt. Man löst von der zu untersuchenden Substanz 0·2 g in einem mit Marke versehenen 100 ccm fassenden Kolben mit 10—15 ccm Salpetersäure auf, lässt abkühlen, verdünnt, füllt ohne zu filtriren mit destillirtem Wasser bis zur Marke auf und mischt gut durch; 10 ccm dieser Lösung = 0·02 g Eisen werden in ein Becherglas überfüllt, zum Sieden erhitzt und überschüssiges Bleihyperoxyd hinzugefügt. Nach gutem Durchschütteln erwärmt man wieder, lässt abkühlen, filtrirt über Asbest in eine in Zehntel Cubikcentimeter getheilte Messröhre, und vergleicht darin mit 2—4 ccm einer in einer gleichen Röhre befindlichen Normalflüssigkeit, indem man die Probelösung so lange mit destillirtem Wasser verdünnt, bis beide Lösungen gleiche Farbentöne zeigen.

Bedeuten a die Anzahl der zur Vergleichung genommenen Cubikcentimeter Normallösung, b die Anzahl Cubikcentimeter der gleich stark gefärbten verdünnten Probelösung und c die Menge der zum Versuch genommenen Probelösung, so ergiebt sich der Mangangehalt x des Eisens (Flussspaths) aus der Formel

$$x = \frac{a}{b} \cdot c \cdot 0\cdot 25$$

Bei sehr geringem Mangangehalt der Probesubstanz wägt man das 2- oder dreifache von 0·2 g ein und hat dann x durch 2, beziehentlich 3 zu dividiren.

Diese Probe eignet sich am besten für Eisensorten, die nicht viel über 2 Procent Mangan enthalten; für höhere Manganhälte entspricht die Probe weniger. Zur Vergleichung benutzt man als Normalflüssigkeit die Auflösung von 0·0718 g Kaliumpermanganat in $\frac{1}{2}$ Liter Wasser; jeder Cubikcentimeter derselben enthält 0.00005 g Mangan.

Für Bestimmung des Mangans in Erzen empfiehlt sich die Vornahme der folgenden von Vollhard angegebenen Methode. 2 g fein gepulvertes Erz werden mit einem Gemisch von 3 Volumtheilen verdünnter Schwefelsäure (1·13 spec. Gew.) und 1 Volumtheil Salpetersäure von 1·4 spec. Gew. in Lösung gebracht und zur Trockne gedampft. Der Rückstand wird mit Salpetersäure digerirt, dann mit Wasser verdünnt und die Lösung in einen Halbliterkolben gespült, der Säureüberschuss hierauf durch Zugabe von Aetznatron oder Natriumcarbonat neutralisirt und das Eisenoxyd sodann mit aufgeschlämmtem Zinkoxyd gefällt, welches man unter Umschütteln so lange zusetzt, bis die über dem dunklen Niederschlag stehende Flüssigkeit milchig getrübt erscheint. Nach beendeter Ausfällung verdünnt man bis zur Marke, lässt absetzen und filtrirt durch ein trockenes Filter. Von dem klaren Filtrat misst man 100 ccm in ein Kochkölbchen ab, setzt einen Tropfen bloss von Salpetersäure zu, erwärmt bis nahe zum Sieden und titrirt nun mit Chamäleonlösung bis zum Eintritt einer blassrothen Färbung der Flüssigkeit, worauf man nochmals erwärmt und umschüttelt, um zu sehen, ob die Färbung bleibend ist. Sollte jetzt Entfärbung eintreten, so wird weiter titrirt.

Vollhard empfiehlt eine jodometrische Titerstellung des Chamäleons. 10 ccm einer fünfprocentigen Jodkaliumlösung werden mit 150—200 ccm Wasser verdünnt, 4—5 Tropfen Salzsäure zugesetzt und unter Umrühren 20 ccm des Chamäleons zulaufen gelassen; das frei gewordene Jod wird mit Natronhyposulfit titrirt.

13. Platin, Chrom, Arsen.

Die Prüfungen auf Platin, Chrom und Arsen sind zumeist der analytischen Chemie angehörige Verfahrungsarten, für welche eigentliche hüttentechnische Probemethoden zum Theil wohl angegeben sind, aber wohl kaum angewendet werden.

14. Schwefel.

Die hüttentechnischen Untersuchungen auf Schwefel bezwecken:

Die Ermittelung der Lechgiebigkeit eines Erzes, oder den Lechrückhalt einer Schlacke, oder die Bestimmung des Röstgrades eines Erzes oder Hüttenproducts, oder die Bestimmung der aus einem Schwefelerze ausbringbaren Schwefelmenge.

Die Lechgiebigkeit eines Erzes ermittelt man durch die Lechprobe oder Rohsteinprobe. 5 g des Probemehls werden mit 0·5 Colophonium in einer Tutte gemengt, darauf 10—15 g Boraxglas und 1—2 g metallfreies Glas, bei quarzigen Erzen noch etwa 5 g Marmor zugegeben und die lutirte Tutte eine Stunde hindurch bis zur Gelbrothgluth erhitzt. Probe und Gegenprobe sollen bis auf 1 % übereinstimmen; der ausgeschlackte Lechkönig wird sogleich verwogen. Lecharme Erze erhalten eine gewogene Menge von Eisenkies, dessen Lechgehalt bekannt ist, als Zuschlag, und wird die Menge des zugeschlagenen Lechs von dem Gewicht des Königs in Abzug gebracht.

Die ausbringbare Schwefelmenge aus Kiesen oder Schwefelerden bestimmt man durch die Schwefelprobe. $\frac{1}{2}$—1 k des zu untersuchenden Körpers wird bei Hellrothgluth aus einer thönernen Retorte sublimirt, an welche ein Vorstoss angesetzt ist, der ganz wenig unter den Spiegel einer mit Wasser gefüllten Schale taucht. Wenn kein Schwefel mehr übergeht, wird der Vorstoss erhitzt, um den dort sublimirten Schwefel zu schmelzen und abfliessen zu machen; der unter dem Wasser angesammelte Schwefel wird getrocknet und gewogen.

Zur Bestimmung des Lechrückhalts einer Schlacke beschickt man 30 g davon mit 20 g Boraxglas und 50 g ordinärem Glas, füllt alles in eine Tutte, giebt eine Kochsalzdecke, legt ein Kohlenstückchen auf, und schmilzt $\frac{3}{4}$ Stunden bei Gelbrothgluth.

Der Röstgrad eines Erzes oder Hüttenproductes wird bestimmt, indem man 1—2 g des Probemehles mit dem vierfachen Gewicht Soda und Salpeter aufschliesst, die Schmelze löst, filtrirt, das Filtrat zur Trockne dampft, um Kieselerde abzuscheiden, den Rückstand in mit Salzsäure angesäuertem Wasser aufnimmt, zur Austreibung der salpetrigen Säure kocht, und die siedende Lösung mit Chlorbarium versetzt. Der schwefelsaure Baryt wird abfiltrirt, getrocknet, geglüht und gewogen; 100 Gewichtstheile desselben enthalten 13·72 Gewichtstheile Schwefel. Auf den oberschlesischen Zinkhütten wird die fortschreitende Röstung in der Art controlirt, dass man auf einer Blechschale etwas Kaliumchlorat zum Schmelzen bringt und auf die Schmelze etwas des zu prüfenden Röstgutes aufstreut; wenn hierbei kein Aufleuchten oder Verbrennen von einzelnen Körnchen, oder nur hie und da ein solches stattfindet, so ist die Zinkblende hinlänglich abgeröstet.

Zucker.

Von

Dr. Böckmann.

Die in Zuckerfabriken üblichen analytischen Prüfungen sind ihrem Principe nach durchaus einfacher Natur. Man hat nur nöthig, einige wenige analytischen Apparate und Operationen zu kennen, um sich in allen anderen, wenn auch noch so zahlreichen analytischen Arbeiten der Zuckerfabriken mit leichter Mühe zurechtzufinden. Im Folgenden heben wir desshalb gerade diese für den Zuckerfabrikschemiker in erster Linie wichtigen analytischen Operationen hervor.

I. Das Polarisiren von Rübensaft, Rohzucker und Melasse.

A. Rübensaft.[1]

Zunächst handelt es sich darum, eine richtige Probe der Rüben zu nehmen. Angenommen, es würden die Rüben von 6 Actionären geliefert, so hält man sich dem entsprechend 6 grosse mit den Namen der Betreffenden versehenen Körbe und lässt von jedem in die Fabrik einfahrenden Wagen eine Rübe, welche möglichst die mittlere Qualität repräsentirt, zurücklegen. Am anderen Morgen werden die Rüben eines jeden Korbes mittelst eines scharfen Messers der Längsrichtung nach halbirt und die eine Hälfte jeder Rübe für das Zerreiben verwendet. Mit letzterer Operation hat der Chemiker nichts zu thun, es ist vielmehr für diesen Zweck in der Fabrik eine kleine Reibmaschine, welche durch Ein- oder Ausschalten eines Transmissionsriemens in oder ausser Betrieb gesetzt wird, aufgestellt. Man fängt den von der Reibmaschine gelieferten Rübensaft in einem passenden Gefäss (irdenen Schüssel u. dgl.) auf.

---

[1] Neben der Polarisation des Rübensaftes sind in diesem Abschnitte gleichzeitig auch die mit derselben untrennbar verbundenen Operationen, wie Ermittelung der Saccharometergrade, des spec. Gewichtes und des Reinheitsquotienten besprochen.

Der in das Laboratorium gebrachte Rübensaft wird nun auf folgende Weise weiter behandelt. Man füllt denselben in einen hohen Glascylinder und senkt in ihn ein Balling'sches Saccharometer. Beim Gebrauche dieses Saccharometers, wie irgend eines anderen Aräometers sind hauptsächlich drei Punkte zu beachten. Man wasche und trockne das Saccharometer ab, bevor man es von dem einen mit Rübensaft gefüllten Cylinder in den anderen taucht; man stelle den Probecylinder möglichst senkrecht und man sorge dafür, dass der Rübensaft möglichst die Temperatur von $17\frac{1}{2}^0$ hat, für welche auch die weiter unten mitgetheilten Tabellen zur Umrechnung der Balling'schen Grade in die entsprechenden specifischen Gewichte und Grade Beaumé entworfen sind. Ich weiss sehr wohl, dass in Zuckerfabriken nicht immer auf diese Punkte genau geachtet wird und es lässt sich auch dies bei Ueberhäufung mit Analysen entschuldigen. Wo man jedoch die Zeit sich nehmen kann, versäume man nicht, ein trockenes Saccharometer und einen Rübensaft von obiger Normaltemperatur anzuwenden. Auf letztere bringt man den Saft leicht, wenn man den Probecylinder in einen zweiten grösseren mit lauwarmem Wasser gefüllten kurze Zeit unter Beobachtung der steigenden Temperatur eintaucht.

Nachdem die Saccharometergrade (die Grade Balling) genommen sind, füllt man den Rübensaft in ein mit langem Hals versehenes 100 ccm-Kölbchen, welches ausserdem noch für den Rauminhalt von 110ccm eine am oberen Theile des Halses angebrachte Marke hat. Da der Rübensaft beim Eingiessen stark schäumt, würde man Schwierigkeiten haben, wenn man direct auf 100 ccm auffüllen wollte. Man füllt statt dessen das ganze Kölbchen voll, bis der Saft überläuft und saugt mit einer Pipette vom Safte so lange ab, bis die 100 ccm-Marke gerade erreicht ist. Alsdann füllt man bis zur 100 ccm-Marke mit einer Lösung von Bleiessig[1]) an, welcher die färbenden und verunreinigenden organischen Bestandtheile grösstentheils niederschlägt. Den Bleiessig lässt man am besten aus einer mit Abflussrohr versehenen grösseren Flasche in das Kölbchen einfliessen. Alsdann verschliesst man das Kölbchen mit dem Daumen und mischt seinen Inhalt gut durch. Anfänglich ertheilt der entsprechende Niederschlag der Flüssigkeit eine mehr bräunliche Färbung, welche aber bald in Graugrün übergeht. Sowie die Färbung sich nicht mehr ändert, wird in ein Kölbchen abfiltrirt[2]). Ist das zuerst durch das Filter Gehende noch trübe, so schüttet man es so lange weg oder wieder zurück, bis ein vollkommen

---

[1]) Zur Darstellung des Bleiessigs lässt man 600 g Bleizucker und 200 g Bleiglätte mit 2 l Wasser 12 Stunden an einem warmen Orte unter zeitweiligem Umschütteln stehen. Nach Ablauf dieser Zeit filtrirt man.

[2]) Bei dieser Filtration wendet man zur Ersparung von viel Zeit sehr zweckmässig in fertigem Zustande gekaufte Faltenfilter (S. 20) an.

klares Filtrat erhalten wird. Bei einiger Uebung wird man indessen schon an der Farbe der Flüssigkeit den Zeitpunkt, wo man ein klares Filtrat erhält, erkennen. Zu beachten ist, dass man zwar den reinen und den mit Bleiessig versetzten Rübensaft, ohne Schaden einige Zeit stehen lassen kann, ehe man die Saccharometergrade nimmt oder ihn mit Bleiessig versetzt, resp. ehe man den mit Bleiessig versetzten filtrirt. Dagegen muss man aber den filtrirten, mit Bleiessig versetzten Saft sofort polarisiren, anderenfalls läuft man Gefahr, dass der Saft ein gallertartiges Ansehen erhält oder dass sein überschüssiges Bleisalz sich in kohlensaures Blei verwandelt. In beiden Fällen ist das Filtrat zu undurchsichtig geworden, um noch polarisirt werden zu können.

Nunmehr muss ein Theil des Filtrates in die Beobachtungsröhre[1]) gebracht werden. Man reinigt zunächst sorgfältig die beiden runden Glasplättchen mit Wasser und durch Abtrocknen und Blankreiben mit einem weichen Tuche. Sind die Glasplättchen trübe, auf der Aussenseite durch Wasser oder Zuckerflüssigkeit verunreinigt, so wird die Röhre hierdurch natürlich undurchsichtig und das Polarisiren unmöglich gemacht. Nach der Reinigung der Glasplättchen wird eines derselben an das eine Ende der Röhre angelegt, der zugehörige Schraubenkopf aufgedreht und alsdann das Filtrat des gereinigten Rübensaftes eingegossen. Man füllt die Röhre völlig an, streift mit der zweiten Glasplatte den geringen Ueberschuss der Flüssigkeit ab, schraubt den zweiten Schraubenkopf ein und vergewissert sich durch Hin- und Herbewegen der Röhre davon, dass keine Luftblase in derselben eingeschlossen blieb. Alsdann wischt man mit einem Handtuche die Beobachtungsröhre und nöthigenfalls auch die Deckgläschen aussen ab und legt sie in den Polarisationsapparat.

Fig. 44 zeigt den in den Fabrikslaboratorien allgemein angewendeten Ventzke-Scheibler'schen Apparat. In einiger Entfernung von A (ca. 5 ccm) steht die Gas- oder Petroleumlampe. Bei A befindet sich der Regulator, welcher aus einem Nicol'schen Prisma A und einer Quarzplatte B besteht und zur Hervorrufung der empfindlichen Farbe (für die meisten Augen ist dies ein helles Violett) dient. Zu diesem Zwecke hat man nur an L so lange zu drehen, bis die gewünschte Farbe im Gesichtsfeld erscheint. C ist der Polarisator, d. h. das zerlegende Nicol'sche Kalkspathprisma; D ist die Quarzdoppelplatte, von denen die eine rechts, die andere links dreht. Der schwarze Strich, welchen man beim Hineinsehen bei I in der Mitte des Gesichtsfeldes sieht, ist durch die Stossfuge der beiden Hälften der Doppelplatte gebildet. G und EF ist der Compensator, welcher aus der rechtsdrehenden Quarzplatte G und dem keilförmig geschliffenen

---

[1]) Princip und allgemeine Einrichtung der Polarisationsapparate muss hier als bekannt vorausgesetzt werden.

linksdrehenden Quarzplattenpaar besteht. Die Quarzplatte E und mit ihr die Scala des Apparates ist durch die Schraube M beweglich. Die unverschiebbare Platte F trägt den Nonius. H (ein achromatisches Kalkspathprisma) ist der Analysator.

Will man den Polarisationsapparat benutzen, so beginnt man damit, K und I so lange vorsichtig drehend hinein- oder heraus zu schieben, bis

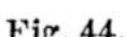

Fig. 44.

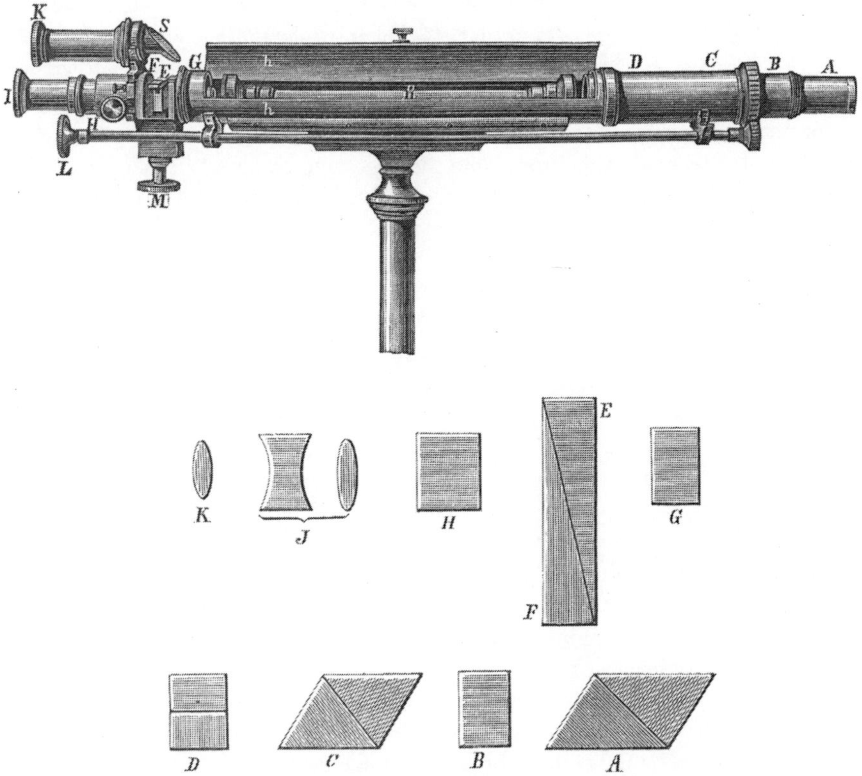

einerseits die Scala, andererseits die Stossfuge der Doppelplatte, d. h. der das Gesichtsfeld theilende schwarze Strich vollkommen deutlich sichtbar sind. (I ist ein kleines Galiläisches Fernrohr, bestehend aus Objectiv und Ocular, K ist ein kleines, hinten mit einem Spiegel versehenes Vergrösserungsglas, womit man die Scala beobachtet.)

Alsdann stellt man den Nullpunkt ein. Es müssen bei richtiger Einstellung beide Scheibenhälften vollkommen gleiche Färbung zeigen, einerlei wie lange man L dreht. Selbstverständlich wird man eine Verschiedenheit in der Färbung der Scheibenhälften am sichersten durch Hervorrufung des empfindlichen Farbentones entdecken. Ist Farbengleichheit nicht vorhanden, so muss der Nullpunkt corrigirt werden. Man stellt durch langsames Drehen von M Farbengleichheit her und verschiebt alsdann den Nonius mittelst eines kleinen Schraubenschlüssels, welcher in eine vorn am Apparate angebrachte Schraube passt, so lange, bis der Nullpunkt genau einsteht. Es ist selbstverständlich bei noch gut erhaltenen Polarisationsapparaten nicht nöthig, vor jeder Polarisation auf den Nullpunkt einzustellen. Dagegen aber ist es durchaus erforderlich, dass dies Morgens und Nachmittags vor Beginn der täglichen Polarisationen geschehe. Da ein zu häufiges Schrauben am Apparate demselben nicht förderlich ist, so empfiehlt es sich namentlich bei Apparaten, welche häufig der Nullpunkt-Correction bedürfen, statt dessen den Drehungsbetrag zu corrigiren. Man stellt auf Farbengleichheit ein und liest an der Scala ab. Hat beispielsweise diese Ablesung 0,2 rechts ergeben, so muss letztere Zahl vom gefundenen Drehungsbetrag abgezogen werden. War die Abweichung vom Nullpunkte 0,2 links, so muss dieselbe dem Drehungsbetrag hinzugezählt werden.

Wir verliessen den in die Beobachtungsröhre gefüllten Rübensaft. Die Röhre wird nun in die Rohrhülse gelegt und M so lange gedreht bis annähernde Farbengleichheit vorhanden ist. Alsdann dreht man den Knopf L so lange, bis die gewählte empfindliche Farbe zum Vorschein kommt, stellt nun auf vollkommene Farbengleichheit ein und liest den Drehungsbetrag an der durch K beobachteten Scala ab. Es ist weder nöthig, dass das Zimmer in welchem der Polarisations-Apparat steht, verdunkelt werde, noch dass man den Deckel H der Rohrhülse vor dem Ablesen schliesse. Es genügt, den Apparat an der dunkelsten Wandecke des Zimmers aufzustellen. Wollte man das Zimmer verfinstern, so würden die Augen des Analysirenden durch den grellen Contrast des Tageslichtes weit eher ermüden.

Solchen, welche mit partieller Farbenblindheit behaftet sind — und deren Zahl ist weit grösser, als man gewöhnlich zu glauben geneigt ist — giebt der Ventzke-Scheibler'sche Apparat keineswegs immer ganz zuverlässige Resultate. Ueberhaupt kann es auch jedem Anderen, von lang fortgesetztem Polarisationen Ermüdeten passiren, dass er für dieselbe Substanz bei zwei auf einander folgenden Beobachtungen ansehnliche Differenzen (bis zu etwa $0,4^{\circ}$) bekommt. Desshalb ist lange fortgesetztes Polarisiren unter allen Umständen zu verwerfen, man mache nicht mehr als etwa 6 Polarisationen hintereinander und erledige alsdann in einer angemessenen Zwischenpause andere Analysen, ehe man zu neuen Polarisationen schreitet.

Diesen Uebelständen der Farbenapparate hilft der sog. Halbschattenapparat ab, welcher von den Mechanikern Schmidt und Haensch in Berlin

neuerdings ausserordentlich vervollkommnet worden ist[1]). Bei den Halb-
schattenapparaten erscheint das kreisrunde Gesichtsfeld in zwei Hälften
getheilt, welche innerhalb gewisser Lagen des drehbaren Nicols ungleich
stark verdunkelt sind, bei einer gewissen Stellung desselben aber eine
gleichförmige Beschattung annehmen. Dieser Punkt lässt sich sehr scharf
treffen. Der ursprüngliche Laurent'sche Apparat[2]) hatte für Fabriklabora-
torien den Nachtheil, dass er die Anwendung von Natronlicht verlangte.
Diesen Uebelstand haben Schmidt und Haensch durch Construction eines
eigenthümlichen Zwillingsprismas und die Benutzung der Quarzkeil-Compensation an Stelle des drehbaren Nicols vermieden und war es hierdurch
möglich, die Halbschattenerscheinung mit gewöhnlichem weissen Licht
hervorzubringen. Statt der Gas- oder Petroleumlampen mit Rundbrennern
(wobei in Folge verschiedener Lichtvertheilung in der Flamme das Halb-
schattenbild nicht gleichförmig ist, sondern verticale Streifen von wechselnder
Helligkeit besitzt) benutzt man für den Schmidt-Haenschen Apparat eine
Petroleumlampe mit zwei flachen Dochten.

Trotz der grossen Uebereinstimmung in den einzelnnen Ablesungen[3])
hatten indessen die Halbschatten-Apparate gleich den Farbenapparaten den
Uebelstand, dass man die Richtigkeit der Scala, welche von dem genauen
Schliff des beweglichen Keiles der Quarzkeil-Compensation abhängt, nicht
controliren konnte. Bekanntlich trat bei den bisherigen Apparaten der
aus der Zuckerlösung kommende nach rechts abgelenkte Strahl erst durch
eine ebenfalls rechtsdrehende Quarzplatte und sodann in die aus links-
drehendem Quarz gefertigte Keilcombination. Bei dem Patent-Polarisations-
Apparat neuester Construction haben nun Schmidt und Haensch die frühere
rechtsdrehende planparallele Quarzplatte durch eine rechtsdrehende Keilcombination ersetzt. Sie besteht ebenfalls aus einem kurzen festen Keil
und einem längeren verschiebbaren. Beide Combinationen sind mit Scala,
Zahnstange, Trieb und Knopf versehen. In Folge dieser neuen Construction
kann man die Angaben des Instrumentes jederzeit controliren. Denn falls
z. B. der Rechtscompensator auf 0^0 stand und eine Zuckerlösung die Ab-

---

[1]) Vgl. über diesen Apparat das Referat Prof. Landolt's auf der General-
Versammlung des Vereins f. d. Rübenzucker-Industrie zu Köln am 25. Mai 1881,
sowie den Artikel von M. Schmitz in der Vereinszeitschr. d. Rübenzuckerfabrikanten
1880, S. 1098.

[2]) Beschreibung desselben in Landolt's „optisches Drehungsvermögen" S. 113.

[3]) Die persönlichen Fehler fallen bei diesem Apparate weg, da verschiedene
Augen eine schwache ungleiche Beschattung zweier Halbkreise viel leichter zu beurtheilen vermögen, als kleine Abweichungen in Farbennüancen. Durch diesen
grossen Vorzug wird auch der nothwendigerweise höhere Preis des Apparates —
ca. 600 Mark — vollkommen aufgewogen. Es werden übrigens von genannten
Mechanikern auch alte Apparate in Halbschattenapparate umgeändert.

lesung 90⁰ am Linkskeil gab, so muss, wenn jetzt die Flüssigkeitsröhre entfernt wird, wieder Schattengleichheit durch Einstellen des Rechtskeils auf 90⁰ eintreten.

Die Scala des Apparates von Ventzke-Scheibler ist derartig einge-richtet, dass eine Lösung von 26,048 g reinem Zucker in 100 ccm Wasser in einer genau 200 mm langen Beobachtungsröhre 100⁰ polarisirt. Folg-licht entspricht jeder an der Scala abgelesene Grad Rechtsdrehung 0,26048 g Rohrzucker. Angenommen nun, man habe an der Scala für den betreffen-den Rübensaft 48,2 Grade gefunden, so muss zu demselben — da ja der Saft zu $^1/_{10}$ mit Bleiessig verdünnt war — der zehnte Theil hinzu addirt werden. Also 48,2 + 4,82 = 53,02 Grad: Dies entspricht 53,02 × 0,26048 g oder 13,81 g Rohrzucker in 100 ccm Rübensaft. Um hieraus die in 100 g Rübensaft enthaltene Gewichtsmenge Rohrzucker zu finden, muss man die Zahl 13,81 mit dem specifischen Gewichte des Rübensaftes dividiren. Diese ganze und weitläufige Umrechnung wird durch die weiter unten mitgetheilten Tabellen, welche aus den an der Scala abgelesenen Graden und dem specifischem Gewichte des Saftes direct die in 100 g Rübensaft enthaltene Zuckermenge finden lassen, erspart.

Aus dem soeben Gesagten ergiebt sich die Nothwendigkeit der Er-mittelung des specifischen Gewichtes des Rübensaftes. Dies kann entweder indirect durch Ermittelung der Balling'schen Grade oder direct durch Anwendung der Westphal'schen Wage geschehen.

1. Indirecte Ermittelung des specifischen Gewichtes. Die-selbe wird bei dem Rübensaft als die bequemere fast ausschliesslich an-gewendet. Man ermittelt die Grade Balling mit dem Saccharometer und findet in nachfolgender Tabelle (S. 470) die entsprechenden specifischem Gewichte. Diese Tabelle enthält der Vollständigkeit halber auch die dazu gehörigen Grade Beaumé.

2. Die directe Ermittelung des specifischen Gewichtes geschieht mittelst der Mohr-Westphal'schen Wage. Dieselbe beruht auf dem physikalischen Gesetze, dass ein Körper beim Eintauchen in ver-schiedene Flüssigkeiten einen Gewichtsverlust erleidet, welcher dem speci-fischem Gewichte der betreffenden Flüssigkeiten direct proportional ist. Man stellt die Wage in's Gleichgewicht, taucht den angehängten Senk-körper in die zu prüfende Flüssigkeit und hängt so lange Gewichte an den Wagebalken, bis das Gleichgewicht wieder hergestellt ist.

A_1 und A sind genau gleich schwer. Taucht man den Senkkörper in destillirtes Wasser von 15⁰ C., so wird der hierdurch entstehende Ge-wichtsverlust, d. h. das Aufwärtssteigen des Wagebalkens genau ausge-glichen, wenn man A_1 oder A vorn an das Häkchen hängt, wie es Fig. 45 zeigt. Folglich giebt A_1 an dieser Stelle aufgehängt das specifische Gewicht 1 an. B ist $^1/_{10}$ und C $^1/_{100}$ so schwer als A_1 folglich zeigen beide,

wenn man sie in die Einkerbungen des Wagebalkens aufhängt, so viele
Hundertel oder Tausendstel als die Zahl der betreffenden Einkerbung beträgt. Es sei beispielsweise A_1 vorn am Häkchen aufgehängt, A an 7,
B an 3 und C an 9, so ist das specifische Gewicht der Flüssigkeit 1,739.
Sinkt der Wagebalken unter die Gleichgewichtslage, wenn man A oder A_1

Fig. 45.

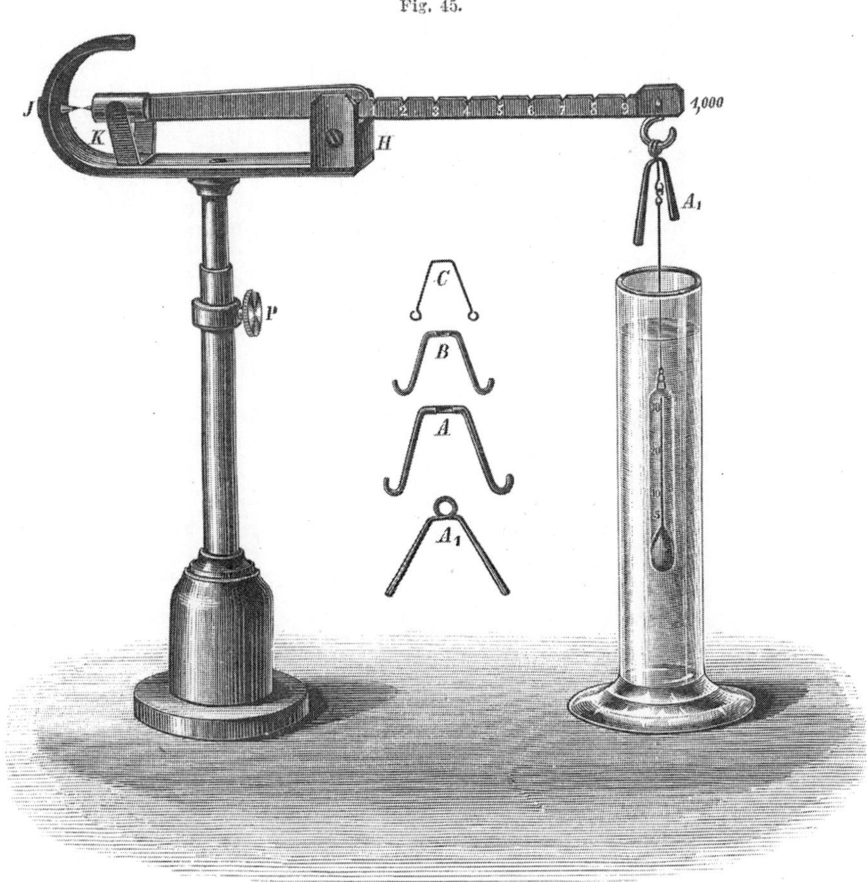

am Häkchen vorn aufhängt, so hat die betreffende Flüssigkeit ein kleineres
specifisches Gewicht als Wasser. Zu beachten ist beim Gebrauch der
Mohr-Westphal'schen Wage, dass man dem Senkkörperchen ziemlich genau
dieselbe Lage giebt wie in der Figur. Lässt man es tiefer, oder weniger
tief einsinken, so erhält man falsche Resultate. Der sehr behutsam zu
behandelnde dünne Platindraht, an welchem das Senkkörperchen hängt,

Grade Balling	Specifisches Gewicht	Grade Beaumé	Grade Balling	Specifisches Gewicht	Grade Beaumé	Grade Balling	Specifisches Gewicht	Grade Beaumé	Grade Balling	Specifisches Gewicht	Grade Beaumé
0·0	1·00000	0·0	5·0	1·01970	2·8	10·0	1·04014	5·55	15·0	1·06133	8·3
0·1	1·00038	0·06	5·1	1·02010	2·8	10·1	1·04055	5·6	15·1	1·06176	8·4
0·2	1·00077	0·11	5·2	1·02051	2·9	10·2	1·04097	5·7	15·2	1·06219	8·4
0·3	1·00116	0·17	5·3	1·02091	2·9	10·3	1·04139	5·7	15·3	1·06262	8·5
0·4	1·00155	0·22	5·4	1·02131	3·0	10·4	1·04180	5·8	15·4	1·06306	8·5
0·5	1·00193	0·28	5·5	1·02171	3·0	10·5	1·04222	5·8	15·5	1·06349	8·6
0·6	1·00232	0·33	5·6	1·02211	3·1	10·6	1·04264	5·9	15·6	1·06392	8·65
0·7	1·00271	0·39	5·7	1·02252	3·2	10·7	1·04306	5·9	15·7	1·06436	8·7
0·8	1·00310	0·44	5·8	1·02292	3·2	10·8	1·04348	6·0	15·8	1·06479	8·8
0·9	1·00349	0·5	5·9	1·02333	3·3	10·9	1·04390	6·05	15·9	1·06522	8·8
1·0	1·00388	0·55	6·0	1·02373	3·3	11·0	1·04431	6·1	16·0	1·06566	8·9
1·1	1·00427	0·6	6·1	1·02413	3·4	11·1	1·04473	6·2	16·1	1·06609	8·9
1·2	1·00466	0·7	6·2	1·02454	3·4	11·2	1·04515	6·2	16·2	1·06653	9·0
1·3	1·00505	0·7	6·3	1·02494	3·5	11·3	1·04557	6·3	16·3	1·06696	9·0
1·4	1·00544	0·8	6·4	1·02535	3·6	11·4	1·04599	6·3	16·4	1·06740	9·1
1·5	1·00583	0·8	6·5	1·02575	3·6	11·5	1·04641	6·4	16·5	1·06783	9·1
1·6	1·00622	0·9	6·6	1·02616	3·7	11·6	1·04683	6·4	16·6	1·06827	9·2
1·7	1·00662	0·9	6·7	1·02657	3·7	11·7	1·04726	6·5	16·7	1·06871	9·25
1·8	1·00701	1·0	6·8	1·02697	3·8	11·8	1·04768	6·55	16·8	1·06914	9·3
1·9	1·00740	1·05	6·9	1·02738	3·8	11·9	1·04810	6·6	16·9	1·06958	9·4
2·0	1·00779	1·1	7·0	1·02779	3·9	12·0	1·04852	6·7	17·0	1·07002	9·4
2·1	1·00818	1·2	7·1	1·02819	3·9	12·1	1·04894	6·7	17·1	1·07046	9·5
2·2	1·00858	1·2	7·2	1·02860	4·0	12·2	1·04937	6·8	17·2	1·07090	9·5
2·3	1·00897	1·3	7·3	1·02901	4·1	12·3	1·04979	6·8	17·3	1·07133	9·6
2·4	1·00936	1·3	7·4	1·02942	4·1	12·4	1·05021	6·9	17·4	1·07177	9·6
2·5	1·00976	1·4	7·5	1·02983	4·2	12·5	1·05064	6·9	17·5	1·07221	9·7
2·6	1·01015	1·4	7·6	1·03024	4·2	12·6	1·05106	7·0	17·6	1·07265	9·75
2·7	1·01055	1·5	7·7	1·03064	4·3	12·7	1·05149	7·05	17·7	1·07309	9·8
2·8	1·01094	1·55	7·8	1·03105	4·3	12·8	1·05191	7·1	17·8	1·07353	9·9
2·9	1·01134	1·6	7·9	1·03146	4·4	12·9	1·05233	7·2	17·9	1·07397	9·9
3·0	1·01173	1·7	8·0	1·03187	4·4	13·0	1·05276	7·2	18·0	1·07441	10·0
3·1	1·01213	1·7	8·1	1·03228	4·5	13·1	1·05318	7·3	18·1	1·07485	10·0
3·2	1·01252	1·8	8·2	1·03270	4·55	13·2	1·05361	7·3	18·2	1·07530	10·1
3·3	1·01292	1·8	8·3	1·03311	4·6	13·3	1·05404	7·4	18·3	1·07574	10·1
3·4	1·01332	1·9	8·4	1·03352	4·7	13·4	1·05446	7·4	18·4	1·07618	10·2
3·5	1·01371	1·9	8·5	1·03393	4·7	13·5	1·05489	7·5	18·5	1·07662	10·2
3·6	1·01411	2·0	8·6	1·03434	4·8	13·6	1·05532	7·5	18·6	1·07706	10·3
3·7	1·01451	2·0	8·7	1·03475	4·8	13·7	1·05574	7·6	18·7	1·07751	10·35
3·8	1·01491	2·1	8·8	1·03517	4·9	13·8	1·05617	7·65	18·8	1·07795	10·4
3·9	1·01531	2·2	8·9	1·03558	4·9	13·9	1·05660	7·7	18·9	1·07839	10·5
4·0	1·01570	2·2	9·0	1·03599	5·0	14·0	1·05703	7·8	19·0	1·07884	10·5
4·1	1·01610	2·3	9·1	1·03640	5·05	14·1	1·05746	7·8	19·1	1·07928	10·6
4·2	1·01650	2·3	9·2	1·03682	5·1	14·2	1·05789	7·9	19·2	1·07973	10·6
4·3	1·01690	2·4	9·3	1·03723	5·2	14·3	1·05831	7·9	19·3	1·08017	10·7
4·4	1·01730	2·4	9·4	1·03765	5·2	14·4	1·05874	8·0	19·4	1·08062	10·7
4·5	1·01770	2·5	9·5	1·03806	5·3	14·5	1·05917	8·0	19·5	1·08106	10·8
4·6	1·01810	2·6	9·6	1·03848	5·3	14·6	1·05960	8·1	19·6	1·08151	10·85
4·7	1·01850	2·6	9·7	1·03889	5·4	14·7	1·06003	8·15	19·7	1·08196	10·9
4·8	1·01890	2·7	9·8	1·03931	5·4	14·8	1·06047	8·2	19·8	1·08240	11·0
4·9	1·01930	2·7	9·9	1·03972	5·5	14·9	1·06090	8·3	19·9	1·08285	11·0

Grade Balling	Specifisches Gewicht	Grade Beaumé	Grade Balling	Specifisches Gewicht	Grade Beaumé	Grade Balling	Specifisches Gewicht	Grade Beaumé	Grade Balling	Specifisches Gewicht	Grade Beaumé
20·0	1·08329	11·1	**25·0**	1·10607	13·8	**30·0**	1·12967	16·5	**35·0**	1·15411	19·2
20·1	1·08374	11·1	25·1	1·10653	13·9	30·1	1·13015	16·6	35·1	1·15461	19·3
20·2	1·08419	11·2	25·2	1·10700	13·9	30·2	1·13063	16·6	35·2	1·15511	19·3
20·3	1·08464	11·2	25·3	1·10746	14·0	30·3	1·13111	16·7	35·3	1·15561	19·4
20·4	1·08509	11·3	25·4	1·10793	14·0	30·4	1·13159	16·7	35·4	1·15611	19·4
20·5	1·08553	11·3	25·5	1·10839	14·1	30·5	1·13207	16·8	35·5	1·15661	19·5
20·6	1·08599	11·4	25·6	1·10886	14·1	30·6	1·13255	16·85	35·6	1·15710	19·55
20·7	1·08643	11·45	25·7	1·10932	14·2	30·7	1·13304	16·9	35·7	1·15760	19·6
20·8	1·08688	11·5	25·8	1·10979	14·2	30·8	1·13352	17·0	35·8	1·15810	19·65
20·9	1·08733	11·6	25·9	1·11026	14·3	30·9	1·13400	17·0	35·9	1·15861	19·7
21·0	1·08778	11·6	**26·0**	1·11072	14·35	**31·0**	1·13449	17·1	**36·0**	1·15911	19·8
21·1	1·08824	11·7	26·1	1·11119	14·4	31·1	1·13497	17·1	36·1	1·15961	19·8
21·2	1·08869	11·7	26·2	1·11166	14·5	31·2	1·13545	17·2	36·2	1·16011	19·9
21·3	1·08914	11·8	26·3	1·11213	14·5	31·3	1·13594	17·2	36·3	1·16061	19·9
21·4	1·08959	11·8	26·4	1·11259	14·6	31·4	1·13642	17·3	36·4	1·16111	20·0
21·5	1·09004	11·9	26·5	1·11306	14·6	31·5	1·13691	17·3	36·5	1·16162	20·0
21·6	1·09049	11·95	26·6	1·11353	14·7	31·6	1·13740	17·4	36·6	1·16212	20·1
21·7	1·09095	12·0	26·7	1·11400	14·7	31·7	1·13788	17·4	36·7	1·16262	20·1
21·8	1·09140	12·05	26·8	1·11447	14·8	31·8	1·13837	17·5	36·8	1·16313	20·2
21·9	1·09185	12·1	26·9	1·11494	14·8	31·9	1·13885	17·55	36·9	1·16363	20·2
22·0	1·09231	12·2	**27·0**	1·11541	14·9	**32·0**	1·13934	17·6	**37·0**	1·16413	20·3
22·1	1·09276	12·2	27·1	1·11588	14·9	32·1	1·13983	17·7	37·1	1·16464	20·35
22·2	1·09321	12·3	27·2	1·11635	15·0	32·2	1·14032	17·7	37·2	1·16514	20·4
22·3	1·09367	12·3	27·3	1·11682	15·1	32·3	1·14081	17·8	37·3	1·16565	20·5
22·4	1·09412	12·4	27·4	1·11729	15·1	32·4	1·14129	17·8	37·4	1·16616	20·5
22·5	1·09458	12·4	27·5	1·11776	15·2	32·5	1·14178	17·9	37·5	1·16666	20·6
22·6	1·09503	12·5	27·6	1·11824	15·2	32·6	1·14227	17·9	37·6	1·16717	20·6
22·7	1·09549	12·55	27·7	1·11871	15·3	32·7	1·14276	18·0	37·7	1·16768	20·7
22 8	1·09595	12·6	27·8	1·11918	15·3	32·8	1·14325	18·0	37·8	1·16818	20·7
22·9	1·09640	12·7	27·9	1·11965	15·4	32·9	1·14374	18·1	37·9	1·16869	20·8
23·0	1·09686	12·7	**28·0**	1·12013	15·4	**33·0**	1·14423	18·15	**38·0**	1·16920	20·8
23·1	1·09732	12·8	28·1	1·12060	15·5	33·1	1·14472	18·2	38·1	1·16971	20·9
23·2	1·09777	12·8	28·2	1·12107	15·55	33·2	1·14521	18·25	38·2	1·17022	20·9
23·3	1·09823	12·9	28·3	1·12155	15·6	33·3	1·14570	18·3	38·3	1·17072	21·0
23·4	1·09869	12·9	28·4	1·12202	15·7	33·4	1·14620	18·4	38·4	1·17123	21·05
23·5	1·09915	13·0	28·5	1·12250	15·7	33·5	1·14669	18·4	38·5	1·17174	21·1
23·6	1·09961	13·0	28·6	1·12297	15·8	33·6	1·14718	18·5	38·6	1·17225	21·15
23·7	1·10007	13·1	28·7	1·12345	15·8	33·7	1·14767	18·5	38·7	1·17276	21·2
23·8	1·10053	13·15	28·8	1·12393	15·9	33·8	1·14817	18·6	38·8	1·17327	21·3
23·9	1·10099	13·2	28·9	1·12440	15·9	33·9	1·14866	18·6	38·9	1·17379	21·3
24·0	1·10145	13·3	**29·0**	1·12488	16·0	**34·0**	1·14915	18·7	**39·0**	1·17430	21·4
24·1	1·10191	13·3	29·1	1·12536	16·0	34·1	1·14965	18·7	39·1	1·17481	21·4
24·2	1·10237	13·4	29·2	1·12583	16·1	34·2	1·15014	18·8	39·2	1·17532	21·5
24·3	1·10283	13·4	29·3	1·12631	16·1	34·3	1·15064	18·85	39·3	1·17583	21·5
24·4	1·10329	13·5	29·4	1:12679	16·2	34·4	1·15113	18·9	39·4	1·17635	21·6
24·5	1·10375	13·5	29·5	1·12727	16·25	34·5	1·15163	18·95	39·5	1·17686	21·6
24·6	1·10421	13·6	29·6	1·12775	16·3	34·6	1·15213	19·0	39·6	1·17737	21·7
24·7	1·10468	13·6	29·7	1·12823	16·4	34·7	1·15262	19·1	39·7	1·17789	21·7
24·8	1·10514	13·7	29·8	1·12871	16·4	34·8	1·15312	19·1	39·8	1·17840	21·8
24·9	1·10560	13·75	29·9	1·12919	16·5	34·9	1·15362	19·2	39·9	1·17892	21·85

Grade Balling	Specifisches Gewicht	Grade Beaumé	Grade Balling	Specifisches Gewicht	Grade Beaumé	Grade Balling	Specifisches Gewicht	Grade Beaumé	Grade Balling	Specifisches Gewicht	Grade Beaumé
40·0	1·17943	21·9	45·0	1·20565	24·6	50·0	1·23278	27·2	55·0	1·26086	29·8
40·1	1·17995	22·0	45·1	1·20618	24·6	50·1	1·23334	27·2	55·1	1·26143	29·8
40·2	1·18046	22·0	45·2	1·20672	24·7	50·2	1·23389	27·3	55·2	1·26200	29·9
40·3	1·18098	22·1	45·3	1·20725	24·7	50·3	1·23444	27·3	55·3	1·26257	29·9
40·4	1·18150	22·1	45·4	1·20779	24·8	50·4	1·23499	27·4	55·4	1·26314	30·0
40·5	1·18201	22·2	45·5	1·20832	24·8	50·5	1·23555	27·45	55·5	1·26372	30·05
40·6	1·18253	22·2	45·6	1·20886	24·9	50·6	1·23610	27·5	55·6	1·26429	30·1
40·7	1·18305	22·3	45·7	1·20939	24·9	50·7	1·23666	27·55	55·7	1·26486	30·15
40·8	1·18357	22·3	45·8	1·20993	25·0	50·8	1·23721	27·6	55·8	1·26544	30·2
40·9	1·18408	22·4	45·9	1·21046	25·0	50·9	1·23777	27·7	55·9	1·26601	30·25
41·0	1·18460	22·4	46·0	1·21100	25·1	51·0	1 23832	27·7	56·0	1·26658	30·3
41·1	1·18512	22·5	46·1	1·21154	25·1	51·1	1·23888	27·8	56·1	1·26716	30·4
41·2	1·18564	22·5	46·2	1·21208	25·2	51·2	1·23943	27·8	56·2	1·26773	30·4
41·3	1·18616	22·6	46·3	1·21261	25·2	51·3	1·23999	27·9	56·3	1·26831	30·5
41·4	1·18668	22·65	46·4	1·21315	25·3	51·4	1·24055	27·9	56·4	1·26889	30·5
41·5	1·18720	22·7	46·5	1·21369	25·35	51·5	1·24111	28·0	56·5	1·26946	30·6
41·6	1·18772	22·75	46·6	1·21423	25·4	51·6	1·24166	28·0	56·6	1·27004	30·6
41·7	1·18824	22·8	46·7	1·21477	25·45	51·7	1·24222	28·1	56·7	1·27062	30·7
41·8	1·18877	22·9	46·8	1·21531	25·5	51·8	1·24278	28·1	56·8	1·27120	30·7
41·9	1·18929	22·9	46·9	1·21585	25·6	51·9	1·24334	28·2	56·9	1·27177	30·8
42·0	1·18981	23·0	47·0	1·21639	25·6	52·0	1·24390	28·2	57·0	1·27235	30·8
42·1	1·19033	23·0	47·1	1·21693	25·7	52·1	1.24446	28·3	57·1	1·27293	30·9
42·2	1·19086	23·1	47·2	1·21747	25·7	52·2	1·24502	28·3	57·2	1·27351	30·9
42·3	1·19138	23·1	47·3	1·21802	25·8	52·3	1·24558	28·4	57·3	1·27409	31·0
42·4	1·19190	23·2	47·4	1·21856	25·8	52·4	1·24614	28·4	57·4	1·27464	31·0
42·5	1·19243	23·2	47·5	1·21910	25·9	52·5	1·24670	28·5	57·5	1·27525	31·1
42·6	1 19295	23 3	47 6	1·21964	25·9	52·6	1·24726	28·5	57·6	1·27583	31·1
42·7	1·19348	23·3	47·7	1·22019	26·0	52·7	1·24782	28·6	57·7	1·27641	31·2
42·8	1·19400	23·4	47·8	1·22073	26·0	52·8	1·24839	28·65	57·8	1·27699	31·2
42·9	1·19453	23·45	47·9	1·22127	26·1	52·9	1·24895	28·7	57·9	1·27758	31·3
43·0	1·19505	23·5	48·0	1·22182	26·1	53·0	1·24951	28·75	58·0	1·27816	31·3
43·1	1·19558	23·55	48·1	1·22236	26·2	53·1	1·25008	28·8	58·1	1·27874	31·4
43·2	1·19611	23·6	48·2	1·22291	26·2	53·2	1·25064	28·85	58·2	1·27932	31·4
43·3	1·19663	23·7	48·3	1·22345	26·3	53·3	1·25120	28·9	58·3	1·27991	31·5
43·4	1·19716	23·7	48·4	1·22400	26·35	53·4	1·25177	28·9	58·4	1·28049	31·5
43·5	1·19769	23·8	48·5	1·22455	26·4	53·5	1·25233	29·0	58·5	1·28107	31·6
43·6	1·19822	23·8	48·6	1·22509	26·45	53·6	1·25290	29·1	58·6	1·28166	31·6
43·7	1·19875	23·9	48·7	1·22564	26·5	53·7	1·25347	29·1	58·7	1·28224	31·7
43·8	1·19927	23·9	48·8	1·22619	26·6	53·8	1·25403	29·2	58·8	1·28283	31·7
43·9	1·19980	24·0	48·9	1·22673	26·6	53·9	1·25460	29·2	58·9	1·28342	31·8
44·0	1·20033	24·0	49·0	1·22728	26·7	54·0	1·25517	29·3	59·0	1·28400	31·85
44·1	1·20086	24·1	49·1	1·22783	26·7	54·1	1·25573	29·3	59·1	1·28459	31·9
44·2	1·20139	24·1	49·2	1·22838	26·8	54·2	1·25630	29·4	59·2	1·28518	31·95
44·3	1·20192	24·2	49·3	1·22893	26·8	54·3	1·25687	29·4	59·3	1·28576	32·0
44·4	1·20245	24·2	49·4	1·22948	26·9	54·4	1·25744	29·5	59·4	1·28635	32·05
44·5	1·20299	24·3	49·5	1·23003	26·9	54·5	1·25801	29·5	59·5	1·28694	32·1
44·6	1·20352	24·35	49·6	1·23058	27·0	54·6	1·25857	29·6	59·6	1·28753	32·15
44·7	1·20405	24·4	49·7	1·23113	27·0	54·7	1·25914	29·6	59·7	1·28812	32·2
44·8	1·20458	24·45	49·8	1·23168	27·1	54·8	1·25971	29·7	59·8	1·28871	32·3
44·9	1·20512	24·5	49·9	1·23223	27·1	54·9	1·26028	29·7	59·9	1·28930	32·3

Grade Balling	Specifisches Gewicht	Grade Beaumé	Grade Balling	Specifisches Gewicht	Grade Beaumé	Grade Balling	Specifisches Gewicht	Grade Beaumé	Grade Balling	Specifisches Gewicht	Grade Beaumé
60·0	1·28989	32·4	61·6	1·29938	33·2	63·1	1·30837	33·9	64·6	1·31745	34·7
60·1	1·29048	32·4	61·7	1·29998	33·2	63·2	1·30897	34·0	64·7	1·31806	34·7
60·2	1·29107	32·5	61·8	1·30057	33·3	63·3	1·30958	34·0	64·8	1·31867	34·8
60·3	1·29166	32·5	61·9	1·30117	33·3	63·4	1·31018	34·1	64·9	1·31928	34·8
60·4	1·29225	32·6	**62·0**	1·30177	33·4	63·5	1·31078	34·1	**65·0**	1·31989	34·9
60·5	1·29284	32·6	62·1	1·30237	33·4	63·6	1·31139	34·2	65·1	1·32050	34·95
60·6	1·29343	32·7	62·2	1·30297	33·5	63·7	1·31199	34·2	65·2	1·32111	35·0
60·7	1·29403	32·7	62·3	1·30356	33·5	63·8	1·31260	34·3	65·3	1·32172	35·05
60·8	1·29462	32·8	62·4	1·30416	33·6	63·9	1·31320	34·3	65·4	1·32233	35·1
60·9	1·29521	32·8	62·5	1·30476	33·6	**64·0**	1·31381	34·4	65·5	1·32294	35·15
61·0	1·29581	32·9	62·6	1·30536	33·7	64·1	1·31442	34·4	65·6	1·32355	35·2
61·1	1·29640	32·9	62·7	1·30596	33·7	64·2	1·31502	34·5	65·7	1·32417	35·25
61·2	1·29700	33·0	62·8	1·30657	33·8	64·3	1·31563	34·5	65·8	1·32478	35·3
61·3	1·29759	33·0	62·9	1·30717	33·8	64·4	1·31624	34·6	65·9	1·32539	35·35
61·4	1·29819	33·1	**63·0**	1·30777	33·9	64·5	1·31684	34·6	**66·0**	1·32601	35·4
61·5	1·29878	33·1									

ist nach dem Gebrauche gleich letzterem in Wasser abzuwaschen und mit Fliesspapier vorsichtig zu trocknen.

Die Westphal'sche Wage wird weniger für die Ermittelung des specifischen Gewichtes der Rübensäfte, dagegen sehr häufig zu der gleichen Bestimmung bei den verschiedenen Fabrikationssäften u. s. w. angewendet. Sie fehlt desshalb auch in keinem guten Laboratorium einer Zuckerfabrik.

Hat man das specifische Gewicht des Rübensaftes aus den Graden Balling mit Hülfe der auf S. 470 gegebenen Tabelle erfahren, so ergiebt sich aus nachfolgender, von Oswald entworfener und von Zabel vereinfachter Tabelle (S. 474) durch directes Ablesen die in 100 g Rübensaft enthaltene Gewichtsmenge Rohrzucker.

Der Gebrauch dieser Tabellen wird aus folgendem Beispiel leicht ersichtlich. Man habe mittelst des Saccharometers 14,3 Grade Balling, entsprechend einem specifischen Gewicht von 1,05831 und andererseits 38,4 Grade bei der Polarisation gefunden. Letztere geben 38,4 + 3,84 = 42·24 corrigirte Grade. Das obige spec. Gewicht rundet man ab zu 1·059, welche Zahl in der Tabelle angegeben ist. Auf derselben horizontalen Reihe, auf welcher das spec. Gewicht 1,05 g steht, sucht man jetzt

unter den Zehnern　40 = 10·82
„　„　Einern　　2 = 0·54
„　„　Zehnteln 0·2 = 0·05
Zusammen = 11·41 Gewichtsproc. Zucker.

Selbstverständlich kann man auch die entsprechenden Zahlen für die uncorrigirten Grade (38,4) in der Tabelle suchen und dann erst die erhaltenen Gewichtsprocente Zucker um $^1/_{10}$ erhöhen.

Zucker.

Grade nach Brix Spindel	Specif. Gewicht	Polarisations-										Ei-		
		Zehner												
		10	20	30	40	50	60	70	80	90	100	1	2	3
$\frac{1}{2}$	1·002	2·86	5·72	8·59	11·44	14·30	17·16	20·02	22·87	25·73	28·59	0·29	0·57	0·86
1	1·004	2·85	5·71	8·56	11·41	14·27	17·12	19·98	22·83	25·68	28·54	0·28	0·57	0·86
$1\frac{1}{2}$	1·006	2·85	5·70	8·54	11·39	14·24	17·09	19·94	22·79	25·63	28·48	0·28	0·57	0·85
2	1·008	2·84	5·68	8·53	11·37	14·21	17·05	19·90	22·74	25·58	28·42	0·28	0·57	0·85
$2\frac{1}{2}$	1·010	2·84	5·67	8·51	11·35	14·18	17·02	19·86	22·69	25·53	28·37	0·28	0·57	0·85
3	1·012	2·83	5·66	8·49	11·32	14·17	16·99	19·82	22·65	25·48	28·31	0·28	0·57	0·85
$3\frac{1}{2}$	1·014	2·83	5·65	8·48	11·30	14·13	16·95	19·78	22·61	25·43	28·26	0·28	0·56	0·85
4	1·016	2·82	5·64	8·46	11·28	14·10	16·92	19·74	22·56	25·38	28·20	0·28	0·56	0·85
$4\frac{1}{2}$	1·018	2·81	5·63	8·44	11·26	14·07	16·89	19·70	22·52	25·33	28·15	0·28	0·56	0·84
5	1·020	2·81	5·62	8·43	11·24	14·04	16·85	19·66	22·47	25·28	28·09	0·28	0·56	0·84
$5\frac{1}{2}$	1·022	2·80	5·61	8·41	11·21	14·02	16·82	19·62	22·43	25·23	28·03	0·28	0·56	0·84
6	1·024	2·80	5·60	8·39	11·19	13·99	16·79	19·59	22·39	25·19	27·98	0 28	0·56	0·84
$6\frac{1}{2}$	1·026	2·79	5·59	8·38	11·17	13 96	16·76	19·55	22·34	25·14	27·93	0·28	0·56	0·84
7	1·028	2·79	5·57	8·36	11·15	13·93	16·73	19·51	22·30	25·09	27·89	0·28	0 56	0·84
$7\frac{1}{2}$	1·030	2·78	5·56	8·35	11·13	13·91	16·69	19·47	22·25	25·03	27·82	0·28	0·56	0·83
8	1·032	2·78	5·55	8·33	11·10	13·88	16·66	19·43	22·21	24·98	27·76	0·28	0·55	0·83
$8\frac{1}{2}$	1·034	2·77	5·54	8·31	11·08	13·85	16·62	19·39	22·17	24·94	27·71	0·28	0·55	0·83
9	1·036	2·76	5·53	8·30	11·06	13·83	16·59	19·36	22·12	24·89	27·65	0·28	0·55	0·83
$9\frac{1}{2}$	1·038	2·76	5·52	8·28	11·04	13·80	16·56	19·33	22·08	24·84	27·60	0·28	0·55	0·83
10	1·040	2·75	5·51	8·26	11·01	13·77	16·53	19·28	22·03	24·79	27·54	0·27	0·55	0·83
$10\frac{1}{2}$	1·042	2·75	5·50	8·25	11·00	13·74	16·49	19·24	21·99	24·74	27·49	0·27	0·55	0·82
11	1·044	2·74	5·49	8·23	10·97	13·72	16·46	19·20	21·95	24·69	27·43	0·27	0·55	0·82
$11\frac{1}{2}$	1·046	2·74	5·48	8·22	10·95	13·69	16·43	19·17	21·90	24·64	27·38	0·27	0·55	0·82
12	1·048	2·73	5·46	8·20	10·93	13·66	16·40	19·13	21·86	24·59	27·33	0·27	0 55	0·82
$12\frac{1}{2}$	1·050	2·73	5·45	8·18	10·91	13·64	16·36	19·09	21·82	24·54	27·27	0·27	0·54	0·82
13	1·053	2·72	5·44	8·16	10·89	13·61	16·33	19·05	21·77	24·49	27·22	0·27	0·54	0·82
$13\frac{1}{2}$	1·055	2·72	5·43	8·15	10·86	13·58	16·30	19·01	21·73	24·44	27·16	0·27	0·54	0·81
14	1·057	2·71	5·42	8·13	10·84	13·55	16·26	18·97	21·69	24·39	27·11	0·27	0·54	0·81
$14\frac{1}{2}$	1·059	2·70	5·41	8·12	10·82	13·53	16·23	18·94	21·64	24·35	27·05	0·27	0·54	0·81
15	1·061	2·70	5·40	8·10	10·80	13·50	16·20	18·90	21·60	24·30	27·00	0·27	0·54	0·81
$15\frac{1}{2}$	1·063	2·69	5·39	8·08	10·78	13·47	16·16	18·86	21·55	24·25	26·94	0·27	0·54	0·81
16	1·066	2·69	5·38	8·07	10·75	13·44	16·13	18·82	21·51	24·20	26·88	0·27	0·54	0·81
$16\frac{1}{2}$	1·068	2·68	5·37	8·05	10·73	13·41	16·10	18·78	21·46	24·15	26·83	0·27	0·54	0·80
17	1·070	2·68	5·35	8·04	10·71	13·39	16·07	18·74	21·42	24·10	26·78	0·27	0·53	0·80
$17\frac{1}{2}$	1·072	2·67	5·34	8·02	10·69	13·36	16·04	18·71	21·38	24·05	26·72	0·27	0·53	0·80
18	1·074	2·67	5 33	8·00	10·67	13·33	16·00	18·67	21·33	24·00	26·67	0·27	0·53	0·80
$18\frac{1}{2}$	1·076	2·66	5·32	7·98	10·64	13·31	15·97	18·63	21·29	23·95	26·61	0·27	0·53	0·80
19	1·079	2·66	5·31	7·97	10·62	13·28	15·94	18·59	21·25	23·90	26·56	0·27	0·53	0·80
$19\frac{1}{2}$	1·081	2·65	5·30	7·95	10·60	13·25	15·90	18·55	21·20	23·85	26·51	0·26	0·53	0·79
20	1·083	2·64	5·29	7·94	10·58	13·23	15·87	18·52	21·16	23·81	26·45	0·26	0·53	0·79
$20\frac{1}{2}$	1·085	2·64	5·28	7·92	10·56	13·20	15·84	18·48	21·12	23·76	26·40	0·26	0·53	0·79
21	1·088	2·63	5·27	7·90	10·54	13·17	15·81	18·44	21·07	23·71	26·34	0·26	0·53	0·79
$21\frac{1}{2}$	1·090	2·63	5·26	7·88	10·52	13·14	15·77	18·40	21·03	23·66	26·29	0·26	0·53	0·79
22	1·092	2·62	5·25	7·87	10·49	13·12	15·74	18·36	20·99	23·61	26·23	0·26	0·53	0·79
$22\frac{1}{2}$	1·094	2·62	5·24	7·85	10·47	13·09	15·71	18·33	20·94	23·56	26·18	0·26	0·52	0·78
23	1·097	2·61	5·22	7·84	10·45	13·06	15·68	18·29	20·90	23·51	26·13	0·26	0·52	0·78
$23\frac{1}{2}$	1·099	2·61	5·21	7·82	10·43	13·03	15·64	18·25	20·86	23·48	26·07	0·26	0·52	0·78
24	1·101	2·60	5·20	7·80	10·41	13·01	15·61	18·21	20·81	23·41	26·02	0·26	0·52	0·78
$24\frac{1}{2}$	1·103	2·60	5·19	7·79	10·38	12·98	15·58	18·17	20·77	23·37	25·96	0·26	0·52	0·78
25	1·106	2·59	5·18	7·77	10·36	12·95	15·54	18·13	20·73	23·32	25·91	0·26	0·52	0·78

Apparat von Ventzke-Scheibler.

Grade						Zehntel									Specif. Gewicht	Grade nach Brix Spindel
ner																
4	5	6	7	8	9	0·1	0·2	0·3	0·4	0·5	0·6	0·7	0·8	0·9		
1·14	1·43	1·72	2·00	2·29	2·57	0·03	0·06	0·09	0·11	0·14	0·17	0·20	0·23	0·26	1·002	½
1·14	1·43	1·71	2·00	2·28	2·57	0·03	0·06	0·09	0·11	0 14	0·17	0·20	0·23	0·26	1·004	1
1·14	1·42	1·71	2·00	2·28	2·56	0·03	0·06	0·08	0·11	0·14	0·17	0·20	0·23	0·26	1·006	1½
1·14	1·42	1·70	1·99	2·27	2·56	0·03	0·06	0·08	0·11	0·14	0·17	0·20	0·23	0·26	1·008	2
1·13	1·42	1·70	1·99	2·27	2·55	0·03	0·06	0·08	0·11	0·14	0·17	0·20	0 23	0·25	1·010	2½
1·13	1·42	1·70	1·99	2·26	2·55	0·03	0·06	0·08	0·11	0·14	0·17	0·20	0·23	0·25	1·012	3
1·13	1·41	1·69	1·98	2·26	2·54	0·03	0·06	0·08	0·11	0·14	0·17	0·20	0·23	0·25	1·014	3½
1·13	1·41	1·69	1·98	2·26	2·54	0·03	0·06	0 08	0·11	0·14	0·17	0·20	0·23	0·25	1·016	4
1·13	1·41	1·69	1·97	2·25	2·53	0·03	0·06	0·08	0·11	0·14	0·17	0·20	0·22	0·25	1·018	4½
1·12	1·40	1·68	1·97	2·25	2·53	0·03	0·06	0·08	0·11	0·14	0·17	0·20	0·22	0·25	1·020	5
1 12	1·40	1·68	1·97	2·24	2·52	0·03	0·06	0·08	0·11	0·14	0·17	0 20	0·22	0·25	1·022	5½
1·12	1·40	1·68	1·96	2·24	2·52	0·03	0·06	0·08	0·11	0·14	0·17	0·20	0·22	0·25	1·024	6
1·12	1·40	1·68	1·96	2·23	2·51	0·03	0·06	0·08	0·11	0·14	0·17	0·20	0·22	0·25	1·026	6½
1·11	1·39	1·67	1·96	2·23	2·51	0·03	0·06	0·08	0·11	0·14	0·17	0·20	0·22	0·25	1·028	7
1·11	1·39	1·67	1·95	2·22	2·50	0·03	0·05	0·08	0·11	0·14	0·17	0·19	0·22	0·25	1·030	7½
1·11	1·39	1·67	1·95	2·22	2·50	0·03	0·05	0·08	0·11	0·14	0·17	0·19	0 22	0·25	1·032	8
1·11	1·38	1·66	1·94	2·22	2·50	0·03	0·05	0·08	0·11	0·14	0·17	0·19	0·22	0·25	1·034	8½
1·11	1·38	1·66	1·94	2·21	2·49	0·03	0·05	0·08	0·11	0·14	0·17	0·19	0·22	0·25	1·036	9
1·10	1·38	1·66	1·94	2·21	2·48	0·03	0·05	0·08	0·11	0·14	0·17	0·19	0·22	0·25	1·038	9½
1·10	1·38	1·65	1·93	2·20	2·48	0·03	0·05	0·08	0·11	0·14	0·16	0·19	0·22	0·25	1·040	10
1·10	1·37	1·65	1·93	2·20	2·47	0·03	0·05	0·08	0·11	0·14	0·16	0·19	0·22	0·25	1·042	10½
1·10	1·37	1·65	1·92	2·19	2·47	0·03	0·05	0·08	0·11	0·14	0·16	0·19	0·22	0·25	1·044	11
1·09	1·37	1·64	1·92	2·19	2·46	0·03	0·05	0·08	0·11	0·14	0·16	0·19	0·22	0·25	1·046	11½
1·09	1·37	1·64	1·91	2·19	2·46	0·03	0·05	0·08	0·11	0·14	0·16	0·19	0·22	0·25	1·048	12
1·09	1·37	1·64	1·91	2·18	2·45	0·03	0·05	0·08	0·11	0·14	0·16	0·19	0·22	0·24	1·050	12½
1·09	1·37	1·63	1·90	2·18	2·45	0·03	0·05	0·08	0·11	0·14	0·16	0·19	0·22	0·24	1·053	13
1·09	1·37	1·63	1·90	2·17	2·44	0·03	0·05	0·08	0·11	0·14	0·16	0·19	0·22	0·24	1·055	13½
1·08	1·35	1·62	1·90	2·17	2·44	0·03	0·05	0·08	0·11	0·13	0·16	0·19	0·22	0·24	1·057	14
1·08	1·35	1·62	1·89	2·16	2·43	0·03	0·05	0·08	0·11	0·13	0·16	0·19	0·22	0·24	1·059	14½
1·08	1·35	1·62	1·89	2·16	2·43	0·03	0·05	0·08	0·11	0·13	0·16	0·19	0·22	0·24	1·061	15
1·08	1·35	1·62	1·89	2·15	2·42	0·03	0·05	0·08	0·11	0·13	0·16	0·19	0·21	0·24	1·063	15½
1·07	1·34	1·61	1·88	2·15	2·42	0·03	0·05	0·08	0·11	0·13	0·16	0·19	0·21	0·24	1·066	16
1·07	1·34	1·61	1·88	2·15	2·41	0·03	0·05	0·08	0·11	0·13	0·16	0·19	0·21	0·24	1·068	16½
1·07	1·34	1·61	1·87	2·14	2·41	0·03	0·05	0·08	0·11	0·13	0·16	0·19	0·21	0·24	1·070	17
1·07	1·34	1·60	1·87	2·14	2·40	0·03	0·05	0·08	0·11	0·13	0·16	0·19	0·21	0·24	1·072	17½
1·07	1·33	1·60	1·87	2·13	2·40	0·03	0.05	0·08	0·11	0·13	0·16	0·19	0·21	0·24	1·074	18
1·06	1·33	1·60	1·86	2·13	2·39	0·03	0·05	0·08	0·11	0·13	0·16	0·19	0·21	0·24	1·076	18½
1·06	1·33	1·59	1·86	2·12	2·39	0·03	0·05	0·08	0·11	0·13	0·16	0·19	0·21	0·24	1·079	19
1·06	1·32	1·59	1·85	2·12	2·38	0·03	0·05	0·08	0·11	0·13	0·16	0·18	0·21	0·24	1·081	19½
1·06	1·32	1·59	1·85	2·12	2·38	0·03	0·05	0·08	0·11	0·13	0·16	0·18	0·21	0·24	1·083	20
1·06	1·32	1·58	1·85	2·11	2·38	0·03	0·05	0·08	0·10	0·13	0·16	0·18	0·21	0·24	1·085	20½
1·05	1·32	1·58	1·84	2·11	2·37	0·03	0·05	0·08	0·10	0·13	0·16	0·18	0·21	0·24	1·088	21
1·05	1·31	1·58	1·84	2·10	2·37	0·03	0·05	0·08	0·10	0·13	0·16	0·18	0·21	0·24	1·090	21½
1·05	1·31	1·57	1·84	2·10	2·36	0·03	0·05	0·08	0·10	0·13	0·16	0·18	0·21	0·24	1·092	22
1·05	1·31	1·57	1·83	2·09	2·36	0·03	0·05	0·08	0·10	0·13	0·16	0·18	0·21	0·24	1·094	22½
1·04	1·31	1·57	1·83	2·09	2·35	0·03	0·05	0·08	0·10	0·13	0·16	0·18	0·21	0·23	1·097	23
1·04	1·30	1·56	1·82	2·09	2·35	0·03	0·05	0·08	0·10	0·13	0·16	0·18	0·21	0·23	1·099	23½
1·04	1·30	1·56	1·82	2·08	2·34	0·03	0·05	0·08	0·10	0·13	0·16	0·18	0·21	0·23	1·101	24
1·04	1·30	1·56	1·82	2·08	2·34	0·03	0·05	0·08	0·10	0·13	0·16	0·18	0·21	0·23	1·103	24½
1·04	1·30	1·55	1·81	2·07	2·33	0·03	0·05	0·08	0·10	0·13	0·16	0·18	0·21	0·23	1·106	25

31*

Man sucht in diesem Falle

$$\begin{aligned}
\text{unter den Zehnern } 30 &= 8{\cdot}12 \\
\text{„ „ Einern } \quad 8 &= 2{\cdot}16 \\
\text{„ „ Zehnteln } 4 &= 0{\cdot}11 \\
\hline
\text{Zusammen} &= 10{\cdot}39 \\
+ \tfrac{1}{10} &= 1{\cdot}04 \\
\hline
\text{Total} &= 11{\cdot}43 \text{ Gewichtsproc. Zucker.}
\end{aligned}$$

Für den gewöhnlichen Laboratoriumsgebrauch ist auch die nunmehr folgende bequemere Tabelle von Ventzke-Oswald (S. 477) vollkommen genügend. Letztere unterscheidet sich von der schon mitgetheilten Tabelle dadurch, dass bei ihr ohne Rücksicht auf das wirkliche specifische Gewicht des Rübensaftes diejenige Zahl als spec. Gewicht angenommen wurde, welche eine reine Zuckerlösung von dem betreffenden Gehalte zeigt.

Zur Erläuterung des Gebrauches der Tabelle kehren wir zu unserem alten Beispiele zurück. Man habe also 38,4 Grade, entsprechend 42,2 corrigirten Graden, bei der Polarisation gefunden. Man sucht nun auf der rechten Hälfte der Tabelle (unter der Abtheilung „Mit Bleiessig“)

$$\begin{aligned}
42 \text{ Grade} &= 11{\cdot}50 \\
0{,}2 \text{ „ } &= 0{\cdot}05 \\
\hline
\text{Zusammen} &= 11{\cdot}55 \text{ Gewichtsproc. Zucker.}
\end{aligned}$$

Es ist klar, dass man beim Gebrauch letzterer Tabelle stets ein wenig mehr finden wird, als mit der Oswald-Zabel'schen Tabelle. Denn man theilt ja nicht, wie hier, mit dem spec. Gewicht des Saftes, sondern mit dem stets kleineren spec. Gewichte einer reinen Zuckerlösung in die berechneten Volumprocente Zucker.

Quotient. Wenn zwei Rüben vorliegen, von welchen die eine 12, die andere 13 % polarisirt, so ist hiermit durchaus noch nicht gesagt, dass letztere Rübe die bessere ist. Es kommt vielmehr noch darauf an, wie viel Procente Zucker die gesammte Trockensubstanz der Rübe enthält. Man erhält diese Zahl (d. h. den Reinheitsquotienten) durch Division der Grade Balling (welche man als Trockensubstanz annehmen kann) in die Gewichtsprocente Zucker und Multiplication der resultirenden Zahl mit 100. Bei unserem obigen Beispiele würde also der Quotient sein:

$$\frac{11{\cdot}41}{14{\cdot}3} \times 100 = 79{\cdot}8$$

B. Rohzucker.

Zum Abwägen bedient man sich einer Neusilberschale, wie sie von Scheibler empfohlen wurde und in allen Zuckerfabrikslaboratorien eingeführt ist. Das Neusilber hat die sehr angenehme Eigenschaft, dass es für den gelösten Zuckersaft keine Adhäsion besitzt und desshalb denselben

Polarisationstabelle für den Apparat von Ventzke-Scheibler.

Ohne Bleiessig								Mit Bleiessig							
Grade	Gewichts-Procente	Zehntel-Grade	Procente	Grade	Gewichts-Procente	Zehntel-Grade	Procente	Grade	Gewichts-Procente	Zehntel-Grade	Procente	Grade	Gewichts-Procente	Zehntel-Grade	Procente
1	0·26			51	12 64			1	0·29	1	0·03	51	13·84	1	0·03
2	0·52			52	12·88	1	0·02	2	0·57	2	0·06	52	14·09	2	0·05
3	0·78			53	13·11	2	0 05	3	0·86	3	0·09	53	14·35	3	0·08
4	1·04			54	13·35	3	0·07	4	1·14	4	0·11	54	14·60	4	0·10
5	1·30			55	13·58	4	0·09	5	1·42	5	0·14	55	14·86	5	0·13
6	1·55			56	13·81	5	0·12	6	1·71	6	0·17	56	15·11	6	0·15
7	1·81	1	0·03	57	14·05	6	0·14	7	1·99	7	0·20	57	15·37	7	0·18
8	2·07	2	0·05	58	14·28	7	0·16	8	2·27	8	0·23	58	15·62	8	0·20
9	2·32	3	0·08	59	14·51	8	0·19	9	2·55	9	0·26	59	15·87	9	0·23
10	2·58	4	0·10	60	14·74	9	0·21	10	2·83			60	16·13		
11	2·83	5	0·13	61	14·98			11	3·11			61	16·38		
12	3·09	6	0·15	62	15·21			12	3·39	1	0·03	62	16·63		
13	3·34	7	0·18	63	15·44			13	3·67	2	0·06	63	16·88		
14	3·60	8	0·20	64	15·67			14	3·95	3	0·08	64	17·13		
15	3·85	9	0·23	65	15·90			15	4·23	4	0·11	65	17·38		
16	4·10			66	16·13			16	4·51	5	0·14	66	17·63		
17	4·35			67	16·36			17	4·78	6	0·17	67	17·88		
18	4·61			68	16·58			18	5·06	7	0·19	68	18·13		
19	4·86			69	16·81			19	5·33	8	0·22	69	18·38		
20	5·11			70	17·04			20	5·61	9	0·25	70	18·62		
21	5·36			71	17·27			21	5·88			71	18·87		
22	5·61			72	17·49			22	6·15			72	19·12	1	0·02
23	5·86			73	17·72			23	6·43			73	19·36	2	0·05
24	6·11			74	17·95			24	6·70			74	19·61	3	0·07
25	6·35			75	18·17			25	6·97			75	19·85	4	0·10
26	6·60			76	18·40			26	7·24			76	20·10	5	0·12
27	6·85			77	18·62			27	7·51			77	20·34	6	0·15
28	7·09	1	0·02	78	18·85			28	7·78			78	20·58	7	0·17
29	7·34	2	0·05	79	19·07			29	8·05	1	0·03	79	20·83	8	0·20
30	7·59	3	0·07	80	19·29			30	8·32	2	0·05	80	21·07	9	0·22
31	7·83	4	0·10	81	19·52	1	0·02	31	8·59	3	0·08	81	21·31		
32	8·08	5	0·12	82	19·74	2	0·04	32	8·86	4	0·11	82	21·55		
33	8·32	6	0·15	83	19·96	3	0·07	33	9·12	5	0·13	83	21·79		
34	8·57	7	0·17	84	20·18	4	0·09	34	9·39	6	0·16	84	22·03		
35	8·81	8	0·20	85	20·41	5	0·11	35	9·66	7	0·19	85	22·27		
36	9·05	9	0·22	86	20·63	6	0·13	36	9·92	8	0·21	86	22·51		
37	9·29			87	20·85	7	0·17	37	10·19	9	0·24	87	22·75		
38	9·54			88	21·07	8	0·18	38	10·45			88	22·99		
39	9·78			89	21·29	9	0·20	39	10·71			89	23·23		
40	10·02			90	21·51			40	10·98			90	23·46	1	0·02
41	10·26			91	21·73			41	11·24			91	23·70	2	0·05
42	10·50			92	21·95			42	11·50			92	23·94	3	0·07
43	10·74			93	22·16			43	11·76			93	24·17	4	0·09
44	10·98			94	22·38			44	12·03			94	24·41	5	0·12
45	11·22			95	22·60			45	12·29			95	24·64	6	0·14
46	11·46			96	22·82			46	12·55			96	24·88	7	0·16
47	11·69			97	23·03			47	12·80			97	25·11	8	0·19
48	11·93			98	23·25			48	13·06			98	25·35	9	0·21
49	12·17			99	23·46			49	13·32			99	25·58		
50	12·40			100	23·68			50	13·58			100	25·81		

leicht und ohne Verlust durch herunterfallende Tropfen in das Messkölbchen überzugiessen gestattet.

Man wägt die Normalmenge (26·048 g) oder die halbe Normalmenge ab. Diese Wägung vollzieht sich rasch, da man für die Neusilberschale ein genau gleich schweres Gewichtsstück als Tara gebraucht und da man die Normal- oder Halbnormalgewichte in einem einzigen Stück anwendet. Der Rohzucker muss, weil er sonst leicht während der Wägung sein Gewicht verändern kann, rasch abgewogen werden. Die letzten kleinen Gewichtsmengen Zucker giebt. man wegen der klebrigen Beschaffenheit der Substanz am besten mit den Fingern in die Schale.

Alsdann wird der Zucker in der Schale mit Wasser übergossen und nach einiger Zeit, ohne die Lösung abzuwarten, der dicke Brei in ein 100 ccm- (resp. bei Anwendung des Halbnormalgewichtes in ein 50 ccm-) Kölbchen (ohne Vermittlung eines Trichters) eingegossen. Dieses Eingiessen geht wegen der schon erwähnten Eigenschaft des Neusilbers leicht und ohne jeglichen Verlust von Statten. Durch gelinde kreisförmige Bewegung des Messkölbchens bringt man sämmtlichen Zucker in Lösung und versetzt alsdann mit einigen Tropfen Bleiessig. Die richtige zuzusetzende Menge desselben ergiebt sich leicht durch einige Uebung. Hat man zu viel zugesetzt, so dass das Filtrat durch Ausscheidung von kohlensaurem Blei sich trübt, so löst man letzteres durch eine Spur Essigsäure[1]). Man lässt den Bleiessig etwa 10 Minuten einwirken, füllt zur Marke auf und filtrirt. Das klare Filtrat wird (wie bei Rübensaft angegeben) polarisirt. Bei Anwendung der Normalmenge (26·048 g in 100 ccm) ergeben die abgelesenen Grade direct den Procentgehalt an Rohzucker.

C. Melasse.

Man verfährt gerade so wie bei Rohzucker, d. h. man wägt 26,048 g in der tarirten Neusilberschale ab. Wegen der zähflüssigen Beschaffenheit der Melasse erfordert das genaue Abwägen des Normalgewichts etwas mehr Zeit als beim Rohzucker. Man bedient sich zweckmässig eines am einen Ende birnförmig verschmolzenen dicken Glasstabes, taucht denselben in das mit der Melasse gefüllte Probefläschchen und lässt die anhängende Melasse in die Neusilberschale fliessen. Durch Drehen des Glasstabes gelingt es leicht den auf letzterem befindlichen Theil der Melasse von dem Inhalt der Schale abzutrennen und lässt sich somit das Normalgewicht ohne grosse Schwierigkeiten genau abwägen.

Den Schaleninhalt übergiesst man mit lauwarmem Wasser und lässt

---

[1]) Erhält man ausnahmsweise mit Bleiessig kein klares Filtrat, so setze man noch einige Tropfen Alaunlösung vor dem Filtriren hinzu.

die Schale unter zeitweiligem Umrühren auf dem Wasserbade bis zur vollständigen Lösung der Melasse stehen. Alsdann giesst man die Lösung in ein 100 ccm-Kölbchen, versetzt mit Bleiessig, filtrirt nach einiger Zeit und polarisirt.

Selbstverständlich kann man auch eine beliebige Menge — wobei man jedoch bis auf 1—2 g das Normalgewicht zu erreichen suchen wird — in der Neusilberschale auflösen und die durch Polarisation gefundenen Grade auf das Normalgewicht umrechnen.

II. Sonstige Untersuchung von Rohzucker und Melasse.

1. Gehalt an Wasser. Bei Rohzucker wägt man 5 g desselben ab und trocknet bei 100—110° etwa 1½ Stunden (bei feuchten Nachproducten ist oft die doppelte Zeit nöthig) bis zur Gewichtsconstanz. Man kann auch in einem Uhrschälchen auf dem schwach siedenden Wasserbade trocknen, indessen fällt alsdann der Wassergehalt immer etwas niedriger aus und zwar wird man den hier gefundenen Procentgehalt mit etwa 1,1 multipliciren müssen, um den durch Trocknen im Trockenschrank gefundenen Procentgehalt zu erreichen. Da der Rohzucker in der Regel nur 1—2 % Wasser enthält, so ist diese Differenz für viele (wenn auch nicht alle) Fabrikanalysen (wobei man den auf dem Wasserbade gefundenen Gewichtsverlust mit genanntem Factor multiplicirt) erlaubt.

Die für die Erzielung einer constanten Temperatur im Trockenschranke empfohlenen Gasregulatoren kann ich im Allgemeinen nicht empfehlen. Nach kurzem Gebrauche findet man sie in der Regel unbenutzt im Laboratorium liegen.

Will man den Wassergehalt der Melasse bestimmen, so würde einfaches Trocknen im Tiegel oder im Schälchen nicht zum Ziele führen. Man muss der Melasse vielmehr noch eine Substanz beimischen, welche sie aufsaugt, wodurch das vollständige Trocknen erst ermöglicht wird.

In einem Porzellanschälchen werden ca. 20 g gesiebter und geglühter feiner Sand und ein 5 cm langes, an beiden Enden rund geschmolzenes Glasstäbchen abgewogen und alsdann mit etwa 5 g Melasse durch Umrühren vermischt. Alsdann trocknet man 4—6 Stunden lang. Die letzten beiden Wägungen der getrockneten Substanz müssen bis auf etwa 3—4 mg untereinander stimmen. In derselben Weise wie bei der Melasse wird auch bei Füllmassen, Syrupen, Dick- und Dünnsäften der Wassergehalt ermittelt.

2. Asche. Man wägt 5 g Rohzucker, resp. Melasse in einem kleinen Platinschälchen ab und setzt tropfenweise concentrirte Schwefelsäure so lange hinzu, bis hiervon der Zucker möglichst durch seine ganze Masse angefeuchtet ist. Alsdann erhitzt man vorsichtig, aber mit mittelgrosser[1]) Flamme, wodurch rasch die vollständige Verkohlung des Zuckers eintritt. Ist dieselbe erfolgt, so erhitzt man mit starker Flamme bis zur völligen Veraschung. Ein schliessliches Glühen im Muffelofen (S. 376) ist bei gewöhnlichen Fabrikanalysen nicht absolut nöthig. Das erhaltene Aschengewicht muss wegen der gebildeten schwefelsauren Salze mit 0,9 multiplicirt werden, um das wirkliche Aschengewicht (annähernd) zu erhalten[2]).

Die Veraschung des Zuckers ohne Zusatz von Schwefelsäure gelingt nur sehr schwierig und nicht vollständig.

Ebenso wie bei Rohzucker und Melasse wird auch bei Füllmassen, Syrupen, Dick- und Dünnsäften der Aschengehalt ermittelt. Bei Dünnsäften und ähnlichen relativ viel Wasser enthaltenden Säften verdampft man zuerst zu einem Syrup und führt alsdann die Veraschung genau wie oben aus.

3. **Organischer Nichtzucker.** Man addirt die gefundenen Procente von Rohzucker, Wasser und Asche zusammen und bezeichnet die Differenz als organischen Nichtzucker.

4. **Invertzucker.** Man bestimme denselben nur gewichtsanalytisch, da das Titriren mit Fehling'scher Lösung absolut unzuverlässige Resultate giebt. Man verfährt zweckmässig wie folgt[3]): 20 g Zucker werden in einem 200 ccm-Kölbchen in etwa 150 ccm Wasser gelöst und mit etwas Bleiessig und einigen Tropfen Alaunlösung versetzt. Nach einigen Minuten füllt man bis zur Marke auf, schüttet um und filtrirt durch ein trockenes Filter.

Zu 150 ccm des klaren Filtrates — entsprechend 15 g Zucker — giebt man in einem 200 ccm-Kolben so viel einer Lösung von schwefelsaurem Natron, bis kein schwefelsaures Blei mehr niederfällt. Ein Ueberschuss von schwefelsaurem Natron ist nicht schädlich. Man füllt zur Marke auf und filtrirt durch ein trockenes Filter. Sollte das Filtrat anfänglich trübe sein, so giesst man es so lange aufs Filter zurück, bis es völlig klar hindurchläuft.

150 ccm dieses Filtrates — entsprechend 11,25 g Zucker — werden in eine geräumige Porzellanschale gegossen und rasch zum Sieden erhitzt. In die siedende Flüssigkeit lässt man 50 ccm Fehling'scher Lösung (S. 107)

---

[1]) Erhitzt man allzu vorsichtig mit ganz kleiner Flamme, so hat hierdurch der verkohlende Zucker Zeit, sich zu einem hohen Haufen aufzublähen, dessen Veraschung alsdann nur langsam und schwierig erfolgt.

[2]) Scheibler fand durch Versuche, dass hinsichtlich der Gewichte annähernd dieses Verhältniss zwischen mit und ohne Schwefelsäure veraschtem Zucker bestehe.

[3]) „Zuckerindustrie" von Frühling u. Schulz. Braunschweig 1876. I Aufl. S. 46.

einfliessen. Man kocht etwa drei Minuten lebhaft weiter, filtrirt das ausgeschiedene rothe Kupferoxydul rasch ab und wäscht mit heissem Wasser so lange aus, bis Filter und Waschwasser vollkommen farblos sind. Der getrocknete Niederschlag wird sammt Filter im Tiegel verbrannt und geglüht. Das gefundene Kupferoxyd mit 0,45[1]) multiplicirt giebt die in 11,25 g des betreffenden Rohzuckers vorhandene Menge Invertzucker. Man führt den Gehalt an Invertzucker stets getrennt von den anderen Bestandtheilen an, addirt ihn also nicht zu den anderen. Genau nach derselben Methode verfährt man, wenn man qualitativ auf Invertzucker zu prüfen hat.

5. **Das specifische Gewicht von Melassen** (und ähnlichen zähflüssigen Producten) ermittelt man, indem man die Melasse in ein trockenes 50 ccm-Kölbchen bis zur Marke anfüllt und die Gewichtszunahme feststellt. Man muss darauf achten, dass keine Luft zwischen der Melasse eingeschlossen bleibt. Event. stellt man zur Austreibung der Luftblasen das Kölbchen in warmes Wasser und füllt nach dem Erkalten von Neuem bis zur Marke auf.

Die Stärke der Melassen drückt man vielfach in Graden Beaumé aus. Zur Umrechnung des specifischen Gewichtes und der Grade Balling in Grade Beaumé dient die nachfolgende Tabelle.

Grade Beaumé	Grade Balling	Spec. Gewicht	Grade Beaumé	Grade Balling	Spec. Gewicht	Grade Beaumé	Grade Balling	Spec. Gewicht	Grade Beaumé	Grade Balling	Spec. Gewicht
35	65·20	1·3211	39·5	74·25	1·3780	44	83·56	1·4400	48	92·12	1·5000
35·5	66·19	1·3272	40	75·27	1·3846	44·5	84·62	1·4472	48·5	93·21	1·5079
36	67·19	1·3333	40·5	76·29	1·3913	45	85·68	1·4545	49	94·30	1·5158
36·5	68·19	1·3395	41	77·32	1·3981	45·5	86·74	1·4619	49·5	95·40	1·5238
37	69·19	1·3458	41·5	78·35	1·4049	46	87·81	1·4694	50	96·51	1·5319
37·5	70·20	1·3521	42	79·39	1·4118	46·5	88·88	1·4769	50·5	97·62	1·5401
38	71·20	1·3585	42·5	80·43	1·4187	47	89·96	1·4845	51	98·73	1·5484
38·5	72·22	1·3649	43	81·47	1·4267	47·5	91·03	1·4922	51·5	99·85	1·5568
39	73·23	1·3714	43·5	82·51	1·4328						

III. Sonstige Untersuchung der Rüben.

In der überwiegenden Mehrzahl der Fälle bestimmt man von den Rüben, resp. ihrem Safte nur die Procente Rohzucker und die Grade Balling, woraus (nach der Tabelle auf S. 470) sich das specifische Gewicht ergiebt. In Ausnahmefällen indessen bestimmt man auch Wasser, Asche

---

[1]) Eigentlich ist der Factor 0,4534. Da jedoch die Resultate nach dieser Methode stets etwas zu hoch ausfallen, wendet man nach Scheibler's Vorschlag diesen abgekürzten Factor an.

und organischen Nichtzucker des Rübensaftes, sowie das Rübenmark. Die erstgenannten drei Bestandtheile werden nach den bereits angegebenen Methoden (das Wasser unter Zusatz von gesiebtem Sand zum Rübensafte, vgl. S. 479) ermittelt.

Bestimmung des Rübenmarkes. Man wägt 20 g feinen Rübenbrei rasch ab, spült denselben in ein Becherglass und lässt ihn in demselben mit viel Wasser $\frac{1}{2}$ Stunde stehen. Alsdann saugt man mittelst eines Aspirators und einer in das Becherglas tauchenden mit Filzfilter[1]) versehenen Saugröhre die gefärbte Flüssigkeit ab und wiederholt dieses Auslaugen und Absaugen verschiedene Mal. Schliesslich laugt man mit heissem Wasser aus und bringt das Mark auf ein Filter, welches durch ein genau gleich schweres zweites Filter (S. 23) tarirt wurde. Man trocknet nach beendetem Auswaschen einige Stunden bis zur Gewichtsconstanz bei 100°, wägt, verascht das Filter, wägt die zurückbleibende Asche und findet so durch Differenz das in der Rübe vorhandene Mark.

Dasselbe pflegt ca. 4% zu betragen. Hieraus findet man durch Differenz den Saftgehalt der Rübe. Die Analyse des letzteren führt auf die procentischen Mengen von Rohrzucker, Wasser, Asche und organischen Nichtzucker im Safte, woraus sich die Gesammtmenge des in Wasser Löslichen (Zucker, Asche und organischen Nichtzucker) der Rübe ergiebt. Addirt man dieses in Wasser Lösliche und das Mark und zieht die erhaltene Summe von 100 ab, so ergiebt sich die Menge des in der Rübe vorhandenen Wassers.

IV. Einige Bemerkungen zu der Polarisation der Fabrikationssäfte und Syrupe.

Die Dünnsäfte werden genau wie der Rübensaft polarisirt. Für Dicksäfte, Syrupe und Füllmassen wendet man das bei der Polarisation der Melasse angegebene Verfahren an, d. h. man löst das Normalgewicht oder ein diesem auf 1—2 g nahekommendes Gewicht auf, füllt in ein 100 ccm-Kölbchen u. s. w. Wenn trotz des Zusatzes von Bleiessig und event. von Alaunlösung stark gelb gefärbte Filtrate erhalten werden, so wendet man nur eine (halb so lange) Beobachtungsröhre von 100 mm an. Alkalische Säfte (Scheidesäfte u. s. w.) müssen vor der Polarisation mit Essigsäure neutralisirt werden, weil die Alkalien den Polarisationsbetrag herabdrücken würden.

---

[1]) Ueber dieses Filter vgl. unter „Ermittelung des Rendements.“

V. Die Zuckerbestimmung in festen und flüssigen Rückständen und Waschwässern.

1. Ausgelaugte Rübenschnitzel oder Rübenpressrückstände. Man wägt 20 g des Rückstandes ab und bestimmt den Wassergehalt derselben. Weitere 100 g werden in einem sammt Glasstab tarirten grossen Becherglas abgewogen, mit reichlich $\frac{1}{2}$ l Wasser übergossen und unter öfterem Umrühren zwei Stunden auf einem Wasserbade erwärmt. Alsdann lässt man erkalten und ermittelt die Gewichtszunahme (gleich dem zugesetzten Wasser abzüglich der geringen Menge, welche verdampft ist). Addirt man zu diesem hinzugefügten Wasser die in dem Rückstande schon vorhandene Menge Wasser, so erhält man die Gesammtwassermenge. Man filtrirt durch ein leinenes Tuch und presst dasselbe schliesslich noch unter einer Spindelpresse aus.

100 ccm des erhaltenen trüben Filtrates werden mit 5 ccm Bleiessig versetzt und alsdann nach einiger Zeit filtrirt. 50 ccm des Filtrates werden in einem 100 ccm-Kölbchen mit verdünnter Schwefelsäure in geringem Ueberschuss versetzt und im Wasserbade (zur Umwandlung des Rohrzucker in Invertzucker) 1 Stunde erwärmt. Alsdann füllt man bis zur Marke und bringt 50 ccm des völlig klaren Filtrates (= 23,81 ccm ursprünglichen Presssaftes) in eine geräumige Porzellanschale. Man neutralisirt die freie Schwefelsäure mit kohlensaurem Natron, erhitzt rasch zum Sieden, fügt 50 ccm Fehling'sche Lösung hinzu und verfährt im Uebrigen genau wie auf S. 480 angegeben. Die erhaltene Gewichtsmenge Kupferoxyd mit 0,43 multiplicirt ergiebt die entsprechende Menge Rohrzucker, welche in 23·81 ccm Presssaft vorhanden ist. Die gefundene Zahl rechnet man auf die Gesammtmenge des Presssaftes um und findet so direct den Procentgehalt an Zucker.

2. Gepresster Scheideschlamm und Saturationsschlamm. Man bestimmt in 5 g Schlamm den (40—50 % betragenden) Wassergehalt. Weitere 50 g werden in einem Porzellanmörser mit Wasser zu einem dünnen, völlig gleichmässigen Brei zerrieben und die Masse mittelst neuer Mengen Wassers in eine vorher gewogene Flasche gebracht. Durch abermaliges Wägen erfährt man das hinzugesetzte Wasserquantum, welches etwa 300 ccm betragen soll. Alsdann leitet man getrocknete Kohlensäure etwa $\frac{1}{2}$ Stunde ein (bis die Gasblasen nicht mehr in der Flasche absorbirt werden), wodurch der neben Zucker im Schlamme vorhandene Zuckerkalk in kohlensauren Kalk und Zucker zersetzt wird. Von der durch ein trockenes, bedecktes Faltenfilter filtrirten Flüssigkeit werden 100 ccm genau wie bei Rübensaft angegeben polarisirt. Jeder gefundene Grad entspricht 0,26048 g Zucker. Die auf diese Weise gefundene Zuckermenge

rechnet man von 100 ccm auf die Gesammtmenge Wasser (einschliesslich
des schon im Schlamme vorhandenen) um und multiplicirt zur Umrechnung
auf Procente die erhaltene Zahl mit 2, da man ja nur 50 g Schlamm angewendet hatte.

3. **Absüsswässer.** Der Zuckergehalt derselben ist zu gering, um
mit genügender Schärfe polarisirt werden zu können. Desshalb verwandelt
man denselben in Invertzucker und bestimmt diesen in bekannter Weise
(S. 480). Man wendet 200 ccm Absüsswässer an und verfährt im Uebrigen
so, wie bei den Rübenrückständen (S. 483) angegeben wurde.

VI. Sonstige in Zuckerfabriken zur Anwendung kommende eigenthümliche analytische Methoden.[1]

1. **Die Bestimmung der Farbenintensität der Säfte**, geschieht
mittelst des Stammer'schen Farbenmaasses[2]. Dasselbe besteht 1) aus
der weiten Saftröhre I, unten durch eine Glasscheibe geschlossen, oben offen
und seitlich mit einer Erweiterung zum Ein- und Ausgiessen der Flüssigkeiten. Die Saftröhre ist an dem Stativ mittelst zweier Schrauben befestigt
und kann erforderlichen Falls (behufs Reinigung etc.) leicht abgenommen
werden; 2) aus der Maassröhre III, unten mit einer Glasscheibe verschlossen
und innerhalb der Saftröhre I beweglich; 2) aus der Farbenglasröhre II,
mit III fest verbunden, unten offen, oben mit dem Farbenglas bedeckt;
sie ist mit ihrem unteren Ende mittelst zweier Ringe mit Schrauben fest,
aber leicht lösbar mit der Gleitplatte, verbunden, welche, gemeinschaft-
lich mit anderen Führungen, die senkrechte Verschiebung der verbundenen
Röhren II und III sichern. Der Grad dieser Verschiebung wird an der
Rückseite des Stativs mittelst Indicator an einer Millimeterscala abgelesen, deren Bruchtheile noch geschätzt werden können.

Das Farbenglas besteht aus zwei verbundenen Glasscheiben; die so
hervorgebrachte Färbung ist als Normalfarbe mit 100 bezeichnet. Ausserdem sind dem Instrumente zwei einfache Farbengläser beigegeben, die an
Stelle des Normalglases benutzt werden können; man erhält so die halbe,
anderthalbfache oder doppelte Normalfarbe zur Benutzung bei sehr hellen
oder sehr dunkeln Flüssigkeiten. Ausserdem befindet sich an dem Instrumente ein matter, weisser Spiegel, der das gleichmässig zerstreute Licht
in passendem Winkel von unten in die Röhren wirft und über den Röhren
eine Augenkapsel V. Letztere enthält eine optische Vorrichtung, in Folge

---

[1] Mit Ausnahme der unter VII besprochenen analyt. Untersuchung der Hülfs-
stoffe.

[2] Stammer's Lehrbuch der Zuckerfabrikation, Braunschweig 1874, S. 602.

deren die beiden gleich oder ungleich gefärbten Sehfelder als unmittelbar an einander stossende Halbkreise (wie beim Polarisationsinstrumente) erscheinen; die Einstellung wird dadurch wesentlich erleichtert und genauer gemacht. Bei der einfacheren Form des Instrumentes ist nur eine Kapsel ohne optischen Apparat vorhanden; die zu vergleichenden Farben stellen sich dann als zwei neben einander liegende Kreise dar.

Man stellt das Instrument so gegen das Licht und giebt dem Spiegel eine solche Neigung, dass beim Hineinsehen durch die Augenkapsel und nach Entfernung des Farbenglases die Sehfelder beider Röhren hell erscheinen. Nun legt man das Farbenglas mit seiner Fassung auf die Röhre II und füllt die Flüssigkeit, deren Farbe gemessen werden soll und die vollkommen klar (also bei wahrnehmbarer Trübung durch doppeltes Filtrirpapier filtrirt) sein muss, in die Saftröhre I, welche ebenso wie die Maassröhre III mit ihrer Glasscheibe und Schraubenkapsel vollkommen dicht verschlossen wird (die Verschlussschraube bestreicht man zweckmässig mit etwas Talg). Nun verschiebt man die verbundenen Maass- und Farberöhren II und III so weit, bis die Farbe der zwischen den Deckgläschen der beiden Röhren I und II befindlichen Flüssigkeitsschicht derjenigen des

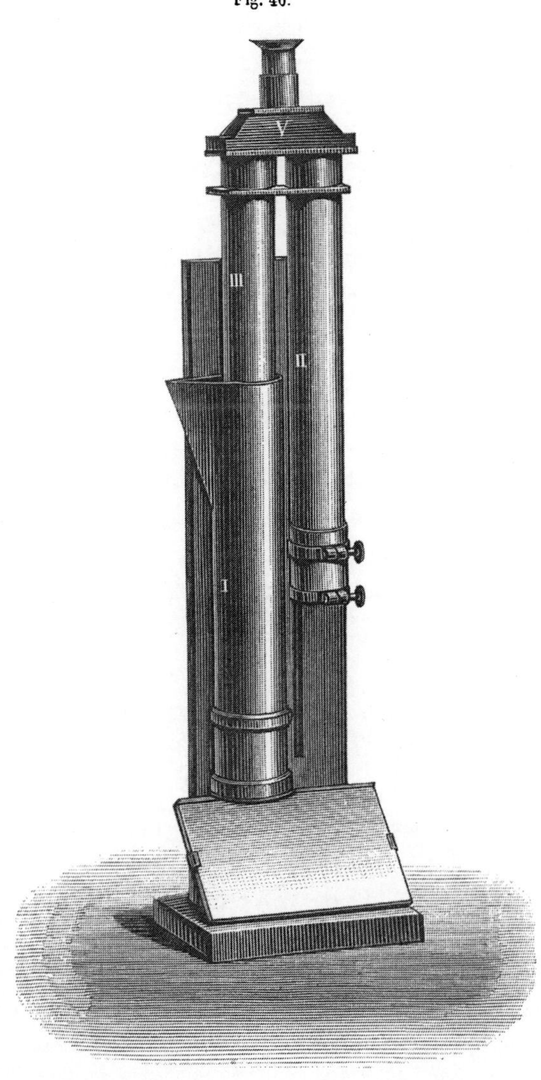

Farbengläschens entspricht, indem beide von oben bei dem Lichte betrachtet werden, welches von dem Spiegel aufwärts durch die Röhre reflectirt wird. Der Nullpunkt der Scala entspricht der unmittelbaren Berührung der Deckgläschen der Saft- und der Maassröhre; eine solche kann aber in Folge des Vorhandenseins einer Verschlusskapsel bei III nicht stattfinden; aus diesem Grunde lässt sich das Maassrohr nicht gänzlich bis zum Nullpunkte der Scala herabschieben. Auch ist bei Verschluss der Röhren ein etwa einzulegender Gummiring nur zwischen Glas und Kapsel, nicht zwischen Glas und Rohr einzulegen, oder so dünn zu nehmen, dass seine Dicke vernachlässigt werden kann. Der Stand der Maassröhre oder die Höhe der Flüssigkeitsschicht wird dann an der Scala der Rückseite des Instrumentes abgelesen. Man thut wohl, einige Mal einzustellen und aus den Beobachtungen das Mittel zu nehmen.

Da die Farbe der Flüssigkeit im umgekehrten Verhältniss zu der Dicke der Schicht steht, welche erforderlich ist, um eine bestimmte Farbe hervorzubringen und diese letztere hier durch 100 ausgedrückt wird, so erhält man die Farbe der Flüssigkeit, indem man die abgelesene Millimeterzahl in 100 dividirt. Um diese Rechnung entbehrlich zu machen, hat Stammer nachstehende Tabelle berechnet, welche die den Ablesungen entsprechenden Farbenzahlen direct angiebt.

mm	Farbe	mm	Farbe	mm	Farbe	mm	Farbe	mm	Farbe	mm	Farbe	mm	Farbe	mm	Farbe
1	100·00	15	6·67	29	3·54	43	2·33	57	1·75	71	1·41	85	1·18	98	1·02
2	50·00	16	6·25	30	3·33	44	2·27	58	1·72	72	1·39	86	1·16	99	1·01
3	33·33	17	5·88	31	3·23	45	2·22	59	1·69	73	1·37	87	1·15	100	1·00
4	25·00	18	5·55	32	3·13	46	2·17	60	1·67	74	1·35	88	1·14	110	0·90
5	20·00	19	5·26	33	3·03	47	2·13	61	1·64	75	1·33	89	1·12	120	0·83
6	16·67	20	5·00	34	2·94	48	2·08	62	1·61	76	1·32	90	1·11	130	0·77
7	14·29	21	4·76	35	2·86	49	2·04	63	1·59	77	1·30	91	1·10	140	0·71
8	12·50	22	4·55	36	2·78	50	2·00	64	1·56	78	1·28	92	1·09	150	0·67
9	11·11	23	4·35	37	2·70	51	1·96	65	1·54	79	1·27	93	1·08	160	0·63
10	10·00	24	4·17	38	2·63	52	1·92	66	1·52	80	1·25	94	1·06	170	0·59
11	9·09	25	4·00	39	2·56	53	1·89	67	1·49	81	1·24	95	1·05	180	0·56
12	8·33	26	3·85	40	2·50	54	1·85	68	1·47	82	1·22	96	1·04	190	0·53
13	7·69	27	3·70	41	2·44	55	1·82	69	1·45	83	1·20	97	1·03	200	0·50
14	7·14	28	3·57	42	2·38	56	1·79	70	1·43	84	1·19				

Die Reinigung des Instrumentes ist leicht zu bewerkstelligen. Sollen mehrere Beobachtungen nach einander ausgeführt werden, so genügt nach dem Ausgiessen der untersuchten Lösung das Ausspülen der Röhre mit der zu beobachtenden Flüssigkeit. Im anderen Falle löst man die Schraube der Ringe, welche die Farbenröhre mit der Schiebevorrichtung verbinden, nimmt die Röhren II und III heraus und reinigt die Saft- und Maassröhre in gewöhnlicher Weise. Wendet man destillirtes Wasser an, so ist ein

Austrocknen nicht erforderlich. Nöthigenfalls lassen sich auch die Deckgläschen, sowie der Verband der Röhren II und III und der Messingplatte leicht lösen.

Bei hellen Säften nimmt man das halbnormale Glas. Dunkle Producte verdünnt man auf das zwei-, vier-, zehn- oder zwanzigfache Volumen, wobei man selbstverständlich die abgelesene Zahl mit 2, 4, 10 oder 20 theilt, ehe man die Division in 100 vornimmt.

Das Stammer'sche Farbenmaass wird hauptsächlich zur Bestimmung der Entfärbungskraft der Knochenkohle angewendet (siehe diese unter „Hülfsstoffen").

2. Der Gehalt des Saturationsgases an Kohlensäure. Es kommt bei dieser Bestimmung weniger auf grosse wissenschaftliche Genauigkeit als auf möglichst rasche und einfache Ausführung an. Man will hierbei möglichst oft (zweckmässig jede Stunde einmal) sich vergewissern, ob der Gehalt des Gases innerhalb der wünschenswerthen Grenzen liegt. Wegen der häufigen Ausführung ist diese Prüfung einem Aufseher oder Arbeiter übertragen, was wiederum einen möglichst einfachen Apparat erheischt.

a) Die einfachste Methode ist folgende. Eine in 100 ccm und $^1/_{10}$ ccm getheilte Messröhre wird mit Wasser gefüllt, mit dem Daumen verschlossen und umgekehrt in einen mit Wasser gefüllten Eimer getaucht. Das vor den Saturationsgefässen an einer passenden Stelle der Rohrleitung entnommene Saturationsgas lässt man mittelst eines Gummischlauches, welcher in die Messröhre unter Wasser einmündet, in letztere treten. Sobald die ganze Röhre mit Gas gefüllt ist, verschliesst man die Röhre mit dem Daumen und bringt in dieselbe, ohne sie aus dem Wasser zu nehmen, ein Stängchen Aetzkali, welches sich in der in der

Fig. 47.

Röhre unvermeidlich bleibenden geringen Menge Wasser auflöst. Man wartet einige Secunden, ehe man die Röhre aus dem Wasser nimmt. Die beginnende Absorption der Kohlensäure drückt den Daumen alsbald fest an die Oeffnung der Röhre. Man nimmt nunmehr die Röhre aus dem Wasser, und dreht dieselbe mehrmals hin und her, um den ganzen inneren Raum mit der concentrirten Kalilösung zu durchtränken. Hierauf öffnet man die

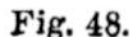

Fig. 48.

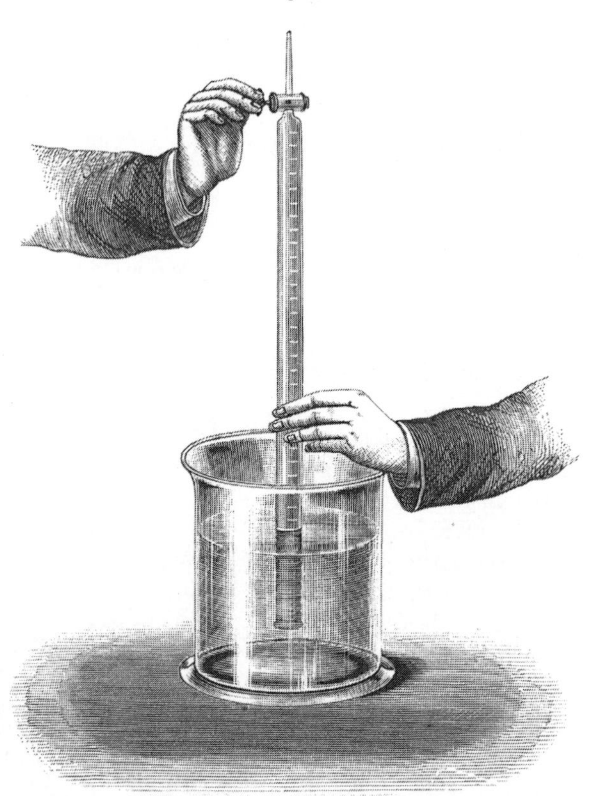

Röhre unter Wasser, stellt nach dem Steigen der Flüssigkeit in derselben auf gleiches Niveau und liest ab.

b) Der auf S. 77 besprochene Apparat. Derselbe ist sehr bequem, genügend zuverlässig und desshalb vielfach in Fabriken eingeführt. Beim Gebrauche desselben beachte man folgende Punkte:

1. Die 1 m lange Glasröhre sei in ihrem Durchmesser weder zu gross, noch zu klein. Im ersteren Falle ist die Absorption leicht keine vollkommene, im letzteren bleibt oft die Natronlauge im oberen Theile der Röhre theilweise sitzen, anstatt herabzufliessen.

2. Man lasse die Natronlauge höchst vorsichtig und langsam in die Röhre einfliessen. Ist hierbei eine Gasblase unten ausgetreten, so ist der Versuch selbstverständlich als missglückt anzusehen.

3. Man fülle eine zur Absorption reichlich genügende Menge in den Trichter.

4. Man entferne vor Oeffnen des Quetschhahnes sorgfältigst etwaige Luftblasen aus dem Kautschukrohr.

5. Das Auge befinde sich beim Ablesen stets in derselben Horizontalebene mit dem Flüssigkeitsniveau in der Glasröhre.

c) Der Stammer'sche Apparat ist in seinem Principe und seiner Behandlung derselbe, wie der unter *a* beschriebene. Nur lässt man bei ihm das Saturationsgas statt unten oben vermittelst eines geöffneten Glashahnes eintreten und stellt genau auf Null ein, was bei den anderen Apparaten vernachlässigt wird.

Fig. 48 zeigt den Stammer'schen Apparat. Die Messröhre ist in 50 ccm und $^1/_{10}$ ccm getheilt und ist unter dem Nullpunkt noch verlängert. Man taucht die Messröhre eben gerade in das Sperrwasser ein und lässt das Saturationsgas genügende Zeit durchströmen. Alsdann schliesst man den Glashahn und taucht die Messröhre tiefer in das Sperrwasser, wobei man zugleich vorsichtig den Glashahn etwas öffnet. Auf diese Weise stellt man auf Null ein, während der dem Ueberdruck entsprechende geringe Theil des Saturationsgases oben entweicht. Alsdann hebt man die Messröhre wieder in die Höhe, führt eine Stange Kali ein und verfährt im Uebrigen genau wie bei *a* angegeben.

Der Scheibler'sche Apparat[1]). Der in Fig. 49 abgebildete Apparat besteht aus zwei kalibrirten Glasröhren *nn'* und *rou*, welche beide von einem Glasgehäuse umgeben sind. Diese Glasumhüllung dient dazu, um beide Röhren gegen durch Luftströmungen bedingte Temperaturwechsel während der Versuche möglichst zu schützen.

Die Röhre *nn'* (Messröhre) stellt eine Vollpipette dar, welche zwischen ihren dem Glase aufgeätzten Marken *n* und *n'* genau 100 ccm Inhalt besitzt; sie dient zum Abmessen des zu prüfenden Saturationsgases. Die andere zweischenklige Röhre *rou* (Absorptionsröhre) fasst in dem Schenkel linker Hand zwischen den eingeätzten Punkten *r* und *o* ebenfalls genau 100 ccm und ist von *o* an nach aufwärts, bis zu dem angesetzten erweiterten Cylinder, in 40 ccm (mit Unterabtheilungen von je $^1/_5$ ccm) getheilt, was genügt, da erfahrungsmässig der Kohlensäuregehalt der gewöhnlichen Saturationsgase 40 Volumprocente nie übersteigt. Der Schenkel *u* rechter Hand ist ein gerades, ungetheiltes, oben offenes Glasrohr; es dient als Druckregulator, um ein in dem Schenkel *ro* eingeschlossenes Gas unter dem Drucke des Barometerstandes abmessen zu können. Beide Röhren *nn'*

---

[1]) Zeitschr. f. Rübenzucker-Ind. XVI, S. 644.

und *rou* führen mit ihren unteren Enden, mittelst Kautschukverbindungen, welche Quetschhähne besitzen, in die zweihalsigen Flaschen *C* und *B* und zwar bis auf die Böden derselben. Diese Flaschen bilden die ver-

Fig. 49.

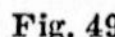

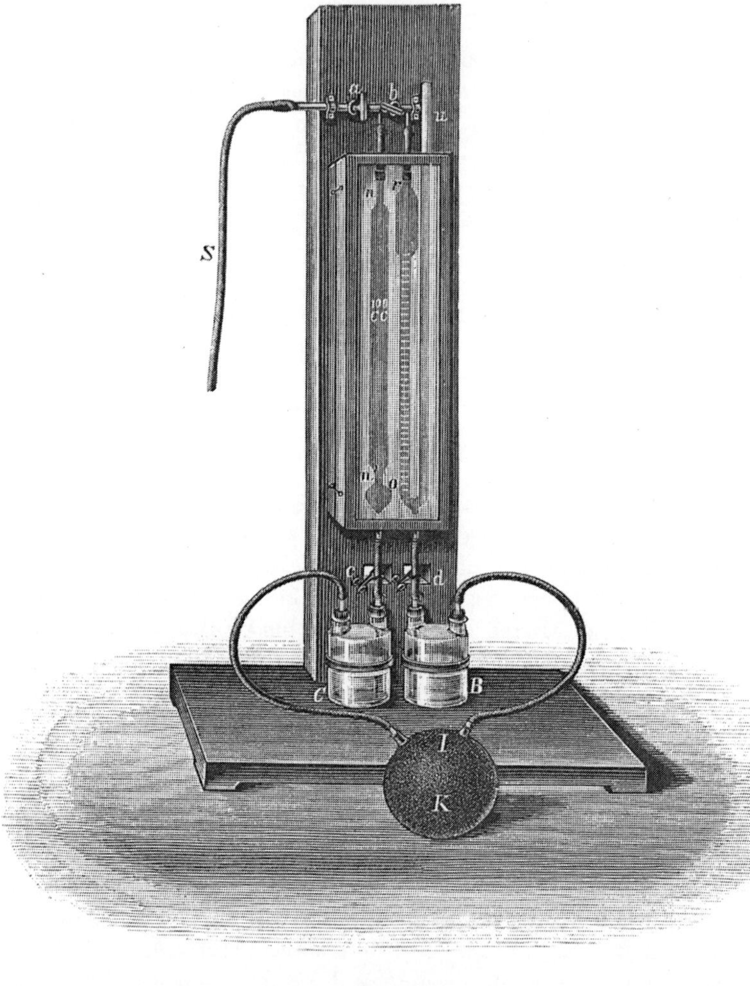

schlossenen Behälter für die in Anwendung kommenden Flüssigkeiten und zwar ist die mit der Vollpipette *nn'* in Verbindung stehende Flasche *C* mit Wasser, welches vorher ein- für allemal mit Kohlensäure gesättigt ist [1]),

---

[1]) Das hierzu erforderliche kohlensaure Wasser bereitet man sich in der Weise, dass man durch eine genügende Menge von destillirtem oder Regenwasser einige Zeit hindurch Kohlensäure (aus Kreide und Salzsäure entwickelt)

gefüllt, während die mit der **U**-förmigen Röhre *rou* verbundene Flasche *B* eine starke Kalilauge von etwa 1,25 bis 1,30 specifischem Gewicht enthält. Die genannten Flüssigkeiten werden durch die nach vorn gerichteten, mit Kautschukstöpseln verschliessbaren Tubulaturen der beiden Woulf'schen Flaschen *B* und *C* eingehüllt.

Die oberen Enden *n* und *r* der beiden kalibrirten Messröhren sind mit zwei Ausgängen eines am oberen Theile des Holzstativs befestigten dreischenkligen Metallrohrs dicht verbunden, welches die Hähne *a* und *b* besitzt. Der letztgenannte Hahn *b* ist ein sogenannter Dreiweghahn, dessen verschiedene Stellungen (welche an derjenigen des Hahnwirbels erkennbar sind) in Fig. 50, *I, II, III, IV* sich besonders abgebildet finden. Bei der Hahnstellung *I* steht die Vollpipette *nn'* mit der äusseren Luft (durch eine obere freie Ausgangsöffnung im Hahn) in Verbindung; bei der

Fig. 50.

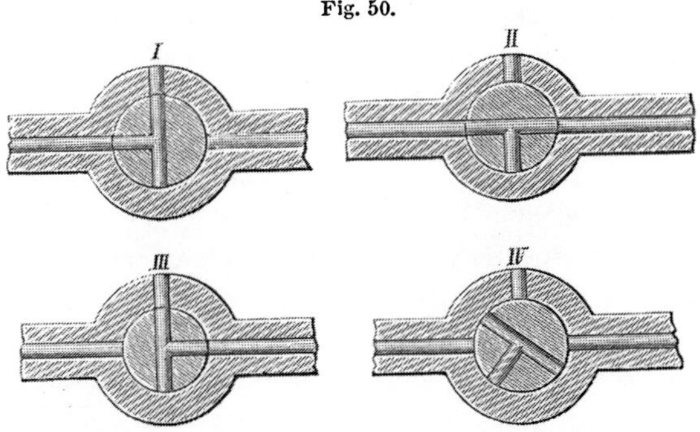

Stellung *II* communiciren die Röhren *nn'* und *rou* mit einander, während die obere Ausgaugsöffnung verschlossen ist, und bei der Stellung *III* steht der Schenkel *ro* der U-förmigen Röhre *rou* mit der äusseren Atmosphäre in Verbindung. Giebt man endlich dem Hahnwirbel die in der Stellung *IV* angegebene Drehung von 45 Grad Neigung, so sind alle Verbindungen gegen einander abgeschlossen. Der dritte Ausgang des oben befestigten Metallrohrs, der den Hahn *a* trägt, ist mit einem Gummischlauch *s* verbunden, welcher die Bestimmung hat, das zu untersuchende Kohlensäure haltende Gas in 'die Vollpipette *nn'* zu führen. Das freie Ende dieses Schlauches *s* wird mit einem Gasauslasshahn verbunden, der am zweckmässigsten hinter der Kohlensäurepumpe an der Leitung nach den Saturationsgefässen angebracht ist, woselbst dann auch der ganze Apparat

---

oder gewöhnliches Saturationsgas leitet. Statt kohlensäure-gesättigten Wassers eine gesättigte Kochsalzlösung anzuwenden, ist nicht anzurathen, da letztere keineswegs die Kohlensäure unabsorbirt lässt.

32*

seinen dauernden Stand bekommt. Da das Saturationsgas hinter der Pumpe bekanntlich unter Druck steht, so ist es zweckmässig, dasselbe beim Nichtgebrauche des Apparates durch den Schlauch s und durch den Dreiweghahn in der Stellung I fortdauernd austreten zu lassen; man hat alsdann bei Anstellung eines Versuches jederzeit von dem kurz vorher erzeugten Gase zur Untersuchung vor sich, d. h. die Zuleitungsröhren sind damit gefüllt. Der hierdurch bedingte kleine Verlust an Saturationsgas, durch dauernde Ausströmung beim Dreiweghahne, kann nicht in Betracht kommen.

Um die Röhren nn' und rou beziehentlich mit den in den Flaschen B und C befindlichen Flüssigkeiten bequem füllen zu können, dient eine Kautschukkugel K, welche durch Kautschukröhren mit den Flaschen B und C in Verbindung steht. Drückt man diese Kugel mit der Hand zusammen, während man die kleine Oeffnung l auf derselben mit dem Daumen verschlossen hält, so befindet sich die Luft in beiden Flaschen B und C unter Druck und die darin enthaltenen Flüssigkeiten werden in die Röhren nn' oder rou aufsteigen, sobald man den Quetschhahn c oder d öffnet. Die Entleerung dieser Röhren erfolgt begreiflich ohne Mithülfe der Kugel K durch einfaches Ablaufenlassen beim Oeffnen der Quetschhähne c und d.

Die Bestimmung der Kohlensäuremenge in einem Saturationsgase geschieht nun mittelst dieses Apparats folgenderweise:

Man füllt zunächst die beiden Röhren nn' und rou mit den betreffenden in den Flaschen C und B befindlichen Flüssigkeiten genau bis zu den Marken n und r mit Hülfe der Kugel K nacheinader an. Zu dem Ende (beispielsweise um die Vollpipette nn' zu füllen) schliesst man den Hahn a, giebt dem Dreiweghahn die Stellung I, öffnet den unteren Quetschhahn c und drückt mit der Hand die Kautschukkugel K zusammen, wodurch die Flüssigkeit in die Röhre nn' tritt, diese von unten nach oben allmählich anfüllend; sobald dann der Flüssigkeitstand in der Röhre genau die Marke n erreicht hat, schliesst man den Hahn c (oder man kann auch die Flüssigkeit etwas über die Marke n hinaus drücken, bevor man den Quetschhahn e schliesst, um dann durch leises Lüften desselben die Flüssigkeit bis zur Marke wieder abfliessen zu lassen). In gleicher Weise füllt man die zweischenklige Röhre rou bis zur Marke r genau mit Kalilauge an, indem man dem Dreiweghahn die Stellung III ertheilt, den Quetschhahn d öffnet und die Kugel K zusammenpresst. Demnächst geht man an die Einfüllung des zu prüfenden Gases in die Vollpipette nn'. Zu dem Ende öffnet man den an der Leitung angebrachten Haupthahn, sowie den Hahn a, giebt dem Dreiweghahn b die Stellung I und lässt so lange Gas durch den Kautschukschlauch s hindurch bei $b^\bullet$ in die Atmosphäre austreten, bis man sicher

sein kann, dass der Schlauch s sowohl, wie die obere Metallröhre bei a
und b mit dem Gase erfüllt sind. Um jedoch sicher zu sein, dass auch
in der Glasröhre nn' oberhalb der Marke n alle Luft ausgetrieben ist,
füllt man diese Röhre ein- oder zweimal mit dem Saturationsgase an, um
dasselbe durch die obere Auslassöffnung am Dreiweghahn wieder auszu-
blasen, was wie folgt geschieht: Man schliesst nämlich den Dreiweghahn
(durch Schrägstellung IV) und öffnet bei offen stehendem Hahn a den
unteren Quetschhahn c, worauf sich die Röhre nn' von selbst mit Gas
anfüllt; alsdann schliesst man a, öffnet den Dreiweghahn b (Stellung I)
und presst die Kugel K zusammen, damit das Gas in die Luft entweichen
kann. Ist dies, wie bemerkt, etwa zweimal geschehen, so kann der
eigentliche Versuch beginnen.

Man schliesst zu dem Ende den Dreiweghahn (durch Schrägstellung IV),
öffnet a und c und lässt so viel des zu prüfenden Gases in die Röhre nn'
einströmen, dass nicht allein diese selbst, sondern auch noch die unterhalb n' angeblasene kleine Glaskugel damit angefüllt ist, die Sperrflüssigkeit mithin unterhalb dieser Glaskugel steht. Alsdann schliesst man den
Hahn a völlig ab und drückt durch Zusammenpressen der Kautschukkugel K, bei offenem Hahn c, die Sperrflüssigkeit genau bis zur Marke n'
(oder etwas darüber hinaus, um den Ueberschuss ablaufen zu lassen) in
die Höhe und schliesst alsdann auch den Hahn c. In Folge dieser
letzteren Operation ist das in der Röhre nn' eingeschlossene Gas um das
Volumen der Glaskugel verdichtet und es genügt alsdann, den Dreiweghahn b nur auf die Dauer von 1 bis 2 Secunden zu öffnen, um den Gas-
überschuss aus der Röhre nn' in die Atmosphäre austreten zu lassen, d. h.
das in der Röhre nn' befindliche Gas mit dem gerade herrschenden Baro-
meterstande in Uebereinstimmung zu setzen[1]). Ist dies geschehen, so
giebt man dem Dreiweghahn die Stellung II, wodurch die Röhre nn' in
Communication tritt mit der vorher bis genau zur Marke r mit Kalilauge
angefüllten Röhre $r\,o\,u$. Man lässt nun durch Oeffnen des Quetschhahns d
die in dem Rohrschenkel u befindliche Kalilauge fast vollständig abfliessen,
um so Raum zu gewinnen für die Hinüberdrückung des in der Pipette
befindlichen Saturationsgases. Ist dies geschehen, so drückt man bei ge-
öffnetem Quetschhahn c so viel des in nn' befindlichen Gases in die
Röhre $r\,o\,u$ hinüber, als das Steigen der Kalilauge in dem Schenkel u gestattet, ohne Ueberfliessen derselben, lässt hierauf das Gas wieder nach
nn' zurücktreten u. s. w. d. h. man versetzt durch Drücken und Loslassen
der Kugel K die Kalilauge in der Röhre u in eine etwa 10 bis 12 Mal

---

[1]) Dies ist für die Genauigkeit der Messung durchaus erforderlich, zu welchem Endzwecke denn auch die, eine Verdichtung des Gases ermöglichende kleine
Glaskugel unterhalb n' angeblasen ist.

wiederholte auf- und niedersteigende Bewegung, wodurch die Absorption der Kohlensäure in dem Schenkel *r o* wesentlich beschleunigt wird[2]). Schliesslich drückt man dann alles Gas genau bis zur Marke *n* in das Absorptionsrohr *r o* hinüber, schliesst den Quetschhahn *c*, stellt die Kalilauge in beiden Schenkeln der Röhre *rou* nunmehr völlig auf gleiche Höhe ein (durch Abfliessenlassen oder Einpressen von Kalilauge durch den Hahn *d*), schliesst demnächst auch den Dreiweghahn *b* (durch Schrägstellung) und liest zuletzt den Stand der Kalilauge an der Scale der getheilten Röhre nach einigem Abwarten ab, nachdem man vorher, wenn nöthig nochmals, die Oberfläche der Kalilauge in beiden Schenkeln genau gleichgestellt hat. Die an der Scale abgelesene Zahl drückt dann sofort, ohne weitere Correction, den Kohlensäuregehalt des untersuchten Gases in Volumprocenten aus.

3. **Bestimmung des Aetzkalkes in den Säften.** Man bereitet sich eine Zehntel-Normalschwefelsäure und titrirt mit derselben in bekannter Weise 10 ccm mit Wasser verdünnten Dick- oder Dünnsaft, oder 10 g in Wasser gelöste Melasse oder Zucker. Zur Bequemlichkeit für den diese Versuche anstellenden Arbeiter oder Aufseher rechnet man häufig die gefundenen Cubikcentimeter Schwefelsäure nicht in Kalk um, sondern sagt beispielsweise „der Saft titrirt 18", d. h. 10 ccm desselben brauchen 18 ccm Zehntelnormalschwefelsäure. Stellt man ausserdem das Minimum und Maximum der Cubikcentimeter Schwefelsäure fest, welche 10 ccm des Saftes verbrauchen dürfen, so gewinnt der betreffende Aufseher aus den abgelesenen Cubikcentimetern sofort ein zutreffendes Urtheil über den Kalkgehalt des Saftes.

4. **Ermittelung des Rendements** (Raffinationswerthes). Dieselbe wird nach der Scheibler'schen Methode vorgenommen, welche im Wesentlichen darauf beruht, dass man den betreffenden Rohzucker mit Alkohol und Essigsäure behandelt, wodurch die Melassebestandtheile in Lösung gehen und entfernt werden können. Damit das Gemisch von Alkohol und Essigsäure nicht auch vom Rohrzucker löse, ist es vorher vollständig mit Zucker gesättigt worden. Bevor man dieses Gemisch auf den Rohzucker einwirken lässt, entwässert man denselben vollständig. Zunächst handelt es sich darum, die in der Zuckerfeuchtigkeit vorhandene geringe Menge Zucker unlöslich zu machen, was durch mit Zucker gesättigten Aether geschieht. Durch darauf folgende Behandlung mit mit Zucker gesättigtem absoluten Alkohol wird die Feuchtigkeit des Zuckers vollständig entfernt. Der absolute Alkohol seinerseits wird durch zwei nacheinander angewendete

---

[1]) Hierbei hat man begreiflich nur Sorge zu tragen, dass die Kalilauge in *u* nicht zu tief sinkt, wodurch atmosphärische Luft in den Schenkel *o r* von unten eintreten und der Versuch misslingen würde.

mit Zucker gesättigte verdünntere Alkoholflüssigkeiten verdrängt und alsdann die eigentliche Auswaschflüssigkeit, das in Zucker gesättigte Gemisch von Alkohol und Essigsäure, einwirken gelassen. Die Auswaschflüssigkeit wird durch Alkohol verdrängt und der getrocknete Zucker polarisirt.

Um nun zu den Einzelheiten des Verfahrens überzugehen, so bedarf man bei demselben folgende fünf Waschflüssigkeiten.

I. Alkohol von 85—86 Proc. Tralles, welcher per Liter 50 ccm Essigsäure enthält und der durch tagelange Berührung mit reiner gepulverter Raffinade und öfterem Umschütteln vollständig mit Zucker gesättigt ist.

II. Alkohol von 92 Proc. Tralles.

III. Alkohol von 96 Proc. Tralles, beide mit Zucker gesättigt.

IV. Absoluter Alkohol, über gestossenem Zucker aufbewahrt.

V. Ein Gemisch von gleichen Raumtheilen absoluten Alkohols und Aethers, ebenfalls über Zucker aufbewahrt.

Das Behandeln der Flüssigkeiten IV und V mit gestossenem Zucker geschieht, um einem etwaigen geringen Wassergehalt derselben durch Sättigen mit Zucker seine lösende Wirkung für Zucker zu nehmen. Die Flüssigkeiten werden aus den Vorrathsgefässen, in welchen sich eine beträchtliche Menge ungelösten Zuckers befinden muss, in zweihalsige Flaschen (Fig. 51) gefüllt. In diese Flaschen giesst man eine heissgesättigte alkoholische Zuckerlösung und vertheilt dieselbe an den Wänden, so dass sich dieselben beim Erkalten der Lösung mit einer Kruste von Zucker bedecken. Ausserdem füllt man die Flasche bis zur Hälfte mit erbsengrossen, abgesiebten und mit absolutem Alkohol gewaschenen Stücken von bestem Kandis an; das Heberrohr c ist mit grobkörnigem, trockenem Krystallzucker erster Qualität angefüllt. Die Flaschen für die Lösungen IV und V werden nicht mit einer Zuckerkruste inwendig überzogen; auch fällt das mit Zucker

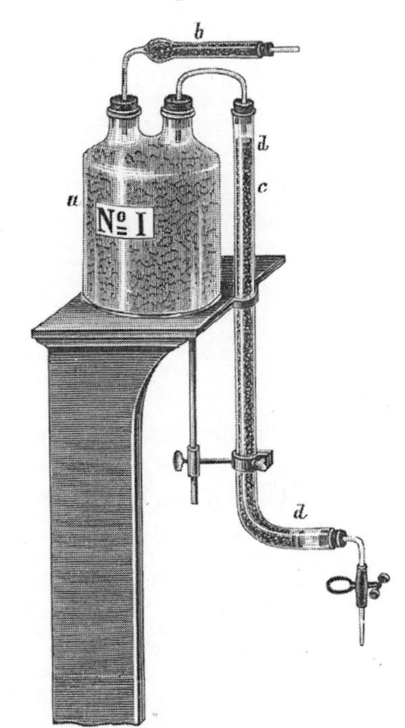

Fig. 51.

gefüllte Heberrohr als überflüssig fort und wird durch eine einfache Röhre von Glas oder Kautschuk ersetzt.

Man bringt den Rohzucker, dessen Rendement man bestimmen will,
trocken in das ebenfalls völlig trockene 5 ccm-Kölbchen (Fig. 52). Am
besten wägt man die Normalmenge Zucker (13,024 g) auf einem tarirten
Kupferblech ab und bringt sie mittelst eines Neusilbertrichters mit weitem
Stiel in das Kölbchen. Etwaige im Zucker vorhandene Klümpchen und
Knoten (welche das vollständige Auswaschen erschweren würden) sind
vorher mit einem kleinen Pistill zu zerdrücken. Ist der Zucker in dem
Kölbchen, so setzt man den doppelt durchbohrten Pfropfen k auf. Derselbe dient nicht zum Verschluss, sondern lediglich zum Festhalten der
beiden Röhren, von denen n die Einflussröhre für die Waschflüssigkeiten,

Fig. 52.

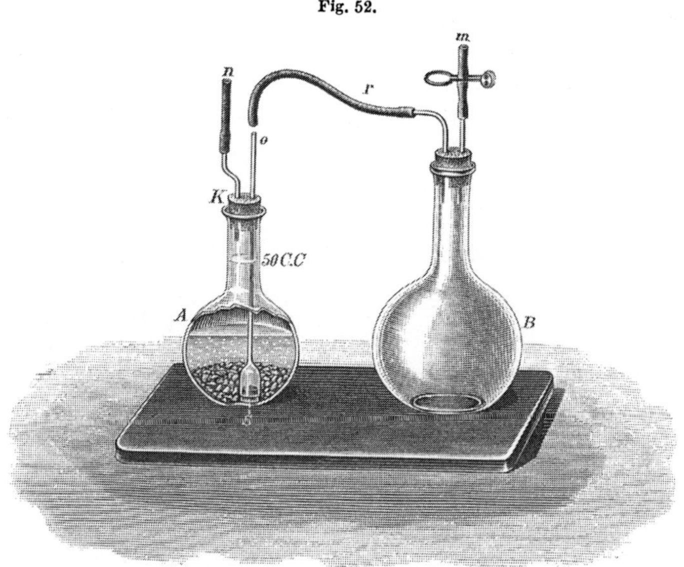

o die Absaugröhre ist. Letztere trägt an ihrem erweiterten, den Boden
des Kölbchens berührenden Ende ein Filzfilter, welches die Waschflüssigkeiten hindurchsaugen lässt, den ausgewaschenen festen Zucker aber zurückhält. Zum Ein- und Austritt der Luft trägt der Pfropfen k noch eine
Längsrinne.

Man beginnt damit, dass man ca. 30 ccm der Flüssigkeit V auf den
Zucker fliessen und ¼ Stunde mit demselben in Berührung löst. Während
dieser Zeit hat sich die in der Feuchtigkeit gelöste Menge Zucker ausgeschieden. Man verbindet alsdann Schlauch r mit dem Kolben B, welcher
seinerseits mit irgend einer Saugvorrichtung in Communication steht. Das
Absaugen muss stets möglichst vollständig geschehen. Alsdann lässt man
ebenfalls ¼ Stunde die Flüssigkeit IV einwirken, um den Zucker voll-

ständig zu entwässern. Die Flüssigkeit IV wird durch III und II, welche man je zwei Minuten einwirken lässt, völlig verdrängt. Nunmehr lässt man die eigentliche Waschflüssigkeit 30 Minuten über dem Zucker stehen, saugt sie dann ab und ersetzt sie durch neue Mengen, was man 2—3 mal wiederholt. Jedesmal lässt man ebenfalls $\frac{1}{2}$ Stunde einwirken, bevor man absaugt. Schliesslich verdrängt man Flüssigkeit I durch einen 2 Minuten unter Umschütteln stehen bleibenden Aufguss von II, letzteren in gleicher Weise durch III und diese Flüssigkeit endlich durch eine Decke von IV.

Zur Verjagung des im ausgewaschenen Zucker noch verbleibenden absoluten Alkohols erhitzt man das Kölbchen im Luftstrome auf dem Wasserbade. Der verbleibende Rückstand ist meistens schneeweiss, bei Nachproducten aber häufig noch etwas gefärbt, da letztere färbende Bestandtheile enthalten, welche durch die genannten Auswaschflüssigkeiten nicht entfernt werden können.

Man wäscht die Absaugeröhre und deren Filzfilter gründlich ab, versetzt den gelösten Zucker mit Bleiessig und Alaun, füllt nach gehöriger Einwirkung bis zur Marke auf und polarisirt das Filtrat. Die abgelesenen Grade ergeben direct das Rendement (Raffinationswerth) in Procenten.

Anstatt den nach dem Auswaschen verbleibenden so gut wie chemisch reinen Zucker zu polarisiren, kann man ihn auch ohne klärende Zusätze zu 50 ccm lösen und unter genauer Einhaltung der Normaltemperatur mittelst der Mohr'schen Wage das specifische Gewicht nehmen[1]). Aus dem gefundenen spec. Gewichte ergiebt sich aus folgender, von Scheibler entworfenen Tabelle (S. 498) das Rendement.

Ueber das Verhältniss, in welchem die durch die Scheibler'sche Rendementsbestimmung gefundenen Zahlen zu dem in einem rationellen Raffinationsprocess zu erzielenden praktischen Rendement stehen, haben die Charlottenburger Raffinationsversuche das Resultat ergeben, dass jedes Kilogramm Scheibler's Rendement im Rohzucker bei der Raffination mindestens 0,96 kg Raffinade verspricht.

Die in Frankreich und Belgien übliche Rendementsermittelung[2]) mit Hülfe des Aschencoefficienten ist eine willkürliche, da die Aschenmenge und das zu erzielende Rendement in keinem directen Verhältniss stehen. In beiden Ländern herrscht das sog. Titrageverfahren, welches einen 88 grädigen Zucker (d. h. einen solchen, welcher nach Abzug des Aschencoefficienten 88 „Grade" hat) als Basis der Berechnungen und Verkaufs-

---

[1]) Die Bestimmung desselben muss mit grosser Sorgfalt geschehen, da, — wie aus der Tabelle ersichtlich — eine Differenz von 0,001 schon 1 Proc. Zucker ausmacht.

[2]) Vgl. meine Mittheilungen hierüber in „Deutsche Zuckerindustrie" **6**; 1060, 1319, 1354 u. 1390.

Tabelle zur Ermittelung des Zuckergehaltes der Lösungen der aus 26 048 g Rohzucker erhaltenen Auswaschproducte, von Scheibler.

Specif. Gewicht	Proc.	Specif. Gewicht	Proc.	Specif. Gewicht	Proc.	Specif. Gewicht	Proc.	Specif. Gewicht	Proc.
1·1000	100·00	1·0951	95·06	1·0902	90·13	1·0853	85·19	1·0804	80·26
1·0999	99·90	50	94·96	01	03	52	09	03	16
98	80	1·0949	86	00	89·93	51	84·99	02	06
97	71	48	76	1·0899	83	50	89	01	79·96
96	61	47	66	98	73	1·0849	79	00	86
95	51	46	56	97	63	48	69	1·0799	76
94	41	45	46	96	53	47	59	98	66
93	32	44	36	95	43	46	49	97	56
92	22	43	26	94	32	45	39	96	46
91	12	42	15	93	22	44	29	95	36
90	02	41	05	92	12	43	19	94	25
1·0989	98·92	40	93·95	91	02	42	09	93	15
88	82	1·0939	85	90	88·92	41	83·99	92	05
87	72	38	75	1·0889	82	40	89	91	78·95
86	62	37	65	88	72	1·0839	79	90	85
85	51	36	55	87	62	38	69	1·0789	75
84	41	35	45	86	52	37	59	88	65
83	31	34	35	85	42	36	49	87	55
82	21	33	25	84	32	35	39	86	45
81	11	32	14	83	22	34	29	85	35
80	01	31	04	82	12	33	18	84	25
1·0979	97·90	30	92·94	81	02	32	08	83	15
78	80	1·0929	84	80	87·92	31	82·98	82	05
77	70	28	74	1·0879	82	30	88	81	77·95
76	60	27	64	78	72	1·0829	78	80	85
75	50	26	54	77	62	·28	68	1·0779	75
74	40	25	44	76	52	27	58	78	65
73	29	24	34	75	42	26	48	77	55
72	19	23	24	74	31	25	38	76	45
71	09	22	14	73	21	24	28	75	35
70	96·99	21	04	72	11	23	17	74	25
1·0969	89	20	91·94	71	01	22	07	73	15
68	79	1·0919	84	70	86·91	21	81 97	72	05
67	69	18	73	1·0869	81	20	87	71	76·95
66	58	17	63	68	70	1·0819	77	70	85
65	48	16	53	67	60	18	67	1·0769	75
64	38	15	43	66	50	17	57	68	65
63	28	14	33	65	40	16	47	67	55
62	18	13	23	64	29	15	37	66	45
61	08	12	13	63	19	14	27	65	35
60	95·98	11	03	62	09	13	17	64	24
1·0959	87	10	90·93	61	85·99	12	07	63	14
58	77	1·0909	83	60	89	11	80·97	62	04
57	67	08	73	1·0859	79	10	87	61	75·94
56	57	07	63	58	69	1·0809	77	60	84
55	47	06	53	57	59	08	66	1·0759	74
54	37	05	43	56	49	07	56	58	64
53	27	04	33	55	39	06	46	57	54
52	17	03	23	54	29	05	36	56	43

Specif. Gewicht	Proc.	Specif. Gewicht	Proc.	Specif. Gewicht	Proc.	Specif. Gewicht	Proc.	Specif. Gewicht	Proc.
1·0755	75·33	1·0723	72·12	1·0692	69·02	1·0661	65·91	1·0630	62·80
54	23	22	02	91	68·92	60	81	1·0629	70
53	13	21	71·92	90	82	1·0659	71	28	60
52	03	20	82	1·0689	72	58	61	27	50
51	74·93	1·0719	72	88	62	57	51	26	40
50	83	18	62	87	52	56	41	25	30
1·0749	73	17	52	86	42	55	31	24	19
48	63	16	42	85	32	54	20	23	09
47	53.	15	32	84	22	53	10	22	61·99
46	43	14	22	83	12	52	00	21	89
45	33	13	12	82	02	51	64·90	20	79
44	23	12	02	81	67·92	50	80	1·0619	69 ·
43	13	11	70·92	80	82	1·0649	70	18	59
42	03	10	82	1·0679	72	48	60	17	49
41	73·93	1·0709	72	78	61	47	50	16	39
40	83	08	62	77	51	46	40	15	29
1·0739	73	07	52	76	41	45	30	14	19
38	63	06	42	75	31	44	20	13	09
37	53	05	32	74	21	43	10	12	60·99
36	43	04	22	73	11	42	00	11	89
35	33	03	12	72	01	41	63·90	10	79
34	23	02	02	71	66·91	40	80	1·0609	69
33	13	01	69·92	70	81	1 0639	70	08	59
32	03	00	82	1·0669	71	38	60	07	49
31	72·93	1·0699	72	68	61	37	50	06	39
30	83	98	62	67	51	36	40	05	29
1·0729	73	97	52	66	41	35	30	04	19
28	63	96	42	65	31	34	20	03	09
27	53	95	32	64	21	33	10	02	59·99
26	42	94	22	63	11	32	00	01	89
25	32	93	12	62	01	31	62·90	1·0600	79
24	22								

bedingungen annimmt. Ursprünglich fand man den Titrage, indem man den betreffenden Zucker polarisirte und seine mit 5 multiplicirten Aschenprocente (den Aschencoefficient) von den Polarisationsgraden abzog. Die hierbei gefundene Zahl (Titrage) ist der Raffinationswerth. Während man also bei uns stets angiebt, wie viele Procente der Zucker polarisirt, sagt man in genannten Ländern „sein Titrage ist so und so viele Grade."

Seit etwa 10 Jahren ist an Stelle dieser Methode eine noch weit willkürlichere getreten. Man umgeht die Polarisation ganz und findet den Rohzuckergehalt durch Differenz, indem man eine Aschen- und Wasserbestimmung macht, hieraus mit Hülfe von Tabellen[1]) den organischen Nichtzucker (das „Inconnu") findet und die Summe der drei Bestandtheile von 100 abzieht. Hiervon wird der Aschencoefficient[2]) abgezogen und die

---

[1]) Von mir mitgetheilt in „Deutsche Zuckerindustrie" 1881 No. 41.

[2]) Eigentlich sollte auch der Glucose-Coefficient, d. h. die mit 2 multiplicirten

resultirende Zahl als Raffinationswerth betrachtet. Meiner gänzlichen
Verurtheilung dieser Differenzmethode, welche ich a. a. O. ausgesprochen
und begründet habe, hat sich G. Dureau[1]) der bekannte Leiter des Journal
des fabricants de sucre und die belgische commission des departages[2])
(Schiedsrichter-Commission für die Zuckeranalysen) vollständig angeschlossen,
so dass man hoffen darf, dieses analytische Unicum bald aus der Welt
geschafft zu haben.

Die im Jahre 1880 von der raffinerie française (d. h. den vereinigten
Raffinerien zu Paris) den französischen (und überhaupt den nach dem
Pariser Markt exportirenden) Rohzuckerfabrikanten auferlegten „neuen
Bedingungen" bestimmen folgende durchaus willkürliche Berechnung des
Rendements. Der Aschencoefficient wird erhalten durch Multiplication
der Aschenprocente mit 4; dieser Coefficient sowie der Glucosecoefficient
(Glucoseprocente $\times$ 2) wird von dem (durch Polarisation oder durch die
Differenz-Methode) gefundenen Rohzucker abgezogen. Von der so er-
haltenen Zahl zieht man $1\frac{1}{2}\,\%$ derselben als „déchet du raffinage"[3])
(Raffinationsverlust) ab, aber nicht direct, sondern erst, nachdem man die
Zehntel abgestrichen. Ein Beispiel wird die Berechnung veranschaulichen.

Ein Zucker habe $94{,}46\,\%$ Rohzucker und $1{,}93\,\%$ Asche. Der Aschencoefficient[4]) ist alsdann $4 \times 1{,}93 = 7{,}72$. Dies abgezogen von $94{,}46$ giebt
$86{,}74$. Für letztere Zahl betragen die $1\frac{1}{2}\,\%$ „déchet du raffinage":

$$\frac{86{,}74 \cdot 1{,}5}{100} = 1{,}30$$

Dieser Werth wird nicht von $86{,}74$, sondern von 86 abgezogen und
man erhält demnach $84{,}70$ als Titrage.

Glucose-Procente abgezogen werden. Indessen geschieht es in der Praxis nicht,
da man — seltsam genug! — die Glucose mit $0{,}05$ oder $0{,}02$ Proc. ein für allemal in Rechnung bringt, so dass der Abzug höchstens $0{,}1\%$ ist, also vernachlässigt werden kann.

[1]) „Die Differenz-Methode ist somit vollständig falsch. Sie hat nichts Wis-
senschaftliches und wenn sie für normale Zucker nur sehr annähernde Resultate
giebt, kann sie zu den schwersten Irrthümern bezüglich anormaler Zucker führen".
(Journ. d. fabr. d. sucre vom 16. Nov. 1881.)

[2]) „Es bedarf einer energischen Anstrengung, um aus der belgischen Zucker-
welt ein für allemal den beklagenswerthen Missbrauch der „$^4/_5$ Methode", welche
den Zucker durch Differenz bestimmen will, fortzuschaffen. Die Schiedsrichter-Commission ist, was man sich merken möge, entschlossen, in dieser Hinsicht mit aller
Entschiedenheit vorzugehen." (Beauduin in „Sucrerie belge" vom 15. Nov. 1881.)

[3]) Im Allgemeinen wird indessen bei den Analysenresultaten, wie sie die
Fabrik dem Zuckerhändler mittheilt, die Zahl für déchet du raffinage nicht in
Anrechnung gebracht.

[4]) Der Glucosecoefficient wird auch hier — aus dem oben angegebenen
Grunde — meist vernachlässigt werden können.

VII. Untersuchung der Hülfsstoffe.

1. Die Knochenkohle. Man bestimmt in derselben den Gehalt an kohlensaurem Kalk und organischen Stoffen, die Entfärbungskraft, den Kohlenstoff und absorbirten Zucker, schwefelsauren Kalk und Feuchtigkeit. Nach Frühling und Schulz[1]) schwankt die mittlere Zusammensetzung der noch nicht gebrauchten Knochenkohle zwischen folgenden Grenzzahlen

Phosphorsaurer Kalk	75 bis 80	%
Kohlenstoff	7,5 „ 10,5	„
Kohlensaurer Kalk	6,0 „ 8,0	„
Phosphorsaure Magnesia	0,8 „ 1,4	„
Schwefelsaurer Kalk	0,15 „ 0,25	„
Chloralkalien	0,2 „ 0,5	„
Silicate	0,5 „ 0,8	„
Eisenoxydul	0,2 „ 0,3	„
Schwefel- und Stickstoffverbindungen	0,5 „ 1,4	„

Hierzu kommen wechselnde Mengen von Feuchtigkeit, sandigen und thonigen Verunreinigungen.

a) **Feuchtigkeit.** Wegen der stark ausgeprägten hygroskopischen Eigenschaften der Knochenkohle verzichtet man darauf, den Wassergehalt in einer zuvor fein verriebenen Probe zu bestimmen. Man wägt vielmehr von der betreffenden Kohle ohne Weiteres 15—20 g in einem mit Klemme geschlossenen Uhrglas-Paar ab, trocknet 1—2 Stunden bei 110° und wägt wieder. Es ist wohl zu beachten, dass es in den Zuckerfabriken üblich ist, alle übrigen Bestimmungen der Knochenkohle auf wasserfreie Substanz zu beziehen und mit einer fein zerriebenen und völlig getrockneten Durchschnittsprobe vorzunehmen.

b) **Kohlenstoff.** Man übergiesst 10 g der fein gepulverten, getrockneten Kohle mit etwas Wasser und alsdann mit 50 ccm conc. Salzsäure, kocht ca. 10 Minuten und filtrirt auf ein Filter ab, das durch ein genau gleich schweres zweites Filter tarirt wurde. Man wäscht bis zum Verschwinden der sauren Reaction aus, trocknet bei 110° bis zum constanten Gewicht und wägt. Hierauf verbrennt man im Platintiegel und zieht das nunmehr erhaltene kleine Gewicht (Sand und Thon) von dem ersten ab. Die Differenz ist gleich dem vorhandenen Kohlenstoff.

c) **Entfärbungskraft.** Man bestimmt dieselbe entweder im Fabrikbetriebe selbst (durch Bestimmung der Farbe des unfiltrirten und des filtrirten Saftes mittelst des Stammer'schen Farbenmaasses (S. 484) oder durch einen kleineren Laboratoriumsversuch.

---

[1]) Anleitung zu Untersuch. d. Zuckerindustrie. Braunschweig 1876. Erste Aufl. S. 93.

Im ersteren Falle bringt man zuerst beide Säfte auf 10 Grade Brix und prüft sie mit dem Farbenmaasse. Man habe beispielsweise beim unfiltrirten Saft 12, beim filtrirten Saft 38 abgelesen, so ist die Farbe des ersten Saftes $\frac{100}{12} = 8{,}33$, die des zweiten $\frac{100}{38} = 2{,}63$. Demnach wurde die Farbe um $8{,}33 - 2{,}63 = 5{,}70$ schwächer. In Procenten macht dies $\frac{5{,}70 \cdot 100}{8{,}33} = 68{,}7\,\%$ des Farbstoffes, welche durch die Knochenkohle entfernt worden sind.

Im zweiten Falle löst man 200—250 g Melasse in einem Liter Wasser und bestimmt die Farbe der Lösung mittelst des Farbenmaasses. 100 g der zu untersuchenden, frischgeglühten (oder doch bei 110° getrockneten) Kohle werden mit 400 ccm dieser Zuckerlösung übergossen und das Gesammtgewicht bestimmt. Hierauf erhitzt man zum Sieden und erhält 5 Minuten im Kochen. Man wägt nach vollständigem Erkalten abermals und ersetzt das verdampfte Wasser genau wieder. Man filtrirt die gut gemischte Flüssigkeit und bestimmt die Farbe des Filtrates. Die Differenz beider Farbenzahlen repräsentirt die Entfärbungskraft der betreffenden Knochenkohle. Man habe beispielsweise die Farbe der Lösung von 200 g Melasse in 1 l Wasser zu 25, nach der geschilderten Behandlung mit Knochenkohle nur noch zu 4 gefunden, so wurde die Farbe um $25 - 4 = 21$ schwächer. In Procenten macht dies

$$\frac{21 \cdot 100}{25} = 84\,\%$$

d) **Kohlensaurer Kalk.** Derselbe wird mittelst des Scheibler'schen Apparates (vgl. S. 73) bestimmt. Aus der nachfolgenden von Scheibler berechneten Tabelle (S. 503) kann man aus der abgelesenen Temperatur und dem abgelesenen Volumen direct den Procentgehalt der Knochenkohle an kohlensaurem Kalk finden. Die betreffende Zahl findet sich an dem Kreuzungspunkte der von oben nach unten gezogenen Temperaturlinie und der von links nach rechts gezogenen „Volumenlinie." Man habe beispielsweise 8,3 Grade Kohlensäure bei 18°, so findet man bei letzterer Temperatur

$$
\begin{array}{ll}
\text{für } 8° & = 7{,}96\,\% \text{ kohlensauren Kalk.} \\
\text{„ } 0{,}3° & = 0{,}29 \text{ „ } \qquad \text{„} \qquad \text{„} \\
\hline
\text{für } 8{,}3° & = 8{,}25\,\% \text{ kohlensauren Kalk.}
\end{array}
$$

In der Regel berechnet man aus diesen mit dem Scheibler'schen Apparate gewonnenen Resultaten die Salzsäuremenge, welche erforderlich ist, um den kohlensauren Kalk der Knochenkohle auf die normale Menge (als solche wird 7% angenommen) zurückzuführen. Um diese Umrechnungen zu ersparen, hat Scheibler nachfolgende Tabelle (S. 504) entworfen, deren Gebrauch aus unserem obigen Beispiel deutlich werden wird.

Ueber die procentische Bestimmung der kohlensauren Kalkerde in der Knochenkohle aus
dem Volum der Kohlensäure,

von Scheibler.

Abgelesenes Volum	Bei den Temperaturen (nach Cels.):																		
	12 Grad	13 Grad	14 Grad	15 Grad	16 Grad	17 Grad	18 Grad	19 Grad	20 Grad	21 Grad	22 Grad	23 Grad	24 Grad	25 Grad	26 Grad	27 Grad	28 Grad	29 Grad	30 Grad
1	0·80	0·80	0·79	0·79	0·79	0·78	0·78	0·77	0·77	0·77	0·76	0·76	0·76	0·75	0·75	0·74	0·74	0·73	0·73
2	1·88	1·87	1·86	1·86	1·85	1·84	1·83	1·82	1·81	1·80	1·79	1·79	1·78	1·77	1·76	1·75	1·74	1·73	1·72
3	2·95	2·94	2·92	2·91	2·90	2·89	2·87	2·86	2·85	2·83	2·82	2·80	2·79	2·77	2·76	2·74	2·73	2·72	2·71
4	4·01	4·00	3·98	3·96	3·94	3·93	3·91	3·89	3·87	3·85	3·83	3·81	3·79	3·77	3·75	3·73	3·71	3·70	3·68
5	5·07	5·05	5·03	5·00	4·98	4·96	4·93	4·91	4·89	4·86	4·84	4·81	4·79	4·76	4·74	4·71	4·69	4·67	4·64
6	6·11	6·06	6·06	6·03	6·01	5·98	5·95	5·92	5·89	5·86	5·83	5·81	5·78	5·75	5·71	5·68	5·65	5·63	5·61
7	7·14	7·12	7·09	7·06	7·02	6·99	6·96	6·92	6·89	6·86	6·82	6·79	6·75	6·72	6·68	6·65	6·61	6·58	6·56
8	8·17	8·14	8·11	8·07	8·03	8·00	7·96	7·92	7·88	7·84	7·80	7·67	7·72	7·68	7·64	7·60	7·56	7·53	7·49
9	9·19	9·16	9·12	9·07	9·03	8·99	8·95	8·90	8·86	8·82	8·77	8·73	8·68	8·64	8·59	8·55	8·50	8·46	8·42
10	10·20	10·16	10·12	10·07	10·02	9·98	9·93	9·88	9·83	9·79	9·73	9·68	9·63	9·58	9·53	9·48	9·43	9·39	9·34
11	11·20	11·15	11·10	11·05	11·00	10·95	10·89	10·84	10·79	10·74	10·68	10·63	10·57	10·52	10·46	10·41	10·35	10·30	10·25
12	12·20	12·15	12·09	12·03	11·98	11·92	11·87	11·81	11·75	11·69	11·64	11·58	11·52	11·46	11·40	11·33	11·27	11·22	11·16
13	13·20	13·14	13·08	13·02	12·96	12·90	12·84	12·78	12·72	12·65	12·59	12·53	12·46	12·40	12·33	12·26	12·20	12·14	12·07
14	14·20	14·14	14·07	14·01	13·94	13·88	13·81	13·75	13·68	13·61	13·54	13·48	13·41	13·34	13·26	13·19	13·12	13·05	12·99
15	15·20	15·13	15·06	14·99	14·92	14·85	14·78	14·71	14·64	14·57	14·50	14·42	14·35	15·27	14·20	14·12	14·04	13·97	13·90
16	16·20	16·13	16·05	15·98	15·21	15·83	15·76	15·68	15·61	15·53	15·45	15·37	15·29	14·21	15·30	15·05	14·97	14·89	14·81
17	17·20	17·12	17·04	16·97	16·89	16·81	16·73	16·66	16·57	16·49	16·41	16·32	16·24	16·15	16·07	15·98	15·89	15·81	15·72
18	18·20	18·12	18·03	17·95	17·87	17·79	17·70	17·62	17·53	17·45	17·36	17·27	17·18	17·09	17·00	16·91	16·82	16·73	16·63
19	19·20	19·11	19·03	18·94	18·85	18·76	18·67	18·59	18·50	18·40	18·31	18·22	18·13	18·03	17·94	17·84	17·74	17·64	17·55
20	20·20	20·11	20·02	19·93	19·83	19·74	19·45	19·55	19·46	19·36	19·27	19·17	19·07	18·97	18·87	18·77	18·66	18·56	18·46
21	21·20	21·10	21·01	20·91	20·81	20·72	20·62	20·52	20·42	20·32	20·22	20·12	20·01	19·91	19·80	19·70	19·59	19·48	19·37
22	22·20	22·10	22·00	21·90	21·80	21·70	21·59	21·49	21·39	21·28	21·17	21·07	20·96	20·85	20·74	20·63	20·51	20·40	20·28
23	23·20	23·09	22·99	22·88	22·78	22·67	22·56	22·46	22·35	22·24	22·13	22·02	21·90	21·79	21·67	21·55	21·44	21·31	21·20
24	24·20	24·09	23·98	23·87	23·76	23·65	23·54	23·43	23·31	23·20	23·08	22·97	22·85	22·73	22·61	22·48	22·36	22·23	22·11
25	25·20	25·08	24·97	24·86	24·74	24·63	24·51	24·39	24·28	24·16	24·04	23·91	23·79	23·67	23·54	23·41	23·28	23·15	23·02

Grade nach Beaumé	Specif. Gewicht bei 15° Cels.	Gehalt an Salzsäuregas in Procenten	Löst kohlensäuren Kalk in Procenten	Salzsäuremengen, welche zur Auflösung von je 1, 2 bis 9 Theilen kohlensaurer Kalkerde erforderlich sind.								
				1.	2.	3.	4.	5.	6.	7.	8.	9.
25	1·210	42·4	58·088	1·7217	3·4434	5·1651	6·8868	8·6085	10·3302	12·0519	13·7736	15·4953
24·5	1·205	41·2	56·444	1·7718	3·5437	5·3155	7·0874	8·8592	10·6310	12·4029	14·1747	15·9466
24	1·199	39·8	54·526	1·8342	3·6683	5·5025	7·3367	9·1709	11·0050	12·8392	14·6734	16·5075
23·5	1·195	39·0	53·430	1·8718	3·7436	5·6154	7·4872	9·3590	11·2308	13·1026	15·0744	16·8462
23	1·190	37·9	51·923	1·9261	3·8522	5·7784	7·7045	9·6306	11·5567	13·4828	15·4090	17·3351
22·5	1·185	36·8	50·416	1·9837	3·9674	5·9511	7·9348	9·9185	11·9022	13·8859	15·8696	17·8533
22	1·180	35·7	48·909	2·0448	4·0896	6·1344	8·1792	10·2240	12·2688	14·3136	16·3584	18·4032
21·5	1·175	34·7	47·539	2·1037	4·2075	6·3112	8·4150	10·5187	12·6224	14·7262	16·8299	18·9337
21	1·171	33·9	46·443	2·1534	4·3068	6·4602	8·6136	10·7670	12·9204	15·0738	17·2272	19·3806
20·5	1·166	33·0	45·210	2·2121	4·4242	6·6363	8·8484	11·0605	13·2726	15·4847	17·6968	19·9089
20	1·161	32·0	43·840	2·2813	4·5625	6·8438	9·1250	11·4063	13·6875	15·9688	18·2500	20·5313
19·5	1·157	31·2	42·744	2·3397	4·6795	7·0192	9·3590	11·6987	14·0384	16·3782	18·7179	21·0577
19	1·152	30·2	41·374	2·4172	4·8344	7·2517	9·6689	12·0861	14·5033	16·9205	19·3378	21·7550
18	1·143	28·4	38·908	2·5704	5·1408	7·7113	10·2817	12·8521	15·4225	17·9929	20·5634	23·1338
17	1·134	26·6	36·442	2·7444	5·4887	8·2331	10·9774	13·7218	16·4662	19·2105	21·9549	24·6992
16	1·125	24·8	33·976	2·9436	5·8871	8·8307	11·7742	14·7178	17·6613	20·6049	23·5484	26·4920
15	1·116	23·1	31·647	3·1602	6·3203	9·4805	12·6407	15·8009	18·9610	22·1212	25·2814	28·4415
14	1·108	21·5	29·455	3·3954	6·7907	10·1861	13·5814	16·9768	20·3721	23·7675	27·1628	30·5582
13	1·100	19·9	27·263	3·6683	7·3367	11·0050	14·6734	18·3417	22·0100	25·6785	29·3467	33·0151

Da 7% kohlensaurer Kalk als Normalmenge angenommen wird, so sind 1,3% desselben durch Salzsäure zu entfernen. Angenommen, man wende eine Salzsäure vom spec. Gewicht 1,166 (20,5° Bé.) an, so sucht man zunächst letzteres Gewicht und alsdann den Kreuzungspunkt dieser horizontalen Linie mit der Verticallinie, welche mit 1 (Theil kohlens. Kalk) bezeichnet ist.

1,0 Th. Kalk erfordern 2,2121 Th. Salzsäure von 1,166 sp. Gew.

0,3 „ „ „ 0,6636 „ „ „ „ „

1,3 Th. Kalk brauchen 2,8757 Th. Salzsäure von 1,166 sp. Gew.

e) **Schwefelsaurer Kalk.** 25 g fein gepulverte und getrocknete Knochenkohle werden in einem Kolben mit Wasser angefeuchtet und mit 100 ccm Salzsäure versetzt, wobei man sich vor einer zu stürmischen Entwickelung von Kohlensäure zu hüten hat. (Zusatz von etwas Aether mindert die Gefahr des Uebersteigens.) Alsdann kocht man ¼ Stunde, giesst den Inhalt in einen 250 ccm-Kolben, füllt zur Marke auf, filtrirt durch ein Faltenfilter 200 ccm (= 20 g Knochenkohle) in ein Becherglas ab und fällt die heisse Lösung mit Chlorbaryum. Man filtrirt die geklärte Flüssigkeit, kocht den noch im Becherglas befindlichen Niederschlag mit ca. 50 ccm Wasser und 10 ccm Salzsäure aus und bringt ihn dann erst aufs Filter. Unterlässt man dieses Auskochen mit verdünnter Salzsäure, so ist der schwefelsaure Baryt stets mit Salzen (phosphorsaurem Kalk etc.) der Knochenkohle verunreinigt. Multiplicationsfactor für die Umrechnung auf schwefelsauren Kalk = 0,5832. Der Gehalt ungebrauchter Knochenkohle an schwefelsaurem Kalk beträgt circa 0,2%. Während des Gebrauches steigt seine Menge in Folge Gypsgehaltes des Wassers und des Kalkes und des Schwefelsäuregehaltes der Salzsäure. Ein grösserer Gypsgehalt der Knochenkohle ist für den Zuckersaft schädlich.

f) **Absorbirter Zucker.** Den nach dem Absüssen in der Knochenkohle noch zurückgehaltenen Zucker bestimmt man wie folgt. Man entnimmt dem Filter bei seiner Entleerung eine grössere Menge Kohle und bestimmt in einem kleinen Theile derselben den Wassergehalt. Den übrigen Theil zerstösst man im feuchten Zustande in einem grossen Mörser aus Gusseisen oder Gussstahl. 100 g des erhaltenen Pulvers werden etwa 4 mal mit je ca. ½ l. Wasser ausgekocht. Die filtrirten und vereinigten Auszüge dampft man unter Zusatz von sehr wenig Kalkmilch bis zu dem Volumen von etwa 70—80 ccm ein. Alsdann spült man in ein 100 ccm-Kölbchen, füllt bis zur Marke auf und bestimmt den Zucker durch Inversion (siehe S. 483 u. 480).

g) **Organische Substanzen.** Der Nachweis derselben beweist das unvollkommene Glühen der Knochenkohle beim Wiederbeleben. 25 g Knochenkohle werden in einem Kölbchen mit 100 ccm Wasser übergossen und mit einer kleinen, aber bei jedem Versuche gleichen Menge Natronlauge versetzt. Man erhitzt alsdann kurze Zeit zum Sieden und filtrirt in ein Probirglas (von gleicher Weite für jeden Versuch). Gut gereinigte und wiederbelebte Knochenkohle muss hierbei ein strohgelbes oder noch helleres Filtrat geben. Ist dasselbe dunkelgelb oder gar braun, so ist der Glühprocess unvollkommen gewesen. Um verwerthbare Resultate nach dieser Methode zu erhalten, muss man bei allen Versuchen unter genau gleichen Umständen verfahren.

2. **Der Kalkstein.** a) Bestimmung des kohlensauren Kalkes aus dem Volum der abgeschiedenen Kohlensäure. Man führt dieselbe mittelst des Scheibler'schen Apparates (S. 173) aus. Von dem Kalkstein wird eine grössere Probe im eisernen Mörser zerstossen und ein kleiner Theil des erhaltenen, gut durchmischten Pulvers sehr fein zerrieben. 0,3—0,5 g dieses feinen Pulvers werden im Scheibler'schen Apparat genau wie auf S. 173 angegeben zersetzt. Aus dem erhaltenen Volumen Kohlensäure und der beobachteten Temperatur findet man mittelst einer Tabelle von Scheibler (S. 507) die Gewichtsmenge kohlensauren Kalkes in folgender Weise.

Man addirt dem gefundenen Volumen zunächst 0,8, d. h. dasjenige Volumen Kohlensäure hinzu, welches in der Flüssigkeit des Entwicklungsfläschchen absorbirt bleibt.

Hat man nun beispielsweise 0,327 Kalkstein abgewogen und bei einer Temperatur von 21° 17,9 Scheibler'sche Grade am Apparat abgelesen, so addirt man zunächst 17,9 + 0,8 = 18,7.

$$
\begin{array}{llllll}
\text{Für } 10 & \text{findet man bei } 21°\,\text{C.} & - & 0{,}162957 \\
\text{„ } 8 & \text{„ „ „ „} & = & 0{,}130366 \\
\text{„ } 0{,}7 & \text{„ „ „ „} & = & 0{,}011407 \\
\hline
\text{Für } 18{,}7 & \text{findet man bei } 21°\,\text{C.} & = & 0{,}304730.
\end{array}
$$

Folglich sind rund 0,305 g kohlensaurer Kalk in 0,327 Kalkstein vorhanden, was 93,2 Proc. entspricht. Natürlich ist hierbei auch die kohlensaure Magnesia als kohlensaurer Kalk verrechnet, was indessen bei derartigen rasch auszuführenden technischen Analysen wohl angeht, vorausgesetzt, dass ihre Menge nicht zu gross ist.

b) Die vollständige Analyse des Kalksteins. Man bestimmt Feuchtigkeit, Kieselsäure, Eisenoxyd und Thonerde, kohlensauren Kalk und kohlensaure Magnesia, schwefelsauren Kalk und zuweilen auch die Chloralkalien. Zur Bestimmung der Feuchtigkeit trocknet man 10 g bei 110°.

Um Kieselsäure etc. zu bestimmen, ist es durchaus nicht nöthig, dass der Kalkstein zu einem höchst feinen Pulver verrieben wird, womit man nur unnütze Zeit verlieren würde. Man pulvert vielmehr den Kalkstein in einem grossen eisernen Mörser und füllt eine Probe des Pulvers, welches

Tabelle
zur Berechnung des Gewichts der kohlensauren Kalkerde aus dem Volum der Kohlensäure.
Von Scheibler.

um 0·8 vergrössertes Volum (+ 0·8)	Bei den Temperaturen (nach Celsius):														
	14 Grad	15 Grad	16 Grad	17 Grad	18 Grad	19 Grad	20 Grad	21 Grad	22 Grad	23 Grad	24 Grad	25 Grad	26 Grad	27 Grad	28 Grad
	g	g	g	g	g	g	g	g	g	g	g	g	g	g	g
1	0·016845	0·016769	0·016691	0·016613	0·016535	0·016456	0·016376	0·016296	0·016214	0·016132	0·016049	0·015965	0·015880	0·015794	0·015707
2	0·033691	0·033537	0·033382	0·033227	0·033070	0·032912	0·032752	0·032591	0·032429	0·032265	0·032099	0·031931	0·031761	0·031589	0·031414
3	0·050536	0·050306	0·050074	0·049840	0·049605	0·049368	0·049129	0·048887	0·048643	0·048397	0·048148	0·047896	0·047641	0·047383	0·047121
4	0·067381	0·067074	0 066765	0·066453	0·066140	0·065824	0·065505	0·065183	0·064858	0·064529	0·064197	0·063862	0·063522	0·063177	0·062828
5	0·084227	0·083843	0·083456	0·083067	0·082675	0·082280	0·081881	0·081479	0·081072	0·080662	0·080247	0·079827	0·079402	0·078972	0·078536
6	0·101072	0·100611	0·100147	0·099680	0·099210	0·098735	0·098257	0·097774	0·097286	0·096794	0·096296	0·095792	0·095282	0·094766	0·094243
7	0·117917	0·117380	0·116838	0·116293	0·115745	0·115191	0·114633	0·114070	0·113501	0·112926	0·112345	0·111758	0·111163	0·110560	0·109950
8	0·134762	0·134148	0·133530	0·132906	0·132280	0·131647	0·131010	0·130366	0·129715	0·129058	0·128394	0·127723	0·127043	0·126354	0·125657
9	0·151608	0·150917	0·150221	0·149520	0·148815	0·148103	0·147386	0·146661	0·145930	0·145191	0·144444	0·143689	0·142924	0·142149	0·141364
10	0·168453	0·167685	0·166912	0·166133	0·165350	0·164559	0·163762	0·162957	0·162144	0·161323	0·160493	0·159654	0·158804	0·157943	0·157071
20	0·336906	0·335370	0·333824	0·332266	0·330700	0·329118	0·327524	0·325914	0·324288	0·322646	0·320986	0·319308	0·317608	0·315886	0.314142

noch kleine Körnchen enthalten darf, in ein Stöpselglas. Von der gut durchgeschüttelten Probe wägt man 1 g ab, schüttet sie in ein hohes Becherglas und übergiesst sie hier ohne jeglichen Wasserzusatz und ohne das Auflegen einer Uhrschale nach und nach mit concentrirter Salzsäure[1]). Alsdann wird direct im Becherglas auf dem Sandbade verdampft und im Uebrigen nach bekannten Methoden verfahren.

Zur Bestimmung des schwefelsauren Kalkes schmilzt man 1 g fein gepulverten Kalkstein in einer Platinschale mit ca. 10 g einer Mischung von 6 Th. Soda und 1 Th. chlorsaurem Kali. Im wässerigen filtrirten Auszuge fällt man die Schwefelsäure nach dem Ansäuern mit Salzsäure aus.

Den Gehalt an Chloralkalien ermittelt man in folgender Weise. Man wendet entweder direct den im Kalkofen gebrannten Aetzkalk zu dieser Untersuchung an oder man brennt sich eine kleinere Probe des Kalksteines in einem hessischen Tiegel, dessen Boden eine Durchbohrung von $1/2$ cm Weite hat, um einen Luftstrom und hierdurch ein rascheres Austreiben der Kohlensäure zu bewirken. Der Kalkstein wird in etwa erbsengrossen Stücken in den Tiegel gefüllt. Man kann auch einige Stücke Kalkstein direct zwischen Holzkohlenfeuer zum Weissglühen erhitzen und den gebrannten Stein nach dem Erkalten mit einer Bürste von anhängender Kohle befreien. Von dem gebrannten Kalk lässt man 150 g in einem Kolben mit 1500 ccm destillirtem Wasser unter Umschütteln so lange stehen, bis aller Kalk sich gelöscht und im Wasser fein vertheilt hat. 1 l des Filtrates wird erwärmt und Kohlensäure in die Lösung eingeleitet. Hierdurch wird der gelöste Kalk ausgeschieden. Das klare Filtrat wird in einer Schale nach Zusatz von etwas Salzsäure zur Trockne eingedampft. Man löst in Wasser, versetzt (zur Entfernung der letzten Mengen Kalk, welche noch gelöst sind) mit einigen Tropfen oxalsauren Ammons und filtrirt in einen gewogenen Porzellantiegel. Man verdampft in demselben zur Trockene und multiplicirt das erhaltene Gewicht mit 0,56, um auf ungebrannten Kalk zu berechnen.

Ein guter Kalkstein soll nicht mehr als etwa 0,2 % Chloralkalien enthalten.

3. **Der Scheidekalk.** Man prüft denselben hauptsächlich auf seinen verwerthbaren Bestandtheil, den Aetzkalk, sowie auch hin und wieder auf die schädlichen Beimengungen (schwefelsaurer Kalk und Alkalien).

a) Bestimmung des Aetzkalkes. Dieselbe wird nach der Scheibler'schen Methode ausgeführt, welche darauf beruht, dass man den Kalk durch längere Berührung mit Zucker in löslichen Zuckerkalk überführt und den

---

[1]) Arbeitet man wie hier angegeben mit conc. Säure und ohne jeglichen Wasserzusatz, so ist das Eindampfen auf dem Sandbade äusserst rasch und ohne Aufsicht zu beendigen.

Kalkgehalt dieser erhaltenen Lösung durch Titration mit Schwefelsäure ermittelt.

50 g Scheidekalk werden in einer tarirten Porzellanschale mit ca. 150 ccm Wasser zu Kalkbrei gelöscht. Nach dem Erkalten stellt man durch abermaliges Wägen die Menge des zugesetzten Wassers fest; 10 g dieser gut durchgerührten und möglichst homogenen Kalkmilch werden in einer Schale abgewogen und mit destillirtem Wasser in einen 500 ccm-Kolben gespült. Hierauf fügt man 25 g zerriebene Raffinade und so viel Wasser hinzu, dass der Kolben zur Hälfte gefüllt ist. Unter öfterem Umschütteln lässt man 24 Stunden stehen, füllt bis zur Marke auf, mischt gut durch und filtrirt in ein trockenes Becherglas. Das Filtrat enthält allen Aetzkalk des abgewogenen Breies als Zuckerkalk gelöst. 100 oder 50 ccm des Filtrates werden nun mit Normalschwefelsäure titrirt.

Eine Methode zur raschen Bestimmung des Kalkes (nach Degener) wurde S. 366 angegeben.

Die Bestimmung der Alkalien und des Gypses geschieht genau nach den bei Kalkstein (S. 363) angegebenen Methoden. Zur Bestimmung des Gypses löst man hierbei 20 g der auf obigem Wege erhaltenen Kalkmilch in Salzsäure, scheidet die Kieselsäure ab und verwendet die Hälfte des Filtrates zur Fällung mit Chlorbarium.

Hat man übrigens — und dies ist weit zweckmässiger — den ungebrannten Kalkstein analysirt, so ergiebt sich hieraus durch einfache Rechnung die Zusammensetzung des gebrannten Kalkes.

VIII. Die Gewinnung des Zuckers aus der Melasse.

1. Osmoseverfahren. Man prüft die osmosirten Säfte auf Zuckergehalt (dunkle Säfte entfärbt man zweckmässig mit Tannin), auf specifisches Gewicht mit der Mohr'schen Wage oder durch directes Abwägen und berechnet hieraus die Grade Balling und den Reinheitsquotient. Die Verbesserung des letzteren soll nicht unter 5 liegen.

Die Bestimmung des Wassers, der Alkalität und der Asche wird genau wie bei Melasse (S. 479 u. 494 No. 3) beschrieben ausgeführt.

Das Osmosewasser wird polarisirt und sein Quotient ermittelt. Steigt derselbe dauernd auf 36, so muss, um zu grosse Verluste zu vermeiden, die Osmose unterbrochen werden.

2. Das Elutionsverfahren. Dasselbe beruht bekanntlich darauf, dass man durch Zusatz von Aetzkalk (oder Kalkhydrat) unreinen Zuckerkalk (Melassekalk) darstellt. Letzterer wird mit Alkohol behandelt, wodurch die Nichtzuckerstoffe gelöst werden, während ein gereinigter Zuckerkalk zurückbleibt. Derselbe wird statt Scheidekalkes und mit letzterem gemengt zur Scheidung der Säfte verwendet. (Die Prüfung des Aetzkalkes siehe S. 365.) Zu bemerken ist noch, dass der zur Darstellung von Melassekalk verwendete Aetzkalk sehr rein sein muss und nicht viel thonhaltige Substanzen enthalten darf.

Untersuchung des Melasse-, resp. Zuckerkalkes.

a) **Wasser.** Man mengt 5—10 g im Porzellanschälchen mit gesiebtem, ausgeglühtem und gewogenem Quarzsand und trocknet. Der Wassergehalt beträgt etwa 60 Proc.

b) **Bestimmung der übrigen Bestandtheile.** (Zucker, Kalk an Zucker gebunden und Kalk an organische Säuren gebunden, Kali und organischer Nichtzucker.) Man wendet die von Frühling und Schulz[1] angegebene Methode an.

100 g Zuckerkalk der gut durchgemischten Probe werden mit ca. 100 ccm Wasser übergossen, in einen trockenen und vorher tarirten Literkolben gebracht und in demselben unter fortwährendem Umschütteln mit Kohlensäure gesättigt. Die Flüssigkeit erstarrt während der Sättigung zu einem dicken, gallertartigen Brei von Zuckerkalk, welcher jedoch nach beendeter Sättigung wieder dünnflüssig wird. Zur Zersetzung der geringen Menge gebildeten doppeltkohlensauren Kalkes erhitzt man den Kolben eine halbe Stunde auf kochendem Wasserbade, lässt erkalten und wägt. Ein Theil des gut gemischten saturirten Breies wird in einem tarirten Becherglase abgewogen und durch ein Filter filtrirt, welches durch ein zweites genau gleich schweres Filter tarirt wurde. Der Niederschlag wird mit heissem Wasser völlig ausgewaschen, getrocknet und gewogen. Man erfährt so die Menge des vorhandenen kohlensauren Kalkes und hieraus die Menge des an Zucker gebundenen Kalkes.

Hierauf filtrirt man den ganzen noch übrigen Rest des saturirten Breies. Einen Theil des Filtrates verwendet man zur Trockensubstanzbestimmung, resp. Wassergehaltsermittelung, indem man ihn mit geglühtem Quarzsand eintrocknet. Zur Zuckerbestimmung wägt man 50 ccm des Filtrates, um zunächst das specifische Gewicht zu ermitteln, in einem Kölbchen mit Marke für 50 und 55. Alsdann neutralisirt man bei alkalischer Reaction mit Essigsäure, setzt Bleiacetat bis zur Marke 55 hinzu, filtrirt und polarisirt. Die Procente Zucker ergeben sich, wenn man den um $^1/_{10}$ vermehrten abgelesenen Polarisationsgrad mit 0,26048 multiplicirt und mit dem specifischen Gewicht dividirt. — Zur Aschenbestimmung werden 100 ccm der vom kohlensauren Kalk-Niederschlage abfiltrirten

---

[1] Journal f. techn. Mittheilungen aus d. Gebiete d. Zuckerfabrikation, Braunschweig 1878, I, 163.

Flüssigkeit in einer geräumigen Platinschale auf dem Wasserbade bis zur Syrupsconsistenz eingedampft.

Alsdann verbrennt man diesen Rückstand mit einer starken Gasflamme, glüht, befeuchtet die weisse Kalkasche mit kohlensaurem Ammoniak, trocknet und wägt.

In der Gesammtasche bestimmt man die Kohlensäure mittelst des Scheibler'schen oder irgend eines anderen Kohlensäurebestimmungsapparates. Aus der hierbei erhaltenen salzsauren Lösung wird mit oxalsaurem Ammoniak derjenige Kalk gefällt, welcher, weil an organische Säuren gebunden, sich durch Kohlensäure bei der Saturation nicht fällen liess. Zieht man von der Gesammtasche die Kohlensäure und den Kalk ab, so bleibt als Rest das vorhandene Kali. Aus den erhaltenen Zahlen ergiebt sich dann die Zusammensetzung des Filtrates: Zucker, Kalk, Kali, Wasser und organischer Nichtzucker; auch ist aus ihnen der Reinheitsquotient, der Kaliquotient und das Verhältniss des Zuckers zum Kaligehalte zu berechnen.

Die Art und Weise der Berechnung der Zusammensetzung des Zuckerkalkes wird durch folgendes Beispiel veranschaulicht werden. Ein unverdünnter Zuckerkalk gab 63,18 Proc. Wasser, enthielt daher 36,82 Proc. Trockensubstanz. — 100 g Zuckerkalk gaben verdünnt nach der Saturation 453,7 g saturirten Brei: 24,3 g desselben enthielten 1,123 g bei 100^0 getrocknetem kohlensauren Kalk. Folglich enthalten 453,7 g 20,96 g, entsprechend 11,73 Proc. Kalk. Von den im Kolben befindlichen 653,7 g saturirten Breies sind abzuziehen 20,96 g kohlensauren Kalk, so dass das Filtrat aus 100 g Zuckerkalk 432,74 betrug. Eine Wasserbestimmung ergab 94,2 Proc. Wasser und demnach 5,8 Proc. Trockensubstanz. 50 ccm wogen 51,053 g was einem specifischen Gewicht von 1,021 entspricht. 50 ccm mit 5 ccm Bleiessig versetzt und polarisirt, gaben $17,8^0$, oder $\dfrac{(17,8+1,78)\ 0,26048}{1,021}$

= 5,00 Proc. Zucker in der saturirten Flüssigkeit. 100 ccm des Filtrates ergaben ferner 0,582 g Asche in welcher 0,21 g Kohlensäure gefunden wurde; die kohlenfreie Asche betrug desshalb 0,372 g, welche wiederum 0,260 g = 0,26 Proc. Kalk ergab. Der Rest (0,372—0,260 = 0,112 g) ist Kali. Hieraus ergiebt sich die Zusammensetzung der saturirten Flüssigkeit zu:

5,00 Proc.		Zucker
0,26	„	Kalk an organische Säuren gebunden
0,112	„	Kali
0,428	„	organischer Nichtzucker (aus der Differenz berechnet)
94,200	„	Wasser
100,000 Proc.		

Der Reinheitsquotient ist: a) der wirkliche $\dfrac{5,00}{5,8} \cdot 100 = 86,2$; b) der scheinbare $\dfrac{5,00}{5,4} \cdot 100 = 92,5$, da das specifische Gewicht 1,021 5,40 Graden Balling entspricht (siehe S. 470). Der Kaliquotient ist 1,93 (5,8 : 0,112 = 100 : x). Das Verhältniss des Zuckers zum Kali ist wie 100 : 2,24. Demnach enthält der Zuckerkalk:

21,64 Proc. Zucker [1])
11,73 „ Kalk (an Zucker gebunden und durch Kohlensäure fällbar)
1,12 „ Kalk (an organ. Säuren gebunden, nicht fällbar durch Kohlensäure)
0,48 „ Kali (kohlensäurefrei)
1,85 „ Organischer Nichtzucker
36,82 Proc. Trockensubstanz
63,18 „ Wasser
100,00 Proc.

---

[1]) In 100 ccm Flüssigkeit sind 5,00 Zucker, also in 432,74 g Gesammtfiltrat 21,64 Proc.

Bier.

Von

Dr. O. Mertens,

vereidigter Handelschemiker in Cöthen.

Die Untersuchung des Bieres erstreckt sich gewöhnlich auf die quantitative Bestimmung des Alkohols, Extractes, der Asche und der Phosphorsäure, sowie auf eine qualitative Prüfung auf etwa hinzugesetzte schädliche Bitterstoffe. Bei einer vollständigen Bieranalyse hat man ausser den erwähnten Bestimmungen noch die der Eiweissstoffe, der Kohlensäure, der freien organischen Säuren, des Glycerins, des Zuckers und Dextrins vorzunehmen.

1. Bestimmung des Alkohols. Stehen Apparate wie das Salleron'sche oder das Geissler'sche Vaporimeter nicht zur Verfügung, so bestimmt man den Alkoholgehalt auf einfache Weise wie folgt:

100 ccm oder g durch Schütteln möglichst von Kohlensäure befreites Bier werden in einem Kölbchen mit 50 ccm Wasser verdünnt, mit etwas kohlensaurem Natron zur Bindung der Essigsäure versetzt, mit einem Liebig'schen Kühler verbunden und von der Flüssigkeit 100 ccm abdestillirt. In dem Destillate bestimmt man den Alkohol entweder direct mit Hülfe eines sehr genauen Alkoholometers oder ermittelt das specifische Gewicht mittelst der Mohr'schen Waage oder des Pyknometers und berechnet hieraus nach der unten beigegebenen Tabelle den Alkoholgehalt.

Je nachdem man das zu untersuchende Bier abgemessen oder abgewogen hat, erhält man Volum- oder Gewichtsprocente.

Tabelle

über die specifischen Gewichte, Volumen- und Gewichtsprocente, schwachgrädiger alkoholischer Flüssigkeiten für die Zwecke der Alkoholbestimmung in Weinen und Bieren mittelst Destillation. Nach Brix. Bei 15° C.

Spec. Gew.	Volum-%	Gewichts-%	Spec. Gew.	Volum-%	Gewichts-%	Spec. Gew.	Volum-%	Gewichts-%
0·99850	1	0·80	0·99392	4·2	3·36	0·98972	7·4	5·94
0·99835	1·1	0·88	0·99378	4·3	3·44	0·98960	7·5	6·02
0·99820	1·2	0·96	0·99364	4·4	3·52	0·98949	7·6	6·11
0·99805	1·3	1·04	0·99350	4·5	3·60	0·98936	7·7	6·19
0·99790	1·4	1·12	0·99336	4·6	3·68	0·98924	7·8	6·27
0·99775	1·5	1·20	0·99322	4·7	3·76	0·98912	7·9	6·35
0·99760	1·6	1·28	0·99308	4·8	3·84	0·98900	8·0	6·43
0·99745	1·7	1·36	0·99294	4·9	3·92	0·98840	8·5	6·83
0·99730	1·8	1·44	0·99280	5·0	4·00	0·98780	9·0	7·24
0·99715	1·9	1·52	0·99267	5·1	4·08	0·98720	9·5	7·64
0·99700	2·0	1·60	0·99254	5·2	4·16	0·98660	10·0	8·05
0·99686	2·1	1·68	0·99241	5·3	4·24	0·98600	10·5	8·46
0·99672	2·2	1·76	0·99228	5·4	4·32	0·98540	11·0	8·87
0·99658	2·3	1·84	0·99215	5·5	4·40	0·98490	11·5	9·28
0·99644	2·4	1·92	0·99202	5·6	4·48	0·98430	12·0	9·69
0·99630	2·5	2·00	0·99189	5·7	4·56	0·98380	12·5	10·10
0·99616	2·6	2·08	0·99176	5·8	4·64	0·98320	13·0	10·51
0·99602	2·7	2·16	0·99163	5·9	4·72	0·98270	13·5	10·92
0·99588	2·8	2·24	0·99150	6·0	4·81	0·98210	14·0	11·33
0·99574	2·9	2·32	0·99137	6·1	4·89	0·98160	14·5	11·74
0·99560	3·0	2·40	0·99124	6·2	4·97	0·98110	15·0	12·15
0·99546	3·1	2·48	0·99111	6·3	5·05	0·98060	15·5	12·56
0·99532	3·2	2·56	0·99098	6·4	5·13	0·98000	16·0	13·00
0·99518	3·3	2·64	0·99085	6·5	5·21	0·97950	16·5	13·40
0·99504	3·4	2·72	0·99072	6·6	5·30	0·97900	17·0	13·80
0·99490	3·5	2·80	0·99059	6·7	5·38	0·97850	17·5	14·22
0·99476	3·6	2·88	0·99046	6·8	5·46	0·97800	18·0	14·63
0·99462	3·7	2·96	0·99033	6·9	5·54	0·97750	18·5	15·04
0·99448	3·8	3·04	0·99020	7·0	5·62	0·97700	19·0	15·46
0·99434	3·9	3·12	0·99008	7·1	5·70	0·97650	19·5	15·87
0·99420	4·0	3·20	0·98996	7·2	5·78	0·97600	20·0	16·28
0·99406	4·1	3·28	0·98984	7·3	5·86			

2. Bestimmung des Extracts. Man ermittelt den Gehalt an Extract auf zweierlei Weise. 10 g Bier werden mit einer abgewogenen Menge frisch ausgeglühten Quarzsandes vermischt, auf dem Wasserbade eingedampft und im Luftbade bei 80—90° bis zu constantem Gewicht getrocknet. Eine höhere Temperatur als 90° ist entschieden zu verwerfen, da sich bei der gewöhnlich angegebenen Temperatur von 110° nicht nur Bernsteinsäure und Glycerin verflüchtigen, sondern auch eine allmähliche Röstung des Extracts stattfindet.

Schneller und kaum weniger genau führt folgende Methode zum Ziele.

100 ccm Bier werden auf dem Wasserbade zur Verjagung des Alkohols und der Kohlensäure bis zur Hälfte eingedampft, mit Wasser wieder auf das frühere Volumen zurückgeführt und in dieser Flüssigkeit mittelst des Pyknometers das spec. Gew. bei 15° C. bestimmt. Hieraus ergiebt sich nach beifolgender von W. Schultze berechneten Tabelle der Extractgehalt in Procenten.

Die Menge des Extracts schwankt bei Schenk- und Lagerbieren zwischen 4—6%, bei den schweren Exportbieren zwischen 6—8%.

Das Verhältniss zwischen Alkohol und Extract soll bei gut gebrauten Bieren wie 1 : 1,75 sein.

Tabelle

zur Ermittlung des Extractgehalts klarer Decoctions- und Infusionswürzen und entalkoholter Bierextractlösungen.

Wenn 1 ccm titrimetrisch klarer Würze bei 15° wiegt	so ist der Extractgehalt in 100 g	100 ccm	Wenn 1 ccm titrimetrisch klarer Würze bei 15° wiegt	so ist der Extractgehalt in 100 g	100 ccm	Wenn 1 ccm titrimetrisch klarer Würze bei 15° wiegt	so ist der Extractgehalt in 100 g	100 ccm
	dieser Würze			dieser Würze			dieser Würze	
g	g	g	g	g	g	g	g	g
1·0000	0·00	0·00	1·0032	0·84	0·84	1·0064	1·67	1·68
1·0001	0·03	0·03	1·0033	0·87	0·87	1·0065	1·69	1·70
1·0002	0·05	0·05	1·0034	0·89	0·89	1·0066	1·72	1·73
1·0003	0·08	0·08	1·0035	0·92	0·92	1·0067	1·74	1·75
1·0004	0·10	0·10	1·0036	0·94	0·94	1·0068	1·77	1·78
1·0005	0·13	0·13	1·0037	0·97	0·97	1·0069	1·79	1·80
1·0006	0·16	0·16	1·0038	1·00	1·00	1·0070	1·82	1·83
1·0007	0·18	0·18	1·0039	1·02	1·02	1·0071	1·84	1·85
1·0008	0·21	0·21	1·0040	1·05	1·05	1·0072	1·87	1·88
1·0009	0·24	0·24	1·0041	1·08	1·08	1·0073	1·90	1·91
1·0010	0·26	0·26	1·0042	1·10	1·10	1·0074	1·92	1·93
1·0011	0·29	0·29	1·0043	1·13	1·13	1·0075	1·95	1·96
1·0012	0·31	0·31	1·0044	1·15	1·16	1·0076	1·97	1·98
1·0013	0·34	0·34	1·0045	1·18	1·19	1·0077	2·00	2·02
1·0014	0·37	0·37	1·0046	1·21	1·22	1·0078	2·02	2·04
1·0015	0·39	0·39	1·0047	1·23	1·24	1·0079	2·05	2·07
1·0016	0·42	0·42	1·0048	1·26	1·27	1·0080	2·07	2·09
1·0017	0·45	0·45	1·0049	1·29	1·30	1·0081	2·10	2·12
1·0018	0·47	0·47	1·0050	1·31	1·32	1·0082	2·12	2·14
1·0019	0·50	0·50	1·0051	1·34	1·35	1·0083	2·15	2·17
1·0020	0·52	0·52	1·0052	1·36	1·37	1·0084	2·17	2·19
1·0021	0·55	0·55	1·0053	1·39	1·40	1·0085	2·20	2·22
1·0022	0·58	0·58	1·0054	1·41	1·42	1·0086	2·23	2·25
1·0023	0·60	0·60	1·0055	1·44	1·45	1·0087	2·25	2·27
1·0024	0·63	0·63	1·0056	1·46	1·47	1·0088	2·28	2·30
1·0025	0·66	0·66	1·0057	1·49	1·50	1·0089	2·30	2·32
1·0026	0·68	0·68	1·0058	1·51	1·52	1·0090	2·33	2·35
1·0027	0·71	0·71	1·0059	1·54	1·55	1·0091	2·35	2·37
1·0028	0·73	0·73	1·0060	1·56	1·57	1·0092	2·38	2·40
1·0029	0·76	0·76	1·0061	1·59	1·60	1·0093	2·41	2·43
1·0030	0·79	0·79	1·0062	1·62	1·63	1·0094	2·43	2·45
1·0031	0·81	0·81	1·0063	1·64	1·65	1·0095	2·46	2·48

Wenn 1 ccm titrimetrisch klarer Würze bei 15° wiegt	so ist der Extractgehalt in		Wenn 1 ccm titrimetrisch klarer Würze bei 15° wiegt	so ist der Extractgehalt in		Wenn 1 ccm titrimetrisch klarer Würze bei 15° wiegt	so ist der Extractgehalt in	
	100 g	100 ccm		100 g	100 ccm		100 g	100 ccm
	dieser Würze			dieser Würze			dieser Würze	
g	g	g	g	g	g	g	g	g
1·0096	2·48	2·50	1·0146	3·77	3·83	1·0196	5·09	5·19
1·0097	2·51	2·53	1·0147	3·79	3·85	1·0197	5·12	5·22
1·0098	2·53	2·55	1·0148	3·82	3·88	1·0198	5·15	5·25
1·0099	2·56	2·59	1·0149	3·85	3·91	1·0199	5·17	5·27
1·0100	2·58	2·61	1·0150	3·87	3·93	1·0200	5·20	5·30
1·0101	2·61	2·64	1·0151	3·90	3·96	1·0201	5·23	5·34
1·0102	2·64	2·67	1·0152	3·92	3·98	1·0202	5·25	5·36
1·0103	2·66	2·69	1·0153	3·95	4·01	1·0203	5·28	5·39
1·0104	2·69	2·72	1·0154	3·97	4·03	1·0204	5·30	5·41
1·0105	2·71	2·74	1·0155	4·00	4·06	1·0205	5·33	5·44
1·0106	2·74	2·77	1·0156	4·03	4·09	1·0206	5·35	5·46
1·0107	2·76	2·79	1·0157	4·05	4·11	1·0207	5·38	5·49
1·0108	2·79	2·82	1·0158	4·08	4·14	1·0208	5·40	5·51
1·0109	2·82	2·85	1·0159	4·10	4·17	1·0209	5·43	5·54
1·0110	2·84	2·87	1·0160	4·13	4·20	1·0210	5·45	5·56
1·0111	2·87	2·90	1·0161	4·16	4·23	1·0211	5·48	5·60
1·0112	2·89	2·92	1·0162	4·18	4·25	1·0212	5·50	5·62
1·0113	2·92	2·95	1·0163	4·21	4·28	1·0213	5·53	5·65
1·0114	2·94	2·97	1·0164	4·23	4·30	1·0214	5·55	5·67
1·0115	2·97	3·00	1·0165	4·26	4·33	1·0215	5·57	5·69
1·0116	2·99	3·02	1·0166	4·28	4·35	1·0216	5·60	5·72
1·0117	3·02	3·06	1·0167	4·31	4·38	1·0217	5·62	5·74
1·0118	3·05	3·09	1·0168	4·34	4·41	1·0218	5·65	5·77
1·0119	3·07	3·11	1·0169	4·36	4·43	1·0219	5·67	5·79
1·0120	3·10	3·14	1·0170	4·39	4·46	1·0220	5·70	5·83
1·0121	3·12	3·16	1·0171	4·42	4·50	1·0221	5·72	5·85
1·0122	3·15	3·19	1·0172	4·44	4·52	1·0222	5·75	5·88
1·0123	3·17	3·21	1·0173	4·47	4·55	1·0223	5·77	5·90
1·0124	3·20	3·24	1·0174	4·50	4·58	1·0224	5·80	5·93
1·0125	3·23	3·27	1·0175	4·53	4·61	1·0225	5·82	5·95
1·0126	3·25	3·29	1·0176	4·55	4·63	1·0226	5·84	5·97
1·0127	3·28	3·32	1·0177	4·58	4·66	1·0227	5·87	6·00
1·0128	3·30	3·34	1·0178	4·61	4·69	1·0228	5·89	6·02
1·0129	3·33	3·37	1·0179	4·63	4·71	1·0229	5·92	6·06
1·0130	3·35	3·39	1·0180	4·66	4·74	1·0230	5·94	6·08
1·0131	3·38	3·42	1·0181	4·69	4·77	1·0231	5·97	6·11
1·0132	3·41	3·46	1·0182	4·71	4·80	1·0232	5·99	6·13
1·0133	3·43	3·48	1·0183	4·74	4·83	1·0233	6·02	6·16
1·0134	3·46	3·51	1·0184	4·77	4·86	1·0234	6·04	6·18
1·0135	3·48	3·53	1·0185	4·79	4·88	1·0235	6·07	6·21
1·0136	3·51	3·56	1·0186	4·82	4·91	1·0236	6·09	6·23
1·0137	3·54	3·59	1·0187	4·85	4·94	1·0237	6·11	6·25
1·0138	3·56	3·61	1·0188	4·88	4·97	1·0238	6·14	6·29
1·0139	3·59	3·64	1·0189	4·90	4·99	1·0239	6·16	6·31
1·0140	3·61	3·66	1·0190	4·93	5·02	1·0240	6·19	6·34
1·0141	3·64	3·69	1·0191	4·96	5·05	1·0241	6·21	6·36
1·0142	3·66	3·71	1·0192	4·98	5·08	1·0242	6·24	6·39
1·0143	3·69	3·74	1·0193	5·01	5·11	1·0243	6·26	6·41
1·0144	3·72	3·77	1·0194	5·04	5·14	1·0244	6·29	6·44
1·0145	3·74	3·79	1·0195	5·06	5·16	1·0245	6·31	6·46

Wenn 1 ccm titrimetrisch klarer Würze bei 15° wiegt	so ist der Extractgehalt in		Wenn 1 ccm titrimetrisch klarer Würze bei 15° wiegt	so ist der Extractgehalt in		Wenn 1 ccm titrimetrisch klarer Würze bei 15° wiegt	so ist der Extractgehalt in	
	100 g	100 ccm		100 g	100 ccm		100 g	100 ccm
	dieser Würze			dieser Würze			dieser Würze	
g	g	g	g	g	g	g	g	g
1·0246	6·34	6·50	1·0296	7·62	7·85	1·0346	8·83	9·14
1·0247	6·36	6·52	1·0297	7·64	7·87	1·0347	8·86	9·17
1·0248	6·39	6·55	1·0298	7·66	7·89	1·0348	8·88	9·19
1·0249	6·41	6·57	1·0299	7·69	7·92	1·0349	8·91	9·22
1·0250	6·44	6·60	1·0300	7·71	7·94	1·0350	8·94	9·25
1·0251	6·47	6·63	1·0301	7·73	7·96	1·0351	8·97	9·28
1·0252	6·50	6·66	1·0302	7·75	7·98	1·0352	8·99	9·31
1·0253	6·52	6·68	1·0303	7·77	8·01	1·0353	9·02	9·34
1·0254	6·55	6·72	1·0304	7·80	8·04	1·0354	9·05	9·37
1·0255	6·58	6·75	1·0305	7·82	8·06	1·0355	9·07	9·39
1·0256	6·61	6·78	1·0306	7·84	8·08	1·0356	9·10	9·42
1·0257	6·63	6.80	1·0307	7·86	8·10	1·0357	9·13	9·46
1·0258	6·66	6·83	1·0308	7·89	8·13	1·0358	9·15	9·48
1·0259	6·69	6·86	1·0309	7·91	8·15	1·0359	9·18	9·51
1·0260	6·71	6·88	1·0310	7·93	8·18	1·0360	9·21	9·54
1·0261	6·74	6·92	1·0311	7·95	8·20	1·0361	9·24	9·57
1·0262	6·77	6·95	1·0312	7·98	8·23	1·0362	9·26	9·60
1·0263	6·80	6·98	1·0313	8·00	8·25	1·0363	9·29	9·63
1·0264	6·82	7·00	1·0314	8·02	8·27	1·0364	9·31	9·65
1·0265	6·85	7·03	1·0315	8·04	8·29	1·0365	9·34	9·68
1·0266	6·88	7·06	1·0316	8·07	8·33	1·0366	9·36	9·70
1·0267	6·91	7·09	1·0317	8·09	8·35	1·0367	9·38	9·72
1·0268	6·93	7·12	1·0318	8·11	8·37	1·0368	9·41	9·76
1·0269	6·96	7·15	1·0319	8·13	8·39	1·0369	9·43	9·78
1·0270	6·99	7·18	1·0320	8·16	8·42	1·0370	9·45	9·80
1·0271	7·01	7·20	1·0321	8·18	8·44	1·0371	9·48	9·83
1·0272	7·04	7·23	1·0322	8·20	8·46	1·0372	9·50	9·85
1·0273	7·07	7·26	1·0323	8·22	8·49	1·0373	9·52	9·88
1·0274	7·10	7·29	1·0324	8·25	8·52	1·0374	9·55	9·91
1·0275	7·12	7·32	1·0325	8·27	8·54	1·0375	9·57	9·93
1·0276	7·15	7·35	1·0326	8·29	8·56	1·0376	9·59	9·95
1·0277	7·18	7·38	1·0327	8·32	8·59	1·0377	9·62	9·98
1·0278	7·21	7·41	1·0328	8·34	8·61	1·0378	9·64	10·00
1·0279	7·23	7·43	1·0329	8·37	8·65	1·0379	9·66	10·03
1·0280	7·26	7·46	1·0330	8·40	8·68	1·0380	9·69	10·06
1·0281	7·28	7·48	1·0331	8·43	8·71	1·0381	9·71	10·08
1·0282	7·30	7·51	1·0332	8·45	8·73	1·0382	9·73	10·10
1·0283	7·33	7·54	1·0333	8·48	8·76	1·0383	9·76	10·13
1·0284	7·35	7·56	1·0334	8·51	8·79	1·0384	9·78	10·16
1·0285	7·37	7·58	1·0335	8·53	8·82	1·0385	9·81	10·19
1·0286	7·39	7·60	1·0336	8·56	8·85	1·0386	9·83	10·21
1·0287	7·42	7·63	1·0337	8·59	8·88	1·0387	9·85	10·23
1·0288	7·44	7·65	1·0338	8·61	8·90	1·0388	9·88	10·26
1·0289	7·46	7·68	1·0339	8·64	8·93	1·0389	9·90	10·29
1·0290	7·48	7·70	1·0340	8·67	8·96	1·0390	9·92	10·31
1·0291	7·51	7·73	1·0341	8·70	9·00	1·0391	9·95	10·34
1·0292	7·53	7·75	1·0342	8·72	9·02	1·0392	9·97	10·36
1·0293	7·55	7·77	1·0343	8·75	9·05	1·0393	9·99	10·38
1·0294	7·57	7·79	1·0344	8·78	9·08	1·0394	10·02	10·41
1·0295	7·60	7·82	1·0345	8·80	9·10	1·0395	10·04	10·44

Wenn 1 ccm titrimetrisch klarer Würze bei 15° wiegt	so ist der Extractgehalt in		Wenn 1 ccm titrimetrisch klarer Würze bei 15° wiegt	so ist der Extractgehalt in		Wenn 1 ccm titrimetrisch klarer Würze bei 15° wiegt	so ist der Extractgehalt in	
	100 g	100 ccm		100 g	100 ccm		100 g	100 ccm
	dieser Würze			dieser Würze			dieser Würze	
g	g	g	g	g	g	g	g	g
1·0396	10·06	10·46	1·0446	11·30	11·80	1·0496	12·53	13·15
1·0397	10·09	10·49	1·0447	11·33	11·84	1·0497	12·55	13·17
1·0398	10·11	10·51	1·0448	11·35	11·86	1·0498	12·58	13·21
1·0399	10·13	10·53	1·0449	11·38	11·89	1·0499	12·60	13·23
1·0400	10·16	10·57	1·0450	11·40	11·91	1·0500	12·63	13·26
1·0401	10·18	10·59	1·0451	11·43	11·95	1·0501	12·65	13·28
1·0402	10·20	10·61	1·0452	11·45	11·97	1·0502	12·67	13·31
1·0403	10·23	10·64	1·0453	11·48	12·00	1·0503	12·70	13·34
1·0404	10·25	10·66	1·0454	11·50	12·02	1·0504	12·72	13·36
1·0405	10·27	10·69	1·0455	11·53	12·05	1·0505	12·75	13·39
1·0406	10·30	10·72	1·0456	11·55	12·08	1·0506	12·77	13·42
1·0407	10·32	10·74	1·0457	11·57	12·10	1·0507	12·80	13·45
1·0408	10·35	10·77	1·0458	11·60	12·13	1·0508	12·82	13·47
1·0409	10·37	10·79	1·0459	11·62	12·15	1·0509	12·85	13·50
1·0410	10·40	10·83	1·0460	11·65	12·19	1·0510	12·87	13·53
1·0411	10·42	10·85	1·0461	11·67	12·21	1·0511	12·90	13·56
1·0412	10·45	10·88	1·0462	11·70	12·24	1·0512	12·92	13·58
1·0413	10·47	10·90	1·0463	11·72	12·26	1·0513	12·94	13·60
1·0414	10·50	10·93	1·0464	11·75	12·30	1·0513	12·97	13·64
1·0415	10·52	10·96	1·0465	11·77	12·32	1·0515	12·99	13·66
1·0416	10·55	10·99	1·0466	11·79	12·34	1·0516	13·02	13·69
1·0417	10·57	11·01	1·0467	11·82	12·37	1·0517	13·04	13·71
1·0418	10·60	11·04	1·0468	11·84	12·39	1·0518	13·07	13·75
1·0419	10·62	11·06	1·0469	11·87	12·43	1·0519	13·09	13·77
1·0420	10·65	11·10	1·0470	11·89	12·45	1·0520	13·12	13·80
1·0421	10·67	11·12	1·0471	11·92	12·48	1·0521	13·14	13·82
1·0422	10·70	11·15	1·0472	11·94	12·50	1·0522	13·16	13·85
1·0423	10·72	11·17	1·0473	11·97	12·54	1·0523	13·19	13·88
1·0424	10·75	11·21	1·0474	11·99	12·56	1·0524	13·21	13·90
1·0425	10·77	11·23	1·0475	12·01	12·58	1·0525	13·24	13·94
1·0426	10·80	11·26	1·0476	12·04	12·61	1·0526	13·26	13·96
1·0427	10·82	11·28	1·0477	12·06	12·64	1·0527	13·29	13·99
1·0428	10·85	11·31	1·0478	12·09	12·67	1·0528	13·31	14·01
1·0429	10·88	11·35	1·0479	12·11	12·69	1·0529	13·34	14.05
1·0430	10·90	11·37	1·0480	12·14	12·72	1·0530	13·36	14·07
1·0431	10·93	11·40	1·0481	12·16	12·74	1·0531	13·38	14·09
1·0432	10·95	11·42	1·0482	12·19	12·78	1·0532	13·41	14·12
1·0433	10·98	11·46	1·0483	12·21	12·80	1·0533	13·43	14·15
1·0434	11·00	11·48	1·0484	12·23	12·82	1·0534	13·46	14·18
1·0435	11·03	11·51	1·0485	12·26	12·85	1·0535	13·48	14·20
1·0436	11·05	11·53	1·0486	12·28	12·88	1·0536	13·51	14·23
1·0437	11·08	11·56	1·0487	12·31	12·91	1·0537	13·53	14·26
1·0438	11·10	11·59	1·0488	12·33	12·93	1·0538	13·56	14·29
1·0439	11·13	11·62	1·0489	12·36	12·96	1·0539	13·58	14.31
1·0440	11·15	11·64	1·0490	12·38	12·99	1·0540	13·61	14·34
1·0441	11·18	11·67	1·0491	12·41	13·02	1·0541	13·63	14·37
1·0442	11·20	11·70	1·0492	12·43	13·04	1·0542	13·66	14·40
1·0443	11·23	11·73	1·0493	12·45	13·06	1·0543	13·68	14·42
1·0444	11·25	11·75	1·0494	12·48	13·10	1·0544	13·71	14·46
1·0445	11·28	11·78	1·0495	12·50	13·12	1·0545	13·73	14·48

Wenn 1 ccm titrimetrisch klarer Würze bei 15° wiegt g	so ist der Extractgehalt in 100 g	100 ccm	Wenn 1 ccm titrimetrisch klarer Würze bei 15° wiegt g	so ist der Extractgehalt in 100 g	100 ccm	Wenn 1 ccm titrimetrisch klarer Würze bei 15° wiegt g	so ist der Extractgehalt in 100 g	100 ccm
	dieser Würze g	g		dieser Würze g	g		dieser Würze g	g
1·0546	13·76	14·51	1·0596	15·04	15·94	1·0646	16·16	17·20
1·0547	13·78	14·53	1·0597	15·07	15·97	1·0647	16·18	17·23
1·0548	13·81	14·57	1·0598	15·09	15·99	1·0648	16·21	17·26
1·0549	13·83	14·59	1·0599	15·11	16·02	1·0649	16·23	17·28
1·0550	13·86	14·62	1·0600	15·14	16·05	1·0650	16·25	17·31
1·0551	13·88	14·64	1·0601	15·16	16·07	1·0651	16·27	17·33
1·0552	13·91	14·68	1·0602	15·18	16·09	1·0652	16·30	17·36
1·0553	13·93	14·70	1·0603	15·20	16·12	1·0653	16·32	17·39
1·0554	13·96	14·73	1·0604	15·23	16·15	1·0654	16·35	17·42
1·0555	13·98	14·76	1·0605	15·25	16·17	1·0655	16·37	17·44
1·0556	14·01	14·79	1·0606	15·27	16·20	1·0656	16·40	17·48
1·0557	14·03	14·81	1·0607	15·29	16·22	1·0657	16·42	17·50
1·0558	14·06	14·84	1·0608	15·31	16·24	1·0658	16·45	17·53
1·0559	14·08	14·87	1·0609	15·34	16·27	1·0659	16·47	17·56
1·0560	14·11	14·90	1·0610	15·36	16·30	1·0660	16·50	17·59
1·0561	14·13	14·92	1·0611	15·38	16·32	1·0661	16·52	17·61
1·0562	14·16	14·96	1·0612	15·40	16·34	1·0662	16·54	17·63
1·0563	14·18	14·98	1·0613	15·43	16·38	1·0663	16·57	17·67
1·0564	14·21	15·01	1·0614	15·45	16·40	1·0664	16·59	17·69
1·0565	14·23	15·03	1·0615	15·47	16·42	1·0665	16·62	17·73
1·0566	14·26	15·07	1·0616	15·49	16·44	1·0666	16·64	17·75
1·0567	14·28	15·09	1·0617	15·52	16·48	1·0667	16·67	17·78
1·0568	14·31	15·12	1·0618	15·54	16·50	1·0668	16·69	17·80
1·0569	14·33	15·15	1·0619	15·56	16·52	1·0669	16·72	17·84
1·0570	14·36	15·18	1·0620	15·58	16·55	1·0670	16·74	17·86
1·0571	14·38	15·20	1·0621	15·60	16·57	1·0671	16·76	17·88
1·0572	14·41	15·23	1·0622	15·63	16·60	1·0672	16·79	17·92
1·0573	14·44	15·27	1·0623	15·65	16·62	1·0673	16·81	17·94
1·0574	14·46	15·29	1·0624	15·67	16·64	1·0674	16·84	17·98
1·0575	14·49	15·32	1·0625	15·69	16·66	1·0675	16·86	18·00
1·0576	14·52	15·36	1·0626	15·72	16·70	1·0676	16·89	18·03
1·0577	14·54	15·38	1·0627	15·74	16·73	1·0677	16·91	18·05
1·0578	14·57	15·41	1·0628	15·76	16·75	1·0678	16·94	18·09
1·0579	14·59	15·43	1·0629	15·78	16·77	1·0679	16·96	18·11
1·0580	14·62	15·47	1·0630	15·80	16·80	1·0680	16·99	18·15
1·0581	14·65	15·50	1·0631	15·83	16·83	1·0681	17·01	18·17
1·0582	14·67	15·52	1·0632	15·85	16·85	1·0682	17·03	18·19
1·0583	14·70	15·56	1·0633	15·87	16·87	1·0683	17·06	18·23
1·0584	14·73	15·59	1·0634	15·89	16·90	1·0684	17·08	18·25
1·0585	14·75	15·61	1·0635	15·92	16·93	1·0685	17·11	18·28
1·0586	14·78	15·65	1·0636	15·94	16·95	1·0686	17·13	18·31
1·0587	14·81	15·68	1·0637	15·96	16·98	1·0687	17·16	18·34
1·0588	14·83	15·70	1·0638	15·98	17·00	1·0688	17·18	18·36
1·0589	14·86	15·74	1·0639	16·01	17·03	1·0689	17·21	18·40
1·0590	14·89	15·77	1·0640	16·03	17·06	1·0690	17·23	18·42
1·0591	14·91	15·79	1·0641	16·05	17·08	1·0691	17·25	18·44
1·0592	14·94	15·82	1·0642	16·07	17·10	1·0692	17·28	18·48
1·0593	14·96	15·85	1·0643	16·09	17·12	1·0693	17·30	18·50
1·0594	14·99	15·88	1·0644	16·12	17·16	1·0694	17·33	18·53
1·0595	15·02	15·91	1·0645	16·14	17·18	1·0695	17·35	18·56

Wenn 1 ccm titrimetrisch klarer Würze bei 15⁰ wiegt	so ist der Extractgehalt in		Wenn 1 ccm titrimetrisch klarer Würze bei 15⁰ wiegt	so ist der Extractgehalt in		Wenn 1 ccm titrimetrisch klarer Würze bei 15⁰ wiegt	so ist der Extractgehalt in	
	100 g	100 ccm		100 g	100 ccm		100 g	100 ccm
	dieser Würze			dieser Würze			dieser Würze	
g	g	g	g	g	g	g	g	g
1·0696	17·38	18·59	1·0741	18·40	19·76	1·0785	19·33	20·85
1·0697	17·40	18·61	1·0742	18·42	19·79	1·0786	19·36	20·88
1·0698	17·43	18·65	1·0743	18·44	19·81	1·0787	19·38	20·90
1·0699	17·45	18·67	1·0744	18·47	19·84	1·0788	19·40	20·93
1·0700	17·48	18·70	1·0745	18·49	19·87	1·0789	19·42	20·95
1·0701	17·50	18·73	1·0746	18·51	19·89	1·0790	19·44	20·98
1·0702	17·52	18·75	1·0747	18·53	19·91	1·0791	19·46	21·00
1·0703	17·54	18·77	1·0748	18·55	19·94	1·0792	19·49	21·03
1·0704	17·57	18·81	1·0749	18·57	19·96	1·0793	19·51	21·06
1·0705	17·59	18·83	1·0750	18·59	19·98	1·0794	19·53	21·08
1·0706	17·61	18·85	1·0751	18·62	20·02	1·0795	19·56	21·11
1·0707	17·63	18·88	1·0752	18·64	20·04	1·0796	19·58	21·14
1·0708	17·66	18·91	1·0753	18·66	20·07	1·0797	19·60	21·16
1·0709	17·68	18·93	1·0754	18·68	20·09	1·0798	19·63	21·20
1·0710	17·70	18·96	1·0755	18·70	20·11	1·0799	19·65	21·22
1·0711	17·72	18·98	1·0756	18·72	20·14	1·0800	19·67	21·24
1·0712	17·75	19·01	1·0757	18·74	20·16	1·0801	19·70	21·28
1·0713	17·77	19·04	1·0758	18·76	20·18	1·0802	19·72	21·30
1·0714	17·79	19·06	1·0759	18·78	20·21	1·0803	19·74	21·33
1·0715	17·81	19·08	1·0760	18·81	20·24	1·0804	19·77	21·36
1·0716	17·84	19·12	1·0761	18·83	20·26	1·0805	19·79	21·38
1·0717	17·86	19·14	1·0762	18·85	20·29	1·0806	19·81	21·41
1·0718	17·88	19·16	1·0763	18·87	20·31	1·0807	19·84	21·43
1·0719	17·90	19·19	1·0764	18·89	20·33	1·0808	19·86	21·46
1·0720	17·93	19·22	1·0765	18·91	20·36	1·0809	19·88	21·49
1·0721	17·95	19·24	1·0766	18·93	20·38	1·0810	19·91	21·52
1·0722	17·97	19·27	1·0767	18·95	20·40	1·0811	19·93	21·55
1·0723	17·99	19·29	1·0768	18·97	20·43	1·0812	19·96	21·58
1·0724	18·02	19·32	1·0769	19·00	20·46	1·0813	19·98	21·60
1·0725	18·04	19·35	1·0770	19·02	20·48	1·0814	20·00	21·63
1·0726	18·06	19·37	1·0771	19·04	20·51	1·0815	20·03	21·66
1·0727	18·08	19·39	1·0772	19·06	20·53	1·0816	20·05	21·69
1·0728	18·11	19·43	1·0773	19·08	20·55	1·0817	20·07	21·71
1·0729	18·13	19·45	1·0774	19·10	20·58	1·0818	20·10	21·74
1·0730	18·15	19·47	1·0775	19·12	20·60	1·0819	20·12	21·77
1·0731	18·17	19·50	1·0776	19·14	20·63	1·0820	20·14	21·79
1·0732	18·20	19·53	1·0777	19·17	20·66	1·0821	20·17	21·83
1·0733	18·22	19·55	1·0778	19·19	20·68	1·0822	20·19	21·85
1·0734	18·24	19·58	1·0779	19·21	20·71	1·0823	20·21	21·87
1·0735	18·26	19·60	1·0780	19·23	20·73	1·0824	20·24	21·91
1·0736	18·29	19·64	1·0781	19·25	20·75	1·0825	20·26	21·93
1·0737	18·31	19·66	1·0782	19·27	20·78	1·0826	20·28	21·96
1·0738	18·33	19·68	1·0783	19·29	20·80	1·0827	20·31	21·99
1·0739	18·35	19·71	1·0784	19·31	20·82	1·0828	20·33	22·01
1·0740	18·38	19·74						

3. **Bestimmung der Asche.** 100 — 200 ccm Bier werden in einer gewogenen Platinschale eingedampft, der Rückstand bei möglichst niederer Temperatur eingeäschert und gewogen. Der Aschengehalt liegt bei guten

Bieren zwischen 0,2—0,4%; ein grösserer Gehalt spricht für einen Zusatz von Alkalicarbonaten, der sich ausserdem auch schon dadurch zu erkennen giebt, dass die Asche auf Zusatz einiger Tropfen Salpetersäure stark braust, während die Asche unverfälschten Bieres nur Spuren von Kohlensäure enthält.

4. **Bestimmung der Phosphorsäure.** Die Bestimmung der Phosphorsäure gewährt einen sichern Anhaltepunkt, ob zur Bereitung des Bieres nur Gerstenmalz oder auch andere Materialien wie Kartoffelzucker, Glycerin etc., die keine Phosphorsäure enthalten, genommen worden sind. Es sollte daher bei geringeren Bieren der Gehalt an Phosphorsäure bei 0,2% Asche mindestens 0,05% betragen, bei gehaltreicheren dagegen 0,06—0,1%.

Man bestimmt die Phosphorsäure wie folgt: Die vorhin erhaltene Asche wird in Salpetersäure gelöst, eingedampft, mit Wasser und Salpetersäure wieder aufgenommen, etwa ausgeschiedene Kieselsäure abfiltrirt, ausgewaschen und im Filtrat die Phosphorsäure durch Titriren mit Uranlösung oder Behandeln mit molybdänsaurem Ammon ermittelt.

5. **Bestimmung der Eiweissstoffe.** 20—50 ccm Bier werden auf dem Wasserbade bis zur Syrupsconsistenz eingedampft, mit trocknem Gyps oder ausgeglühtem Quarzsand verrieben, vollständig eingetrocknet, mit Natronkalk verbrannt und das sich entwickelnde Ammoniak in titrirter Schwefelsäure aufgefangen. Der hieraus gefundene Stickstoff mit 6,25 multiplicirt giebt die Menge der im Bier enthaltenen Eiweissstoffe an, die sich im Mittel auf 0,5—0,8% beläuft.

6. **Bestimmung der Kohlensäure.** 100 ccm Bier werden in einem Glaskolben, der mit einer ammoniakalische Chlorbariumlösung enthaltende Vorlage luftdicht verbunden ist, längere Zeit bis zum beginnenden Kochen erhitzt; der sich in der Vorlage abscheidende kohlensaure Baryt wird schnell abfiltrirt, mit heissem Wasser ausgewaschen, getrocknet und gewogen. Durch Multiplication mit 0,2233 erhält man die in 100 ccm enthalten gewesene Kohlensäure, deren Gehalt im Mittel 0,10—0,25% beträgt.

7. **Bestimmung der freien Säuren.** Ausser der Kohlensäure kommen im Bier noch Milchsäure, Essigsäure und geringe Mengen von Bernsteinsäure vor. Der Säurengehalt soll bei Schankbieren 2% des Extractes und bei Lagerbieren 4% desselben nicht überschreiten.

Zur Bestimmung derselben werden 100 ccm durch Schütteln von Kohlensäure befreiten Bieres mit dem gleichen Volumen Wasser verdünnt, 10 ccm titrirter Schwefelsäure und einige Tropfen Corallinlösung hinzugefügt und hierauf mit Barytwasser (S. 102) titrirt. Zieht man von der verwendeten Menge Barytwasser die zur Neutralisation der 10 ccm Schwefelsäure nothwendige ab, so ergiebt sich aus dem Mehrverbrauch die im Bier enthaltene freie Säure, die für gewöhnlich als Milchsäure berechnet wird. 1 Thl. SO_3 entspricht 2,25 Thl. Milchsäure.

8. **Bestimmung des Glycerins.** Die quantitative Bestimmung des Glycerins, das häufig als Verbesserungsmittel sauer und schal schmeckenden Bieren zugesetzt wird, führt man zweckmässig nach der von Clausnitzer angegebenen Methode aus.

50 ccm Bier werden auf dem Wasserbade in einer mit Glasstab tarirten Schale erwärmt, nach dem Entweichen der Kohlensäure mit 3 g gelöschtem Kalk versetzt, zum Syrup eingedampft und nach Zugabe von 10 g gepulvertem Marmor unter häufigem Umrühren vollständig getrocknet. Der Inhalt der Schale wird zu Pulver zerrieben und ein abgewogener Theil ($^2/_3$—$^3/_4$) in einem Extractionsapparate mit 20 ccm 90 proc. Alkohol 4 bis 6 Stunden extrahirt. Der alkoholische Auszug wird nach dem Erkalten mit 25 ccm Aether versetzt, der entstandene Niederschlag nach einstündigem Stehen durch ein kleines Filter in ein gewogenes Kölbchen abfiltrirt und Niederschlag und Filter mit Aether-Alkohol (3 : 2) ausgewaschen. Das fast farblose Filtrat wird auf dem Wasserbade im schiefliegenden Kölbchen durch schwaches Erwärmen von Alkohol und Aether befreit und der Rückstand in leicht bedecktem Kölbchen bei 100—110° so lange getrocknet, bis die Gewichtsabnahme nach 2stündigem Trocknen noch höchstens 2 mg beträgt. Unter Umständen kann noch eine Aschenbestimmung des so erhaltenen Glycerins nothwendig werden. Zu diesem Zweck behandelt man dasselbe mit wenig Wasser, spült die Lösung in ein gewogenes Platinschälchen, verdampft zur Trockne, verascht, wägt den Rückstand und zieht die Menge desselben von dem zuerst erhaltenen unreinen Glycerin ab. Da das Bier von Natur 0,05—0,3% Glycerin enthält, so dürfte ein höherer Gehalt als 0,3% als Verfälschung zu betrachten sein.

9. **Bestimmung des Zuckers und Dextrins.** 50 ccm Bier werden zur Verjagung des Alkohols und der Kohlensäure auf $^2/_3$ eingedampft, mit Wasser auf 250 ccm verdünnt und diese Flüssigkeit zur Titrirung mit Fehling'scher Lösung benutzt. 10 ccm Fehling'scher Lösung werden in einer Porzellanschale mit 40 ccm Wasser verdünnt, zum Sieden erhitzt und so lange aus einer Bürette mit dem verdünnten Bier versetzt, bis die Kupferlösung entfärbt ist und das ausgeschiedene rothe Kupferoxydul sich scharf am Boden der Schale abgesetzt hat. Zur Prüfung, ob alles Kupfer ausgefällt ist, filtrirt man eine kleine Probe ab, säuert mit Essigsäure an und versetzt mit Ferrocyankalium, das bei Gegenwart von Kupfer einen braunen Niederschlag giebt. Hat man durch diesen Versuch den Zuckergehalt annähernd ermittelt, so wiederholt man denselben zur genauen Feststellung des Zuckers, lässt aber dann gleich fast die ganze erforderliche Menge der Flüssigkeit zufliessen und prüft wiederum auf Kupfer. Nöthigenfalls stellt man den Versuch zum dritten Male an. Da 10 ccm Fehling'scher Lösung 0,05 Traubenzucker entsprechen, so kann man aus den verbrauchten ccm des verdünnten Bieres den in den 50 ccm Bier enthaltenen Zucker

berechnen. Der Gehalt des Bieres an Zucker schwankt bei leichten Bieren zwischen 0,4—0,8%, bei starken geht er bis auf 1,8% hinauf.

Da eine directe Methode zur Bestimmung des Dextrins bis jetzt nicht existirt, so wird dasselbe durch Kochen mit verdünnter Schwefelsäure in Traubenzucker übergeführt, der Gesammtzuckergehalt in der Flüssigkeit in der oben beschriebenen Weise bestimmt und von der so erhaltenen Menge die zuerst gefundene in Abzug gebracht und der Rest auf Dextrin berechnet. 1 Gewichtstheil Zucker entspricht 0,9 Gewichtstheilen Dextrin. Die Ueberführung des Dextrins in Traubenzucker geschieht in folgender Weise: 50 ccm Bier werden bis auf ca. 20 ccm eingeengt, mit Wasser bis auf das ursprüngliche Volumen zurückgebracht und von dieser Flüssigkeit 10 ccm unter Zusatz von 1,5 ccm Schwefelsäure (214 g conc. Säure im Liter) in ein Lindner'sches Druckfläschchen gebracht und dasselbe 5—6 Stunden in einer gesättigten Kochsalzlösung auf 110° erhitzt. Die saure invertirte Lösung wird zu 50 ccm verdünnt und der Zucker in derselben genau wie oben angegeben bestimmt.

10. **Bestimmung des ursprünglichen Würzegehalts.** Aus dem gefundenen Alkohol und Extractgehalt kann man nach Balling die Concentration der Würze wie folgt berechnen: Da 100 Theile Malzzucker bei vollständiger Vergährung 51,11 Thl. Alkohol liefern, so multiplicirt man, um die Menge des ursprünglich in der Würze enthaltenen Zuckers zu finden, den Alkoholgehalt mit 1,956. Diese Zahl wird, da 100 Theile vergohrener Malzzucker 5,617 Thl. Hefe liefern, um die zur Bildung der Hefe erforderlichen Bestandtheile festzustellen, mit 0,05617 multiplicirt. Man addirt nun zu dem gefundenen Extractgehalt die beiden vorhin erhaltenen Werthe, multiplicirt das erhaltene Product mit 0,964 und findet so die Concentration der ursprünglich vorhandenen Würze nahezu richtig.

11. **Nachweis, ob ein Bier gut abgelagert und vergohren ist.** S. G. Král hat eine Methode angegeben, die es ermöglicht, in kurzer Zeit darüber Aufschluss zu erhalten, ob ein Bier gut abgelagert und vergohren ist. Man gebraucht hierzu eine Lösung von neutralem schwefelsauren Eisenoxyd (10 Thl. auf 150 Thl. Wasser). Setzt man zu gut ausgegohrenem und abgelagertem Bier von obiger Lösung im Verhältniss von 1 : 16 zu, so entsteht eine Trübung und nach ¼—½ stündigem Stehen ein geringer Niederschlag, der kaum den sechsten Raumtheil des Gefässes einnimmt. Ein wenig ausgegohrenes Bier giebt, je jünger es ist, einen um so stärkeren Niederschlag, der sich erst nach 12—24 stündigem Stehen absetzt und reichlich die Hälfte des Gefässraumes erfüllt. Sehr junges Bier wird durch den sich bildenden Niederschlag förmlich dick und nach dem Absetzen ist die über den Niederschlag stehende Flüssigkeit nie ganz klar.

12. **Nachweis fremder Bitterstoffe.** Zum schnellen Nachweis, ob ein Bier Hopfen oder fremde Bitterstoffe enthält, kann man sich nach

Dietsch folgenden Verfahrens bedienen: Fügt man zu Bier so lange Blei-essig hinzu bis kein Niederschlag mehr entsteht, so hat die über demselben stehende klare Flüssigkeit keinen bitteren Geschmack mehr, wenn nur Hopfen darin war, während bei allen sonstigen Bitterstoffen die Flüssigkeit bitter bleibt. Bleiessig fällt das Hopfenbitter, die anderen Bitterstoffe nicht.

Kocht man ferner Bier auf $\frac{1}{3}$ seines Volumens ein und versetzt es noch heiss mit etwas Kochsalz, so entwickelt sich der Geruch des Hopfens und etwa vorhandener bitterer Pflanzenstoffe sehr deutlich.

Obgleich das Vorkommen fremder giftiger Bitterstoffe im Biere mehr der Phantasie ängstlicher Gemüther als der Wirklichkeit angehört und meines Wissens in Deutschland noch kein Fall vorgekommen ist, in dem es gelungen wäre, mit Sicherheit fremde Pflanzenstoffe nachzuweisen, so will ich doch der Vollständigkeit halber die Bitterstoffe, die als Surrogate des Hopfens dienen sollen und den Nachweis derselben hier anführen. Als solche werden angesehen: Wermuthkraut (Absynthin), Biberklee (Menyan-thin), Enzianwurzel (Gentiopikrin), Quassiaholz (Quassiin), Aloë (Aloin), Herbstzeitlose (Colchicin), Kokkelskörner (Picrotoxin), Krähenaugen (Strych-nin, Brucin), Coloquinten (Colocynthin), Pikrinsäure. Der Nachweis der-selben wird nach Wittstein wie folgt ausgeführt.

Ein Liter des verdächtigen Bieres verdunstet man bis zur Consistenz eines dicken Syrups, giesst diesen in einen tarirten, sein 10faches Volumen fassenden Glascylinder, wiegt das 5fache Gewicht Weingeist von 93—95 % hinzu und lässt unter öfterem Umrühren mit einem dicken Glasstab 24 Stunden einwirken. Hierdurch wird fast alles für die Untersuchung Werth-lose (Gummi, Dextrin, Sulfate, Phosphate, Chloride) abgeschieden und nur verhältnissmässig wenig Stoffe, unter denen sich aber die obengenannten befinden, in Lösung erhalten. Nach erfolgter Klärung giesst man die spiri-tuöse Flüssigkeit ab, unterwirft den teigigen Rückstand noch einmal der-selben Behandlung mit Weingeist, vermischt beide Auszüge, filtrirt wenn nöthig und verjagt daraus den Weingeist durch Erwärmen.

a) Von dem dabei gebliebenen syrupartigen Rückstand verdünnt man einen kleinen Theil mit der 3fachen Menge Wasser und legt einen Streifen weisses Wollenzeug hinein. Nach einer Stunde nimmt man denselben heraus und wäscht ihn mit Wasser ab. Gelbe Färbung desselben: Pikrinsäure.

b) Der übrige Theil des Syrups wird mit dem 6fachen Gewicht reinen farblosen Benzins von 80⁰ (Siedepunkt) eine Zeitlang geschüttelt, dieses abgegossen, der Rückstand nochmals damit behandelt und beide Lösungen bei gelinder Wärme verdunstet. Der dabei hinterbliebene blassgelbe Firniss kann möglicherweise Brucin, Strychnin, Colchicin und Colocynthin ent-halten.

Um darüber Gewissheit zu erlangen, nimmt man von dem Firniss drei Proben, thut dieselben auf 3 Porzellandeckel und betupft die erste mit

Salpetersäure von 1,33—1,40 spec. Gewicht. Rothe Färbung: Brucin, violette Färbung: Colchicin.

Die zweite Probe wird mit conc. Schwefelsäure betupft. Rothe Färbung: Colcynthin.

Die dritte Probe wird ebenfalls mit conc. Schwefelsäure betupft, nachdem ein paar Körnchen Kaliumbichromat zugesetzt worden sind. Purpurviolette Färbung: Strychnin. Der gelbliche Firniss hat unter allen Umständen einen bitteren Geschmack, doch lässt sich das durch obige Alkaloide erzeugte Bitter durch seine Intensität gut vom Hopfenbitter unterscheiden.

c) Den mit Benzin behandelten Syrup befreit man durch gelindes Erwärmen von dem noch anhängenden Benzin und schüttelt ihn hierauf 2 Mal mit reinem farblosen Amylalkohol aus. Ist dieser gelblich oder goldgelb geworden, so kann er Pikrotoxin oder Aloë aufgenommen haben und wird dann auch stark bitter schmecken.

Zur Unterscheidung des Pikrotoxins von Aloë giesst man einen Theil der amylalkoholischen Lösung auf eine Glasplatte und lässt ihn an der Luft verdunsten. Bilden sich dabei feine weisse krystallinische Ausscheidungen, so ist Pikrotoxin zugegen, im anderen Falle wäre es Aloë, die man auch an ihrem safranartigen Geruch erkennen würde.

d) Den mit Benzin und Amylalkohol behandelten Syrup befreit man von dem Rest des letzteren vermittelst Aufsaugen durch Fliesspapier und schüttelt den Syrup hierauf mit wasserfreiem Aether aus. Dieser nimmt das Hopfenbitter und Absynthin auf, welch letzteres man im Verdunstungsrückstand am Wermuthgeschmack erkennt. Auch giebt es mit conc. Schwefelsäure eine rothgelbe, schnell in Indigoblau übergehende Lösung.

e) Der mit Aether behandelte Rückstand ist noch auf Gentiopikrin, Menyanthin und Quassiin zu prüfen. Da er nunmehr frei von Hopfenbitter ist, so deutet ein entschieden bitterer Geschmack auf einen dieser drei Bitterstoffe. Zur Unterscheidung derselben löst man den Syrup nach Verjagung des Aethers in Wasser, filtrirt wenn nöthig, setzt zu einem Theil der Flüssigkeit stark ammoniakalische Silberlösung (2 ccm Aetzammoniak, 1 ccm salpetersaure Silberlösung) und erhitzt. Bleibt Alles klar, so ist Quassiin vorhanden, entsteht ein Silberspiegel, so rührt er von Gentiopikrin oder Menyanthin her.

Einen anderen Theil der Lösung trocknet man in einer Porzellanschale ein und setzt zu einer Probe davon concentrirte Schwefelsäure. Entsteht keine Farbenveränderung, aber beim Erwärmen eine carminrothe Farbe so ist Gentiopikrin nachgewiesen, entsteht hingegen eine gelbbraune, nach und nach violett werdende Farbe, so ist Menyanthin zugegen.

Weinanalyse.

Von

Hofrath **J. Nessler** und Dr. **M. Barth.**

Durch die chemische Untersuchung eines Weines soll in den meisten
Fällen festgestellt werden, ob derselbe die normale Zusammensetzung eines
nur durch Vergährung von Traubenmost entstandenen Naturweins besitzt
oder nicht.

Diese Untersuchung wird sich daher zu erstrecken haben:

1. auf diejenigen Bestandtheile, welche, schon im Most vorhanden,
   nach der Gährung im Wein verblieben sind;
2. auf solche Bestandtheile, welche durch die Gährung unmittelbar
   oder mittelbar aus dem Zucker des Mostes entstanden sind;
3. auf Substanzen, welche durch fremde Zusätze in den Wein gelangen;
4. auf Zersetzungsproducte, welche aus normalen oder fremd-
   artigen Weinbestandtheilen durch Krankheit oder fehlerhafte
   Behandlung des Weines entstehen.

Da als Zusätze seltener Substanzen verwendet werden, welche dem
reinen Weine ganz fremd sind, häufiger dagegen solche, welche in
grösserer oder geringerer Menge bereits in Naturweinen sich vorfinden, so
kann man nur durch quantitative Bestimmung der letzteren Anhaltspunkte für die Beurtheilung des Weines gewinnen.

Zu den unter 1. genannten Weinbestandtheilen gehören: Zucker,
ein Theil der nicht flüchtigen (fixen) Säuren, Weinstein, Pektin-
körper, Gerbstoff, Farbstoff, Mineral-(Aschen-)bestandtheile.

Unter 2. angeführte Weinbestandtheile sind:

Weingeist, Glycerin, ein anderer Theil der fixen Säuren
(Bernsteinsäure), flüchtige Säuren.

Als Zusätze kommen unter Anderem neben Wasser, welches eine
quantitative Verminderung der normalen Weinbestandtheile bewirkt, zur
Verwendung: Rohrzucker, Stärkezucker, Weingeist, Glycerin,
Weinsteinsäure, Citronensäure, Tamarindenmus, Gummi, Obst-
wein, verschiedene Salze u. s. w., endlich Salicylsäure, deren

man sich zur Erhöhung der Haltbarkeit des Weines an Stelle der schwefligen Säure (des Einbrennens der Fässer mit Schwefelschnitten) bedient.

Bei den meisten Weinuntersuchungen bestimmt man ferner das specifische Gewicht, welches einerseits als ein wesentliches Characteristicum des Weines betrachtet wird, andererseits als Anhaltspunkt für die Erkennung der etwaigen Identität zweier vorliegenden Weine dient; die Bestimmung des specifischen Gewichts ist schliesslich auch eine Hülfsmanipulation für eine Art der Bestimmung des Weingeistgehalts. — Die nicht flüchtigen Bestandtheile (und zu ihnen im weiteren Sinne rechnet man auch das Glycerin und die Bernsteinsäure) werden endlich in jedem Weine summarisch bestimmt und deren gesammte Gewichtmenge unter der Bezeichnung „Extract" zusammengefasst.

Analytische Methoden.
Specifisches Gewicht.

Das specifische Gewicht des Weines bestimmt man, nachdem man denselben auf eine Temperatur von 15° gebracht hat. Man bedient sich zur Bestimmung entweder eines sehr sorgfältig gearbeiteten geprüften Aräometers, welcher das Gewicht bis in die vierte Decimale genau abzulesen gestattet, oder eines Piknometers (am besten sind hierzu enghalsige 50 ccm-Kölbchen geeignet); auch die vom Mechaniker Rumann in Göttingen construirte Vorrichtung liefert ganz befriedigende Resultate. Dieselbe lässt sich an dem Wagbalken jeder feinen chemischen Wage anbringen und besteht aus einer Wagschale mit kurzem Bügel, an deren unterer Seite mit einem Platindrath ein massiver cylindrischer Glaskörper schwebend befestigt ist und einem Gewicht, welches an dem entgegengesetzten Hebelarm angebracht ist und bei Wägung des Glaskörpers in der Luft die Wage in Gleichgewichtslage bringt. Taucht man dann den Glaskörper in einem eigens dafür construirten mit Thermometer versehenen Cylinder so in Wasser von 15° ein, dass er nirgends an den Wandungen schleift, und das Wasser bis zum oberen Rand des Hohlcylinders reicht, so verliert der Körper genau 10 g von seinem Gewicht; in anderen Flüssigkeiten verliert er weniger oder mehr als 10 g, je nachdem das specifische Gewicht der betreffenden Flüssigkeit grösser oder kleiner ist als 1,0000. Die zur Herstellung des Gleichgewichts während des Eintauchens des Glaskörpers in die Flüssigkeit erforderlichen Gewichte lassen sich auf der über dem Glaskörper befindlichen Wagschale auflegen, und man liest das specifische Gewicht direct aus den benöthigten Gewichten ab, wobei die Grammeinheiten der ersten, Decigramme der zweiten, Centigramme der dritten, Milligramme der vierten Decimale entsprechen.

Den Hohlcylinder kann man während der Wägung in ein grösseres Gefäss mit Wasser von 15° einstellen, welches diese Temperatur während der Dauer der Wägung behält.

Weingeist.

a) **Bestimmung aus der Differenz der specifischen Gewichte des entgeisteten und des ursprünglichen Weines.** Weingeistgehalt und Extractgehalt beeinflussen das specifische Gewicht des Weines in entgegengesetztem Sinne, der Weingeist erniedrigt, die Extractbestandtheile erhöhen dasselbe. Bestimmt man das specifische Gewicht des Weines, nachdem man den Weingeist aus demselben entfernt hat, und zieht hiervon das Gewicht des ursprünglichen Weines ab, so erhält man diejenige Zahl, um welche der Weingeistgehalt das specifische Gewicht des Weines erniedrigt; diese Zahl von 1 abgezogen, giebt das specifische Gewicht eines wässerigen Weingeistes von dem gleichen Alkoholgehalt, wie er in dem Wein vorhanden ist; der Alkoholgehalt selbst kann aus dieser Zahl mit Hülfe der unten folgenden Tabelle ermittelt werden.

Zur Bestimmung des specifischen Gewichtes des entgeisteten Weines dampft man, je nachdem man die Bestimmung mit dem Piknometer oder dem Rumann'schen Apparat (S. 527) oder aräometrisch bestimmen will, 50—200 ccm Wein auf dem Wasserbade bis auf ⅓ des ursprünglichen Volumens ein, setzt, wenn der Eindampfrückstand noch warm ist, annähernd die verdampfte Menge Flüssigkeit an Wasser zu, lässt erkalten, füllt bei 15° auf das ursprüngliche Volumen wieder auf und schüttelt gut um. Das specifische Gewicht des entgeisteten bestimmt man wie das des ursprünglichen Weines. Lässt man den concentrirten Wein vor dem Auffüllen erkalten, so scheidet sich in körnigen Krystallen Weinstein aus, der sich in kaltem Wasser nicht mehr oder nur sehr schwer wieder vollständig löst, wodurch natürlich die Bestimmung fehlerhaft wird.

b) **Bestimmung durch Destillation:** 50 ccm Wein werden über freiem Feuer, oder aus dem Sandbade oder aus einem 40 procentigen Chlorcalciumbade der Destillation unterworfen und das Destillat in einem als Piknometer dienenden 50 ccm-Kölbchen aufgefangen; wenn 35—40 ccm Destillat übergegangen sind, wird das letztere bei 15° unter quirlendem Umschwenken auf 50 ccm gebracht und das specifische Gewicht des Destillats bestimmt, woraus sich der Weingeistgehalt des Weines mit Hülfe folgender Tabelle[1] ergiebt:

---

[1] Nach Otto Hehner's Alkoholtafeln, Wiesbaden bei C. W. Kreidel 1880.

Spec. Gewicht b. 15·5°	Weingeist Gewicht %	Weingeist Volum. %	Spec. Gewicht b. 15·5°	Weingeist Gewicht %	Weingeist Volum. %	Spec. Gewicht b. 15·5°	Weingeist Gewicht %	Weingeist Volum. %	Spec. Gewicht b. 15·5°	Weingeist Gewicht %	Weingeist Volum. %
1·0000	0·00	0·00									
0·9999	0·05	0·07	0·9959	2·33	2·93	0·9919	4·69	5·86	0·9879	7·33	9·13
8	0·11	0·13	8	2·39	3·00	8	4·75	5·94	8	7·40	9·21
7	0·16	0·20	7	2·44	3·07	7	4·81	6·02	7	7·47	9·29
6	0·21	0·26	6	2·50	3·14	6	4·87	6·10	6	7·53	9·37
5	0·26	0·33	5	2·56	3·21	5	4·94	6·17	5	7·60	9·45
4	0·32	0·40	4	2·61	3·28	4	5·00	6·24	4	7·67	9·54
3	0·37	0·46	3	2·67	3·35	3	5·06	6·32	3	7·73	9·62
2	0·42	0·53	2	2·72	3·42	2	5·12	6·40	2	7·80	9·70
1	0·47	0·60	1	2·78	3·49	1	5·19	6·48	1	7·87	9·78
0	0·53	0·66	0	2·83	3·55	0	5·25	6·55	0	7·93	9·86
0·9989	0·58	0·73	0·9949	2·89	3·62	0·9909	5·31	6·63	0·9869	8·00	9·95
8	0·63	0·79	8	2·94	3·69	8	5·37	6·71	8	8·07	10·03
7	0·68	0·86	7	3·00	3·76	7	5·44	6·78	7	8·14	10·12
6	0·74	0·93	6	3·06	3·83	6	5·50	6·86	6	8·21	10·21
5	0·79	0·99	5	3·12	3·90	5	5·56	6·94	5	8·29	10·30
4	0·84	1·06	4	3·18	3·98	4	5·62	7·01	4	8·36	10·38
3	0·89	1·13	3	3·24	4·05	3	5·69	7·09	3	8·43	10·47
2	0·95	1·19	2	3·29	4·12	2	5·75	7·17	2	8·50	10·56
1	1·00	1·26	1	3·35	4·20	1	5·81	7·25	1	8·57	10·65
0	1·06	1·34	0	3·41	4·27	0	5·87	7·32	0	8·64	10·73
0·9979	1·12	1·42	0·9939	3·47	4·34	0·9899	5·94	7·40	0·9859	8·71	10·82
8	1·19	1·49	8	3·53	4·42	8	6·00	7·48	8	8·79	10·91
7	1·25	1·57	7	3·59	4·49	7	6·07	7·57	7	8·86	11·00
6	1·31	1·65	6	3·65	4·56	6	6·14	7·66	6	8·93	11·08
5	1·37	1·73	5	3·71	4·63	5	6·21	7·74	5	9·00	11·17
4	1·44	1·81	4	3·76	4·71	4	6·28	7·83	4	9·07	11·26
3	1·50	1·88	3	3·82	4·78	3	6·36	7·92	3	9·14	11·35
2	1·56	1·96	2	3·88	4·85	2	6·43	8·01	2	9·21	11·44
1	1·62	2·04	1	3·94	4·93	1	6·50	8·10	1	9·29	11·52
0	1·69	2·12	0	4·00	5·00	0	6·57	8·18	0	9·36	11·61
0·9969	1·75	2·20	0·9929	4·06	5·08	0·9889	6·64	8·27	0·9849	9·43	11·70
8	1·81	2·27	8	4·12	5·16	8	6·71	8·36	8	9·50	11·79
7	1·87	2·35	7	4·19	5·24	7	6·78	8·45	7	9·57	11·87
6	1·94	2·43	6	4·25	5·32	6	6·86	8·54	6	9·64	11·96
5	2·00	2·51	5	4·31	5·39	5	6·93	8·63	5	9·71	12·05
4	2·06	2·58	4	4·37	5·47	4	7·00	8·72	4	9·79	12·13
3	2·11	2·62	3	4·44	5·55	3	7·07	8·80	3	9·86	12·22
2	2·17	2·72	2	4·50	5·63	2	7·13	8·88	2	9·93	12·31
1	2·22	2·79	1	4·56	5·71	1	7·20	8·96	1	10·00	12·40
0	2·28	2·86	0	4·62	5·78	0	7·27	9·04	0	10·08	12·49

Spec. Gewicht b. 15·5°	Weingeist Gewicht %	Volum. %	Spec. Gewicht b. 15·5°	Weingeist Gewicht %	Volum. %	Spec. Gewicht b. 15·5°	Weingeist Gewicht %	Volum. %	Spec. Gewicht b. 15·5°	Weingeist Gewicht %	Volum. %
0·9839	10·15	12·58	0·9819	11·69	14·46	0·9799	13·23	16·33	0·9779	14·91	18·36
8	10·23	12·68	8	11·77	14·56	8	13·31	16·43	8	15·00	18·48
7	10·31	12·77	7	11·85	14·65	7	13·38	16·52	7	15·08	18·58
6	10·38	12·87	6	11·92	14·74	6	13·46	16·61	6	15·17	18·68
5	10·46	12·96	5	12·00	14·84	5	13·54	16·70	5	15 25	18·78
4	10·54	13·05	4	12·08	14·93	4	13·62	16·80	4	15·33	18·88
3	10·62	13·15	3	12·15	15·02	3	13·69	16·89	3	15·42	18·98
2	10·69	13·24	2	12·23	15·12	2	13·77	16·98	2	15·50	19·08
1	10·77	13·34	1	12·31	15·21	1	13·85	17·08	1	15·58	19·18
0	10·85	13·43	0	12·38	15·30	0	13·92	17·17	0	15·67	19·28
0·9829	10·92	13·52	0·9809	12·46	15·40	0·9789	14·00	17·26	0·9769	15·75	19·39
8	11·00	13·62	8	12·54	15·49	8	14·09	17·37	8	15·83	19·49
7	11·08	13·71	7	12·62	15·58	7	14·18	17·48	7	15·92	19·59
6	11·15	13·81	6	12·69	15·68	6	14·27	17·59	6	16·00	19·68
5	11·23	13·90	5	12·77	15·77	5	14·36	17·70	5	16·08	19·78
4	11·31	13·99	4	12·85	15·86	4	14·45	17·81	4	16·15	19·87
3	11·38	14·09	3	12·92	15·96	3	14·55	17·92	3	16·23	19·96
2	11·46	14·18	2	13·00	16·05	2	14·64	18·03	2	16·31	20·06
1	11·54	14·27	1	13·08	16·15	1	14·73	18·14	1	16·38	20·15
0	11·62	14·37	0	13·15	16·24	0	14·82	18·25	0	16·46	20·24

Spec. Gew. b. 15·5°	Weingeist Gew. %	Vol. %
0·9755	16·85	20·71
0·9750	17·25	21·19
0·9745	17·67	21·69
0·9740	18·08	22·18
0·9735	18·46	22·64
0·9730	18·85	23·10
0·9725	19·25	23·58
0·9720	19·67	24·08
0·9715	20·08	24·58
0·9710	20·50	25·07

c) Mit Hülfe des Vaporimeters. Eine weniger genaue, aber sehr bequeme und für viele Fälle genügende, daher häufig ausgeführte Bestimmung des Weingeistgehalts geschieht mit Hülfe des Geissler'schen Vaporimeters; (Fig. 53); sie beruht auf dem Princip, dass die Spannung eines alkoholhaltigen Wasserdampfes desto grösser ist, je alkoholreicher derselbe ist. Der Wein muss vor der Verwendung von Kohlensäure befreit sein; dies geschieht am besten durch Schütteln mit pulverigem gelöschtem Kalk, womit er bis zur deutlich alkalischen Reaction versetzt, dann filtrirt wird.

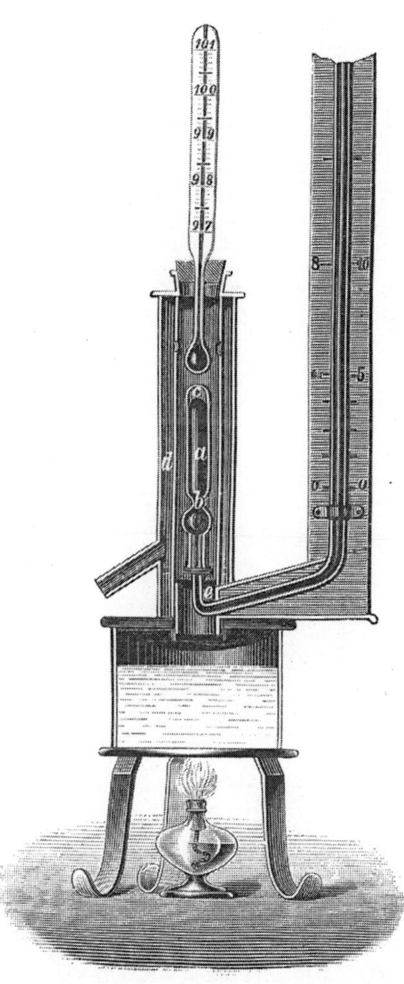

Fig. 53.

Das Glasgefäss a, in dessen Hals das konische Ende der zweimal umgebogenen Vaporimeterröhre leicht beweglich, aber dicht eingeschliffen ist, wird bis zur Einschnürung b mit Quecksilber, dann einige Male bis zum Ueberlaufen mit dem alkoholischen Wein gefüllt, mit dem Daumen verschlossen, umgeschwenkt, der Wein mit einer gebogenen Pipette abgesogen und so das Gefäss mit dem betreffenden Wein ausgespült; nach der letzten Füllung wird der Zapfen der Vaporimeterröhre in den Hals des Gefässes fest eingesteckt, und durch Umkehren des Apparats der Wein in die obere Wölbung c des Glasgefässes gebracht; es darf bei c kein Luftbläschen zu sehen sein. Nun wird Gefäss und Rohr dem besonders dafür construirten kleinen Wasserbad aufgefügt und über das Glasgefäss der Hohlcylinder d mit dem Thermometer aufgesetzt, der durch das Rohr nicht ausgefüllte Theil der Ausschnittsöffnung bei e mit Baumwolle verstopft und das Wasser des Bades zum lebhaften Sieden erhitzt.

Die Gewichts- oder Volumprocente werden am Ende der Quecksilbersäule abgelesen, wenn dieselbe längere Zeit ihre Höhe constant innehält; die erhaltenen Werthe bedürfen aber, wenn der Siedepunkt des Wassers nicht genau 100° beträgt einer Correctur, welche für Volumprocente nach folgender Tabelle ausgeführt werden kann:

Abgelesen bei	Vaporimeter-Angabe										
	6	6·5	7	7·5	8	8·5	9	9·5	10	10·5	11
	Wirklicher Weingeistgehalt										
99 °	6·22	6·74	7·26	7·78	8·30	8·82	9·33	9·85	10·37	10·89	11·41
99·1°	6·20	6·72	7·23	7·75	8·27	8·79	9·29	9·81	10·33	10·85	11·36
99·2°	6·18	6·69	7·21	7·72	8·24	8·76	9·25	9·77	10·29	10·81	11·32
99·3°	6·15	6·67	7·18	7·70	8·21	8·72	9·22	9·73	10·25	10·77	11·28
99·4°	6·13	6·64	7·16	7·67	8·18	8·69	9·19	9·70	10·21	10·73	11·24
99·5°	6·11	6·62	7·13	7·64	8·15	8·66	9·16	9·67	10·18	10·69	11·20
99·6°	6·09	6·60	7·10	7·61	8·12	8·62	9·12	9·63	10·14	10·65	11·16
99·7°	6·07	6·57	7·08	7·58	8·09	8·59	9·09	9·59	10·10	10·61	11·12
99·8°	6·04	6·55	7·05	7·55	8·06	8·56	9·06	9·56	10·06	10·57	11·08
99·9°	6·02	6·52	7·03	7·52	8·03	8·53	9·03	9·53	10·03	10·53	11·04
100·0°	6·00	6·50	7·00	7·50	8·00	8·50	9·00	9·50	10·00	10·50	11·00
100·1°	5·98	6·48	6·98	7·48	7·97	8·47	8·97	9·47	9·97	10·47	10·96
100·2°	5·96	6·46	6·96	7·45	7·94	8·44	8·94	9·44	9·93	10·43	10·92
100·3°	5·94	6·44	6·93	7·42	7·91	8·41	8·91	9·40	9·90	10·39	10·88
100·4°	5·92	6·41	6·90	7·39	7·88	8·38	8·88	9·37	9·86	10·35	10·94
100·5°	5·89	6·38	6·87	7·36	7·85	8·34	8·84	9·33	9·82	10·31	10·80
100·6°	5·87	6·36	6·85	7·34	7·83	8·31	8·81	9·30	9·79	10·27	10·76
100·7°	5·85	6·34	6·83	7·31	7·80	8·28	8·78	9·26	9·75	10·23	10·72
100·8°	5·83	6·32	6·80	7·28	7·77	8·25	8·74	9·23	9·71	10·19	10·68
100·9°	5·81	6·29	6·77	7·25	7·74	8·22	8·71	9·19	9·67	10·15	10·64
101 °	5·78	6·26	6·74	7·22	7·70	8·18	8·67	9·15	9·63	10·11	10·59

Für die in der Tabelle nicht aufgezeichneten Zwischenwerthe kann man die Correctionsgrössen leicht durch Interpoliren finden.

Für 12 Volumprocente Weingeist beträgt die Differenz zwischen dem abgelesenen und wirklichen Alkoholgehalt 0,04 bezw. 0,5 % pro 0,1 ° C., für 13 Volumprocente 0,05 %, für 14 Volumprocente 0,06 %.

Anhangsweise sei hier noch die Bestimmung des Weingeistgehalts mit dem Musculus'schen Liquometer erwähnt; die Methode, welche auf dem Princip beruht, dass eine Flüssigkeit ein desto geringeres Steigen in der Capillarröhre zeigt, je weingeistreicher sie ist, kann auf Genauigkeit keinen Anspruch machen, liefert aber zur vorläufigen (nie zur endgültigen) Beurtheilung eines Weines, oder zur Vergleichung zweier Weine unter einander oft ausreichende Anhaltspunkte. Der Apparat besteht aus einer empirisch graduirten Capillarröhre, welche an einem flachen durchlochten, auf dem Weinglase aufliegenden Querbrettchen verschiebbar ist und doch in jeder beliebigen Stellung mittelst einer Federvorrichtung festgehalten werden kann. Man saugt das Röhrchen, dessen Innenwände tadellos sauber gehalten sein müssen, mit dem Wein voll, wobei das Eindringen von Luftblasen zu verhüten ist und zieht es dann soweit aus der Flüssigkeit heraus, dass nur die äusserste Spitze noch soeben eintaucht. Am oberen Ende der Flüssigkeitssäule im Capillarröhrchen liest man den Weingeistgehalt ab.

Extract.

a) Indirecte Extractbestimmung.

Aus dem specifischen Gewicht des entgeisteten Weines kann man nach einer von Hager entworfenen Tabelle den Extractgehalt des Weines annähernd berechnen; die so erhaltenen Werthe stimmen in vielen Fällen mit den Resultaten der directen Wägung der Extracte überein, in anderen Fällen zeigen sie jedoch mehr oder weniger grosse Abweichungen von den letzteren. Zuckerreiche Weine ergeben meist eine geringere Extractmenge durch Wägung, als nach der Berechnung, bei glycerinreichen Weinen tritt das umgekehrte Verhältniss ein.

Der berechnete Extractwerth bietet daher ein ganz interessantes Vergleichsobject mit dem durch Wägung gefundenen, bei Beurtheilung des Weines wird aber stets nur der letztere in Betracht gezogen.

Hager'sche Tabelle zur Berechnung des Extractgehalts aus dem specifischen Gewicht der entgeisteten Flüssigkeiten bei 15°.

(Für Weine mit 6% und mehr Extract sind in Klammern die Werthe der Balling'schen Tabelle für Bierwürze und Zuckerlösungen beigefügt.)

Spec. Gewicht	Extract %	Spec. Gewicht	Extract %	Spec. Gewicht	Extract %	Spec. Gewicht	Extract %	Spec. Gewicht	Extract %
1·0010	0·23	1·0039	0·85	1·0068	1·50	1·0097	2·14	1·0126	2·77
11	0·25	40	0·87	69	1·52	98	2·16	127	2·79
12	0·27	41	0·89	70	1·54	99	2·18	128	2·81
13	0·30	42	0·92	71	1·57	1·0100	2·20	129	2·83
14	0·32	43	0·94	72	1·59	101	2·23	130	2·85
15	0·34	44	0·96	73	1·61	102	2·25	131	2·87
16	0·36	45	0·98	74	1·63	103	2·27	132	2·90
17	0·39	46	1·00	75	1·66	104	2·29	133	2·92
18	0·41	47	1·02	76	1·68	105	2·31	134	2·94
19	0·43	48	1·04	77	1·70	106	2·33	135	2·96
20	0·45	49	1·07	78	1·72	107	2·35	136	2·98
21	0·48	50	1·09	79	1·75	108	2·37	137	3·00
22	0·50	51	1·11	80	1·77	109	2·40	138	3·02
23	0·52	52	1·14	81	1·79	110	2·42	139	3·04
24	0·54	53	1·16	82	1·81	111	2·44	140	3·07
25	0·56	54	1·18	83	1·83	112	2·46	141	3·09
26	0·58	55	1·20	84	1·85	113	2·48	142	3·11
27	0·60	56	1·23	85	1·87	114	2·50	143	3·14
28	0·62	57	1·25	86	1·89	115	2·52	144	3·16
29	0·64	58	1·27	87	1·92	116	2·54	145	3·18
30	0·67	59	1·29	88	1·94	117	2·57	146	3·20
31	0·69	60	1·32	89	1·96	118	2·59	147	3·23
32	0·71	61	1·34	90	1·98	119	2·61	148	3·25
33	0·73	62	1·36	91	2·00	120	2·64	149	3·27
34	0·75	63	1·39	92	2·02	121	2·66	150	3·29
35	0·77	64	1·41	93	2·04	122	2·68	151	3·31
36	0·79	65	1·43	94	2·07	123	2·70	152	3·33
37	0·81	66	1·45	95	2·09	124	2·73	153	3·36
38	0·83	67	1·48	96	2·11	125	2·75	154	3·38

Spec. Gewicht	Extract %	Spec. Gewicht	Extract %	Spec. Gewicht	Extract %
1·0155	3·40	1·0309	6·75 (Balling 7·68)	1·0508	11·00 (Balling 12·48)
156	3·42	1·0321	7·00 („ 7·97)	1·0520	11·25 („ 12·76)
157	3·44	1·0332	7·25 („ 8·24)	1·0532	11·50 („ 13·05)
158	3·46	1·0343	7·50 („ 8·51)	1·0544	11·75 („ 13·33)
159	3·48	1.0355	7·75 („ 8·80)	1·0555	12·00 („ 13·60)
160	3·50	1·0367	8·00 („ 9·10)	1·0567	12·25 („ 13·88)
1·0171	3·75	1·0378	8·25 („ 9·36)	1·0579	12·50 („ 14·17)
1·0183	4·00	1·0390	8·50 („ 9·66)	1·0591	12·75 („ 14·45)
1·0194	4·25	1·0402	8·75 („ 9·95)	1·0603	13·00 („ 14·74)
1·0205	4·50	1·0414	9·00 („ 10·24)	1·0614	13·25 („ 15·00)
1·0216	4·75	1·0426	9·25 („ 10·52)	1·0626	13·50 („ 15·28)
1·0228	5·00	1·0437	9·50 („ 10·78)	1·0638	13·75 („ 15·56)
1·0239	5·25	1·0449	9·75 („ 11·07)	1·0651	14·00 („ 15·86)
1·0251	5·50	1·0461	10·00 („ 11·36)	1·0663	14·25 („ 16·14)
1·0263	5·75	1·0473	10·25 („ 11·64)	1·0675	14·50 („ 16·42)
1·0274	6·00 (Balling 6·83)	1·0485	10·50 („ 11·93)	1·0688	14·75 („ 16·72)
1·0286	6·25 („ 7·12)	1·0496	10·75 („ 12·19)	1·0700	15·00 („ 17·00)
1·0298	6·50 („ 7·41)				

(Das spec. Gewicht verändert sich mit je 1 ⁰ C. um 0,00024.)

Für Süssweine, deren Extract zum weitaus grössten Theil aus Zucker besteht, dient zur Ermittelung des Extractgehaltes die Balling'sche Tabelle.

Spec. Gewicht	Gramm Zucker in 100 g Lösung	Spec. Gewicht	Gramm Zucker in 100 g Lösung	Spec. Gewicht	Gramm Zucker in 100 g Lösung	Spec. Gewicht	Gramm Zucker in 100 g Lösung
1·0832	20	1·1153	27	1·1490	34	1·1846	41
1·0877	21	1·1200	28	1·1540	35	1·1898	42
1·0922	22	1·1247	29	1·1590	36	1·1951	43
1·0967	23	1·1295	30	1·1641	37	1·2004	44
1·1013	24	1·1343	31	1·1692	38	1·2057	45
1·1059	25	1·1391	32	1·1743	39	1·2111	46
1·1106	26	1·1440	33	1·1794	40	1·2165	47

Zum Vergleich mit dem gefundenen Extractgehalt, welcher auf 100 ccm Wein bezogen ist, hat man den aus dieser Tabelle abgelesenen Gehalt mit dem specifischen Gewicht des entgeisteten Weines zu multipliciren.

b) Directe Gewichtsbestimmung des Extracts.

Die empfehlenswertheste, jetzt wohl von den meisten Weinanalytikern angewandte Methode der Extractbestimmung ist folgende:

50 ccm Wein (bei sehr süssen südlichen Weinen 20 bis 25 ccm) werden in einer flachen Platinschale auf dem Wasserbade zur Syrupsconsistenz eingedampft, welche in etwa einer Stunde erreicht ist; darauf wird der Eindampfrückstand in einen Trockenkasten mit doppelten Wandungen gebracht. (Vergl. die Figuren 54a u. 54b.) In dem zwischen den Wandungen

vorhandenen Raume befindet sich Wasser, welches in lebhaftem Sieden erhalten wird; durch quergezogene mit Hartloth gut eingelöthete Röhren, deren Hohlräume mit dem Zwischenraum zwischen den Wandungen communiciren, lassen sich in dem Kasten zwei Etagen für die Aufnahme von Platin-

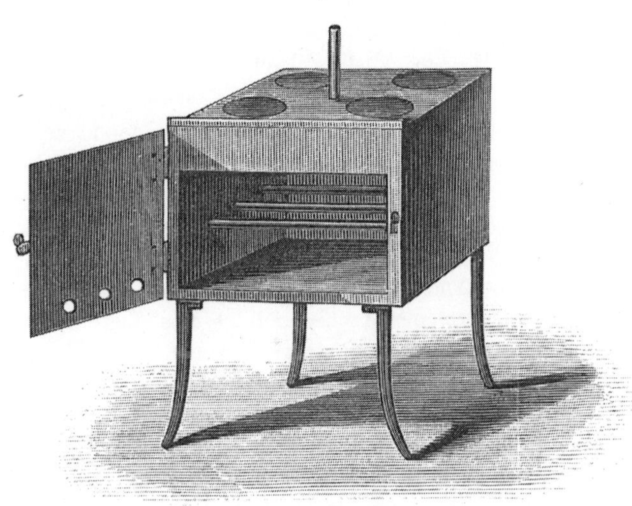

Fig. 54 a.

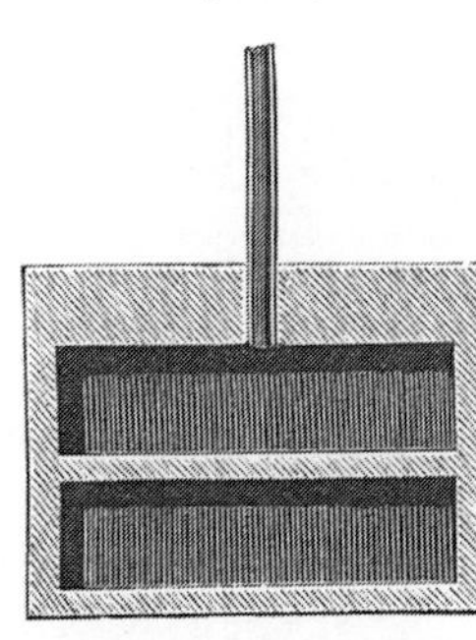

Fig. 54 b.

schalen herstellen. Die Zwischenräume für das Speisewasser müssen, wenn nicht eine Vorrichtung vorhanden ist, durch welche das Niveau des Wassers constant erhalten wird, so bemessen sein, dass das Wasser darin 4 Stunden lebhaft sieden kann, ohne aufgebraucht zu werden. Nach dreistündigem Trocknen bei der Siedetemperatur des Wassers wird der Extract, im Exsiccator erkaltet, gewogen.

Bei dieser Extraet-Bestimmung verflüchtigt sich etwas mehr als $^1/_{10}$ des vorhandenen Glycerins, z. Th. während des Eindampfens mit den Wasserdämpfen, z. Th. während des Trocknens; ein anderer Theil des Extracts geht geringfügige Zersetzungen ein, welche zwar sein äusseres Aussehen etwas beeinflussen, seine Gewichtsmenge aber kaum merklich verringern. Da beide Fehlerquellen nur durch ein weit umständlicheres Verfahren zu vermeiden sind, so hat man sich veranlasst gefühlt, nach der beschriebenen, äusserst bequem ausführbaren Methode eine grosse Anzahl Untersuchungen von Naturweinen vorzunehmen, deren Resultate, unter allgemeine Gesichtspunkte gebracht, der Beurtheilung der Weine bezüglich ihres Extractgehalts zur Basis dienen.

Gesammt-Mineralbestandtheile (Asche).

Zur Aschenbestimmung verwendet man am zweckmässigsten den gewogenen Extract aus 50 ccm Wein. Man verbrennt ihn über freier Flamme,
die man theilweise auch von oben her in die Platinschale hineinschlagen
lässt. Bei Süssweinen muss man ausserordentlich vorsichtig mit dem Erhitzen und Verbrennen des Extractes sein, weil der schmelzende und bei
der Zersetzung sich blähende Zucker leicht über den Rand der Schale
kriecht. Sehr glycerinreiche Extracte spritzen · beim Erhitzen über der
freien Flamme und veranlassen dadurch bedeutende Aschenverluste; dem
Uebelstand kann man in den meisten Fällen vorbeugen, wenn man die
weichen, schmierigen Extracte zunächst längere Zeit auf dem Drahtnetz
bei mässiger Flamme oder sehr vorsichtig von der Seite aus, erhitzt.
Wenn der Extract verkohlt ist, wird die Masse unter vorsichtigem Durch-
arbeiten mit einem Platinspatel bei dunkler Rothgluth weiss gebrannt.
Speciell bei an Kochsalz reichen Aschen gelingt dies nicht ohne Weiteres,
Solche Aschen schmelzen leicht und umschliessen Kohletheilchen, die sich
ohne übermässiges Glühen nicht entfernen lassen. Man lauge den kohligen
Rückstand mit Wasser aus und verglühe die Kohle für sich, gebe nach
dem Erkalten die Auslaugeflüssigkeit wieder in die Platinschale, verdampfe
sie auf dem Wasserbade und erhitze dann sehr vorsichtig, um das spritzende
Knistern des Kochsalzes zu vermeiden. In vielen Fällen genügt es, die
Kohle nur anzunässen, die wässerige Flüssigkeit durch Neigen von den
Kohlepartikelchen zu entfernen, ohne sie abzugiessen, und nun zu erhitzen
und zu glühen.

Die weiss gebrannte Asche wird ohne weitere Behandlung nach dem
Erkalten im Exsiccator gewogen, sodann mit Wasser befeuchtet und ihre
Reaction geprüft, welche deutlich bis stark alkalisch sein soll. Wenn
Weine häufig umgefüllt worden sind, und zwar stets in stark mit Schwefel
eingebrannte Fässer, so werden sie durch Oxydation der schwefligen Säure
im Wein allmählich stark schwefelsäurehaltig; solche und sehr stark ge-
gypste Weine, bei denen aller Weinstein zersetzt worden ist, und schwefelsaures, z. Th. doppeltschwefelsaures Kali an dessen Stelle getreten ist,
liefern neutrale oder nur ausserordentlich schwach alkalische Aschen.

Einzelne Mineralbestandtheile.

Die eingehendere Untersuchung der Mineralbestandtheile geschieht nur
in seltenen Fällen und kann sich erstrecken auf die Bestimmung der Alkalinität, des Kalis, Natrons, Kalks, der Magnesia, der Phosphorsäure, des Chlors, der Schwefelsäure. Diese Bestimmungen geschehen
mit Ausnahme etwa der Chlorbestimmung nach den gewöhnlichen Methoden

der Mineralanalyse; der Kalk muss, der Gegenwart von Phosphorsäure wegen, aus essigsaurer Lösung mit oxalsaurem Ammon gefällt werden.

Während des Veraschens verflüchtigen sich durch Einwirkung der organischen Säuren unmittelbar vor ihrer Zersetzung merkliche Mengen von Salzsäure aus den vorhandenen Chlormetallen, desshalb muss die Chlorbestimmung, wenn sie genau werden soll, im ursprünglichen Weine geschehen.

Von den titrimetrischen Methoden kann man sich nach geeigneter Vorbereitung des Weines nur der etwas modificirten Volhard'schen Methode bedienen.

50 ccm Wein werden mit 2 bis 3 g reiner, völlig chlorfreier Thierkohle wiederholt energisch geschüttelt, nach vollständiger Entfärbung filtrirt, mit Salpetersäure stark angesäuert, mit $^1/_{10}$ Normal Silberlösung im Ueberschuss versetzt und der Ueberschuss mit $^1/_{10}$ Normal-Rhodanammonium oder Rhodankalium unter Benutzung von schwefelsaurem Eisenoxyd (oder Eisenalaun) als Indicator zurücktitrirt. Das Erkennen der Endreaction wird erleichtert, wenn man nach Art der Tüpfelanalyse einige Tropfen der niederschlaghaltigen Flüssigkeit mit einem Tropfen Eisensalzlösung auf einem weissen Teller vermischt; das Entstehen des rothen Eisenrhodanids ist leicht auffallend. Die Titerstellung der Rhodanflüssigkeit muss natürlich auf gleiche Weise, auch unter Verwendung der gleichen Flüssigkeitsmengen erfolgt sein.

Gesammtsäuren des Weines.

Bestimmung durch Titration. 20 ccm Wein werden mit etwas Lackmustinctur versetzt (Rothweine bedürfen keines Tincturzusatzes, der im Uebrigen nur den Zweck hat, das Nahen des Neutralisationspunktes anzuzeigen) und titrirte Alkaliflüssigkeit oder Barytlauge so lange, zuletzt zehntelcubikcentimeterweise zugegeben, bis ein Tropfen auf empfindlichem rothen Lackmuspapier eine deutliche beim Verlaufen des Tropfens im Papier verbleibende blaue Zone hervorruft. Bei Verwendung von Barytlauge wird das Erkennen der Endreaction durch das Ausscheiden von Barytsalzen erleichtert, welche, sobald keine freie Säure mehr vorhanden, respective die Flüssigkeit auch nur äusserst schwach alkalisch ist, unlöslich werden. — Die durch Titration ermittelte freie Säure wird als Weinsäure berechnet. Der bequemen beliebigen Titerstellung wegen wird meist Natron- oder Kalilauge, oder endlich Ammoniakflüssigkeit zum Titriren verwendet. Stelit man die Lauge so, dass 37,5 ccm derselben 10 ccm Normalschwefelsäure neutralisiren, dann geben bei Verwendung von 20 ccm Wein die verbrauchten ganzen Cubikcentimeter direct den Säuregehalt in Zehntelprocenten an.

Flüchtige und fixe Säuren.

Die flüchtige Säure wird durch Destillation bestimmt; da aber die Essigsäure erst bei 119° siedet, so muss man entweder dem Wein einen Zusatz geben, welcher bei Concentration den Siedepunkt erhöht und unter Zufügen neuer Quantitäten Wasser durch wiederholte Destillation den letzten Rest der flüchtigen Säure in's Destillat zu bekommen suchen, oder man muss den Siedepunkt des Wassers im Wasserbade erhöhen und die nach dem Uebergehen des grössten Theils der Flüssigkeit im Kolben zurückbleibende Extractmasse längere Zeit auf 119° erhitzen.

50 ccm Wein werden ohne irgend welchen Zusatz in einen Destillirkolben gebracht, welcher in eine 40procentige Chlorcalciumlösung eintaucht. Das Bad wird zu lebhaftem Sieden erhitzt, wobei durch geeignete Zuflussvorrichtung dafür Sorge getragen sein muss, dass die Concentration der Salzlösung während der Dauer des Versuchs dieselbe bleibt. Nach etwa einer Stunde ist fast sämmtliche Flüssigkeit ins Destillat übergegangen; das Erhitzen wird aber, um möglichst alle flüchtige Säure hinüberzutreiben noch eine weitere Stunde lang fortgesetzt. Bei den theilweisen Zersetzungen der Extractbestandtheile bildet sich keine Essigsäure.

Am besten aber hat sich sowohl bezüglich der Genauigkeit der Resultate, als auch der Kürze der dazu beanspruchten Zeit die Destillation mit Wasserdämpfen über freiem Feuer (auf Drathnetzen) bewährt. Der 50 cc Wein enthaltende Destillationskolben ist durch ein bis fast auf seinen Boden reichendes, unten etwas verengtes Rohr mit einem zweiten etwa 500 cc fassenden, 300 cc Wasser enthaltenden Kolben verbunden; der Inhalt beider Kolben wird gleichzeitig zum Kochen erhitzt und die Flammen werden so regulirt, dass der Wein auf etwa 15 bis 20 cc concentrirt ist, wenn im Ganzen 200 cc Destillat in die Vorlage übergegangen sind. Die den Wein lebhaft durchstreifenden Wasserdämpfe reissen, während jener selbst auf Siedetemperatur sich befindet, die flüchtige Säure vollständig mit über. Bei Beendigung des Versuchs wird die Kautschukverbindung zwischen dem Wasser- und dem Weindestillationskolben gelöst, um das Zurücksteigen von Flüssigkeit in den Wasserbehälter zu vermeiden. Das Destillat wird titrirt und der Befund an flüchtiger Säure als Essigsäure berechnet. — Wenn man nun das Resultat der Titration auf Weinsäure berechnet und von der Gesammtsäure des Weines abzieht, so ergiebt sich daraus die nicht flüchtige (fixe) Säure des Weines.

Dieselbe durch directes Eindampfen des Weines, längeres Erhitzen des Rückstandes auf dem offenen Wasserbade und Titriren des letzteren nach Aufnehmen mit warmem Wasser zu bestimmen, empfiehlt sich nicht, da während des Erhitzens sich Säure zersetzt und dadurch zwar nicht das Gewicht des festen Rückstandes, wohl aber dessen saure Reaction erheblich vermindert wird.

Weinstein und freie Weinsäure.

a) Nach Berthelot und Fleurien (modificirt von den Verfassern).

Von zweimal je 20 ccm Wein wird der einen Probe 0,15 bis 0,2 ccm einer 20 procentigen mit Essigsäure bis zur deutlich sauren Reaction angesäuerten Lösung von essigsaurem Kali zugefügt, beide Proben sodann mit je 50 ccm Alkohol und 50 ccm Aether versetzt, durchgeschüttelt und in verkorkten Kolben an einem nicht über 10⁰ warmen Orte 18 bis 24 Stunden stehen gelassen. Nach dieser Zeit wird filtrirt, der zum grossen Theil an den Wänden des Kolbens haftende krystallinische Niederschlag mit Alkoholäther oder 96 procentigem Weingeist abgespült, und das Filter mit der Spülflüssigkeit ausgewaschen; das Filter wird zu dem im Kolben befindlichen Niederschlag gegeben, die Weinsteinmengen in beiden Kolben werden in etwa 20 ccm Wassers gelöst und mit $1/20$ Normal Alkali titrirt.

Der Kolben *b*, in welchem der Kalisalzzusatz erfolgt war, enthält den im Wein vorhandenen Weinstein und die freie Weinsäure in Form von Weinstein, der andere Kolben *a* den Weinstein des Weines ohne die freie Weinsäure. Die zur Titration des letzteren verbrauchte Alkalimenge wird als Weinstein, die Differenz zwischen dem Verbrauch für *b* und *a* als Weinsäure berechnet.

1 ccm $1/20$ Normalalkali entspricht $0,047\%$ Weinstein und $0,0375\%$ freier Weinsäure im Wein.

b) Nach den Verfassern.

50 ccm Wein werden zur Consistenz eines dünnen Syrups eingedampft, der Rückstand in einen Kolben gebracht, mit jeweils geringen Mengen 96 procentigen Weingeist und nöthigenfalls mit Hülfe eines Platinspatels sorgfältig Alles aus der Schale in den Kolben nachgespült und unter Umschütteln weiter Weingeist hinzugefügt, bis die gesammte zugesetzte Alkoholmenge 100 ccm beträgt. Man lässt verkorkt etwa 4 Stunden an einem kalten Ort stehen, filtrirt dann ab, spült den Niederschlag und wäscht das Filter mit 96 grädigem Weingeist aus; das Filter giebt man in den Kolben mit dem zum Theil flockigklebrigen, zum Theil krystallinischen Niederschlag zurück, versetzt mit etwa 30 ccm warmen Wassers, titrirt nach dem Erkalten die wässerige Lösung des Alkoholniederschlages und berechnet die Acidität als Weinstein. Das Resultat fällt etwas zu hoch aus, da die zähklumpig sich ausscheidenden Pectinkörper mechanisch geringe Mengen gelöster freier Säure einschliessen.

Zum Titriren verwende man $1/15$ Normalalkali, von welchem je 1 ccm $0,025\%$ Weinstein im Wein entspricht.

Im weingeistigen Filtrat wird der Alkohol verdampft, 0,5 ccm der 20 procentigen angesäuerten Lösung von essigsaurem Kali zugesetzt und dadurch in wässeriger Flüssigkeit die Weinsteinbildung aus der im Weine vorhandenen freien Weinsäure erleichtert. Das Ganze wird nun wie der erste Eindampfrückstand unter Verwendung von 96 grädigem Weingeist zum Nachspülen sorgfältig in einen Kolben gebracht, die Weingeistmenge zu 100 ccm ergänzt, gut umgeschüttelt, verkorkt etwa 4 Stunden kalt stehen gelassen, abfiltrirt, ausgewaschen, der Niederschlag in warmem Wasser gelöst und mit $1/_{15}$ Normalalkali titrirt.

1 ccm hierzu verbrauchte Alkaliflüssigkeit entspricht 0,02 % ursprünglich vorhandener freier Weinsäure.

Man erhält die $1/_{15}$ Normalalkaliflüssigkeit bequem, wenn man 1 Theil der zum Titriren der Gesammtsäure empfohlenen Lauge mit 3 Theilen destillirten Wassers verdünnt.

Diese Methode zur Bestimmung der freien Weinsäure hat vor der ersteren den Vorzug, dass sie frei von allen Mängeln einer Differenzbestimmung ist.

Eine qualitative, leicht bei jedem Wein vorzunehmende Prüfung auf freie Weinsäure ist folgende:

Etwa 40 ccm Wein werden mit einem erheblichen Ueberschuss (3 bis 4 g) staubfein pulverisirten Weinsteins mehrere Stunden lang wiederholt geschüttelt, so dass fortwährend Weinstein in der Flüssigkeit suspendirt bleibt. Nach dieser Zeit wird klar abfiltrirt, zum Filtrat 5 Tropfen einer mit Essigsäure angesäuerten 20 procentigen Lösung von essigsaurem Kali gesetzt und umgeschwenkt. Enthält der Wein irgend in Betracht kommende Mengen freier Weinsäure, so bildet sich innerhalb einiger Stunden (oftschneller, bei Spuren aber erst nach 12 bis 14 Stunden) in der klaren Flüssigkeit eine krystallinische Weinsteinausscheidung.

Nur wenn diese Prüfung im Vergleich zur Gesammtsäure merkliche Mengen freier Weinsäure erkennen lässt, nimmt man die quantitative Bestimmung derselben nach einer der vorher beschriebenen Methoden vor.

Citronensäure.

Die Bestimmung der Citronensäure wird, wie die unten folgende der Aepfel- und Bernsteinsäure nur in besonderen Fällen ausgeführt, wenn entweder eine erschöpfende Untersuchung des betreffenden Weines gewünscht wird, oder durch besondere Indicien die Vermuthung der Verwendung von Citronensäure oder Tamarindenmus zur Weinbereitung nahe gelegt wird.

100 ccm Wein werden auf etwa 7 ccm eingedampft; nach dem Erkalten wird mit 80 procentigem Weingeist alles darin Unlösliche abgeschieden, nach einstündigem Stehen filtrirt, der Weingeist verdampft, der Rückstand mit Wasser auf etwa 20 ccm gebracht, durch

Zusatz von etwas dünner Kalkmilch ein Theil der Säure abgestumpft (Rothweinen setzt man etwas ausgelaugte Thierkohle zu) und filtrirt; das Filtrat, welches noch deutlich sauer sein muss, wird mit Wasser auf das ursprüngliche Volumen des Weines gebracht, und etwa 0,5 bis 1 ccm einer kalt gesättigten Lösung von neutralem essigsauren Blei unter sehr energischem Umschütteln zugesetzt. Der Bleiniederschlag enhält einen Theil der Aepfelsäure, eine Spur Schwefelsäure, Phosphorsäure, Weinsäure und Citronensäure. Er wird abfiltrirt, sammt dem Filter in einem geschlossenen Kolben mit gesättigtem Schwefelwasserstoffwasser energisch durchgeschüttelt und dadurch zersetzt; nach längerem Stehen wird die vollkommen farblose und klare Flüssigkeit, welche die oben genannten Säuren bis auf einen Theil der Weinsäure enthält, abfiltrirt, mit Schwefelwasserstoffwasser ausgewaschen, der Schwefelwasserstoff durch Eindampfen verjagt, die etwa 15 ccm betragende Flüssigkeit mit dünner Kalkmilch schwach alkalisch gemacht und so die Phosphorsäure abgeschieden, dann filtrirt, das Filtrat mit möglichst wenig Essigsäure angesäuert und durch $\frac{1}{2}$ bis einstündiges Stehen der Rest eventuell vorhandener Weinsäure in Form von weinsaurem Kalk in genügendem Grade entfernt. Man dampft die Flüssigkeit zum Beseitigen der freien Essigsäure bis zur Trockne ein, nimmt mit etwas heissem Wasser auf und concentrirt nochmals, bis der citronensaure Kalk krystallinisch sich abscheidet. Einmal abgeschieden, löst er sich in heissem Wasser nicht mehr; er wird abfiltrirt, heiss ausgewaschen, getrocknet und gewogen. 570 mg citronensaurer Kalk entsprechend 420 mg Citronensäure. Beim Veraschen auf dem Platinblech zeigt das Salz zuerst einen eigenthümlichen Glanzwechsel, dann ein Aufbläsen und gleich darauf starkes Zusammenkriechen (beruhend auf dem Verlust des Krystallwassers); erst dann verkohlt es.

Bernsteinsäure (nach Kayser).

200 ccm Wein werden auf die Hälfte eingedampft, mit Kalkwasser bis zur alkalischen Reaction versetzt und filtrirt; dadurch wird Weinsäure und Phosphorsäure entfernt. In das Filtrat wird Kohlensäure eingeleitet, darauf zum Sieden erhitzt und aus dem neutralen Filtrat die Bernsteinsäure durch Eisenchlorid als basisch bernsteinsaures Eisenoxyd abgeschieden, letzteres mit 70 procentigem Weingeist gewaschen, getrocknet, geglüht und das restirende Eisenoxyd gewogen. 2 Moleküle gewogenes Eisenoxyd entsprechen 3 Molekülen Bernsteinsäure (320 mg Eisenoxyd entsprechen 354 mg Bernsteinsäure).

Aepfelsäure (nach Kayser).

100 ccm Wein werden auf die Hälfte eingedunstet, mit kohlensaurem Natron übersättigt, in einem graduirten Schüttelcylinder von 100 ccm Inhalt mit 10 ccm Bariumchloridlösung versetzt, mit Wasser zu 100 ccm aufgefüllt, tüchtig umgeschüttelt und 12 bis 24 Stunden stehen gelassen. Von den Säuren des Weines bleiben nur Aepfelsäure und Essigsäure in Lösung. Die Lösung wird abfiltrirt, ein aliquotes Quantum (10 bis 20 ccm) mit Salzsäure im Ueberschuss versetzt, im Wasserbade zur Trockne verdunstet; der Rückstand enthält nur neutrale Chloride und freie Aepfelsäure, die durch Titration bestimmt wird. Bei dem Abdampfen mit Salzsäure und dem Erhitzen zur Trockne zersetzen sich aber nicht unerhebliche Mengen von Aepfelsäure.

Weinsäure, Bernsteinsäure und Aepfelsäure
(nach Schmitt und Hiepe).

200 ccm Wein werden auf die Hälfte concentrirt und erkaltet mit Bleiessig bis zur stark alkalischen Reaction versetzt. Nach einiger Zeit wird der Bleiniederschlag abfiltrirt und mit kaltem Wasser ausgewaschen. Er wird mit heissem Wasser aufgenommen und heiss durch Schwefelwasserstoff zersetzt, filtrirt und mit siedendem Wasser ausgewaschen. Das Filtrat wird auf ungefähr 50 ccm eingedampft, mit Kalilauge neutralisirt und weiter concentrirt. Man versetzt mit einem Ueberschuss gesättigter Lösung von essigsaurem Kalk, lässt unter öfterem Umrühren 4 bis 6 Stunden stehen, filtrirt und wäscht aus, bis Filtrat und Waschwasser 100 ccm betragen. Der Niederschlag ist weinsaurer Kalk; er wird durch heftiges Glühen in Aetzkalk übergeführt, in 10 bis 15 ccm Normalsalzsäure gelöst und der Säureüberschuss mit Alkaliflüssigkeit zurücktitrirt. Für jeden Cubikcentimeter Normalsalzsäure, der durch Aetzkalk gesättigt worden ist, werden 75 mg Weinsäure berechnet und der erhaltenen Menge 28,6 mg zuaddirt (Löslichkeit des weinsauren Kalks in 100 ccm Wasser). Die Summe repräsentirt die in 200 ccm Wein enthaltene Gesammtweinsäuremenge.

Das Filtrat von weinsaurem Kalk wird auf 20 bis 30 ccm concentrirt und erkaltet mit dem dreifachen Volumen 96 procentigen Alkohols versetzt. Nach einigen Stunden wird der Niederschlag auf gewogenem Filter gesammelt, bei 100° getrocknet und gewogen; er besteht aus den Kalksalzen der Aepfelsäure, Bernsteinsäure, der in Lösung gebliebenen Weinsäure und Schwefelsäure; man löst ihn in heissem Wasser und nicht zuviel Salzsäure und fällt den Kalk durch Versetzen mit kohlensaurem Kali bis zur eben alkalischen Reaction, filtrirt den Kalkniederschlag ab und hat im Filtrat wieder die Kalisalze der betreffenden Säuren. Man neutralisirt mit

Essigsäure, verdampft bis auf einen kleinen Rest und fällt siedend heiss mit Chlorbarium. Der Niederschlag ist bernsteinsaurer und schwefelsaurer Baryt, er wird auf dem Filter mit verdünnter Salzsäure behandelt, und im Filtrat der der Bernsteinsäure entsprechende Baryt mit Schwefelsäure bestimmt. 223 schwefelsaurer Baryt entsprechen 118 Bernsteinsäure. Auf dem Filter bleibt reiner schwefelsaurer Baryt zurück. Die gefundene Menge Schwefelsäure und Bernsteinsäure als Kalksalze berechnet, 28,6 mg weinsauren Kalk hinzuaddirt und diese Summe von der Gesammtmenge der Kalksalze (Alkoholniederschlag) subtrahirt, ergiebt den äpfelsauren Kalk von welchem 172 mg 134 mg Aepfelsäure entsprechen.

Polarisation.

Der Nachweis eines Zusatzes von Kartoffelzucker zum Wein geschieht nach Neubauer durch Polarisiren desselben. Gewöhnliche, nicht süsse Weine können durch wiederholtes Schütteln mit Thierkohle entfärbt werden. Auf 25 ccm Wein verwendet man bei Weissweinen etwa 2, bei Rothweinen 3 bis 4 g lockerer feuchter Thierkohle, der man bei neuem, oder sehr trüben Weinen etwas spanische Erde (v. J. C. de Camp in Köln oder Gradmann in Constanz) zugesetzt. Das Filtrat wird direct polarisirt; und zwar sind die am meisten hierfür im Gebrauch befindlichen Instrumente der Ventzke-Soleil'sche Apparat, das Wild'sche Polaristrobometer und der Schmidt und Hänsch'sche Halbschatten-Apparat[1]); letzterer vereinigt den Vorzug, von der Farbenempfindlichkeit des Auges unabhängig zu machen, mit der Schärfe eines guten Ventzke-Soleil'schen Apparates für ein geübtes farbensicheres Auge. Schmidt und Hänsch'sche und Ventzke-Soleil'sche Grade sind gleich, 1^0 Wild $= 2,9^0$ Ventzke-Soleil; 1^0 Ventzke-Soleil $= 0,34^0$ Wild.

Bei süssen Weinen wird während des Entfärbens mit Kohle durch das Absorptionsvermögen der letzteren für optisch-active Substanzen aus ihren Lösungen so viel Zucker absorbirt, dass dadurch das optische Verhalten der Weine erheblich beeinflusst wird. Jenes Absorptionsvermögen nimmt mit der Verminderung des Zuckergehaltes auch relativ so erheblich ab, dass es für ausgegohrene Weine vernachlässigt und Thierkohle zum Entfärben angewandt werden kann.

Süsse Weine bereitet man für die Polarisation durch Behandlung mit Bleiessig vor. 20 ccm Wein werden mit 2 bis 5 ccm Bleiessig (je nach Bedarf) versetzt, gut durchgeschüttelt, das Filtrat, so lange es klar ist polarisirt und die beobachtete Drehung des verdünnten Weines auf ursprünglichen Wein umgerechnet.

---

[1]) Ueber Polarisationsapparate vergl. S. 464 u. 467.

Süssweine, welche auf Kartoffelzuckerzusatz geprüft werden sollen, muss man vorher mit Hefenzusatz unter nöthigenfalls geeigneter Verdünnung vergähren lassen; es wird dies hauptsächlich dann erforderlich sein, wenn das optische Verhalten des unvergohrenen Weines in keinem normalen Verhältniss zu seinem Zuckergehalt steht; auf je 1 % Zucker kommen normalerweise je 1 bis 2° Ventzke Soleil-Linksdrehung. In gewöhnlichen Weinen ist eine Rechtsdrehung von 0—0,9° V. S. im 200 mm langen Rohre normal; ein Wein mit solcher Drehung bedarf keiner weiteren optischen Prüfung.

Ist die Rechtsdrehung stärker als 0,9° V. S., so kann sie entweder von normalen Weinbestandtheilen herrühren, welche in Weingeist unlöslich und besonders reichlich in Erzeugnissen aus nicht völlig ausgereiften Trauben vorhanden sind, (die Rechtsdrehung übersteigt dann gewöhnlich 1,5° V. S. nicht), oder sie stammt von Rohrzucker, welcher zur Erhöhung des Extractgehalts dem ausgegohrenen klaren Wein zugesetzt wurde und weder invertirt noch vergohren ist, oder endlich von Vergährungsrückständen des Kartoffelzuckers.

100 ccm solchen Weines werden auf 20 ccm eingedampft; hierbei wirkt die freie Säure des Weines invertirend auf den etwa vorhandenen Rohrzucker, und der ursprünglich rechtsdrehende Wein würde linksdrehend; bei grösseren Quantitäten Rohrzucker (starker Rechtsdrehung) ist zur Inversion das Hinzufügen einiger Tropfen verdünnter Salzsäure erforderlich.

Diese besondere Prüfung wird in den meisten Fällen erspart, wenn man zur Polarisation die bei der Weingeistbestimmung gewonnene entgeistete Flüssigkeit verwendet. Eine nur geringe Rechtspolarisation und niederes Resultat der später beschriebenen, in dieser entgeisteten Flüssigkeit vorzunehmenden Zuckerbestimmung (unter 0,3 %) schliesst die Möglichkeit des Vorhandenseins von Rohrzucker aus, da solcher invertirt sein müsste.

Beobachtet man in der entgeisteten Flüssigkeit Linksdrehung, so polarisirt man noch den ursprünglichen Wein; nur wenn auch dieser links dreht, rührt die Polarisation von geringen Mengen normalen unvergohrenen Mostzuckers her.

Die eingehende Prüfung auf Kartoffelzuckerbestandtheile, welche nöthig wird, wenn die entgeistete Flüssigkeit auf das ursprüngliche Volumen des Weines gebracht stärkere Rechtsdrehung als 0,9° V. S. zeigt, geschieht nach Neubauer, (modificirt von d. Verf.) in folgender Weise:

105 ccm (resp. 210 ccm für Anwendung des Wild'schen Apparats, dessen Rohre etwa 30 ccm Flüssigkeit zur Füllung bedürfen) Wein werden mit 1 ccm 20procentiger Lösung von essigsaurem Kali versetzt, zur dünnen Syrupconsistenz eingedampft und unter lebhaftem Umrühren allmählich mit 90 grädigem Weingeist versetzt, so lange noch eine Aus-

scheidung in Alkohol unlöslicher Bestandtheile beobachtet wird. (Hierbei fällt unter Anderem auch die etwa vorhandene rechtsdrehende Weinsäure aus, welche durch den Kalisalzzusatz in Weinstein übergeführt ist.) Man lässt zwei Stunden stehen, filtrirt dann ab, verdampft vom Filtrat den Weingeist, bringt den Rückstand mit Wasser auf 15 resp. 30 ccm ($\frac{1}{7}$ des ursprünglichen Volumens); entfärbt durch wiederholtes Schütteln mit Thierkohle während einer Viertelstunde (bei Weissweinen auf 15 ccm 1 g, bei Rothweinen 2 g Thierkohle), filtrirt und polarisirt. Dreht die Flüssigkeit 1,5° V. S. oder stärker rechts, so kann man mit Sicherheit Vorhandensein von Kartoffelzucker annehmen.

Zucker.

Die zur Polarisation verwendete Flüssigkeit wird durch Zusatz von kohlensaurem Natron alkalisch gemacht.

Gewöhnlichen, mit Thierkohle entfärbten Weinen setzt man das kohlensaure Natron in Substanz zu und filtrirt, wenn ein starker Niederschlag (von Phosphaten und Kalksalzen mit organischer Säure) entstanden ist.

Den mit Bleiessig behandelten Süssweinen, wird in wässriger Lösung kohlensaures Natron zugegeben, so lange bis kein Niederschlag von Bleisalzen mehr neu entsteht, darauf wird die Flüssigkeit mit Wasser auf einen Zuckergehalt von etwa 0,5 bis 1% verdünnt.

Für die genaue Zuckerbestimmung werden bei gewöhnlichen Weinen 5 ccm, bei Süssweinen 10 ccm Fehling'sche Lösung in einer weissen Porzellanschale mit Wasser verdünnt, auf lebhaft kochendem Wasserbade erhitzt und aus einer in $\frac{1}{10}$ ccm getheilten Bürette allmählich so viel von der zuckerhaltigen Flüssigkeit zugesetzt, bis der blaue Farbenton aus der Lösung soeben völlig verschwunden ist, was sich durch Neigen der Porzellanschale leicht erkennen lässt; man wartet nach jedem Zusatz von Zuckerlösung mit dem weiteren Zugeben so lange, bis das rothe Kupferoxydul sich zu Boden gesetzt hat und die sich anfangs trübende Flüssigkeit wieder vollkommen klar geworden ist. Tritt nach einem solchen Zusatz an Stelle von Farblosigkeit der Lösung ein gelblicher Farbenton derselben auf, dann hat man die Endreaction bereits überschritten, zuviel zuckerhaltige Flüssigkeit zugesetzt. Die zur Erzielung völliger Farblosigkeit verbrauchte Flüssigkeitsmenge enthält bei Anwendung von 5 ccm Fehling'scher Lösung 25 mg, bei Anwendung von 10 ccm 50 mg Zucker; daraus lässt sich der Zuckergehalt des ursprünglichen Weines leicht berechnen.

Bei Weinen, welche durch ihr optisches Verhalten des Gehalts an unverändertem Rohrzucker verdächtig sind, bestimmt man den Zucker im ursprünglichen und in dem mit Salzsäure erhitzten Wein; ein rohrzuckerhaltiger Wein wird bei der ersten Bestimmung merklich geringeren Zuckergehalt zeigen, als bei der zweiten (Rohrzucker reducirt nicht oder nur in äusserst geringem Grade Fehling'sche Lösung beim Erhitzen auf dem Wasserbade). Für gewöhnlich genügt bei den nicht süssen Weinen eine approximative Zuckerbestimmung, welche in folgender Weise ausgeführt wird:

2 ccm Fehling'scher Lösung werden im Reagensglase mit 5 ccm des alkalisch gemachten Weines versetzt, und das Probirröhrchen sodann in ein siedendes Wasserbad eingestellt, bis der entstehende Niederschlag sich vollständig abgesetzt hat. Ist die überstehende Flüssigkeit gelblich, so enthält der Wein mehr als 0,2 % Zucker, und dieser muss wie oben beschrieben bestimmt werden. Ist die Flüssigkeit dagegen noch blau, so setzt man weitere 5 ccm Wein zu. Tritt nun Entfärbung resp. Gelbfärbung ein, so liegt der Zuckergehalt zwischen 0,2 und 0,1 %, bleibt dagegen auch jetzt noch nach längerem Erhitzen im Wasserbade ein blauer Farbenton in der Lösung bestehen, so ist der Zuckgehalt geringer als 0,1 %.

Glycerin.

100 ccm Wein werden auf dem Wasserbade auf etwa 5 ccm concentrirt, dem Eindampfrückstand etwas Sand und unter Umrühren Kalkmilch bis zur deutlich alkalischen Reaction zugesetzt und nun zur Trockne eingedampft. Die Säuren des Weines werden dadurch in die in Alkohol unlöslichen Kalksalze und auch der Zucker in Zuckerkalk übergeführt. Den trocknen Rückstand befeuchtet man mit etwas Alkohol und arbeitet mit einem Spatel die an der Schalenwand haftenden Theile los; die körnigen Stücke werden mit einem Pistill zu einem gleichmässig feinkörnigen, breiigen Pulver verrieben, Spatel und Pistill gut abgespült und unter lebhaftem Umrühren die Masse auf dem kochenden Wasserbade bis zum Sieden des Alkohols erhitzt; ohne das Umrühren tritt hierbei Stossen und Verspritzen ein. Man verdünnt mit warmem 90 procentigen Weingeist und lässt den Kalkniederschlag eine Weile lang sich absetzen, filtrirt dann, wäscht mit warmem Weingeist aus und verdampft im Filtrat den Weingeist. Das syrupöse braune Rohglycerin wird gereinigt, indem man es in 10 bis 15 ccm 96 procentigen Weingeistes auflöst und zu der Lösung unter Umrühren allmälig 15 bezw. 22 ccm Aether hinzufügt. Der entstehende Niederschlag setzt sich in den meisten Fällen sehr bald als zähe Masse am Boden der Schale ab. Man filtrirt in ein gewogenes Glasgefäss (mit rechtwinklig gegen den Boden stehenden Wänden), wäscht das kleine Filter etwa zwei bis drei Mal mit einem Gemisch von 1 Th. Alkohol auf 1½ Th. Aether aus, verdunstet den Aether auf einem lauen, den Alkohol auf einem mässig kochenden Wasserbade, trocknet etwa ½ Stunde bei 100° und wägt das Glycerin.

Für Süssweine ist zur Abscheidung der grösseren Menge Zucker folgendes Verfahren empfehlenswerth:

Zu 50 ccm Wein setzt man in geräumigem Kolben etwas Sand und locker pulvrigen, gelöschten Kalk und erwärmt unter Umschütteln auf dem Wasserbade; die Zuckerkalkbildung findet hierbei allmählich statt; man fährt mit dem Kalkzusatz so lange fort, bis an Stelle der dunklen Farbe der dünnbreiigen Masse eine hellere braungelbe getreten ist und das Ganze deutlich kaustisch riecht. Dann lässt man erkalten und setzt 100 ccm 96 procentigen Alkohol zu, wodurch sich bis auf sehr geringe Mengen der Zucker als Zuckerkalk abscheidet. Der Niederschlag setzt sich in Folge des Sandzusatzes gut als ein lockeres, feinkörniges Pulver ab; die Flüssigkeit wird. decantirt, der Niederschlag von der Flüssigkeit, wenn nöthig durch Auspressen mit Hülfe eines Colirtuches, (von dünnem, aber dichtem Flanell) zum grössten Theil getrennt, dann wird abfiltrirt, mit 90 grädigem Weingeist ausgewaschen, im Filtrat der Weingeist verdampft und der Rückstand behandelt wie der erste Eindampfrückstand eines gewöhnlichen, nicht süssen Weines.

Alkoholfällung.

(Prüfung auf Dextrin oder Gummi und eventuelle Bestimmung desselben.)

Werden in einem Reagensglase 4 ccm Wein mit 10 ccm Alkohol vermischt, so entsteht bei reinen Weinen meist nur eine sehr geringe, selten (besonders in aschereichen Weinen) eine stärkere Trübung, welche sich in lockeren Flocken absetzt und nach einigen Stunden an den Wänden des Glases einzelne Weinsteinkryställchen erkennen lässt; die über dem Niederschlage stehende Flüssigkeit wird hierbei völlig klar.

Enthält der Wein dagegen einen Zusatz von Gummi arabicum oder Dextrin, so entsteht beim Versetzen mit Alkohol im oben angegebenen Verhältniss ein dicker, klumpig zäher Niederschlag, der zum Theil an Boden und Wänden des Glases adhärirt, zum Theil sehr lange in der Flüssigkeit suspendirt bleibt und derselben ein milchig trübes Ansehen giebt.

Tritt bei einem Wein diese Erscheinung ein, so muss die Alkoholfällung näher untersucht und eventuell Gummi oder Dextrin quantitativ bestimmt werden.

100 ccm Wein werden zu diesem Zweck auf etwa 5 ccm eingedampft und unter Umrühren mit 90 procentigem Weingeist, so lange noch ein Niederschlag entsteht, versetzt. Nach zwei Stunden wird der Niederschlag abfiltrirt; er besteht bei Naturweinen im Wesentlichen aus Weinstein, einigen Aschenbestandtheilen und Pectinkörpern, beträgt nach Abzug des Weinsteins 0,2 bis 0,4 %, und ist nicht in Zucker überführbar.

Bei Gummi- oder Dextringehalt des Weines ist dieser Alkoholniederschlag erheblich beträchtlicher, und das Dextrin resp. Arabin desselben lässt sich, in wässeriger Lösung mit etwas Salzsäure unter Druck auf 108 bis 110° erhitzt, vollständig in Zucker überführen.

Die Alkoholfällung wird zu diesem Zweck mit etwa 30 ccm Wasser aufgenommen, in ein etwa 100 ccm fassendes Fläschchen mit gleichmässig starken Wänden gespült, mit 0,5 ccm verdünnter Salzsäure versetzt, gut verkorkt und zugebunden, und in einem gesättigten Kochsalzbade 4 Stunden lang auf 110° erhitzt. Dann wird die erkaltete Flüssigkeit alkalisch gemacht, auf ein bestimmtes Volumen gebracht, filtrirt und darin mit Fehling'scher Lösung der gebildete Zucker bestimmt. Die Zuckermenge entspricht dem im Wein enthalten gewesenen Dextrin, resp. dem Arabin des arabischen Gummis.

Gummi arabicum und Dextrin unterscheiden sich durch folgende Eigenschaften von einander.

Gummi arabicum dreht die Polarisationsebene des Lichtes nach links und zwar 1 % in wässriger Lösung und 200 mm langem Rohr etwa 1° V. S. links, und das Drehungsvermögen wird durch Behandeln mit Thierkohle nur wenig vermindert; Dextrin dreht in 1 procentiger Lösung etwa 10° V. S. nach rechts, und das Drehungsvermögen, ebenso auch die Fällbarkeit durch Alkohol, (also das Dextrin selbst) wird durch Thierkohle fast vollständig absorbirt.

Durch Bleizucker und Bleiessig ist Gummi arabicum aus seinen Lösungen fällbar, Dextrin nicht. Durch Kochen mit Säure (Citronensäure) im offenen Gefäss, aber auch schon durch langes Stehen in wässriger Lösung bildet sich aus dem Arabin des Arabischen Gummis Dextrin.

Gerbstoff.

Eine annähernde, colorimetrische Bestimmung des Gerbstoffs gründet sich auf das Verhalten desselben zu Eisenoxydlösungen.

Für die Bildung des schwarzen Niederschlages von gerbsaurem Eisenoxyd ist es nöthig, dass die Fruchtsäure des Weines vollständig gebunden sei, und auch freie Essigsäure in nicht zu grosser, in allen zu vergleichenden Proben gleicher Menge vorhanden sei.

10 ccm Wein werden, durch Schütteln von der Kohlensäure befreit, im Reagensglase mit so viel titrirter Alkaliflüssigkeit versetzt, dass der Gehalt an freier Säure dadurch auf 5 %‰ kommt (die hierzu erforderliche Menge ist aus der titrimetrischen Säurebestimmung des Weines leicht zu berechnen); nun wird dem Wein 1 ccm einer 40procentigen Lösung von essigsaurem Natron und ein Tropfen 10procentiger Eisenchloridlösung zugegeben, umgeschüttelt, und die Intensität der Schwärzung bei durchfallendem Licht, nach etwa 18 bis 24 Stunden auch das Volumen des abgesetzten locker

flockigen Niederschlages mit der Reaction bei Flüssigkeiten von gleichem Säure- und bekanntem Gerbstoffgehalt verglichen, (noch besser bei ursprünglich gerbstofffreien Weinen, die man in oben angegebener Weise vorbereitet und denen man bestimmte Mengen Gerbstoff zugesetzt hat). Von Vergleichsflüssigkeiten braucht man gewöhnlich solche mit einem Gerbstoffgehalt von 0,005, 0,01, 0,02 bis 0,05 %, bei Rothweinen zuweilen auch erheblich reichere.

Salicylsäure.

50 ccm Wein werden mit 5 ccm Amylalkohol in einem Kölbchen einige Minuten gut durchgeschüttelt, dann der sich oben absetzende Amylalkohol in ein Reagensglas gegossen, mit der gleichen Menge Weingeist versetzt und einige Tropfen verdünnter Eisenchloridlösung zugegeben.

Statt des Ausschüttelns mit Amylalkohol kann man sich auch folgenden Verfahrens zum Isoliren der Salicylsäure von den die Reaction störenden Weinbestandtheilen bedienen: Wein wird mit Leimlösung zur Entfernung der Gerbsäure behandelt, dann wird die gesammte Flüssigkeit zur Syrupconsistenz eingedampft, der Verdampfungsrückstand mit Aether ausgezogen, die ätherische Lösung abgedunstet, dieser Rückstand mit ein paar Tropfen Wasser aufgenommen und dann mit ein paar Tropfen verdünnter Eisenchloridlösung versetzt.

Bei Gegenwart von Salicylsäure entsteht nach dem Eisensalzzusatz eine tiefviolette Färbung.

Schweflige Säure.

Von 50 ccm Wein werden aus einem Siedekolben in ein gut gekühltes Probirglas 5 ccm abdestillirt. Das Destillat giebt bei Vorhandensein von schwefliger Säure mit Silberlösung eine in Salpetersäure lösliche Opalescenz, reducirt salpetersaures Quecksilberoxydul und entfärbt Jodstärke und verdünnte Chamäleonlösung. Zur quantitativen Bestimmung kann ermittelt werden, wie viel $^{1}/_{100}$ Normal-Chamäleon durch das mit verdünnter Schwefelsäure angesäuerte Destillat in der Kälte reducirt worden (1 ccm $^{1}/_{100}$ Normal-Chamäleon = 0,32 mg schwefliger Säure); oder es kann das Destillat in einer salpetersäurehaltigen Vorlage aufgefangen und die gebildete Schwefelsäure bestimmt werden.

Schwefelsäure.

Um Weine darauf zu prüfen, ob und in welchem Grade sie gegypst sind, nimmt man eine annähernde Schwefelsäurebestimmung im ursprünglichen Wein vor.

Man bereitet sich nach Marty eine Chlorbariumlösung von bestimmtem

Gehalt, indem man 14 g reines trockenes krystallisirtes Chlorbarium unter Beigabe von 50 ccm Salzsäure zum Liter löst. Verwendet man zur Prüfung 10 ccm Wein, dann entspricht 1 ccm verbrauchter Chlorbariumlösung einem Gehalt von 1 g schwefelsaurem Kali im Liter Wein. Die Bestimmung der Schwefelsäure geschieht nun in der Weise, dass man je 10 ccm Wein mit 0.7, 1, 1.5, 2 ccm und, wenn nöthig, mehr Chlorbariumlösung versetzt, kocht, absitzen lässt, filtrirt und das Filtrat mit Chlorbariumlösung prüft. Der Schwefelsäuregehalt ist grösser, als dem Chlorbariumzusatz einer Probe entspricht, wenn in deren Filtrat auf weiteren Zusatz noch ein Niederschlag resp. eine Trübung entsteht, — kleiner, wenn das Filtrat klar bleibt.

Farbstoff.

a) Weisswein-Farbstoff.

Der normale Farbstoff eines Weissweines ist durch Eiweiss fällbar. Um als Reagens verwendet werden zu können wird Hühnereiweiss durch ein Leinentuch gepresst und mit etwas Wasser verdünnt.

Giebt ein gelber oder brauner Wein mit Eiweiss keine oder nur eine sehr geringfügige Trübung und steht das Filtrat dem ursprünglichen Wein an Intensität der Färbung nur wenig oder nicht nach, so liegt Grund zu der Annahme vor, dass der Wein mit Caramel gefärbt sei.

b) Rothwein-Farbstoff.

α) Prüfung auf Fuchsin.

10 ccm Wein werden mit etwa 3 ccm Bleiessig versetzt, mit 2 bis 3 ccm Amylalkohol kräftig durchgeschüttelt, und stehen gelassen, bis der Amylalkohol sich auf der Flüssigkeit klar abgesetzt hat. Bei fuchsinfreien Weinen bleibt der Amylalkohol farblos, aus fuchsinhaltigen nimmt er den Anilinfarbstoff auf; auch Orseille, deren Verwendung zum Weinfärben noch seltener vorkommt, als die von Fuchsin, würde bei dieser Behandlung des Weines eine roth gefärbte Amylalkoholschicht geben. Versetzt man den Amylalkohol mit etwas Salzsäure, so bleibt Orseillefärbung unverändert, Fuchsinfärbung verschwindet; fügt man demselben Ammoniak zu, so verschwindet Fuchsinfärbung ebenfalls, Orseillefärbung wird in violett verwandelt.

Eine andere Methode der Prüfung auf Fuchsin ist die folgende:

Etwa 100 ccm Wein werden auf die Hälfte eingedampft, mit Ammoniak bis zur alkalischen Reaction versetzt, im verschliessbaren Cylinder mit Aether kräftig durchgeschüttelt, der Aether abgehoben, und, während man ihn in einer Porzellanschale verdunsten lässt, ein Faden rein weisser Stickwolle eingehängt. Wenn der Aether vollständig verdunstet ist, wird bei Vorhandensein von Fuchsin die Wolle deutlich roth gefärbt.

β) Prüfung auf Malven-, Heidelbeer-, Liguster- und andere Farbstoffe.

Der Nachweis fremder vegetabilischer Farbstoffe ist ausserordentlich unsicher, mit voller Bestimmtheit zu führen meist unmöglich.

Die oben genannten Farbstoffe und der Rothweinfarbstoff verhalten sich in reinen Lösungen fast ganz gleich zu verschiedenen Reagentien; ein scheinbarer Unterschied zwischen dem Verhalten reiner Roth-Weine und mit Malven etc. gefärbten Weissweine beruht nur auf dem Einfluss, den der grössere Gerbstoffgehalt und Gehalt an sonstigen Kämme- und Trester-Extractivstoffen der ersteren auf die Farbenreactionen ausübt.

Mancher Rothwein, besonders solcher von Trollinger und Portugieser Trauben, wenn er ohne Kämme vergohren hat und auch von den Trestern ziemlich früh abgekeltert ist, zeigt ein ganz ähnliches Verhalten, wie ein mit Malven gefärbter Weisswein, und dem letzteren kann man das Verhalten reinen Rothweins verschaffen, wenn man ihm etwas braune Lösung von organischen Humuskörpern (Torfextract) zufügt.

Die gebräuchlichste Reaction auf Malvenfarbstoffe besteht darin, dass man eine Probe Wein mit einem Ueberschuss von essigsaurem Natron und Alaun versetzt. Reine Rothweine (mit Ausnahme der sogenannten Beerweine) geben dabei eine röthlich braune Missfarbe, Beerweine und mit Malven aufgefärbte nicht sehr gerbstoffreiche Rothweine sowie mit Malven gefärbte Weissweine zeigen bei dieser Behandlung eine schön violette, letztere zuweilen eine kornblumenblaue Färbung der Flüssigkeit. Irgend welcher sichere Schluss auf künstliche Färbung rother Weine lässt sich aus dieser Reaction nur in den seltensten Fällen (bei Eintreten der kornblauen Färbung) ziehen. Auf ebenso schwachen oder noch schwächeren Füssen steht die Prüfung mit gefälltem kohlensauren Kalk oder Magnesit. Reiner Rothwein soll damit schmutzig braun-violett, künstlich gefärbter blaugrün werden.

Beurtheilung der Weine.

Um aus den analytischen Zahlenbelegen erkennen zu können, ob die ermittelte Zusammensetzung eines Weines derjenigen eines Naturweines entspricht, ist eine genaue Kenntniss der Schwankungen erforderlich, welchen der Gehalt an wesentlichen Bestandtheilen bei Naturweinen unterliegt, ferner Kenntniss davon, welche Stoffe überhaupt dem Weine eigen, welche ihm fremd sind. In Bezug auf manche Weinbestandtheile kann es sich dabei nur darum handeln, festzustellen, ob ein vorliegender Wein die untersten Grenzen desjenigen Gehalts daran, welcher bei reinen Naturweinen beobachtet worden ist, noch erreicht oder nicht. Innerhalb je weiterer Grenzen der Gehalt an solchen Bestandtheilen bei Naturweinen selbst schwankt, desto weiterer Spielraum ist der Verwendung von Wasser und Zusätzen gegeben. Im Allgemeinen kann man über den gegenwärtigen Stand der Weinanalyse sagen, dass Zusätze von im Most an und für sich schon enthaltenen Bestandtheilen, soweit sie weniger auf eine Vermehrung der Quantität, als vielmehr auf eine Erhöhung der Qualität des Weines abzielen, in den meisten Fällen den Wein in seiner Zusammensetzung noch als Naturwein erscheinen lassen, dass dagegen Manipulationen, welche in erster Linie Vermehrung der Quantität, oft auf Kosten der Qualität bezwecken, als Fälschungen erkannt werden.

Als Grundlage für die Beurtheilung von Weinen dient ein grosses Analysenmaterial von reinen Naturweinen, dessen Befunde über der Zusammensetzung von Naturweinen folgende Schlüsse ziehen lassen:

Je mehr Säure ein Most enthält, desto weniger Zucker hat derselbe, so dass sehr säurereiche Naturweine ganz allgemein arm an Weingeist sind. Hoher Weingeistgehalt (9 Gewichtsprocente und mehr) bei gleichzeitig hohem Gehalt an Säure ($9\,^0/_{00}$ und darüber) lässt daher bei sonst normaler Zusammensetzung des Weines mit grosser Wahrscheinlichkeit, jedoch nicht mit absoluter Sicherheit, auf Zuckerzusatz zum Most schliessen.

Die Gesammtmenge des Extracts der Naturweine geht gewöhnlich nicht unter $17\,^0/_{00}$, (nur selten bis 16 und ganz ausnahmsweise bis $15\,^0/_{00}$) herunter und ist in jedem besonderen Falle mindestens so gross, dass nach Abzug der als Weinsäure berechneten Gesammtsäure noch $10\,^0/_{00}$ Extractrest verbleiben. Nur Weine, welche einen erheblichen Gehalt an Essigsäure besitzen, können einen kleineren Extractrest ergeben als $10\,^0/_{00}$, ohne darum unächt zu sein, da ja die Essigsäure, aus dem Alkohol entstehend, unabhängig vom Extract und überhaupt von der Zusammensetzung des ursprünglichen Mostes, im Wein zunehmen kann. Solche Naturweine mit viel flüchtiger Säure zeigen aber einen Extractrest von mindestens $11\,^0/_{00}$, wenn man die nicht flüchtige (fixe) Säure vom Gesammtextract abzieht; der Zahlenausdruck für die fixe Säure ist die Differenz zwischen der Gesammtsäure und der durch Destillation bestimmten flüchtigen Säure, beide als Weinsäure berechnet.

Durch Zusatz von wässeriger Rohrzuckerlösung zum Most oder von Wasser und Weingeist zum Wein aber wird die absolute sowohl als auch die auf die vorhandene Säure bezogene relative Menge des Extractes vermindert, da dem Wein ein merkliches Flüssigkeitsquantum, im ersten Falle mit nur wenigen Promille Gährungsglycerin, im letzteren ohne jede Extractbestandtheile zugefügt wird.

Setzt man z. B. zu einem Hektoliter Wein mit 20 $^0/_{00}$ Extract und und 10 $^0/_{00}$ Säure 20 l Wasser und Weingeist, so resultirt ein Wein mit 17 $^0/_{00}$ Extract und 8,3 $^0/_{00}$ Säure, also nur 8,7 $^0/_{00}$ Extractrest. Ebenso steht es um die Verminderung des Extractrestes, wenn bei übermässiger Streckung ausser Wasser- und Weingeist- oder Zucker- noch Säure-Zusatz zur Anwendung kommt.

Die freie Säure des Weines ist aus verschiedenen Componenten zusammengesetzt. Ein Theil derselben entfällt auf Weinstein. Da der Most ziemlich reich ist an Weinstein, der letztere sich aber während der Gährung in demselben Masse ausscheidet, in welchem der Weingeist zunimmt, so sollte in jedem Wein eigentlich noch so viel Weinstein enthalten sein, als eine Flüssigkeit von dem Weingeistgehalt des Weines zu lösen vermag; allein Schwankungen der Temperatur des Weines üben auf die Löslichkeit des Weinsteins einen ausserordentlichen Einfluss aus, und wenn sich bei starker Temperaturerniedrigung eine gewisse Menge Weinstein krystallinisch ausgeschieden hat, so löst sich dieselbe, nachdem der Wein seine frühere höhere Temperatur wieder erlangt hat, nicht wieder auf. Auf diese Weise kann ein Wein sehr arm an Weinstein werden, ohne dass mit ihm irgend eine Streckungsmanipulation vorgenommen ist. Nur die gänzliche Abwesenheit von Weinstein würde Veranlassung zur Beanstandung bieten. — Obstweine enthalten keinen Weinstein.

Freie Weinsäure findet sich nur in verhältnissmässig geringen Mengen im Wein. Producte aus gut ausgereiften, zuckerreichen Trauben enthalten meist gar keine freie Weinsäure, in Weinen aus zum Theil unreifen oder sehr sauren zuckerarmen Trauben dagegen ist sie gewöhnlich vorhanden, doch übersteigt ihre Menge nicht den 6. Theil der im Wein enthaltenen fixen Säure. Wenn Weine so weit mit Zuckerwasser oder Wasser und Weingeist gestreckt sind, dass sie zu wenig freie Säure enthalten und infolge dessen matt und etwas fade schmecken, so wird ihnen wieder Säure zugesetzt und hierzu gewöhnlich des verhältnissmässig niederen Preises wegen die Weinsteinsäure benutzt.

Bernsteinsäure entsteht in geringen Mengen als regelmässig auftretendes Nebenproduct bei der Gährung des Mostes.

Citronensäure ist in Naturweinen nur in sehr geringen Mengen vorhanden, wird aber hier und da in derselben Weise wie die Weinsteinsäure zum Auffrischen übermässig gestreckter Weine verwendet.

Zuweilen benutzt man einen Zusatz von Tamarindenmus, um einen Wein anscheinend älter und körperreicher zu machen; auch hierdurch kommen merkliche Mengen von Citronensäure in den Wein.

Aepfelsäure ist der Hauptbestandtheil der natürlichen freien Säure des Mostes und Weines.

Essigsäure bildet sich aus dem Weingeist des Weines normal in geringen Mengen, in grösseren dagegen (erheblich mehr als 1 %$_{00}$), wenn der Wein durch nachlässige Behandlung (ungenügenden Luftabschluss von der Oberfläche) infolge des Wucherns von Mycoderma aceti, einem kleinen bacterienartigen Pilz, den sogenannten (Essig-) Stich bekommt.

Mineralbestandtheile. Die Asche des Weines besteht z. Th. aus kohlensaurem Kali, herrührend von dem Weinstein und anderen Kalisalzen mit organischen Säuren, ferner aus Kali-, Kalk- und Magnesia-, in Spuren auch Eisen- und Thonerdesalzen der Schwefelsäure, des Chlors, der Phosphorsäure.

Ihre Gesammtmenge beträgt im Allgemeinen 10 % vom Extract; dieses Verhältniss wechselt aber einerseits mit dem Weinsteingehalt, andererseits mit dem Zuckergehalt des Weines. Die absolute Menge geht gewöhnlich nicht unter 1,4 %$_{00}$. Die Zusammensetzung der Asche ist u. A. abhängig von der Art und Behandlung des Bodens, auf welchem die Reben gewachsen sind; ihr Phosphorsäuregehalt schwankt, auf den ursprünglichen Wein bezogen, etwa zwischen 0,015 % und 0,060 %, der Gehalt des Weines an Schwefelsäure geht gewöhnlich nicht über 0,05 % und wird nur bei gegypsten und sehr oft in frisch eingebrannte Fässer umgefüllten Weinen grösser. Der Chlorgehalt beträgt in normalen Weinen etwa 0,002 % bis 0,006 %; derselbe kann grösser werden entweder durch Verwendung einer kochsalzhaltigen Hausenblasen-Schöne, oder eines kochsalzreichen Brunnenwassers zum Strecken des Weines, oder durch Zusatz von Kochsalz in Substanz, um die Aschenarmuth des gestreckten Weines zu verdecken. Mit Zucker oder Wasser und Weingeist versetzte Weine sind, wenn nicht ein sehr hartes Brunnenwasser verwendet wurde, ärmer an Mineralbestandtheilen als Naturweine; Trester- und besonders Hefenweine (hergestellt durch Vergährung eines Zuckerwasseraufgusses auf schwach ausgepresste Trester und Kämme oder abgesetzte, beim Ablassen im ·Fass zurückbleibende Hefe) sind meist reicher an Asche und speciell an leicht schmelzenden Aschenbestandtheilen, als Naturweine.

Die Asche der Naturweine bildet gewöhnlich ein grauweisses lockeres bei dunkler Rothgluth nicht schmelzendes Pulver (auf den Einfluss grossen Chlorgehalts auf die Beschaffenheit der Asche wurde bereits gelegentlich der Besprechung der Chlorbestimmung hingewiesen).

Das Drehungsvermögen für die Polarisationsebene des Lichtes ist, soweit es nicht von unvergohrenem Zucker herrührt, gering und dasjenige der Naturweine sowohl, als der gezuckerten Weine bereits bei der Darstellung der Untersuchungsmethoden besprochen.

Der im Most vorhandene Zucker ist z. Th. rechtsdrehend, z. Th. linksdrehend; da aber der rechtsdrehende von beiden Zuckerarten am leichtesten vergährt, so zeigen Naturweine, welche noch mehr oder weniger unvergohrenen Zucker enthalten, stets Linksdrehung.

Bis auf sehr geringe Mengen werden rechtsdrehende Bestandtheile der

Naturweine (wie Gerbstoff) entweder durch Thierkohle absorbirt, oder durch Bleiessig gefällt, oder bei Neubauer's Isolirungsverfahren der wesentlichsten Kartoffelzuckerbestandtheile durch Alkohol abgeschieden.

Der Kartoffelzucker des Handels enthält auch in seinen besten Qualitäten, welche rein weiss, hart und krystallinisch körnig sind noch 15 bis 18 % unvergährbarer Stoffe, von denen je 1 % in 200 mm langem Rohre etwa 4,5° V. S. rechts dreht. Je 1° V. S. Rechtsdrehung im ursprünglichen Wein, welcher von unvergährbaren Kartoffelzuckerbestandtheilen herrührt, entspricht daher einem Zusatz von etwa 1,5 kg Kartoffelzucker pr. Hektoliter.

Die Menge des in Naturweinen vorhandenen Glycerins ist abhängig von dem Weingeistgehalt desselben, da das Glycerin ein Nebenproduct der Gährung, der Weingeist aber gewissermaassen ein Maassstab für die stattgefundene Gährung ist. Der Glyceringehalt beträgt gewöhnlich 7—10, bei sehr alkoholreichen Weinen (über 12 Gewichtsprocent Weingeist) bis 12 % der vorhandenen Gewichtsmenge Weingeist. Bei Spirituszusatz zum Wein wird die Glycerinmenge procentisch unter die untere, bei Zusatz von viel Glycerin über die obere der angegebenen Grenzen hinausgehen; aus den Schwankungen, denen aber nach den bisherigen Beobachtungen der Glyceringehalt (z. Th. auch je nach der Behandlungsweise) unterliegt, ergiebt sich von selbst ein gewisser Spielraum für die Nicht-Nachweisbarkeit der Zusätze von Glycerin oder Weingeist.

Gerbstoff ist in grösseren oder geringeren Mengen im Wein enthalten, je nachdem derselbe längere oder kürzere Zeit während und nach der Gährung auf Trestern und Kämmen geblieben ist; da nun Traubenweissweine gewöhnlich bald gekeltert werden, Tresterweine dagegen lange auf den Hülsen und Kämmen verbleiben, so sind letztere meist viel reicher an Gerbstoff als Traubenweine. Der gewöhnliche Gerbstoffgehalt bei diesen beträgt O bis 0,02 % während er bei Tresterweinen bis auf mehr als 0,1 % steigen kann. Die Gerbstoffreaction ist übrigens nur im Verein mit anderen Abnormitäten in der Zusammensetzung, (besonders auffallend niederem Extract- und hohem Aschengehalt) ein Anzeichen dafür, dass ein Tresterwein oder ein mit solchem verschnittener Wein vorliege; ein sonst normaler Wein könnte auch starke Gerbstoffreaction zeigen, wenn er z. B. auf den Trestern vergohren hätte oder mit etwas reichlicher Menge von Tannin geschönt worden wäre. In ersterem Falle müsste er aber verhältnissmässig reich sein an Extract.

Das Gypsen der Weine, besonders in Frankreich und südlichen Ländern (Spanien, Italien, Griechenland) üblich, soll die Weine haltbarer und Rothweine feuriger in der Farbe machen. Die Trauben werden als solche mit Gyps bestreut, oder es wird Gyps zu dem Most oder Wein gefügt. Der Gyps setzt sich mit dem Weinstein zu weinsaurem Kalk, der

sich ausscheidet, und saurem schwefelsauren Kali um; in sehr stark gegypsten Weinen wird aller Weinstein zersetzt, ihre Asche reagirt durch
zersetzende Einwirkung des sauren schwefelsauren Kalis neutral. Dem
sauren schwefelsauren Kali schreibt man eine gesundheitsnachtheilige Wirkung zu; desshalb ist der Verkauf gegypster Weine in Deutschland ganz
untersagt, in Frankreich verlangt man, dass die für Militärspitäler gelieferten Weine nicht stärker gegypst sind, als dass sie höchstens einen
Gehalt von 2 g schwefelsaurem Kali im Liter aufweisen, wobei die ermittelte Schwefelsäure als einfach schwefelsaures Kali berechnet wird. Neuerdings wird man in praxi auch in Deutschland toleranter und nimmt, um
die Einfuhr feiner französischer Rothweine und spanischer Weine nicht
nahezu unmöglich zu machen, dieselbe oberste Grenze wie die französischen
Militärspitäler für den Gehalt an schwefelsaurem Kali an.

Schliesslich sei noch einiger Veränderungen des Weines Erwähnung ge-
than, welche bei dem Laien oft den Verdacht der Unächtheit eines Weines
erregen, in Wahrheit aber entweder durch Krankheiten oder irgend einen
Fehler in der Behandlung des Weines hervorgerufen sind.

Mancher Wein, in der Flasche vollkommen hell, wird, in ein Glas
gegossen, sehr leicht **braun und trüb** und setzt, oft sehr langsam, die
Trübung als braunen Niederschlag ab. Diese Ausscheidungen entstehen
bei vielen Weinen unter dem Einfluss der Luft, wenn theilweise faulige
Trauben zur Weinbereitung verwendet wurden, oder wenn die Weine
während und bald nach der Gährung (beim Ablassen) nicht genügend mit
Luft in Berührung waren, so dass diese Ausscheidungen von oxydirten
und als solche unlöslichen Weinbestandtheilen während des Lagerns auf
dem Fass hätten vor sich gehen können.

Ein vollständiges **Schwarzwerden** des Weines kann stattfinden,
wenn derselbe längere Zeit mit rostendem Eisen (Fassreifen, Nägel) in Berührung kommt; die schwarze Trübung ist gerbsaures Eisenoxyd; sie setzt
sich allmählich ab.

Mancher Wein wird während und bald nach der Gährung **faden-
ziehend, schleimig, zäh**, wenn (meist unter dem Einfluss frühzeitiger
Essigbildung bei langsamer ungleichmässiger Gährung) ein kleiner Theil
des Zuckers in Mannit übergegangen und dann die Schleimgährung ein-
gegangen ist. Ganz besonders häufig aber tritt diese Erscheinung bei mit
Rohrzucker versetzten Weinen auf, weil diese bei Mangel an genügender
Hefe, welche den Zucker vor der Vergährung invertiren muss, sehr leicht
unregelmässig vergähren. Wenn von der Oberfläche ruhig lagernder Weine
mit weniger als 10 Gewichtsprocent Weingeist nicht sehr sorgfältig die Luft
abgehalten wird, so bildet sich darauf eine weisse Decke von einer üppig-
wuchernden **Kahm-(Kuhnen-)pilzvegetation** (Mycoderma vini) durch
welche, als energische Sauerstoffträger, der Weingeist des Weines zu

Kohlensäure verbrannt wird, aber auch Extractbestandtheile aus dem Weine aufgezehrt werden. Solche stark verkuhnte Weine charakterisiren sich, wenn die Kuhnendecke entfernt wird gewöhnlich durch faden Geruch und Geschmack und einen im Verhältniss zur Säure ausserordentlich niederen Weingeistgehalt.

Siedelt sich statt des Kahmpilzes eine Vegetation der Essigmutter (Mycoderma aceti) auf der nicht genügend vor Luft geschützten Oberfläche des Weines an, so wird der Weingeist nicht zu Kohlensäure, sondern zu Essigsäure oxydirt. Mycoderma aceti kann noch bei 12 Gewichtsprocent Weingeist im Wein vegetiren.

Der sogenannte Böckser, ein Geruch und Geschmack des Weines nach faulen Eiern, entsteht durch Schwefelwasserstoffbildung im Wein. Schwefelwasserstoff kann im Wein auftreten, entweder durch Aufnahme von Schwefelverbindungen seitens der Rebwurzeln aus dem Boden, oder durch längeres Verbleiben von Schwefel im Wein, der mit geschwefelten Traubentrestern (Mittel gegen Traubenkrankheiten), oder durch Abtropfen schmelzenden Schwefels von den zum Einbrennen verwendeten Schwefelschnitten in den Wein gelangt, oder endlich durch faulige Zersetzung der am Boden des Fasses noch befindlichen Hefe des Weines.

Geruch und Geschmack des Weines können ausser durch den Schwefelwasserstoff wesentlich geändert werden durch andere Fäulnissproducte der Hefe, durch das Braunwerden desselben, durch faule Trauben oder schlechte Fässer, durch Einwirkung von Eisen und durch langes Lagern in nur theilweise gefüllten Fässern.

In der folgenden schematischen Zusammenstellung der bei einer Weinanalyse vorzunehmenden analytischen Bestimmungen sind die bei jeder Untersuchung nothwendigen gesperrt, die seltener vorkommenden in manchen Fällen nöthig werdenden gewöhnlich gedruckt und die nur in besonderen Ausnahmefällen ausgeführten Bestimmungen eingeklammert.

Bei einer vollständigen Weinuntersuchung sind also folgende Bestimmungen und qualitative Prüfungen vorzunehmen:

Specifisches Gewicht des ursprünglichen Weines.

     ,,   ,,   ,, entgeisteten Weines.

Weingeist.

Extract berechnet.

Extract gefunden.

Freie Gesammtsäure (als Weinsäure berechnet).

Fixe Säure.

Flüchtige Säure (als Essigsäure berechnet).

Freie Weinsäure qualitativ.
Freie Weinsäure quantitativ.
Weinstein.
(Aepfelsäure, Bernsteinsäure, Citronensäure.)
Mineralbestandtheile.
Alkalinität der Asche (als kohlensaures Kali berechnet).
(Kali, Natron, Kalk, Magnesia, Eisen, Thonerde.)
Phosphorsäure.
Chlor.
Schwefelsäure (bei Roth- und Südweinen stets zu bestimmen).
Zucker.
Glycerin.
Alkoholfällung qualitativ.
(Dextrin, Gummi arabicum, Pectinkörper.)
Gerbstoff.
Salicylsäure.
Schweflige Säure.
Farbstoff (bei Rothweinen stets zu prüfen).
Polarisation.
Pol. nach dem Erhitzen mit Salzsäure.
Pol. nach Abscheidung der Alkoholfällung, concentrirt auf $^1/_7$.

Branntwein, Liköre und Essig.

Von

Dr. O. Mertens,

vereidigter Handelschemiker zu Cöthen.

Branntwein und Liköre.

Von quantitativen Bestimmungen hat man bei Untersuchung des Branntweins, da derselbe nur aus Wasser, Alkohol und etwas Fuselöl besteht, nur eine Alkoholbestimmung auszuführen, die man nach der unter „Bier" S. 512 angegebenen Methode vornimmt. Bei Likören, die aus Alkohol, Zucker, Wasser, Pflanzenextracten und aromatischen Stoffen bestehen, könnte noch eine Bestimmung des Extractes des Rohrzuckers und etwa noch der Asche nöthig sein, die man, wie früher angegeben ausführt. Für gewöhnlich wird man ausser der Alkoholbestimmung nur eine qualitative Untersuchung auf etwaige Verfälschungen, schädliche Bitter- und Farbstoffe vornehmen.

Was erstere anbetrifft, so wird dem Branntwein öfters Schwefelsäure oder Salzsäure hinzugesetzt, um das Perlen hervorzubringen oder geringeren Branntweinsorten ein feineres Bouquet zu geben. Da reiner Branntwein neutral reagirt, so wird, um den Zusatz einer Mineralsäure nachzuweisen, für gewöhnlich eine Prüfung mit Lackmuspapier genügen; kommt jedoch, was zuweilen der Fall, Essigsäure in demselben vor, so müssen Specialreactionen auf obige Säuren mit Chlorbarium und salpetersaurem Silber vorgenommen werden.

Hat man Essigsäure im Branntwein nachgewiesen (Eindampfen mit Natronlauge, Uebergiessen mit Schwefelsäure oder mit Schwefelsäure und Alkohol: Essigäther), so thut man gut denselben auch auf Kupfer resp. Blei zu prüfen, da durch die Essigsäure stets kleine Mengen dieser Metalle aus den Destillirblasen in den Branntwein gelangen. Man prüft nach dem Verdampfen des Branntweines auf $^1/_4$ seines Volumens mit Ferrocyankalium auf Kupfer, mit verdünnter Schwefelsäure auf Blei.

Die häufigsten Verfälschungen erfahren die feinen Branntweinsorten, wie Cognac, Rum, Arac, von denen wohl der grösste im Handel vorkommende Theil gefälscht ist. (Auch der Kornbranntwein wird künstlich aus Kartoffelschnaps und Nordhäuser Kornessenz dargestellt.) Bis jetzt giebt es leider kein sicheres Erkennungsmittel für die vorgenommenen Verfälschungen und man muss sich daher mit einigen Anhaltepunkten begnügen, die für oder gegen die Reinheit sprechen. Hierzu gehört die Bestimmung des Rückstandes, der bei unverfälschter Waare 0,5 bis höchstens 1 % beträgt und meistens einen bitterlich aromatischen Geschmack besitzt. Ebenso wird der Nachweis von Fuselöl auf eine Verfälschung resp. auf Kunstproducte schliessen lassen, da letztere meistentheils aus gewöhnlichem Spiritus bereitet werden.

Den Nachweis des Fuselöls führt man nach Otto in der Weise aus, dass man ein beliebiges Volumen Branntwein mit dem gleichen Volumen Aether vermischt und dieser Mischung das gleiche Volumen Wasser zusetzt. Die ätherische Flüssigkeit wird von der wässerigen Lösung mittelst eines Scheidetrichters getrennt und erstere verdunstet, wobei das Fuselöl, dessen charakteristischer Geruch nicht zu verkennen ist, zurückbleibt.

Bei der Bereitung der bitteren Liköre werden zuweilen der Gesundheit nachtheilige Stoffe verwandt, wie Aloë, Gummigutti, Lärchenschwamm, Sennesblätter, Rhabarber. Der Nachweis derselben kann nach Elsner kurz auf folgende Weise geführt werden: Man verdampft den betreffenden Likör zur Trockne, zieht den Rückstand mit Alkohol aus, und vertheilt einen Theil des Auszuges auf mehrere Porzellanschälchen, dampft ein und behandelt einen Rückstand mit Salpetersäure, wodurch bei Gegenwart von Aloë ein gelbes Pulver ausgeschieden wird. Ist dies der Fall, so behandelt man einen anderen Rückstand mit Sodalösung, wobei unter dunkelrother Färbung der charakteristische Aloëgeruch auftritt. Den Haupttheil des alkoholischen Auszuges verdampft man zur Trockne und behandelt ihn mit der 50fachen Menge Wasser 24 Stunden in der Kälte. Hierauf wird das Wasser abgegossen, das zurückbleibende Harz scharf getrocknet und mit Chloroform ausgezogen. Ein Theil dieser Chloroformlösung wird zur Trockne verdampft. Lärchenschwamm wird von starkem Alkohol mit rother Farbe gelöst. — Der Rückstand eines zweiten Theiles kann als Sennesblätterharz durch den Geruch, der eines dritten Theiles als Gummigutti durch seine Gelbfärbung beim Behandeln mit Natronlauge erkannt werden. Rhabarber ist direct aus dem Rückstand nachzuweisen. Man zerreibt den noch feuchten Rückstand auf kohlensaurem Kali und beobachtet ob neben tiefer Rothfärbung der bekannte Rhabarbergeruch auftritt.

Häufig wird der Branntwein mit Zuckercouleur gefärbt, um ihm ein altes Aussehen zu geben. Man erkennt dieselbe durch Schütteln mit Eiweiss, das unverfälschten Branntwein entfärbt, künstlich gefärbten jedoch nicht. Eisenvitriol giebt bei reinen alten Branntweinen eine bläulich schwarze Farbe oder Fällung, ruft dagegen in künstlich gefärbten keine Farbenveränderung hervor.

Was die sonstigen zum Färben der Liköre verwandten Farbstoffe betrifft, so dürften wohl hierzu fast nur unschuldige Farben angewendet werden. Allerdings kommen auch ab und zu mit Fuchsin gefärbte Liköre im Handel vor, dessen Nachweis, wie bei Wein Seite 548 beschrieben, zu führen ist.

Essig.

Im Anschluss an die geistigen Getränke soll hier der Essig behandelt werden, da ja derselbe aus verdünnten alkoholischen Flüssigkeiten durch Gährung (die sogenannte Essiggährung) gewonnen wird. Je nach der Art derselben unterscheidet man Weinessig, Spiritusessig, Obstessig, Bieressig, Holzessig, Malz- und Stärkezuckeressig, von denen die fünf letzten als von nur untergeordnetem Interesse bei Seite gelassen und nur die beiden ersteren, der Weinessig und Spiritusessig, der sogenannte Essigsprit näher besprochen werden sollen. Was die Untersuchung des Essigs betrifft, so handelt es sich hierbei nur um die quantitative Bestimmung der Essigsäure, sowie um den qualitativen Nachweis etwaiger Verfälschungen.

Die quantitative Bestimmung der im Essig enthaltenen Essigsäure führt man durch Titriren mit Barytwasser, das mit Schwefelsäure gestellt ist, aus und berechnet aus der gefundenen Schwefelsäure die Essigsäure. 1 Theil SO_3 entspricht 1,5 Theilen Essigsäure ($C_2H_4O_2$). Der Gehalt des Essigs an Essigsäure ist je nach den verschiedenen Sorten verschieden. Der stärkste Essig, der Essigsprit, enthält 8—12 % Essigsäure, Weinessig 5—8 %, die übrigen Essigarten 3—5 %. Neuerdings giebt es auch sogenannte Essigessenz im Handel, die nach einer Angabe 25—40 %, nach anderen 65—70 % Essigsäure enthalten soll und natürlich nur in stark verdünntem Zustande benutzt werden kann.

Der Essig wird häufig roth, gelb oder braun gefärbt; roth gewöhnlich mit Heidelbeeren-, Malven- oder Rübensaft, zuweilen auch mit Fuchsin, gelb oder braun mit Zuckercouleur. Da diese Färbemittel mit Ausnahme des Fuchsins völlig unschädlich sind, so bietet nur der Nachweis des letzteren Interesse. (Näheres: siehe „Wein" S. 548.)

Um geringwerthigeren Essig stärker, an Essigsäure reicher erscheinen zu lassen, soll demselben zuweilen Schwefelsäure oder Salzsäure zugesetzt werden. Zur sicheren Prüfung auf dieselben kann man sich nicht gut der gewöhnlichen Reagentien bedienen, da das zur Bereitung des Essigs verwandte Brunnenwasser stets Schwefelsäure und Chlor enthält. Zum Nachweis der ersteren wendet man folgende Methode an: 50—100 ccm Essig werden mit 1 cg Stärke bis auf $^2/_3$ eingekocht und hierauf mit Jodlösung geprüft; war freie Schwefelsäure vorhanden, so ist das Stärkemehl in Stärkezucker übergeführt, in Folge dessen Jodlösung keine Bläuung hervorruft. Tritt dagegen Blaufärbung ein, so ist die Abwesenheit von freier Schwefelsäure nachgewiesen. Oder man verdampft einige Cubikcentimeter Essig in einem Porzellanschälchen mit etwas Zucker auf dem Wasserbade zur Trockne; bei Gegenwart freier Schwefelsäure hinterlässt der Essig durch Verkohlung des Zuckers einen schwarzen, im anderen Falle einen gelblichen bis schwach hellbraunen Ring.

Zur Prüfung auf freie Salzsäure destillirt man 200 ccm des fraglichen Essigs bis fast zur Trockne und prüft das Destillat mit salpetersaurer Silberlösung. Anstatt obiger Säuren werden zuweilen auch scharfe vegetabilische Substanzen, wie spanischer Pfeffer, Ingwer, Seidelbast-Senf etc. zur Verfälschung des Essigs benutzt. Zum Nachweis derselben wird der Essig genau mit kohlensaurem Natron neutralisirt, auf dem Wasserbade verdampft, der Rückstand in wenig Wasser gelöst und auf seinen Geschmack geprüft. Liegt eine Verfälschung mit genannten Stoffen vor, so ist der Geschmack des Rückstandes brennendscharf, im anderen Falle schwach salzig.

Als zufällige Verunreinigungen können auch Metalle wie Kupfer, Blei, Zink, Eisen durch Aufbewahrung in metallenen Gefässen in den Essig gelangen. Zur Prüfung auf dieselben verdampft man den Essig bis nahezu zur Trockne, nimmt mit Wasser auf und leitet in die klare, nöthigenfalls filtrirte Lösung Schwefelwasserstoff. Eine schwärzliche Trübung deutet auf Kupfer oder Blei, eine weisse in Salzsäuren lösliche auf Zink.

Was endlich die Untersuchung der einzelnen Essigarten betrifft, so wird es sich in den meisten Fällen nur um den Nachweis handeln, ob im Essig Weinessig ist oder nicht. Derselbe unterscheidet sich hauptsächlich von andern Essigsorten durch seinen dem Weinbouquet ähnlichen Geruch und angenehmen Geschmack, sowie durch den Gehalt an Weinstein (ca. 0,04—0,05 %) der allerdings auch dem fertigen Essig absichtlich zugesetzt sein kann, dann aber wohl mehr als die oben erwähnten Mengen betragen wird. Zum Nachweis desselben dampft man 500 ccm Essig bis auf 50—60 ccm ein und schüttelt nach dem Erkalten mit dem gleichen Volum 90 % Alkohol. Hierbei scheidet sich der Weinstein als weisses Pulver aus, das nach dem Abfiltriren getrocknet und gewogen wird.

Bieressig giebt mit molybdänsaurem Ammon und etwas Salpetersäure eine gelbe Trübung oder Niederschlag von phosphor-molybdänsaurem Ammon und mit alkalischer Kupferlösung erwärmt eine Ausscheidung von rothem Kupferoxydul (Gegenwart von Dextringummi.)

Fette.

Von

Dr. Böckmann.

I. Allgemeines.

Eine analytische Controle bei Gewinnung der Fette aus den thierischen und pflanzlichen Rohmaterialien findet nicht Statt. Dagegen werden die als Futtermittel dienenden Pressrückstände pflanzlicher Rohmaterialien (die Oelkuchen) von den landwirthschaftlichen Versuchsstationen häufig untersucht. (Siehe im Abschnitte „Futterstoffe".)

Wenn die Fette als Rohmaterial für die Kerzen-, Glycerin- und Seifenfabrikation dienen, so ist ihre Werthschätzung nach den sub II erläuterten Principien von Wichtigkeit. Der Kerzenfabrikant will vor allen Dingen natürlich wissen, wie gross das Rendement an Fettsäuren und Glycerin bei einem ihm vorliegenden Rohmaterial ist.

Die Prüfungen eines Fettes auf Reinheit, auf einen Gehalt an anderen Fetten und an fremden Beimengungen (wie Mineralöle etc.) und die Feststellung der Identität eines Fettes sind Aufgaben, welche namentlich an den Handelschemiker nicht selten herantreten.

Zur Feststellung der Identität muss man die wichtigeren Reactionen der reinen Fette kennen (siehe sub III). Mit Benutzung dieser kann man auch den allerdings oft recht schwierigen Nachweis anderer Fette (siehe IV) führen. Weit leichter und sicherer ist die Erkennung fremdartiger Beimengungen (V).

Vergessen darf man jedoch bei Prüfung der Fette nicht, dass hier die absolute Sicherheit der analytischen Methoden anderer Branchen nicht im Entferntesten erreicht ist. Es muss sich desshalb grosse praktische Erfahrung mit möglichst guter Ausführung der zuverlässigsten Prüfungsmethoden vereinigen, um zu vertrauenswürdigen Resultaten zu gelangen.

II. Die Werthschätzung der Fette
(als Rohmaterial der Kerzen- und Glycerinfabrikation)[1]).

Zur Feststellung des Werthes eines Fettes muss man ermitteln: 1) den Nichtfettgehalt (Wasser und Sand), 2) den Gesammtgehalt an Fettsäuren und Glycerin und 3) die Menge der festen Fettsäuren (des „Kerzenmaterials").

1. Nichtfettgehalt. a) Wasser. 40—50 g Fett werden in einem mit einem Glasstab tarirten Becherglase zuerst 1 Stunde unter zeitweiligem Umrühren bei 110° und dann (ohne Umrühren) bei 125° 2 Stunden erhitzt.

b) Sand etc. („Schmutzgehalt.") Das nach a) getrocknete Fett wird im Becherglase geschmolzen, auf ein Filter gebracht, welches durch ein gleich schweres zweites Filter tarirt wurde (S. 23), das Filter mit heissem Benzol ausgewaschen und bei 80—90° getrocknet. Ist nach dem Trocknen das Filter feucht, so rührt dies von einem geringen Glyceringehalte her. Man zieht in diesem Falle das Filter nachträglich mit Alkohol aus und trocknet es (mit dem Tarafilter) abermals.

2. Gesammtgehalt an (bei der Zersetzung des Fettes resultirenden) **Fettsäuren und Glycerin.** Bekanntlich werden die Fette bei der Kerzen- und Glycerinfabrikation nach der allgemeinen Gleichung:

$$C_3 H_5 (O_2 C_n H_{2n+1})_3 + 3 H_2 O = \underbrace{C_3 H_5 (OH)_3}_{\text{Glycerin}} + \underbrace{3 C_n H_{2n+1} O_2 H}_{\text{Fettsäure}}$$

zersetzt.

Die bei der Fabrikation angewandte Menge Fett ist demnach (theoretisch) gleich der (ebenfalls theoretischen) Ausbeute an Glycerin und Fettsäure weniger den bei der Spaltung des Fettes aufgenommenen drei Molecülen Wasser. Bezeichnet man nun das Moleculargewicht der Fettsäure mit a, so liefert eine Gewichtsmenge Fett, welche durch

$$\underbrace{3\,a}_{\text{(Fettsäure)}} + \underbrace{92}_{\text{(Glycerin)}} - \underbrace{54}_{\text{(3 Mol. Wasser)}}$$

ausgedrückt wird, eine theoretische Ausbeute von 3 a g Fettsäuren und 92 g Glycerin.

Es liefern also (3 a + 38) Theile Fett 3 a Theile Fettsäure.

Folglich liefern 100 Theile Fett $= \dfrac{300\,a}{3\,a + 38}$ Fettsäuren.

Ebenso findet man, dass 100 Theile Fett liefern $\dfrac{9200}{3\,a + 38}$ Glycerin.

---

[1]) Sehr beachtenswerthe Beiträge zur Werthschätzung der Fette haben H. Yssel, de Schepper und A. Geitel (Dingl. pol. Journ. **245**, 295) geliefert.

Zur Berechnung der theoretischen Ausbeute an Fettsäure und Glycerin hat man also nur das Moleculargewicht a der betreffenden Fettsäure in obige zwei Formeln einzufügen. So giebt die Stearinsäure mit dem Moleculargewicht 284 für das reine Tristearin eine theoretische Ausbeute von

$$\frac{300 \times 284}{3 \times 284 + 38} = 95{,}73 \text{ Th. Fettsäure}$$

$$\text{und } \frac{9200}{3 \times 284 + 38} = 10{,}337 \text{ Th. Glycerin.}$$

Die nachfolgende Tabelle enthält die Werthe für einige bekannte Fettsäuren, resp. deren Triglyceride.

Triglycerid von	Mol.-Gew. der Fettsäure	Mol.-Gew. der Triglyceride	Procentische Ausbeute an	
			Fettsäuren	Glycerin
Stearinsäure	284	890	**95·73**	**10·337**
Oelsäure. .·	282	884	**95·70**	**10·408**
Margarinsäure	270	848	95·52	10·850
Palmitinsäure	256	806	**95·28**	**11·415**
Myristinsäure	228	722	94·47	12·742
Laurinsäure	200	638	94·04	14·420
Caprinsäure	172	594	93·14	15·480
Capronsäure	116	386	90·16	23·830
Buttersäure	88	302	87·41	30·464

Zur Ermittelung des Factors a für ein Fett werden 50 g desselben mit 40 ccm Kalilauge von 1,4 spec. Gew. und 40 ccm Alkohol verseift, mit 1 l Wasser etwa $^3/_4$ Stunden gekocht, mit Schwefelsäure zersetzt und die Fettsäuren ausgewaschen und getrocket. 1—5 g der trockenen Fettsäuren werden mit einer Kalilauge titrirt, von welcher 10 ccm genau 1 g Margarinsäure oder 100 ccm = 1000 : 27 = 37,037 ccm Normalsäure neutralisiren[1]). Bezeichnet man nun mit α die Anzahl von Zehntelcubikcentimeter, welche zur Neutralisation von 1 g irgend welcher Fettsäuren nöthig sind, so ist

$$a = \frac{270 \times 100}{\alpha}$$

3. Zur **Bestimmung des Neutralfettgehaltes** N, titrirt man 1 g des getrockneten und filtrirten Fettes mit obiger Lauge (ist der Neutralfettgehalt, wie namentlich bei Talg, sehr hoch, so fügt man etwas Aether hinzu). Hat man n Zehntelcubikcentimeter verbraucht, so ergiebt sich (bei der Annahme, dass sich die verschiedenen Triglyceride gleichmässig zersetzen) der Gehalt an freien Fettsäuren:

$$F = \frac{100 \text{ n}}{\alpha}; \text{ also } N = 100 - \frac{100 \text{ n}}{\alpha} \text{ Proc.}$$

---

[1]) Schepper und Geitel, in Dingl. pol. Journ. **245**, 297.

Erwähnt sei noch, dass nach Schepper und Geitel als Grundlage für die Beurtheilung der praktischen Ausbeute an Fettsäuren (f) und Glycerin (g) die Formeln:

$$f = 100 - 0{,}055\ N$$
$$\text{und } g = 0{,}105\ N$$

angenommen werden können, wobei N Neutralfett bedeutet.

4. Die Menge der festen Fettsäuren (des Kerzenmateriales) hestimmt man nach der Hehner'schen Methode, welche bei Prüfung der Butter auf fremde Fette im Abschnitte „Nahrungsmittel" ausführlich beschrieben ist.

H. Yssel de Schepper und A. Geitel theilen nachfolgende Tabelle mit, welche namentlich auch das Schwanken des Neutralfettes in den verschiedenen Fettarten und in den Palmölen verschiedener Herkunft erkennen lässt.

Name.	Wasser.	Schmutz.	Erstarrungspunkt der Fettsäuren.	Neutralfett.
Palmöle.				
Congo	0·78—0·95	0·35—0·7	45·90	16—23·0
Saltpont	3·5—12·5	0·9—1·7	46·20	15—25
Addah	4·21	0·35	44·15	18·0
Appam	3·60	0·596	45·0	25·0
Winnebah	6·73	1·375	45·6	20·0
Fernando-Po.	2·68	0·85	45·90	28
Brass	3·05	2·00	45·1	35·5
New Calabar	3·82	0·86	45·0	40·0
Niger	3·0	0·70	45·0	40·0—47·0
Accra	2·2—5·3	0·60	44·0	53·0—76·0
Benin	2·03	0·20	45·0	59·0—74·0
Bonny	3·0—6·5	1·2—3·1	44·5	44·0—88·5
Gr. Bassa	2·4—13·1	0·6—3	44·6	41·0—70·0
Cameroons	1·8—2·5	0·2—0·7	44·6	67·0—83·0
Cap Lahon.	3·6—6·5	0·7—1·5	41·0	55·0—69·0
Cap Palmas	9·7	2·70	42·1	67
Half Yack-Yack	1·9—4·2	0·7—1·24	39·0—41·3	55·0—77·0
Lagos	0·5—1·3	0·3—0·6	45	58·0—68·0
Loando	1·5—3·0	1·0—1·9	44·5	68·0—76·0
Old-Calabar	1·3—1·6	0·3—0·8	44·5	76·0—83·0
Gold-Coast	1·98	0,50	41·0	69
Sherbo	2·6—7·0	0·3—1·2	42·0	60—74
Gaboon	2·0—2·8	0·3—0·7	44·5	79—93·0
Fette anderer Herkunft.				
Talge	0·1—12·0	0·1—2·0	40·0—46·0	90—100
Margarine	0·38—2·4	—	38·0—44·0	88—100
Oleo. Marg. Stear.	—	—	50·5	97·0
Hammeltalge	—	—	46·1	96·0
Rindertalge	—	—	44·5	97·0
Suif d'épluchures	0·2—2·7	1·2—0·6	40·7—42·3	82—96
Knochenfett	1·0—7·8	—	40·3	60—75
Baumwollenöl	—	—	40·05	50·0
Baumwollensamenöl	14·25	—	34·0	—
Cocosnussöl	—	—	23·0	87·0
Stearin grease	—	—	44·0	75·0

III. Die wichtigeren Eigenschaften und Reactionen der reinen Fette.

1. Der Geruch. Diese Prüfung ist, wenn von einem erfahrenen Praktiker ausgeführt, oft werthvoll und entscheidend. Man bringt etwas von dem Fette in die innere Handfläche und zerreibt es zwischen den Händen. Oder man erwärmt das Oel in einem Porzellanschälchen, resp. man versetzt das nicht erwärmte Oel mit Schwefelsäure. In beiden Fällen kann man ebenfalls den charakteristischen Geruch des Oeles wahrnehmen.

2. Das specifische Gewicht. Dasselbe[1] ist bei den wichtigeren Oelen folgendes:

Wallrath	0·8815
Wallfischthran	0·8856 (15^0)
Elaïn	0·9011
Oelsäure (von der Destillation des Palmöls)	0·9023 (15^0)
Palmöl	0·9046
Unschlitt	0·9137
Ochsenklauenöl	0·9142
Neutrales gebleichtes Oleïn (von Palmöl)	0·9143 (15^0)
Weisses Rapsöl	0·9144
Gelbgrünes Olivenöl	0·9144
Haselnussöl	0·9154
Oelsäure (von der Destillation des Baumwollsamenfettes)	0·9159 (15^0)
Blasses Olivenöl	0·9163
Dunkelgelbes Rapsöl	0·9168
Neutrales Oleïn (aus Salz)	0·9171 (15^0)
Schweineschmalz	0·9175
Jungfernöl	0·9177 (15^0)
Rüböl	0·9190 (15^0)
Mandelöl	0·9190 (15^0)
Gallipoliöl	0·9196 (15^0)
Dunkles Olivenöl	0·9199
Specköl	0·9202 (15^0)
Leberthran	0·9205
Rohes Baumwollsamenöl	0·9224
Raffin. „ (gelb)	0·9230
Weisses „	0·9288
Labrador-Leberthran	0·9237

---

[1] Bei 18^0 genommen, falls keine besondere Bemerkung dabei steht.

Mohnöl	0·9245
Leberthran	0·9245 (15°)
Roher Robbenthran	0·9246
Cocosnussöl	0·9250
Roher Wallfischthran	0·9254
Reiner Leberthran	0·9270
Ausgepresster Robbenthran	0·9246
Rohes Leinöl	0·9299
Gekochtes Leinöl	0·9411
Kalt gepresstes Ricinusöl	0·9667
Harzöl	0·9906

3. Schmelz- und Erstarrungspunkt. Den Schmelzpunkt eines Fettes bestimmt man am einfachsten und besten, indem man eine kleine Menge desselben an die Kugel des Thermometers bringt und letzteres langsam im Becherglase erwärmt. Sowie das Fett sich von der Kugel loslöst, liest man die Temperatur ab.

Um den Erstarrungspunkt zu ermitteln, schmilzt man eine genügende Menge Fett in einem etwa 2 cm weiten Glascylinder bei möglichst niedriger Temperatur und hört mit dem Schmelzen auf, bevor Alles gelöst ist. Alsdann taucht man das Thermometer in die flüssige Masse und lässt langsam erkalten. Bei einigen Fetten bleibt die nach und nach sinkende Temperatur plötzlich einige Zeit constant, um alsdann weiter zu sinken. Während dieser kurze Zeit anhaltenden Temperatur vollzieht sich das Erstarren. Bei anderen Fetten steigt die Temperatur im Augenblick des Erstarrens und ist alsdann der höchste Punkt, welchen hierbei das Thermometer erreicht, als Erstarrungspunkt anzusehen. Zeitweises Umrühren, namentlich im Augenblicke, wo das Erstarren beginnt, ist bei dieser Bestimmung empfehlenswerth.

4. Erkennung trocknender Oele in nicht trocknenden. Man giesst in ein kleines Reagensglas etwas Wasser und auf dasselbe einige Tropfen des zu prüfenden Oeles und leitet das bei der Zerlegung von Eisenfeile mit Salpetersäure entstehende Gas ein. Aus der Oelsäure der nicht trocknenden Oele (Olivenöl, Mandelöl) entsteht eine starre Masse (Elaïdinsäure), während die trocknenden (Mohnöl z. B.) sich obenauf als flüssige Tropfen ausscheiden.

Diese Reaction ist zuweilen unsicher, was nach Stahlschmidt daran liegen mag, dass die trocknenden Oele von den nichttrocknenden eingeschlossen und nicht immer deutlich erkennbar abgeschieden werden.

Oder man wägt in einem Becherglase 50 g des zu prüfenden Oeles ab und fügt aus einer Glashahnburette tropfenweise 10 ccm conc. Schwefelsäure (von 66° B.) hinzu. Man rührt hierbei beständig mit einem Thermometer um und beobachtet das Maximum der Temperaturerhöhung. Die trocknenden Oele erhitzen sich hierbei bei weitem stärker als die nicht trocknenden.

5. Erkennung des Oeles der Cruciferen. 25—30 g des zu prüfenden Oeles werden mit 20 ccm einer Lösung von Natronhydrat (1 : 10) einige Minuten gekocht. Alsdann filtrirt man durch ein vorher genetztes Filter und prüft mit einem Streifen Bleizucker- oder Silberpapier. Derselbe wird schwarz, falls das Oel von einer Crucifere stammte oder ein solches begemengt enthielt. (Die Reaction gründet sich darauf, dass das Oel der Cruciferen stets in geringen Mengen eine Schwefelverbindung enthält.)

6. Systematische Prüfung des Oeles mit verschiedenen Säuren und Alkalien. Man wendet auf 5 Raumtheile Oel 1 Raumtheil Reagens an und probirt der Reihe nach mit:

a) Natronlösung von 1,340 spec. Gew.   Erwärmen zum Kochen.

b) Schwefelsäure von 1,475 spec. Gew.   Ruhigstehenlassen 10 Minuten lang.

c) Schwefelsäure von 1,530.   Stehenlassen während 5 Minuten.

d) Schwefelsäure von 1,635.   Ebenfalls 5 Minuten Stehenlassen.

e) Salpetersäure von 1,180.   Starkes Schütteln, 5 Minuten Stehenlassen.

f) Salpetersäure von 1,220.   Behandlung wie sub e.

g) Salpetersäure von 1,330.   Behandlung wie sub e und f.

h) auf g folgende Behandlung mit Aetzlauge von 1,330.

i) Phosphorsäure (syrupartige).

k) Salpetersäure von 1,33 und Schwefelsäure von 1,845 zu gleichen Raumtheilen gemischt.

l) Königswasser (25 Vol. Salzsäure und 1 Vol. Salpetersäure von 1,330).

m) auf l folgende Behandlung mit Aetznatron von 1,340.

Die nachfolgende Tabelle zeigt das Verhalten der verschiedenen Fette und fetten Oele gegen diese Reagentien.

	Aetznatron	Schwefelsäure			Salpetersäure		Salpetersäure + Aetzlauge		Phosphorsäure	Schwefel- und Salpetersäure	Königswasser + Aetznatron	
	1,340	1,475	1,530	1,635	1,180	1,220	1,330	1,340				1,340
Olivenöl	schwach-gelb	blass, grünlich	grünlich	grün	grünlich	grünlich	grünlich	weissflüssig	grünlich	orange	—	weissflüssig
Gallipoli	ebenso	ebenso	schmutzig-weiss	bräunlich	ebenso	ebenso	ebenso	weiss, fadenziehend	ebenso	blassorange	—	gelblich-weiss, faserig
Rüböl	schmutzig-gelbweiss	—	nelken-farben	braun	—	—	—	weissflüssig	—	tiefbraun	—	schmierig-weissgelb
Mohnöl	ebenso	—	schmutzig-weiss	—	—	orangegelb	roth	rosaflüssig	—	blassgelb	—	rosaflüssig
Wallnussöl	ebenso	bräunlich	grün	braun	gelb	roth	tiefroth	rothstarr	gelbbraun	dunkelbraun	gelb	schmierig-orange
Sesamöl	ebenso	grünlich	schmutzig-grün	—	orangegelb	ebenso	ebenso	roth, unten braun	—	grün, in Roth übergehend	ebenso	orange, unten braun
Ricinusöl	weiss	—	schmutzig-weiss	—	—	—	—	schmierig-weiss	—	braunroth	—	schmierig-blassroth
Hanföl	braungelb, starr	dunkel-grün	dunkel-grün	dunkel-grün	schmutzig-grün	braungrün	braungrün	braun, schmierig	grün	grün, ins Schwarze ziehend	grün	schmierig-braun
Leinöl	gelbflüssig	grün	schmutzig-grün	grün	gelb	gelb	grün, ins Braune übg.	gelbflüssig	grünlich-braun	ebenso	gelbgrün	flüssig-orange
Specköl	weissroth	trübweiss	trübweiss	bräunlich	—	—	blassgelb	flüssig	—	braun	—	flüssigbraun
Klauenfett	schmutzig-gelblich-weiss	gelblich	schmutzig-bräunlich	braun	blassgelb	blassgelb	blassbraun	weissflüssig	—	ebenso	blassgelb	schmierig-gelb-braun
Wallfisch-thran	dunkelroth	blassroth	roth	tiefbraun	ebenso	ebenso	roth	flüssig	dunkelroth	ebenso	ebenso	flüssig-orange
Leberthran	ebenso	purpur	purpur	ebenso	—	—	ebenso	ebenso	ebenso	ebenso	gelb	ebenso
Robbenthran	ebenso	hellroth	roth	ebenso	roth	hellroth	roth	ebenso	dunkelroth	ebenso	blassgelb	ebenso
Arachisöl	weiss, dicklich	—	schmutzig-weiss	hellbraun	—	—	—	fadenziehend	—	blassorange	—	weiss, fadenziehend

IV. Die Erkennung der Fette und fetten Oele in Mischungen.

Handelt es sich darum, zu bestimmen, ob und welche Zusätze an anderen Fetten oder fetten Oelen die vorliegende Probe erfahren hat, so muss man mit grosser Sorgfalt zu Werke gehen, um ein zufriedenstellendes Resultat zu erlangen. Man prüft das fragliche Fett der Reihe nach mit den soeben aufgeführten 12 Reagentien, theils im Probirglas, theils (wie namentlich zweckmässig bei Prüfung mit Schwefelsäure) indem man das Oel auf einer Glasplatte mit einem Glasstabe kreisförmig ausbreitet und die Säure in die Mitte des Kreises hineintropfen lässt.

Die Aetznatronlösung von 1,340, die Schwefelsäure von 1,475 und die Phosphorsäure färben Thran roth. Mit der zweitgenannten Lösung kann 1%, mit der drittgenannten 0,1% Thran in Mischungen nachgewiesen werden.

Durch Natronlösung von 1,340 wird mit Leinöl eine weiche, mit Hanföl eine feste Seife erzeugt.

Die Schwefelsäure von 1,475 färbt Lein- und Hanföl charakteristisch grün und lassen sich auf diese Weise 10% dieser Oele in anderen Mischungen noch erkennen.

Mit der Schwefelsäure von 1,530 geben allein Hanf-, Lein-, Nussöl und Thran entschiedene, grüne, resp. rothe Färbungen.

Mit der Schwefelsäure von 1,635 kann man 10% Rüböl in Olivenöl erkennen. Ebenso Thran in Klauenfett, Schweineschmalz in Mohnöl und Nussöl in Olivenöl.

Mit der Salpetersäure von 1,180 wird Hanföl entschieden grün (schmutzig grün) und Olivenöl grünlich gefärbt. 10% Hanföl in Leinöl lässt sich mit diesem Reagens leicht entdecken.

Die Salpetersäure von 1,220 lässt 10% Sesam-, Hanf-, Nuss- oder Mohnöl in Mischungen erkennen. Die Reactionen dieser Säure mit genannten Oelen sind deutlich.

Mit Salpetersäure von 1,330 lassen sich Wallnuss- oder Sesamöl im Olivenöl leicht erkennen. Lässt man auf die Salpetersäure die Reaction mit Natronlauge von 1,340 folgen, so giebt Wallnussöl eine faserige, halbverseifte Masse, während Sesamöl (und Mohnöl) nicht verseifen. Das Oel schwimmt oben, während die untere Flüssigkeit roth bei Sesamöl und farblos bei Mohnöl ist.

Ebenso lassen sich Rüböl und Nussöl durch die nacheinanderfolgende Behandlung von Salpetersäure und Natronlauge unterscheiden. Nussöl wird durch Salpetersäure tiefroth, durch darauf folgende Einwirkung der Natronlauge von 1,340 giebt es eine halbverseifte, schmierige rothe Masse.

37*

Durch die **Salpeterschwefelsäure** bleiben im Wesentlichen nur Oliven- und Mohnöl ungefärbt, resp. blassgefärbt. Dieses Reagens kann namentlich zum Nachweis von Sesamöl (das grün wird) in Olivenöl dienen.

Das Königswasser wendet man stets in Verbindung mit der unmittelbar darauffolgenden Natronlauge von 1,340 an.

Als Beispiel, wie diese Reactionen vorzunehmen und zu verwerthen sind, führt Stahlschmidt[1] folgenden Fall an. Man habe ein Rüböl, das einer Verfälschung verdächtig ist. Wird Aetznatronlauge zuerst angewendet, und liefert diese eine weisse Masse, so sind Thran, Hanf- und Leinöl ausgeschlossen. Wurden dann die drei verschiedenen Schwefelsäurelösungen und Salpetersäurelösungen, ohne ein bestimmtes Anzeichen durch sie zu erhalten, angewendet, so ist weder Mohnöl noch Sesamöl vorhanden. Wahrscheinlich sind dann nur noch Klauenfett, Ricinusöl, Olivenöl, Schweineschmalz und Cocosnussöl. Wird nun zuerst mit Salpetersäure von 1,33 spec. Gew. und nachher mit Aetznatron behandelt und erhält man hierdurch nur eine flüssige, halb verseifte Masse, dann ist weder Klauenfett, noch Ricinusöl oder Cocosnussöl vorhanden und es bleibt nur noch Olivenöl und Schweineschmalz zu untersuchen. Ersteres fehlt ebenfalls, wenn die Phosphorsäure nicht grüne Färbung erzeugt. Letzteres entdeckt sich durch sein Verhalten gegen Königswasser und Natronlauge.

V. Der Nachweis fremdartiger Beimengungen in Fetten und fetten Oelen.

1. Prüfung auf Harz oder Colophonium. Man kocht das zu untersuchende Oel einige Minuten mit Weingeist von 0,88—0,90 spec. Gew., giesst die überstehende weingeistige Lösung nach dem Abkühlen ab und versetzt mit weingeistiger Bleizuckerlösung. Bei einem Gehalt von Colophonium oder Harz entsteht ein weisser, klumpiger Niederschlag, im anderen Falle nur eine Trübung.

2. Prüfung auf Harzöle. 20 ccm des fetten Oeles werden in eine 200 ccm fassende Bürette gebracht, die in $^2/_{10}$ ccm getheilt ist. Man füllt mit Alkohol vom spec. Gew. 0,83 voll, schüttelt und lässt 24 Stunden stehen. Die nach dieser Zeit abgelesene Volumenverminderung des Oeles mit 20 multiplicirt giebt die Procente Harzöl an.

3. Prüfung auf mineralische Oele. 5 g Oele werden mit etwa 2 g Aetzkali und 25 ccm Alkohol von 90% am Rückflusskühler $^1/_4$ Stunde lang gekocht. Den Inhalt des Kölbchens giesst man alsdann in eine Schale, mischt mit Sand und verdunstet den Alkohol bei einer 50° nicht

---

[1] Bolley-Stahlschmidt's „techn. chem. Untersuch. II, 600."

übersteigenden Temperatur im Wasserbade. Den Rückstand wäscht man mit Petroleumsprit aus. Letzterer wird aus dem Auszuge bei 50⁰ verdunstet; der bleibende Rückstand ist gleich dem Mineralöl.

4. **Prüfung auf Oelsäure** (Abfallproduct der Stearinsäurefabrikation), **andere freie Fettsäuren oder Harzsäuren.** Man taucht in das zu prüfende Oel blaues, vorher befeuchtetes Lackmuspapier ein und trocknet letzteres zwischen Fliesspapier. Eine hierbei sich zeigende Röthung des Papieres lässt die Anwesenheit einer der genannten Säuren erkennen. (Man vergewissere sich hierbei, dass die Reaction nicht von im Oele von der Rectification verbliebenen freien Schwefelsäure herrührt.) Oder man prüft noch besser den alkoholischen Auszug mit Lackmus.

Nach Jabobsen weist man Oelsäure (oder sonstige freie Fettsäure) durch Schütteln des Oeles (in der Kälte) mit etwas Rosanilin nach. Bei Gegenwart freier Fettsäuren färbt sich das Oel (in Folge Bildung von von ölsaurem Rosanilin) roth.

Um Spuren von Fettsäure mit dieser Reaction nachzuweisen, schüttelt man einige Tropfen einer kaltgesättigten Lösung von Rosanilin in absolutem Alkohol mit dem Oele und erwärmt in einem auf dem Wasserbade stehenden Becherglase bis zur Verflüchtigung des Alkohols. Bei Gegenwart von Fettsäure tritt eine rothe Färbung ein; im anderen Falle scheidet sich das Rosanilin (bei sehr dickflüssigen Oelen als bräunliches Pulver) ab, resp. bleibt in der Flüssigkeit suspendirt.

5. **Prüfung auf Schwefelsäure, Blei und Alaun.** Dieselben können in Folge unvollkommener Entfernung nach der Reinigung des Oeles sich vorfinden. Erstere wird durch tüchtiges Schütteln mit destillirtem Wasser, Abhitzenlassen und Zusatz von Chlorbarium, das Blei durch Schütteln mit Essigsäure und einigen Tropfen Salpetersäure und Versetzen mit Schwefelwasserstoff, der Alaun durch Schütteln mit Wasser, dem etwas Salpetersäure beigemischt worden, Eindampfen der wässerigen Lösung und Versetzen mit Ammoniak gefunden.

Seife.

Von

Dr. O. Mertens,

ver. Handelschemiker in Cöthen.

Die Seifen theilt man je nach ihrer Consistenz in harte und Schmierseifen ein; erstere sind Natronseifen, letztere Kaliseifen. Im normalen Zustande enthalten die Natronseifen gewöhnlich 20—25 (höchstens
bis 34) % Wasser und werden Kernseifen genannt. Wird ihnen zur
Vermehrung ihres Gewichtes Wasser auf künstlichem Wege zugesetzt,
so heissen sie geschliffene Seifen und enthalten dann 40—60 %
Wasser. Enthalten sie Wasserglas, Stärkemehl, Sand, Kreide, Gyps,
Schwerspath etc., so werden sie gefüllte Seifen genannt. Weiche
Schmierseifen enthalten 28—57 % Wasser.

Sehr wesentlich ist es, dass man zur Analyse der Seife eine richtige
Durchschnittsprobe nimmt, da der Wassergehalt der inneren und äusseren
Schichten beträchtlich variiren kann. Von harten Seifen nimmt man dünne
Querschnitte. Bei Schmierseifen hat man die Durchschnittsprobe aus der
Mitte des Fasses zu nehmen.

Die Untersuchung der Seife wird sich vorzüglich auf die Bestimmung
des Wassers, des Fettes und des Alkalis (sowohl in gebundenem als
in freiem Zustande) erstrecken, woran sich in zweiter Linie die Ermittelung
des Gehaltes an unverseiftem Fett, Glycerin, Harz, sowie der
Nachweis etwaiger Füllstoffe anschliesst.

Weitaus am häufigsten wird die Wasserbestimmung vorgenommen.
In der That ist sie zur Beurtheilung des Werthes der Seife von grosser
Bedeutung da beispielsweise Seifen von 75 % Wassergehalt äusserlich
ebenso fest und hart erscheinen können, als solche mit 15 % Wasser.

1. **Wasser.** Zur raschen Bestimmung desselben wägt man 2—3 g
Seife in einem weithalsigen, mit Stöpsel versehenem Trockengläschen ab,
löst sie in demselben in möglichst wenig heissem absoluten Alkohol, fügt
12—15 g ausgeglühten Sand hinzu, verdampft den Alkohol auf dem Wasserbade und trocknet die Masse bei 100—105° bis zum constanten Gewicht.

Will man die Seife im Luftbade bei 100—120⁰ trocknen, eine Methode, die jedoch viel mehr Zeit als die zuerst angegebene erfordert, so thut man gut, dieselbe erst längere Zeit über Schwefelsäure oder bei 50—70⁰ vorzutrocknen, um ein Schmelzen der Seife zu vermeiden.

2. **Den Gehalt an Fett** bestimmt man wie folgt: 6—8 g Seife werden in heissem Wasser gelöst und mit Schwefelsäure bis zur deutlich sauren Reaction versetzt. Die an der Oberfläche sich abscheidenden Fettsäuren werden durch ein befeuchtetes gewogenes Filter abfiltrirt, mit heissem Wasser bis zum Verschwinden der sauren Reaction ausgewaschen, in einem gewogenen Becherglase nebst dem Filter bei 100⁰ getrocknet und gewogen. Nach Heeren setzt man nach Abscheidung der Fettsäuren eine der angewandten Quantität Seife nahezu gleiche gewogene Menge Wachs hinzu, erhitzt, bis das Wachs sich mit den Fettsäuren gemischt hat und lässt dann erkalten. Die auf der sauren Flüssigkeit schwimmende starre Fettmasse lässt sich leicht abheben und nach behutsamen Abwischen mit Fliesspapier trocknen. Zur Entfernung etwaiger Spuren von Wasser wird der Fettkuchen in einem gewogenen Gläschen geschmolzen und falls sich noch Wassertröpfchen zeigen sollten, bei 100⁰ bis zur Verdampfung derselben getrocknet. Das Gewicht des Fettkuchens abzüglich der Menge des zugesetzten Wachses giebt dann die Menge der in der Seife enthaltenen Fettsäuren an. Etwa in der Seife enthaltenes Harz wird natürlich mit den Fettsäuren abgeschieden.

Für technische Zwecke kann man sich mit hinlänglicher Genauigkeit der von Pous angegebenen volumetrischen Methode bedienen, die in einer Umkehrung der von Clark angegebenen Methode der Härtebestimmung im Wasser beruht und nach welcher die Menge der in der Seife enthaltenen Fettsäuren nach der Menge des zur Zersetzung erforderlichen Kalksalzes bestimmt wird. Pous bedient sich einer Normalseife, als welche eine Marseiller Seife bestehend aus 64% Fettsäuren, 6% Natron und 30% Wasser dient. Zur Ausfällung von 1 g dieser Seife sind genau 0,1074 g Chlorcalcium nöthig. Zur Darstellung der Chlorcalciumlösung löst man 0,968 g reinen kohlensauren Kalk in Salzsäure auf, verdampft die Lösung zur Trockne, vertreibt die freie Salzsäure durch Erhitzen, löst den Rückstand in Wasser und füllt zu 1 l auf.

Zur Ausführung der Bestimmung bringt man 10 ccm Chlorcalciumlösung und 20 ccm Wasser in eine Stöpselflasche von 100—150 ccm Inhalt und setzt zu dieser Mischung aus einer in $\frac{1}{10}$ getheilten Bürette von der zu untersuchenden Seifenlösung (erhalten durch Lösen von 10 g Seife in 100 ccm Alkohol und Auffüllen mit Wasser bis zu 1 l) unter kräftigem Umschütteln so lange zu, bis ein feinblasiger stehender Schaum erreicht ist. Da 10 ccm Chlorcalciumlösung 10 ccm der Normalseifenlösung entsprechen, so kann man aus den verbrauchten ccm einen Schluss auf die Güte der Seife ziehen.

3. Zur Bestimmung der alkalisch reagirenden Bestandtheile kann man mit Vortheil die von den Fettsäuren abfiltrirte saure Flüssigkeit verwenden, vorausgesetzt, dass titrirte Schwefelsäure gebraucht worden war. Der Ueberschuss an Schwefelsäure wird dann mit Barytwasser bestimmt und aus der Differenz der Natron- (resp. Kali-) gehalt berechnet. Freies Alkali wird qualitativ durch Bestreichen der frischen Schnittfläche einer Seife mit einer Lösung von Quecksilberchlorid oder salpetersaurem Quecksilberoxydul nachgewiesen; ersteres ruft eine rothgelbe, letzteres eine schwarze Färbung hervor. Neutrale Seifen geben mit beiden Reagentien nur weisse Quecksilberstreifen. Zur quantitativen Bestimmung desselben werden 3 g Seife in 50 ccm 90% Alkohol gelöst, vom etwaigen Rückstand abfiltrirt, mit Alkohol ausgewaschen und in die alkoholische Lösung längere Zeit unter häufigem Umschütteln Kohlensäure eingeleitet. Der sich abscheidende Niederschlag von kohlensaurem Natron wird abfiltrirt, mit Alkohol ausgewaschen, auf dem Filter durch Uebergiessen mit Wasser gelöst, das Filter mit Wasser nachgewaschen, Filtrat und Waschwasser vereinigt, zum Sieden erhitzt, mit titrirter Schwefelsäure versetzt, und nach Verjagen der Kohlensäure mit Barytwasser titrirt und auf Natronhydrat berechnet.

4. Unverseiftes Fett. Seifen, die sich fettig anfühlen und mit Wasser eine trübe Lösung geben, enthalten noch unverseiftes Fett. Zur quantitativen Bestimmung desselben wird die getrocknete und fein gepulverte Seife mit Petroleumäther extrahirt, derselbe abdestillirt und der Rückstand bei 100° getrocknet und gewogen.

5. Zur Bestimmung des Glycerins löst man 25 g in heissem Wasser, versetzt mit verdünnter Schwefelsäure bis zur sauren Reaction, schmilzt die Fettsäuren mit Wachs zusammen, lässt erkalten, hebt den Fettkuchen ab und dampft die durch kohlensaures Natron genau neutralisirte Flüssigkeit im Wasserbade zur Trockne. Den aus schwefelsaurem Natron und Glycerin bestehenden Rückstand behandelt man mit Alkohol, welcher das schwefelsaure Natron ungelöst zurücklässt. Die filtrirte alkoholische Lösung wird verdunstet, der Rückstand nochmals mit Alkohol behandelt und die abermals filtrirte Lösung in einem Platinschälchen auf dem Wasserbade verdunstet.

6. Harzzusatz zu fetten Seifen. In den eigentlichen Harzseifen ist bei Zerlegung derselben das Harz leicht zu erkennen. Anders liegt die Sache, wenn es sich um einen Zusatz von Harz zu Fettseifen handelt, welchen man nach Gottlieb in folgender Weise erkennt.

Einige Gramm der Seife werden in heissem Wasser gelöst, die Lösung mit Bittersalzlösung versetzt, wodurch sich Magnesiumseife ausscheidet und Flüssigkeit sammt Niederschlag gekocht. Letzterer wird heiss abfiltrirt. Im Filtrate ist nach Gottlieb harzsaure Magnesia enthalten. Man scheidet durch Kochen mit Salzsäure das Harz aus, schüttelt die Flüssigkeit im Scheidetrichter mit Aether, hebt letzteren ab und wägt den nach seinem Verdunsten bleibenden Rückstand.

7. Nachweis etwaiger Füllstoffe. a) Wasserglas weist man in bekannter Weise nach, indem man die wässerige Lösung der Seife mit Säure zersetzt und die Kieselgallerte auf einem Filter sammelt. Ausserdem löst sich wasserglashaltige Seife nicht völlig in Weingeist.

b) Kieselsäure, Thon, Kreide, Stärkemehl. Dieselben bleiben beim Lösen der Seife mit starkem Weingeist unlöslich zurück. Man kocht den Rückstand mit Wasser, wobei sich Stärkemehl durch Kleisterbildung etc. zu erkennen giebt. Die übrigen genannten Stoffe werden in bekannter Weise ermittelt. —

Futterstoffe.

Von

Dr. A. Stutzer.

Vorsteher der agriculturchemischen Versuchsstation zu Bonn.

I. Untersuchung von Samen und Früchten, von gewerblichen Producten und Abfällen.

1. Probenahme. Die richtige Ausführung der Probenahme der zur Untersuchung bestimmten Substanz ist wie bei allen Untersuchungen von Handelswaaren und Rohstoffen von ganz besonderer Wichtigkeit. Wenn irgend möglich ist vom Einsender der aus Samen, Früchten, aus gewerblichen Producten oder Abfällen bestehenden Futtermittel zu verlangen, dass er aus mehreren Säcken, resp. von verschiedenen Stellen der auf eine reine, trockene Unterlage ausgeschütteten Waare annühernd gleiche Mengen von 1—2 kg entnimmt, dieselben gut durcheinander mischt und hiervon $^1/_4$ bis 1 kg (je nachdem die Substanz mehr oder weniger voluminös ist) in reine trockne Flaschen oder Blechdosen verpackt und an den betreffenden Chemiker zur Untersuchung einschickt. Von Oelkuchen und ähnlichen Kraftfuttermitteln müssen mehrere Kuchen zerkleinert und dann gemischt werden. Der Chemiker lässt nach Empfang die gesammte Probe grob mahlen und gut durcheinander mischen und entnimmt von dem groben Mehl 100 bis 200 g, welche fein gemahlen und durch ein Sieb mit 1 mm weiten Oeffnungen gebracht werden. Zum Mahlen dient eine gute Gewürzmühle, für grössere Laboratorien kann ich Excelsiormühlen, welche von Michael Flürscheim in Gaggenau (Baden) geliefert werden, empfehlen. — Die von den Einsendern gewünschten Bestimmungen umfassen in der Regel die Ermittelung des Gehaltes an Fett, Rohproteïn, stickstofffreien organischen Stoffen, Feuchtigkeit und Mineralstoffen. Bisweilen wird aus der Gruppe der stickstofffreien organischen Stoffe speciell die Ermittelung der sogen. Rohfaser (Holzfaser, Rohcellulose) gefordert, auch wird zuweilen nach dem Gehalte der Futtermittel an verdaulichem Eisweiss, Fett und Kohlehydraten gefragt, andere Bestimmungen, z. B.: von einzelnen Mineralstoffen kommen dagegen selten vor.

2. Fett. Fett oder Rohfett werden alle durch Aether extrahirbaren Bestandtheile der Futtermittel genannt ohne Rücksicht auf ihre chemische Constitution, weil es leider bisher an einer zuverlässigen Methode fehlt, um die neben den eigentlichen Fetten gleichzeitig mit extrahirten Farbstoffe etc. quantitativ von den Fetten zu trennen. Selbstverständlich hat für die Ernährung ein solches „Fett", je nachdem mehr oder weniger wirkliche Fette darin enthalten sind, einen sehr verschiedenen physiologischen Werth und lässt sich nur durch Fütterungsversuche feststellen wieviel von dem Aetherextract eines Futtermittels vom thierischen Organismus verwerthet und resorbirt werden kann. Zur Extraction dient folgender Apparat:

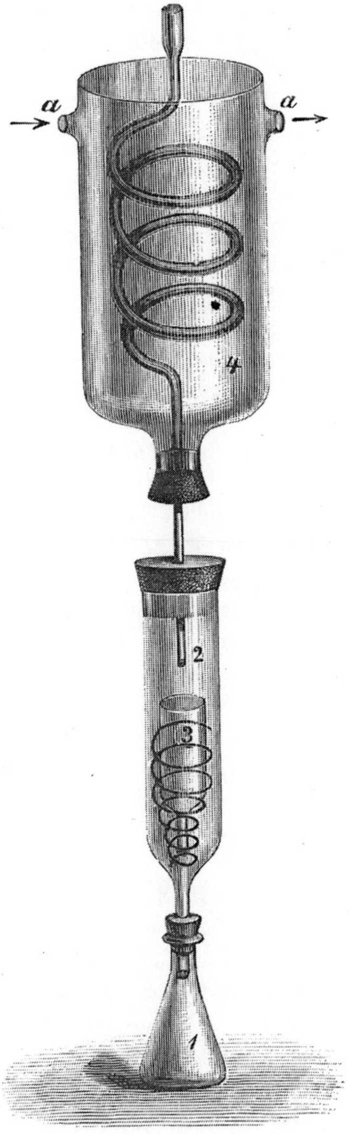

No. 1 ist ein Erlenmeyer'sches Kölbchen für die Aufnahme des Aethers bestimmt, 25—35 g schwer, 75—90 ccm fassend.

No. 2. Ein Glasrohr von 27—28 mm innerem Durchmesser und bis zum Ansatzrohr 20—22 cm lang. Das Ansatzrohr ist unten schief abgeschnitten, 7 cm lang, innerer Durchmesser = 6 mm.

No. 3. Ein wie No. 2 geformtes Glasrohr, welches zur Aufnahme der zu extrahirenden Substanz dient, frei in einem spiralförmig gewundenen Draht von verzinntem Eisen hängend und bis zum Ansatz 8—9 ccm lang, bei einem inneren Durchmesser von 18 mm. Das Ansatzrohr ist 3 cm lang von 3 mm innerem Durchmesser.

No. 4 ist ein gläserner Kühler mit Kühlschlange 20 cm hoch, von 9 cm innerem Durchmesser.

Glas 1 und 2 sind mit Korkstopfen, Glas 4 mit einem Gummistopfen verschlossen. Der Apparat wird auseinander genommen, indem man 1 von 2 und 2 von 4 in der Weise trennt, dass der Korkstopfen am Rohr von 2,

Fig. 55.

resp. von 4 bleibt. Der Kühler hängt in einem mit einem runden Ausschnitt versehenen Brett und kann man eine beliebige Anzahl Kühler in dieser Weise auf dem an einer Wand oder an einem Gestell befestigten Brette in einer Reihe aufstellen, verbindet die oberen Tubi (a) mittelst Gummirohr mit den nächstfolgenden. Die Kühlung geschieht in der Weise, dass man in den ersten Kühler kaltes Wasser einleitet und das Wasser fortwährend durch sämmtliche Apparate hindurchfliessen lässt. Sind eine grössere Anzahl von Apparaten aufgestellt, so muss man selbstverständlich, um das Abfliessen des Kühlwassers zu erleichtern, die ersten Kühler etwas höher stellen wie die letzteren. Das Erwärmen des auf einem Drahtnetz stehenden Kölbchens 1 geschieht durch kleine leuchtende Gasflammen und werden die je mit einem Hahn versehenen kurzen Brenner an einem gewöhnlichen, von kurzen Füssen getragenen eisernen Gasleitungsrohr angebracht.

Der beschriebene Apparat hat sich beim Verfasser durch vieljährigen Gebrauch bewährt und zeichnet sich durch möglichste Einfachheit geringe Zerbrechlichkeit und Billigkeit aus. Am theuersten sind die mit 3 Tubulatoren versehenen Kühler (Glocke 3 Mk., Schlange 1,75 Mk., Gummistopfen und Verbindungsschlauch 0,25 Mk.), die Gläser 2 und 3 sind einfach und billig. Der Fettapparat oder einzelne Theile desselben werden von der bekannten Firma C. Gerhardt in Bonn geliefert.

Zum Abwägen des Untersuchungsobjectes wählt man, wie bei anderen analytischen Arbeiten, zweckmässig kleine 25—30 ccm fassende Bechergläser, auf denen die Tara bis auf 3 Decimalen mittelst eines Diamanten eingeschrieben ist; die 4. Decimale wird bei jeder einzelnen Wägung ermittelt und dann stets eine gewisse Menge, in der Regel 2 g, oder bei fettarmen Futterstoffen 5 g Substanz abgewogen. Das Gläschen 3 wird nun in einem Halter eingeklemmt, der untere Theil desselben mit etwas entfetteter Baumwolle oder Glaswolle lose verstopft, eine dünne Schicht ausgeglühten und gesiebten, reinen Sand darauf geschüttet, mit Hülfe eines Trichters und Federfahne die abgewogene Substanz hineingebracht und diese mit Glaswolle oder entfetteter Baumwolle bedeckt, um ein Herausfallen der Substanz zu verhindern. Bei stärkemehlhaltigen Samen empfiehlt es sich etwas mehr Sand zu nehmen, um zu verhüten, dass feines Stärkemehl in das Glas 1 gelangt; auch ist es bei manchen Futtermitteln vortheilhaft, die abgewogene Substanz in dem Becherglase mittelst eines Stäbchens mit dem gleichen Volumen Sand zu mischen, um eine schnellere Extraction des Untersuchungsobjectes zu bewirken. Dann wird Glas 3 wieder in 2 gebracht, das Gewicht von 1 genau bestimmt, in letzteres 35—40 ccm Aether (spec. Gew. 0,722) hineingegossen, 1 mit 2 verbunden, der Aether erhitzt, so dass ein lebhaftes Sieden stattfindet und diese Extraction mindestens 12 Stunden, bei Palmkuchen und ähnlichen schwer extrahirbaren Stoffen 24 Stunden lang fortgesetzt. Kölbchen 1 wird nun vom Rohr 2 getrennt, der Aether auf dem Wasserbade abdestillirt, das Kölbchen 2 Stunden lang bei $+ 90^{\circ}$ im Luftbade getrocknet, im Exsiccator erkalten gelassen und gewogen. Die gefundene Gewichtszunahme des Glases 1 mit 50, resp. mit 20 multiplicirt giebt den Procentgehalt des Futtermittels an Fett. Um beim Abdestilliren des Aethers ein in Folge plötzlicher Dampfentwickelung leicht eintretendes Stossen des fetthaltigen Aethers zu vermeiden, verbindet man den Kolben 1 nicht direct mit einem Liebig'schen Kühler, sondern setzt auf den Kolben ein wie 2 geformtes, jedoch etwas engeres Glasrohr, in dessen unteren Theil sich grobe Glasstückchen befinden und verbindet nun dieses Aufsatzrohr mit dem Kühler. Bei der beginnenden Destillation verdichtet sich ein Theil des Aethers in dem Aufsatzrohr und bewirkt, dass der Aether unter geringem Druck siedet. Sollte dennoch ausnahmsweise mal ein plötzliches Aufstossen stattfinden, so unterbricht man die Destillation, lässt abkühlen und spült die Wände des Aufsatzrohres mit Aether ab. Der eingegossene Aether fliesst ins Glas 1 und kann nun die Destillation fortgesetzt werden. Alle Korke, die man bei der Extraction und Destillation verwendet, müssen von bester Qualität sein und empfiehlt es sich, die in den Korken enthaltene, durch Aether extrahirbare Substanz soweit zu entfernen, dass dieselbe bei der Fettbestimmung nicht störend einwirken kann. Man lässt zu diesem Zweck im Glase 1 des zusammengesetzten Apparates vor dem eigentlichen Gebrauch 36 bis 48 Stunden lang Aether sieden, ohne in No. 3 eine Substanz hineingebracht zu haben. Gute Korke bleiben auch bei häufigen Extractionen länger als ein Jahr brauchbar, ohne undicht zu werden.

3. Rohproteïn. Die Bestimmung des Rohproteïns geschieht bis jetzt allgemein in der Weise, dass man in den Futtermitteln durch Glühen mit Natronkalk den Stickstoff ermittelt und die gefundene Zahl mit dem Factor 6,25 multiplicirt, indem man annimmt, dass die Proteïnstoffe 16 % Stickstoff enthalten. Durch neuere Untersuchungen wurde constatirt, dass diese Annahmen nicht ganz richtig sind, da die Vegetabilien neben Proteïn häufig andere stickstoffhaltige Stoffe enthalten und wurde andererseits nachgewiesen, dass es Proteïnstoffe mit einem Gehalt von 14,7 bis 18,4 % Stickstoff giebt. Für die meisten Samen und Kraftfutter würde der Factor 6 richtiger als 6,25 sein, indess ist es kaum durchführbar für jedes Futtermittel einen besonderen Factor der Berechnung des Proteïngehaltes zu Grunde zu legen und empfiehlt es sich dem allgemeinen Usus zu folgen bis eine grössere Anzahl von Proteïnstoffen hinsichtlich ihrer Zusammensetzung genauer untersucht und wir im Stande sind ein wenn auch nur annähernd richtiges Urtheil über den physiologischen Werth der verschiedenen Proteïnstoffe zu fällen. Dagegen ist es schon jetzt möglich die Proteïne von anderen, in Futtermitteln vorkommenden stickstoffhaltigen Verbindungen

(Alkaloiden, Amiden, Nitraten, Glycosiden etc.) zu trennen und erlaube ich mir weiter unten ein vor kurzer Zeit von mir in Vorschlag gebrachtes und als brauchbar anerkanntes Verfahren mitzutheilen.

Die Bestimmung des in Futtermitteln enthaltenen Stickstoffs geschieht nach der Natronkalkmethode. Dieselbe ist in den letzten Jahren häufig angefochten und glaubten einige Chemiker der umständlichen Dumas'schen Methode den Vorzug geben zu müssen, indess stellte sich heraus, dass nach dem Dumas'schen volumetrischen Verfahren häufig zu hohe Resultate erhalten werden und die Natronkalkmethode bei richtiger Ausführung durchaus brauchbar und zuverlässig ist. Der Stickstoff ist in den Futtermitteln in der Regel mit H oder C-H verbunden, selten dagegen als Nitrat vorhanden und dann stets in so geringer Menge, dass der Nitrat-Stickstoff neben den grossen Quantitäten verbrennlicher organischer Stoffe vollständig in Ammoniak-Stickstoff umgewandelt wird.

Die zum Glühen dienenden Stickstoffröhren haben 45 cm Länge. Die abzuwägende Menge der Substanz beträgt 1 g, bei gewissen Abfällen thierischen Ursprungs, welche mehr als 10 % Stickstoff enthalten (z. B.: Fleischmehl, Blutmehl) = 0,5. Das beim Glühen ammoniakhaltiger Stoffe durchaus unerlässliche vorherige Mischen der Substanz mit ungefähr dem gleichen Volum gemahlener Oxalsäure (oder Zucker) behufs Verdünnung des beim Glühen mit Natronkalk sich bildenden Ammoniaks ist bei Untersuchung von Futterstoffen — vielleicht mit Ausnahme des Blutmehls — überflüssig, weil in den Futterstoffen bereits eine genügende Menge organischer Substanzen vorhanden ist, welche eine gleiche Wirkung ausüben.

Die Glühzeit dauert bei Futtermitteln 35—40 Minuten vom Anzünden der ersten Flamme des Ofens an gerechnet.

4. Trennung der Proteïnstoffe von andern stickstoffhaltigen Bestandtheilen der Futtermittel. Die im vorigen Abschnitt beschriebene und bis jetzt übliche Bestimmung des Rohproteïns ist längst allgemein als fehlerhaft anerkannt, weil wir auf diese Weise manche stickstoffhaltigen Bestandtheile der Futtermittel als Proteïn in Anrechnung bringen, welche zu den Proteïnstoffen in gar keiner Beziehung stehen und einen ganz anderen physiologischen Werth besitzen. Indessen musste dies Verfahren beibehalten werden, weil es bis vor kurzer Zeit nicht möglich war ein besseres an dessen Stelle zu setzen und keine zuverlässige Methode bekannt war, um Proteïne von Nicht-Proteïnen quantitativ zu trennen. Eine solche Methode hat Verfasser jetzt aufgefunden und beruht dieselbe theils auf der Eigenschaft der Proteïnstoffe in 95 proc. Alkohol, welcher mit Essigsäure schwach angesäuert ist, unlöslich zu sein, theils auf der Fähigkeit der Proteïnstoffe mit Kupferoxydhydrat in neutralen Flüssigkeiten unlösliche Verbindungen einzugehen, es werden demnach die Proteïne unlöslich abgeschieden und alle übrigen stickstoffhaltigen Bestandtheile der

Futtermittel durch successive Behandlung des Untersuchungsobjectes mit essigsauer gemachtem Alkohol und mit Kupferoxydhydrat in Lösung gebracht. Durch den Alkohol gehen Alkaloide, Solanin etc. in Lösung, durch Kupferoxydhydrat Amide. Erforderlich ist eine am zweckmässigsten jedesmal frisch zu bereitende Lösung von 10 ccm starker Essigsäure mit 990 ccm 95 proc. Alkohol, sowie neutrales Kupferoxydhydrat, welches letztere in folgender Weise hergestellt, sich jahrelang unverändert hält: 100 g Kupfersulfat werden in 5 l Wasser gelöst und 2,5 ccm Glycerin zugesetzt. Dann fällt man das Kupferoxydhydrat mit soviel verdünnter Natronlauge, dass die Flüssigkeit alkalisch reagirt, filtrirt den Niederschlag ab, zerreibt ihn in einer Schale mit Wasser, welches pro Liter = 5 g Glycerin beigemengt enthält und entfernt durch wiederholtes Filtriren und Decantiren die letzten Spuren von Alkali. Der zuletzt wieder auf ein Filter gebrachte Niederschlag wird endlich mit Wasser, dem man 10 % Glycerin zugesetzt hat, verrieben, so dass er eine gleichmässige, mit einer Pipette aufsaugbare Masse bildet. In 10 ccm wird der Gehalt an CuO_2H_2 quantitativ bestimmt und das Ganze in gut verschliessbaren Flaschen aufbewahrt.

Das etwas lästige Extrahiren der Futtermittel mit Essigsäure und Alkohol vor dem Zusatze von Kupferoxydhydrat kann in allen denjenigen Fällen, in denen das Vorhandensein von Alkaloiden ausgeschlossen ist, dadurch umgangen werden, dass man die Abkochung der Substanz mit Wasser mit etwas Alaunlösung und dann mit Kupferoxydhydrat versetzt. Die Futtermittel enthalten in bald grösserer, bald geringerer Menge phosphorsaure Alkalien, welche durch Kupferoxydhydrat freies Alkali und phosphorsaures Kupfer bilden und ist das Alkali befähigt, eine gewisse Menge Proteïn in Lösung zu halten. Durch vorherige Anwendung von Essigsäure oder Alaun (letzteres der wässrigen Flüssigkeit zugesetzt) kann die Bildung des freien Alkalis sicher vermieden werden.

Zur Bestimmung des Proteïn-Stickstoffes dient 1 g der zu untersuchenden Substanz (von Fleischfuttermehl und Blutmehl ½ g), welche in einem Becherglase mit einer Mischung von 99 ccm 95 proc. Alkohol mit 1 ccm Essigsäure zum Sieden erhitzt wird. Nach dem Absetzen der Substanz wird die Flüssigkeit mit möglichster Vorsicht filtrirt, so dass nichts oder nur ganz minimale Mengen von dem Unlöslichen mit aufs Filter gelangen, dann wird das Filter, um gelöstes Fett zu entfernen, mit wenig erwärmten Alkohol ausgewaschen, die im Becherglase befindliche Substanz mit 100 ccm Wasser bis zum Sieden erhitzt; resp. bei stärkemehlhaltigen Substanzen 10 Minuten im Wasserbade erwärmt; darauf 0,3 bis 0,4 g Kupferoxydhydrat hinzugefügt (bei Blutmehl und Fleischmehl 0,2—0,3 g.) Nach dem Erkalten der Flüssigkeit wird der Niederschlag auf das bereits benutzte Filter gebracht, mit wenig Wasser ausgewaschen und zweimal mit Alkohol ausgewaschen, um das Wasser zu verdrängen und ein schnelleres

Austrocknen des Niederschlages im Luftbade bei 100—110° zu ermöglichen. Nach der anderen bereits angedeuteten Methode wird 1 g resp. $\frac{1}{2}$ g des Futtermittels mit 100 ccm Wasser und 5—10 ccm kalt gesättigter Alaunlösung zum Sieden erhitzt, resp. 10 Minuten lang im Wasserbade erwärmt, dann die angegebenen Mengen Kupferoxydhydrat hinzugesetzt, filtrirt und das Unlösliche ausgewaschen. Zum Filtriren nehme man Papier von möglichst geringem Stickstoffgehalt, da man das Papier mit der Substanz glühen und den Stickstoffgehalt des Papiers von dem erhaltenen Resultat in Abzug bringen muss, weil es nicht möglich ist den getrockneten Niederschlag quantitaiv vom Papier zu entfernen. Aus besseren Sorten schwedischen Filtrirpapieres hergestellte Filter von 5 cm Radius enthalten in der Regel nur einige hundertstel Milligramme Stickstoff. Man wählt ein gleichartiges Papier aus und bestimmt in einer grösseren Anzahl Filter (von 5 cm Radius) den mittleren Stickstoffgehalt. Bei den Untersuchungen wird der abfiltrirte getrocknete Niederschlag vom Filter möglichst entfernt, das Papier zusammengefaltet, mit einer Scheere in kleine Stückchen zerschnitten, mit Natronkalk gemengt in den hinteren Theil eines 45 cm langen Glührohrs gebracht und die Stickstoff-Bestimmung in bekannter Weise ausgeführt. Es ist üblich, den gefundenen Stickstoff mit dem Factor 6,25 multiplicirt als „Proteïn" in Anrechnuug zu bringen. Die Differenz zwischen dem Proteïn-Stickstoff und dem Gesammt-Stickstoff eines Futtermittels ergiebt diejenige Menge Stickstoff, welche in Form nicht proteïnartigen Stickstoffs zugegen ist.

5. **Feuchtigkeit.** 5 g des Futtermittels werden in einem kleinen Becherglase abgewogen und mehrere Stunden im Luftbade bei 100° getrocknet, bis keine Gewichtsabnahme mehr stattfindet.

6. **Ermittelung der Gesammt-Menge an Mineralstoffen.** (Aschenbestimmung.) Ein ungefähr 30 ccm fassender Platintiegel wird bis zu $\frac{1}{3}$ seines Volumens mit reinem Sand gefüllt, geglüht, nach dem Erkalten mit dem Sand tarirt, dann 5 g, resp. bei voluminösen Futtermitteln 2 g der zu untersuchenden Substanz hineingebracht, mittelst eines Stäbchens die Substanz mit dem Sand möglichst innig gemischt und zuerst bei sehr mässiger, nach dem Verkohlen bei stärkerer Hitze verascht. Um im Anfang eine gelinde Wärme erzeugen zu können, bedient man sich eines auf einem Bunsen'schen Brenner angebrachten Flammenverbreiters (sog. Sternbrenners). Sobald der Gehalt des Tiegels grau geworden ist, lässt man erkalten, mischt etwas reines salpetersaures Ammon hinzu und erhitzt nun nochmals mindestens $\frac{1}{2}$ Stunde lang. Diese Methode ist dem sonst üblichen Verfahren, nach welchem man das Futtermittel, ohne Sand und ohne salpetersaures Ammoniak zuzufügen, glüht und Kohlensäure und unverbrannte Kohle besonders bestimmt, vorzuziehen, da durch die Beimischung von Sand die Luft grösseren Zutritt zu der Kohle hat, das Veraschen also schneller geschieht und andererseits durch das schmelzende Ammonnitrat

die bei dem Verkohlen sich bildenden Carbonate zersetzt und sonst kaum zu entfernende Reste von Kohle schnell verbrannt werden. Man hat nun eine von Kohlenstoff und Kohlensäure freie Asche. Durch das nach Zusatz von salpetersaurem Ammoniak stattfindende halbstündige Erhitzen werden die gebildeten Nitrate so vollständig zerstört, dass beim späteren Auflösen des Glührückstandes sich keine Spur Salpetersäure nachweisen lässt.

Nach einer anderen Methode werden 2 g Substanz in ein grosses tarirtes Platinschiffchen gebracht, dasselbe in eine weite Verbrennungsröhre geschoben und die Röhre unter fortwährendem, langsamem Durchleiten von Sauerstoff auf dem Verbrennungsofen erhitzt. Man erhält sehr schnell eine weisse, aber noch CO_2 haltige Asche, in welcher die CO_2 bestimmt werden muss. Wendet man ein Verbrennungsrohr an, in welchem mehrere Schiffchen Platz haben, so lassen sich in verhältnissmässig kurzer Zeit eine grosse Anzahl von Veraschungen ausführen, im Allgemeinen dürfte jedoch dem ersteren Verfahren zur Bestimmung der gesammten Mineralstoffe bei Handelsanalysen der Vorzug zu geben sein. Für wissenschaftliche Untersuchungen ist das folgende, etwas umständlichere Verfahren zur Bestimmung der Asche empfehlenswerth: Die Substanz wird mit möglichster Vorsicht verkohlt, die Kohle mit heissem Wasser extrahirt, das Unlösliche getrocknet, mit Sand gemischt und unter Zusatz von etwas salpetersaurem Ammoniak geglüht, bis die Kohle vollständig verbrannt ist. Dann wird die Lösung der Aschensalze hinzugefügt, eingedampft, getrocknet und mit wenig salpetersaurem Ammoniak nochmals schwach geglüht.

7. **Die einzelnen Mineralstoffe.** Das im vorigen Abschnitt zur Bestimmung „der Asche" angegebene Verfahren lässt sich nicht anwenden, um einzelne Bestandtheile dieser Asche quantitativ zu ermitteln, da bei Anwendung starker Hitze die Gefahr nahe liegt, dass geringe Mengen von Chloralkalien sich verflüchtigen, ein Theil der Sulfate durch die Kohle zu Sulfiden reducirt und saure Phosphate in Pyrophosphate umgewandelt werden können. Die hierdurch entstehenden Fehler sind zwar so gering, dass man sie bei Ermittelung des Gesammt-Gehaltes eines Futtermittels an Mineralstoffen nicht zu berücksichtigen pflegt, indem es hierbei meist nicht darauf ankommt, wenn der Aschengehalt einige hundertstel Procent zu niedrig gefunden wird, da man durch die Bestimmung der Gesammtmenge an Mineralstoffen in der Regel nur constatiren will, ob dieser Gehalt normal ist, oder ob eine Verfälschung mit mineralischen Substanzen vorliegt; dagegen muss zur Bestimmung einzelner Mineralstoffe bei der Veraschung selbstverständlich die grösste Sorgfalt angewendet und auch die kleinsten Fehlerquellen zu vermeiden gesucht werden.

Die Pflanzenstoffe und die zur Fütterung benutzten thierischen Abfallstoffe (Blutmehl, Fleischfuttermehl) enthalten in grösserer Menge: Kalk, Magnesia, Eisenoxyd, Kali, Natron, Phosphorsäure, Schwefelsäure, Kieselsäure, Chloride, — in geringer Menge auch stets Phosphor und Schwefel in Form organischer Verbindungen, ausserdem sind sehr selten vorkommende Bestandtheile einiger Pflanzen: Mangan, Kupfer, Thonerde, Zink, Strontian, Baryt, Rubidium, Lithium, Brom, Jod, Borsäure. Die letzteren Stoffe sind bei der gewöhnlichen Futtermittel-Analyse nicht zu berücksichtigen und werden erforderlichen Falls nach den allgemein bekannten Methoden quantitativ bestimmt.

Zur Untersuchung und quantitativen Bestimmnng der zuerst genannten elf Stoffe sind von dem lufttrocknen Futtermittel erforderlich: 25 g zur Bestimmung von Eisenoxyd, Kalk, Magnesia, Kali, Natron und Kieselsäure, 5 oder 10 g für Phosphorsäure, 10 g für Schwefelsäure und Chlor.

a) **Bestimmung von Eisenoxyd, Kalk, Magnesia, Kali, Natron, Kieselsäure und Sand.** 25 g werden in einer geräumigen Platinschale auf einem Sternbrenner gelinde erhitzt, so dass eine ganz allmähliche Verkohlung stattfindet. Sobald sich keine Dämpfe mehr entwickeln und die ganze Masse schwarz geworden ist, lässt man erkalten, extrahirt die Kohle wiederholt mit heisser, sehr verdünnter Salzsäure, bringt den Rückstand auf ein grosses zuvor mit Salzsäure extrahirtes Filter, wäscht gut aus, breitet dann das Filter auf einer Glasplatte aus und bringt theils mit einem Löffel, theils mit Hülfe einer Spritzflasche die ausgewaschene Kohle in die Platinschale zurück. Nach dem auf dem Wasserbade vorgenommenen Trocknen erhitzt man den Rückstand bis er weiss geworden ist, übergiesst nach dem Erkalten mit verdünnter Salzsäure, vermischt die Flüssigkeit mit dem zuerst erhaltenen Auszuge, bringt sie in eine Porzellanschale, dunstet auf dem Wasserbade unter Zusatz einiger Tropfen Salpetersäure zur Trockne ab, erwärmt eine Stunde lang im Luftbade auf 110°, übergiesst mit heissem Wasser, welches mit wenig Salzsäure angesäuert ist, filtrirt, wäscht den aus Sand, Kieselsäure und wenig Kohle bestehenden Rückstand aus und trocknet das Filter. Nach dem Trocknen lässt sich der Inhalt des Filters ohne Verlust an Substanz und nur mit Zurücklassung von wenig Kohle in eine Platinschale schütten, daselbst übergiesst man ihn mit einer concentrirten Lösung von kohlensaurem Natron und mit wenig kieselsäurefreier Natronlauge, erwärmt eine halbe Stunde lang im Wasserbade, verdünnt mit Wasser, filtrirt die Flüssigkeit durch das bereits benutzte Filter und wäscht gut aus. Im Filtrat befindet sich die in der Pflanzensubstanz vorhanden gewesene **Kieselsäure,** welche nach dem Ansäuern der Flüssigkeit mit Salzsäure und dem Verdunsten zur Trockne wieder abgeschieden und quantitativ bestimmt werden kann, während auf dem Filter die dem Untersuchungsobject zufällig etwa anhängenden Sandkörnchen, die sich oft schwer vor der Untersuchung von der Substanz trennen lassen, nebst etwas Kohle zurückbleiben. Die Sandkörner können beispielsweise in Getreideabfällen durch die zum Mahlen dienenden Mühlsteine in das Futter hineingelangt sein, ferner erinnere ich daran, dass das beliebte Reisfuttermehl von den Zollbehörden leider durch Sand denaturirt wird. — Das Filter wird getrocknet, in einem Platintiegel durch Glühen Kohle und Filter verbrannt, und das Unverbrennliche nach dem Erkalten und Wägen als **Sand** in Anrechnung gebracht.

Die vorhin, nach Abscheidung von Sand, Kieselsäure und Kohle erhaltene Lösung wird auf 500 ccm aufgefüllt, so dass also 100 ccm = 5 g ursprünglicher Substanz entsprechen. Von dieser Flüssigkeit dienen 250 ccm zur Bestimmung von Eisenoxyd, Kalk, Magnesia (Flüssigkeit I), die übrigen 250 ccm zur Ermittelung des Gehaltes an Kali und Natron (Flüssigkeit II.)

Flüssigkeit I wird mit Ammoniak alkalisch, darauf mit Essigsäure sauer gemacht, das Eisenphosphat abfiltrirt (Filtrat a) auf dem Filter in verdünnter Salzsäure gelöst und die in ein besonderes Becherglas zu filtrirende Eisenlösung nochmals mit Ammoniak alkalisch und mit Essigsäure sauer gemacht; das Eisenphosphat wieder abfiltrirt, mit heissem Wasser ausgewaschen (Filtrat b), getrocknet, mit dem Filter in einer Silberschale mit kohlensaurem Natronkali geschmolzen, die Schmelze mit heissem Wasser extrahirt, das zurückbleibende Eisenoxyd in ein Becherglas gebracht, in Salzsäure gelöst und durch Ammoniak Fe^2O^3 ausgefällt. Die beiden Filtrate (a und b) werden vereinigt, zum Sieden erhitzt, resp. wenn nöthig die Flüssigkeit durch Eindampfen concentrirt und durch allmählichen Zusatz von oxalsaurem Ammoniak der Kalk gefällt, der oxalsaure Kalk abfiltrirt, ausgewaschen und der **Kalk** als schwefelsaure Verbindung oder als Calciumoxyd bestimmt. Das Filtrat vom Kalkniederschlage wird mit Ammoniak und Natriumphosphatlösung versetzt (bei Samen-Untersuchungen ist Zusatz von Natriumphosphat unnöthig, da die Samen genügend Phosphorsäure enthalten!), nach dreistündigem Stehen wird die phosphorsaure Ammoniak-Magnesia abfiltrirt und aus der nach dem Glühen erhaltenen pyrophosphorsauren Magnesia durch Multiplication mit 0,36 der Gehalt an **Magnesia** berechnet.

Die Flüssigkeit II wird heiss mit Chlorbariumlösung, etwas Eisenchlorid und soviel Ammoniak versetzt, dass die Flüssigkeit alkalisch reagirt, der aus $Ba\,So^4$, $Fe\,PO^4$ und Fe^2O^3 bestehende Niederschlag nach dem Erkalten abfiltrirt, ausgewaschen, das Filtrat nach Zusatz von kohlensaurem und oxalsaurem Ammoniak längere Zeit im Wasserbade erwärmt, filtrirt, der aus Calciumoxalat und Bariumcarbonat bestehende Niederschlag ausgewaschen, das Filtrat in einer Porzellanschale auf dem Wasserbade zur Trockne verdunstet, der Rückstand in einer Platinschale ganz schwach geglüht, um Ammoniaksalze zu vertreiben, nach dem Erkalten in wenig Wasser gelöst, etwas reines Quecksilberoxyd zugefügt, die Flüssigkeit abgedunstet, der Rückstand wieder schwach geglüht, in Wasser gelöst, durch

Filtriren Magnesia, geringe Mengen noch vorhandenen Bariumcarbonats und event. Quecksilberoxyd abfiltrirt, ausgewaschen, das Filtrat mit Salzsäure sauer gemacht, in einer Platinschale abgedampft und der Rückstand eine Stunde lang bei 110° getrocknet. Nach dem Erkalten wird das Gemenge von $Na\,Cl + K\,Cl$ gewogen, in Wasser gelöst, die Lösung in eine Glas- oder Porzellan-Schale gebracht, mit einer genügenden Menge Platinchlorid fast zur Trockne verdunstet, dann mit einer reichlichen Quantität 90—95 procentigen Alkohol übergossen, filtrirt, ausgewaschen und nun der auf dem Filter befindliche Rückstand durch heisses Wasser gelöst, die Lösung in einem tarirten Becherglase oder einer tarirten Glasschale auf dem Wasserbade zur Trockne gebracht, der Rückstand $1/_2$ Stunde bei 100° im Luftbade getrocknet und gewogen. Aus dem $K^2\,Pt\,Cl^6$ wird durch Multiplication mit 0,305 das $K\,Cl$ berechnet, dieses letztere von der Gesammtmenge der Chloralkalien abgezogen, aus dem nun bekannten Gehalte an $Na\,Cl$ durch Multiplication mit 0,53 das **Natron** und aus der gefundenen Menge $K^2\,Pt\,Cl^6$ durch Multiplication mit 0,194 das **Kali** berechnet.

Bei Bestimmung der Alkalien ist das wiederholte Abfiltriren der Flüssigkeiten und Auswaschen der Niederschläge etwas umständlich. (Hinsichtlich der zunächst erforderlichen Abscheidung der Phosphorsäure vergleiche man Fresenius Zeitschrift 1879 S. 361.) Man kann das Auswaschen, ohne dass die Analysenresultate wesentlich beeinträchtigt werden, umgehen, wenn man die Flüssigkeit sammt dem Niederschlage jedesmal auf ein bestimmtes Volum auffüllt, eine gewisse Menge abfiltrirt und nicht die ganze Flüssigkeit, sondern nur dieses letztere Filtrat zur Untersuchung nimmt. Dieses Verfahren involvirt insofern einen Fehler als man den entstandenen Niederschlag gleich der Flüssigkeit setzt und muss man, um diesen Fehler möglichst zu verringern, mit sehr verdünnten Lösungen arbeiten und dieselben nachher durch Eindampfen concentriren.

b) **Bestimmung von Schwefelsäure und Chlor.** In den meisten analytischen Büchern findet sich die Angabe, dass man die Schwefelsäure in der veraschten Pflanzensubstanz bestimmen soll und ist dies die Ursache, dass der grösste Theil der in den veröffentlichten Aschenanalysen mitgetheilten Zahlen für Schwefelsäure falsch ist, indem beim Erhitzen nicht unerhebliche Mengen SO_3 zu S-Metallen (z. B. Schwefelcalcium) reducirt und diese beim Uebergiessen mit Säuren in flüchtigen Schwefelwasserstoff und ein Metallsalz zerlegt werden. Die Bestimmungen von SO_3 und Cl in vegetabilischen Stoffen sind beispielsweise von Wichtigkeit, wenn es sich darum handelt, zu constatiren, ob in der Nähe von chemischen Fabriken oder Hütten die Pflanzen durch saure Gase beschädigt wurden (vgl. S. 381—384).

Die Untersuchung ist in folgender Weise auszuführen: 100 g lufttrockne Substanz wird 4—5 Mal mit Wasser ausgekocht, die filtrirten wässrigen

Auszüge unter Zusatz von etwas Salpetersäure auf 150—200 ccm eingedampft, die Schwefelsäure durch salpetersauren Baryt abgeschieden und
im Filtrat durch Silberlösung das Chlor gefällt. Der ausgewaschene schwefelsaure Baryt und das Chlorsilber werden, um mitniedergerissene organische
Stoffe vollständig zu entfernen, einzeln mit Soda geschmolzen, die Schmelze
mit Wasser ausgekocht und im Filtrat nach dem Ansäuern mit Salpetersäure die Schwefelsäure durch salpetersauren Baryt, resp. Chlor durch
Silberlösung nochmals gefällt, ausgewaschen, getrocknet und gewogen.
Durch Multiplication der gefundenen Menge $Ba\,SO_4$ mit 0,343 erfährt
man die Menge der SO_3, während $Ag\,Cl$ mit 0,247 zu multipliciren ist um
den Chlorgehalt zu finden.

Die wässrigen Abkochungen stärkemehlhaltiger Stoffe lassen sich schlecht
filtriren und empfiehlt es sich in diesem Falle die abgewogene Substanz
mit viel Wasser bei nur + 40° längere Zeit zu digeriren. Zieht man es
vor die digerirte Substanz incl. Wasser auf ein bestimmtes Volum aufzu-
füllen und vom Filtrat eine gewisse Menge zur Schwefelsäure-Bestimmung
zu verwenden, so wird hierdurch, indem man das Volumen der Substanz
= Wasser setzt, bei den äusserst geringen Mengen Schwefelsäure, die in
vegetabilischen Substanzen enthalten sind, kein wesentlicher Fehler entstehen, doch ist es rathsam, falls in dieser Weise die Untersuchung vorgenommen wurde, dies ausdrücklich bei Veröffentlichung der Analyse anzugeben.

c) **Bestimmung der Phosphorsäure.** Phosphor kommt in Futtermitteln in zweierlei Formen vor, als $P^2 O^5$ und als organische P-Verbindung.
Den Gehalt an $P^2 O^5$ findet man, indem man 10 g lufttrockne Substanz
mehrere Male je 1 Stunde lang mit einer 1 procentigen Salzsäure (1 % $H\,Cl$)
auf ungefähr + 40° erwärmt, die vereinigten Filtrate durch Eindampfen
concentrirt, mit Ammoniak neutralisirt und die Phosphorsäure dann mit
Molybdänlösung fällt und in gewöhnlicher Weise quantitativ bestimmt.
Aus der gefundenen pyrophosphorsauren Magnesia wird durch Multiplication mit 0,64 die Phosphorsäure berechnet.

d) **Bestimmung von Phosphor und Schwefel in organischen
Verbindungen.** 5 g lufttrockne Substanz wird mit 20 g trocknen kohlensauren Natron und 20 g Salpeter innig gemischt und die Mischung in
einer geräumigen Platinschale geschmolzen. Um beim Schmelzen einen
Verlust zu vermeiden, trägt man die Mischung allmählich ein und bedeckt die
Schale zweckmässig mit einem Platindeckel oder in Ermangelung dessen mit
einem reinen Eisenblech. Die geschmolzene Masse wird nach dem Erkalten
in ein Becherglas gebracht und in verdünnter Salzsäure gelöst, nachdem man,
um ein Verspritzen der Lösung zu vermeiden, das Becherglas mit einer
Uhrschale bedeckt hat. Die Lösung wird in einer Porzellanschale zur
Trockne verdunstet, auf ca. 120° erwärmt, um die Kieselsäure unlöslich

zu machen, der Rückstand mit Wasser aufgenommen, welches mit Salzsäure schwach sauer gemacht wurde, filtrirt und durch Chlorbarium die Schwefelsäure heiss gefällt, das Filtrat mit Ammoniak neutralisirt und dann durch Molybdänlösung die Phosphorsäure gefällt und in gewöhnlicher Weise SO^3 und P^2O^5 quantitativ bestimmt. Von den erhaltenen Zahlen wird die bereits früher ermittelte SO^3 und P^2O^5 abgezogen und aus der Differenz der in organischen Verbindungen vorhandene Phosphor und Schwefel berechnet.

8. **Die stickstofffreien organischen Stoffe und die Rohfaser.** Die stickstofffreien organischen Stoffe der vegetabilischen Futtermittel (abgekürzte Bezeichnung dafür: Nfr.-Stoffe, im Gegensatz zu dem Rohproteïn = Nh.-Stoffe) bestehen wesentlich aus Kohlehydraten und werden indirect bestimmt. Nachdem der Gehalt eines Futtermittels an Fett, Rohproteïn, Feuchtigkeit und Mineralstoffen ermittelt und auf den Procentgehalt berechnet ist, wird das fehlende als „Nfr. organische Stoffe" in Ansatz gebracht.

Vielfach ist es üblich in diesen letzteren noch den Gehalt an „Rohfaser" besonders zu bestimmen, d. h. die in einer kochenden $1\frac{1}{4}$ procentigen Schwefelsäure und in kochender $1\frac{1}{4}$ procentiger Kalilösung, sowie in Wasser, Alkohol und Aether unlöslichen Nfr. organischen Substanzen, welche aus einem Gemenge von Cellulose und incrustirenden ligninartigen Substanzen bestehen und wird dann der Gehalt eines Futtermittels an Nfr. organischen Stoffen minus Rohfaser als „Nfr. Extractstoffe" bezeichnet.

Die Bestimmung der Rohfaser wird in folgender Weise ausgeführt: 3 g Substanz werden mit 200 ccm einer 1,25 proc. Schwefelsäure übergossen und unter Ersatz des verdunstenden Wassers $\frac{1}{2}$ Stunde lang gekocht, nach dem Absetzen des Unlöslichen wird die Flüssigkeit klar abgegossen und der Rückstand noch zweimal mit Wasser zum Sieden erhitzt. Die Flüssigkeiten sammelt man in einem Becherglase. Nach mehrstündigem Stehen hat sich das Unlösliche, welches im fein vertheilten Zustande in den Flüssigkeiten suspendirt war, auf dem Boden des Gefässes abgeschieden und vereinigt man dann den Niederschlag mit den übrigen unlöslichen Bestandtheilen. Darauf wird in gleicher Weise mit $1\frac{1}{4}$ proc. Kalilauge und zweimal mit Wasser ausgekocht, das in den Flüssigkeiten Suspendirte wie vorhin gesammelt und alles Unlösliche auf ein vorher bei 100° getrocknetes, gewogenes Filter gebracht; mit Wasser, Alkohol und zuletzt mit Aether ausgewaschen, bei 100° getrocknet und gewogen. Der aus Rohfaser, Mineralstoffen und stickstoffhaltigen Substanzen bestehende Rückstand wird verascht und die Asche von dem Gewicht des Rückstandes abgezogen. In einer zweiten, in gleicher Weise hergestellten Quantität Rohfaser bestimmt man nach dem Behandeln mit Aether den Stickstoff, multiplicirt die gefundene Zahl für N. herkömmlich mit 6,25 (dem Factor für Proteïn) und zieht dieselbe von dem Gewicht der aschefreien Rohfaser ab. Zu bemerken ist noch, dass bei der Rohfaserbestimmung die Filtrationen sich in der Regel nur mit Hülfe einer Pumpe gut ausführen lassen.

9. **Die Verdaulichkeit-Bestimmungen der Nährstoffe.** Die Ermittelung des Gehaltes der Futtermittel an Fett, Proteïn und stickstofffreien organischen Stoffen dient dazu, um Anhaltspunkte über den Nährwerth der verschiedenen Futtermittel zu gewinnen; es können diese Anhaltspunkte indess nur auf eine annähernde Genauigkeit Anspruch machen, weil die durch die Analysen gefundenen Rohnährstoffe unter verschiedenen Verhältnissen in sehr ungleicher Weise von den Thieren verdaut und verwerthet werden können. Ganz abgesehen von individuellen Zuständen der das Futter verzehrenden Thiere und von der mehr oder weniger zweckmässigen Zubereitung des Futters scheint die Verdaulichkeit der Rohnährstoffe ganz besonders von den chemischen Eigenschaften und der chemischen Zusammensetzung der Componenten dieser Rohnährstoffe beeinflusst zu sein und ist es meiner Ansicht nach wichtig die einzelnen Bestandtheile der 3 Gruppen: Fett, Proteïn und der Nfr. organischen Stoffe chemisch genau zu untersuchen und Trennungs-Methoden für diejenigen zu einer solchen Gruppe gehörenden chemischen Verbindungen, welche einen verschiedenen physiologischen Werth besitzen, aufzufinden. Hinsichtlich der sehr wichtigen Gruppe der Proteïnstoffe ist mir eine solche Trennung gelungen, indem ich den Nachweis zu liefern im Stande war, dass die Proteïnstoffe (nicht das „Rohproteïn", sondern die reinen Proteïne, siehe S. 581) durch die Einwirkung der Verdauungsfermente des thierischen Organismus in zwei stickstoffhaltige Verbindungen, resp. in zwei Gruppen stickstoffhaltiger Stoffe gespalten werden, von denen die eine verdaulich, die andere unverdaulich ist, und gebe ich nachstehend eine Methode zur quantitativen Trennung dieser beiden Bestandtheile der Proteïnstoffe an. Dagegen sind wir in Bezug auf das Fett und die Nfr. organischen Stoffe bis jetzt noch nicht in der glücklichen Lage eine analytische Methode zur genauen Beurtheilung des physiologischen Werthes ihrer Componenten zu besitzen. Wird von einem Chemiker verlangt, dass er ausser dem gefundenen Gehalt an Rohnährstoffen angeben soll, wieviel davon verdaulich ist, möge man sich hinsichtlich der beiden letztgenannten Gruppen von Nährstoffen vorläufig an die durch Fütterungsversuche gefundenen mittleren Verdaulichkeits-Zahlen halten, aus der am Schluss angegebenen Wolff'schen Tabelle die Verdaulichkeits-Coefficienten berechnen, dieselben auf die durch die Analyse gefundenen Zahlen für Fett und stickstofffreie organische Stoffe übertragen und als „wahrscheinlich verdaulich" angeben. Um nach diesen Tabellen den Verdaulichkeits-Coefficienten für „Nfr. organische Stoffe" zu berechnen ist es selbstverständlich erforderlich den angegebenen

mittleren Gehalt an „Rohfaser" und „Nfr. Extraktstoffen" zusammen zu addiren und in die mit 100 multiplicirte Zahl der „verdaulichen Kohlehydrate" zu dividiren, während „Rohfett" in die mit 100 multiplicirte Zahl für „verdauliches Fett" dividirt wird, um den mittleren Verdaulichkeits-Coefficienten für 100 Gewichtstheile Rohfett zu finden. Die Prüfung der Verdaulichkeit der Proteïnstoffe wird, wie schon erwähnt, durch einen directen Versuch ausgeführt.

Die Proteïnstoffe werden sowohl durch sauren Magensaft (Pepsinlösung) wie auch durch den alkalisch reagirenden Saft der Bauchspeicheldrüse in einen verdaulichen und in einen unverdaulichen Theil zerlegt und findet diese Zerlegung in solcher Weise statt, dass es möglich ist die verdaulichen Stickstoff-Verbindungen von den unverdaulichen mit grosser Schärfe zu trennen und quantitativ zu bestimmen. Den verdaulichen Antheil der Proteïnstoffe, berechnet aus dem gefundenen verdaulichen $N \times 6{,}25$ (Factor für Proteïn), nennt man: „verdauliches Eiweiss," den unverdaulichen Theil, welcher ausser C. H. O und N. auch noch S. und P. in Form organischer Verbindungen enthält: unverdauliche Nh. Stoffe. Zur quantitativen Bestimmung der verdaulichen Eiweissstoffe verwendet man am besten eine mit Salzsäure schwach angesäuerte Pepsinlösung, da sich mit dieser angenehmer arbeiten lässt als mit dem der Fäulniss leicht ausgesetzten Safte der Bauchspeicheldrüse.

Die Pepsinlösung wird in folgender Weise bereitet: Die abpräparirte innere Schleimhaut eines frischen Schweinemagens wird mit einer Scheere in kleine Stücke zerschnitten und in einer weithalsigen Flasche mit 5 l Wasser, 2,5 g Salicylsäure und 75 ccm einer Salzsäure, welche in 100 ccm = 10 g H Cl enthält, 2 bis 3 Tage unter häufigem Umschütteln stehen gelassen, durch ein Flanellsäckchen, ohne auszupressen, gegossen und dann filtrirt.

Die Verdauungsversuche nehme ich in einem aus sehr starkem Blech hergestellten Wasserbade vor, welches 75 cm lang, 50 cm breit und 15 cm hoch ist und gestattet diese Grösse, dass man 10 bis 12 Versuche gleichzeitig ausführen kann. Der Wasserstand des Wasserbades wird mit dem inneren Flüssigkeitsniveau der einzusetzenden Bechergläser annähernd gleich gehalten und kann, nachdem früh morgens die Temperatur des Wassers durch eine starke Flamme auf $+ 40^0$ gebracht ist, die Wärme mittelst einer ganz kleinen Glasflamme, am besten mit Hülfe eines Flammenverbreiters, so regulirt werden, dass sie auch bei wechselndem Gasdruck den ganzen Tag sich nur um wenige Grade verändert. Der Gang der Untersuchung ist folgender: 2 g des Futtermittels werden mit 250 ccm Pepsinlösung, welche in der vorhin angegebenen Weise bereitet ist und 0,2% H Cl enthält, 1 bis 2 Stunden im Wasserbade auf $+ 40^0$ in einem mit einer Uhrschale bedeckten Becherglase erwärmt, und in 2—3 stündigen

Zwischenpausen unter constanter Beibehaltung derselben Temperatur je 0,1 % H Cl zugesetzt, bis wir nach zwölfstündigem Erwärmen die 250 ccm Magensaft = 1,25 g H Cl erhalten haben. Die Salzsäure wird stets in Form einer zehnprocentigen Lösung (100 ccm = 10 g H Cl) angewendet. Während der Nacht lässt man auf Lufttemperatur erkalten, erwärmt am anderen Tage wieder zwölf Stunden auf + 40⁰, indem man in 2—3 stündigen Zwischenpausen je 0,1 % H Cl zusetzt, bis der Gesammtgehalt an Säure 1 % (= 2,5 g HCl) beträgt. Das Unlösliche wird durch gutes Filtrirpapier von bekanntem möglichst geringen Stickstoffgehalt abfiltrirt, der Rückstand mit Wasser ausgewaschen, bis die abtropfende Flüssigkeit frei von Peptonen, Eiweissstoffen und Chloriden ist (Silberreaction!), der Rückstand 2—3 mal mit starkem Alkohol übergossen, um das Wasser möglichst zu verdrängen und ein schnelleres Austrocknen zu ermöglichen, das Filter nebst Inhalt bei 100—110⁰ getrocknet und durch Glühen mit Natronkalk der unverdaulich gebliebene Stickstoff ermittelt. Das Filtrirpapier wird im zerschnittenen Zustande mit der Substanz geglüht und der Stickstoffgehalt desselben in Abzug gebracht. Näheres über derartige Verdauungsversuche habe ich im Journal für Landwirthschaft 1880—1881 mitgetheilt und erlaube ich mir diejenigen, welche sich specieller hierfür interessiren, darauf hinzuweisen.

II. Untersuchung von Grünfutter, Heu, Stroh und Spreu.

1. **Probenahme.** Ein grösserer Haufen des Futters wird mit Hülfe von Stangen, Rechen oder Schaufeln wiederholt durcheinander gemischt und von 10—15 verschiedenen Stellen je eine Handvoll entnommen, auf einer Häksellade geschnitten und das Geschnittene mit der Hand gemischt. Von Grünfutter werden 2—3 Kilo sofort abgewogen und durch mehrtägiges Trocknen in einem grossen Trockenschranke soweit ausgetrocknet, dass sich das Futter ohne Schwierigkeit feiner zerkleinern lässt. Nachdem die Substanz aus dem Trockenschranke herausgenommen ist, lässt man sie 24 Stunden lang an der Luft liegen, bestimmt durch Wägen des lufttrocknen Futters den Wasserverlust, zerschneidet die Masse mit einer Scheere oder einer anderen Schneidevorrichtung und mischt nochmals gut durcheinander.

Von trocknen Futterstoffen (Stroh, Heu etc.) lässt man ca. 1 Kilo der in der Häksellade geschnittenen Substanz direct mit der Scheere zerkleinern und mischen und bewahrt das Futter in lufttrockenem Zustande auf.

Um diese zerschnittenen Futtermittel in eine zu den Bestimmungen geeignete Form zu bringen, wird ein Theil derselben mehrere Tage bei 60—75⁰ getrocknet, in einer Mühle gemahlen, das Mehl durch ein Sieb mit 1 mm weiten Oeffnungen gebracht, dann in dünnen Schichten auf Papier ausgebreitet 24 Stunden lang in einem trocknen, staubfreien Zimmer liegen gelassen, gut durcheinander gemischt und wird dieses zu den Analysen dienende lufttrockne Pulver in gut schliessenden Gläsern aufbewahrt.

2. **Bestimmung der Feuchtigkeit.** Der Gehalt an Feuchtigkeit wird in der gepulverten Substanz bestimmt und ausserdem in dem geschnittenen lufttrocknen Häcksel, da sämmtliche mit dem Pulver ausgeführte Analysen auf den ursprünglichen Feuchtigkeitsgehalt des Futters umgerechnet werden müssen. Bei Grünfutter hat man demnach 3 Bestimmungen des durch Austrocknen verdunstenden Wassers zu machen, von denen die eine bereits bei Herstellung einer lufttrocknen Dnrchschnittsprobe ausgeführt zu werden pflegt.

3. **Die Bestimmung von Fett, Rohproteïn, Trennung** der Proteïnstoffe von anderen stickstoffhaltigen Bestandtheilen der Futtermittel, der Mineralstoffe und der verdaulichen Nährstoffe wird in derselben Weise vorgenommen wie unter I angegeben.

III. Untersuchung von Wurzeln und Knollen.

1. **Probenahme.** a) Rüben. Es werden 10—12 Stück von mittlerer Grösse ausgesucht von anhängender Erde sorgfältig gereinigt, durch einen Längsschnitt und drei Querschnitte in 8 annähernd gleiche Theile zerlegt, von diesen je ein mittleres Stück (also weder der Kopf noch das Wurzelende) in dünne Scheiben geschnitten, dieselben gewogen, im Trockenschranke an Fäden frei aufgehängt und bei 60—70° getrocknet.

b) Von Kartoffeln nimmt man ebenfalls 10—12 Stück, reinigt dieselben gut und zerschneidet sie in Scheiben, welche in gleicher Weise getrocknet werden.

Die getrocknete Substanz wird gewogen, schnell gemahlen und in mit Kautschukstopfen verschlossenen Gläsern aufbewahrt.

2. **Bestimmung der Feuchtigkeit.** Zur Ermittelung der Feuchtigkeit dienen 5 g der gepulverten Substanz, welche man, um das Austrocknen zu beschleunigen, zweckmässig mit einer geringen abgewogenen Menge ausgeglühten, trocknen Sand mischt. Wie bei Grünfutter werden die ausgeführten Analysen schliesslich auf den ursprünglichen Feuchtigkeitsgehalt der saftreichen Rüben und Knollen umgerechnet.

3. **Die Bestimmung von Fett, Rohproteïn, Trennung** der Proteïnstoffe von anderen stickstoffhaltigen Bestandtheilen der Futtermittel, der Mineralstoffe und der verdaulichen Nährstoffe wird in derselben Weise vorgenommen wie unter I angegeben.

4. **Bestimmung der Salpetersäure.** Die Rüben, Taback etc. enthalten oft erhebliche Mengen von Salpetersäure, welche man dadurch be-

stimmen kann, dass man die Salpetersäure in Ammoniak überführt und dann titrirt. 10 g Substanz werden mit Wasser längere Zeit im Wasserbade digerirt, nach Angabe von Abschnitt I 4 (Seite 582) Kupferoxydhydrat hinzugesetzt, die Flüssigkeit filtrirt, und das Unlösliche gut ausgewaschen. Das Filtrat wird in einer Erlenmeyer'schen Kochflasche mit einigen Stückchen Kalihydrat versetzt und durch Eindampfen concentrirt, wobei gleichzeitig aus etwa vorhandenen Amiden Ammoniak abgespalten und mit den Wasserdämpfen verflüchtigt wird. Dann lässt man erkalten, bringt einige Stücke Aluminiumdraht in die Flüssigkeit, verbindet die Kochflasche sofort mit einem Destillationsapparat, welcher andererseits mit einer 25 ccm titrirter Schwefelsäure enthaltende Vorlage in der Weise in Verbindung steht, dass der Vorstoss des Destillationsrohres in die Flüssigkeit eintaucht. Nach zwölf- bis fünfzehnstündigem Stehen wird der Kochkolben gelinde erwärmt, bis das Aluminium gelöst ist, das entstandene Ammoniak abdestillirt, in der vorgelegten Schwefelsäure aufgefangen, titrirt und auf Salpetersäure berechnet.

5. **Bestimmung des specifischen Gewichtes der Kartoffeln.** 20 gut gereinigte, gewaschene und dann mit einem Tuche sorgfältig abgetrocknete Kartoffeln werden in ein ca. 5 l fassendes Glasgefäss gebracht und mit 2 l einer kalt gesättigten Kochsalzlösung übergossen. Man fügt nun soviel Wasser hinzu, bis die Hälfte der Kartoffeln an die Oberfläche gestiegen, die andere Hälfte zu Boden gesunken ist und bestimmt mit einem Aräometer oder einer Westphal'schen Wage das specifische Gewicht der Salzlösung, welche dem specifischen Gewichte der Kartoffeln entspricht. Eine andere einfache Methode, welche auf Messung des durch eine abgewogene Menge Kartoffeln verdrängten Wassers beruht, ist von Stohmann angegeben. Erforderlich sind dazu ein Glascylinder von ungefähr $2^1/_2$ l Inhalt und zwei Metallplatten, welche man quer über den Glascylinder legen kann. An der einem Metallplatte ist in der Mitte ein kurzes, an der anderen ein längeres Metallstäbchen angelöthet, dessen Spitze nadelförmig abgeschliffen ist. In den Glascylinder bringt man zunächst soviel Wasser hinein, dass die nach unten zeigende Spitze des längeren Metallstäbchens eben vom Wasser benetzt wird, welchen Punkt man mit grosser Schärfe beobachten kann. Dann werden 6—8 abgewogene Kartoffeln in die Flüssigkeit gebracht, das längere Metallstäbchen durch das kürzere ersetzt und aus einer Bürette soviel Wasser zufliessen gelassen bis die Flüssigkeit die Nadelspitze berührt. Hat man vorher festgestellt wieviel Cubikcentimeter Wasser erforderlich sind, um das Glasgefäss von dem durch die lange Nadelspitze angezeigten Niveau bis zur kürzeren Spitze zu füllen, so kann man aus dem absoluten Gewicht der Kartoffeln und dem Volumen des durch die Kartoffeln verdrängten Wassers das specifische Gewicht der Kartoffeln berechnen.

In Spiritusfabriken und grösseren Gutswirthschaften wird das specifische Gewicht in der Regel vermittelst einer hydrostatischen Wage ermittelt.

6. Die Berechnung der Trockensubstanz und des Stärkemehlgehaltes der Kartoffeln aus dem specifischen Gewicht ist bei Landwirthen und in Spiritusfabriken vielfach üblich und theile ich Tabellen zur Berechnung mit, bemerke jedoch, dass diese Methode unzuverlässig ist, indem der auf diese Weise gefundene Gehalt an Trockensubstanz um $\pm\,1\,\%$ und der Gehalt an Stärkemehl um $\pm\,2\,\%$ schwanken und von der gewichtsanalytischen Bestimmung abweichen kann. Es wird daher ein Chemiker sich stets zuverlässigerer Methoden bedienen müssen, um in Kartoffeln die Menge der Trockensubstanz und des Stärkemehls zu bestimmen; dagegen kann die Tabelle für den Landwirth und Spiritusfabrikanten immerhin von Nutzen sein, um annähernd zu erfahren, ob eine Kartoffelsorte viel oder wenig Stärkemehl enthält. Nach Angabe von Maercker entsprechen die angegebenen specifischen Gewichte annähernd folgendem Gehalt an Stärkemehl und Trockensubstanz:

Spec. Gew.	Trocken-substanz	Stärkemehl	Spec. Gew.	Trocken-substanz	Stärkemehl	Spec. Gew.	Trocken-substanz	Stärkemehl	Spec. Gew.	Trocken-substanz	Stärkemehl
1·080	19·7	13·9	1·100	24·0	18·2	1·120	28·3	22·5	1·140	32·5	26·7
081	19·9	14·1	101	24·2	18·4	121	28·5	22·7	141	32·8	27·0
082	20·1	14·3	102	24·4	18·6	122	28·7	22·9	142	33·0	27·2
083	20·3	14·5	103	24·6	18·8	123	28·9	23·1	143	33·2	27·4
084	20·5	14·7	104	24·8	19·0	124	29·1	23·3	144	33·4	27·6
085	20·7	14·9	105	25·0	19·2	125	29·3	23·5	145	33·6	27·8
086	20·9	15·1	106	25·2	19·4	126	29·5	23·7	146	33·8	28·0
087	21·2	15·4	107	25·5	19·7	127	29·8	24·0	147	34·1	28·3
088	21·4	15·6	108	25·7	19·9	128	30·0	24·2	148	34·3	28·5
089	21·6	15·8	109	25·9	20·1	129	30·2	24·4	149	34·5	28·7
1·090	21·8	16·0	1·110	26·1	20·3	1·130	30·4	24·6	1·150	34·7	28·9
091	22·0	16·2	111	26·3	20·5	131	30·6	24·8	151	34·9	29·1
092	22·2	16·4	112	26·5	20·7	132	30·8	25·0	152	35·1	29·3
093	22·4	16·6	113	26·7	20·9	133	31·0	25·2	153	35·4	29·6
094	22·7	16·9	114	26·9	21·1	134	31·3	25·5	154	35·6	29·8
095	22·9	17·1	115	27·2	21·4	135	31·5	25·7	155	35·8	30·0
096	23·1	17·3	116	27·4	21·6	136	31·7	25·9	156	36·0	30·2
097	23·3	17·5	117	27·6	21·8	137	31·9	26·1	157	36·2	30·4
098	23·5	17·7	118	27·8	22·0	138	32·1	26·3	158	36·4	30·6
099	23·7	17·9	119	28·0	22·2	139	32·3	26·5	159	36·6	30·8

Für stärkemehlarme Kartoffeln, deren spec. Gewicht geringer als 1,080 ist, ist die Methode ganz unbrauchbar und sind daher für derartige Kartoffeln keine Zahlen für Trockensubstanz und Stärkemehl angegeben.

7. Gewichtsanalytische Bestimmung des Stärkemehls in Kartoffeln. (Methode von Maercker, siehe „landwirthsch. Versuchsstationen" 25 Bd. S. 112 u. ff.) 3 g lufttrockene Substanz werden mit 50 ccm Wasser in Druckflaschen (die von jeder grösseren Handlung chemischer Utensilien bezogen werden können) 4 Stunden lang im Paraffinbade auf 135—140° erwärmt, dann lässt man auf ungefähr 90° erkalten, filtrirt durch ein mit einem Asbestpfropf versehenes Röhrchen und wäscht mit heissem Wasser aus. Bei Anwendung einer Wasserluftpumpe lässt sich das Filtriren sehr schnell ausführen und kann man in dem gewogenen Röhrchen die Menge des unlöslichen Rückstandes ermitteln, welcher mit Jod nicht die geringste Menge Stärke mehr erkennen lassen darf. Die Stärkelösung wird auf 200 ccm verdünnt und mit 20 ccm reiner Salzsäure versetzt 3 Stunden lang im Wasserbade ohne Anwendung von Druck erwärmt, dann so viel Kalilauge hinzugefügt, dass die Flüssigkeit noch schwach sauer reagirt und nach Zusatz von 7—8 ccm Bleiessig das Ganze auf 500 ccm verdünnt und filtrirt. Vom Filtrat werden 200 ccm mit 50 ccm 1 proc. Schwefelsäure versetzt, um das Blei auszufällen, und diese schwach saure Flüssigkeit dann mit Fehling'scher Lösung erwärmt.

Zur Ausführung der Zuckerbestimmung werden je 25 ccm der beiden getrennt aufbewahrten Flüssigkeiten, aus welchen sich die Fehling'sche Lösung zusammensetzt, in einem mit einer 100 ccm-Marke versehenem Becherglase abgemessen, mit der Zuckerlösung, welche nicht mehr als höchstens 0,12 g Dextrose enthalten darf, versetzt und das Volumen auf 100 ccm ergänzt, um stets in gleicher Concentration zu arbeiten. Das Becherglas erwärmt man 20 Minuten lang im Wasserbade auf 90—100°, filtrirt sofort unter Benutzung einer Wasserstrahl-Luftpumpe oder einer einfachen Saugevorrichtung durch Asbest und wäscht mit heissem Wasser, Alkohol und Aether aus. Zum Filtriren benutzt man nach Angabe von Soxhlet entweder ein kleines, gerades Chlorcalciumrohr, dessen Kugel zur Hälfte mit langfasrigem ausgeglühten Asbest gefüllt ist oder man nimmt gerade, mit einem Ansatzrohr versehene Glasröhren und bringt in das untere Ende des weiten Rohres einen starken Asbestpfropf. Sodann werden die Röhrchen durch Erwärmen im Luftbade getrocknet, im Exsiccator erkalten gelassen, gewogen, die Flüssigkeit durch den Asbest filtrirt und, nachdem das Kupferoxydul ausgewaschen ist, werden die Röhrchen getrocknet und das Kupferoxydul durch Wasserstoff in metallisches Kupfer verwandelt. Die Reduction wird in der Röhre selbst vorgenommen, indem man das Rohr mit der Spitze nach unten geneigt in einen Halter einklemmt, den oberen weiten Theil des Rohrs durch einen durchbohrten Kork schliesst, in dessen Oeffnung ein kleines Glasröhrchen eingeschoben ist, welches mittelst eines Gummischlauches mit dem Wasserstoff-Apparat in Verbindung gesetzt wird. Man leitet einen langsamen Strom vollständig trocknen, reinen Wasserstoffgases, welches in einem Kipp'schen Apparate aus Zink und verdünnter Schwefelsäure entwickelt wird, durch das Rohr, und erhitzt gleichzeitig das Kupferoxydul durch eine kleine Gasflamme gelinde, so dass die Spitze der Flamme ungefähr 5 cm unterhalb der mit Asbest gefüllten Stelle des Glasrohrs sich befindet. Nach 10 Minuten zeigt sich im untern Ende des abwärts gerichteten Glasrohrs kein Anflug von Feuchtigkeit mehr und ist nun die Reduction beendigt. Man lässt das Rohr im Wasserstoffstrom erkalten und wägt.

Das früher vielfach übliche Titriren der Zuckerlösung mit Fehling'scher Lösung giebt durchaus unzuverlässige Zahlen[1]) und sind auch die durch die gewichtsanalytische Bestimmung des Kupfers als Kupferoxyd (indem man das Kupferoxydul auf ein Filter bringt, die Flüssigkeit abfiltrirt, auswäscht, trocknet, glüht und wiederholt mit Salpetersäure befeuchtet und mehrmals glüht) erhaltenen Zahlen weniger genau als die nach der beschriebenen Methode ausgeführte Bestimmung.

Zur Umrechnung des gefundenen Kupfers auf Stärkemehl resp. Zucker kann man sich keines constanten Factors bedienen, da das Reductionsvermögen der Fehling'schen Kupferlösung nicht constant ist und aus einer gleichen Anzahl Cubikcentimeter der Kupferlösung durch eine schwache Zuckerlösung verhältnissmässig mehr Kupferoxydul ausgeschieden wird als durch eine stärkere. Maercker hat mit seinen Assistenten durch Anwendung ungleicher Quantitäten Zucker und einer gleichen Anzahl Cubikcentimeter der Kupferlösung das Reductions-Vermögen der letzteren festgestellt und entsprechen hiernach:

Milligramme:			Milligramme:			Milligramme:			Milligramme:		
Reducirtes Kupfer	Stärkemehl	Dextrose	Reducirtes Kupfer	Stärkemehl	Dextrose	Reducirtes Kupfer	Stärkemehl	Dextrose	Reducirtes Kupfer	Stärkemehl	Dextrose
98·3	45	50	128·7	59·4	66	155·6	73·8	82	177·8	87·3	97
100·2	45·9	51	130·5	60·3	67	157·2	74·7	83	179·2	88·2	98
102·2	46·8	52	132·2	61·2	68	158·8	75·6	84	180·6	89·1	99
104·2	47·7	53	134·0	62·1	69	160·4	76·5	85	182·0	90·0	100
106·2	48·6	54	135·8	63·0	70	161·9	77·4	86	183·3	90·9	101
108·2	49·5	55	137·5	63·9	71	163·4	78·3	87	184·6	91·8	102
110·1	50·4	56	139·2	64·8	72	164·9	79·2	88	185·9	92·7	103
112·0	51·3	57	140·9	65·7	73	166·4	80·1	89	187·2	93·6	104
113·9	52·2	58	142·6	66·6	74	167·9	81·0	90	188·5	94·5	105
115·8	53·1	59	144·4	67·5	75	169·3	81·9	91	189·7	95·4	106
117·8	54·0	60	146·0	68·4	76	170·7	82·8	92	190·9	96·3	107
119·6	54·9	61	147·6	69·3	77	172·2	83·7	93	192·2	97·2	108
121·4	55·8	62	149·2	70·2	78	173·6	84·6	94	193·4	98·1	109
123·3	56·7	63	150·8	71·1	79	175·1	85·5	95	194·7	99·0	110
125·1	57·6	64	152·5	72·0	80	176·4	86·4	96	196·0	100·0	111·1
127·0	58·5	65	154·0	72·9	81						

[1]) Nachdem dieser Artikel gedruckt war, wurde in meinem Laboratorium von C. Faulenbach eine für viele Untersuchungsgegenstände empfehlenswerthe und ziemlich genaue Resultate liefernde Titrirmethode ausgearbeitet. Dieselbe ist gedruckt in „Zeitschrift für physiol. Chemie" VII. 510—522.

8. Die Bestimmung des Zuckers in Rüben ist in einem besonderen Abschnitt dieses Buches ausführlich beschrieben. (Siehe S. 462.)

9. Topinambur wird in ähnlicher Weise wie Kartoffeln untersucht. Ausserdem ist specielle Rücksicht auf die in Wasser lösliche Zuckerart der Topinambur-Knollen zu nehmen.

IV. Untersuchung von Sauerfutter, Schlempe, Träber etc.

Ueber die zur Untersuchung abzuwägende Menge lässt sich eine allgemeine Angabe nicht machen, da dieselbe sich nach dem grösseren oder geringeren Wassergehalt des Futters richten muss. Die im Wasser unlöslichen Bestandtheile werden abfiltrirt, ausgewaschen und sowohl das Unlösliche wie das Filtrat, jedes für sich nach den vorhin angegebenen Methoden untersucht. In der Flüssigkeit wird ausserdem durch Titriren der Gehalt an Säure bestimmt und auf Milchsäure berechnet. Bei dünnen Schlempen ermittelt man das Litergewicht und giebt die durch die Analysen gefundenen Zahlen pro Liter und pro Kilo an.

Mittlerer Nährstoffgehalt der gebräuchlichsten Handelsfuttermittel.

Nach Prof. Dr. Wolff.

(Siehe landwirthsch. Kalender von Mentzel & Lengerke.)

Art der Futtermittel	Wasser %	Asche %	Rohprotein %	Rohfaser %	Stickstofffreie Extractstoffe %	Rohfett %	Verdauliche Stoffe		
							Eiweiss %	Kohle-hydrat %	Fett %
Zuckerrübenpresslinge	70·0	3·4	1·8	6·3	18·3	0·2	1·8	24·6	0·2
Centrifugenrückstände	82·0	1·2	1·0	3·6	12·1	0·1	1·0	15·7	0·1
Diffusionsrückst., frisch.	94·8	0·3	0·5	1·0	3·3	0·1	0·5	4·3	0·1
„ vergohren	92·0	0·5	0·8	1·8	4·8	0·1	0·8	6·4	0·1
„ gepresst u. vergohren	86·3	0·9	1·5	3·1	7·9	0·3	1·5	11·0	0·3
Rübenmelasse	17·2	10·3	8·0	—	64·5	—	8·0	64·5	—
Melasseschlämpe	92·0	1·6	1·8	—	4·6	—	1·8	4·6	—
Kartoffelschlämpe	91·9	0·7	1·1	0·8	5·4	0·1	1·1	6·2	0·1
„ Hollefreund's Verf. .	94·2	0·7	1·0	0·6	3·4	0·1	1·0	4·0	0·1
Roggenschlämpe	91·0	0·5	1·9	1·0	5·2	0·3	1·7	5·4	0·3
Maisschlämpe	90·6	0·4	1·8	1·0	5·2	1·0	1·6	5·4	0·8
Kartoffelfaser ⎫	86·0	0·4	0·8	2·0	11·7	0·1	0·8	13·7	0·1
Roggenträber ⎪ Stärke-	70·0	0·8	6·1	2·7	18·9	1·5	5·2	18·1	1·2
Weizenträber ⎬ fabri-	74·0	0·6	4·4	3·4	15·4	2·2	3·7	15·1	1·8
Kleberabfälle ⎪ kation	70·0	0·4	4·6	0·1	24·4	0·5	4·6	24·5	0·5
Trock. Kleber ⎭	11·6	1·6	68·9	0·3	12·9	5·0	68·9	12·9	5·0
Fett-Grieben	8·4	5·0	61·3	—	—	25·3	58·2	—	23·3
Bierträber	76·6	1·2	4·9	5·2	11·0	1·1	3·9	10·8	0·8
Malzkeime	10·1	7·2	17·6	14·3	48·7	2·1	12·8	51·6	1·7
Maiskeime	11·9	5·5	12·4	6·8	46·0	17·4	10·5	44·0	14·8
Grünmalz mit Keimen	47·5	1·7	6·5	4·3	38·5	1·5	5·2	36·9	1·2
Darrmalz, ohne Keime	7·5	2·3	9·4	8·7	69·8	2·3	7·5	67·2	1·8
Weizenkleie, feine	13·1	5·4	14·0	8·7	55·0	3·8	11·8	44·4	3·0

Art der Futtermittel	Wasser %	Asche %	Rohprotein %	Rohfaser %	Stickstofffreie Extractstoffe %	Rohfett %	Verdauliche Stoffe		
							Eiweiss %	Kohlehydrat %	Fett %
Weizenkleie, grobe	12·9	6·6	15·0	10·1	52·2	3·2	12·6	42·7	2·6
Roggenkleie	12·5	5·2	14·5	5·7	58·6	4·5	12·2	46·2	3·6
Dinkelkernenkleie	13·0	5·6	14·0	8·2	54·9	4·3	10·2	52·5	3·8
Weizenfuttermehl	11·5	3·0	13·9	4·8	63·5	3·3	10·8	54·0	2·9
Maiskleie	11·8	3·4	10·2	9·0	61·8	3·8	7·9	56·6	3·4
Buchweizenkleie	14·0	3·4	17·1	14·7	46·4	4·4	13·5	44·0	3·9
Erbsenkleie (Schalen)	12·3	3·0	8·0	43·7	30·5	2·5	5·6	46·3	2·0
Erbsenmehl	11·4	3·5	23·7	4·5	54·5	3·5	20·9	55·4	2·8
Erbsenkleienmehl	12·3	4·2	13·1	31·1	37·8	1·5	9·2	45·8	1·2
Hirseschalen	9·5	7·5	6·5	57·6	14·4	4·5	4·5	38·8	2·7
Gerstekleie	12·0	4·1	14·8	19·4	45·6	4·1	11·5	43·2	3·6
Graupenabfall	12·1	6·9	11·1	15·7	50·7	3·5	8·8	50·3	2·3
Rothmehl ⎫ Hafergrütz-	8·3	9·7	8·5	14·9	53·1	5·5	6·4	42·8	4·4
Hafermehl ⎭ fabrikation	9·8	1·9	9·1	1·7	70·3	7·2	8·2	68·4	5·8
Reisfuttermehl	9·9	10·6	10·9	11·1	47·6	9·9	8·6	47·2	8·8
Reiskleie	9·5	12·0	6·0	25·1	44·1	3·3	4·2	42·8	2·3
Rapskuchen	11·3	7·1	31·6	11·0	29·9	9·6	25·3	23·8	7·7
Entöltes Rapsmehl	8·5	7·9	33·1	13·4	34·1	3·0	26·5	27·2	2·4
Leinkuchen	12·2	8·8	29·5	9·7	29·9	9·9	24·8	27·5	8·9
Entöltes Leinmehl	9·7	7·3	33·2	8·8	38·7	2·3	27·8	33·9	2·1
Leindotterkuchen	11·8	6·9	33·1	11·6	27·4	9·2	26·5	26·6	8·3
Mohnkuchen	11·5	11·1	31·9	11·5	25·8	8·2	26·8	25·4	7·4
Hanfkuchen	9·9	7·8	29·8	24·7	21·3	6·5	20·9	17·4	5·2
Buchelkuchen	16·1	5·2	18·2	23·9	28·3	8·3	13·5	22·2	6·6
″ geschält	12·5	7·7	37·1	5·5	29·8	7·5	31·2	25·5	6·8
Madiakuchen	11·2	6·7	31·6	25·7	9·8	15·0	22·1	9·4	12·0
Erdnusskuchen	9·8	6·9	31·0	22·7	20·7	8·9	24·8	19·0	7·2
″ geschält	10·6	5·6	44·4	5·4	27·3	6·7	40·0	24·5	6·0
Wallnusskuchen	13·7	5·0	34·6	6·4	27·8	12·5	31·1	28·2	11·2
Mandelkuchen	9·7	4·3	41·3	8·9	20·6	15·2	37·2	23·0	13·7
Sojabohnenkuchen	13·4	5·2	40·3	5·5	27·1	7·5	36·3	29·4	6·8
Olivenkuchen	13·8	6·8	6·0	33·4	26·8	13·2	3·6	32·8	10·6
Sonnenblumenkuchen	10·3	8·1	37·3	9·9	26·0	8·4	31·3	24·7	7·6
Palmkuchen	10·5	4·2	16·9	17·4	41·0	10·0	16·1	55·4	9·5
Entöltes Palmmehl	10·5	4·0	18·5	20·2	43·5	3·3	17·6	60·4	3·1
Kokosnusskuchen	9·4	5·2	20·2	14·2	38·5	12·5	18·2	47·4	11·2
Sesamkuchen	11·1	9·9	36·6	8·1	22·4	11·9	31·1	22·0	10·7
Candlenusskuchen	7·7	8·5	52·9	4·0	16·3	10·6	47·6	16·2	9·5
Nigerkuchen	11·5	8·0	33·1	19·6	23·4	4·1	26·5	24·0	3·3
Baumwollensamenkuchen	11·3	6·4	23·6	22·1	30·5	6·1	17·5	14·9	5·5
″ geschält	11·2	7·6	38·8	9·2	19·5	13·7	31·0	18·3	12·3
Kapokkuchen	13·3	6·5	26·3	28·2	19·9	5·8	19·5	15·6	5·2
Maiskeimenölkuchen	10·8	6·2	13·5	8·6	50·1	10·8	10·8	49·4	9·7
Kürbiskernkuchen	12·0	8·1	55·6	4·9	8·0	11·4	50·0	9·7	10·3
Fleischfuttermehl	11·5	3·7	72·8	—	—	12·0	69·2	—	11·2
Thieralbumin†)	11·8	11·5	63·7	—	—	13·4	60·5	—	12·4
Norweg. Fischguano	12·6	36·6	49·0	—	—	1·8	44·1	—	1·6
Getrocknetes Blut	12·0	4·1	80·8	—	2·6	0·5	54·1	2·6	0·5
Maikäfer, frisch	70·4	2·3	18·8	4·8*	—	3·7	13·0	—	3·1
″ getrocknet	13·5	6·7	55·3	3·9*	—	10·9	38·0	—	9·1

†) Abfälle der Fleischextract-Fabrikation. — *) Chitin der Maikäfer.

Die Nahrungsmittel.

Von

Dr. O. Mertens,

vereidigter Handelschemiker in Cöthen.

Milch.

Die Milch, ihren Bestandtheilen nach aus Wasser, Fett, Milchzucker, Caseïn, Albumin und Salzen bestehend, gehört zu den wichtigsten Nahrungsmitteln der Menschen, in Folge dessen aber auch zu den am häufigsten verfälschten.

Die am leichtesten auszuführende und deshalb auch am häufigsten vorkommende Verfälschung der Milch besteht in dem Verdünnen derselben mit Wasser. Hierzu wird nicht nur normale (ganze Milch), sondern auch theilweis oder ganz entrahmte (blaue) Milch benutzt. Sehr häufig wird ganze Morgenmilch mit halb entrahmter Abendmilch versetzt und als ganze Milch verkauft, ein Verfahren, das immerhin auch zu den Verfälschungen gerechnet werden muss. Alle sonstigen Substanzen, die noch zur Verfälschung der Milch angewandt werden sollen, wie Stärke, Zucker, Gyps, Kreide, Kalk, Kalbsgehirn etc. gehören wohl ganz oder wenigstens zum grössten Theil in das Reich der Fabel. Sollten sie wirklich angewandt werden, so würden sie sich theils durch den vermehrten Rückstand resp. Aschengehalt zu erkennen gaben, theils sich in der Ruhe am Boden der Gefässe abscheiden.

Die mittlere Zusammensetzung der Milch ist nach J. König folgende:

Wasser	87·41 %
Caseïn und Albumin . .	3·41 -
Fett	3·66 -
Milchzucker	4·82 -
Salze	0·70 -
	100·00 %

Das spec. Gew. der nomalen Kuhmilch schwankt von 1·028 — 1·034 und wird sich selten unter 1·027 resp. über 1·035 belaufen. Man ermittelt das spec. Gew. entweder mit dem Pyknometer oder am gewöhnlichsten mit dem Quevenne-Müller'schen Lactodensimeter, dessen Einrichtung aus beistehender Zeichnung (Fig. 56) ersichtlich ist.

39

Die auf demselben rechts und links angegebenen Grade geben das specifische Gewicht für nicht abgerahmte (ganze) Milch und für abgerahmte (blaue) Milch und hieraus etwaige Verfälschungen mit Wasser an.

Die Zahlen bedeuten die 2 letzten Decimalen (von dreien), sodass also das spec. Gew. direct abgelesen werden kann. Da das Lactodensi-

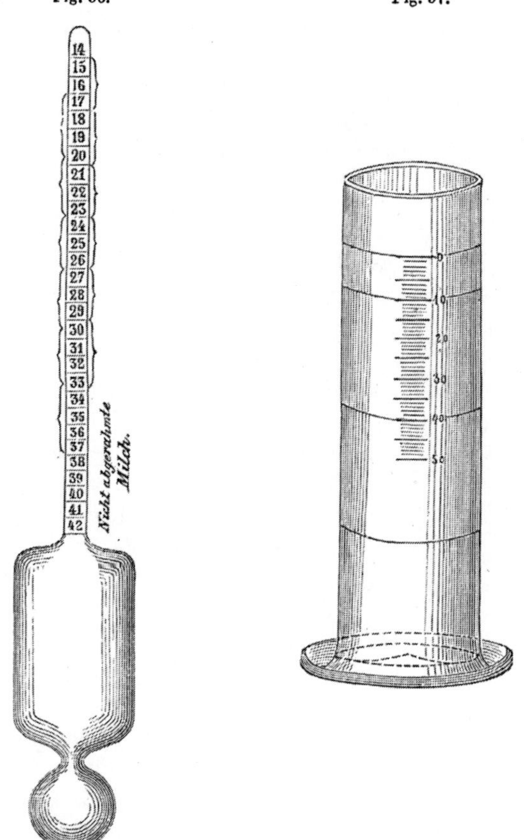

meter für 15⁰ justirt ist, so muss man entweder die Milch auf diese Temperatur bringen oder das bei anderer Temperatur ermittelte spec. Gewicht nach beifolgenden von Müller berechneten Tabellen (S. 603/4) auf ersteres zurückführen.

In Verbindung mit dem Lactodensimeter wird das Cremometer von Chevalier benutzt, das zur Ermittelung des Fettes dient. Dasselbe ist, wie beistehende Abbildung Figur 57 zeigt, ein nur in seinem oberen Theile graduirter Cylinder, der bis zum Nullpunkt 100 ccm fasst. Zur Ermittlung

Correctionstabelle für nicht abgerahmte (ganze) Milch.

Wärmegrade der Milch

Grade des Lactodensimeter's	0	1	2	3	4	5	6	7	8	9	10	11	12	13	14	15	16	17	18	19	20	21	22	23	24	25	26	27	28	29	30
14	12·9	12·9	12·9	13	13	13·1	13·1	13·1	13·2	13·3	13·4	13·5	13·6	13·7	13·8	14	14·1	14·2	14·4	14·6	14·8	15	15·2	15·4	15·6	15·8	16	16·2	16·4	16·6	16·8
15	13·9	13·9	13·9	14	14	14·1	14·1	14·1	14·2	14·3	14·4	14·5	14·6	14·7	14·8	15	15·1	15·2	15·4	15·6	15·8	16	16·2	16·4	16·6	16·8	17	17·2	17·4	17·6	17·8
16	14·9	14·9	14·9	15	15	15·1	15·1	15·1	15·2	15·3	15·4	15·5	15·6	15·7	15·8	16	16·1	16·3	16·5	16·7	16·9	17·1	17·3	17·5	17·7	17·9	18·1	18·3	18·5	18·7	18·9
17	15·9	15·9	15·9	16	16	16·1	16·1	16·1	16·2	16·3	16·4	16·5	16·6	16·7	16·8	17	17·1	17·3	17·5	17·7	17·9	18·1	18·3	18·5	18·7	18·9	19·1	19·3	19·5	19·7	20
18	16·9	16·9	16·9	17	17	17·1	17·1	17·1	17·2	17·3	17·4	17·5	17·6	17·7	17·8	18	18·1	18·3	18·5	18·7	18·9	19·1	19·3	19·5	19·7	19·9	20·1	20·3	20·5	20·7	21
19	17·8	17·8	17·8	17·9	17·9	18	18·1	18·1	18·2	18·3	18·4	18·5	18·6	18·7	18·8	19	19·1	19·3	19·5	19·7	19·9	20·1	20·3	20·5	20·7	20·9	21·1	21·3	21·5	21·7	22
20	18·7	18·7	18·7	18·8	18·8	18·9	19	19	19·1	19·2	19·3	19·4	19·5	19·6	19·8	20	20·1	20·3	20·5	20·7	20·9	21·1	21·3	21·5	21·7	21·9	22·1	22·3	22·5	22·7	23
21	19·6	19·6	19·7	19·7	19·7	19·8	19·9	20	20·1	20·2	20·3	20·4	20·5	20·6	20·8	21	21·2	21·4	21·6	21·8	22	22·2	22·4	22·6	22·8	23	23·2	23·4	23·6	23·8	24·1
22	20·6	20·6	20·7	20·7	20·7	20·8	20·9	21	21·1	21·2	21·3	21·4	21·5	21·6	21·8	22	22·2	22·4	22·6	22·8	23	23·2	23·4	23·6	23·8	24·1	24·3	24·5	24·7	24·9	25·2
23	21·5	21·5	21·6	21·7	21·7	21·8	21·9	22	22·1	22·2	22·3	22·4	22·5	22·6	22·8	23	23·2	23·4	23·6	23·8	24	24·2	24·4	24·6	24·8	25·1	25·3	25·5	25·7	26	26·3
24	22·4	22·4	22·5	22·6	22·7	22·8	22·9	23	23·1	23·2	23·3	23·4	23·5	23·6	23·8	24	24·2	24·4	24·6	24·8	25	25·2	25·4	25·6	25·8	26·1	26·3	26·5	26·7	27	27·3
25	23·3	23·3	23·4	23·5	23·6	23·7	23·8	23·9	24	24·1	24·2	24·3	24·5	24·6	24·8	25	25·2	25·4	25·6	25·8	26	26·2	26·4	26·6	26·8	27·1	27·3	27·5	27·7	28	28·3
26	24·3	24·3	24·4	24·5	24·6	24·7	24·8	24·9	25	25·1	25·2	25·3	25·5	25·6	25·8	26	26·2	26·4	26·6	26·9	27·1	27·3	27·5	27·7	27·9	28·2	28·4	28·6	28·9	29·2	29·5
27	25·2	25·3	25·4	25·5	25·6	25·7	25·8	25·9	26	26·1	26·2	26·3	26·5	26·6	26·8	27	27·2	27·4	27·6	27·9	28·2	28·4	28·6	28·8	29	29·3	29·5	29·7	30	30·3	30·6
28	26·1	26·2	26·3	26·4	26·5	26·6	26·7	26·8	26·9	27	27·1	27·2	27·4	27·6	27·8	28	28·2	28·4	28·6	28·9	29·2	29·4	29·6	29·9	30·1	30·4	30·6	30·8	31·1	31·4	31·7
29	27	27·1	27·2	27·3	27·4	27·5	27·6	27·7	27·8	27·9	28·1	28·2	28·4	28·6	28·8	29	29·2	29·4	29·6	29·9	30·2	30·4	30·6	30·9	31·2	31·5	31·7	31·9	32·2	32·5	32·8
30	27·9	28	28·1	28·2	28·3	28·4	28·5	28·6	28·7	28·8	29	29·2	29·4	29·6	29·8	30	30·2	30·4	30·6	30·9	31·2	31·4	31·6	31·9	32·2	32·5	32·7	33	33·3	33·6	33·9
31	28·8	28·9	29	29·1	29·2	29·3	29·5	29·6	29·7	29·8	30	30·2	30·4	30·6	30·8	31	31·2	31·4	31·7	32	32·3	32·5	32·7	33	33·3	33·6	33·8	34·1	34·4	34·7	35·1
32	29·7	29·8	29·9	30	30·1	30·3	30·4	30·5	30·6	30·8	31	31·2	31·4	31·6	31·8	32	32·2	32·4	32·7	33	33·3	33·6	33·8	34·1	34·4	34·7	34·9	35·2	35·5	35·8	36·2
33	30·6	30·7	30·8	30·9	31	31·2	31·3	31·4	31·6	31·8	32	32·2	32·4	32·6	32·8	33	33·2	33·4	33·7	34	34·3	34·6	34·9	35·2	35·5	35·8	36	36·3	36·6	36·9	37·3
34	31·5	31·6	31·7	31·8	31·9	32·1	32·2	32·3	32·5	32·7	32·9	33·1	33·3	33·5	33·8	34	34·2	34·4	34·7	35	35·3	35·6	35·9	36·2	36·5	36·8	37·1	37·4	37·7	38	38·4
35	32·4	32·5	32·6	32·7	32·8	33	33·1	33·2	33·4	33·6	33·8	34	34·2	34·4	34·7	35	35·2	35·4	35·7	36	36·3	36·6	36·9	37·2	37·5	37·8	38·1	38·4	38·7	39·1	39·5

Correctionstabelle für abgerahmte (blaue) Milch.

Grade des Lactodensimeter's	Wärmegrade der Milch.																														
	0	1	2	3	4	5	6	7	8	9	10	11	12	13	14	15	16	17	18	19	20	21	22	23	24	25	26	27	28	29	30
18	17·2	17·2	17·2	17·2	17·2	17·3	17·3	17·3	17·3	17·4	17·5	17·6	17·7	17·8	17·9	18	18·1	18·2	18·4	18·6	18·8	18·9	19·1	19·3	19·5	19·7	19·9	20·1	20·3	20·5	20·7
19	18·2	18·2	18·2	18·2	18·2	18·3	18·3	18·3	18·3	18·4	18·5	18·6	18·7	18·8	18·9	19	19·1	19·2	19·4	19·6	19·8	19·9	20·1	20·3	20·5	20·7	20·9	21·1	21·3	21·5	21·7
20	19·2	19·2	19·2	19·2	19·2	19·3	19·3	19·3	19·3	19·4	19·5	19·6	19·7	19·8	19·9	20	20·1	20·2	20·4	20·6	20·8	20·9	21·1	21·3	21·5	21·7	21·9	22·1	22·3	22·5	22·7
21	20·2	20·2	20·2	20·2	20·2	20·3	20·3	20·3	20·3	20·4	20·5	20·6	20·7	20·8	20·9	21	21·1	21·2	21·4	21·6	21·8	21·8	22·1	22·3	22·5	22·7	22·9	23·1	23·3	23·5	23·7
22	21·1	21·1	21·1	21·1	21·2	21·3	21·3	21·3	21·3	21·4	21·5	21·6	21·7	21·8	21·9	22	22·1	22·2	22·4	22·6	22·8	22·9	23·1	23·3	23·5	23·7	23·9	24·1	24·3	24·5	24·7
23	22	22	22	22	22·1	22·2	22·3	22·3	22·3	22·4	22·5	22·6	22·7	22·8	22·9	23	23·1	23·2	23·4	23·6	23·8	23·9	24·1	24·3	24·5	24·7	24·9	25·1	25·3	25·5	25·7
24	22·9	22·9	22·9	22·9	23	23·1	23·2	23·2	23·2	23·3	23·4	23·5	23·6	23·7	23·9	24	24·1	24·2	24·4	24·6	24·8	24·9	25·1	25·3	25·5	25·7	25·9	26·1	26·3	26·5	26·7
25	23·8	23·8	23·8	23·8	23·9	24	24·1	24·1	24·1	24·2	24·3	24·4	24·5	24·6	24·8	25	25·1	25·2	25·4	25·6	25·8	25·9	26·1	26·3	26·5	26·7	26·9	27·1	27·3	27·5	27·7
26	24·8	24·8	24·8	24·8	24·9	25	25·1	25·1	25·1	25·2	25·3	25·4	25·5	25·6	25·8	26	26·1	26·3	26·5	26·7	26·9	27	27·2	27·4	27·6	27·8	28	28·2	28·4	28·6	28·8
27	25·8	25·8	25·8	25·8	25·9	26	26·1	26·1	26·1	26·2	26·3	26·4	26·5	26·6	26·8	27	27·1	27·3	27·5	27·7	27·9	28·1	28·3	28·5	28·7	28·9	29·1	29·3	29·5	29·7	29·9
28	26·8	26·8	26·8	26·8	26·9	27	27·1	27·1	27·1	27·2	27·3	27·4	27·5	27·6	27·8	28	28·1	28·3	28·5	28·7	28·9	29·1	29·3	29·5	29·7	29·9	30·1	30·3	30·5	30·7	31
29	27·8	27·8	27·8	27·8	27·9	28	28·1	28·1	28·1	28·2	28·3	28·4	28·5	28·6	28·8	29	29·1	29·3	29·5	29·7	29·9	30·1	30·3	30·5	30·7	30·9	31·1	31·3	31·5	31·7	32
30	28·7	28·7	28·7	28·7	28·8	28·9	29	29	29·1	29·2	29·3	29·4	29·5	29·6	29·8	30	30·1	30·3	30·5	30·7	30·9	31·1	31·3	31·5	31·7	31·8	32·1	32·3	32·5	32·7	33
31	29·7	29·7	29·7	29·7	29·8	29·9	30	30	30·1	30·2	30·3	30·4	30·5	30·6	30·8	31	31·2	31·4	31·6	31·8	32	32·2	32·4	32·6	32·8	33	33·2	33·4	33·6	33·9	34·1
32	30·7	30·7	30·7	30·7	30·8	30·9	31	31	32·1	31·2	31·3	31·4	31·5	31·6	31·8	32	32·2	32·4	32·6	32·8	33	33·2	33·4	33·6	33·9	34·1	34·3	34·5	34·7	35	35·2
33	31·7	31·7	31·7	31·7	31·8	31·9	32	32	32·1	32·2	32·3	32·4	32·5	32·6	32·8	33	33·2	33·4	33·6	33·8	34	34·2	34·4	34·6	34·9	35·2	35·4	35·6	35·8	36·1	36·3
34	32·6	32·6	32·6	32·7	32·8	32·9	32·9	33	33·1	33·2	33·3	33·4	33·5	33·6	33·8	34	34·2	34·4	34·6	34·8	35	35·2	35·4	35·6	35·9	36·2	36·4	36·7	36·9	37·2	37·4
35	33·5	33·5	33·5	33·6	33·7	33·8	33·8	33·9	34	34·1	34·2	34·3	34·4	34·6	34·8	35	35·2	35·4	35·6	35·8	36	36·2	36·4	36·6	36·9	37·2	37·4	37·7	38	38·3	38·5
36	34·4	34·4	34·5	34·6	34·7	34·8	34·8	34·9	35	35·1	35·2	35·3	35·4	35·6	35·8	36	36·2	36·4	36·6	36·9	37·1	37·2	37·5	37·7	38	38·3	38·5	38·8	39·1	39·4	39·7
37	35·3	35·4	35·5	35·6	35·7	35·8	35·8	35·9	36	36·1	36·2	36·3	36·4	36·6	36·8	37	37·2	37·4	37·6	37·9	38·2	38·4	38·6	38·8	39·1	39·4	39·6	39·9	40·2	40·5	40·8
38	36·2	36·3	36·4	36·5	36·6	36·7	36·8	36·9	37	37·1	37·2	37·3	37·4	37·6	37·8	38	38·2	38·4	38·6	38·9	39·2	39·4	39·7	39·9	40·2	40·5	40·7	41	41·3	41·6	41·9
39	37·1	37·2	37·3	37·4	37·5	37·6	37·7	37·8	37·9	38	38·2	38·3	38·4	38·6	38·8	39	39·2	39·4	39·6	39·9	40·2	40·4	40·7	41	41·3	41·6	41·8	42·1	42·4	42·7	43
40	38	38·1	38·2	38·3	38·4	38·5	38·6	38·7	38·8	38·9	39·1	39·2	39·4	39·6	39·8	40	40·2	40·4	40·6	40·9	41·2	41·4	41·7	42	42·3	42·6	42·9	43·2	43·5	43·8	44·1

des Rahmgehaltes füllt man denselben genau bis zum Nullpunkt mit Milch, lässt ihn 24 Stunden stehen und liest nach dieser Zeit die sich abgeschiedene Menge Rahm ab. Gute ganze Milch muss eine Rahmschicht von 10—14 ccm bilden, halb abgerahmte von 6—8 ccm.

Schliesslich hat man noch die im Cremometer unter der Rahmschicht zurückbleibende blaue Milch mit dem Lactodensimeter zu messen, um aus der Vergleichung der Lactodensimetergrade mit der gewonnenen Rahmschicht beurtheilen zu können, ob die Milch ursprünglich rein oder mit Wasser oder blauer Milch versetzt worden war. Ist Ersteres der Fall, so muss die blaue Milch am Lactodensimeter $2^{1}/_{2}$—$3^{1}/_{2}{}^{0}$ mehr als die ursprüngliche zeigen; giebt sie jedoch weniger als 2^{0} an, so liegt ein Wasserzusatz vor. Ist jedoch die Lactodensimeterangabe richtig, liegt aber der Rahmgehalt unter 10%, so ist die Milch mit halb abgerahmter Milch versetzt worden. Unverfälschte, halb abgerahmte Milch (aus abgerahmter Abendmilch und ganzer Morgenmilch bestehend) zeigt abgerahmt durchschnittlich $1^{1}/_{2}$—2^{0} mehr als die nicht abgerahmte. Zeigt nun die Milch diese Grade, beträgt aber ihr Rahmgehalt weniger als 6%, so liegt ein Zusatz von ganz abgerahmter Milch vor; sind die Grade der abgerahmten fast gleich (1^{0} Differenz) den der ursprünglichen Milch, so ist dieselbe ausserdem noch mit Wasser versetzt worden.

Endlich kann man auch eine Verfälschung der Milch mit Wasser leicht mittelst des Mikroskops erkennen. Unverfälschte Milch zeigt sich dicht gefüllt mit unzähligen grösseren und kleineren runden Fettkügelchen, während mit Wasser versetzte oder halb abgerahmte Milch nur vereinzelte und meistens kleinere Fettkügelchen enthält.

Hat die physikalische Prüfung eine Verfälschung der Milch ergeben oder wenigstens wahrscheinlich gemacht, so schreitet man zweckmässig zu einer chemischen Analyse. Für gewöhnlich wird man sich mit der Ermittelung der Trockensubstanz, die mindestens $11\cdot5$, durchschnittlich aber $12\cdot5$ betragen soll, des Wassers und des Fettes begnügen; unter Umständen kann jedoch auch noch die Bestimmung des Caseïns, Albumins, Zuckers und der Asche resp. Untersuchung derselben nöthig werden.

Bestimmung der Trockensubstanz (resp. des Wassers). 10 g Milch werden in einem flachen mit tarirtem dicken Glasstab versehenen Porzellanschälchen mit $20-25$ g ausgeglühtem Quarzsand oder Gyps auf dem Wasserbade zur Trockne verdampft und im Luftbade bei 100^{0} bis zum constanten Gewicht getrocknet und gewogen.

Nach Fr. Schulze ermittelt man den Gehalt an Trockensubstanz schnell auf folgende Weise: $0\cdot5$ g Milch werden in einer kleinen Platinschale genau abgewogen, die Schale über einer ganz kleinen Flamme vorsichtig so lange hin und her bewegt, bis alles Wasser verdampft ist und der Rückstand sich gelb gefärbt hat. Man wägt dann nach dem Erkalten und erfährt so die in der angewandten Milch enthaltene Trockensubstauz. Da diese Methode hinsichtlich der Genauigkeit sehr wenig zu wünschen übrig lässt (0,09—0,11 % Differenz), so wird man dieselbe mit Vortheil da anwenden, wo es mehr auf eine schnelle als absolut genaue Bestimmung der Trockensubstanz ankommt.

Bestimmung des Fettes. Die bei der erst erwähnten Bestimmungsweise der Trockensubstanz erhaltene Masse wird zerrieben in einem Aether-

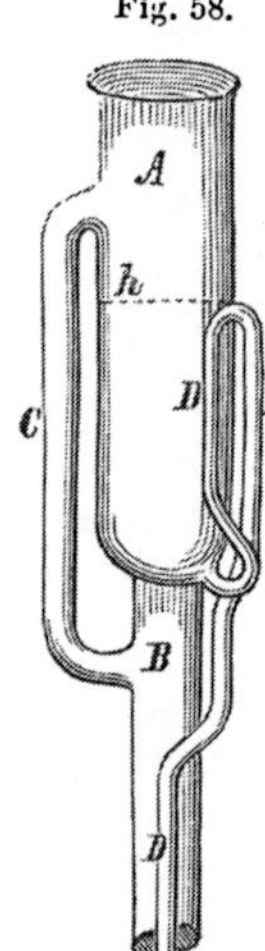

Fig. 58.

extractionsapparate von Soxhlet, Tollens oder Andern mit Aether entfettet und nach dem Abdestilliren desselben das zurückgebliebene Fett bei 100⁰ getrocknet und gewogen. Die Bestimmung des Fettes nach der von F. Soxhlet angegebenen Methode führt man unter Benutzung des nebenstehend abgebildeten Apparates, wie folgt aus:

10 ccm Milch werden in einer Porzellanschale mit ca. 20 g gebranntem Gyps innig gemengt, auf dem Wasserbade zur Trockne verdampft, die getrocknete Masse zerrieben und das Pulver in eine cylindrische Rolle von Filtrirpapier gebracht. Letztere fertigt man sich durch mehrfaches Herumrollen von Filtrirpapier um ein cylindrisches Holzstück, dessen Durchmesser natürlich etwas kleiner als der des Extractionscylinders sein muss, und Umbiegen des unten, über die Basis des Holzcylinders etwas vorstehenden Stückes an. Man bringt nun die Hülse, deren oberes Ende wenigstens 3 mm unter dem höchsten Punkt der Heberkrümmung liegen muss, (sonst wird Fett im Papier zurückgehalten) in den Apparat, verschliesst ihr oberes Ende lose mit etwas Baumwolle, verbindet den Apparat mit einem gewogenen 25—30 ccm Aether enthaltenden Kölbchen, giesst noch soviel Aether in den Apparat, dass der Heber eben in Thätigkeit tritt, verbindet das Ganze mit einem Liebig'schen Kühler und erwärmt das Kölbchen auf einem Wasserbade von 70—78⁰. Bei dieser Temperatur destillirt der Aether binnen $\frac{1}{2}$ Stunde mindestens 12 mal in Höhe und bewirkt so eine vollständige Extraction des Fettes. Schliesslich wird der Aether abdestillirt, der Rückstand bei 100⁰ getrocknet und gewogen.

Bestimmung des Caseïns und Albumins. In den meisten Fällen wird man sich mit der Ermittelung der Gesammtmenge des Caseïns und Albumins begnügen, die man durch Verbrennen von 20 ccm zur Trockne verdampfter Milch mit Natronkalk und Auffangen des sich entwickelnden Ammoniaks in titrirter Schwefelsäure bestimmt. Aus dem berechneten Stickstoffgehalt erhält man durch Multiplikation mit 6·25 die Menge der Eiweissstoffe. Will man jedoch dieselben gesondert bestimmen, so verdünnt man 20 ccm Milch mit der 10—12 fachen Menge Wasser, setzt tropfenweise Essigsäure bis zur eben sauren Reaction hinzu und leitet dann längere Zeit Kohlensäure ein, wodurch Caseïn und Fett in Flocken abgeschieden werden. Hat sich die Flüssigkeit geklärt, so filtrirt man durch ein gewogenes Filter und wäscht den Rückstand mit wenig Wasser. Das Filtrat wird zur Bestimmung des Albumins bis zum Kochen erhitzt, das sich ausscheidende Albumin auf einem gewogenen Filter gesammelt, mit wenig Wasser, dann mit Alkohol und Aether ausgewaschen, getrocknet und gewogen. Auf gleiche Weise wird das vorher erhaltene Caseïn mit Alkohol und Aether bis zur völligen Entfettung ausgewaschen, getrocknet und gewogen.

Bestimmung des Milchzuckers. 20 ccm Milch werden mit dem 3—4fachen Volum Wasser verdünnt, zum Sieden erhitzt und mit soviel verdünnter Essigsäure versetzt, bis eben schwach saure Reaction und Gerinnung eingetreten ist. Die Flüssigkeit wird, ohne den entstandenen Niederschlag abzufiltriren, auf ein bestimmtes Volum gebracht, alsdann filtrirt und mit dem Filtrate 10 ccm Fehling'scher Lösung titrirt. Die gebrauchten 10 ccm Kupferlösung entsprechen 0·067 g Milchzucker.

Bestimmung der Asche. 50 ccm Milch werden in einer gewogenen Platinschale unter Zusatz einiger Tropfen Essigsäure zur Trockne verdampft, verkohlt und die Kohle bis zum Verschwinden der Chlorreaction mit heissem Wasser ausgewaschen. Der Rückstand wird nun weiss gebrannt, die vorher erhaltene wässrige Lösung hinzugefügt, wiederum zur Trockne verdampft, ganz schwach geglüht und nach dem Erkalten gewogen. Auf diese Weise erhält man eine rein weisse Asche, während beim directen Veraschen, wenn es nicht sehr vorsichtig ausgeführt wird, leicht unverbrannte Kohle zurückbleibt resp. beim zu starken Erhitzen sich Chloride verflüchtigen.

Condensirte Milch.

Die condensirte Milch, gewöhnlich durch Eindampfen von Milch im Vacuum bis zur Honigsconsistenz unter Zusatz einer mehr oder weniger grossen Menge Rohrzucker dargestellt, enthält mit Ausnahme des Wassers alle Milchbestandtheile in noch unverändertem Zustande. Dieselbe enthält nach Analysen von Fleischmann im Mittel.

	a) Mit Rohrzuckerzusatz.	b) ohne Zuckerzusatz.
Wasser	26·62 %	48·59 %
Stickstoffsubstanz	12·32 %	17·81 %
Fett	10·98 %	15·67 %
Milchzucker . .	16·29 %	15·40 %
Asche	2·61 %	2·53 %
Rohrzucker . .	31·18 %	
	100·00	100·00

Aus dem Verhältniss der stickstoffhaltigen Stoffe, die sich zum Fett wie 10 : 10 — 11 verhalten, kann man nach Soxhlet schliessen, ob zur Darstellung der condensirten Milch ganze oder abgerahmte Milch verwendet worden ist.

Da sich die condensirte Milch wegen ihrer zähen Beschaffenheit direct nicht gut zur Untersuchung eignet, so verdünnt man einen abgewogenen Theil derselben mit dem 4—5 fachen Gewicht Wasser und verwendet diese Flüssigkeit zur Untersuchung. Die Bestimmung der Trockensubstanz, des Fettes, der Eiweissstoffe, der Asche und des Milchzuckers führt man nach der unter der Milch angegebenen Methode aus; zur Bestimmung des Rohrzuckers löst man 5 g Milch in 100 ccm Wasser, erhitzt zum Sieden und setzt tropfenweise verdünnte Essigsäure hinzu, bis die Flüssigkeit eben sauer geworden und Gerinnung eingetreten ist. Man filtrirt nun vom Niederschlag ab, wäscht aus, versetzt das Filtrat mit verdünnter Schwefelsäure bis zur stark sauren Reaction und kocht die Flüssigkeit 1—2 Stunden am Rückflusskühler, wodurch der Milchzucker in Lactose übergeführt wird (180 Th. Lactose = 171 Th. Milchzucker). Hierauf lässt man erkalten, versetzt mit kohlensaurem Natron bis zum Verschwinden der sauren Reaction, verdünnt auf 500 ccm und titrirt 10 ccm Fehling'scher Lösung wie oben mit dieser Flüssigkeit. Von dem so ermittelten Gesammtzuckergehalt zieht man den früher erhaltenen Milchzucker ab (0·05 g Lactose = 0·0475 Milchzucker) und berechnet den Rest auf Rohrzucker von dem 95 Thl. 100 Thl. Traubenzucker entsprachen.

Ausserdem kann man auch die Menge des Rohrzuckers nach Bestimmung aller anderen Bestandtheile aus der Differenz berechnen.

Butter.

Die Butter, eines der wichtigsten aus dem Rahm oder aus der Milch durch mechanische Bewegung dargestellten Kunstproducte besteht zum grössten Theile (85—90 %) aus Butterfett; der Rest ist Wasser, Caseïn, Milchzucker und Salze, die zusammen 10—15 % betragen.

Die quantitative Bestimmung der angeführten Butterbestandtheile liefert keine Schwierigkeit. Man ermittelt in einer grösseren abgewogenen Probe (50—80 g) den Wassergehalt durch Erhitzen auf 100—110° bis zum constanten Gewicht und bestimmt dann in 5—6 g der entwässerten Butter den Fettgehalt durch Ausziehen mit Aether in einem Extractionsapparate. Der entfettete Rückstand, aus Caseïn, Milchzucker und Salzen bestehend, wird auf einem gewogenen Filter gesammelt, getrocknet und gewogen. Zur Bestimmung der Salze verascht man den Rückstand in einer gewogenen Platinschale, ermittelt den Gehalt an Asche, zieht denselben von der oben erhaltenen Menge ab und erfährt so den Gehalt an Caseïn und Milchzucker.

Zur Trennung der beiden letzten wird eine gleiche Probe der entwässerten Butter entfettet und der Rückstand mit schwach essigsäurehaltigem Wasser ausgewaschen. Milchzucker geht in Lösung, während Caseïn und ein Theil der Salze auf dem Filter zurückbleiben und nach dem Trocknen gewogen werden. Hierauf wird der Rückstand eingeäschert, die gewogene Asche in Abzug gebracht und so der Caseïngehalt ermittelt. Zieht man denselben von der vorhin erhaltenen Menge Caseïn und Milchzucker ab, so erhält man aus der Differenz den in der Butter enthaltenen Milchzucker.

Im Durchschnitt enthält gute ungesalzene Butter von obigen Bestandtheilen folgende Mengen:

$$\begin{array}{lr}
\text{Wasser} & 11{\cdot}7\ \% \\
\text{Fett} & 87{\cdot}0\ \% \\
\text{Caseïn} & 0{\cdot}5\ \% \\
\text{Milchzucker} & 0{\cdot}5\ \% \\
\text{Salze} & 0{\cdot}3\ \% \\
\hline
& 100{\cdot}0
\end{array}$$

Die Butter wird häufig verfälscht und zwar entweder durch Zusatz von Substanzen die ihr Gewicht ungebührlich erhöhen oder durch Beimengung geringwerthigerer Fettarten. Zu den ersteren Verfälschungen, deren Nachweis keine Schwierigkeiten bietet, gehört ein allzu hoher Wasser(Buttermilch-) Zusatz, ferner die Beimischung von stärkemehlhaltigen und anorganischen Substanzen, wie Kartoffelmehl, Kartoffelbrei, Getreidemehl, Salz, Kreide, Gyps etc.; zu den letzteren, die viel schwieriger zu erkennen sind, der Zusatz von Schweinefett, Cocosfett, Palmkernfett etc. Die vorstehend angeführten Verfälschungen ergeben sich bei der quantitativen Untersuchung der Butter beinahe von selbst. Ein allzu hoher Wasserresp. Buttermilchzusatz ergiebt sich aus der Wasserbestimmung, während sonstige Verfälschungen wie Stärke und mineralische Substanzen sich theils in dem entfetteten Rückstand, theils in der Asche durch ein allzu hohes Gewicht derselben zu erkennen geben werden. Ist dies der Fall, so prüft man mittelst Jodlösung auf stärkemehlhaltige Zusätze, resp. die Asche auf mineralische Beimengungen. So leicht wie der Nachweis der oben erwähnten Stoffe zu führen ist, so schwierig ist unter Umständen ein Zusatz fremder Fette zu ermitteln. Einigen Aufschluss über die Reinheit einer Butter erhält man durch die Bestimmung des spec. Gew., sowie des Schmelz- und Erstarrungspunktes des Butterfetts. Das spec. Gew. reiner Butter schwankt zwischen 0·910 und 0·913, während das der anderen thierischen Fette zwischen 0·902 und 0·904 liegt. Der Schmelzpunkt frischer Kuhbutter liegt bei 31—31·5°, der von Fassbutter bei 32·5°; der Erstarrungspunkt der erstern bei 19—20°, der letzteren bei 24° C. Der Schmelz- resp. Erstarrungspunkt anderer thierischer und pflanzlicher Fette, die hier zur Vergleichung beigefügt werden, ist nach Wimmel folgender:

Fett.	Schmelzpunkt.	Erstarrungspunkt.
Rindertalg, frischer	43^0	33^0
- älterer	$42 \cdot 5^0$	34^0
Hammeltalg, frischer	47^0	36^0
- älterer	$50 \cdot 5^0$	39^0
Schweineschmalz	$41 \cdot 5 - 42^0$	30^0
Amerikanische Kunstbutter .	30^0	$16 - 20^0$
Cocosfett	$24 \cdot 5^0$	$20 - 20 \cdot 5^0$
Cacaobutter	$33 \cdot 5 - 34^0$	$20 \cdot 5^0$
Palmkernfett: frisches, weiches	30^0	21^0
- fr. härteres . .	36^0	24^0
desgl. älteres	42^0	38^0
Muskatbutter	$43 \cdot 5 - 44^0$	33^0

Durch obige Bestimmungen lassen sich in den meisten Fällen fremde Fette qualitativ in der Butter nachweisen, quantitativ kann dies erst seit Veröffentlichung der von Hehner angegebenen Methode geschehen, dem bald darauf die Arbeiten von Reichardt und Köttstorfer folgten. Da es nicht die Absicht dieses Buches ist, alle etwa vorkommenden quantitativen Bestimmungsmethoden aufzuführen, so soll hier nur die Hehnersche Methode, die gute Resultate liefert und wohl auch die meiste Verbreitung gefunden hat, näher beschrieben werden. Dieselbe beruht in der Bestimmung der festen unlöslichen Fettsäuren, unter der Voraussetzung, dass alle andern thierischen Fette ca. 95·5 % unlösliche Fettsäuren besitzen, Butter dagegen 87·5 (im Mittel).

Um das zu diesem Versuche nothwendige reine Butterfett zu erhalten, schmilzt man 80—100 g Butter in einem Becherglase auf dem Wasserbade. Das Fett steigt nach oben während sich das Wasser und die übrigen Bestandtheile am Boden des Glases absetzen. Hat sich das Fett abgesondert, so giesst man dasselbe ohne den Bodensatz aufzurühren durch ein in einem heissen Trichter befindliches Filter in ein kleines Becherglas, lässt dasselbe erkalten und verfährt damit wie folgt:

3—4 g des reinen Butterfetts werden sorgfältig abgewogen in eine 12 ccm im Durchmesser haltende Porzellanschale gebracht, 50 ccm Alkohol und 1—2 g Aetzkali hinzugefügt und das Gemisch auf dem Wasserbade unter häufigem Umrühren 5—10 Minuten erwärmt. Hat sich nach dieser Zeit Alles zu einer klaren gelben Flüssigkeit gelöst, so setzt man zur Prüfung ob die Verseifung vollendet ist, einige Tropfen Wasser hinzu. Ist die Verseifung eine vollständige, so wird hierdurch keine Trübung hervorgerufen, im anderen Falle fährt man mit Erhitzen fort und prüft nach einiger Zeit wieder. Die klare Seifenlösung wird auf dem Wasserbade zur Syrupsconsistenz eingedampft, der Rückstand in 100—150 ccm Wasser gelöst und zur Zersetzung der Seife verdünnte Salz- oder Schwefelsäure bis zur stark sauren Reaction hinzugefügt, die eine Abscheidung der unlöslichen Fettsäuren in Gestalt käsiger Masse an der Oberfläche bewirkt. Das Erhitzen wird eine halbe Stunde fortgesetzt, bis die Fettsäuren zu einem klaren Oele zusammengeschmolzen sind und die saure wässrige Flüssigkeit sich fast völlig geklärt hat. Der Inhalt der Schale wird dann durch ein getrocknetes und ein gewogenes dichtes Filter, das man vorher zweckmässig halb mit Wasser gefüllt hat, abfiltrirt und Filter und Fettsäuren mit kochendem Wasser ausgewaschen. Reagirt das Filtrat, mit empfindlicher Lackmustinctur geprüft, nicht mehr sauer (wozu $1^{1}/_{2}$—$2^{1}/_{2}$ l kochendes Wasser erforderlich sind), so taucht man den Trichter in ein mit kaltem Wasser gefülltes Becherglas, lässt die Fettsäuren erstarren, bringt sie nebst Filter in ein gewogenes Becherglas und trocknet sie bei einer 100° nicht übersteigenden Temperatur 3—6 Stunden. Man thut gut, sie während dieses Zeitraums von Stunde zu Stunde zu wägen und wenn die Differenz zwischen zwei Wägungen nicht mehr als 1 mg beträgt, mit dem Trocknen aufzuhören.

Hehner giebt als Grenzzahl der unlöslichen Fettsäuren und der Butter 88 an; was darüber hinausgeht, erklärt er für verfälscht, legt aber bei der Berechnung 87·5 zu Grunde, für thierische und pflanzliche Fette 95·5. Hätte z. B. eine Butter 91·5 % unlösliche Fettsäuren ergeben, so würde man nach der Gleichung 8 : 4 = 100 : ×

$$(95·5—87·5 = 8) \quad (91·5—87·5 = 4)$$

50 % fremdes Fett in der Butter haben.

Da nach den Untersuchungen von Vieth, Fleischmann und Anderen zuweilen Butter mit höherem Gehalt als 88 % an Fettsäuren vorkommen soll, so würde demnach die Hehner'sche Methode bei einem nur geringen Zusatz von fremden Fetten allerdings keine absolute Garantie der Richtigkeit gewähren. In den allermeisten Fällen jedoch wird dieselbe gute Resultate ergeben, wie mir denn bei meinen Untersuchungen nur **eine** Butter vorgekommen ist, die bei sorgfältigem Auswaschen 88·2 % gegeben hat, während sämmtliche übrigen 87—88 % ergaben.

Seit 1872 kommt unter dem Namen **Kunstbutter** ein nach dem Verfahren des französischen Chemikers Mège-Mouriès aus Rindstalg dargestelltes Fabrikat im Handel vor, dessen Bereitungsweise darin besteht, dass Rindstalg zerkleinert, gereinigt und zur Trennung des festen Stearins vom leichter flüssigen Oleo-Margarin in hydraulischen Pressen einem starken Drucke ausgesetzt wird. Das bei 20—22° schmelzende Oleo-Margarin wird dann mit Milch verbuttert und das Kunstproduct gefärbt und parfümirt. Da dasselbe sich im Geschmack nur wenig von Kuhbutter unterscheidet und ausser seiner grösseren Billigkeit noch den Vorzug hat, weniger leicht ranzig zu werden, so ist natürlich gegen den Verkauf desselben als „Kunstbutter" nichts einzuwenden. Wegen ihrer grossen Aehnlichkeit mit der Kuhbutter mag sie jedoch häufig als solche verkauft werden; ein solcher Betrug kann theils nach dem Hehner'schen Verfahren, theils aus dem spec. Gew. bei 100°, das für Kuhbutter 0·867, für Kunstbutter 0·859 beträgt, theils aus dem Schmelz- und Erstarrungspunkt erkannt werden. Kunstbutter schmilzt bei 27—30° und erstarrt bei 16—20°.

Käse.

Der Käse, das zweite aus der Milch bereitete Kunstproduct, besitzt, zumal in frischem Zustande, im Grossen und Ganzen die Bestandtheile der Butter, allerdings in wesentlich anderem Verhältniss. Die Untersuchung hat sich daher wie bei dieser mit Ermittelung des Gehalts an Wasser, Fett, stickstoffhaltigen Substanzen, Milchzucker und Asche zu erstrecken.

Zur **Bestimmung der Feuchtigkeit und des Fettes** werden nach Alexander Müller 2—5 g Käse in dünnen Scheiben zerschnitten und in einem weithalsigen Kölbchen mehrere Tage über Schwefelsäure, am besten im luftverdünnten Raume getrocknet. Der trockne Käse wird mit 30 ccm absoluten Aether übergossen, nochmals zerkleinert und im wohlverschlossenen Kölbchen einige Tage kalt digerirt. Der fetthaltige Aether wird in ein gewogenes Bechergläschen gegossen und das Kölbchen mehrere Male mit Aether nachgespült. Je nach dem Wassergehalt der Käsestückchen wiederholt man das Trocknen über Schwefelsäure oder schreitet sogleich zu einer zweiten resp. dritten Digestion mit Aether. Die vereinigten ätherischen Auszüge werden nach Verdunsten des Aethers bei 100° bis zu constantem Gewicht getrocknet. Die entfetteten Käsestückchen werden nun ebenfalls bei ganz allmählich gesteigerter Temperatur getrocknet und gewogen und aus der Differenz zwischen dem ursprünglichen Gewicht und der Summe von Fett und Rückstand der Wassergehalt berechnet. Der entfettete trockene Käserückstand dient zur Bestimmung der Asche und der Proteinsubstanz resp. des Milchzuckers. Erstere wird durch vorsichtiges Einäschern in einer gewogenen Platinschale erhalten, letztere durch Verbrennen der fein gepulverten Substanz mit Kupferoxyd oder Natronkalk und Multiplikation des gefundenen Stickstoffs mit 6·25. Der Gehalt an Milchzucker ergiebt sich aus der Differenz. Die Käse theilt man je nach ihrer Bereitungsweise aus ganzer, halb abgerahmter oder ganz abgerahmter Milch in Fettkäse, halbfette Käse und magere Käse ein. Die Zusammensetzung derselben ist nach J. König im Mittel folgende:

	Fette Käse	Halbfette Käse	Magere Käse
Wasser	35·75 %	46·82 %	48·02 %
Stickstoffhaltige Substanz . . .	27·16 -	27·62 -	32·65 -
Fett	30·43 -	20·54 -	8·41 -
Milchzucker und sonstige Stoffe	2·53 -	1·97 -	6·72 -
Salze	4·13 -	3·05 -	4·20 -
	100·00 %	100·00 %	100·00 %

Als **Verfälschungen des Käse** sollen stärkemehlhaltige und mineralische Substanzen vorkommen; erstere erkennt man mittelst Jodlösung, letztere durch Untersuchung der Asche.

Behandlung des Käse mit Urin, wie sie bei Schweizerkäsen vorgekommen ist, ermittelt man nach Griessmayer durch die Murexidprobe. 100 g krustenreicher Käse werden mit verdünnter Natronlauge zerrieben, filtrirt, erwärmt und in heisse verdünnte Schwefelsäure gegossen. Die sich abscheidende Harnsäure wird mit Salpetersäure zur Trockne verdampft, der zwiebelrothe Rückstand mit Ammoniak, dann mit Kalilauge befeuchtet. Ersteres ruft eine purpurrothe, letzteres eine violette Färbung hervor. Oder man befeuchtet die Käserinde mit Salpetersäure und wetzt daran eine blanke Messerklinge. Abscheidung von Berlinerblau zeigt einen Zusatz von Urin an.

Fett (als Nahrungsmittel).

Von den thierischen Fetten, die als Nahrungsmittel der Menschen eine Bedeutung gewonnen haben, ist einzig und allein das Schweinefett zu erwähnen, während die übrigen, vielleicht mit Ausnahme des Gänsefettes, als Nahrungsmittel weiter keine Rolle spielen.

Das Schweinefett, das in neuerer Zeit ein bedeutender Handelsartikel geworden ist und besonders aus Amerika und Ungarn in grossen Quantitäten eingeführt wird, ist körnig, von weisser zuweilen auch gelblichweisser Farbe und von mildem angenehmem Geschmack. Der Schmelzpunkt desselben liegt bei 41—42⁰ (nach andern bei 36⁰), der Erstarrungspunkt bei 30⁰. Das spec. Gew. des Schweinefettes ist bei 15⁰ 0·935, bei 100⁰ 0·861.

Eine häufige Verfälschung des Schweinefettes besteht im Zusatz von Wasser, von dem es zumal unter Zusatz gewisser Bindemittel wie Aetznatron oder Aetzkalk bis zu 40 % aufnehmen kann. Zum Nachweis desselben schmilzt man 40—60 g in einem wohlverkorkten Kochfläschchen, bis sich die klare Fettschicht abgeschieden hat, lässt erkalten, durchstösst die Fettschicht und lässt die wässrige Flüssigkeit in ein tarirtes Schälchen laufen, das von neuem gewogen wird. Hat man so den Wassergehalt festgestellt, so untersucht man den Inhalt des Schälchens, falls er alkalisch reagiren sollte, nach den Regeln der qualitativen Analyse auf die oben genannten Bindemittel. Sonstige Verfälschungen wie Kreide, Gyps, Schwerspath, Mehl, Stärke etc. kommen wohl kaum vor; sollte es doch der Fall sein, so kann man sie leicht nach Entfernung des Fettes mittelst Aether mit den gewöhnlichen Reagentien nachweisen.

Ueber die pflanzlichen Fette, die sogenannten Speiseöle gehe ich hinweg, da dieselben als Nahrungsmittel von weiter keinem Interesse sind.

Mehl.

Die Untersuchung des Mehls, die bei den zahlreichen Verfälschungen desselben sehr wichtig ist, wird sich wohl nur in den wenigsten Fällen auf alle Bestandtheile (Fett, Stärke, Stickstoffsubstanz, Zucker, Gummi, Dextrin, Holzfaser und Asche) erstrecken, sondern nur auf die Bestimmung des Wasser- und Klebergehalts, sowie auf den Nachweis des Zusatzes mineralischer Bestandtheile (als Magnesit, Kreide, Gyps, Schwerspath, Alaun, Thon etc.) und schlechteren, geringwerthigeren Mehlsorten.

Die Mehlarten, die hier in Betracht kommen und besonders zur Ernährung des Menschen dienen, sind Weizen- und Roggenmehl, deren mittlere Zusammensetzung nach J. König folgende ist.

Weizenmehl

	a) feines		b) gröberes	
Wasser	14·86 %		12·18 %	
Stickstoffsubstanz	8·91 -		11·27 -	
Fett	1·11 -		1·22 -	
N. freie Extractstoffe	74·18 -	Zucker 2·32 % Gummi 6·03 - Stärke 65·83 -	73·65 -	Zucker 1·88 % Gummi 4·16 - Stärke 67·61 -
Holzfaser	0·22 -		0·84 -	
Asche	0·61 -		0·84 -	
	100·00 %		100·00 %	

Roggenmehl.

Wasser	14·24 %	
Stickstoffsubstanz	10·97 -	
Fett	1·95 -	
N. freie Extractstoffe	69·74 -	Zucker 3·88 % Gummi 7·13 - Stärke 58·73 -
Holzfaser	1·62 -	
Asche	1·48 -	
	100·00 %	

Zur Bestimmung des Feuchtigkeitsgehalts werden 10—20 g Mehl im Luftbade bei 100—110° bis zum constanten Gewicht getrocknet. Der Gewichtsverlust giebt den Wassergehalt an. Gutes Weizenmehl enthält 12—15 % Wasser, Roggenmehl 13—15 %.

Der Klebergehalt im **Weizenmehl** wird auf folgende Weise bestimmt: 100 g Mehl werden mit wenig Wasser zu einem steifen Teig angerührt, derselbe in ein Stück feinen Musselin geschlagen und unter einem laufenden Wasserstrahl so lange ausgewaschen bis das Waschwasser ganz klar abläuft. Die zurückbleibende feuchte, elastisch zähe, gelbliche Masse ist der Kleber, der bei 100—110° ca. 9—15 % beträgt. Je elastischer und zäher der Kleber ist, desto besser war das Mehl, aus dem er abgeschieden worden. Der aus verdorbenem Weizenmehl abgeschiedene Kleber hat eine dunklere, fast braune Farbe und häufig einen unangenehmen Geruch.

Aus Roggenmehl kann man den Kleber nicht in der Weise auskneten wie aus dem Weizenmehl; man verfährt hierbei, wie folgt: 100 g Mehl werden mit 12·5 % Essigsäure längere Zeit in der Kälte oder bei gelinder Wärme behandelt. Der Kleber wird hierbei gelöst, während das Stärkemehl unverändert zurückbleibt. Von demselben wird abfiltrirt und das Filtrat mit Soda neutralisirt, wodurch der Kleber in Flocken abgeschieden wird. Derselbe wird, wie vorhin beschrieben, auf einem feuchten Stück Musselin gesammelt, ausgewaschen, getrocknet und gewogen; seine Menge beträgt durchschnittlich 8—12 %. Der Kleber des Roggenmehls ist weniger elastisch und zähe wie der des Weizenmehls.

Selbstverständlich kann man die stickstoffhaltige Substanz auch direct durch Verbrennen mit Kupferoxyd und vorgelegtem metallischen Kupfer nach der Methode von Dumas und Multiplication des gefundenen Stickstoffs mit 6·25 ermitteln.

Zum Nachweis betrügerisch zugesetzter mineralischer Substanzen dient am besten eine quantitative Bestimmung der Asche. Gutes Weizenmehl enthält durchschnittlich 0·5 bis höchstens 1 % Asche, gutes Roggenmehl 1—1·8 %. Die Veraschung des Mehles führt man schnell und gut nach der von Bornträger angegebenen Methode aus.

10 g werden mit der gleichen Menge von trockenem salpetersauren Ammon in einer gewogenen Schale vermischt und so lange erhitzt, bis sich die Mischung entzündet. Man entfernt dann die Lampe, lässt abbrennen, bestreut den Rückstand nochmals mit etwas salpetersaurem Ammon, lässt wieder verpuffen, brennt dann bei starker Hitze weiss und wägt den Rückstand nach dem Erkalten.

Um den stets vorhandenen Sand (von den Mühlsteinen) zu bestimmen, löst man die Asche in Salzsäure, filtrirt durch ein gewogenes Filter ab, wäscht den Rückstand bis zum Verschwinden der sauren Reaction mit heissem Wasser aus, dann mit einer heissen verdünnten Lösung von kohlensaurem Natron und Natronlauge, wäscht wiederum mit Wasser aus, trocknet und wägt. Sollte der Rückstand noch Kohlepartikelchen enthalten, so wird er eingeäschert, die Asche gewogen und aus der Differenz der Sand berechnet.

Uebersteigt die Quantität der Asche die oben angeführten Zahlen bedeutend, so ist damit die Verfälschung mit mineralischen Substanzen nachgewiesen. Eine weitere qualitative Prüfung der Asche wird in den meisten Fällen nicht nöthig sein, anderenfalls wird sie nach den Regeln der qualitativen Analyse ausgeführt.

Zur **schnellen Prüfung auf mineralische Beimengungen** kann man sich auch der sogenannten Chloroformprobe bedienen. Man schüttelt das in einem Spitzglase befindliche getrocknete Mehl mit der 4—5fachen Menge Chloroform tüchtig durch, setzt zu der milchigen Flüssigkeit 15—20 Tropfen Wasser und schüttelt dann nochmals durch. Das Mehl steigt nun als specifisch leichter ganz allmählich in die Höhe und sammelt sich an der Oberfläche, während mineralische Beimengungen sich zu Boden senken. Da Theile derselben gewöhnlich mit dem Mehl in die Höhe gerissen werden, so muss man zu ihrer völligen Abscheidung die Mehlschicht öfters umrühren. Hat sich alles abgeschieden, so vermischt man die letztere mit 10—15 Tropfen Salzsäure, wodurch sie in eine gelatinöse Masse übergeführt wird, die mit Leichtigkeit abgehoben werden kann. Das Chloroform wird dann verdunstet und der Rückstand event. weiter untersucht.

Weit schwieriger als mineralische Beimengungen lassen sich betrügerisch zugesetzte geringwerthigere Mehlsorten nachweisen. Als Verfälschung für Weizenmehl dient wohl am häufigsten Kartoffelmehl und Kartoffelstärke. Reisstärke dürfte als zu theuer wohl kaum angewandt werden und Roggenmehl würde sich durch die dunklere Farbe zu erkennen geben.

Zum **Nachweis des Kartoffelmehls im Weizenmehl** zerreibt man das fragliche Mehl in einem Mörser mit etwas Wasser zu einem dickflüssigen Brei, verdünnt mit mehr Wasser, filtrirt und setzt Jodlösung hinzu. Bei Gegenwart von Kartoffelmehl färbt sich das Filtrat blau, bei Abwesenheit desselben röthlich gelb.

Während beim Weizenmehl, wie wir gesehen, nur wenige Mehle als Verfälschungsmittel dienen können, ohne sich schon durch die Färbung zu verrathen, ist dies beim **Roggenmehl** nicht der Fall; dasselbe kann mit allen billigen Mehlen ohne irgend welche wahrnehmbare Veränderung der Farbe versetzt werden. Wohl aber giebt sich ein Zusatz von Hülsenfruchtmehlen deutlich bei der Darstellung des Klebers zu erkennen, der, in reinem Zustande grauweiss, bei Gegenwart obiger Mehle eine graurothe bis grünlichgraue Färbung besitzt und den Geruch der frischen Hülsenfrüchte entwickelt. Einen Anhaltspunkt für den Zusatz geringwerthigerer Mehle liefert auch die Bestimmung der Asche, die bei Roggenmehl $1—1\cdot8\,^0/_0$

beträgt; Gersten- und Hafermehl hinterlassen 2—3 %; Bohnen, Linsen und Erbsen 2·5—3·5 %.

Das sicherste Mittel zur Erkennung einer Verfälschung mit andern Mehlsorten bietet die mikroskopische Prüfung der im Mehl enthaltenen Stärkekörner. Da jedoch eine nähere Besprechung derselben zu weit führen würde, so übergehe ich dieselbe unter Hinweis auf grössere Werke wie die von Hager und Vogl.

Neben den absichtlichen Verunreinigungen wären endlich noch die zu erwähnen, welche durch den Samen mancher im Getreide wachsenden Unkräuter in das Mehl gelangen und deren Gegenwart gesundheitschädlich wirken kann, wozu besonders die Samenkörner des Taumellolchs (Lolium temulentum) und der Kornrade (Agrostemma Githago) gehören. Dieselben ertheilen dem Mehle, sowie dem daraus gebackenen Brote eine violette oder bläuliche Farbe und einen unangenehmen widerlichen theils süsslichen theils bittern Geschmack. Zum Nachweis derselben zieht man das Mehl mit 80 proc. Alkohol aus. Bei Gegenwart von Taumellolch ist der alkoholische Auszug grünlich gefärbt und hinterlässt beim Eindampfen einen grünlichen Rückstand von widerlich zusammenziehendem Geschmack; ist Kornrade vorhanden, so ist die alkoholische Lösung gelblich gefärbt und hinterlässt zur Trockne verdampft ein gelbliches Pulver von scharfem brennenden Geschmack. Der Rückstand mit Wasser aufgenommen und filtrirt reducirt schwefelsaure Kupfer- und salpetersaure Silberlösung; erstere auf Zusatz von Salzsäure beim Erwärmen, letztere auf Zusatz von Ammoniak. Mit essigsaurem Blei versetzt giebt derselbe einen Niederschlag; Tanninlösung ruft keine Veränderung hervor.

Sehr schädlich kann endlich die Gegenwart grösserer Mengen von Mutterkorn (secale cornutum) im Mehle wirken. Dieser eigenthümliche Pilz, der sich besonders häufig im Roggen vorfindet, bewirkt die sogenannte Kribbelkrankheit (Ergotismus). Zum Nachweis desselben dienen folgende Methoden:

Man übergiesst das zu untersuchende Mehl mit Kalilauge und erwärmt das Gemisch; ist Mutterkorn zugegen, so entwickelt sich Trimethylamin, das an seinem häringslakeartigen Geruch zu erkennen ist. Da jedoch auch in Zersetzung begriffenes Mehl diese Reaction geben soll, so beweist das Auftreten dieses Geruchs die Anwesenheit von Mutterkorn nicht absolut sicher. Nach Elsner soll man mutterkornhaltiges Mehl an der eigenthümlichen rehbraunen Farbe erkennen, die dasselbe beim Anrühren mit Wasser annimmt. Nach Boettger versetzt man eine Probe des fraglichen Mehls in einem Reagensglase mit dem gleichen Volumen Aether, fügt einige Oxalsäure-Krystalle hinzu und erhitzt das Ganze einige Minuten zum Kochen. Erscheint nach dem Erkalten die über dem Mehle stehende Flüssigkeit mehr oder weniger röthlich gefärbt, so war Mutterkorn vorhanden. Die

geeignetste Probe zum Nachweis von Mutterkorn ist die von E. Hoffmann
angegebene. 10 g Mehl werden mit 15 g Aether und 10 Tropfen verdünnter Schwefelsäure (1 : 5) versetzt, unter öfterem Umschütteln eine
halbe Stunde stehen gelassen, abfiltrirt und so lange mit Aether nachgewaschen, bis das Filtrat 10 g beträgt. Dasselbe wird mit 5 Tropfen einer
gesättigten Lösung von doppelt kohlensaurem Natron geschüttelt, das den
Farbstoff des Mutterkorns aufnimmt und sich in der Ruhe nach kurzer
Zeit am Boden des Gefässes schön violett gefärbt abscheidet. Bei der
Untersuchung von Brot wendet man 20 g grob zerriebenes Brot, 40 g Aether
und 20 Tropfen Schwefelsäure an, lässt 24 Stunden unter häufigem Umschütteln stehen, filtrirt und setzt 0.5 ccm Natriumbicarbonatlösung hinzu.

In Anschluss an das Getreidemehl sollen hier die sogenannten Kindermehle, aus Mehl (Stärke) durch Eintrocknen mit Milch dargestellt, kurz
besprochen werden. Dieselben enthalten nach Gerber:

Wasser und flüchtige Stoffe . . .	5 — 10 %
Salze (darin 0·6 % Phosphorsäure) .	1·5 — 3 %
Fett	4 — 7 %
Albuminate	9·5 — 18 %
Lösliche Kohlehydrate	35 — 55 %
Unlösliche Kohlehydrate	15 — 35 %
Cellulose	0·5 — 1 %.

Die **Untersuchung der Kindermehle** führt man nach Gerber und
Radenhausen auf folgende Weise rasch und bequem aus.

Zur **Bestimmung der Feuchtigkeit** werden 3 — 4 g Mehl bei 100
bis 110⁰ bis zum constanten Gewicht getrocknet und nach dem Erkalten
gewogen. Das getrocknete Mehl wird in einer tarirten Platinschale bei
dunkler Rothgluth verascht, die Asche gewogen und in derselben die
Phosphorsäure durch Titriren mit essigsaurem Uran bestimmt.

Zur Bestimmung des Fettes werden 2 — 3 g 1 Stunde bei 50 — 60⁰
getrocknet und hierauf mit Aether in einem Extractionsapparate von Gerber,
Soxhlet, Tollens oder Anderen entfettet und das so erhaltene Fett nach dem
Verjagen des Theers getrocknet und gewogen. Das nach dem Entfetten
zurückgebliebene Pulver wird zur Bestimmung der löslichen und unlöslichen
Kohlehydrate verwandt. Zu diesem Behufe wird dasselbe mit 50 proc. Alkohol
10 Stunden lang unter häufigem Umschütteln digerirt, mit Hülfe der Pumpe
abfiltrirt und mit Alkohol von derselben Stärke ausgewaschen. Von dem
auf 500 ccm gebrachten Filtrat werden 100 ccm in einer gewogenen Platinschale auf dem Wasserbade zur Trockne verdampft, gewogen und aus dem
erhaltenen Gewicht nach Abzug der Asche durch Multiplication mit 5 die
Menge der im Kindermehle enthalten gewesenen löslichen Kohlehydrate
berechnet. Der unlösliche Rückstand wird noch feucht in einem 400 ccm
haltenden Kolben mit 200 ccm Wasser und 20 ccm Salzsäure übergossen,

der Kolben mit einem Kork lose verschlossen und 3 Stunden in siedendem Wasser erhitzt. Hierauf lässt man absitzen, filtrirt, neutralisirt und bringt die Flüssigkeit auf 1000 ccm. In einem Theile dieser Lösung wird der Traubenzucker mit Fehling'scher Lösung bestimmt, wobei 108 Thl. Traubenzucker = 99 Thl. Stärke gerechnet werden. Die Albuminate werden aus der Differenz berechnet, wobei jedoch für Weizenkindermehle 0·5 %, für solche aus Leguminosen- oder Hafermehl 1 % für Rohfaser in Abzug zu bringen ist.

J. Dietsch verwirft die Extraction mit Alkohol und zieht die mit Wasser vor, bestimmt auch die Menge der Albuminate direct durch Verbrennen mit Kupferoxyd nach Dumas.

Brot und Conditoreiwaaren.

Die Untersuchung des Brotes, des wichtigsten durch den Backprocess aus dem Mehle bereiteten Nahrungsmittels, weicht, da es alle im Mehle vorkommenden Bestandtheile enthält, wenig von der unter „Mehl" angegebenen Art und Weise ab. Eine vollständige Analyse des Brotes wird wohl ebenso selten wie die des Mehles gefordert werden, sondern die Untersuchung wird sich in den meisten Fällen auf die Bestimmung des Wassers und der Asche, sowie auf den Nachweis mineralischer oder organischer giftiger Stoffe wie Mutterkorn etc. erstrecken.

Den Wassergehalt, der höchstens 35 % betragen soll, bestimmt man durch Austrocknen von 50 g Brot im Trockenschrank bei langsam auf 100—110° steigender Temperatur bis zum constanten Gewicht. Um eine richtige Durchschnittsprobe zumal im Verhältniss von Krume und Rinde zu erhalten, schneidet man eine grosse Scheibe aus der Mitte des Brotes heraus, theilt dieselbe durch einen Längs- und Querschnitt in 4 Theile und benutzt ein Viertel hiervon zur Wasserbestimmung. Zur Ermittelung des Aschengehalts werden mindestens 100 g Brot getrocknet bei gelinder Flamme verkohlt, die Kohle fein zerrieben, auf einem Filter gesammelt und mit heissem Wasser bis zum Verschwinden der Chlorreaction ausgewaschen. Der Rückstand wird bei gesteigerter Hitze weiss gebrannt, die wässrige Lösung hinzugefügt, wiederum eingedampft, schwach geglüht und nach dem Erkalten gewogen. Weizenbrot enthält 0·8—1·4 %, im Mittel 1·18; Roggenbrot 0·8—3·0 %, im Mittel 1·31 Asche, wozu noch das bei Bereitung des Brotes hinzugefügte Kochsalz kommt, das gewöhnlich 0·5 bis 1 % beträgt. Uebersteigt der Aschengehalt die hier angegebenen Zahlen irgendwie bedeutend, so liegt ein Zusatz von mineralischen Substanzen vor, der leicht durch eine qualitative Analyse der Asche zu ermitteln ist.

Fremde Mehlsorten im Brot lassen sich weder chemisch noch mikroskopisch mit Sicherheit nachweisen, ebensowenig fremde Samen mit Ausnahme der Kornrade und des Mutterkorns, die dem Brote eine violettbläuliche oder schwarzblaue Farbe und einen unangenehmen Geruch ertheilen. Ihr Nachweis geschieht nach den unter „Mehl" angegebenen Methoden.

Die **Conditoreiwaaren,** meistens aus feinem Weizenmehl und Zucker dargestellt, werden auch ab und zu zur Vermehrung ihres Gewichts mit Kreide, Gyps, Schwerspath etc. versetzt, ein Zusatz der leicht durch Einäschern einer Probe und Untersuchung der Asche erkannt werden kann. Für gewöhnlich jedoch bilden nur die Farben, mit denen die Conditoreiwaaren zur Erzielung eines gefälligen Aussehens bemalt werden, den Gegenstand der chemischen Untersuchung, da nicht selten giftige Metallfarben, vor allem aber Anilinfarben dazu verwendet werden. Zur Prüfung auf dieselben wird wenn möglich der Farbstoff abgeschabt; ist jedoch die Substanz durchweg gefärbt, so behandelt man dieselbe mit Salzsäure und chlorsaurem Kali auf dem Wasserbade so lange, bis die Flüssigkeit stark nach Chlor riecht. Hierauf wird durch stärkeres Erhitzen das Chlor verjagt, die Flüssigkeit mit Wasser verdünnt, wenn nöthig filtrirt und das Filtrat wie gewöhnlich auf Metalle untersucht. Liegt Zuckerwerk vor, so kann man häufig durch Behandeln mit kaltem, resp. heissem Wasser den Farbstoff ungelöst abscheiden, während der Zucker in Lösung geht. Ersterer wird dann in verdünnter Salpetersäure gelöst und näher untersucht. Schwieriger als der Nachweis der giftigen Metallfarben ist der des Arsens in den Anilinfarben. Man ermittelt dasselbe nach Elsner wie folgt: 0·1—0·3 g des Farbstoffs wird mit der 25—30 fachen Menge verdünnter Schwefelsäure übergossen, ein Körnchen schwefligsaures Natron hinzugesetzt und auf dem Wasserbade so lange erwärmt, bis der Geruch nach schwefliger Säure verschwunden ist. Der Rückstand wird in wenig Salzsäure gelöst, in ein Kölbchen gebracht, etwas Paraffin zur Verhütung des Stossens hinzugesetzt, das Kölbchen mit einem zweimal rechtwinklig gebogenen Rohre versehen, dessen einer Schenkel, ohne einzutauchen, in eine mit starkem Schwefelwasserstoffwasser gefüllte Vorlage mündet und nun abdestillirt. War Arsen vorhanden, so destillirt dasselbe als Chlorarsen über und bewirkt in der Vorlage einen gelben Niederschlag von Schwefelarsen, der mit dem Marsh'schen Apparat nochmals untersucht werden kann. Fuchsin, wie Pikrinsäure weist man, wie schon früher angegeben, in dem wässerigen oder alkoholischen Auszug durch die Wollprobe nach.

Zucker, Fruchtsäfte, Honig.

Auch der gemahlene Streuzucker ist häufig der Verfälschung theils mit anorganischen Substanzen wie Kreide, Gyps, Schwerspath etc. theils auch organischen wie Mehl, Stärke oder Traubenzucker unterworfen. Dieselben geben sich entweder durch Bestimmung der Asche oder durch Behandeln mit Wasser, von dem sie nicht oder wie der Traubenzucker schwerer gelöst werden, zu erkennen. Letzterer kann ausserdem durch seinen hohen Gehalt an Kalk und Schwefelsäure, sowie sein Verhalten gegen Fehling'sche Lösung erkannt werden. Die Asche reiner Zuckersorten beträgt gewöhnlich $0.1—0.3\%$, die geringeren Zuckers $0.5—1.0\%$.

Weit häufiger als der Zucker unterliegen die mit Zucker eingekochten Fruchtsäfte einer Verfälschung, ja es kommen vielfach Fabrikate im Handel vor, die von Fruchtsaft keine Spur enthalten, sondern ein Gemisch von Zuckerlösung und Fruchtäthern bilden und mit den passenden Anilinfarben gefärbt sind.

Der am häufigsten im Handel vorkommende Fruchtsaft ist der Himbeersyrup, für den H. Hager folgende Prüfungsmethode zur Unterscheidung von künstlich dargestelltem angegeben hat:

Echter Syrup.	**Künstlich gefärbter Syrup.**
Mit dem gleichen Volum 25% Salpetersäure gemischt.	
Bleibt roth.	Wird gelb.
Mit dem gleichen Volum 10% Kalilauge gemischt.	
Wird violett mit einem Stich ins Grünliche oder Blaugrüne oder schmutzig rothgrün.	Wird zuweilen anfangs rosa, dann gelblich und im Verlaufe mehrerer Minuten fast oder ganz farblos.
Mit dem gleichen Volum Sodalösung gemischt.	
Er wird lilafarben oder lilafarben-grünlich oder ganz grün.	Die Farbe bleibt unverändert oder wird zuweilen etwas blässer.
Mit dem gleichen Volum Bleiessig versetzt und aufgekocht.	
Es entsteht eine trübe, bläulich-grüne oder grau-grünliche, nach dem Aufkochen meist olivengrüne Mischung.	Der rothe Farbenton wird nicht wesentlich verändert.

Mit Stärkezucker dargestellter Fruchtsaft kann, wie oben angegeben, erkannt werden.

In nicht geringerem Maasse wie die Fruchtsäfte ist auch der Honig den Verfälschungen unterworfen; es kommt ebenfalls „Honig" in den Handel, der keinen Tropfen Honig enthält.

Guter Honig enthält im Mittel $15—16\%$ Wasser, $70—80\%$ Trauben- resp. Invertzucker, $2—3\%$ Rohrzucker, $1—1.3\%$ Stickstoffsubstanz und $0.1—0.15\%$ Asche; sein spec. Gew. beträgt $1.415—1.440$.

Verfälscht wird der Honig mit Stärkesyrup, Stärkezucker, Dextrin, Mehl, Stärke, Gyps etc.

Stärkesyrup und Stärkezucker geben sich in der wässerigen Auflösung durch vermehrte Kalk- und Schwefelsäurereactionen sowie beim Einäschern durch Erhöhung des Aschengehalts zu erkennen. Mehl und Stärke bleibt beim Auflösen des Honigs in 80proc. Alkohol ungelöst zurück und geben mit Jodlösung Blaufärbung. Ist Dextrin zugegen, so wird dasselbe ebenfalls beim Behandeln mit Alkohol ausgeschieden; in warmem Wasser gelöst giebt es mit Jodtinktur weinrothe bis violette Färbung.

Zur **Erkennung des Kunsthonigs** versetzt man nach v. Planta-Reichenau die wässrige Lösung mit Alkohol, der einen reichlichen Niederschlag von Dextrin, in reinem Honig dagegen nur eine schwache Trübung hervorruft. Sicherer ist die Bestimmung des reducirenden Zuckers vor und nach der Inversion durch Kochen der Lösung mit 2proc. Schwefelsäure. Echter Bienenhonig enthält 65—71% ursprünglichen Traubenzucker, Kunsthonig 29—37%; nach der Inversion beträgt der Mehrgehalt an Traubenzucker bei ersterem 8—9% bei letzterem bis 45%.

Fleisch, Fleischwaaren, Fleischextract.

Die Untersuchung des Fleisches wird den Chemiker fast nie beschäftigen, da die chemische Untersuchung über die Reinheit eines Fleisches keinen Aufschluss zu geben im Stande ist; die Entscheidung dieser Frage bloibt den Thierärzten und Physiologen überlassen. Ebensowenig wird derselbe mit der mikroskopischen Prüfung auf Trichinen zu thun haben, da für diesen Zweck vom Staate besondere Fleischbeschauer angestellt und vereidigt sind.

Weit eher werden präparirte Fleischwaaren, vor Allem Würste dem. Chemiker zur Untersuchung vorliegen, da dieselben häufig mit Getreide- oder Stärkemehl versetzt oder mit Fuchsin gefärbt werden. Ein Zusatz von Mehl lässt sich qualitativ leicht durch Betupfen mit Jodlösung nachweisen, wobei man allerdings zu berücksichtigen hat, dass durch die Gewürze ebenfalls Spuren von Stärkemehl in die Wurst gelangen. Quantitativ bestimmt man die Stärke durch Ueberführen derselben in Zucker mittelst verdünnter Schwefelsäure und Bestimmung desselben nach dem Neutralisiren der Flüssigkeit mit Fehling'scher Lösung.

Fuchsin, welches nicht selten zum Färben von Cervelatwurst benutzt wird, entzieht man der zerkleinerten Wurst durch Behandeln mit Alkohol; ungefärbte giebt keinen Farbstoff an denselben ab. Die rothe von Fuchsin herrührende Färbung des Alkohols verschwindet auf Zusatz von einigen Tropfen Essig- oder Salzsäure. Sollten Fleischconserven wie Erbswurst etc.

zur Feststellung ihres Nährwerthes auf ihren Gehalt an Feuchtigkeit, Fett, stickstofffreie und stickstoffhaltige Substanzen und Asche untersucht werden, so geschieht dies nach den früher schon häufig erwähnten Methoden.

Die Bestimmung der Stickstoffsubstanz führt man zweckmässig nach der Methode von Dumas aus. Verfälschungen des Fleischextracts, das sich in letzter Zeit immer mehr und mehr als Zusatz- oder Ersatzmittel der Fleischbrühsuppe in den Haushaltungen eingebürgert hat, sind bis jetzt wohl noch nicht vorgekommen, dagegen unterliegt dasselbe hinsichtlich seiner Zusammensetzung grossen Schwankungen. Die Anforderungen, die an ein gutes Fleischextract gestellt werden, sind folgende: Dasselbe soll kein Albumin (durch Kochen der wässrigen Lösung abscheidbar) und Fett oder von letzterem nur bis 1·5 % enthalten. Durch Trocknen bei 110° soll es nicht mehr als 16—20 % Wasser verlieren. 80 proc. Alkohol soll 50—60 % der Masse lösen. Der Stickstoffgehalt soll 8—10 %, der Aschengehalt 18—20 % betragen.

Kaffee.

Die Untersuchung des Kaffees erstreckt sich in den meisten Fällen auf den Nachweis einer betrügerischen Färbung der rohen Kaffebohnen oder was wohl am öftesten der Fall ist auf die Ermittelung eines gering-werthigeren Zusatzes zum gebrannten gemahlenen Kaffee. Allerdings kommen auch hin und wieder Verfälschungen sowohl der ungebrannten wie gebrannten Kaffeebohnen vor, die mit künstlich nachgemachten und gefärbten versetzt werden. Erstere bestehen aus Thon oder Brot und lassen sich leicht durch Behandlung mit Wasser von den natürlichen unter-scheiden; letztere sind aus einem Gemisch von ausgezogenem Kaffeepulver, Mehl und Zucker dargestellt und lassen sich nur durch ihre grössere Zer-reiblichkeit, sowie bei der mikroskopischen Prüfung durch das Fehlen der Zellstructur von den echten unterscheiden. Die rohen Kaffeebohnen werden häufig zur Erzielung eines schönen Aussehens gefärbt, am häufigsten mit Berlinerblau, Indigo, Curcuma, Chromblei, Kupfer-Eisenvitriol, Grünspan etc.

Zum Nachweis des Berlinerblau werden die gestossenen Bohnen mit kohlensaurem Kali digerirt, filtrirt und das Filtrat mit Salzsäure ver-setzt, die je nach der Menge des angewandten Färbemittels eine blaugrüne Färbung oder einen blauen Niederschlag erzeugt. Indigo lässt sich durch Schütteln der gestossenen Bohnen mit Chloroform nachweisen, das denselben unter Blaufärbung aufnimmt. Curcuma kann durch Behandeln der Bohnen mit Natronlauge erkannt werden, die durch dieselbe braun gefärbt werden. Chromgelb löst sich in Kalilauge oder verdünnter Salpeter-säure, aus welcher Lösung das Blei durch verdünnte Schwefelsäure als weisses Pulver abgeschieden wird, während Schwefelwasserstoff daraus schwarzes Schwefelblei fällt. Grünspan und Kupfervitriol lassen sich in dem wässerigen Auszuge durch gelbes Blutlaugensalz, das einen roth-braunen Niederschlag hervorruft, nachweisen, Eisenvitriol durch den blauen Niederschlag, den Ferricyankalium erzeugt. Havarirte (durch Seewasser beschädigte) Kaffeebohnen geben in der wässerigen Lösung mit salpetersaurem Silber einen Niederschlag von Chlorsilber.

Weit häufiger als die Verfälschungen der rohen Kaffeebohnen und weit schwieriger nachzuweisen sind die des gebrannten gemahlenen Kaffees. Derselbe wird hauptsächlich mit ausgezogenem Kaffeepulver und soge-nannten Kaffeesurrogaten, deren Zahl Legion ist, sowie in seltenen Fällen mit den verschiedenartigsten mineralischen Substanzen versetzt.

Zur Vorprüfung auf etwaige Verfälschungen dient das Verhalten des Kaffeepulvers gegen Wasser. Denn während reines Kaffeepulver sich nur ganz allmählich befeuchtet und erst nach längerem Stehen zu Boden sinkt, fallen Cichorien und alle andere Surrogate schnell herab und ertheilen dem Wasser eine braune Färbung; reiner Kaffee färbt letzteres nur weingelb. Surrogate aus gerösteten Mehlsorten lassen sich durch Aus-ziehen des Kaffeepulvers mit heissem Wasser und Behandeln des Extracts mit Jodwasser, das demselben eine blaue Färbung ertheilt, erkennen. Ein vorzügliches Mittel ist natürlich die mikroskopische Prüfung, die jedoch nur unter der Hand eines damit Geübten zu sicheren Resultaten führt. Hat die Vorprüfung das Vorhandensein einer etwaigen Verfälschung wahr-scheinlich gemacht, so schreitet man zur chemischen Untersuchung, für die C. Krauch ein sehr zweckmässiges Verfahren zur annähernd quantitativen Bestimmung eines etwaigen Zusatzes von Cichorie und Getreide angegeben hat, das in der Ermittelung der in Wasser löslichen Substanzen, des ge-lösten Zuckers und der durch Schwefelsäure in Zucker überführbaren Stoffe besteht.

30 g Kaffeepulver werden zur Bestimmung der löslichen Substanzen mit 500 ccm Wasser 6 Stunden auf dem Wasserbade digerirt, durch ein gewogenes Filter filtrirt und mit heissem Wasser so lange ausgewaschen, bis das Filtrat 1000 ccm beträgt. Man ermittelt den Extractgehalt entweder direct durch Eindampfen einer aliquoten Menge auf dem Wasserbade in einer gewogenen Platinschale oder indirect durch Trocknen des auf dem Filter zurückgebliebenen Rückstandes bis zum constanten Gewicht bei 110^0 und Berechnung des Extracts aus der Differenz. In dem Extract bestimmt man den Zucker durch Eindampfen von 100 ccm auf dem Wasserbade, Ausziehen des Rückstandes mit 90 proc. Alkohol, nochmaliges Eindampfen, Lösen in Wasser, Entfärben mit Thierkohle und Titriren mit Fehling'scher Lösung.

Die durch Kochen mit Schwefelsäure in Zucker überführbaren Substanzen werden folgendermaassen bestimmt: 3 g Kaffeepulver werden mit 200 ccm $2^1/_2$ proc. Schwefelsäure 6—8 Stunden am Rückflusskühler gekocht, mit kohlensaurem Blei neutralisirt, mit Thierkohle entfärbt, auf 500 ccm gebracht und in einem abgemessenen Theile derselben der Zucker mit Fehling'scher Lösung bestimmt.

Kaffee enthält 25—30% in Wasser lösliche Stoffe, Cichorie 65—70%, Roggen 30—33%, Feigenkaffee 70—75%; an fertig gebildetem Zucker enthält der Kaffee und das Getreide keinen oder nur sehr geringe Mengen, Cichorie dagegen 22—24%, Feigenkaffee 30—40%. Die in Zucker überführbaren Stoffe betragen für Kaffee 28%, für Cichorie 22—23%, für Getreide 75—76%.

Unter Zugrundelegung obiger Zahlen kann man daher annähernd den Zusatz von Getreide und Cichorie in einem Kaffeegemisch berechnen.

Ein ferneres Mittel zur annähernd quantitativen Bestimmung der Surrogate in gebranntem gemahlenen Kaffee bietet die Ermittlung des Fett- und Aschegehalts, sowie besonders des Caffeïns, von dem die Surrogate natürlicherweise keine Spur enthalten. Kaffee enthält ca. 14—16% Fett, die Surrogate 2—3%; der Aschengehalt für Kaffee beträgt 3—4%, für Cichorie 3—5%, für Getreide 1·5—3%, für Rüben 1%, für Feigenkaffee 3,5%, für Cassia occidentalis 10—11%, für ausgezogenen Kaffee 1·5—2%, Fett- und Aschengehalt werden nach dem schon häufig beschriebenen Verfahren ermittelt.

Zur quantitativen Bestimmung des Caffeïns, von dem reiner Kaffee ca. 1% enthält, wendet man folgendes Verfahren an: 20 g fein gemahlener Kaffee werden mit 4 g gebrannter Magnesia und etwas Wasser zu einem steifen Brei angerührt, 24 Stunden stehen gelassen und dann auf dem Wasserbade eingetrocknet. Die grünliche Masse wird gepulvert und am Rückflusskühler mit je 2—300 g Chloroform dreimal je eine halbe Stunde ausgekocht. Von den vereinigten Chloroformauszügen destillirt man dasselbe ab, setzt zu dem Rückstand, der Fett, Wachs und Caffeïn enthält Wasser und 10—15 g Glaspulver oder Sand und erhitzt unter häufigem Umschwenken zum Sieden. Die wässrige Lösung wird nach dem Absitzen filtrirt, der Rückstand noch dreimal mit Wasser ausgekocht, die vereinigten wässrigen Lösungen auf dem Wasserbade in einer gewogenen Schale verdunstet, wobei man das Caffeïn weiss und krystallinisch erhält, bei 100° getrocknet und gewogen.

Zur Prüfung gekochten Kaffees auf Cichorien bedient man sich des schwefelsauren Eisenoxyds. Der braune Farbstoff des Kaffees wird durch dasselbe blattgrün gefärbt und zum Theil in blaugrünen Flocken niedergeschlagen, während der Farbstoff der Cichorienwurzel nicht gefällt wird. Bei einem aus Cichorie und Kaffee hergestelltem Aufguss behält die Flüssigkeit über dem Niederschlage je nach dem Cichorienzusatz eine bräunlichgelbe bis braune Farbe.

Thee.

Den im Handel vorkommenden Thee unterscheidet man nach seiner Farbe in schwarzen und grünen Thee; ersterer wird durch Rösten der Theeblätter über freiem Feuer, letzterer durch Trocknen an der Luft und Rösten der getrockneten Blätter unter Anwendung von Wasserdampf erhalten. Der schwarze Thee wird bei uns am meisten geschätzt; er enthält mehr Theïn, aber weniger ätherisches Oel als der grüne, da letzteres sich durch den Röstprocess zum grössten Theil verflüchtigt. (Schwarzer Thee enthält im Mittel $0.6\,\%$, grüner $0.9—1.0\,\%$ ätherisches Oel.)

Die gebräuchlichsten Verfälschungen des Thee's bestehen in dem Vermischen besserer Sorten mit geringwerthigeren Theesorten, schon ausgezogenen wieder getrockneten Theeblättern, Theeabfällen (Theestaub), ferner in dem Zusatz von gerbstoffhaltigen Blättern von Platanen, Eichen, Pappeln, Ahorn, Weiden, Schlehen, Esche etc. und im Färben sowohl des grünen

Fig. 59.

wie des schwarzen Thees. Ersterer wird mit Berlinerblau oder Indigo, Curcuma und Gyps, letzterer mit Kampecheholzabkochung und Kalk oder Graphit gefärbt.

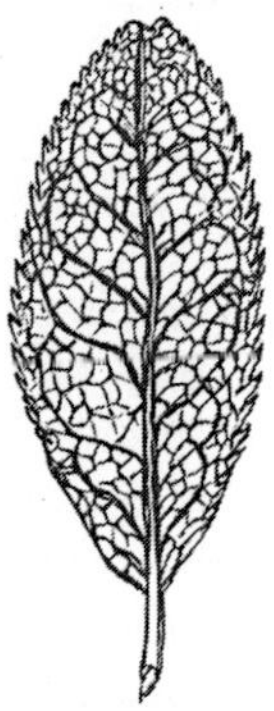

Die Verfälschung des Thees mit anderen Blättern lässt sich leicht durch die Prüfung der Theeblätter nachweisen, da der Bau des echten Theeblattes von so charakteristischer Form (s. nebenstehende Abbildung) ist, dass es nach dem Aufquellen in heissem Wasser nicht leicht mit anderen Blätern verwechselt werden kann.

Ein Zusatz von schon ausgezogenen und wieder getrockneten Theeblättern oder von Theeabfällen (Theestaub) lässt sich nur durch chemische Untersuchung des Thees feststellen, vorzüglich durch die Bestimmung des Extracts, der Asche, des Theïns, der Gerbsäure und etwa noch des Fettes und der löslichen Aschenbestandtheile, besonders des Kali.

Die Menge des Extracts ist in den einzelnen Theesorten sehr verschieden, ja es finden sich über dieselbe in den verschiedenen Handbüchern die widerstreitendsten Angaben. Während nach Péligot grüner Thee mehr Extract liefert als schwarzer, giebt Elsner grade das Gegentheil an. Ersterer giebt als Durchschnittszahl für grünen Thee $42.9\,\%$, für schwarzen $39.6\,\%$ an; letzterer 35 resp. $40\,\%$. Nahezu dasselbe Resultat wie Péligot erhielten J. M. Eder und G. W. Hater bei ihren Untersuchungen über Thee, denen ich mich nach meinen eigenen Erfahrungen nur vollständig anschliessen kann. Ersterer fand im Mittel für grünen Thee $41.3\,\%$; für schwarzen Thee $38.7\,\%$, letzterer $41.5\,\%$ resp. $26.4—36.8\,\%$ Extract. Im Durchschnitt kann man wohl die Extractmenge eines guten Thees auf mindestens 33—35% annehmen und unter Zugrundelegung dieser Zahl den Grad einer etwaigen Verfälschung berechnen.

Man bestimmt den Extract entweder aus dem Gewichtsverlust, welchen bei 100° getrocknete Blätter nach der Extraction und abermaligem Trocknen bei 100° zeigen oder in der unter Kaffee S. 624 angegebenen Art und Weise.

Die Menge der Asche ermittelt man durch Verkohlen der Theeblätter, Ausziehen des kohlehaltigen Rückstandes mit heissem Wasser, Verbrennen der Kohle, Zufügen der wässerigen Lösung, Eindampfen und Wägen des Ganzen. Die Menge der Asche beträgt für gewöhnlich 5—6 selten 7%, wovon ungefähr die Hälfte im Wasser löslich sein muss. Ist der Thee mit Theestaub verfälscht worden, so steigt der Aschengehalt auf 11 ja bis auf 45 %.

Zur Bestimmung des Theïns werden 15 g Thee mit 60 g siedendem Wasser übergossen, nach dem Erweichen der Blätter 15 g Kalkhydrat oder gebrannte Magnesia hinzugefügt und das Gemenge auf dem Wasserbade eingetrocknet. Der feinzerriebene Rückstand wird mit Chloroform am Rückflusskühler ausgezogen, das Chloroform abdestillirt, der Rückstand, der neben dem Theïn noch Chlorophyll und Harz enthält, mit siedendem Wasser aufgenommen und abfiltrirt. Das Filtrat wird auf dem Wasserbade verdunstet, wobei man das Theïn in weissen seidenglänzenden Nadeln erhält, bei 100° getrocknet und gewogen. Der Gehalt an Theïn beträgt für guten Thee 1·5—2·0 %.

Von besonderem Werth ist die Bestimmung der Gerbsäure im Thee, deren Gehalt zwischen 10—15 % schwankt und im grünen Thee in grösserer Menge als im schwarzen vorkommt. Ihre Bestimmung geschieht nach Gautier auf folgende Weise: 2 g Thee werden 3 mal mit je 100 ccm Wasser $^{1}/_{2}$—1 Stunde lang ausgekocht. Die filtrirten Lösungen werden vereinigt, bis nahezu zum Sieden erhitzt (zum Lösen des gerbsauren Theïns) und mit 20—33 ccm Kupferacetat (1 : 25) gefüllt. Der entstandene braune Niederschlag wird abfiltrirt, mit heissem Wasser ausgewaschen, getrocknet, in einem Porzellantiegel eingeäschert, nach dem Erkalten mit Salpetersäure befeuchtet, wieder geglüht und gewogen. Aus dem gefundenen Kupferoxyd berechnet man dann die Gerbsäure; 1 g Kupferoxyd entspricht 1·3061 g Tannin. Nach Hager kann man auch den Gerbstoff durch Extraction aus dem getrockneten wässerigen Extract mittelst absoluten Alkohols erhalten. Das Fett nebst Chlorophyll und Harz wird durch Extraction mit Aether in der schon oft angegebenen Weise bestimmt. Der Gehalt hieran im Thee schwankt zwischen 1·2—6 %. Eine künstliche Färbung des Thee's kann nach der beim Kaffee S. 623 angegebenen Art und Weise erkannt werden.

Cacao und Chocolade.

Der Cacao, aus den gerösteten Cacaobohnen durch Zerreiben der inneren Theile derselben und nachheriges Zusammenschmelzen dargestellt, zeichnet sich nicht nur durch seinen angenehmen Geschmack, sondern auch durch seinen hohen Gehalt an Nährstoffen aus, sodass er entschieden zu den kräftigsten Nahrungsmitteln zu rechnen ist. Seine Zusammensetzung ist im Mittel folgende:

Fett	49·00 %
Stärke	13·31 - durch Schwefelsäure in Zucker überführbare auf Stärke berechnete Stoffe.
Stickstoffhaltige ⎱ Substanz	14·76 - darin Theobromin 1·56 %.
Stickstofffreie ⎰	12·35 -
Holzfaser	3·68 -
Asche	3·65 -
Wasser	3·25 -
	100·00 %

Die Cacaoschalen enthalten im Mittel:

Fett	6·38 %
Stickstoffhaltige ⎱ Substanz	14·29 - darin 0·76 Theobromin.
Stickstofffreie ⎰	43·79 -
Holzfaser	14·69 -
Asche	7·12 -
Wasser	7·83 -
Sand	5·90 -
	100·00 %

Die chemische Untersuchung des Cacao wird sich in den meisten Fällen auf die Bestimmung des Fettes, der Asche, der Holzfaser, des Theobromins erstrecken, da sich hieraus in den meisten Fällen ein Schluss auf die Güte des Untersuchungsobjects wird ziehen lassen.

Zur Bestimmung des Fettes werden 5 g Substanz in einem Tollens'schen Extractionsapparate mit Aether oder Petroleumäther entfettet, der Aether abdestillirt, der Rückstand bei 100° bis zum constanten Gewicht getrocknet und gewogen. Reiner Cacao enthält 46—54 % Fett, entölter 25—30 %.

Den Aschengehalt bestimmt man durch vorsichtiges Verbrennen von 2—3 g Substanz in einer gewogenen Platinschale und Wägen des Rückstandes. Reiner Cacao enthält durchschnittlich 3—4, selten bis 5 % Asche. Zusatz mineralischer Substanzen oder gepulverter Cacaoschalen, die 6—8 % Asche besitzen, giebt sich durch vermehrten Aschengehalt zu erkennen.

Die Asche unverfälschten Cacao's besteht zum grossen Theil aus phosphorsauren Salzen und enthält nur Spuren von Kieselsäure, während die Asche der Cacaoschalen 5—6% enthält.

Die **Bestimmung des Theobromins**, des stickstoffhaltigen Alkaloids der Cacaobohnen, führt man nach der von G. Wolfram angegebenen Methode aus, die allerdings etwas langwierig ist, aber gute Resultate liefert. 10 g Cacao (oder 20—30 g Chocolade) werden längere Zeit mit kochendem Wasser behandelt, mit ammoniakalischem Bleiessig in geringem Ueberschuss versetzt, heiss filtrirt und mit heissem Wasser so lange ausgewaschen, bis das angesäuerte Filtrat mit phosphorwolframsaurem Natron (100 g wolframsaures Natron und 60—80 g phosphorsaures Natron in 500 ccm mit Salpetersäure angesäuertem Wasser gelöst) beim Erkalten keine Spur eines Niederschlages giebt. Zum Auswaschen, das schnell von Statten geht, werden ca. 7—800 ccm Wasser gebraucht. Das Filtrat, welches bei überschüssigem ammoniakalischen Bleiessig wasserhell erscheint, wird mit Natronlauge versetzt, bis auf ca. 50 ccm eingedampft, mit Schwefelsäure stark angesäuert und das gefällte schwefelsaure Blei abfiltrirt. Das Filtrat wird mit einem grossen Ueberschusse von phosphorwolframsaurem Natron gefällt und die Abscheidung des schleimigen, gelbweissen Niederschlags durch Erwärmen und Umrühren beschleunigt. Nach dem Erkalten wird die Flüssigkeit abfiltrirt, mit Hülfe von 6—8proc. Schwefelsäure auf das Filter gebracht und damit ausgewaschen. Hierauf wird das Filter in einem Becherglase mit Aetzbarytlösung bis zur stark alkalischen Reaction versetzt, die Zersetzung durch Wärme beschleunigt, das überschüssige Barythydrat durch verdünnte Schwefelsäure neutralisirt und ein etwaiger Ueberschuss durch Milch von kohlensaurem Baryt gebunden. Die das Theobromin gelöst haltende Flüssigkeit wird heiss filtrirt, der Rückstand mit heissem Wasser ausgewaschen und das Filtrat in einer Platinschale eingedampft, getrocknet und gewogen. Da das Theobromin gewöhnlich noch durch geringe Mengen Barytsalz verunreinigt ist, so wird es durch Glühen der Schale verjagt, der Rückstand mit kohlensaurem Ammoniak befeuchtet, eingedampft, erhitzt, zurückgewogen und aus der Differenz der beiden Wägungen das Theobromin berechnet.

Zur Bestimmung der **stickstoffhaltigen Substanz, sowie der Holzfaser** wird die mit Aether entfettete Substanz verwendet. Erstere wird durch Verbrennen derselben mit Natronkalk und Multiplication des gefundenen Stickstoffs (nach Abzug des Theobrominstickstoffs; Theobromin $C_7 H_8 N_4 O_2$) mit 6·25 ermittelt; letztere wird nach den von Henneberg und Stohmann angegebenen von Holdefleiss verbesserten Methode wie folgt bestimmt: 3 g Substanz werden mit 200 ccm 1·25proc. Schwefelsäure eine halbe Stunde in dem Holdefleiss'schen Apparate gekocht, die saure Flüssigkeit abgesogen und der Rückstand mit je 200 ccm heissen Wasser zweimal derselben

Behandlung unterworfen. Hierauf wird die Masse mit Kalilauge von der gleichen Concentration wie die Schwefelsäure ausgekocht und in gleicher Weise wie früher mit heissem Wasser und schliesslich mit Alkohol und Aether ausgewaschen. Der Rückstand wird dann getrocknet, gewogen, hierauf verascht, die Asche von dem früher erhaltenen Gewicht abgezogen und der Rest als Rohfaser berechnet. Ein Zusatz von Cacaoschalen, die 12—18·0% Rohfaser besitzen, würde sich hierbei durch Erhöhung des Gehalts zu erkennen geben. Reiner Cacao enthält nur 3—4% Rohfaser. Die Bestimmung der Stärke geschieht nach Ueberführen derselben in Zucker durch Kochen mit Schwefelsäure und Entfärben der Lösung mittelst Thierkohle durch Titriren mit Fehling'scher Lösung in der früher angegebenen Weise.

Die **stickstofffreien Substanzen** werden gewöhnlich nach Bestimmung aller übrigen Bestandtheile aus der Differenz ermittelt.

Zuweilen wird der Cacao fast vollständig entfettet und das entzogene Fett durch geringwerthigere Fette wie Rinds-, Hammeltalg oder Schweinefett ersetzt. Ein solcher Betrug lässt sich durch eine Schmelzpunktbestimmung des Fettes nachweisen; Cacaofett schmilzt bei 33·5—34°, Rindstalg bei 42·5—43°, Hammeltalg bei 47—50·5°, Schweinefett bei 41·5—42°. Der im Handel vorkommende Cacao wird in den meisten Fällen zum Theil entfettet und als entölter Cacao verkauft. Ein solcher besitzt noch ca. 25—30% Fett und enthält natürlich andere Bestandtheile in grösserer Menge als der nicht entölte.

Ein sehr hoher Aschengehalt findet sich bei dem sogenannten holländischen Cacao, der durch Einquellen der Bohnen mit kohlensaurem Kali oder Natron unter Magnesiazusatz, Trocknen und Pulverisiren derselben hergestellt wird. Die Aschenmenge desselben beträgt ca. 7—8·5%, eine Vermehrung der Aschenbestandtheile um das Doppelte, die entschieden zu verwerfen ist.

Weitere **Verfälschungen des Cacao** geschehen **mit Mehl und Stärke**. Dieselben erniedrigen den Aschengehalt, geben beim Auflösen des Cacao's in Wasser eine dickliche, schleimige Flüssigkeit und können im Filtrat durch Jodlösung nachgewiesen werden. Ein sicheres Mittel zur Erkennung zugesetzter Mehlsorten bietet auch die mikroskopische Prüfung, da die Stärkemehlkörnchen des Cacao viel kleiner als die der übrigen Mehlsorten sind und einer 3—400 fachen Vergrösserung bedürfen. Durch das Einquellen der Bohnen in kupfernen Gefässen gelangt häufig Kupfer in den Cacao, weshalb eine Prüfung der Asche hierauf geboten erscheint.

Weit schlechter als mit dem Cacao sieht es mit der **Chocolade** aus. Dieselbe sollte in reinem Zustande nur aus gleichen Theilen Zucker und Cacao bestehen, müsste dem nach ca. 25% Fett enthalten und 2—2·5% Asche beim Verbrennen hinterlassen. Meistentheils enthält jedoch die im

Handel vorkommende gute Chocolade nur $^1/_3$ Cacao und $^2/_3$ Zucker und demnach nur 15—16 % Fett und 1·6—1·8 % Asche. Weit schlechter sind natürlich die ordinären Chocoladen, die gewöhnlich nur $^1/_{10}$ Cacao, häufig aber keine Spur davon enthalten, sondern aus braunem Zucker, Stärke, Mehl, Dextrin, Rinder- oder Hammeltalg, Gewürzstaub, zerkleinerten Cacaoschalen, Ziegelmehl, Ocker, Bolus etc. bestehen. Die schlechte Chocolade enthält auch häufig an Stelle reinen Rohrzuckers fast nur Stärkezucker, der sich in der Asche durch erhöhten Kalk- und Schwefelsäuregehalt zu erkennen giebt.

Dextrin und **geröstetes Stärkemehl** erkennt man am besten, wenn man die Chocolade mit kaltem Wasser verreibt und filtrirt. Dextrin giebt sich im Filtrat auf Zusatz von Jodlösung durch eine mehr oder weniger tiefrothe Färbung zu erkennen, Stärkemehl durch Blaufärbung. Die im Cacao enthaltene Stärke giebt mit Jodlösung nur eine schwach röthliche bis violette Färbung.

Einen **Mehlgehalt in der Chocolade** kann man auch auf einfache Weise, wie folgt, nachweisen: 1 Thl. Chocolade wird auf 10 Thl. Wasser zum Kochen erhitzt und nach dem Erkalten, wobei sich ein röthlich brauner Absatz bildet, filtrirt. Unverfälschte Chocolade filtrirt ziemlich schnell, das Filtrat erscheint klar und hellroth gefärbt und besitzt einen angenehm süssen Geschmack nach Cacao, während der auf dem Filter bleibende braune Rückstand nach dem Trocknen ein leichtes röthlich-braunes, nicht zusammenbackendes Pulver darstellt.

Verfälschte Chocolade filtrirt nur sehr langsam, liefert ein trübes schmutziggelbes Filtrat von widerlich süssem Geschmack; auf dem Filter bleibt zäher Kleister zurück, der nur schwer austrocknet und dann eine zähe, zusammengebackene Masse bildet.

Den Rohrzucker bestimmt man durch Ausziehen der entfetteten Substanz mit verdünntem Alkohol, Verdunsten desselben, Lösen des Rückstandes mit Wasser, Invertiren durch Kochen mit $2^1/_2$ % Schwefelsäure und Titriren mit Fehling'scher Lösung. Im Uebrigen wird die Chocolade wie Cacao untersucht.

Gewürze.

Den weitgehendsten Verfälschungen sind die Gewürze unterworfen, die dadurch noch erleichtert werden, dass sie meistens in gepulvertem Zustande in den Handel kommen. Als Verfälschungsmittel derselben dienen Getreidemehle aller Art, Kartoffel und Sagostärke, Lein-, Raps-, Oelkuchen, Brot, Eicheln, Baumrinde, gepulvertes Cigarrenkistenholz, Nelkenstiele, Ringelblumen, Perubalsam, ferner mineralische Beimengungen, wie Erde, Sand, Gyps, Schwerspath etc. Unzerkleinerten Gewürzen wird das ätherische

Oel durch Destillation mit Wasser entzogen und dadurch natürlich der Werth derselben sehr herabgedrückt.

Die allermeisten Verfälschungen lassen sich mit Hülfe des Mikroskops nachweisen; da jedoch ein näheres Eingehen auf die mikroskopische Prüfung über den Zweck dieses Buches hinausgehen würde, so verweise ich, wie schon früher, auf die Bücher von A. Vogl und H. Hager.

Die chemische Untersuchung der Gewürze erstreckt sich für gewöhnlich nur auf die Bestimmung des alkoholischen Extracts, der Asche und etwa noch des ätherischen Oels.

Zur **Bestimmung des alkoholischen Extracts** werden 5 g wenn möglich feingepulvertes Gewürz in einem Tollens'schen Extractionsapparate mit 50 g 90 proc. Alkohol so lange ausgezogen, als derselbe noch etwas aufnimmt. Der Rückstand wird bei 100° bis zum constanten Gewicht getrocknet, gewogen und aus der Differenz die Extractmenge berechnet.

Die Asche wird durch vorsichtiges Verbrennen von 1—2 g Substanz in einem gewogenen Platinschälchen bestimmt.

Das **ätherische Oel** bestimmt man durch Destillation mit Wasserdämpfen. Zu diesem Zwecke vertheilt man 30—50 g fein gemahlenes Gewürz in Wasser und unterwirft das Ganze der Destillation. Das Destillat wird mit Kochsalz oder Glaubersalz gesättigt und mit Aether zur Lösung des ätherischen Oels ausgeschüttelt. Die ätherische Lösung wird auf dem Wasserbade bei ganz gelinder Temperatur (25—30°) verdunstet und der Rückstand gewogen.

Zur Erkennung einer **Verfälschung des Senfsamens**, die, wenn derselbe mit Raps oder Rübchen versetzt ist, nicht leicht nachgewiesen werden kann, dient eine Bestimmung des Schwefels, von dem der Senfsamen 1·32 %, die anderen dagegen nichts enthalten. Man verwendet hierzu zwei Portionen: in der einen bestimmt man die vorhandene Schwefelsäure nach Zusatz von etwas Salzsäure, in der anderen führt man durch Schmelzen mit kohlensaurem und salpetersaurem Kali allen Schwefel in Schwefelsäure über und bestimmt letztere ebenfalls. Die Differenz zwischen beiden Bestimmungen ergiebt die durch Oxydation in Schwefelsäure übergeführte Menge Schwefel.

Die **Verfälschung der Vanille** besteht hauptsächlich in der Extraction der Schoten mittelst Alkohol oder einer theilweisen Entleerung des Inhalts derselben. Zur Erkennung einer Verfälschung kann die Bestimmung des Vanillins, von dem gute Vanille ca. 2 % enthält, nach der Methode von Tiemann und Haarmann dienen. 20—50 g Substanz werden in einer grossen Stöpselflasche mit 1—1½ l Aether übergossen und unter häufigem Umschütteln 6—8 Stunden damit in Berührung gelassen. Nach dieser Zeit giesst man den Aether durch ein Faltenfilter in einen grossen Kolben ab, übergiesst den Rückstand mit 800—1000 ccm Aether, schüttelt häufig um, filtrirt nach 1—2 Stunden ab und wiederholt diese Operation zum dritten Male mit 600—800 ccm Aether. Die vereinigten Aetherauszüge werden bis auf 150 ccm abdestillirt, in einen hohen Stöpselcylinder gebracht, mit 200 ccm eines Gemisches von gleichen Theilen Wasser in einer nahezu gesättigten Natriumhyposulfitlösung versetzt und 15—20 Minuten kräftig umgeschüttelt. Die gelblich gefärbte Aetherschicht wird mittelst eines Scheidetrichters von der wässerigen Lösung getrennt, nochmals mit je 50 ccm Wasser und Natriumhyposulfitlösung 5—10 Minuten geschüttelt und beide Schichten wie vorhin getrennt. Die vereinigten wässerigen Lösungen werden zur vollständigen Entfernung etwaiger Verunreinigungen nochmals mit 180—200 ccm Aether ausgeschüttelt, vom Aether getrennt und hierauf vorsichtig mit verdünnter Schwefelsäure (auf je 100 ccm Natriumhyposulfitlösung 150 ccm Schwefelsäure, durch Vermischen von 3 Volumen conc. Säure mit 5 Volumen Wasser erhalten) zersetzt und dann die schweflige Säure durch Einleiten von Wasserdampf ausgetrieben. Die zurückbleibende Flüssigkeit wird dann 3—4mal mit je 4—500 ccm Aether ausgeschüttelt, welcher alles Vanillin aufnimmt. Der Aether wird jedes Mal mittelst eines Scheidetrichters von der wässerigen Lösung getrennt und die vereinigten Aetherauszüge bei ganz gelinder Temperatur aus dem Wasserbade bis auf 15—20 ccm abdestillirt. Die zurückbleibende schwach gefärbte Lösung bedingt man auf ein gewogenes Uhrglas, spült mit reinem Aether nach, lässt denselben bei gewöhnlicher Temperatur verdunsten und trocknet das auskrystallisirte Vanillin über Schwefelsäure bis zum constanten Gewicht.

Einen Anhaltspunkt für die **Reinheit des Pfeffers** bietet die Bestimmung der Menge des Piperins, die allerdings je nach den verschiedenen Sorten eine verschiedene ist. Der schwarze Pfeffer enthält durchschnittlich 7—8 %, weisser 9 %, Penang 5—7 %. Man bestimmt das Piperin nach Cazeneuve und Caillol folgendermaassen: 10 g Pfefferpulver werden mit 20 g gelöschtem Kalk und soviel Wasser versetzt, dass ein dünner Brei entsteht, die Mischung eine Viertelstunde gekocht, auf dem Wasserbade eingetrocknet, zerrieben und das Pulver in einem Extractionsapparate mit Aether ausgezogen. Der Aether wird abfiltrirt und der Rückstand an der Luft verdunstet, wobei das Piperin allmählich auskrystallisirt und durch Umkrystallisiren aus heissem Alkohol gereinigt werden kann.

In Nachstehendem lasse ich noch einige Analysen der hauptsächlichsten Gewürze nach Wolff, Biechele, Elsner, Geissler, J. König folgen, die als Anhaltepunkt zur Beurtheilung derselben dienen können.

Name des Gewürzpulvers	Extract in Procenten berechnet aus dem Gewichtsverlust der bei 100⁰ getrockneten Substanz nach der Extraction mit		Alkoholischer Auszug bei 100⁰ getrocknet in Procenten
	Absolutem Alkohol	Alkohol von 0·833 spec. Gew.	
	Biechele	C. H. Wolff	
Schwarzer Pfeffer (ohne Bezeichn.)	19·87	22·27	11·67
„ „ Singapore . . .	—	23·87	10·47
„ „ Batavia	—	24·37	9·77
„ „ Penang	—	25·17	11·59
Weisser Pfeffer (ohne Bezeichn.)	16·87	22·42	10·98
„ „ Singapore I . . .	—	26·72	11·31
„ „ Singapore II . .	—	26·00	11·05
„ „ Penang beschäd.	—	23·00	8·54
Langer Pfeffer	37·0* (18·13)	19·27	10·15
Spanischer Pfeffer	18·13* (37·0)	34·04	18·98
Cayenne-Pfeffer	—	43·46	37·70
Nelkenpfeffer (Piment)	22·68	28·62	16·96
Ingwer (ungeschält)	—	17·27	6·37
Cassia Cinnamomea	26·60	27·80	11·29
„ „ gekauftes Pulver	—	25·21	11·60
Chinesischer Canneel	—	31·67	15·01
Cassia lignea Malabar	—	28·79	12·70
Ceylonzimmt	23·90	28·44	13·57
„ Bruch	—	27·00	12·07
Cardamom ohne Schale I	—	28·57	11·57
„ „ „ II	—	23·82	10·05
„ mit der Schale	—	24·57	10·60
Cardamomschale allein	—	29·04	16·76
Cardamompulver gekauft	—	23·92	10·74
Nelken	33·50	50·50	41·60
Muskatblüthe	37·60	44·92	33·64
Muskatnuss	32·70	—	—
Kümmel	33·87	—	—
Fenchel	38·20	—	—
Coriander	14·88	—	—
Sternanis	25·68	—	—
Anis	36·24	—	—
Safran	—	—	—
Vanille	—	—	—

*) Wahrscheinlich umgekehrt zu lesen.

Flüssige Extracte des alkohol. Auszuges in Procenten (aetherisches Oel und Wasser)	Procente des Aschenrückstandes	Alkoholisches Extract direct bestimmt. Durchschnitt reiner Sorten	Asche	Alkoholisches Extract direct bestimmt.	Asche	Aetherisches Oel	Asche
C. H. Wolff		F. Elsner		E. Geissler			
10·60	3·72	—	—	—	—	—	—
13·40	3·20						
14·60	4·93	10·12	4·6	16·6	4·3	1·12	4·57
13·58	4·74						
11·44	1·52	—	—	—	—	—	—
15·41	1·04						
14·95	1·34	12·46	1·2	13·0	1·0	—	—
14·46	2·72						
9·12	6·00	—	—	—	—	—	—
15·06	7·50	—	—	—	—	—	—
15·76	8·57	26·80	8·0	—	—	—	—
11·66	5·04	20·00	7·3	39·6	3·5	3·05	2·87
10·90	6·31	8·00	6·0	—	—	1·53	5·55
16·51	2·00	11·03	2·3	23·6	2·1	1·15	2·48
13·61	2·97	—	—	—	—	—	—
16·66	4·46	—	—	—	—	—	—
16·09	2·00	—	—	—	—	—	—
14·87	4·23	—	—	—	—	—	—
14·93	4·50	—	—	—	—	—	—
17·00	4·56	—	—	—	—	3·80	8·73
13·77	5·25	—	—	—	—	—	—
13·97	6·59	—	—	—	—	—	—
12·28	12·32	—	—	—	—	0·72	14·87
13·18	7·85	12·86	7·4	—	—	—	—
8·90	6·00	36·44	6·0	32·7	6·3	16·98	4·84
11·28	2·00	35·00	1·75	—	—	5·26	1·62
—	—	—	—	—	—	—	—
—	—	—	—	—	—	—	—
—	—	—	—	—	—	—	—
—	—	—	—	—	—	—	—
—	—	—	—	—	—	—	—
—	—	—	—	—	—	—	—
—	—	46·00	4·6	60·0	8·5 ·	0·61	4·37
—	—	—	—	—	—	0·62	4·63

Vollständige Analysen von Gewürzen nach J. König.

	Wasser %	Stickstoff-Substanzen	Flüchtiges ätherisches Oel	Fett	Zucker	Stickstofffreie Stoffe	Holzfaser	Asche
Pfeffer	17·01	11·99	1·12	8·82	—	42·02	14·49	4·57
Senfsamen	5·92	26·28	1·27	32·55	—	13·32	16·38	4·28
Haushaltungssenf . . .	5·42	28·44	0·46	35·51	—	9·97	15·48	4·32
Zimmet	14·28	3·62	1·15	2·24	—	52·58	23·65	2·48
Vanille	28·39	3·71	0·62	10·89	8·09	26·24	17·43	4·63
Muskatblüthe	17·59	5·44	5·56	18·60	1·97	44·59	4·93	1·63
Muskatnuss	12·86	6·12	2·51	34·43	1·49	28·39	12·03	2·17
Gewürznelken	16·39	5·99	16·98	6·20	1·32	37·72	10·56	4·84
Nelkenpfeffer	12·68	4·31	3·05	8·17	2·54	43·88	22·50	2·87
Zittwer	14·85	9·17	1·93	2·33	0·14	62·83	4·33	4·42
Ingwer	13·13	6·50	1·53	4·58	1·85	60·72	6·14	5·55
Safran	16·07	11·74	0·61	3·22	15·36	44·36	4·37	4·37
Anis	11·42	16·31	1·92	8·36	3·89	23·96	25·23	8·91
Kümmel	13·23	19·43	1·74	17·30	2·14	18·20	22·41	5·55
Coriander	11·42	10·94	0·25	19·13	0·10	22·86	30·62	4·68
Galgant	12·87	1·19	0·34	5·15	3·05	59·05	14·53	3·82
Cardamomkerne . . .	19·38	11·18	3·80	1·14	0·65	44·10	11·02	8·73
Cardamomhülsen . . .	8·37	5·50	0·72	2·27	0·94	36·91	30·42	14·87

Luft.

Von

Dr. Fr. Böckmann.

Bei der hygienisch-chemischen Untersuchung der Luft in geschlossenen Räumen kommt in erster Linie die Bestimmung der Kohlensäure und des Wasserdampfes, sowie die Prüfung auf Kohlenoxyd in Betracht.

Den Grad der Reinheit der Luft erkennt man an ihrem Gehalte an Kohlensäure. Quellen der Kohlensäurebildung in geschlossenen, bewohnten Räumen sind der Athmungsprocess lebender Wesen und die Verbrennung organischer (Leucht- und Heiz-) Stoffe.

Pro Tag erzeugt durchschnittlich der athmende Mensch in der Ruhe 470, beim Arbeiten 650 l Kohlensäure; eine Stearin- oder Wachskerze etwa 360 l, eine Petroleumlampe 1450 und eine Gasflamme ca. 2000 l Kohlensäure.

Vermehrt sich die in einem Zimmer etc. enthaltene Kohlensäure so weit, dass in 10000 Vol. Luft 8 Vol. Kohlensäure vorhanden sind, so ist damit die zulässige Grenze erreicht. Luft, welche über 0,1 Volumprocente Kohlensäure enthält, ist verdorben. Bei einem Kohlensäuregehalt von 2,5 Volumprocenten erlischt ein in diese Luft gebrachtes Licht und eine Luft von 3 Volumprocenten Kohlensäure ist absolut erstickend für Mensch und Thier.

Das Verweilen in jeder Luft, welche mehr als 0,08 Volumprocente Kohlensäure enthält, hat gesundheitsschädliche Wirkungen zur Folge, die sich zunächst in Verlangsamung des Pulsschlages und Vermehrung der Athemzüge, mit Kopfweh und Schwindel offenbaren. Folgen dauernder Art können sein: Appetitlosigkeit, bleiches Aussehen und der Keim zu Krankheit und frühem Siechthum.

Die Bestimmung der Kohlensäure. Die wichtigste Frage bei Prüfung gewöhnlicher Zimmerluft (in Schulen, Krankenhäusern, Fabriken u. s. w.) wird also diejenige sein, ob der Kohlensäuregehalt die Grenze von 0,08 Volumprocenten merklich überschreitet[1]). Hierzu ist der von Lunge[2]) angegebene minimetrische Apparat[3]) wegen seiner grossen Einfachheit vortrefflich geeignet. Man wählt sich sechs gewöhnliche, mit weichen Korkstopfen verschliessbare Glasflaschen von ungefähr 450, 350, 300, 250, 200 und 150 ccm Inhalt aus. Dieselben werden mittelst eines kleinen Blasebalges mit der zu untersuchenden Luft gefüllt. Hierauf bringt man der Reihe nach in jede der Flaschen 15 ccm klares Kalkwasser, verschliesst mit den Stopfen, schüttelt die zugekorkte Flasche einigemal und beobachtet, in welcher Flasche Trübung eingetreten ist.

Es entspricht annähernd die Entstehung einer Trübung in der Flasche von

450 ccm Inhalt	4 bis	5 Vol. CO_2 in	10 000 Vol.	Luft.	
350 ·	-	7	-	-	-
300 -	-	8	-	-	-
250 -	-	10	-	-	-
200 -	-	12	-	-	-
150 -	-	16	-	-	-

Tritt eine Trübung in der Flasche von 250 ccm ein, so ist hiermit das noch zulässige Maximum des Kohlensäuregehaltes erreicht.

Will man nicht sowohl den Kohlensäuregehalt eines einzigen Zimmers, sondern mehrerer Zimmer zugleich bestimmen, so wendet Lunge statt der 6 unbequem zu transportirenden Flaschen einen Apparat von folgender einfacher Construction an.

Als Absorptionsgefäss dient ein Fläschchen von ca. 50 ccm Inhalt (z. B. ein sogenanntes Opodeldocglas von annähernd 38 mm Durchmesser und 90 mm Höhe — beides aussen gemessen), welches mit einem doppelt durchbohrten Korke geschlossen ist. Durch die eine Durchbohrung geht eine bis beinahe auf den Boden der Flasche reichende Glasröhre, welche

---

[1]) Nach Büchner soll der Kohlensäuregehalt womöglich nur 10 pro 10,000 Theile Luft betragen; aber selbst im ungünstigsten Falle nicht 20 pro 10,000 Theile übersteigen. Besser ist es jedenfalls, wenn man 0,1 Volumprocent als zulässiges Maximum betrachtet. Nach Büchner's Untersuchungen stieg der Kohlensäuregehalt in stark gefüllten Schulzimmern (50—75 Schüler) mit Localheizung ohne Ventilation um 12 Uhr Mittags bis zu 0,57 Volumprocent!

[2]) „Zur Frage der Ventilation, mit Beschreibung des „minimetrischen" Apparates zur Bestimmung der Luftverunreinigung." Zürich 1877. 2. Aufl. Ausführlich auch mitgetheilt in „Anleitung zur chem. Untersuchung der Industrie-Gase" von Cl. Winkler. Zweite Abth. Quant. Analyse. Freiberg. J. G. Engelhardt'sche Buchhandlung 1877 S. 122, 237 u. 383.

[3]) Der Name des Apparates rührt eben daher, dass man das Minimum des Luftquantums ermittelt, welches mit den 15 ccm Kalkwasser eine Trübung verursacht.

an ihrem oberen, aus dem Korke hervorragenden Ende ein kurzes (nöthigenfalls auch zu verlängerndes) Stück Gummirohr trägt. In der anderen
Durchbohrung sitzt eine rechtwinklig gebogene Glasröhre, an welche man
einen 20—30 cm langen, weichen und dickwandigen Schlauch aus schwarzem
oder rothem Gummi steckt. In diesem befindet sich ein etwa 10 cm langer,
mit einem scharfen Messer gemachter Einschnitt in der Längsrichtung des
Schlauches, welcher die Stelle eines Ventils vertritt, indem beim Ver-
dichten der Luft innerhalb des Schlauches der Spalt sich öffnet und die
Luft hinauslässt, dagegen im umgekehrten Falle keine Luft eintreten kann,
weil die Schnittflächen des Spaltes dann nicht auf einander schliessen.
Man macht den Einschnitt zweckmässig nahe am Ende des Schlauches,

Fig. 60.

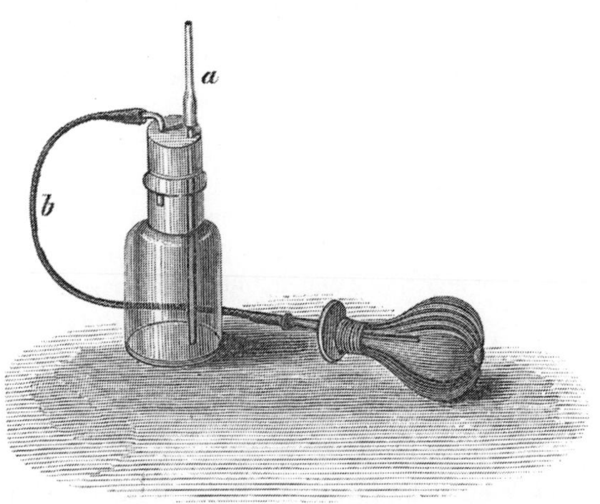

um letzteren nicht ganz zu verlieren, wenn in Folge häufigen Gebrauches
der nicht mehr gut schliessende alte Einschnitt durch einen neuen ersetzt
werden muss.

Im freien Ende des Gummischlauches steckt eine birnförmige Kautschukspritze, wie sie in jeder Handlung chirurgischer Instrumente zu haben
ist. Man wählt am besten die starkwandigen, rothen englischen Spritzen
und zwar diejenige Grösse, welche mit einer 1 bezeichnet ist, was eine
Unze englisches Flüssigkeitsmaass bedeuten soll. Es ist dies etwas über
28 ccm. Die mit der Hand aus dieser Spritze auszupressende Luftmenge
ist stets nahezu constant und beträgt etwa 23 ccm mit Schwankungen
von nur einem Cubikcentimeter nach der einen oder anderen Seite hin.

Diese Birne dient nun als Saug- und Druckpumpe, gleichzeitig aber
auch als Messgefäss für das zu untersuchende Gas und zwar in folgender
Weise. Man presst das Saugrohr a mit den Fingern zu, indem man gleich-

zeitig die Kautschukspritze zusammendrückt. Die Luft entweicht durch das Schnittventil. Hebt man hierauf den Fingerdruck auf das Saugrohr auf, so saugt der sich füllende Gummiballon die zu untersuchende Luft durch das Saugrohr a ein und zwar jedes Mal ca. 23 ccm.

Man setzt zunächst die Saugpumpe so lange in Thätigkeit, bis aus Rohrleitung und Flasche alle Luft verdrängt und durch das zu untersuchende Gas ersetzt ist. Hierauf bringt man in die Flasche mit Hülfe einer Pipette ungefähr 7 ccm klares Barytwasser (6 g Bariumhydroxyd in 1 l), welche man durch den Schlauchansatz a einfliessen lassen kann, falls man es nicht für genügend erachtet, die Flüssigkeit gleich durch den vorübergehend geöffneten Flaschenhals einzugiessen und, ohne genauer zu messen, ihren Stand ein- für allemal durch einen Diamantstrich auf der Flaschenwand zu markiren. Ein genaues Abmessen der Flüssigkeit ist minder wichtig, als Constanz in der Dicke der Flüssigkeitsschicht, also der Weite des Absorptionsgefässes. Denn es wird in einem weiteren Gefässe die Trübung leichter und schneller bemerkbar werden, als in einem engeren.

Ist der Apparat durch das vorläufige kurze Pumpen mit der zu untersuchenden Luft oder Gasart gefüllt, so saugt man so lange unter gleichzeitiger Zählung der erforderlichen Spritzenfüllungen diese Luft durch die Absorptionsflüssigkeit, bis eine Trübung der letzteren eintritt. Um diese Trübung scharf erkennen zu können und um zugleich eine unrichtige Haltung des Absorptionsfläschchens zu vermeiden, versieht Lunge die Flasche da, wo ihr Durchmesser am grössten ist, mit zwei einander gegenüberliegenden, verticalen Feilstrichen, die sich decken müssen, sobald das Auge gerade durch den weitesten Flaschentheil hindurchblickt. Man klebt dann eine Papiermarke mit einem starken verticalen Tuschstrich auf die an der Rückwand befindliche Linie und hält bei Beurtheilung der Trübung die Flasche stets so, dass der schwarze Strich der Marke mit der auf der Vorderwand des Gefässes befindlichen eingeritzten Linie coincidirt. Man setzt das Durchsaugen der Luft so lange fort, bis der schwarze Tuschstrich in Folge der gesteigerten Trübung eben zu verschwinden beginnt.

Um die Absorption der Kohlensäure zu einer vollständigen zu machen, ist es unerlässlich, die mit jedem Zuge angesaugte Gasmenge durch Umschütteln in innige Berührung mit der Flüssigkeit zu bringen. Die solchergestalt dicht auf einander folgenden Operationen des Zusammenpressens, Lüftens und Umschüttelns vollzieht man nach kurzer Uebung so mechanisch, dass ein Fehlgriff ganz unmöglich wird und man seine volle Aufmerksamkeit dem Verlaufe der chemischen Reaction zuzuwenden vermag. Indessen hat Lunge zum Ueberflusse noch das Einsaugerohr mit einem in einem kurzen Stückchen Kautschukrohr sitzenden Glaskügelchen-Ventil, welches den Abschluss selbstthätig bewirkt, versehen. Man hat alsdann nichts weiter zu thun, als mit der rechten Hand die Birne zu handhaben, mit der linken aber das Umschütteln der Flüssigkeit zu bewerkstelligen [1]).

Der Zahl der bei einem Versuche erforderlich gewesenen Spritzenfüllungen rechnet man zwei zu, welche dem Inhalte des Absorptionsgefässes annähernd entsprechen.

Es zeigen dann nach einer von Lunge berechneten Tabelle an:

Füllungen der Spritze.	Volumina Kohlensäure in 10 000 Vol. Luft.	Füllungen der Spritze.	Volumina Kohlensäure in 10 000 Vol. Luft.
4	22·0	12	7·4
5	17·6	13	6·8
6	14·8	14	6·3
7	12·6	15	5·8
8	11·0	16	5·4
9	9·8	17	5·1
10	8·8	18	4·9
11	8·0		

Angenommen, man habe bei einem Versuche 6 Spritzenfüllungen bis zur eintretenden Trübung gebraucht. Man hat alsdann einschliesslich der 2 dem Inhalte des Fläschchens entsprechenden im Ganzen 8 Füllungen, welche 0,11 Volumprocente Kohlensäure anzeigen, d. h. die untersuchte Luft hat das zulässige Kohlensäuremaximum überschritten.

Genauere Bestimmung der Kohlensäure. Handelt es sich darum neben relativ schneller Ausführung exacte Resultate zu erhalten, so empfiehlt sich das von Ph. Büchner[2]) etwas modificirte Verfahren von v. Pettenkofer[3]). Man ermittelt zunächst den Inhalt einer Flasche von circa 12 l Capacität (Pettenkofer wendet Flaschen von circa 6 l Inhalt an), indem man dieselbe sorgfältig mit Wasser ausmisst oder auswiegt und ihren Inhalt auf der Flaschenwandung notirt.

Zur Füllung der Flasche bedient man sich eines gewöhnlichen Handblasebalges, an dessen Spitze mittelst einer Schlauchverbindung ein Glasrohr von solcher Länge angesetzt worden ist, dass dasselbe auf den Boden der Flasche reicht. Man bläst so lange von der zu untersuchenden Luft in die Flasche ein, bis etwa das Fünffache von deren Inhalt hindurchgegangen ist. Um dies annähernd bemessen zu können, ermittelt man das Luftvolumen, welches der Blasebalg bei jedem Spiele liefert, indem man die ausgeblasene Luft unter einer mit Wasser gefüllten calibrirten Glas-

---

[1]) Bezugsquelle: Mechaniker Cramer in Zürich, Steingasse 7. Preis des completen Apparates 2 M. 80 Pf. (3½ Frcs.).

[2]) „Untersuchungen der Heiz- und Ventilationsanlagen in den städtischen Schulgebäuden zu Darmstadt." 1880. Joh. Conr. Herbert'sche Hofbuchdruckerei in Darmstadt. Seite 28.

[3]) Abhandl. d. naturwissenschaftlich-technischen Commission bei der bayr. Academie d. Wissensch. **2,** 1.

glocke austreten lässt. Bei einer Capacität des Blasebalgs von annähernd ½ l, würde man also etwa 120mal zu blasen haben, um eine Flasche von 12 l Inhalt genügend zu füllen.

Büchner pumpt die aus Kopfhöhe entnommene Luft mit Hülfe eines Kautschukgebläses von circa 1 l Capacität in eine sorgfältig getrocknete Flasche von ungefähr 12 l Inhalt. Nach 100 Stössen kann man, wie eine Anzahl darüber angestellter Versuche darthat, mit Sicherheit annehmen, dass die Flasche vollständig mit der zu untersuchenden Luft gefüllt ist. Man lässt hierauf 100 ccm Barytwasser (10 g fester und absolut alkalifreier Aetzbaryt im Liter gelöst) einfliessen und verschliesst die Flasche sodann rasch mit einem durchbohrten Kautschukstopfen, in dessen Oeffnung ein kurzes, zu einer Spitze ausgezogenes Glasrohr steckt, das seinerseits durch ein Stück Kautschukschlauch mit Glasstopfen in bekannter Weise nach Belieben geöffnet und geschlossen werden kann.

Diese Einrichtung hat den Zweck, nach Absorption der Kohlensäure (also nach circa 2 Stunden) das trübe Barytwasser leicht und vor allem ohne Gefahr zu laufen, dass dasselbe noch weiter Kohlensäure aus der Luft anziehe, in kleine Cylinder umfüllen zu können. Sowie man den Stopfen aufgesetzt hat, notirt man Temperatur und Barometerstand. Nachdem sich in letzteren der kohlensaure Baryt (unter zeitweiligem Umschütteln) abgesetzt hat, werden 25 ccm der überstehenden klaren Flüssigkeit abgehoben und mit Oxalsäure zurücktitrirt.

Die Oxalsäure ist der einfacheren Rechnung wegen so gestellt, dass 1 ccm derselben 1 ccm Kohlensäure (gemessen bei 0^0 und 760 mm) entspricht, d. h. im Liter sind 5,6434 g krystallisirte Oxalsäure gelöst.

Man hat demnach nur die ccm Oxalsäure, welche man zur Neutralisation der vom kohlensauren Baryt abgehobenen 25 ccm Barytwasser weniger braucht, als zur Neutralisation von 25 ccm ursprünglichen Barytwassers, mit 4 zu multipliciren, um zu erfahren, wie viel Cubikcentimeter Kohlensäure in dem Luftvolumen der Flasche minus 100 ccm enthalten waren. Daraus berechnet sich dann nach folgender Formel der Gehalt an Kohlensäure pro 10,000 Volum-Theile Luft.

$$C = \frac{c \cdot 10{,}000\ (1 \times 0{,}003665\ t)\ 760}{V. \ B.}$$

C = die Anzahl ccm Kohlensäure in 10,000 Vol.-Th. Luft von 0^0 u. 760 mm
c = die Anzahl der gefundenen ccm Kohlensäure in Volumen V (bei t u. B.)
t = Temperatur der Flasche in ^{0} C.
V = Volumen der Flasche, weniger 100 ccm.
B = Barometerstand.

Als Indicator benutzt Büchner mit sehr gutem Erfolge das Phenolphtaleïn, dessen Farbenwechsel so präcis ist, dass man leicht bis auf hundertel ccm mit Sicherheit titriren kann; auch ist die färbende Eigenschaft desselben so stark, dass der Niederschlag von oxalsaurem Baryt auf die Reaction ganz ohne Einfluss ist.

Damit das Barytwasser während des Umfüllens und Herauspipettirens etc. keine Kohlensäure anziehen und somit seinen Gehalt ändern kann, werden die Cylinder, Pipetten, Titrirgläser vor dem Gebrauch mit kohlensäurefreier Luft gefüllt. Zu dem Zwecke wird mit Hülfe einer Wasserluftpumpe durch die betr. Gefässe einige Minuten Luft gesaugt, welche vorher mehrere mit Natronkalk gefüllte Röhren passirte.

2. **Bestimmung des Wassergehaltes der Luft.** Man leitet eine grössere Luftmenge (0,5—1 cbm) über frisch geglühtes, in mehreren Absorptionsröhren befindliches Chlorcalcium und bestimmt die Gewichtszunahme des Letzteren. Oder man ermittelt den Feuchtigkeitsgehalt direct mittelst eines Hygrometers. Zweckmässig wendet man hierzu das von Dr. Koppe in Zürich construirte „Procent-Haarhygrometer mit Controlvorrichtung" an.

Die wesentlichsten Vorzüge dieses Instrumentes sind folgende:

1. Wird das Haar nicht durch ein Gewicht, sondern durch eine kleine Neusilberfeder gespannt, deren Spannkraft sich mittelst einer Schraube genau auf $\frac{1}{2}$ g reguliren lässt. Hierdurch ist das Instrument dem Saussure'schen gegenüber bei weitem transportabler;

2. kann durch Einschieben eines angefeuchteten, mit Gaze überspannten Rahmens die Luft im Hygrometer vollständig mit Feuchtigkeit gesättigt werden, wodurch man sich jederzeit überzeugen kann, ob das Instrument noch richtig geht, da alsdann der Zeiger sich genau auf 100 einstellen muss. Ist dies nicht der Fall, so kann man mittelst eines Uhrschlüssels den Zeiger auf 100 stellen und somit den Apparat jederzeit leicht reguliren;

3. gestattet es, an der Scala direct die Procente relativer Feuchtigkeit abzulesen.

Ein Uebelstand dieses Instrumentes ist dagegen, dass, wie Ph. Büchner[1]) fand, die Zusammenziehung des Haares mit abnehmender Feuchtigkeit schneller erfolgt, als die Scala angiebt, und dass in dieser Beziehung jedes Haar, resp. jedes Instrument verschieden ist.

Will man daher mit Koppe'schen Hygrometern brauchbare Resultate erzielen, so ist man genöthigt, für jedes Instrument eine Correctionstabelle anzufertigen, was selbstverständlich eine langwierige Arbeit ist. Indem man als Ordinaten die am Instrument abgelesenen, als Abscissen die zu diesen noch hinzuzuaddirenden Procente relativer Feuchtigkeit (wie sie sich aus gewichtsanalytischen Bestimmungen des Wassergehaltes der Luft

---

[1]) a. a. O. S. 30.

und Vergleichung der erhaltenen Resultate mit den Angaben des Hygrometers ergeben) aufträgt, erhält man für jedes Koppe'sche Hygrometer
eine besondere Curve, mit deren Hülfe man alsdann mit Leichtigkeit den
procentischen Feuchtigkeitsgehalt der Luft direct ablesen kann.

3. **Der Nachweis von Kohlenoxyd.** In Betracht kommen hier:
a) die Palladiumprobe von Rud. Böttger; b) die Blutproben nach Vogel,
Hempel und Wolff.

a) Die Palladiumprobe von Rud. Böttger[1]) beruht darauf, dass
schon sehr geringe Kohlenoxydmengen in einer Auflösung von Palladiumchlorür, oder besser Natriumpalladiumchlorür eine Ausscheidung von fein-
vertheiltem, schwarzen Palladium hervorbringen. Das Palladium gelangt
bei Prüfung kohlenoxydarmer Gasgemenge in vereinzelten glänzenden
Häutchen auf dem Flüssigkeitsspiegel zur Ausscheidung oder legt sich als
spiegelnder Ring an die Zuleitungsröhre an.

Gottschalk[2]) fand, dass sich mit der Böttger'schen Palladinprobe bei
Anwendung von 9 l Luft noch 0,022 Vol.-Proc., jedenfalls aber auch noch
kleinere Beträge an Kohlenoxyd mit Sicherheit nachweisen lassen. Büchner[3])
leitete künstlich hergestellte Gemische von Luft und Kohlenoxyd (aus
ameisensaurem Natron dargestellt) durch eine neutrale, ziemlich verdünnte
Lösung von Natriumpalladiumchlorür, welche in einem Geissler'schen
Kaliapparat sich befand. Zwischen Gasometer und Kaliapparat befand
sich ein mit Baumwolle gefülltes U-förmig gebogenes Rohr und hinter
diesem eine kleine Waschflasche. Auf diese Weise gelang es Büchner,
nach dem Durchleiten von 12 l des Gasgemisches, bei einer Geschwindigkeit von 2 l pro Stunde, Kohlenoxyd bei einem Gehalt von 0,005 % zweifellos
nachzuweisen. Selbst in einer Luft, welche nur 0,0025 % Kohlenoxyd enthielt, konnte er nach dem Passiren von 12 l mit bewaffnetem Auge kleine
silberglänzende Palladiumflitterchen erkennen.

Die Palladiumprobe gestattet den schärfsten Nachweis geringer Mengen
von Kohlenoxyd. Leider aber wird das Palladiumchlorür nicht nur durch
Kohlenoxyd, sondern auch durch viele andern organische Körper reducirt.
Es kann desshalb zwar beim Ausbleiben der Reaction kein Zweifel über
die Abwesenheit von Kohlenoxyd (bis zu 0,05 pro Mille) herrschen; beim
Auftreten der Reaction ist man dagegen noch keineswegs berechtigt, wirklich
Kohlenoxyd in der untersuchten Luft anzunehmen.

Gottschalk sucht die die Palladiumreaction ebenfalls gebenden Kohlen-
wasserstoffe durch Einschaltung von 1 Staubwattrohr, 2 Schwefelsäure-

---

[1]) Journ. f. pract. Chemie **76**, 233.

[2]) „ Ueber die Nachweisbarkeit des Kohlenoxyds in sehr kleinen Mengen
und einige Bemerkungen zu der sog. Luftheizungsfrage". Leipzig 1878. S. 6.

[3]) a. a. O. S. 32.

Bimsstein-Röhren, 2 Aetzkalilaugeröhren, 2 Schwefelsäureröhren und 1 Aetz-kalirohr vor und von 1 Apparat mit conc. Schwefelsäure hinter dem Absorptionsapparat unschädlich zu machen.

b) Die Blutprobe nach Vogel[1]). Man entleert in dem betreffenden Zimmer eine mit Wasser gefüllte Flasche von etwa 100 ccm Inhalt und giesst 2 — 3 ccm eines sehr stark mit Wasser verdünnten Blutes[2]) hinein, welches eben nur noch einen Stich ins Rothe, dabei aber die bekannten Absorptionsstreifen im Spectroskop bei Reagensglasdicke (1,8—2 cm) deutlich zeigt.

Schüttelt man diese Lösung mit der Luft nur 1 Minute, so tritt bei einem Gehalt an Kohlenoxyd die bekannte Wirkung desselben schon an der Farbenänderung des Blutes hervor. Dasselbe erscheint mehr rosa, die beiden Absorptionsstreifen sind ein wenig blasser, verwaschener und ein wenig mehr nach links gerückt als bei reinem Blut. Schon daran kann ein guter Spectroskopist die Gegenwart des Kohlenoxyds erkennen. Weniger Geübte können sich aber sofort Gewissheit verschaffen durch Zusatz von 3—4 Tropfen starken Schwefelammoniums, welches in CO-freiem Blut die beiden Streifen verschwinden macht und dafür einen breiten, verwaschenen Schatten erzeugt, während die Streifen des mit Kohlenoxyd geschwängerten Blutes durch Schwefelammonium ungeändert bleiben. Macht man Parallel-versuche mit reinem, CO-freiem Blute von derselben Verdünnung, so ist man vor jeder Täuschung sicher.

Man benutzt zu dieser Prüfung ein Taschenspectroskop, wie es beispielsweise von Adam Hilger in London geliefert wird. Das zu der Reaction nöthige Blut (ein kleines Tröpfchen genügt) kann der Experimentator in Ermangelung von Thierblut seinem eigenen Körper entnehmen.

Vogel konnte mittelst dieser Reaction bis 0,25 % Kohlenoxyd noch deutlich nachweisen. Die Genauigkeit der Probe wird nach ihm durch Gegenwart von viel Luft beeinträchtigt. Die Gründe hierfür sind nach Vogel zum Theil in der Verminderung der Spannung des Kohlenoxyds, zum Theil aber auch in der Wirkung des Sauerstoffs zu suchen, welcher das Kohlenoxyd-Hämoglobin in Oxyhämoglobin überführen kann.

Vogel hält — und zwar irrthümlicher Weise, wie die weiter unten erwähnten Hempel'schen Versuche zweifellos bewiesen haben — die Gegenwart kleinerer Mengen von Kohlenoxyd in der Luft als 0,25 % entschieden nicht mehr für schädlich. Wenn eine, eine sehr geringe Menge Kohlen-

---

[1]) D. chem. Ges. Ber. **10**, 792 u. **11**, 235.

[2]) Ist die Menge des Kohlenoxyds nicht genügend, um alles gegenwärtige Hämoglobin in Kohlenoxyd-Hämoglobin zu verwandeln, so erhält man die Reactionen des letzteren u. des Oxyhämoglobins nebeneinander. Eben desshalb empfiehlt es sich, sehr stark verdünntes Blut zuerst anzuwenden.

oxyd enthaltende, Zimmerluft nicht mehr im Stande sei, auf das im höchsten Grade verdünnte Blut zu reagiren, so sei diese Luft auch nicht im Stande, das viel concentrirtere Blut der menschlichen Lungen zu vergiften. Die grosse Menge Sauerstoff bilde hier das natürliche Gegengift.

c) **Die Blutprobe nach Hempel.** Von Hempel angestellte Versuche ergaben, dass es nicht gelingt, einem Gasgemisch, welches sehr geringe Mengen von Kohlenoxyd enthält, dasselbe mit einer sehr verdünnten Lösung von Blut, wie man sie nach Vogel zur Probe verwendet, durch Schütteln oder in einem Liebig'schen Kaliapparat vollständig zu entziehen. Concentrirte Blutlösungen sind aber des starken Schäumens wegen überhaupt unverwendbar. Hempel kam desshalb auf den Gedanken, in lebenden Thieren, deren Lungen „Absorptionsapparate von unvergleichlicher Vollkommenheit" darbieten und die Anwendung des unverdünnten Blutes gestatten, Kohlenoxydgas zu concentriren und so die Grenze des Nachweises weiter herauszurücken.

Als Versuchsthiere dienen Mäuse, welche in zwei mit den grössten Durchmessern gegeneinander stossenden Trichtern, die durch Ueberspannen eines breiten dünnwandigen Gummibandes mit einander zu einem doppelconischen Raume vereinigt sind, den auf Kohlenoxyd zu prüfenden Gasen ausgesetzt werden. Es gestatten so die Ausflussröhren der Trichter mittelst Gummischläuche die leichte und sichere Verbindung mit Aspirator und etwaigen Absorptionsapparaten.

Der Gasstrom wird so regulirt, dass den Apparat 10 l Gas in 1 bis 2 Stunden passiren. Man kann auch entweder vor oder hinter dem Thiere einen Liebig'schen Kaliapparat mit frischem, stark verdünntem Blute anbringen und letzteres vergleichungsweise ebenfalls auf Kohlenoxyd prüfen.

Die Mäuse werden durch Eintauchen der Trichter in Wasser getödtet und durch Zerschneiden in der Herzgegend aus denselben reichliche Mengen Blut gewonnen.

Der Nachweis des Kohlenoxydhämoglobins wird immer mit frisch bereitetem, farblosen Schwefelammonium geführt und zur Controle stets frisches kohlenoxyd-freies Blut von gleicher Verdünnung mit der gleichen Menge Schwefelammonium behandelt. Zu diesen Versuchsreactionen wird kurz vor dem Versuch eine Maus, welche nicht mit Kohlenoxyd in Berührung gekommen ist, getödtet.

Zur Spectralprobe benutzt Hempel einen Vogel'schen Universalspectralapparat[1]).

Hempel fand die Grenze der Nachweisbarkeit des Kohlenoxyds mittelst einer Maus bei 0,03 %, im verdünnten Blut etwa bei 0,05 %, vorausgesetzt, dass grössere Gasvolumina von mindestens 10 l angewendet wurden.

---

[1]) Bezugsquelle: Schmidt u. Haensch, Berlin, Stallschreiberstrasse 4.

Starke Vergiftungserscheinungen waren schon von 0,05 %. an zu beobachten. Es ist also die Vogel'sche Annahme, dass Luft mit weniger
Kohlenoxyd als 0,25 % nicht mehr giftig sei, entschieden eine irrthüm-
liche.

Zur Untersuchung der Zimmerluft auf Kohlenoxyd muss man sich demnach entweder der Vogel'schen Probe in der Weise bedienen, dass man
wenige Cubikcentimeter ganz verdünntes Blut in einen Absorptionsapparat
bringt und dann mindestens 10 l Luft durchleitet, oder, was in vielen
Fällen bequemer sein wird und einen schärferen Nachweis gestattet, dass
man eine Maus in einer der gebräuchlichen haubenförmigen Drahtsieb-
fallen einige Stunden in dem Raum athmen lässt und dann ihr Blut der
Untersuchung unterwirft.

d) **Der Wolff'sche Apparat zum Nachweis von Kohlenoxyd.**
C. H. Wolff[1]) wendet folgenden Absorptionsapparat an. In den eingezogenen
Theil bei d (Fig. 61) wird von oben ein kleiner Bausch Glaswolle eingeführt, lose eingedrückt und alsdann
der übrige Theil des Rohres bis f mit
mässig feinem Glaspulver angefüllt. Das
Pulver habe die Feinheit von mittel-
feinem Schiesspulver, werde von allem
feineren Staube abgesiebt, mit Salzsäure digerirt, auf das sorgfältigste ausgewaschen und getrocknet. Das Glaspulver wird von oben mit Wasser befeuchtet, das überschüssige Wasser mittelst der Luftpumpe bei e abgesogen und
bei c entfernt.

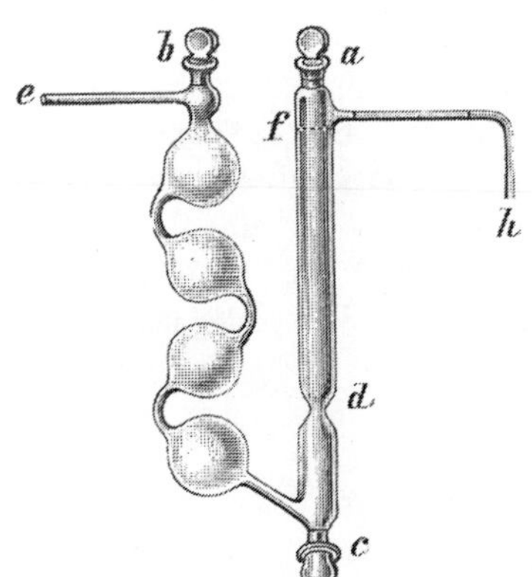

Darauf werden 2 ccm auf $\frac{1}{40}$ verdünnten Blutes mit einer Pipette von
oben auf das feuchte Glaspulver ge-
tröpfelt und wird durch leichtes Blasen mit dem Munde bei h, nach Schluss
von a, eine gleichmässige Durchdringung und Färbung der feuchten Glaspulverschicht bis zur Glaswolle bewirkt.

So vorgerichtet, verbindet man den Apparat, und zwar je nachdem 10 l
Luft durchgesogen oder durchgetrieben werden sollen, e oder h mit der
betreffenden Flasche oder dem Aspirator. Zur Füllung bedient man sich einer
doppelt tubulirten, 10 l fassenden Flasche, durch deren Tuben rechwinklig
gebogene Röhren gehen, von welchen eine bis auf den Boden reicht und
die beide mit durch Schraubenklemmer verschliessbaren Gummischläuchen

---

[1]) Aus dem Corresp.-Bl. d. Ver. anal. Chem. 1880 mitgeth. in der „Praxis des
Nahrungsmittel-Chemikers." V. Fr. Elsner. Leop. Voss. Leipzig 1880 I. Aufl. S. 156.

versehen sind. Die Füllung geschieht durch Abziehen des in der Flasche enthaltenen Wassers, die des Gases durch Zufliessenlassen von neuem Wasser.

Der Luftstrom ist mit Hülfe der Schraubenquetschhähne so zu regeln, dass durchschnittlich 1000 ccm binnen 20—25 Minuten den Apparat passiren. Um die Gaspassage besser zu beobachten, werden, nachdem das Glas mit Blutwasser getränkt ist, bei *b* 2—3 ccm Wasser hineingegeben, die nach Beendigung des Versuches bei *c* wieder abgelassen werden. Sind 10 l Luft durch den Apparat gegangen, so wird zunächst der Stöpsel bei *c* geöffnet, um das Sperrwasser abzulassen, darauf unter *c* ein kleines Reagensglas gestellt, welches für den Raum von 3 ccm eine Marke trägt, und alsdann bei *a* nach Entfernung des Stöpsels langsam mit einer Pipette reines Wasser eingetröpfelt. Dasselbe verdrängt allmählich die Blutlösung aus der Glaspulverschicht und wird die Deplacirung fortgesetzt, bis die Flüssigkeit die am Reagensglase befindliche Marke erreicht hat. Nach Entfernung des Reagensglases deplacirt man weiter zur Reinigung des Glases, saugt die letzte Feuchtigkeit mittelst der Wasserluftpumpe ab und stellt den Apparat zum ferneren Gebrauche zurück.

Bei ursprünglicher Beschickung des Apparates mit 2 ccm auf $^1/_{40}$ verdünnten Blutes haben die in dem Reagensglase enthaltenen 3 ccm jetzt die Concentration von $^1/_{60}$. Zur spectroskopischen Beobachtung wird die Flüssigkeit in eine kleine, rechteckige, flache Flasche gefüllt, welche ca. 1,50 ccm aufzunehmen vermag und mit eingeschliffenem Stöpsel verschiebbar ist, und wird mit einem Tropfen Schwefelammoniumlösung durchgeschüttelt. Ein zweites Fläschchen wird mit der reinen Blutlösung, die ebenfalls mit einem Tropfen Schwefelammonium durchgeschüttelt wird, gefüllt.

Das für die Versuche nöthige Blut wird nach C. H. Wolff auf folgende Weise hergerichtet und aufbewahrt. Man vermischt defibrinirtes Blut mit dem gleichen Volumen kalt gesättigter Boraxlösung, hebt diese Mischung auf und versetzt beim jedesmaligen Gebrauch 1 ccm derselben mit 19 ccm Wasser, um die vorgeschriebene Verdünnung auf $^1/_{40}$ zu erreichen.

Wasser.

Von

Dr. O. Mertens,

vereidigter Handelschemiker in Cöthen.

Die Untersuchung des Wassers ist, jenachdem es zu häuslichen oder gewerblichen Zwecken benutzt werden soll, eine verschiedene. Während bei der Untersuchung von Trinkwasser die quantitative Bestimmung des Gesammtrückstandes, der Schwefelsäure, des Chlors, der Salpetersäure, der salpetrigen Säure, der freien und halb gebundenen Kohlensäure, des Kalks der Magnesia, des Ammoniaks, und der organischen Substanzen von grosser Wichtigkeit ist, genügt für die Prüfung eines Wassers zu gewerblichen Zwecken die Bestimmung des Rückstandes, der alkalischen Erden, des Chlors, der Schwefelsäure und des Eisenoxyduls vollkommen. Ja der mit diesen Untersuchungen vertraute Chemiker wird in vielen Fällen schon aus der qualitativen Untersuchung sein Urtheil über die Brauchbarkeit eines Wassers zu gewerblichen Zwecken abgeben können.

Alle sonst noch gewöhnlich im Wasser vorkommenden Bestandtheile: Kieselsäure, Thonerde, Alkalien, Phosphorsäure etc. sind für die Brauchbarkeit eines Wassers von nur untergeordneter Bedeutung, weshalb ich die Art und Weise ihrer Bestimmung möglichst kurz am passenden Orte angeben werde.

1. Bestimmung des festen Rückstandes.

500—1000 ccm Wasser werden in einer gewogenen Platinschale bei gelinder Wärme an einem staubfreien Orte bis fast zur Trockne verdampft; den letzten Rest des Wassers verjagt man, um etwaige Verluste durch Spritzen zu vermeiden, am besten auf dem Wasserbade. Der Rückstand wird schliesslich längere Zeit im Luftbade bei 120—130° bis zum constantem Gewicht getrocknet und nach dem Erkalten im Exsiccator gewogen.

2. Bestimmung der Kieselsäure, des Eisens und der Thonerde, des Kalkes und der Magnesia.

Der bei der vorigen Bestimmung erhaltene Rückstand wird zweckmässig zur Bestimmung des Kalkes und der Magnesia, sowie, falls dies verlangt wird, der Kieselsäure, des Eisens und der Thonerde verwandt. Zu diesem Zwecke wird der Rückstand mit Wasser und Salzsäure übergossen und in der bedeckten Schale so lange auf dem Wasserbade erwärmt, bis alle Kohlensäure verjagt ist. Hierauf wird die Flüssigkeit zur Trockne verdampft und wiederum mit Salzsäure versetzt, wobei die Kieselsäure ungelöst zurückbleibt. Dieselbe wird abfiltrirt, ausgewaschen, geglüht und gewogen.

Das Filtrat wird zur Ausscheidung des Eisens und der Thonerde zum Sieden erhitzt und mit Ammoniak in geringem Ueberschuss versetzt. Der sich ausscheidende Niederschlag, der das Eisen und die Thonerde als Oxydhydrate enthält, wird abfiltrirt, ausgewaschen, geglüht und gewogen.

Zur Bestimmung des Kalkes in dem Filtrat vom Eisen-Thonerde-Niederschlage wird dasselbe erhitzt und mit oxalsaurem Ammoniak im Ueberschuss versetzt. Nach vollständigem Abscheiden des Niederschlages, das durch schwaches Erwärmen nach ca. 12 Stunden erreicht ist, wird der oxalsaure Kalk abfiltrirt, sorgfältig mit Wasser ausgewaschen und hierauf das Filter mit Inhalt getrocknet. Der trockne Rückstand wird in einen gewogenen Platintiegel gebracht, das Filter verascht, die Asche dem Tiegelinhalt zugefügt und nun der oxalsaure Kalk in Calciumoxyd übergeführt. Letzteres lässt sich sehr leicht durch Glühen über dem Gebläse bis zum constanten Gewicht erreichen.

Im Filtrat vom Kalkniederschlage, welches man nöthigenfalls vorher etwas einengt, wird nun die Magnesia nach dem Erkalten der Flüssigkeit mittelst Natriumphosphat und Ammoniak bestimmt. Auf Zusatz dieser Reagentien entsteht allmählich der weisse krystallinische Niederschlag von Ammonium-Magnesiumphosphat, zu dessen völliger Abscheidung man die Flüssigkeit wohlbedeckt ca. 3 Stunden stehen lässt. Hierauf wird der Niederschlag abfiltrirt, mit einer Mischung von 3 Thl. Wasser und 1 Thl. Ammoniak von 0,96 spec. Gew. vollständig ausgewaschen und scharf getrocknet. Ist dies erreicht, so entfernt man denselben möglichst vollständig vom Filter, bringt ihn in einen Porzellantiegel, verascht das Filter in einer Platinspirale, bringt die Asche in den Tiegel und erhitzt denselben erst ganz schwach, später mit stärkerer Flamme bis zum constanten Gewicht. Der Rückstand besteht aus pyrophosphorsaurer Magnesia. Durch Multiplication mit 0·36 erhält man die darin enthaltene Magnesia.

3. Bestimmung der Schwefelsäure und der Alkalien.

250—500 ccm Wasser werden mit Salzsäure angesäuert zum Sieden erhitzt und mit Chlorbarium in geringem Ueberschusse versetzt (bei geringem Schwefelsäuregehalt empfiehlt es sich das angesäuerte Wasser vor der Füllung mit Chlorbarium bis etwa zur Hälfte abzudampfen). Den sich abscheidenden dichten weissen Niederschlag von Bariumsulfat lässt man bei gelinder Wärme sich absetzen, giesst die klare Flüssigkeit durch ein Filter ab, übergiesst den Niederschlag mehrmal mit siedendem Wasser und etwas Salzsäure, kocht auf und bringt ihn endlich mit Hülfe der Spritzflasche auf das Filter. Nach vollständigem Auswaschen mit kaltem Wasser (ich ziehe dasselbe dem heissen vor, da durch letzteres die Poren des Filtrirpapiers eine Erweiterung zu erfahren scheinen, die das Hindurchgehen des schwefelsauren Baryts begünstigt) wird der Niederschlag getrocknet, das Filter verascht, und nach Hinzufügen der Asche geglüht und gewogen. Das erhaltene Gewicht mit 0·343 multiplicirt, giebt die Menge der im Niederschlage enthaltenen Schwefelsäure (SO_3) an.

Zur Bestimmung der Alkalien werden Filtrat und Waschwasser zur Trockne verdampft, mit Wasser wieder aufgenommen, mit Ammoniak versetzt und kohlensaures Ammon so lange hinzugefügt als dadurch noch eine Fällung entsteht. Hat sich der Niederschlag vollständig abgeschieden, was durch Erhitzen begünstigt wird, so filtrirt man vom Niederschlage ab, wäscht mit heissem Wasser aus und verdampft Filtrat und Waschwasser unter Zusatz von einigen Tropfen kohlensauren und oxalsauren Ammoniaks in einer Platinschale. Der trockene Rückstand wird zur Verjagung der Ammoniaksalze vorsichtig geglüht, der Rest in wenig heissem Wasser gelöst durch ein möglichst kleines Filter in ein gewogenes Platinschlälchen filtrirt und sammt dem Waschwasser auf dem Wasserbade zur Trockne verdampft. Der gut getrocknete Rückstand wird bis zum beginnenden Schmelzen der Alkalichloride erhitzt und nach dem Erkalten gewogen. Da eine Trennung der Alkalichloride nicht von praktischer Bedeutung ist, so übergehe ich dieselbe unter Hinterweis auf grössere analytische Werke.

4. Bestimmung des Chlors.

50—100 ccm Wasser (bei geringem Chlorgehalt ist ein Eindampfen bis ca. auf die Hälfte zu empfehlen) werden in einem Becherglas mit 2—3 Tropfen neutralem chromsauren Kali versetzt, worauf man unter häufigem Umrühren, so lange aus einer Bürette $^1/_{10}$ normale Silberlösung zufliessen lässt, bis der anfänglich weisse Niederschlag von Chlorsilber durch das auftretende dunkelrothe chromsaure Silber deutlich röthlich gefärbt ist. Durch Multiplication der verbrauchten ccm Silberlösung mit 0·00355 erhält man die Menge des im Wasser enthaltenen Chlors.

42*

5. Bestimmung der Salpetersäure.

Zur Bestimmung der Salpetersäure wendet man zweckmässig die Methode von Schulze, modificirt von Tiemann an, die auf der Zersetzung der Nitrate durch Salzsäure und Eisenchlorür in Stickoxyd, Eisenchlorid und Wasser und auf der Messung des gebildeten Stickstoffoxyds beruht. Zur Ausführung der Bestimmung bedient man sich des beistehend abgebildeten Apparates.

Das Zersetzungsgefäss A, ein Kölbchen von ca. 150 ccm Inhalt ist mit

Fig. 62.

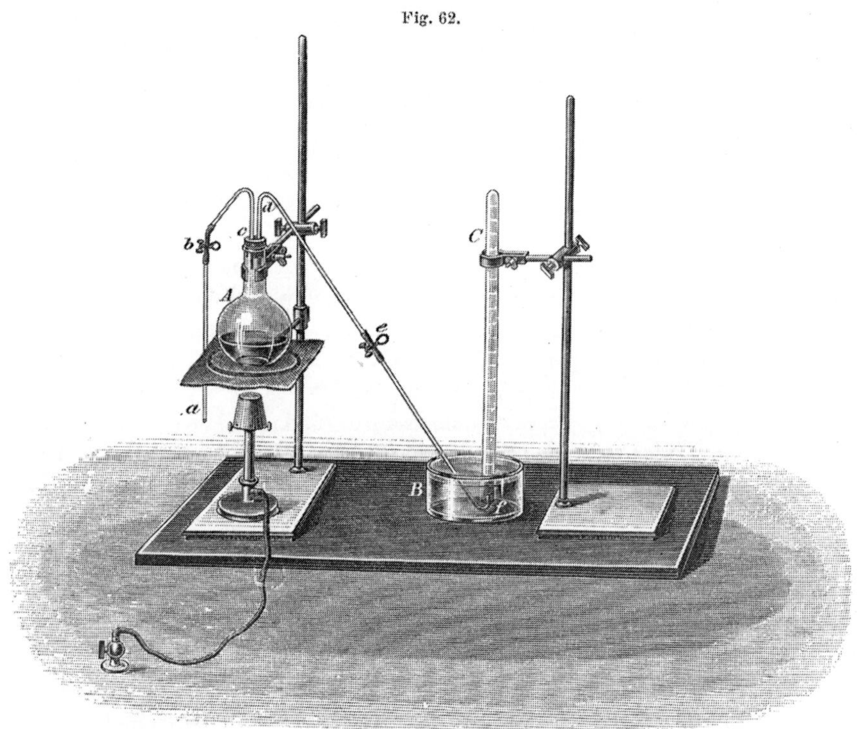

einem doppelt durchbohrten Kautschukstopfen verschlossen, durch dessen Durchbohrungen die Röhren bc und de gehen, die bei b und e durch Kautschukschläuche mit den Röhren a und f verbunden und mit Quetschhähnen versehen sind. bc ist bei c ca. 2 cm unterhalb des Stopfens zu einer feinen Spitze ausgezogen, während de mit der unteren Fläche des Stopfens abschneidet. B ist eine Glaswanne, die mit 10 proc. ausgekochter Natronlauge gefüllt ist, C ein in $\frac{1}{10}$ ccm getheiltes mit derselben Natronlauge gefülltes Messrohr.

Die Bestimmung der Salpetersäure wird nun in folgender Weise ausgeführt.

Nachdem 250 ccm Wasser in einer Porzellanschale bis auf ca. 50 ccm eingeengt worden sind, spült man die Flüssigkeit sammt dem ausgeschiedenen Niederschlag in das Zersetzungsgefäss A und fährt mit dem Einkochen derselben bis auf 15—20 ccm bei offener Röhre fort. Man taucht nun das untere Ende der Röhre *def* in das mit 10 proc. Natronlauge gefüllte Gefäss B und lässt die Wasserdämpfe durch dieselbe einige Minuten lang entweichen. Haben die Wasserdämpfe alle Luft aus dem Apparate vertrieben so steigt, wenn man den Kautschukschlauch bei *e* mit dem Finger zusammendrückt die Natronlauge schnell in *ef* zurück und man fühlt einen gelinden Schlag an demselben. Der Quetschhahn bei *e* wird dann geschlossen und das Einkochen, während *abc* offen bleibt, so lange fortgesetzt, bis nur noch etwa 10 ccm im Zersetzungskolben vorhanden sind. Nachdem der Quetschhahn bei *b* geschlossen, wird die Flamme sofort entfernt und die Röhre *a* mit Wasser vollgespritzt, wobei man darauf zu achten hat, dass kein Luftbläschen bei *b* zurückbleibt. Nun wird die Messröhre C über das untere Ende des Rohres *def* geschoben, so dass die letzteren ungefähr 2 cm in dieselbe hineinragt. Haben sich die Schläuche bei *b* und *e* zusammengezogen, so taucht man die Röhre *a* in ein kleines mit 20 ccm Eisenchlorürlösung gefülltes Becherglas und lässt durch vorsichtiges Oeffnen des Quetschhahns bei *b* ca. 15 ccm derselben in das Zersetzungsgefäss A einfliessen. Hierauf taucht man die Röhre *a* in ein anderes mit Salzsäure gefülltes Gläschen und lässt so viel von derselben nachfliessen, bis die Eisenchlorürlösung aus der Röhre *abc* verdrängt ist. Man erwärmt nun den Kolben A schwach, bis sich die Schläuche bei *b* und *e* etwas aufblähen, ersetzt dann den Quetschhahn bei *e* durch die Finger und lässt bei stärker werdendem Druck das entwickelte Stickoxydgas langsam in die Messröhre C steigen. Schliesslich wird stärker und so lange erhitzt, bis sich das Gasvolumen in C nicht mehr verändert. Ist dies erreicht, so entfernt man die Röhre *ef* aus dem Messrohre C und bringt dasselbe mittelst eines kleinen mit Natronlauge gefüllten Porzellanschälchens in einen grossen mit Wasser gefüllten Glascylinder. Nach halbstündigem Stehen ermittelt man die Temperatur des Wassers, liest den Barometerstand ab und ebenso das Volumen des Stickoxyds, indem man das Rohr an einer Klemme soweit emporzieht, dass die Flüssigkeit in demselben mit einem Cylinder in gleichem Niveau steht.

Das gefundene Volum wird nun nach der Formel

$$V_1 = \frac{V\,(b-w)}{(1 + 0.00306\,t)\,760}$$ auf 0^0 und 760 mm Barometerstand reducirt,

wobei V_1 das Volum bei 0^0 und 760 mm B., V das abgelesene Volum, b den Barometerstand in mm, w die Tension des Wasserdampfes und t die Temperatur des Wassers nach Celsius bedeutet. Aus dem gefundenen Volum erhält man die Salpetersäure in Milligrammen, wenn man V, mit

2·413 multiplicirt. Da im Wasser etwa vorhandene salpetrige Säure bei dieser Bestimmungsmethode ebenfalls als Salpetersäure gefunden wird, so muss man für jeden gefundenen Gewichtstheil salpetriger Säure 1·421 Gewichtstheile Salpetersäure in Abzug bringen.

6. Salpetrige Säure.

Die Bestimmnng der salpetrigen Säure wird schnell und gut nach der Chamäleonmethode von Feldhausen-Kubel, die auf der Oxydation der salpetrigen Säure zu Salpetersäure durch übermangansaures Kali beruht, ausgeführt: Man gebraucht zu derselben eine Lösung von schwefelsaurem Eisenoxydul-Ammon, die 3·92 g im Liter enthält, ferner eine Lösung von übermangansaurem Kali, die durch Auflösen von 0·34—0·36 g dieses Salzes in 1 Liter Wasser erhalten wird. Den Titer des letzteren stellt man zweckmässig so, dass 1 ccm derselben 1 ccm der Eisenlösung und mithin 0·19 mg salpetriger Säure entspricht. Die Ausführung des Versuches geschieht folgendermaassen:

100 ccm des zu prüfenden Wassers werden mit einem Ueberschuss von Chamäleonlösung (5—20 ccm) versetzt, 5 ccm verdünnter Schwefelsäure (1:3) hinzugefügt und nun mit der Eisenlösung titrirt, bis die Flüssigkeit farblos geworden ist, worauf man erstere nochmals bis zur schwachen Röthung zusetzt. Zieht man von der Menge der verbrauchten ccm Chamäleonlösung die der zugesetzten Eisenlösung entsprechenden ccm ab, so giebt die Differenz die verbrauchten ccm, multiplicirt mit 0·19 die in 100 ccm Wasser enthaltenen Milligramme salpetriger Säure an.

7. Bestimmung der freien und halbgebundenen Kohlensäure.

Die zu dieser von Pettenkofer angegebenen Methode gebrauchten Reagentien bestehen in einer Oxalsäurelösung, die 2·8636 g reine krystallisirte Oxalsäure im Liter enthält (1 ccm = 1 mg CO_2) und aus Kalk- oder Barytwasser, das mit der Oxalsäure titrirt worden ist. Als Indicator hierzu wendet man zweckmässig Corallin an.

Die Bestimmung der Kohlensäure wird in folgender Weise ausgeführt: 100 ccm des zu untersuchenden kohlensäurehaltigen Wassers werden in ein trockenes Kochfläschchen gebracht, mit 3 ccm einer nahezu gesättigten Chlorcalciumlösung und mit 2 ccm einer gesättigten Chlorammoniumlösung versetzt. Hierzu fügt man 45 titrirtes Kalkwasser, verschliesst das Kölbchen mit einem Kautschukstopfen, schüttelt um und lässt 12 Stunden bei Luft-Temperatur stehen. Hat sich nach dieser Zeit der kohlensaure Kalk krystallinisch abgesetzt, so nimmt man mit einer Pipette von dem 150 ccm betragenden Inhalt des Kölbchens 50 ccm der klaren Flüssigkeit, ohne den

Niederschlag aufzurühren, heraus, versetzt sie mit 1 Tropfen Corallinlösung und titrirt sie mit der Oxalsäure. Zur genaueren Controle wiederholt man diesen Versuch. Die bei dem letzten Versuche erhaltenen Cubikcentimeter werden mit 3 multiplicirt und das Produkt von den zur Neutralisation der zugesetzten 45 ccm Kalkwasser erforderlichen Cubikcentimetern Oxalsäure abgezogen. Die Differenz in ccm giebt, da ein jeder ccm 1 mg Kohlensäure entspricht, die in 100 ccm Wasser enthaltene Kohlensäure in Milligrammen an.

8. Bestimmung des Ammoniaks.

1000—2000 ccm Wasser verdampft man in einer Platin- oder Porzellanschale an einem ammoniakfreien Orte, nachdem sie mit Salzsäure bis zur deutlich sauren Reaction versetzt worden sind, zuerst über freiem Feuer, zuletzt auf dem Wasserbade zur Trockne. Den Rückstand des verdampften Wassers bringt man in das Hüfner'sche oder Knop'sche Azotometer (S. 82) und zersetzt ihn mit unterbromigsauren Natron. Aus dem abgeschiedenen Stickstoff bestimmt man das im Wasser enthaltene Ammoniak. Steht ein solcher Apparat nicht zu Gebote, so kann man das Ammoniak aus dem oben erhaltenen Rückstand durch Destillation mit Natronlauge bestimmen, indem man das Destillat in verdünnter titrirter Schwefelsäure auffängt. Ist alles Ammoniak ausgetrieben, so ermittelt man die Menge der noch freien Säure mittelst titrirten Barytwassers und hieraus auch die Menge des Ammoniaks.

9. Bestimmung der organischen Substanzen.

Von allen bis jetzt zur Bestimmung der organischen Substanzen angeführten Methoden existirt keine, die vollständig ihren Zweck erfüllt. Da die meisten derselben ziemlich umständlich und immerhin von nur zweifelhaftem Werthe sind, so begnügt man sich ziemlich allgemein mit der Feststellung, wie viel übermangansaures Kali durch die im Wasser enthaltenen organischen Substanzen reducirt wird. Wenngleich nun diese Methode, da verschiedene organische Substanzen je nach ihrer Natur verschiedene Mengen übermangansaures Kali reduciren, ebenso wenig wie die andern einen Zahlenausdruck für die Menge der im Wasser enthaltenen organischen Substanzen giebt, so bietet sie doch immerhin einen Anhaltspunkt für die Beurtheilung des zu untersuchenden Wassers. Zur Ausführung dieser von Kubel angegebenen Methode gebraucht man eine Oxalsäure die 0·63 g im Liter enthält, sowie eine Chamäleonlösung, die man sich durch Auflösen von 0·32 g krystallisirten übermangansauren Kali in 1 l Wasser bereitet. Die Titerstellung der Lösungen muss genau unter denselben Verhältnissen wie späterhin beim Titriren der organischen Substanzen ausgeführt werden. Man verfährt zweckmässig wie folgt.

100 ccm destillirtes Wasser werden in einem geräumigen Kochfläschchen mit 5 ccm verdünnter Schwefelsäure (1:3) versetzt und zum Sieden erhitzt. Darauf lässt man aus einer mit Glashahn versehenen Bürette 3—4 ccm Chamäleonlösung hinzufliessen, kocht die rothe Flüssigkeit 5 Minuten, fügt 10 ccm der titrirten Oxalsäurelösung und schliesslich zu der farblos gewordenen Flüssigkeit Chamäleonlösung bis zur schwachen Röthung hinzu. Bei der Bestimmung der organischen Substanz im Wasser verfährt man in ganz gleicher Weise. Man verwendet ebenfalls 100 ccm Wasser, 5 ccm Schwefelsäure und soviel Chamäleonlösung, dass die rothe Farbe der Flüssigkeit auch beim Kochen nicht verschwindet. Von den bei dem Versuche verbrauchten ccm Chamäleonlösung zieht man die zur Oxydation der 10 ccm Oxalsäure erforderlichen ccm ab und erhält aus der Differenz die zur Oxydation der organischen Substanzen nothwendig gewesene Menge Chamäleonlösung. Enthält das Wasser Salpetersäure, die ebenfalls reducirend auf das übermangansaure Kali einwirkt, so bestimmt man dieselbe in 100 ccm Wasser mit derselben Chamäleonlösung und zieht die Menge derselben von der bei der Bestimmung der organischen Substanzen verbrauchten ab.

Anhang.

I. Qualitativer Nachweis von Salpetriger Säure, Salpetersäure und Ammoniak.

Salpetrige Säure. Zum qualitativen Nachweis der salpetrigen Säure versetzt man 50 ccm Wasser mit einigen Tropfen reiner concentrirter Schwefelsäure und fügt dann etwas Jodzinkstärkelösung[1]) hinzu. Tritt Blaufärbung ein, so ist die Gegenwart von Salpetriger Säure nachgewiesen.

Salpetersäure. Zum Nachweis der Salpetersäure dampft man 1 bis 2 ccm Wasser in einem kleinen Porzellanschälchen zur Trockne, befeuchtet den Rückstand mit einigen Tropfen concentrirter Schwefelsäure, fügt ein stecknadelknopfgrosses Stückchen Brucin hinzu und rührt mit einem dünnen Glasstabe um. Bei Gegenwart von Salpetersäure tritt rosa bis

---

[1]) Zur Bereitung der Jodzinkstärkelösung werden 5 g Stärkemehl in 20 g Chlorzink mit 100 ccm destillirtem Wasser unter Ergänzung des verdampfenden Wassers mehrere Stunden oder so lange gekocht, bis die Häutchen des Amylum's fast vollständig verschwunden sind. Hierauf werden 2 g Jodzink hinzugefügt, zum Liter verdünnt, filtrirt und die klare Flüssigkeit im Dunklen in wohl verschlossenen Flaschen aufbewahrt.

blutrothe Färbung ein. Steht Brucin nicht zu Gebote, so kann man die Schwefelsäure wie folgt nachweisen: 10—20 ccm Wasser werden mit der doppelten Menge concentrirter Schwefelsäure versetzt und zu dem heissen Gemisch ganz verdünnte Indigolösung tropfenweise hinzugefügt. Werden mehr als einige Tropfen entfärbt, so ist Salpetersäure nachgewiesen.

Ammoniak. Zur Prüfung auf Ammoniak werden 100 ccm Wasser mit 0·5 ccm Natronlauge und 1 ccm kohlensauren Natron versetzt. Nach dem Absetzen des Niederschlags wird die klare Flüssigkeit in einen engen Cylinder gegossen und mit 1—2 ccm des Nessler'schen Reagens versetzt. Ist Ammoniak vorhanden, so entsteht eine gelbrothe bis rothe Färbung oder ein ebenso gefärbter Niederschlag.

II. Bestimmung der Härte.

In Fällen, wo es sich um eine möglichst schnelle Bestimmung von Kalk und Magnesia, welche die sogenannte Härte eines Wassers bedingen, handelt, kann man sich mit Vortheil der Methode von Clark, modificirt von Faisst und Knauss bedienen, die darauf beruht, dass eine zu Kalk- (resp. Magnesia-) haltigem Wasser zugesetzte Seifenlösung so lange unter Bildung unlöslicher Kalkseife zersetzt wird, als sich noch Kalk (Magnesia) in Lösung befindet. Man nennt die Härte eines nicht gekochten Wassers Gesammthärte, die des gekochten Wassers permanente Härte und den Unterschied zwischen beiden temporäre Härte. Während erstere die im Wasser enthaltene Gesammtmenge von Kalk und Magnesia angiebt, erfährt man durch die Bestimmung der zweiten, wie viel Kalk und Magnesia an Schwefelsäure (Salpetersäure oder Chlor) gebunden ist und durch die Bestimmnng der dritten die ursprünglich als Bicarbonate gelöst gewesenen Mengen von kohlensaurem Kalk und kohlensaurer Magnesia.

Die zur Ausführung der Härtebestimmungen nöthigen Reagentien bestehen in einer titrirten Seifenlösung und einer Lösung von Chlorbarium zum Einstellen der Ersteren.

Um letztere zu erhalten, löst man 0·523 g reines trocknes Chlorbarium in destillirtem Wasser und füllt bis zum Liter auf; 100 ccm dieser Lösung enthalten eine 0·012 g Kalk äquivalente Menge Chlorbarium und entsprechen 12 deutschen Härtegraden.

Die zur Darstellung der Seifenlösung nöthige Kaliseife bereitet man sich wie folgt: 150 g Bleipflaster, durch Kochen von 9 Thl. Olivenöl mit 5 Thl. Bleiglätte und Wasser bereitet, werden auf dem Wasserbade erweicht, mit 40 g Kaliumcarbanat zu einer gleichförmigen Masse gerieben, letztere mit starkem Alkohol ausgezogen, nach dem Absetzen filtrirt, das Filtrat vom Alkohol durch Destillation befreit und die zurückbleibende Seife im Wasserbade getrocknet. Zur der Stellung der titrirten Seifenlösung löst man 20 g derselben in 1000 g Alkohol von 56° Tr.

100 ccm der oben erwähnten Chlorbariumlösung bringt man in einen Stöpselcylinder von 200 ccm Inhalt mit einer Marke bei 100 ccm und lässt aus einer Bürette so lange Seifenlösung zufliessen, bis nach kräftigem Durchschütteln ein zarter dichter Schaum entsteht. Sollte die Seifenlösung zu concentrirt sein und man zu obigem Versuch weniger als 45 ccm gebrauchen, so verdünnt man mit Alkohol von 56° Tr so weit, dass genau 45 ccm Seifenlösung zur Hervorrufung des Schaums in 100 ccm Chlorbariumlösung erforderlich sind.

Bevor man zur Bestimmung der Gesammthärte schreitet, prüft man durch nachstehend beschriebenen Vorversuch, ob das zu untersuchende Wasser direct oder nach vorhergegangener Verdünnung mit destillirtem Wasser zur Titrirung zu verwenden ist. 20 ccm Wasser werden in einem Reagensgläschen mit etwa 6 ccm der Seifenlösung versetzt und gehörig durchgeschüttelt; erscheint die Flüssigkeit nur opalisirend, so können direct 100 ccm des betreffenden Wassers angewandt werden, hat sich dagegen ein mehr oder weniger starker Niederschlag gebildet oder eine schaumige Haut auf der Oberfläche (Gegenwart der Magnesia) abgeschieden, so verwendet man 10, 20 oder 50 ccm Wasser und verdünnt dieselben bis auf 100 ccm mit destillirtem Wasser. Bei Brunnenwässern wird in den meisten Fällen eine Verdünnung nothwendig sein, da deren Härte fast stets grösser als 12 ist.

Je nach dem Ausfall des Vorversuchs wendet man 10, 20 oder 50 ccm Wasser an, verdünnt sie bis auf 100 ccm mit destillirtem Wasser in dem oben erwähnten Stöpselcylinder und lässt aus einer Bürette von der titrirten Seifenlösung anfangs reichlich, später nur tropfenweise so lange zufliessen, bis nach kräftigem Umschütteln ein dichter zarter Schaum entsteht, der sich mindestens 5 Minuten an der Oberfläche hält. Bei dem zweiten Versuche verwendet man dieselbe Menge Wasser in derselben Verdünnung oder, falls nur wenig Seifenlösung verbraucht worden war, entsprechend mehr. Die verbrauchte Menge Seifenlösung darf jedoch 45 ccm nicht übersteigen.

Aus den verbrauchten ccm Seifenlösung ersieht man mit Hülfe nachstehender Tabelle den entsprechenden Härtegrad, der bei vorhergegangener Verdünnung mit dem Verdünnungscoefficienten zu multipliciren ist.

Tabelle von Faisst und Knauss, welche die den verschiedenen Härtegraden entsprechende Menge Seifenlösung angiebt.

Verbrauchte Seifenlösung	Härtegrad	Verbrauchte Seifenlösung	Härtegrad
3·4 ccm	0·5	11·3 ccm	2·5
5·4 -	1·0	13·2 -	3·0
7·4 -	1·5	15·1 -	3·5
9·4 -	2·0	17·0 -	4·0
Die Differenz von 1 ccm Seifenlösung		18·9 -	4·5
= 0·25 Härtegrad.		20·8 -	5·0

Die Differenz von 1 ccm Seifenlösung
= 0·26 Härtegrad.

Verbrauchte Seifenlösung	Härtegrad	Verbrauchte Seifenlösung	Härtegrad
22·6 ccm	5·5	33·3 ccm	8·5
24·4 -	6·0	35·0 -	9·0
26·2 -	6·5	36·7 -	9·5
28·0 -	7·0	38·4 -	10·0
29·8 -	7·5	40·1 -	10·5
31·6 -	8·0	41·8 -	11·0

Die Differenz von 1 ccm Seifenlösung
= 0·277 Härtegrad.

Die Differenz von 1 ccm Seifenlösung
= 0·294 Härtegrad.

Verbrauchte Seifenlösung	Härtegrad
43·4 ccm	11·5
45·0 -	12·0

Die Differenz von 1 ccm Seifenlösung = 0·31 Härtegrad.

Zur Bestimmung der permamenten Härte kocht man 250—500 ccm in einer geräumigen Kochflasche mindestens $\frac{1}{2}$ Stunde, wobei man von Zeit zu Zeit das verdampfte Wasser durch destillirtes ersetzt. Nach dem Erkalten wird das gekochte Wasser in einen 250 oder 500 ccm-Kolben gegossen, die Kochflasche mit destillirtem Wasser nachgespült, der Kolben bis zur Marke gefüllt, durchgeschüttelt und durch ein trockenes Filter abfiltrirt. In 20, 50 resp. 100 ccm des Filtrats bestimmt man die Härte in der oben angegebenen Weise mittelst Seifenlösung. Aus der Differenz zwischen der Gesammthärte und der permamenten Härte ergiebt sich die temporäre Härte.

In Deutschland ist ein Härtegrad $= 1$ cg CaO im Liter Wasser, in Frankreich 1 cg $Ca\,CO_3$, in England $1^3/_7$ cg $Ca\,CO_3$ und es verhalten sich demnach die deutschen, französischen und englischen Härtegrade wie $0·56 : 1 : 0·70$.

Die Bodenanalyse.

Von

Dr. Aug. Morgen,

I. Assistent an der agriculturchemischen Versuchs-Station zu Halle a./S.

I. Werth und Nutzen der Bodenanalyse.

Die exacte Methode der Bodenuntersuchung datirt seit Anfang der vierziger Jahre, wo Liebig in der ihm eigenen klaren und überzeugenden Weise es ausgesprochen hatte, dass die Pflanze ihre Nahrung aus der Atmosphäre und dem Boden entnehme und dass eine Vegetation nur dann auf einem Boden möglich sei, wenn dieser die Aschenbestandtheile der Pflanze enthalte. Es war leicht erklärlich, dass man sich zunächst einseitig auf die chemische Bodenanalyse warf und auf Grund der Liebig'schen Lehre aus dem gefundenen Gehalt an Pflanzennährstoffen eines Bodens dessen Fruchtbarkeit direct beurtheilen wollte.

Bald fand man indessen, dass man den Werth der chemischen Bodenanalyse überschätzt hatte und dass die Fruchtbarkeit eines Bodens nicht allein von seinem Gehalt an Pflanzennährstoffen, sondern noch von einer grossen Reihe anderer Factoren abhänge. In Folge dieser Erkenntniss entwickelte sich nun zunächst die mechanische und späterhin die physikalische Bodenanalyse.

Heutzutage ist man vollkommen darüber einig, dass auch die eingehendste chemische, physikalische und mechanische Analyse nicht als directer Maassstab für die Fruchtbarkeit des Bodens verwerthet werden kann. Desshalb ist neben der Bodenanalyse der im grossen Maassstab ausgeführte Feldversuch neuerdings immer mehr in seine ihm gebührenden Rechte getreten.

Trotzdem besitzt die Bodenanalyse — abgesehen von ihrer Unentbehrlichkeit als Grundlage für die wissenschaftliche Bodenkunde — in vielen Fällen einen grossen praktischen Werth für die Landwirthschaft. Die mit Sachkenntniss ausgeführte Bodenuntersuchung entscheidet Fragen, zu deren Beantwortung die auf dem Wege der Erfahrung erlangten Kenntnisse des Landwirthes unter keinen Umständen ausreichen. Die Bodenanalyse vermag in vielen Fällen den Grund der Unfruchtbarkeit eines Bodens aufzufinden, z. B. wenn sie die gänzliche Abwesenheit eines Pflanzennährstoffes oder andererseits die Anwesenheit eines der Pflanze schädlichen Stoffes nachweist, wobei sie gleichzeitig die Mittel an die Hand giebt, durch welche die Unfruchtbarkeit des Bodens beseitigt wird. Die Bodenanalyse giebt uns ferner Aufklärung darüber, wesshalb ein Düngemittel in dem einen Falle sehr günstig wirkt, während es in einem anderen Falle ohne jeden Erfolg ist; sie wird uns überhaupt bei der Auswahl der Düngemittel sehr wichtige Fingerzeige zu geben vermögen. Eine sachkundige Untersuchung des Bodens wird uns auch Anhaltspunkte gewähren dafür, ob ein Boden der Erschöpfung entgegengeht oder ob er von noch lange andauernder Fruchtbarkeit sein wird. Kurz, zur Entscheidung dieser und ähnlicher Fragen ist die Bodenanalyse nicht nur sehr werthvoll, sondern sogar durchaus unentbehrlich und unersetzbar.

Der Werth der Bodenanalyse ist indessen auch in den genannten Fällen stets nur dann ein unbedingter, wenn dieselbe nach gleichmässigen, allgemein vereinbarten Methoden ausgeführt wird. Namentlich muss in folgenden Punkten absolute Uebereinstimmung der angewendeten Methoden stattfinden:

1. Die Art und Weise der Probenahme.
2. Die Vorbereitung der Bodenprobe zur Analyse.
3. Das Verfahren bei der mechanischen Analyse.
4. Die Methode der Bestimmung des Absorptionscoefficienten.
5. Die Herstellung der Auszüge, in denen die Bestimmung der einzelnen Bestandtheile ausgeführt wird.

Es ist E. Wolff's grosses Verdienst, die Nothwendigkeit einheitlicher Methoden bei der Bodenuntersuchung hervorgehoben zu haben. Seinen im Jahre 1864 von der Wanderversammlung deutscher Agriculturchemiker zu Göttingen mit wenigen Modificationen acceptirten „Entwurf zur Bodenanalyse"[1] hat er späterhin in seiner „Anleitung zur chemischen Untersuchung landwirthschaftlich wichtiger Stoffe"[2] erweitert und vervollkommnet. Diese Anleitung ist bis auf den heutigen Tag für Bodenanalysen und Bücher über solche maassgebend geblieben. So lange nicht durch Vereinbarung ein anderes Verfahren der Bodenanalyse als besser anerkannt und angenommen wird, halten wir es im Interesse der Vergleichbarkeit der Resultate für das allein Richtige, an den Vorschriften Wolff's festzuhalten[3].

---

[1] Landwirth. Versuchsstationen Bd. **VI**, p. 141 und Zeitschr. anal. Chem. **3**, p. 85.

[2] 2. Aufl. Stuttgart 1867 und 3. Aufl. Berlin 1875.

[3] Auch Knop und Grandeau haben beachtenswerthe Vorschläge zur Ausführung von Bodenanalysen gemacht. Ersterer hat hierbei den rein wissenschaft-

II. Die Probenahme.

Dieselbe ist eine sehr wichtige Operation, auf welche grosse Sorgfalt verwendet werden muss. Im Allgemeinen verfährt man so, dass man ein Loch mit senkrechten Wänden und möglichst horizontaler Bodenfläche von 30—50 cm im Quadrat aussticht, dann von einer Seitenwand einen durchweg gleich dicken Abstich macht und diesen als Probe verwendet. Die Tiefe, bis zu welcher man die Probe nimmt, richtet sich nach der Tiefe der Ackerkrume; man entnimmt die Probe durch die ganze Schicht der Ackerkrume. Als solche bezeichnet man diejenige Erdschicht, welche vom Pfluge durchbrochen wird und welche sich durch ihre physikalische Beschaffenheit — Farbe, Lockerheit, Humusgehalt — vom Untergrund gewöhnlich deutlich abzeichnet.

Soll durch die Bodenanalyse nur ein kleines, eng begrenztes Stück eines Feldes, welches sich vielleicht durch Unfruchtbarkeit oder auch durch besondere Fruchtbarkeit auszeichnet, untersucht werden, so wird es genügen, eine Probe in der eben bezeichneten Weise zu nehmen. Soll die Untersuchung dagegen Aufschluss über die Beschaffenheit des ganzen Feldes geben, so nimmt man eine grössere Anzahl solcher Proben, mischt dieselben sorgfältig und stellt sich hieraus eine Durchschnittsprobe her.

Ist es angezeigt, auch den Untergrund einer Untersuchung zu unterwerfen, so erweitert man entsprechend das zur Entnahme der Ackerkrume-Probe hergestellte Loch, um in gleicher Weise auch die Probe aus dem Untergrund zu entnehmen. Es genügt, dieselbe ebenso tief zu entnehmen, wie die Tiefe der Ackerkrume ist.

Für die richtige Auslegung der Analysenresultate sind an Ort und Stelle bei der Probenahme gemachte Notizen über die äussere Beschaffenheit des Ackers u. s. w. von grossem Nutzen und oft ganz unentbehrlich. In den meisten Fällen genügen folgende Notizen:

1. Tiefe der Ackerkrume.
2. Beschaffenheit des Untergrundes, falls man von diesem keine Probe entnommen hat.

---

lichen Zweck im Auge. („Bonitirung der Ackererde." 2. Aufl. Leipzig 1872.) Letzterer giebt in seinem „Handbuch für agriculturchemische Analysen" (Berlin 1879) keine vollständige Bodenanalyse, sondern ein abgekürztes Verfahren, da er eine verhältnissmässig geringe Anzahl von Bestimmungen in allen Fällen für ausreichend hält. Inwieweit sein von Wolff in vielen wesentlichen Punkten abweichendes Verfahren den Vorzug verdient, kann nur die Zukunft lehren. Die grössere Einfachheit des Grandeau'schen Verfahrens ist kein besonderer Vorzug, da auch das Verfahren Wolff's in jedem einzelnen Falle beliebig vereinfacht werden kann. Von grossem Werthe sind dagegen in dem Werke Grandeau's mehrere vorzügliche, vorher noch nicht bekannte Methoden zur Bestimmung einzelner Körper.

3. Beschaffenheit des Profils oder Querdurchschnittes der Ackerkrume und des Untergrundes, welche man an dem gegrabenen Loch oder besser noch an einem natürlichen Einschnitt beobachtet.

4. Geologische Beschaffenheit des Bodens, geognostischer Ursprung desselben.

5. Klimatische Verhältnisse, Höhe über dem Meere.

6. Lage des Feldes in Bezug auf Himmelsrichtung.

7. Art der Bestellung, Fruchtfolge, Art der Düngung.

8. Höhe der Ernteerträge.

9. Urtheile des praktischen Landwirthes über die Beschaffenheit des Bodens, seine Ertragsfähigkeit im Allgemeinen oder für einzelne Früchte.

10. Ob Drainage oder Berieselung vorhanden ist, resp. Beschaffenheit des Drain- oder Rieselwassers.

11. Beschaffenheit des Bodens nach anhaltender Dürre oder Regenzeit; ob derselbe schnell austrocknet, dabei sehr hart wird etc.

12. Ob der Boden sich leicht oder schwerer bearbeiten lässt.

Zur vollständigen Bodenanalyse sind etwa 5 kg Erde erforderlich.

III. Die Vorbereitung der Probe.

Die dem Acker entnommene Probe wird im Trockenschrank bei 40—50° so lange getrocknet, bis die Erde beim Reiben zwischen den Fingern sich nicht mehr zu Klümpchen zusammenballt, sondern sich leicht zerdrücken lässt. Alsdann lässt man die Erde mindestens 24 Stunden in einer dünnen Schicht ausgebreitet an der Luft stehen, damit sie soviel Feuchtigkeit wieder aufnimmt, als sie unter diesen Umständen vermag. In diesem lufttrockenen Zustande wird die Probe gewogen. Hierauf entfernt man aus derselben die grösseren Steine durch Aussammeln oder besser mittelst eines grobmaschigen Siebes, spült dieselben mit Wasser gut ab, trocknet und wägt sie, stellt ihre mineralogische Beschaffenheit fest und kann dieselben dann auch nach ihrer ungefähren Grösse (Faust-, Ei-, Wallnuss-, Hasselnuss-, Erbsengrösse) sortiren und das Gewicht feststellen.

Die von den Steinen befreite lufttrockene Erde wird durch Zerdrücken mit den Händen oder in einer Reibschale, am besten mittelst eines hölzernen Pistills, zerkleinert und auf ein Blechsieb mit 3 mm weiten Löchern gebracht. Etwa auf dem Siebe zurückbleibende Knollen versucht man nochmals durch mässigen Druck zu zerkleinern und wiederholt dieses so lange, als noch etwas durch das Sieb hindurchgeht. Die schliesslich auf dem Siebe zurückbleibenden Steinchen oder Fasern werden mit Wasser abgespült, getrocknet und gewogen. Das durch das Sieb Hindurchgegangene wird als Feinerde bezeichnet und dient zu allen weiteren Untersuchungen. Man bewahrt dieselbe in verschlossenen Gläsern auf.

IV. Die mechanische oder Schlämm-Analyse.

Dieselbe hat einen doppelten Zweck: 1. die feinerdigen von den gröberen (skelettartigen) Bodenbestandtheilen zu trennen und 2. jeden dieser beiden Bestandtheile (namentlich aber den ersteren) durch geeignete Schlämmapparate weiter zu zerlegen in eine gewisse Anzahl von Gruppen.

A. Die Trennung der Bodenprobe in Feinerde und „Skelett". Letzterer Ausdruck wird von Knop, der den Bau des Bodens mit dem des Thierkörpers vergleicht, gebraucht. Die Kenntniss des Gehaltes des Bodens an Feinerde und Skelett ist aus folgendem Grunde sehr wichtig. Die Feinerde (Thon) ist zwar in chemischer Beziehung als die Trägerin der Fruchtbarkeit anzusprechen, da sie alle Pflanzennährstoffe in reichlicher und in einer den Pflanzenwurzeln zugänglichen Form enthält, dagegen ist sie von ungünstiger physikalischer Beschaffenheit, denn sie ist undurchlassend für Wasser und nach dem Eintrocknen auch undurchdringlich für Luft; auch besitzt sie ein sehr hohes Wasserfassungsvermögen und verändert durch Aufnahme und Abgabe von Wasser ihr Volumen sehr bedeutend. Alle diese für die Fruchtbarkeit eines Bodens ungünstigen Eigenschaften der Feinerde[1]) können vermindert oder vollkommen beseitigt werden durch Beimengung der gröberen, skelettartigen Theile.

Die Trennung in Skelett und feinerdige Bestandtheile wird nun nach E. Wolff's Angaben wie folgt ausgeführt. Von der lufttrockenen Feinerde werden 25—30 g abgewogen und in einer Porzellanschale mindestens 1 Stunde, bei sehr thonreichen Böden 2—3 Stunden mit Wasser gekocht. Während des Kochens sucht man die vollkommene Ablösung der Thontheilchen von den sandigen Bestandtheilen durch häufiges Umrühren und Zerdrücken der Erdmasse mit dem Glasstabe oder mit einem mit Kautschuk überzogenen Pistill oder einem steifen Pinsel so viel wie möglich zu befördern.

Nach Beendigung des Kochens wird die ganze Masse auf ein Sieb mit 1 mm weiten Löchern gegossen, der Rückstand (Skelett) mit Wasser abgespült, getrocknet und gewogen. Ist der Rückstand bedeutend, so kann noch eine weitere Zerlegung desselben durch Siebe von 1—3 mm Weite stattfinden.

---

[1]) Die Knop'sche Feinerde ist selbstredend durchaus verschieden von der in No. III besprochenen Feinerde. Letztere ist die von den grösseren Steinen mittelst eines Siebes von 3 mm Weite befreite Erde, während erstere ein Gemenge nur der allerfeinsten thonigen und sandigen Theilchen ist, deren grösste nach Adolf Mayer einen Durchmesser von 0·3 mm besitzen. Im Folgenden bezeichnen wir zur Vermeidung von Irrthümern die Knop'sche Feinerde stets mit „feinerdige Bestandtheile".

B. Die weitere Zerlegung der feinerdigen Bestandtheile
durch Schlämmapparate. Der durch das 1 mm-Sieb hindurchgegangene
Theil wird mit Hülfe eines Schlämmapparates weiter zerlegt. Die hierzu
angewendeten Apparate lassen sich in zwei Kategorien theilen. Entweder
wird die Trennung der gröberen von den feineren Theilen durch die verschiedene Fallgeschwindigkeit derselben in ruhendem oder bewegtem
Wasser bewirkt. Erstere Apparate heissen Sedimentir-, letztere Spül-
apparate. Bei den Spülapparaten werden die feineren, also specifisch
leichteren Theilchen durch den Wasserstrom mitfortgerissen und hierdurch
von den gröberen, schwereren Theilchen getrennt.

Von den zahlreichen vorhandenen Schlämmapparaten heben wir hier
diejenigen von Schöne, Julius Kühn und Knop hervor. Letztere
beiden sind Sedimentir-Apparate, ersterer gehört zu den Spülapparaten.

Der Schöne'sche Apparat (S. 88) verdient bei wissenschaftlichen
Untersuchungen, wie sie zur Entscheidung von Fragen auf dem Gebiete
der Bodenkunde zur Ausführung kommen, vor allen anderen den Vorzug.
In diesem Apparat ist die Stromgeschwindigkeit des Wassers sehr genau
zu reguliren und es gestattet derselbe eine scharfe Trennung der Boden-
theile in Gruppen, deren Glieder ihrem hydraulischen Werthe nach gleich
sind. Diesen Gruppen, in welche man den Boden mit dem Schöne'schen
Apparat zerlegen kann, legt Fesca[1] als Bodenconstituenten einen grossen
Werth bei. Für rein praktische Bodenuntersuchungen ist jedoch der
Schöne'sche Apparat weniger zu empfehlen, da das Arbeiten mit demselben
Uebung und sehr viel Zeit erfordert. Für praktische Zwecke ist ohnehin
eine so sorgfältige Trennung der Bodenbestandtheile nicht nothwendig und
genügt einer der beiden folgenden Apparate vollkommen.

Der Kühn'sche Apparat. Derselbe besteht aus einem gläsernen
Cylinder mit senkrechten Wänden, welcher im Innern eine Höhe von
28 cm und einen Durchmesser von $8\frac{1}{2}$ cm hat; 5 cm über dem Boden
befindet sich eine Tubulatur, in welcher ein durchbohrter Kautschukstopfen befestigt ist. In der Durchbohrung des Stopfens steckt eine mit
Schlauchstück und Quetschhahn verschlossene Glasröhre.

Die Operation des Schlämmens mit diesem Apparat geschieht in
folgender Weise. Man kocht 30 g der lufttrockenen Feinerde wie oben
angegeben mit Wasser und bringt dann entweder die ganze Masse oder,
nachdem man dieselbe auf das 1 mm weite Sieb gegossen hat, nur das
durch das Sieb Hindurchgegangene in den Schlämmcylinder, füllt diesen
mit Wasser voll, rührt mit einem Glasstab tüchtig um und lässt 10 Minuten ruhig stehen. Alsdann öffnet man den Quetschhahn, lässt durch
die Oeffnung die von den suspendirten feinsten Theilchen stark getrübte

---

[1] Landwirthschaftl. Versuchsstationen Bd. **23**, S. 384.

Flüssigkeit abfliessen, schliesst dann die Oeffnung wieder und füllt den Cylinder von Neuem mit Wasser voll. Man rührt wiederum tüchtig um, lässt jetzt jedoch schon nach 5 Minuten die trübe Flüssigkeit ab und wiederholt dieses Abschlämmen, indem man immer 5 Minuten stehen lässt, so lange, bis nach 5 Minuten langem Stehen das über dem Bodensatz befindliche Wasser im Cylinder nicht mehr getrübt erscheint.

Man hat nun durch die soeben beschriebene Operation die feinsten abschlämmbaren Theilchen von den gröberen, welche in dem Cylinder zurückbleiben, getrennt. Diesen Rückstand spült man in eine Schale, trocknet, wägt und zerlegt ihn alsdann mittelst mehrerer Siebe von verschiedenen Lochweiten in mehrere Gruppen. Hatte man die gekochte Erde, bevor man sie in den Cylinder brachte, durch das 1 mm weite Sieb gegossen, so genügt es, den im Cylinder verbliebenen Rückstand durch ein einziges Sieb mit 0,5 mm weiten Löchern in zwei Gruppen zu zerlegen, von denen die eine die Partikelchen enthält, deren Durchmesser zwischen 0,5 und 1 mm liegt, die andere diejenigen, deren Durchmesser 0,5 mm und darunter ist. Hatte man jedoch die gekochte Erde direct in den Cylinder gebracht, so wendet man zur weiteren Zerlegung des Rückstandes im Cylinder zweckmässig 3 Siebe an, deren Löcher einen Durchmesser von 2, von 1 und von 0,5 mm besitzen. Man erhält auf diese Weise und ebenso auch, wenn man nur die durch das 1 mm- Sieb hindurchgegangene Masse zum Schlämmen verwendet und dann den auf diesem Sieb zurückgebliebenen Rückstand durch das 2 mm-Sieb trennt, folgende 5 Gruppen:

1. Mit dem Durchmesser über   2 mm (feiner Kies)
2. -   -   -   -   1 mm (Perlsand)
3. -   -   -   -   0,5 mm (grober Sand)
4. -   -   -   unter 0,5 mm (feiner Sand)
5. Abschlämmbare Theile.

Das Gewicht der vier ersten Gruppen stellt man im lufttrockenen Zustande fest; das Gewicht der fünften Gruppe ergiebt sich aus der Differenz. Eine directe Bestimmung der aus den Schlämmwassern abfiltrirten und getrockneten Masse geht bei dem Kühne'schen Verfahren wegen der grossen zum Schlämmen verwendeten Wassermenge nicht an. Dagegen ist es empfehlenswerth, das in den Schlämmwassern suspendirte Gemenge der feinsten sandigen und thonigen Bestandtheile durch irgend ein chemisches Reagens auszuscheiden und in der ausgeschiedenen Masse mittelst des Mikroskopes oder der Loupe das gegenseitige quantitative Verhältniss von Sand- und Thontheilchen annähernd zu taxiren. Ueberhaupt empfiehlt sich die mikroskopische Prüfung bei sämmtlichen durch die mechanische Analyse erhaltenen Producten.

Die Abscheidung der im Schlämmwasser suspendirten Theilchen kann durch Zusatz einer aus Stearin, Ammoniak und verdünntem Weingeist bereiteten Seifenlösung bis zum starken Schäumen der umgeschüttelten Flüssigkeit und hierauf folgenden Zusatz von Essigsäure bis zur deutlich sauren Reaction erfolgen. Die sich hierbei abscheidende Fettsäure hüllt die Schlammtheilchen in leicht abfiltrirbare Flocken ein und wird nachher durch Lösungsmittel oder durch Glühen entfernt. Auch schon durch Zusatz von anderthalbfach kohlensaurem Ammoniak oder Salmiak oder durch Erwärmen der Schlämmwasser kann man eine Abscheidung der festen Theilchen erreichen.

Knop hat zwei einfache Schlämmapparate construirt, von denen der eine mit dem Kühn'schen, der andere mit dem früheren von Bennigsen'schen einige Aehnlichkeit besitzt. Wir lassen hier eine kurze Beschreibung beider nach den Angaben Knop's in seiner „Bonitirung der Ackererde" folgen.

Knop verwendet seine Schlämmapparate uur zur Trennung der feinsten Theile der Erde in thonige und sandige Bestandtheile, während er die Trennung aller gröberen Bestandtheile durch Siebe bewerkstelligt. Er bereitet die Bodenprobe zum Schlämmprocess in folgender Weise vor.

50 g der Erde werden mit Wasser in einer Schale einen Tag eingeweicht, die Masse alsdann durch das „Feinsieb", ein Messingdrahtsieb mit Maschen von $^1/_3$—$^1/_4$ mm Durchmesser, gespült, wobei man die Erde mit Hülfe eines Borstenpinsels, zuletzt unter Anwendung eines feinen Wasserstrahles in Bewegung hält. Das auf dem Feinsiebe Zurückbleibende wird nach dem Trocknen durch Siebe mit Löchern von 1, 2, 4 und 7 mm Durchmesser in 5 Gruppen zerlegt, welche als Grobsand, Feinkies, Mittelkies, Grobkies und Gerölle oder Gesteinstrümmer bezeichnet werden. Die durch das Feinsieb hindurchgegangenen „feinerdigen Theile" werden durch den Schlämmprocess in Feinsand und Staub zerlegt. Knop hat zu diesem Zwecke, wie schon erwähnt, zwei Apparate construirt.

Der eine Apparat[1]) ist ein Glascylinder von 5 cm Durchmesser, welcher mit vier Tubulaturen, die in Zwischenräumen von 1 Decimeter angebracht sind und deren unterste sich 4—5 cm über dem Boden befindet, versehen ist. In den Tubulaturen werden mittelst Kautschukstopfen mit Glashähnen versehene Glasröhren angebracht. Letztere haben ungleiche Längen, so dass beim Oeffnen derselben die Wasserstrahlen hintereinander in ein untergesetztes Gefäss fliessen. Man bringt die durch das Feinsieb hindurchgegangene Masse nebst dem trüben Wasser in den Cylinder, füllt diesen mit Wasser bis 1 Decimeter über der obersten Tubulatur an, schüttelt durch, lässt 5 Minuten stehen und dann durch Oeffnen der obersten Tubulatur das trübe Wasser ablaufen. Nach weiteren 5 Minuten wird der zweite, nach abermals 5 Minuten der dritte Hahn geöffnet. Diese Opera-

---

[1]) Knop, „Bonitirung der Ackererde", 2. Aufl. S. 50—51.

tion wiederholt man so lange, bis das Wasser unmittelbar nach dem Schütteln keine Trübung mehr zeigt. Endlich lässt man nach Oeffnen des dritten Hahnes sich setzen und giesst alles Wasser durch das geöffnete unterste Rohr vom Bodensatz ab. Aus den aufgesammelten Schlämmwassern kann man den Schlamm mit Hülfe der oben angeführten Klärungsmittel gewinnen und so direct, anderenfalls aber auch aus dem Verluste bestimmen. Knop bezeichnet diese abschlämmbaren Theile mit „Staub", den im Schlämmapparat zurückbleibenden Rückstand mit „Feinsand".

Der andere Apparat[1]), den Knop zur Trennung der feinsten Theile in Feinsand und Staub verwendet, wird aus einem Bunsen'schen Quecksilbergasometer hergestellt, dessen ausgezogene Spitze man so weit abschneidet, dass die dadurch entstehende obere Oeffnung des Glascylinders noch mit dem Daumen verschliessbar ist. Die am unteren Theile dieses Glascylinders befindliche Tubulatur wird durch ein nach unten gebogenes und in eine Spitze ausgezogenes Glasröhrchen geschlossen, dessen Spitze man durch eine Kautschukkappe verschliessen kann.

In den Apparat werden 5 g der abzuschlämmenden Erde nebst der nöthigen Menge Wasser gebracht, welchem man zweckmässig etwas einer 5 proc. alkoholischen Seifenlösung zusetzen kann, wodurch die Thontheilchen länger suspendirt und dadurch besser abschlämmbar sein sollen. Man verschliesst nun die obere Oeffnung des Cylinders mit dem Daumen, schüttelt, lässt eine bestimmte Anzahl Minuten stehen, schliesst die Oeffnung wiederum mit dem Daumen, entfernt von dem Ausflussröhrchen die Kautschukkappe und lässt die Flüssigkeit durch vorsichtiges Lüften des Daumens so lange ausfliessen, dass dadurch Theile des Bodensatzes nicht mit fortgerissen werden. Diese Operation wiederholt man so lange, bis das Wasser nicht mehr getrübt erscheint.

Ein noch einfacheres Verfahren zur Trennung der feinsten Theile beschreibt E. Wolff in seiner „Anleitung etc." (S. 10). Darnach bringt man die durch das Feinsieb hindurchgegangene Masse in eine Flasche von 1 l Inhalt und 20 cm Höhe, füllt mit Wasser bis zu 18 cm voll, schüttelt und lässt eine bestimmte Zeit lang stehen. Dann zieht man die trübe Flüssigkeit mit Hülfe eines in dem Stopfen der Flasche befestigten Hebers ab. Wolff lässt nach dem Umschütteln und vor dem Abziehen gewöhnlich zuerst 1 Stunde, dann $\frac{1}{2}$ Stunde, hierauf $\frac{1}{4}$ Stunde und zuletzt nur 5 Minuten lang stehen und nimmt für jede Zeitdauer die Operation im Ganzen dreimal vor.

Schon lange ist man zur Ueberzeugung gekommen, dass man durch die mechanische Analyse den Boden immer nur in Gruppen zerlegen kann, welche wohl aus ihrer Grösse oder ihrem hydraulischen Werthe nach gleich-

---

[1]) Knop, „Bonitirung etc." S. 139.

artigen Bestandtheilen bestehen, nicht aber in Gruppen, welche qualitativ, also ihrer Natur nach gleichartige Bestandtheile enthalten. Hauptsächlich handelt es sich hier um eine Trennung der feinsten Bodentheilchen in Kalk, Thon und Sand.

Eine solche Trennung bewerkstelligt Schlösing[1]) in folgender Weise: 10 g Feinerde werden auf einem Siebe mit 1 mm weiten Löchern mit Hülfe eines Borstenpinsels unter Vermeidung von zu viel Wasser abgeschlämmt. Oder man bringt die Feinerde in eine Porzellanschale, übergiesst sie mit Wasser, zerdrückt die Klümpchen sorgfältig mit dem Finger und trennt nun die feinsten suspendirten Theilchen durch Abgiessen des trüben Wassers von den gröberen, bis das Wasser nicht mehr getrübt erscheint, was man mit möglichst wenig Wasser zu erreichen sucht. Oder endlich, man verwendet von den nach einem beliebigen anderen Schlämmverfahren erhaltenen, aus dem Schlämmwasser gewonnenen Schlamm 10 g zu der im Folgenden beschriebenen Bestimmung.

Zu den in einem Becherglase befindlichen suspendirten Theilchen fügt man in kleinen Quantitäten Salpetersäure bis zur deutlich sauren Reaction. Hierdurch wird der Kalk gelöst, während gleichzeitig durch den gebildeten salpetersauren Kalk (aber auch schon durch die blosse Einwirkung der Salpetersäure) der Thon coagulirt. Die Flüssigkeit klärt sich rasch. Den aus Sand und Thon bestehenden, mit Humusstoffen vermengten Bodensatz bringt man auf ein Filter und wäscht mit Wasser so lange aus, bis das Waschwasser kalkfrei ist.

Alsdann durchsticht man das Filter, spritzt den Rückstand in ein Becherglas und setzt 2—3 ccm Ammoniak oder auch 0,5 g Aetzkali hinzu, rührt um und lässt 4—5 Stunden stehen. Hierdurch werden die Humusstoffe gelöst und der Thon wieder befähigt in Wasser suspendirt zu bleiben. Man verdünnt nun mit Wasser, rührt stark um und lässt 24 Stunden stehen, damit der Sand sich zu Boden setzt. Alsdann giesst man die den Thon suspendirt enthaltende Flüssigkeit vom Bodensatz ab und decantirt von Neuem mit Wasser, welches man 24, mindestens aber 12 Stunden stehen lässt, bis die überstehende Flüssigkeit vollkommen klar ist. Der aus Sand bestehende Rückstand wird getrocknet und gewogen.

Die von dem Sande abgegossene, mit den Waschwässern vereinigte Flüssigkeit enthält neben den gelösten Humusstoffen den Thon im suspendirten Zustande. Durch Zusatz von 10 g Chlorammonium, resp. Chlorkalium wird der Thon coagulirt und setzt sich leicht zu Boden, während die Humusstoffe gelöst bleiben. Nachdem der Thon sich vollständig abge-

---

[1]) Comptes rendus 1874, Bd. **78** No. 18 p. 1276. Vgl. auch Biedermann's Centralblatt, 1874, Bd. **VI** p. 83. Ausführlich ist diese Methode auch besprochen in Grandeau's Handbuch der agriculturchemischen Analyse, Berlin 1879 p. 47.

setzt hat, giesst man die darüber stehende Flüssigkeit ab und wäscht den Rückstand durch Decantiren und zuletzt auf dem Filter so lange aus, bis die zuletzt aufgebrachte Flüssigkeit das Filtriren verweigert — ein Beweis, dass der Thon den coagulirten Zustand verloren und seine ursprüngliche Beschaffenheit wieder erlangt hat. Alsdann entfernt man den Rest der auf dem Filter befindlichen klaren Flüssigkeit mittelst eines Hebers, breitet das Filter aus und trocknet es. Hierauf bringt man den Thon, welcher sich gewöhnlich leicht vom Filter ablösen lässt, in eine Platinschale, trocknet bei 100—110° und wägt. Sollte der Thon sich vom Filter nicht vollständig ablösen, so äschert man dasselbe ein und fügt den Glührückstand zu der Hauptmasse des Thones.

V. Die physikalische Analyse.

Eine physikalische Bodenuntersuchung wird nur selten vom analytischen Chemiker verlangt werden. Es hat dies seinen doppelten Grund. Wir besitzen zwar jetzt für viele physikalische Prüfungen des Bodens an und für sich gute Methoden, deren Werth aber sehr dadurch verliert, dass es ganz unmöglich ist, die Bodenarten zur Untersuchung im Laboratorium in derselben Art der Zusammenlagerung zu verwenden, welche sie in der Natur zeigen. Es kann desshalb die Untersuchung niemals ein wahres, oft nicht einmal ein vergleichendes Bild von der physikalischen Beschaffenheit des Bodens geben, wie dieses z. B. bei der Bestimmung der Wassercapacität und des Volumengewichtes ganz besonders der Fall ist.

Andererseits aber besitzt der praktische Landwirth gerade für die Beurtheilung der physikalischen Eigenschaften des Bodens viel mehr Anhaltspunkte als für die Beurtheilung der chemischen Zusammensetzung desselben. Jeder Landwirth kennt seinen Boden in dieser Hinsicht ziemlich genau. Er weiss, ob er kalt oder warm, ob er nass oder trocken, ob er durchlassend, ob er leicht oder schwer ist und ob er leicht oder schwer sich bearbeiten lässt. Dieses Alles giebt ihm oft besseren Aufschluss über die physikalische Beschaffenheit seiner Felder, als die eingehendste Untersuchung im Laboratorium es zu thun im Stande ist.

Von allen physikalischen Eigenschaften dürfte nur die Bestimmung der Absorption auch für den Landwirth von Werth sein, weil zur Beurtheilung der Absorptionsfähigkeit die Erfahrung nicht ausreicht und weil nach Knop's Ansicht gerade die Absorption als beste Bonitirungsmethode anzuerkennen ist.

Die Bestimmung des Absorptionscoefficienten. Unter Absorption versteht man bekanntlich die Eigenschaft der Ackererde, aus Lösungen von Pflanzennährstoffen die letzteren in der Weise aufzunehmen und zu binden, dass dieselben der Erde durch Wasser nicht wieder entzogen werden können. Die Absorption ist für die Fruchtbarkeit von höchster Wichtigkeit, denn sie ist es, welche durch temporäre Unlöslichmachung der Pflanzennährstoffe diese vor dem Auswaschen schützt und damit erst eine rationelle Fruchtfolge und Düngung möglich macht.

Der Boden verhält sich jedoch den verschiedenen Pflanzennährstoffen gegenüber in Bezug auf die Absorption sehr verschieden. Von den Basen wird das Kalium und Ammonium in bedeutendem Maasse absorbirt, für Natrium ist die Absorption schon weit geringer, noch mehr ist dieses beim Magnesium der Fall und das Calcium wird garnicht absorbirt. Von den Säuren wird ausser Kieselsäure, deren Absorption jedoch eine sehr wechselnde ist und die als Pflanzennährstoff auch weniger in Betracht kommt, nur die Phosphorsäure absorbirt. Will man daher das Absorptionsvermögen eines Bodens feststellen, so genügt es, da auch das Natrium als Pflanzennährstoff von keiner Bedeutung ist, dasselbe gegen die Lösungen von Kalium, Ammonium und Phosphorsäure zu ermitteln.

Zur Bestimmung des Absorptionscoefficienten lässt man den Boden mit einer Lösung des betreffenden Nährstoffes von bekannter Concentration einige Zeit in Berührung. Hierauf stellt man abermals die Stärke der angewendeten Nährstofflösung fest und erfährt so aus der Differenz diejenige Menge, welche der Boden absorbirte und, indem man diese auf 100 Th. Boden berechnet, den Absorptionscoefficienten.

Nach der allgemein üblichen Methode wird der Boden mit der Salzlösung in einem Kölbchen digerirt. Da die Absorptionsgrösse abhängig ist von dem Verhältniss zwischen der Menge des Bodens und derjenigen der Salzlösung, ferner von der Concentration der letzteren und von der Temperatur, so ist es, um vergleichbare Resultate zu erhalten, unbedingt nothwendig, nach einem genau vereinbarten Verfahren zu arbeiten.

Man verfährt desshalb nach E. Wolff in folgender Weise. 125 g des lufttrockenen Bodens werden mit je 500 ccm einer Lösung von Chlorkalium, Chlorammonium und gewöhnlichem Natriumphosphat, welche in 1 Liter $^1/_{10}$ Molekül des betreffenden Salzes in Grammen enthält, 24 Stunden lang unter häufigem Umschütteln in Berührung gelassen. Alsdann filtrirt man durch ein trocknes Filter auf einem mit einer Glasplatte bedeckten Trichter und ermittelt in aliquoten Theilen der filtrirten Flüssigkeiten, deren Volumen oder Gewicht man festgestellt hat, den Gehalt an Kali, Ammonium und Phosphorsäure. Von grossem wissenschaftlichen, aber nur geringem praktischen Interesse ist es, in dieser Flüssigkeit auch den Gehalt an den aus dem Boden gelösten Stoffen festzustellen.

Will man das Verhalten des Bodens gegen eine vollständige Nährstofflösung feststellen, so bereitet man sich eine solche, indem man Kaliumnitrat, Calciumnitrat, Magnesiumsulfat und saures Kaliumphosphat ($PO_4 H_2 K$), von jedem Salz $^1/_{50}$ Molekül pro Liter auflöst, 500 ccm dieser Lösung mit 125 g

Boden 24 Stunden unter Umschütteln behandelt, alsdann 300—400 ccm abfiltrirt und hierin die Mengen der sämmtlichen Bestandtheile oder doch jedenfalls die Menge Kalium, Calcium und Phosphorsäure bestimmt.

Man führt die Absorptionsbestimmungen am zweckmässigsten bei einer Temperatur der Lösungen von 17° aus.

Für die Zwecke der Bonitirung genügt es nach Knop[1]) das Absorptionsvermögen des Bodens gegen Ammoniak zu bestimmen. Zu diesem Zwecke werden 50 g der durch das Feinsieb (mit Maschen von $^1/_4$—$^1/_3$ mm) hindurchgegangenen Erde mit 5 g Kreidepulver gemischt. Dieser Zusatz von Kreide ist besonders bei kalkarmen Böden nothwendig und hat den Zweck, die bei der Absorption des Ammoniaks aus dem Chlorammonium frei werdende Salzsäure zu binden. Die Mischung von Boden und Kreide wird alsdann mit 100 ccm einer Salmiaklösung unter öfterem Umschütteln 48 Stunden in Berührung gelassen.

Die Salmiaklösung wird so bereitet, dass sie in 208 ccm 1 g Salmiak = 0,2616 g Stickstoff enthält, welche bei der Zersetzung in Knop's Azotometer genau den Raum von 208 ccm (bei 0° und 760 mm Barometerdruck) einnehmen, so dass also 1 ccm der Lösnng auch 1 ccm Stickstoffgas entspricht. Nach der Digestion mit dieser Lösung wird durch ein trockenes Filter filtrirt und in 20 oder 40 ccm des Filtrates der Stickstoff mittelst des Knop'schen Azotometers (S. 82) bestimmt. Aus der Differenz ergiebt sich die Menge Stickstoff, welche aus 100 ccm der Lösung durch 50 g Erde absorbirt wurde und daraus die Menge, welche 100 g Erde absorbiren. Die Zahl, welche diese Menge Stickstoff in Cubikcentimeter ausdrückt, wird als die Absorptionsgrösse bezeichnet und dient als Maassstab für das Absorptionsvermögen verschiedener Erden.

VI. Die chemische Analyse.

Es ist heutzutage kein Zweifel mehr darüber, dass die chemische Untersuchung des Bodens in den seltensten Fällen von Nutzen ist, wenn sie sich darauf beschränkt, einfach den Gehalt des Bodens an Nährstoffen festzustellen, dass sie dagegen von nicht zu unterschätzendem Werthe sein wird, wenn sie uns Aufschluss giebt über die Löslichkeit der einzelnen Nährstoffe, indem sie feststellt, ein wie grosser Theil eines jeden Nährstoffes leicht löslich ist, wie viel von demselben schwerer löslich oder gänzlich unlöslich ist.

Zu diesem Zwecke behandelt man den Boden mit verschiedenen Lösungsmitteln und zwar nach E. Wolff's Vorschlag mit:

---

[1]) Landwirthsch. Versuchsstationen **XVII** p. 85. Vgl. auch: Ztsch. f. analyt. Chemie XIII p. 101, ferner: Knop, Bonitirung etc. p. 49.

1. Kaltem destillirtem Wasser, bis zu $\frac{1}{4}$ mit reiner Kohlensäure gesättigt.
2. Kalter conc. Salzsäure von 1,15 spec. Gewicht (entsprechend etwa 30% H Cl.)
3. Kochender conc. Salzsäure von gleichem Gehalt.
4. Heisser conc. Schwefelsäure.
5. Fluorwasserstoffsäure.

Im Grossen und Ganzen haben sich die Agriculturchemiker darüber geeinigt, bei vollständigen Bodenanalysen nach Wolff's Vorschlag zu verfahren. Für alle Bodenanalysen aber, welche zur Lösung praktischer Fragen dienen und welche hier also allein in Betracht kommen, kann das Verfahren wesentlich vereinfacht werden, und man ist übereingekommen, in solchen Fällen allein die kalte conc. Salzsäure als Lösungsmittel zu verwenden. Man geht hierbei von der Annahme aus, dass durch dieselbe alle noch zur Ernährung der Pflanze dienende Stoffe gelöst werden. Nur in seltenen Fällen wird es von Interesse sein, auch noch den Auszug mit heisser conc. Salzsäure näher zu untersuchen[1]).

Zu allen Bestimmungen bei der chemischen Analyse wird die lufttrockene Feinerde verwendet. Ein vorheriges Glühen der Erde zur Entfernung der organischen Substanz ist entschieden zu verwerfen, da hierdurch die Löslichkeit vieler Stoffe verändert wird. Doch dürfte es in manchen Fällen zweckmässig sein, die durch das 3 mm-Sieb hindurchgegangene Feinerde noch weiter zu zerkleinern. Zu diesem Zwecke siebt man die Feinerde durch ein Sieb mit 1 mm weiten Maschen, zerkleinert den Rückstand im Stahlmörser so lange, bis er vollständig seiner ganzen Menge nach durch dasselbe Sieb hindurchgegangen ist, mischt das Durchgesiebte tüchtig durch und verwendet es zur Analyse.

A. Bereitung und Untersuchung der Lösung in kalter conc. Salzsäure.

450 g der lufttrockenen Feinerde werden in einer geräumigen, mit Glasstöpsel verschliessbaren Glasflasche mit 1500 ccm conc. reiner[2]) Salzsäure (von 1,15 spec. Gew.) 48 Stunden lang unter häufigem Umschütteln in Berührung gelassen. Darauf giesst man 1000 ccm der Flüssigkeit (entsprechend 300 g Feinerde) möglichst klar ab, verdünnt mit etwas Wasser, filtrirt, wäscht das Filter mit Wasser aus und vereinigt das Waschwasser mit dem Filtrat. Zu der Flüssigkeit fügt man etwa 1 ccm Salpetersäure

---

[1]) Grandeau empfiehlt in seinem Handbuch f. agriculturchem. Analysen, den Boden statt mit Salzsäure mit heisser conc. oder wenig verdünnter Salpetersäure auszuziehen.

[2]) Die Salzsäure muss frei von Arsen sein, da die Anwesenheit von Arsen die Bestimmung der Phosphorsäure unrichtig ausfallen lassen würde.

(zur Zerstörung gelöster Humussubstanz und zur Oxydation etwa vorhandenen Eisenoxyduls) und dampft im Wasserbade zur Trockne, trocknet den Rückstand bei 100—105°, befeuchtet mit conc. Salzsäure, lässt diese einige Zeit einwirken, trocknet dann wieder im Wasserbade ein und löst den Rückstand in warmem Wasser. Die abgeschiedene Kieselsäure wird, falls dies überhaupt von Interesse ist, wie gewöhnlich bestimmt. Noch einfacher ist es, den salzsauren Auszug ohne Verdünnung mit Wasser zu filtriren und vom Filtrat 1000 ccm unter Zusatz von 1 ccm Salpetersäure einzudampfen; man erspart auf diese Art das Auswaschen des Filters und kann das Filtriren dadurch beschleunigen, dass man dazu ein trockenes Faltenfilter verwendet.

Das mit dem Waschwasser der Kieselsäure vereinigte Filtrat bringt man auf 1 Liter und verwendet diese Flüssigkeit zu den nachfolgenden Untersuchungen. (Man kann auch, ohne die Kieselsäure abzufiltriren auf 1 Liter auffüllen und nach dem Auffüllen durch ein trockenes Filter filtriren.) Man bestimmt in drei Portionen 1. Eisenoxyd, Thonerde, (Mangan), Kalk und Magnesia; 2. Schwefelsäure und Alkalien; 3. Phosphorsäure.

1. **Bestimmung von Eisenoxyd, Thonerde, (Mangan), Kalk und Magnesia.** Dieselbe wird nach bekannten Methoden ausgeführt. Man verwendet 200 ccm (= 60 g Feinerde) der obigen Lösung und verdünnt dieselben mit etwas Wasser. Die Bestimmung des Mangans ist nur von geringer Wichtigkeit. Wendet man zur Trennung von Eisenoxyd und Thonerde die Acetatmethode (S. 404) an, so wird es in der Mehrzahl der Fälle genügen, den aus Eisenoxyd, Thonerde und Phosphorsäure bestehenden getrockneten Niederschlag (bei sehr genauen Analysen nach vorheriger Abscheidung geringer Mengen Kieselsäure durch Wiederauflösen in Salzsäure) zu glühen und vom erhaltenen Gesammtgewicht das Gewicht der sub 3. bestimmten Phosphorsäure abzuziehen. Eine etwaige Trennung von Eisenoxyd und Thonerde erfolgt nach bekannten Methoden.

2. **Bestimmung der Schwefelsäure und Alkalien.** Man verwendet 300 oder 400 ccm der ursprünglichen Lösung, entsprechend 90, resp. 120 g Feinerde. Die wichtigste von diesen Bestimmungen ist natürlich die des Kalis.

Man verdünnt mit etwas Wasser, erhitzt zum Sieden und fällt die Schwefelsäure mit Chlorbariumlösung, die man (zur rascheren Abscheidung des Niederschlages) ebenfalls zum Sieden erhitzt hat. Das Filtrat behandelt man zur Bestimmung der Alkalien nach S. 651. Oder man fällt statt mit Ammoniak und kohlensaurem Ammoniak mit reiner Kalkmilch in nicht zu grossem Ueberschuss, kocht und filtrirt. Im Filtrat fällt man den Kalk mit oxalsaurem Ammon, glüht gelinde den Trockenrückstand des neuen Filtrates, nimmt mit heissem Wasser auf, filtrirt, macht mit

Salzsäure sauer und dampft die Chloralkalien in einer Platinschale ein. Die Bestimmung des Kalis geschieht nach S. 226.

Will man nur das Kali (nicht auch das Natron) bestimmen, so fällt man die Schwefelsäure mit Chlorbarium und verfährt mit dem Filtrate nach einer der beiden soeben angegebenen Methoden, nur dass man die zuletzt erhaltene Lösung der Chloralkalien nicht für sich, sondern unter Zusatz von Platinchlorid bis fast zur Trockene eindampft.

Kommt es bei der Bestimmung des Kalis nicht auf grösste Genauigkeit an, so verfährt man zweckmässig wie folgt: 300 oder 400 ccm der ursprünglichen salzsauren (von der Kieselsäure befreiten) Lösung werden in einen 500 ccm-Kolben gegossen und zum Sieden erhitzt. Durch Chlorbarium wird die Schwefelsäure ausgefällt, nach dem Erkalten zu 500 ccm aufgefüllt und durch ein doppeltes Faltenfilter filtrirt. 300—400 ccm des Filtrates werden in dem 500 ccm-Kolben mit überschüssiger Kalkmilch 'gekocht. Nach dem Erkalten füllt man auf, filtrirt und fällt vom Filtrate abermals 300—400 ccm im 500 ccm-Kolben in der Wärme mit oxalsaurem Ammon aus. 300—400 ccm des nunmehr erhaltenen Filtrates werden zur Trockene verdampft, gelinde geglüht und mit wenig Wasser aufgenommen. Man filtrirt durch ein kleines Filter, wäscht aus, säuert das Filtrat mit Salzsäure an und dampft mit Platinchlorid ein. Diese vereinfachte Methode liefert brauchbare, wenn auch nicht absolut genaue Resultate, da bei dem öfter wiederholten Auffüllen durch das Volumen der Niederschläge Fehler entstehen.

3. **Bestimmung der Phosphorsäure.** 400 ccm der ursprünglichen, von der Kieselsäure befreiten Lösung verdampft man im Wasserbade zur Trockene, befeuchtet den Rückstand mit Salpetersäure, digerirt einige Zeit damit, nimmt mit heissem Wasser auf, filtrirt von etwa noch ausgeschiedener Kieselsäure ab, fällt das Filtrat mit Molybdänlösung und lässt 6 Stunden bei 50—60° im Wasserbade stehen oder erhitzt über freier Flamme bis zum Sieden, lässt erkalten und filtrirt[1]). Im Uebrigen verfährt man nach S. 221.

Enthält der Boden nur sehr geringe Mengen Phosphorsäure, so kann man auch den gelben Niederschlag auf einem gewogenen Filter sammeln, zuerst mit verdünnter Molybdänlösung, dann mit verdünnter Salpetersäure auswaschen, bei 100° trocknen und wägen. Man muss in diesem Falle jedoch darauf achten, dass die Temperatur bei Digestion

---

[1]) Beim Fällen muss die Magnesiamixtur tropfenweise zugesetzt werden, alsdann fügt man 25 ccm verdünntes Ammoniak hinzu und filtrirt nach 2 Stunden ab. Ein Zusatz von mehr Ammoniak und ebenso ein längeres Stehen als 2 Stunden lässt nach den analytischen Ergebnissen neuerer Versuche die Bestimmung der Phosphorsäure zu hoch ausfallen.

des Niederschlages 40° nicht übersteigt. Die sonst sich ausscheidende Molybdänsäure lässt sich durch Auswaschen auf dem Filter nicht wieder entfernen. Allerdings wird der hierdurch entstehende Fehler kein allzu bedeutender, da der gelbe Niederschlag nur 3,142 % P_2O_5 enthält[1]). Immerhin wird man diese Methode nur im Nothfall anwenden. Die Bestimmung der Phosphorsäure gehört zu den wichtigsten Bestimmungen im salzsauren Auszug. Es wird daher oft zweckmässig sein, dieselbe doppelt auszuführen. Hat man in den 1000 ccm des salzsauren Auszugs sämmtliche Bestimmungen in der angegebenen Weise ausgeführt und dadurch die ganze Menge der von Kieselsäure befreiten Flüssigkeit verbraucht, so ist es für die Wiederholung der Phosphorsäurebestimmung am zweckmässigsten, wenn man von der ursprünglichen, noch nicht von Kieselsäure befreiten Flüssigkeit, nochmals 200 ccm oder 400 ccm abfiltrirt, zur Trockne verdampft, mit Salpetersäure digerirt, die ausgeschiedene Kieselsäure abfiltrirt und im Filtrat die Phosphorsäure bestimmt. Andererseits kann man aber auch mit den 1000 ccm Lösung sparsamer umgehen, indem man zur Bestimmung der Alkalien nur 300 ccm, zur Bestimmung der Phosphorsäure ebenfalls nur 300 ccm verwendet und auf diese Weise noch 200 ccm zur Controlbebestimmung der Phosphorsäure erübrigt.

B. Lösung mittelst heisser conc. Salzsäure.

Man verwendet hierzu in den allermeisten Fällen eine neue Menge Feinerde, nicht aber den (in der Regel schlecht auszuwaschenden und weiter zu verarbeitenden) Rückstand der Lösung in kalter Salzsäure. Nur bei sehr kalkreichen Bodenarten, bei welchen nach der Behandlung mit kalter Salzsäure ein sehr geringer Rückstand bleibt, kann man letzteren nach dem völligen Auswaschen mit Wasser zur Bereitung des Auszuges mit heisser Salzsäure benutzen. Verwendet man eine neue Probe Feinerde, so hat man natürlich von den gefundenen Mengen der Bestandtheile diejenige abzuziehen, welche im kalten Auszuge gefunden wurde.

150 g Feinerde werden mit 300 ccm conc. Salzsäure von 1,15 spec. Gew. unter häufigem Umschütteln bis zum Sieden erhitzt und genau eine Stunde lang in mässigem Kochen erhalten. Dann verdünnt man mit dem gleichen Volumen Wasser, lässt absitzen, giesst die klare Flüssigkeit durch ein Filter, kocht den Rückstand noch dreimal mit Wasser aus, filtrirt jedesmal die Flüssigkeit ab, bringt dann den Rückstand auch auf dasselbe Filter und wäscht ihn mit heissem Wasser vollständig aus. Mitunter filtrirt die salzsaure Lösung schlecht. Man beugt diesem Uebelstand vor, indem man gleich Anfangs der Salzsäure einige Tropfen Salpetersäure zusetzt. Das Filtrat wird unter Zusatz von Salpetersäure zur Trockene

---

[1]) Fresenius, quantitative Analyse, 5. Auflage p. 174.

verdampft und die Kieselsäure wie gewöhnlich abgeschieden. Die von der abgeschiedenen Kieselsäure abfiltrirte Flüssigkeit wird auf 1 l gebracht und diese Lösung auf dieselbe Weise wie der kalte salzsaure Auszug untersucht.

Die Untersuchung des in heisser Salzsäure unlöslichen Rückstandes kommt nur bei eingehenderen Bodenanalysen zur Ausführung, wesshalb wir uns im Folgenden auf kurze Andeutungen beschränken.

C. Behandlung des in heisser Salzsäure unlöslichen Rückstandes mit heisser conc. Schwefelsäure.

Der Rückstand wird ausgewaschen, getrocknet, vom Filter entfernt, letzteres verascht, die Asche zu der trockenen Masse gefügt, gut vermischt und das Ganze gewogen. Darauf wägt man von der Masse 3 Portionen von 8, 10 und 15 g ab. Diese dienen zu fogenden Bestimmungen:

1. Die Portion von 8 g wird geglüht und dadurch die Menge der in heisser conc. Salzsäure unlöslichen Mineralstoffe festgestellt.

2. In der zweiten Portion von 10 g bestimmt man durch wiederholtes Auskochen mit Natriumcarbonat die darin lösliche Kieselsäure.

3. Die dritte Portion wird in einer Platinschale mit 70—80 g conc. Schwefelsäure erhitzt und unter häufigem Umrühren die letztere alsdann langsam verdampft. Der Rückstand wird mit conc. Salzsäure befeuchtet, auf dem Wasserbade zur Trockne gebracht, dann wiederholt mit Wasser und etwas Salzsäure digerirt, die so erhaltene Lösung von dem Ungelösten durch Filtration getrennt, der Rückstand mit Wasser vollständig ausgewaschen und das Waschwasser mit dem Filtrate vereinigt. Durch diese Behandlung mit conc. Schwefelsäure wird der Thon in Lösung gebracht. In der Lösung bestimmt man Thonerde, Eisenoxyd, Kalk, Magnesia und Alkalien. Das von der conc. Schwefelsäure nicht Gelöste wird in folgender Weise untersucht.

D. Behandlung des in heisser conc. Schwefelsäure unlöslichen Rückstandes mit Fluorwasserstoffsäure.

Man ermittelt das Gewicht des bei 100° getrockneten in heisser conc. Schwefelsäure unlöslichen Rückstandes, mit welchem man ebenfalls die Asche des für sich verbrannten Filters vermischt hat und theilt dann die ganze Menge in zwei Portionen.

1. In der einen Portion wird durch Auskochen mit Natriumcarbonat die Kieselsäure bestimmt.

2. Die zweite Portion wird zunächst geglüht und so die Menge der in heisser conc. Salzsäure und Schwefelsäure unlöslichen Mineralstoffe ermittelt. Die geglühte Masse, welche hauptsächlich die sandigen Bestand-

theile des Bodens repräsentirt, wird alsdann im Achatmörser aufs Feinste zerrieben, mit Wasser nach und nach vollständig abgeschlämmt, das Abgeschlämmte nebst Flüssigkeit eingetrocknet und nochmals geglüht. Von diesem Rückstand werden 3—4 g mit Fluorwasserstoffsäure aufgeschlossen, indem man entweder die Substanz, in einer Platinschale mit conc. Schwefelsäure befeuchtet, im Bleikasten bei 60⁰ Fluorwasserstoff-Dämpfen aussetzt oder indem man das Aufschliessen mit wässeriger Säure oder mit Fluorammonium in bekannter Weise vornimmt. Die erhaltene Lösung wird in derselben Weise, wie der mit conc. Schwefelsäure erhaltene Auszug, untersucht.

E. Bereitung des Auszuges mit kohlensäurehaltigem Wasser.

Man sättigt 500 ccm destillirtes Wasser bei gewöhnlicher Temperatur vollkommen mit Kohlensäure, fügt 1500 ccm destillirtes Wasser hinzu und verwendet dieses zu $^1/_4$ mit Kohlensäure gesättigte Wasser zur Bereitung des Bodenauszugs.

Man übergiesst zu diesem Zweck 500 g der lufttrocknen Feinerde in einer gut verschliessbaren Flasche mit soviel des kohlensäurehaltigen Wassers, dass inclusive der in dem Boden enthaltenen, bei 100⁰ flüchtigen Feuchtigkeit die Gesammtmenge des Wassers 2000 ccm beträgt. Unter häufigem Umschütteln lässt man die Mischung 3 Tage stehen, lässt dann absetzen, giesst die klare Flüssigkeit ab und filtrirt davon durch ein doppeltes Filter im bedeckten Trichter 1000 ccm (= 250 g Feinerde) ab. Das Filtrat wird in einer Platinschale zur Trockene verdampft, der Rückstand bei 125⁰ getrocknet und gewogen. Man erfährt so die Gesammtmenge der in Lösung gegangenen Substanzen. Um auch die Menge der gelösten Mineralstoffe kennen zu lernen, glüht man den Rückstand gelinde unter wiederholter Behandlung mit kohlensaurem Ammoniak und wägt. Dieser Glührückstand kann auch dazu dienen, die Menge einzelner Bestandtheile zu ermitteln.

Will man jedoch die wässerige Lösung vollständig auf alle Bestandtheile untersuchen, so muss man sich ein grosses Quantum darstellen, indem man 1500 g Feinerde in der oben angegebenen Weise mit 6000 ccm zu $^1/_4$ mit Kohlensäure gesättigten Wassers behandelt und davon 4000 ccm abfiltrirt. Das Filtrat wird unter Zusatz von Salzsäure und etwas Salpetersäure zur Trockene verdampft, der Rückstand mit verdünnter Salzsäure digerirt, von der abgeschiedenen Kieselsäure abfiltrirt und im Filtrat, ohne eine Theilung desselben vorzunehmen, die geringen Mengen gelöster Stoffe (Eisenoxyd, Thonerde, Phosphorsäure, Kalk, Magnesia, Kali und Natron) nach den bekannten analytischen Methoden bestimmt.

Für die Beurtheilung der Fruchtbarkeit ist es oft von Wichtigkeit, ein und dieselbe Bodenmenge wiederholt mit kohlensäurehaltigem Wasser zu behandeln. Zu diesem Zwecke ersetzt man die abgegossenen 4000 ccm durch die gleiche Menge reinen kohlensauren Wassers, lässt 3 Tage stehen, zieht wiederum 4000 ccm ab und wiederholt diese Operation 4—5 mal. In den meisten Fällen wird es genügen, den ersten, dritten und fünften oder auch nur den ersten und fünften Auszug näher zu untersuchen. Zeigen beide Auszüge annähernd den gleichen Gehalt an Nährstoffen, so wird man daraus auf eine dauernde Fruchtbarkeit schliessen können, während eine bedeutende Abnahme an Nährstoffen im fünften Auszug gegenüber dem ersten darauf hindeuten würde, dass der Boden leicht und in nicht zu ferner Zeit einer Erschöpfung entgegengeht.

F. Bestimmung einzelner Bestandtheile im Boden.

1. **Hygroskopisches Wasser.** 5—10 g lufttrockene Feinerde werden im Luftbade bei 100—105° bis zur Gewichtsconstanz getrocknet.

2. **Gesammt-Glühverlust.** Die bei 100° getrocknete Probe wird bei gelinder Glühhitze geglüht. Darauf behandelt man mit kohlensaurem Ammon, glüht wieder gelinde und wiederholt dies so lange, bis das Gewicht sich nicht mehr verändert. Bringt man von dem so ermittelten Glühverlust die vorhandene Menge organischer Substanz (s. weiter unten) in Abzug, so ergiebt die Differenz die Menge des chemisch gebundenen Wassers, jedoch oft nur annähernd, indem die Gegenwart grosser Mengen Eisenoxydul, oder von Ammoniak- oder salpetersauren Salzen selbstverständlich Fehlerquellen bildet.

3. **Kohlensäure.** Dieselbe bestimmt man nach einer der vielen Methoden, welche zu diesem Zwecke im Gebrauch sind. Am besten verfährt man wie folgt:

5 g lufttrockene Feinerde werden in ein Kölbchen von 100—150 ccm Inhalt gebracht, welches mit einem doppelt durchbohrten Kautschukstopfen versehen ist. Durch die eine Durchbohrung führt eine Glasröhre bis nahe auf den Boden des Kölbchens, während das andere Ende der Röhre durch einen mittelst Quetschhahn verschliessbaren Kautschukschlauch mit einem Trichter verbunden ist. In der anderen Durchbohrung steckt ein zwei kleine Kugeln enthaltendes Rohr und hieran schliesst sich ein Chlorcalciumrohr nebst Liebig'schem Kaliapparat und Kaliröhrchen. Zur Zersetzung wendet man Salzsäure an. Will man die Kohlensäure maassanalytisch bestimmen, so ersetzt man den Kaliapparat durch ein Pettenkofer'sches Rohr, in welches man ein abgemessenes Volumen Barytwasser von bekanntem Gehalt gebracht hat und bestimmt den nicht mit Kohlensäure gesättigten Theil durch Zurücktitriren mit Oxalsäure unter Anwendung von Rosolsäure als Indicator. Im Uebrigen leitet man die Zersetzung mit Salzsäure in bekannter Weise. Es empfiehlt sich, in den vorderen Theil des Chlorcalciumapparates etwas Blattsilber einzuschalten, um ein Entweichen von Salzsäure sicher zu vermeiden.

4. Kohlenstoff in organischer Verbindung.

a) *Bestimmung mittelst Chromsäure.* Man wendet denselben Apparat an wie zur Bestimmung der Kohlensäure. Nur ist es zweckmässig, statt des mittelst Kautschukschlauch mit dem Trichter verbundenen Glasrohres ein mit einem Glashahn versehenes Röhrchen anzuwenden, welches oberhalb des Glashahnes zu einem geradwandigen Röhrchen (etwa von der Gestalt eines mittelgrossen Reagensglases) erweitert ist. Das erweiterte Rohr kann man mit einem durchbohrten Kautschukstopfen verschliessen, in welchem sich ein Knieerohr befindet. An letzteres schliesst sich beim Durchsaugen der Luft (behufs Ueberführung der in dem Kolben und Chlorcalciumrohr verbliebenen Kohlensäure in den Absorptionsapparat) das Kalirohr, welches die Kohlensäure derselben abhält.

5 g Feinerde werden in dem Kölbchen mit verdünnter Schwefelsäure so lange zum Sieden erhitzt, bis keine Kohlensäure mehr entweicht. Alsdann kühlt man ab, lässt 5 g Chromsäure (oder 7—8 g saures Kalichromat) und hierauf conc. Schwefelsäure zufliessen und verfährt im Uebrigen wie bei einer Kohlensäurebestimmung.

Oder man behandelt 10 g Boden mit 7 g Kaliumpermanganat und 5 g Aetzkali, führt dadurch den Kohlenstoff in kohlensaures und wahrscheinlich auch oxalsaures Kali über, zersetzt dieses durch Schwefelsäure und absorbirt die Kohlensäure in bekannter Weise. Man führt alsdann eine zweite Bestimmung in ganz derselben Weise aber unter Weglassung des Kaliumpermanganats aus, um die Menge der aus den Carbonaten entwickelten Kohlensäure in Abzug bringen zu können.

b) *Bestimmung des Kohlenstoffes durch Elementar-Analyse*[1]). 10 g Boden werden zunächst zur Entfernung der Kohlensäure der Carbonate mit einer conc. Lösung von schwefliger Säure gelinde erwärmt, im Wasserbade zur Trockene verdampft, der Rückstand in ein Platinschiffchen gebracht, dieses in ein Verbrennungsrohr geschoben, dessen vorderer Theil mit Kupferoxyd gefüllt ist, und im Sauerstoffstrom verbrannt.

Nach vergleichenden Bestimmungen, welche von Warington und Peake, den Autoren der beiden letztgenannten Methoden, angestellt wurden, liefert die Verbrennung im Sauerstoffstrom höhere Zahlen als die Oxydation mittelst Chromsäure und Kaliumpermanganat. Mit ersterem Oxydationsmittel soll man nur 72—83, mit letzterem 89—95 % von derjenigen Menge erhalten, welche die Verbrennung liefert. Das letztere Verfahren soll auch leicht und bequem sein und dürfte sich daher als das principiell richtigste sehr empfehlen.

---

[1]) Warington u. Peake. Mittheilungen aus dem Laboratorium zu Rothamsted. Vgl. auch Hoffmann, Jahresbericht Bd. XXIII p. 392, und Berichte d. d. chem. Gesellschaft XIII p. 2096.

Aus dem nach der einen oder der anderen Methode ermittelten Kohlenstoffgehalt kann man die Menge der wasserfreien und stickstofffreien Humussubstanz durch Rechnung finden, wobei man die Angabe E. Wolff's, nach welcher diese Substanz 58 Procent Kohlenstoff enthält, zu Grunde legt. Man findet demnach den Gehalt an Humussubstanz, indem man die erhaltene Menge Kohlenstoff mit 1,714 oder die gefundene Menge Kohlensäure mit 0,471 multiplicirt.

Die directen Bestimmungen der Humussubstanzen sind nicht sehr zuverlässig, können aber oft einen Anhaltspunkt gewähren. Nach Fr. Schulze werden zu diesem Zwecke 5 g Feinerde mit 100 ccm einer 0,5 procentigen Kalilauge $^1/_4$ Stunde gekocht, zu 200 ccm aufgefüllt, durch Glaswolle filtrirt, vom Filtrat ein beliebiges Volumen (z. B. 10 ccm) mit titrirter Chamäleonlösung im Ueberschuss versetzt und die nicht zersetzte Menge des Permanganats nach dem Ansäuern mit Schwefelsäure mittelst titrirter Oxalsäurelösung ermittelt.

Grandeau[1]), welcher glaubt, dass die Humussubstanz die Aufnahme der Nährstoffe durch die Pflanze vermittelt und dass daher die Menge dieser von ihm matière noire genannten Substanz und die Menge der mit derselben — wie er annimmt — chemisch verbundenen Nährstoffe einen directen Maassstab für die Fruchtbarkeit des Bodens abgebe[2]), bestimmt die matière noire, indem er den vorher mit ganz verdünnter Salzsäure behandelten Boden mit Ammoniak extrahirt, worin die matière noire löslich ist, alsdann die ammoniakalische Lösung zur Trockene verdampft und den Rückstand wägt. In einer grösseren Portion der so dargestellten matière noire wird die organische Substanz durch Glühen zerstört und in der Asche die Bestimmung der Nährstoffe, besonders der Phosphorsäure ausgeführt.

Um über die Beschaffenheit der organischen Substanz des Bodens einigen Aufschluss zu erhalten, kann man noch folgende Prüfungen anstellen:

a) Man beobachtet die Reaction des Bodens, indem man denselben in mässig feuchtem Zustande auf empfindliches Lackmuspapier legt. Reagirt der Boden bleibend sauer (eine vorübergehende beim Trocknen des Papieres verschwindende Röthung rührt selbstverständlich von der Kohlensäure her), so kann man die Menge der freien Säure annäherd bestimmen, indem man 50 g Boden mit Wasser kocht und diese Mischung mit verdünntem Barytwasser bis zur schwach alkalischen Reaction versetzt.

b) Man beobachtet die Farbe zweier filtrirten Bodenlösungen, von denen

---

[1]) Handbuch d. agricult. Analyse p. 108.
[2]) Diese Theorie hat übrigens vieles gegen sich.

die eine durch Auskochen von 5 g Boden mit 200 ccm Wasser, die andere mit 200 ccm 5 procentiger Kalilauge bereitet ist.

c) Man ermittelt nach Knop[1]) das Absorptionsvermögen des Bodens gegen Kalk, welches fast ausschliesslich den Humusstoffen zuzuschreiben ist und daher sowohl auf die Mengen als auch auf gewisse Eigenschaften derselben Schlüsse zu ziehen gestattet.

Man bestimmt das Absorptionsvermögen, indem man 100 g Boden mit 200 ccm einer ammoniakalischen Calciumnitratlösung, welche in 200 ccm 1 g CaO und eine der Salpetersäure äquivalente Menge Ammoniak enthält, 24 Stunden unter Umschütteln in Berührung lässt, filtrirt und in einem Theile des Filtrates den Kalk bestimmt.

d) Man bestimmt in den bei der Schlämmanalyse erhaltenen Rückständen den Glühverlust und gewinnt dadurch einige Auskunft über den Grad der Zertheilung, also über die Art der mechanischen Beschaffenheit der organischen Substanz.

e) Auch das Verhältniss, in welchem Kohlenstoff und Stickstoff im Boden enthalten sind, giebt schon einigen Aufschluss über die Beschaffenheit der organischen Substanz.

5. Gesammt-Stickstoff. 5—10 g der lufttrockenen Feinerde werden mit Natronkalk gemischt in einer nicht zu kurzen Röhre verbrannt, das entweichende Ammoniak in titrirter Schwefelsäure aufgefangen und der Ueberschuss letzterer mit Barytwasser ermittelt. (Vgl. S. 101.) Da salpetersaure Salze durch Glühen mit Natronkalk nur bei Gegenwart von genügenden Mengen organischer Substanz vollständig in Ammoniak übergeführt werden, so muss man bei sehr humusarmen, aber verhältnissmässig an Salpetersäure reichen Böden der Erde 0,5 g reinen Rohrzucker zusetzen.

6. Ammoniak. Dasselbe findet sich in der Regel nur in sehr geringen Mengen im Boden. Von den zu seiner Bestimmung gebräuchlichen vielen Methoden seien folgende erwähnt.

a) *Auskochen des Bodens mit gebrannter Magnesia.* Man verfährt nach E. Wolff folgendermaassen: 100 g Feinerde werden mit 500 ccm Wasser, in welchem 5 g ausgeglühte gebrannte Magnesia aufgeschlämmt sind, übergossen, gut umgeschüttelt und 200 ccm bei gleichmässiger Kochhitze abdestillirt. In die Vorlage bringt man ein bestimmtes Volumen Schwefelsäure von bekanntem Gehalt, deren Ueberschuss man zurücktitrirt. Bei sehr geringen Ammoniakmengen empfiehlt es sich, vor dem Titriren das Destillat durch Eindampfen zu concentriren. Auch kann man zur Bestimmung des Ammoniaks im Destillate sehr zweckmässig das Azotometer (S. 82) verwenden. In diesem Falle mischt man das Destillat anstatt mit

---

[1]) Landwirthsch. Versuchsstationen **VIII** p. 40.

titrirter Schwefelsäure mit Salzsäure, dampft zur Trockene und spült den Rückstand in das Zersetzungsgefäss des Azotometers.

Bei Böden, welche reich an leicht zersetzbaren organischen Substanzen sind, erhält man nach dieser Methode zu hohe Zahlen, indem aus ersteren durch die Magnesia Ammoniak frei gemacht wird. Immerhin ist dieses Verfahren zu vergleichenden Bestimmungen anwendbar, wenn man stets genau in derselben Weise verfährt.

b) *Austreiben des Ammoniaks mit Natronlauge nach Schlösing.* Man befeuchtet 50 g Feinerde, die man auf einem grossen Uhrglase oder flachen Schälchen ausgebreitet hat, gleichmässig mit 40 ccm concentrirter Natronlauge (oder auch mit Kalkmilch), setzt schnell auf einem kleinen Glasdreifuss ein Schälchen mit einem passenden Volumen titrirter Schwefelsäure in die Erde und bedeckt das Ganze sofort mit einer Glasglocke, welche durch eine abgeschliffene Glasplatte oder durch Quecksilber luftdicht abgesperrt wird. Nach 48 Stunden ist das Ammoniak aus der Erde ausgetrieben und von der Schwefelsäure absorbirt; durch Zurücktitriren der ungesättigten Säure bestimmt man die Menge desselben. Um ganz sicher zu sein, alles Ammoniak zu finden, das nach dieser Methode erhalten werden kann, rührt man die Erde mittelst eines Glasstabes auf, bringt eine neue Portion titrirter Schwefelsäure in den Apparat und lässt nochmals 48 Stunden stehen. Das Verfahren giebt recht übereinstimmende Resultate, jedoch kann man auch hier nicht völlig sicher behaupten, dass die ganze gefundene Menge Ammoniak als solche schon im Boden fertig gebildet war, da auch in der Kälte durch Einwirkung der Alkalien auf stickstoffhaltige organische Verbindung sich Ammoniak gebildet haben kann — eine Eventualität, auf welche man übrigens bei allen zur Bestimmung des Ammoniaks im Boden vorgeschlagenen Methoden gefasst sein muss. Die von Knop[1]) in Vorschlag gebrachte in ihrer Ausführung so bequeme und einfache Bestimmung des Ammoniaks durch Zersetzen mittelst bromirter Natronlauge im Azotometer, ist für die Bodenuntersuchung weniger zu empfehlen, da Pagel[2]) nachgewiesen hat, dass diese Methode bei humusreichen Böden zu niedrige Resultate liefert, indem der Humus Sauerstoff absorbirt. Auch der Verf. hat an einem anderen Ort[3]) auf Fehlerquellen dieser Methode aufmerksam gemacht.

7. **Salpetersäure.** Man übergiesst 1000 g der lufttrockenen Feinerde mit so viel Wasser, dass die Menge desselben einschliesslich der im Boden vorhandenen Feuchtigkeit zusammen 2000 ccm beträgt. Unter häufigem Umschütteln lässt man 48 Stunden stehen, giesst die klare

---

[1]) Chem. Centralblatt, 1860, p. 540.
[2]) Ztsch. für analyt. Chemie XV, p. 276.
[3]) ibidem XX, p. 37.

Flüssigkeit durch ein Filter und sammelt 1000 ccm des Filtrats in einem Literkolben auf. Man dampft diese Flüssigkeit unter Zusatz von etwas kohlensaurem Natron auf ein kleines Volumen ein. Enthält die Lösung sehr bedeutende Mengen von Humusstoffen, so ist es zweckmässig, diese durch Aufkochen mit Kalkmilch abzuscheiden. Man filtrirt den Niederschlag ab, wäscht aus, fällt im Filtrat den überschüssigen Kalk mit Kohlensäure, filtrirt wieder und bringt das Filtrat, nöthigenfalls nach nochmaligem Eindampfen auf ein bestimmtes Volumen (z. B. 200 oder 300 ccm). Man theilt dann diese Flüssigkeit in zwei gleiche Theile, von denen jeder 250 g der lufttrockenen Feinerde entspricht, um nöthigenfalls zwei Bestimmungen ausführen zu können. Man bedient sich der von Tiemann modificirten Schlösing'schen[1]) Methode (siehe S. 652).

8. **Stickstoff in Form von organischen Verbindungen.** Derselbe wird aus der Differenz gefunden, indem man von dem Gesammtstickstoff diejenige Menge Stickstoff in Abzug bringt, welche in Form von Ammoniak und Salpetersäure vorhanden ist.

9. **Chlor.** Man übergiesst 300 g lufttrockene Feinerde mit soviel destillirtem Wasser, dass einschliesslich der im Boden enthaltenen Feuchtigkeit die Gesammtmenge desselben 900 ccm beträgt, lässt unter Umschütteln 48 Stunden stehen, filtrirt 450 ccm (entsprechend 150 g Feinerde) ab, dampft das Filtrat unter Zusatz von etwas kohlensaurem Natron bis auf etwa 200 ccm ein, filtrirt nochmals und bestimmt in dieser Flüssigkeit das Chlor entweder maass- oder gewichtsanalytisch nach den bekannten Methoden.

10. **Schwefel.** Nicht selten enthält der Boden Schwefel in Form von Schwefelmetallen oder organischen Verbindungen. In diesem Falle wird man in dem geglühten Boden eine grössere Menge von Schwefelsäure finden, als in dem ursprünglichen, nicht geglühten Boden. Da gerade manche Schwefelverbindungen (z. B. Schwefelcalcium) von Nachtheil für die Pflanze sind, auch andere an sich nicht schädliche Schwefelverbindungen (z. B. Schwefeleisen) durch Oxydation in lösliche schädliche Verbindungen (schwefelsaures Eisenoxydul) übergehen, da endlich auch die Gegenwart solcher Verbindungen auf ungünstige physikalische Beschaffenheit des Bodens hindeutet, so kann die Bestimmung desjenigen Schwefels, welcher nicht als Schwefelsäure vorhanden ist, oft von Wichtigkeit sein. Wolff schlägt hierzu folgendes Verfahren ein:

Man übergiesst 25 g der lufttrockenen Feinerde in einer Platinschale mit einer conc. Lösung von salpetersaurem Kali und Kalilauge, trocknet ein und erhitzt bis zum Glühen. Nach dem Erkalten kocht man die Masse mit verdünnter Salzsäure unter Zusatz von etwas Salpetersäure aus, verdampft

---

[1]) Grandeau, Handbuch etc. p. 24 und 118.

zur Abscheidung der Kieselsäure zur Trockne, nimmt mit verdünnter Salzsäure auf und fällt mit Chlorbarium. Von der so gefundenen Menge Schwefelsäure bringt man diejenige Menge in Abzug, welche in dem mit heisser Salzsäure bereiteten Auszuge gefunden wurde. Die Differenz entspricht den anorganischen oder organischen Schwefelverbindungen.

11. **Eisenoxydulsalze.** Die Schädlichkeit dieser Verbindungen, besonders wenn sie in löslichem Zustande vorhanden sind, ist bekannt. Oft kann die Gegenwart derselben der alleinige Grund der Unfruchtbarkeit eines Bodens sein. Leider macht die Gegenwart von organischen Substanzen die genaue Ermittelung der Menge des Eisenoxyduls oft zur Unmöglichkeit. Es genügt in vielen Fällen aber auch schon der qualitative Nachweis desselben, besonders wenn man Rücksicht auf die Löslichkeit nimmt, indem man den Boden in einer Kohlensäure-Atmosphäre mit verschiedenen Lösungsmitteln (Wasser, verdünnter Essigsäure, kalter und heisser Salzsäure, Schwefelsäure, neutralen weinsauren Salzen u. s. w.) behandelt und diese Lösungen qualitativ mittelst Ferridcyankalium auf Eisenoxydul prüft.

Zur quantitativen Bestimmung werden nach Wolff 30 g Feinerde in einer mit aufgesetztem engen Glasrohr vesehenen Kochflasche mit 60 ccm heisser conc. Salzsäure übergossen und nachdem man einige Stückchen Soda oder Marmor in die Flasche geworfen hat, einige Zeit gekocht. Dann verdünnt man stark mit siedendem Wasser, neutralisirt ohne zu filtriren mit Ammoniak oder Natronlauge, bis eben ein Niederschlag entsteht, löst diesen mit einigen Tropfen Salzsäure auf, fällt das Eisenoxyd mit möglichst wenig essigsaurem Natron, filtrirt rasch ab, wäscht mit kochendem Wasser aus, erhitzt das Filtrat, welches das Eisenoxydul enthält zum Sieden, fügt etwas Salzsäure und chlorsaures Kali hinzu und fällt mit essigsaurem Natron. Der Niederschlag wird ausgewaschen, geglüht, in Schwefelsäure gelöst, mit Zink reducirt und das so wieder erzeugte Eisenoxydul mittelst Chamäleon und Oxalsäure bestimmt.

Harnanalyse.

Von

Dr. P. Jeserich,

vereidigter Chemiker der Berliner Gerichte.

Der menschliche Harn besteht im Wesentlichen aus einer Lösung von Harnstoff und anorganischen Stoffen, vorwiegend Chlornatrium. In geringen Mengen finden sich: Milchsäure, Glycerinphosphorsäure, Kreatinin, Xanthin, Indican, an mineralischen Stoffen Phosphate von Kalk, Magnesia, Natron, Eisenoxyd und Sulfate; Ammoniak in Spuren. — Im krankhaften Zustande sind noch Eiweiss, Casein, Fibrin, Blut, Gallenfarbstoffe, Leucin, Tyrosin, Fette, Lecithin, Traubenzucker und Andere im Harne nachgewiesen worden.

Der frisch gelassene Harn soll klar und durchsichtig sein, setzt jedoch bald Schleimwölkchen und mikroskopische Krystallausscheidungen ab. Er hat wechselnde Reaction, meist schwach sauer von sauren Phosphaten. Die Farbe ist vom hellsten Gelb bis zum dunklen Braun, sein specifisches Gewicht ca. 1,017 (von 1,005 bis 1,030), bei Krankheiten wird derselbe merklich verändert.

Die Bestimmung der festen Stoffe des Harnes geschieht meist durch das specifische Gewicht, will man sie gewichts-analytisch machen, so trocknet man ein gemessenes Volum in einem Strome trockener Luft im Wasserbade; diese Bestimmung wird indess selten verlangt. —

Die Auffindung der einzelnen mineralischen Harnbestandtheile geschieht nach dem gewöhnlichen Gange der qualitativen Analyse; die quantitative Analyse ebenfalls nach den üblichen Methoden, die desshalb hier nur anzudeuten sind.

Chlor wird entweder durch Silberlösung d i r e c t im Harn titrirt, oder nach den Verbrennen des mit Salpeter eingedampften und geglühten Harnes, Lösen des Rückstandes in Salpetersäure und Neutralisiren mit reinem kohlensaurem Kalk in angegebener Weise durch Titriren bestimmt.

Phosphorsäure durch Titriren mit Uranlösung, oder gewichts-analytisch nach der Molybdänmethode.

Schwefelsäure durch Fällung mit Chlorbarium aus salzsaurer Lösung.

Kalk, Magnesia, Kali, Natron, Eisen werden nach den gewöhnlichen Methoden bestimmt.

Zur Bestimmung des Gehaltes des **Harnstoffes** ist am besten die Bestimmung des Eintrocknens des Harns mit Oxalsäure auf dem Wasserbade im Hofmeister'schen Schälchen, und Verbrennen des Rückstandes mit Natronkalk nach Will-Varrentrapp. Ganz genügende Resultate liefert die Bestimmung mit dem von P. Wagner verbesserten Knop'schen Azotometer (S. 82). Man verwendet zu dieser Bestimmung 5—10 ccm Harn.

Der Harnstoff zerfällt bei dieser Bestimmung nach der Gleichung

$$CH_4 N_2 O + 3 Br O Na = 3 Br Na + 2 H_2 O + CO_2 + 2 N,$$

die Kohlensäure wird durch die Natronlauge absorbirt.

Die anderen Bestimmungen des Harnstoffes, z. B. durch Titriren mit Quecksilbernitrat, sind nicht genügend genau. — Die Heintz und Bagsky'sche Methode, die in Bestimmung des Harnstoffs durch directes Fällen des Harnes mit Platinchlorid, und zweitens durch Fällen des gleichen Volums Harnes nach Zerstören des Harnstoffes durch Erwärmen mit Schwefelsäure auf 200° und Berechnen des Harnstoffes aus der Differenz der erhaltenen Platinniederschläge besteht, giebt recht genaue Resultate, ist jedoch sehr umständlich.

Harnsäure wird an der Krystallform ihrer Salze, sowie durch die Murexid-Reaction, d. i. durch Eindampfen mit Salpetersäure zur Trockene auf dem Wasserbade und Aufnehmen mit Ammoniak, wobei purpurrothe Färbung eintritt, nachgewiesen.

Zu ihrer quantitativen Bestimmung wird sie aus 100—200 ccm Harn durch Zusatz von ca. 5 ccm Salzsäure oder concentrirter Essigsäure und 48 stündiges Stehen abgeschieden, auf gewogenem und getrocknetem Filter gesammelt, getrocknet und gewogen.

Es ist nach Voit und Schwanert auf je 100 ccm Harn 0,0045 g Harnsäure, die in Lösung bleibt, zuzuaddiren.

Man kann sie auch durch Kochen mit Bleisuperoxyd in Harnstoff und Allantoïn zerlegen und dann den Stickstoff dieser Verbindungen im Azotometer bestimmen.

Kreatinin. Nachweis: 5—10 ccm Harn werden mit einer verdünnten Nitroprussidnatriumlösung versetzt und tropfenweise Natronlauge hinzugefügt: es tritt Rothfärbung ein, die sich nur kurze Zeit hält und in Stroh gelb übergeht.

Quantitativ bestimmt man Kreatinin durch Chlorzinklauge. Man versetzt 300 ccm Harn mit wenig Kalkmilch bis zur alkalischen Reaction, fügt so lange ein Niederschlag entsteht, Chlorcalciumlösung zu, filtrirt nach 2 Stunden, verdunstet im Wasserbade zur Syrupconsistenz und fügt noch warm 50 ccm 95 proc. Weingeist zu.

Man lässt ca. 8 Stunden kalt stehen, filtrirt, wäscht mit Alkohol, fügt $1/2$ ccm Chlorzinklösung[1]) hinzu, rührt gut um, lässt 2—3 Tage stehen, filtrirt, wäscht mit wenig Alkohol, bis das Filtrat keine Chlorreaction mehr giebt und bestimmt das Zink nach irgend einer Methode. Hieraus findet man das Kreatinin nach der Formel für Kreatininchlorzink: $(C_4 H_7 N_3 O)_2 Zn Cl_2$.

Die übrigen im normalen Harne vorkommenden selteneren Körper übergehen wir und verweisen für ihren Nachweis und ihre Bestimmung auf die eingehenden Werke von Neubauer und Vogel und von Zuelzer.

Eiweiss. Der Nachweis und die Bestimmung dieses Körpers wird sehr häufig verlangt.

Zur Prüfung auf Eiweiss erhitzt man den mit Salpetersäure im Ueberschuss versetzten Harn zum Sieden; es tritt bei Gegenwart von Eiweiss eine starke Trübung ein. Essigsäure zum Ansäuren ist nicht zu empfehlen.

Eine zweite Probe wird mit Essigsäure stark sauer gemacht und mit dem gleichen Volum einer gesättigten Glaubersalzlösung zum Sieden erhitzt: Coagulation.

Eine ebenfalls essigsaure Harnprobe wird mit 2—3 Tropfen gelber Blutlaugensalzlösung versetzt: in der Kälte weisser flockiger Niederschlag.

Quantitativ wird das Albumin durch Fällen, Filtriren, Trocknen und Wägen (getrocknetes Filter) bestimmt, oder das Polarisationsvermögen des entfärbten Harnes bestimmt; bei gleichzeitiger Anwesenheit von Zucker werden zwei Polarisationen, eine mit dem unveränderten Harn, die zweite nach Ausscheidung des Eiweisses vorgenommen und aus der Differenz das Albumin gefunden.

Zucker. Als Proben auf Zucker mögen hier erwähnt werden:

Die Trommer'sche von Salkowski modificirte Probe:

Klarer vom Eiweiss befreiter Harn wird mit $1/4$—$1/2$ der officinellen Natronlauge und dann tropfenweise mit Kupfersulfatlösung (1 : 10 Wasser) versetzt; man fügt so lange Kupferlösung zu bis ein Theil des gefallenen Kupferoxydhydrates sich nicht wieder löst; wird erwärmt, so sieht man gelbrothe Streifen von Kupferoxydul; die Reaction muss sofort eintreten.

Verdünnt man eine Harnprobe mit dem gleichen Volum einer Lösung von kohlensaurem Natron, setzt eine geringe Menge Magisterium Bismuthi zu und kocht längere Zeit, so färbt sich das Wismuthsalz je nach der Menge des Zuckers grau bis schwarz; besonders schön ist die Schwarzfärbung nach dem Absetzenlassen als oben auf dem weissen Salz sich ablagernder schwarzer Ring zu sehen.

Versetzt man von Eiweiss befreiten Harn mit etwa dem halben Volumen Aetzkalilauge (1 : 3) schüttelt um und erhitzt im Probirglase nur den oberen Theil der Flüssigkeitssäule, so färbt sich dieser bei Anwesenheit

---

[1]) Alkoholische säurefreie Lösung von 1,2 spec. Gewicht.

von Zucker braunroth, während der untere, zum Vergleich dienende Theil ungefärbt bleibt.

Bringt man zuckerhaltigen Harn in ein Kölbchen mit doppelt durchbohrtem Kork, durch dessen eine Durchbohrung ein gerades Glasrohr bis auf den Boden des Kolbens geht, während durch die andere Durchbohrung ein zweimal rechtwinklig gebogenes Glasrohr geht, das mit dem unteren Rande des Korkes abschneidet, mit dem zweiten verticalen Schenkel jedoch durch den Kork eines zweiten Kölbchens bis auf den Boden dieses Kölbchens geht, während in der anderen Durchbohrung des zweiten Kölbchens ein nur bis unter den Kork reichendes Glasrohr steckt, und fügt zum Harne Hefe (gut gewaschen) hinzu, so wird man bei Gegenwart von Zucker, wenn der kleine Apparat an einem mässig warmen Ort steht und der zweite Kolben mit concentrirter Schwefelsäure gefüllt ist, bald eine Gasentwickelung wahrnehmen und das Gas (von der Gährung des Zuckers herrührende Kohlensäure) durch die Schwefelsäure entweichen sehen können.

Ist das Volumen Harn gemessen und der beschickte Apparat gewogen, so kann man aus dem Verlust an Kohlensäure, den man durch Wägung nach Verlauf der Gährung bestimmt, den Gehalt an Zucker berechnen.

Andererseits prüft man den entfärbten und nöthigenfalls von Eiweiss befreiten Harn mit dem Polarisationsapparat auf Zuckergehalt.

Eine dritte quantitative Bestimmung des Zuckers besteht in der Titrirung des Harnes mit Fehling'scher Lösung. [10 ccm der Lösung = 0,05 g Harnzucker.]

Man verdünnt den Harn so, dass er in maximo $\frac{1}{2}\%$ Zucker enthält, und fügt ihn aus einer Bürette zu 10 ccm Fehling'scher Lösung, welche in einem Kolben unter Zusatz von 40 ccm Wasser zum Kochen erhitzt sind, tropfenweise so lange zu, bis die Flüssigkeit farblos d. i. kupferfrei geworden ist.

Man beobachte die Flüssigkeit bei durchfallendem horizontalen Lichte, nach dem schnell erfolgten Absetzen des ausgeschiedenen Oxyduls, was, je näher man dem Endpunkte der Reaction kommt, desto schneller geht.

Ist durch die letzten zwei bis drei Tropfen der letzte Schimmer der Blaufärbung genommen, so filtrirt man von der kochenden Flüssigkeit eine Probe ab und theilt sie in zwei Theile; den einen Theil prüft man nach dem Ansäuren mit Essigsäure mit Ferrocyankaliumlösung auf Kupfer; tritt keine Braunfärbung ein, so prüft man die zweite Probe durch Erhitzen mit ein paar Tropfen Fehling'scher Lösung auf etwa überschüssig zugesetzten zuckerhaltigen Harn: es darf keine Kupferreduction eintreten.

Man kann übrigens auch das ausgeschiedene Kupferoxydul abfiltriren und quantitativ bestimmen und so den Gehalt von Zucker durch Rechnung finden.

———

Zum Schlusse mögen noch einige mikrochemische Reactionen zur
Prüfung der Harnsedimente hier Platz finden, während für die Aufsuchung
und Bestimmung der seltener im Harn, den Concretionen der Harnwege
vorkommenden Stoffe, deren Beschreibung hier zu weit führen würde, auf
Specialwerke zu verweisen ist.

Man lässt den Harn in einem reinen Gefässe absetzen, bringt das
Sediment nach Decantiren der Flüssigkeit auf den Objectträger des Mikroskopes und prüft bei ca. 300facher Linearvergrösserung. Sind farblose
Krystalle vorhanden, so können dieselben bestehen aus: phosphorsaurer
Ammoniak-Magnesia, saurem phosphorsauren Kalk, Gyps, oxalsaurem Kalk
Cystin, Xanthin, Tyrosin; und zwar bildet Gyps und Tyrosin feine Nadeln,
saurer phosphorsauer Kalk rhombische Prismen, Cystin rhombische oder
sechsseitige, Xanthin sechsseitige Tafeln, oxalsaurer Kalk tetragonale Oc-
taeder, oft wie Briefcouverts aussehend, phosphorsaure Ammoniak-Magnesia
drei- bis vier- oder sechsseitige Prismen mit schrägen Endflächen meist
Sargdeckelförmig.

Farblose Kugeln oder rundliche Anhäufungen sind kohlensaurer oder
oxalsaurer Kalk.

Gelbroth oder braun gefärbte Krystalle sind stets Harnsäure.

Gelbroth oder braun gefärbte kugel- oder morgensternartige Gebilde
sind Urate.

Feine nicht zu bestimmende Körnchen und Kügelchen sind Urate,
Calciumphosphat und Xanthin.

Auf Zusatz eines Tropfens Essigsäure lösen sich: phosphorsaurer und
kohlensaurer Kalk (letzter unter Gasentwicklung), phosporsaure Ammoniak-
Magnesia. Ungelöst bleiben: schwefelsaurer Kalk, oxalsaurer Kalk, Cystin,
Xanthin, Harnsäure. Harnsaure Salze werden unter vorausgehender theil-
weiser oder ganzer Lösung in Krystalle von Harnsäure verwandelt. Man
erkennt letztere nach mehrstündigem Stehen an den gefärbten Krystallen.

Auf Zusatz von Salzsäure zu einer neuen Probe bleiben nur ungelöst:
Harnsäure und schwefelsaurer Kalk.

Durch Ammoniak werden Urate, oxalsaurer, phosphorsaurer, schwefelsaurer Kalk, phosphorsaure Ammoniak-Magnesia nicht verändert, Tyrosin,
Cystin, Xanthin lösen sich leicht, freie Harnsäure wird langsam angeätzt
und mit Körnchen besetzt.

Fett im Harn verschwindet durch Schütteln mit Aether, der das Fett
beim Verdunsten hinterlässt.

Gerichtlich-chemische Untersuchungen.

Von

Dr. P. Jeserich,

vereidigtem Chemiker der Berliner Gerichte.

Da in den nachstehenden Anleitungen zu gerichtlich-chemischen Untersuchungen das bis jetzt vorhandene Material in möglichster Kürze und Gedrängtheit gegeben werden und alles nicht durchaus zur Sache und zum Verständniss selbst Nothwendige möglichst vermieden werden soll, so scheint es angezeigt und gerechtfertigt, wenn wir die geschichtlichen Daten über die Entstehung und Entwickelung der gerichtlichen Chemie ohne Weiteres übergehen und die sich für diesen Theil Interessirenden auf die ausführlichen Angaben in Sonnenschein's gerichtlicher Chemie u. dgl. verweisen.

Es soll deshalb zuerst mit der Stellung des Chemikers als Sachverständigen bei gerichtlichen Untersuchungen begonnen und seine Pflichten und Ansprüche nach Maassgabe der bestehenden Gesetze geschildert werden.

Zum Sachverständigen ernennt nach § 75 Str.-Pr.-O. der Richter; jedoch sollen, wenn für gewisse Arten von Gutachten Sachverständige öffentlich ernannt sind, nur dann andere Personen gewählt werden, wenn besondere Umstände es erfordern.

Der so zum Sachverständigen Ernannte hat (nach § 75 Str.-Pr.-O., § 372 Civ.-Pr.-O.) der Ernennung Folge zu leisten, wenn er zur Erstattung von Gutachten der erforderten Art öffentlich bestellt ist oder wenn er die Wissenschaft, die Kunst oder das Gewerbe, deren Kenntniss Voraussetzung der Begutachtung ist, öffentlich zum Erwerbe ausübt, oder wenn er zur Ausübung derselben bestellt ist.

Im Falle des Nichterscheinens oder der Weigerung eines zur Erstattung des Gutachtens verpflichteten Sachverständigen, wird dieser zum Ersatz der Kosten und zu einer Geldstrafe bis zu 300 Mk. verurtheilt; im Falle wiederholten Ungehorsams kann (nach § 77 Str. Pr. O.) noch einmal eine Geldstrafe bis zu 600 Mk. erkannt werden. —

Nach vorstehenden Paragraphen der Straf-Process-Ordnung könnte es scheinen, als könne jeder mit der Chemie sich öffentlich Beschäftigende (Lehrer, Apotheker, Docent, Gewerbechemiker) zur Uebernahme gerichtlich chemischer Arbeiten ohne weiteres verpflichtet werden; dem ist aber nicht so; wenn der Betreffende auf die an ihn seitens des Richters ergangene Aufforderung zur Leistung einer Untersuchung erklärt, er sei nicht im Stande aus irgend welchen Gründen (Mangel an passenden Localitäten und Einrichtungen, fehlender Uebung u. dgl.) die ihm aufgetragene Arbeit zu übernehmen, so wird stets diese Weigerung als berechtigt angesehen und der Betreffende von der Ausführung der Arbeiten entbunden werden.

Wie schwierig die Untersuchungen von Leichentheilen und dergleichen auf Gift sind, liegt auf der Hand und ist es deshalb nicht oft genug zu empfehlen, vor der Uebernahme solcher Untersuchungen, von deren Ausgang meistens die Existenz eines Menschen abhängig ist, sich Klarheit darüber zu verschaffen, ob man auch vollkommen im Stande sei, Fragen von so weitgehender Bedeutung zu beantworten und alle den Verpflichtungen, die durch Ausführung einer solchen Arbeit übernommen werden, zu genügen. — Man muss die Körper, auf die man bei der Untersuchung zu fahnden und deren Identität man festzustellen hat, selbst genau kennen und ihren Nachweis in früheren Untersuchungen des Oefteren bereits durchgeführt haben, man muss eben, wie Mohr sehr richtig sagt, an der Untersuchung nicht lernen wollen, sondern das bereits Gelernte anwenden.

Ist doch der Begriff „Gift" selbst ein äusserst weiter, ein unmöglich scharf zu definirender, da Körper, welche an und für sich als durchaus unschädlich angesehen werden müssen, unter gewissen Bedingungen eine ausgesprochene giftige Wirkung haben können und alsdann ihr Nachweis vom Chemiker gerichtlicherseits gefordert wird; in diesem Sinne droht auch das Preussische Strafgesetzbuch demjenigen Strafe an, der einem Andern vorsätzlich Gift oder andere Stoffe beibringt, welche die Gesundheit zu zerstören geeignet sind; oder dem, der vorsätzlich Brunnen- oder Wasserbehälter, die zum Gebrauch anderer dienen, oder Waaren, die zum öffentlichen Verkauf oder Verbrauch bestimmt sind, vergiftet oder denselben Stoffe beimischt, von denen ihm bekannt ist, dass sie die menschliche Gesundheit zu zerstören geeignet sind, ingleichen wer solche vergifteten oder mit gefährlichen Stoffen vermischte Sachen wissentlich und mit Verschweigung dieser Eigenschaften verkauft oder feilhält.

Wenn also der Chemiker Kenntniss aller der unter diese Definition fallenden Körper besitzen muss, um deren Nachweis mit Sicherheit liefern zu können, so hat er andererseits, nach Uebernahme der Arbeit, die dabei erforderlichen Vorschriften auf das Strengste inne zu halten.

Er hat sich bei Uebernahme der Untersuchungsobjecte davon zu überzeugen, dass die Gefässe, in denen sie enthalten sind, wohlerhalten, dass die Siegel, welche die Gefässe verschliessen, sowie die etwa zum Verschluss dienenden anderen Hilfsmittel, (Bindfaden, Schlösser etc.) unverletzt und so angebracht sind, dass ein Oeffnen der betreffenden Gefässe, ohne Verletzung des Siegels, beziehungsweise des Verschlussmittels, nicht möglich war.

Er hat die Beschaffenheit der Objecte und ihr Gewicht (d. h. das Gewicht des Gefässes mit Object und später des leeren Gefässes) genau festzustellen.

Die Untersuchung selbst ist einem abgeschlossenen Raume, zu dem Andere keinen Zutritt haben, auszuführen, und es sind bei nöthig gewordener Unterbrechung der Arbeit die Zugänge zum Arbeitsraum sicher zu verschliessen, beziehentlich zu versiegeln.

Für die Untersuchungen hat der Sachverständige eine Vergütung der bei der Arbeit verbrauchten Apparate und Reagentien, sowie der durch dieselbe versäumten Zeit nach Maassgabe der Gebühren-Ordnung zu beanspruchen.

Er erhält für seine Leistungen, beziehungsweise die versäumte Zeit, wozu auch die zur Vorbereitung nöthige Zeit gerechnet wird, nach Maassgabe der erforderlichen Zeitversäumniss eine Vergütung von 2 Mark auf jede angefangene Stunde; für einen Tag darf jedoch nicht mehr als 10 Stunden Versäumniss gerechnet werden (Geb.-O. § 3).

Nach § 4 derselben Ordnung ist dem Sachverständigen bei schwierigen Untersuchungen und Sachprüfungen auf Verlangen für die aufgetragene Leistung eine Vergütung nach dem üblichen Preise derselben und für die ausserdem stattfindende Theilnahme an Terminen die im § 3 bestimmte Vergütung zu gewähren.

Als versäumt gilt für den Sachverständigen auch die Zeit, während welcher er seine gewöhnliche Beschäftigung nicht wieder aufnehmen kann (§ 5).

Als „üblicher Preis" wird vom Regierungs-Medicinalrath, dem die Revision bez. die Festsetzung der liquidirten Gebühren obliegt, nach dem Gesetze vom 9. März 1872 § 8 der Satz von: 12—75 Mark (in maximo) excl. der verbrauchten Apparate und Reagentien angenommen; ein Satz der jedoch nach einer Ministerialverfügung vom 25. Nov. 1872 mehrfach angesetzt werden kann, wenn es sich bei der Untersuchung um die Feststellung mehrerer Beweisthatsachen handelt.

Bei grösseren Untersuchungen, bei denen voraussichtlich eine Gebühr zu fordern sein wird, welche den Maximal-Satz von 75 Mark übersteigt, wird deshalb der untersuchende Chemiker stets gut thun, vorher bei der Behörde, von welcher ihm die Untersuchung übertragen ist, anzufragen, ob ihm auch das zu untersuchende Material als mehrere Beweisthatsachen in Anrechnung gebracht werde, sonst kann es vorkommen, dass ihm eine auf das Sorgfältigste durchgeführte Untersuchung mit möglicherweise mehreren quantitativen Bestimmungen mit nur wenigen Mark honorirt wird; wie z. B. in einem Falle, wo 12 verschiedene Droguen, Pulver, Medicamente und Kräuter bei einer Haussuchung gefunden und beschlagnahmt wurden; die Untersuchung sollte die Beschaffenheit resp. Zusammensetzung der einzelnen Objecte feststellen, es waren eingehende chemische, mikroskopische Untersuchungen jedes Objectes erforderlich, trotzdem wurde, da die sämmtlichen Untersuchungsobjecte zusammen als nur eine Beweisthatsache angesehen wurden, für alle Untersuchungen zusammen nur 75 Mark bewilligt.

Ausser der Entschädigung für die von ihm geleistete Arbeit, hat der Chemiker bei auswärtigen Terminen das verauslagte Post- oder Eisenbahn-Fahrgeld zu beanspruchen und für den durch Abwesenheit vom Aufenthaltsorte verursachten Aufwand, nach seinen persönlichen Verhältnissen, bis höchstens 5 Mark pro Tag und 3 Mark für jede Nacht.

Schliesslich sei noch auf einen besonders wichtigen Paragraphen hingewiesen (§ 16 d. Geb.-Ordn.) nach welchem, die Gebühren dem Sachverständigen nur auf Verlangen desselben gewährt werden, und der Anspruch auf dieselben erlischt, wenn das Verlangen binnen 3 Monaten nach Abgabe des Gutachtens bei der zuständigen Behörde nicht angebracht wird.

Was die Art der Abfassung des die Untersuchung und deren Resultate beschreibenden Gutachtens, wie solches stets von den Behörden eingefordert wird, angeht, so mögen hier nur einige kurze Andeutungen genügen:

Auf die linke obere Seite des halbgebrochenen Foliobogens, der stets auf der rechten Seite mit dem laufenden Text zu beschreiben ist, steht das Actenzeichen und darüber Bezeichnung der Untersuchungssache z. B:

Strafsache (oder Voruntersuchungssache u. dergl.)

c/a

Unbekannt

R. H. 1825/de 83;

auf derselben Seite, unten die Adresse der Behörde, von welcher die Untersuchung eingefordert ist.

Der Bericht selbst beginnt mit Aufführung der ersuchenden Behörde, Datum des Einganges des Gesuches und Wiederholung des Gesuches selbst.

Hieran schliesst sich die Aufzählung der zur Untersuchung übersandten Gegenstände unter gleichzeitiger Erwähnung der Art der Verpackung, der Unverletztheit der Siegel (bez. der Gefässe).

Der nun folgende Bericht über die Untersuchung selbst trägt an der Spitze die Angabe des Gewichtes des Untersuchungsobjectes, worauf eine genaue Beschreibung der ausgeführten Untersuchung folgt und zwar so, dass die einzelnen angestellten Versuche derart beschrieben werden, dass ein anderer Sachverständiger im Stande ist, aus der Beschreibung der Versuche einen Schluss auf die Correctheit der Ausführung derselben zu ziehen; es muss jede einzelne Operation und die dabei auftretenden charakteristischen Erscheinungen (z. B. Entstehung eines Niederschlages, der in den und den Lösungsmitteln löslich, in den und den Lösungsmitteln unlöslich war; Entstehung einer Farbenreaction: Angabe der Farbe etc.) eingehend beschrieben werden.

Es ist nicht gestattet, sich auf bekannte Untersuchungsmethoden ohne nähere Angabe der Versuche selbst zu beziehen. —

Nach Beschreibung der Untersuchung selbst sind die daraus zu ziehenden Schlüsse anzugeben und zum Schluss des Berichtes in kurzen Worten das Resultat der ganzen Untersuchung mit darauf folgender Namensunterschrift.

Nachdem wir so kurz die Ansprüche, Forderungen und Formalitäten bei gerichtlich-chemischen Untersuchungen besprochen, wollen wir in Nachfolgendem zu den Untersuchungen selbst und ihren Ausführungen übergehen.

Bei der ungemein weiten Ausdehnung des hierher gehörigen Materials muss es natürlich dabei sein Bewenden haben, nur die am häufigsten vorkommenden Gifte zu beschreiben, dagegen von den nur in seltenen, vereinzelten Fällen auftretenden Körpern Abstand zu nehmen und dem Untersuchenden für solche Fälle überlassen bleiben, in ausgedehnten Specialwerken Rath zu suchen.

Die Praxis des Gerichtschemikers zerfällt naturgemäss in zwei gesonderte, durchaus von einander verschiedene Theile:

1. die Untersuchung von Leichentheilen, Speiseresten und dergl. auf Gifte, resp. schädliche Stoffe,
2. die mikroskopisch-chemischen Prüfungen, insbesondere den Nachweis, die Bestimmung von Blutflecken, Saamenflecken und Haaruntersuchungen.

Dieser natürlichen Eintheilung gemäss sollen im Folgenden auch die einzelnen Theile behandelt werden und zwar so, dass zuerst die wichtigsten charakteristischen Merkmale und Eigenschaften der einzelnen Gifte besprochen, der Befund bei Vergiftungen mit denselben und ihr Nachweis angegeben werden und alsdann ein allgemeiner Gang für den Nachweis aller wichtigeren Gifte neben- beziehungsweise nacheinander folgt; hieran sollen sich als zweiter Theil die mikroskopisch-chemischen Untersuchungen, die auf den Nachweis von Giften keinen Bezug haben, schliessen.

Für den ersten Theil, nämlich den Nachweis von Giften überhaupt, wird sich wiederum eine Theilung in zwei gesonderte Unterabtheilungen geltend machen, nämlich die:

in organische Gifte und

in anorganische Gifte.

Bevor wir zu diesen gesonderten Theilen übergehen, wollen wir noch Einiges über die dabei anzuwendenden allgemeinen Arbeiten mittheilen und des Näheren ausführen.

Beim Oeffnen der Gefässe, in welchen man die zur Untersuchung gesandten Leichentheile u. s. w. erhalten hat, achte man sogleich auf etwa dabei auftretende abnorme, auffällige Erscheinungen.

Oft genug kann man bei starker Arsenvergiftung an. dem aus den Arsenverbindungen entwickelten stark knoblauchartig riechenden Arsenwasserstoff sicher auf eine Arsenvergiftung hingeleitet werden.

Auch die durch das Vorhandensein von Arsen bedingte Mumificirung und Verhinderung der Fäulniss bieten vielfach bei genauer Beobachtung einen Anhalt.

In anderen Fällen konnte man einen intensiven Geruch (neben dem Fäulnissgeruch) nach Blausäure wahrnehmen, während wieder in anderen Fällen die Leichentheile und Speisereste schon im Dunklen, besonders bei Umrühren ein recht deutliches Leuchten zeigten und somit die Andeutung einer Phosphorvergiftung gegeben war.

Lassen sich dergleichen auffällige Erscheinungen, wie dies wohl meistens der Fall ist, nicht wahrnehmen, so schreite man zunächst zur Prüfung der chemischen Reaction des Objectes.

Man thut dies am besten, indem man einen Streifen Lackmuspapier zur Hälfte in den dickflüssigen Brei, der meistens die Leichentheile umgiebt, taucht und nach kurzem Verweilen herausnimmt, auf eine reine Glasplatte legt und mit lauem destillirten Wasser abspritzt. Man kann so wenn man einen blauen und einen rothen Lackmusstreifen nebeneinander eintaucht, deutlich die Reaction feststellen und wird nicht durch die oft irreleitende Färbung der Extracte selbst getäuscht.

Ist die Reaction fast neutral, so kann man einen weiteren Schluss nicht ziehen, muss jedoch stets den Befund, auch wenn er ein nicht entscheidender war, im Gutachten anführen.

Starke Röthung oder Bläuung des Reagenspapiérs deuten auf Vergiftung mit Säure (resp. sauren Salzen) oder Alkali; jedoch sei hier ausdrücklich bemerkt, dass bei derartigen Vergiftungen (mit Säuren oder Alkali) die Reaction nicht immer abnorm sein muss.

Nach Prüfung der Reaction der Leichentheile muss eine genaue Feststellung der äusseren Eigenschaften derselben selbst erfolgen, da dies vielfach einen recht deutlichen Hinweis für den untersuchenden Chemiker geben kann; so ist beispielsweise bei Ammoniakvergiftungen das Gewebe leicht zerreissbar und weich, bei Schwefelsäurevergiftungen oft geschwärzt, bei Oxalsäurevergiftung röthlich und zu einer Gallerte aufgequollen u. s. w. Die genaue Aufzählung all' dieser Abnormitäten, die hier zu weit führen würde, findet sich im speciellen Theile, meistens sind übrigens derartige

Merkmale von den Obducenten beobachtet und in dem Sectionsprotokoll niedergelegt worden, wesshalb der Chemiker nie versäumen sollte, sich den Einblick in die Acten zu verschaffen, den er nach § 80 der Straf-Process-Ordnung fordern kann.

Als weitere, so zu sagen immer noch vorbereitende Arbeit folgt alsdann die Durchmusterung der einzelnen Theile des Objectes. Man thut gut hierzu die ganze Masse mit destillirtem Wasser zu einem dünnen Brei anzurühren und absetzen zu lassen.

Bei dieser Durchmusterung, die theils mit blossem Auge theils mit einer Lupe erfolgt, hat man besonders den Bodensatz, der sich nach einiger Zeit bildet, zu berücksichtigen. In demselben finden sich häufig abnorme, charakteristische Bestandtheile, die bei einer damit angestellten besonderen qualitativen Analyse Aufschluss über die Art der Vergiftung geben können; so lagen in einem Falle kleine schwere Körperchen am Boden, die sich bei der Prüfung als Arsenik erwiesen. In einem anderen Falle liessen sich deutliche Pflanzenelemente wahrnehmen, die bei genauer Untersuchung und mikroskopischer Prüfung sich als zweifellos von Datura Stramonium herrührend erwiesen, und somit als Beweis dienen konnten, dass ein unfiltrirtes Absud von dieser Pflanze gegeben war, was durch den gleichzeitigen chemischen Nachweis des pupillenerweiternden Daturins bestätigt wurde; in einem dritten Falle wurden noch kleine Stückchen unveränderten Schweinfurter Grüns gefunden. Aehnliche Fälle liessen sich aus der Praxis noch sehr viele und interessante anführen, was jedoch zu weit führen würde, da ja schon durch die bereits angeführten Beispiele zur Genüge der Beweis geliefert sein dürfte, wie wichtig eine genaue Durchsuchung der Untersuchungsobjecte ist, und wie sie Thatsachen zu Tage zu fördern im Stande ist, die für die Beweisführung von allerhöchster Bedeutung sind.

Auf diese Arbeit der äusserlichen Besichtigung folgt dann die eigentliche chemische Untersuchung auf Gifte beziehentlich schädliche Stoffe.

Hierbei ist vor allem, wenn nicht nur auf einen bestimmten Körper Rücksicht genommen werden soll, die Untersuchung möglichst derartig anzuordnen und auszuführen, dass durch die voraufgehenden Operationen, der Nachweis anderer, später nachzuweisender Gifte nicht erschwert oder etwa gar unmöglich gemacht werde.

Ferner ist, wenn irgend möglich, nur ein Theil des zur Verfügung stehenden Materials in Arbeit zu nehmen, damit für den Fall, dass unvorhergesehener Weise durch Springen eines Gefässes, Umfallen desselben oder dergleichen die in Angriff genommene Substanz verloren geht, stets noch Reservematerial für eine zweite Untersuchung vorhanden ist.

Aus demselben Grunde soll man stets das Filtriren, Absetzenlassen, Behandeln mit den verschiedenen Reagentien so weit, wie irgend möglich in recht starken, gegen Zerbrechen möglichst widerstandsfähigen Gefässen vornehmen, und unter die Gefässe, (Cylinder, Bechergläser etc.) wenn angänglich, einen tellerförmigen Untersatz stellen, damit bei etwaigem Bruch die Lösung nicht fortfliesse und verloren gehe.

Ebenso thut man gut, die Erhitzungen, die, wie dies meistens der Fall ist, eine Temperatur von 100° nicht zu übersteigen brauchen, nicht auf directem Feuer, sondern auf dem Wasserbade vorzunehmen und so einem Zerspringen der Gefässe nach Möglichkeit vorzubeugen.

Für die Absonderung, beziehungsweise die Extraction der einzelnen giftigen Körper oder Körpergruppen sind im Allgemeinen noch folgende Vorschriften zu beachten.

Handelt es sich um einen Fall, in dem weder durch unvorsichtige Aeusserungen des Beschuldigten oder durch in seinem Besitze gefundene giftige Stoffe u. dgl., noch durch bei dem Erkranken bez. Sterben des Vergifteten beobachtete Symptome der Vergiftung oder besonders charakteristische Merkmale und Erscheinungen bei der Section irgend welche Andeutungen und Hinweise auf ein bestimmtes Gift gegeben sind, und dies ist sehr häufig der Fall, so muss bei der chemischen Untersuchung sowohl auf organische wie anorganische Gifte Rücksicht genommen werden und zu dem Behufe zuerst eine Extraction der organischen Gifte und dann zum Nachweis der abnormen mineralischen Bestandtheile eine Zerstörung der organischen Massen stattfinden.

Die Extraction der organischen Gifte (Alkaloide) geschieht durch Alkohol.

Es werden die der oben beschriebenen genauen Besichtigung und Durchmusterung unterzogenen Untersuchungsobjecte gut zerkleinert, was am besten durch Zerschneiden der mit einem Rührstabe emporgehobenen Theile mittelst einer Scheere geschieht, und nun, nachdem sie, wenn sie nicht schon selbst sauer sind, schwach sauer gemacht waren (mittelst Oxalsäure oder Weinsäure) mit Alkohol bei schwacher Erwärmung mehrere Stunden unter öfterem und gründlichem Umrühren und Durchkneten stehen gelassen.

Alsdann wird die stark gefärbte Lösung durch ein mit Alkohol befeuchtetes Faltenfilter abgegossen, die Untersuchungsobjecte von Neuem mit Alkohol in angegebener Weise behandelt, das hierbei gewonnene alkoholische Extract mit dem ersten nach dem Filtriren vereinigt, und diese Extraction mit Alkohol so lange fortgesetzt, als derselbe noch Etwas aufzunehmen im Stande ist. Eine drei- bis viermalige Extraction wird in den meisten Fällen bei exactem Arbeiten vollständig ausreichend sein.

Das so erhaltene Gesammt-Extract wird nun auf dem Wasserbade in einer Schale vorsichtig und langsam zur Syrupconsistenz verdampft, der Verdampfungsrückstand mit lauwarmem Wasser aufgenommen, durchgeknetet, vollständig ausgezogen, filtrirt und der wässerige Auszug wieder vorsichtig auf dem Wasserbade verdampft. Der hierbei bleibende Rückstand wird mit Alkohol in der vorhin beschriebenen Weise behandelt und diese Behandlung, abwechselnd mit Alkohol und Wasser, so lange fortgeführt, bis ein Rückstand resultirt, der gleichmässig in Wasser und in Alkohol löslich ist. Dieser Rückstand enthält alle Pflanzenbasen und wird zur Untersuchung auf dieselben verwandt nach dem später zu beschreibenden Gange.

Sämmtliche bei dieser Alkoholextraction erhaltenen Rückstände werden wohl aufgehoben und zur Prüfung auf Mineralgifte vereinigt.

Zum Nachweis letztgenannter Gifte kommt es vor Allem darauf an, dieselben so viel als möglich zu extrahiren und in Lösung zu bringen.

Am vollständigsten und besten könnte man die durch Lösung der vorliegenden organischen Massen selbst erreichen. Eine solche Lösung wie man sie vielleicht durch Einwirkung kaustischer Alkalien erreichen könnte, ist jedoch deshalb nicht anwendbar, weil sich das Filter angreifende und verstopfende, schwer zu filtrirende Lösungen ergeben würden, weil die Niederschläge sich schlecht absetzen würden und kaum auszuwaschen wären und anderes mehr.

Man hat deshalb von vornherein auf diesen Weg verzichtet und ist zunächst darauf bedacht gewesen, die Metalle in Lösung durch Extraction mit Salzsäure zu bringen.

Die Objecte werden mit Salzsäure (selbstverständlich absolut reiner) längere Zeit digerirt; sie schrumpfen hierbei zusammen, die Metalle werden gelöst und man hat schliesslich durch dialytische Wirkung eine vollkommen gleichmässige, alle in Salzsäure löslichen Körper enthaltende saure Lösung, die nach dem Decantiren oder Abfiltriren vom Ungelösten ohne Weiteres zur eingehenden Prüfung verwendbar ist.

Für viele Fälle ist diese Methode der einfachen Salzsäurelösung aufs Angelegentlichste zu empfehlen, in einzelnen Fällen ist sie sogar die einzig mögliche und anwendbare.

Kommt es darauf an den Beweis zu führen, dass in einem Objecte z. B. Quecksilber vorhanden sei, in Gestalt von löslichem Sublimat und nicht als unlöslicher Zinnober, ob Arsen vorhanden sei, als unlösliches Auripigment oder lösliches Arsenik, dann wird man nothwendiger Weise auf die Extraction mit Salzsäure zurückgreifen müssen, um mit Sicherheit das erstrebte Ziel zu erreichen.

Für den allgemeinen Nachweis aller nur denkbaren Mineralgifte aber, und dieses ist zweifelsohne die in den meisten Fällen geforderte Untersuchung, ist die Salzsäureextractions-Methode nicht wohl zu empfehlen, man müsste dann ja stets, wenn nach der Extraction mit Salzsäure in der sauren Lösung Gifte nicht gefunden waren, eine zweite Operation folgen lassen, die durch Einwirkung von Chlor, sei es im status nascendi

45*

durch Einwirken von Salzsäure auf Kaliumchlorat, sei es durch Einleiten von Chlorgas, eine Zerstörung der organischen Massen und Lösung der Metalle bezweckt.

Dass dies zu umständlich und zeitraubend ist, liegt klar auf der Hand und man hat deshalb auch einen anderen Weg, der die Vorzüge der Extractionsmethode mit denen der Zerstörungsmethode durch Oxydation vermittelst Chlorgas in sich vereinigt und dabei äusserst einfach und bequem ist, gesucht und gefunden.

Es ist dies die vereinigte Wirkung von Salzsäure und chlorsaurem Kali, die allen an sie gestellten Anforderungen entspricht und deshalb die seit langer Zeit allgemein angewandte und gebräuchlichste Methode ist.

Sie besteht im Wesentlichen in Folgendem:

Die gut zerkleinerten Objecte werden in einem langhalsigen, nöthigenfalls mit einer gekühlten Vorlage versehenen Kolben gebracht und hier nach Hinzufügung von geringen Mengen absolut reinen Kaliumchlorats (ca. 3—4 g genügen in den meisten Fällen) mit Salzsäure übergossen und auf dem Wasserbade langsam erhitzt.

Alsbald beginnt die Entwickelung von Chlor und dessen Oxydationsproducten, welche eine schnell zerstörende Wirkung auf die organischen Massen und lösende Wirkung auf die etwa vorhandenen Metalle ausüben.

In dem Maasse wie die Entwickelung des Chlores (resp. dessen Oxyde) nachlässt, setzt man neue kleine Mengen chlorsauren Kalis zu und fährt mit dieser Zerstörungsarbeit so lange fort, bis die Massen möglichst entfärbt und zersetzt sind.

Zum Schlusse wird stets eine dünne nur wenig gefärbte Flüssigkeit übrig bleiben, auf der eine fast klare, schwach gefärbte Fettschicht schwimmt.

Die Mengen des chlorsauren Kalis und der Salzsäure die zur Erreichung dieses Resultates erforderlich sind, sind selbstverständlich je nach der Eigenschaft des zu zerstörenden Objectes sehr verschieden; bei einem Kindermagen und stark verwesten Theilen wird natürlich bedeutend weniger erforderlich sein, als bei stark ausgebildeten, wohl erhaltenen Gewebetheilen.

Die jedesmal nöthige Menge wird man erst durch längere Uebung in dergleichen Untersuchungen zu beurtheilen lernen.

Ist die Zerstörung vollständig, so erhitzt man noch ohne weitere Zuführung von Reagentien, einige Zeit auf dem Wasserbade zu Entfernung der sauren Gase, verdünnt dann mit Wasser, lässt nach nochmaligem Erwärmen, ca. 24 Stunden ruhig stehen und filtrirt alsdann durch ein mit Wasser befeuchtetes Filter.

Das mit dem Waschwasser vereinigte Filtrat wird auf dem Wasserbade concentrirt, erkalten gelassen, wenn nöthig nochmals filtrirt, und die so erhaltene, schliesslich klare Flüssigkeit zur weiteren, eingehenden Prüfung auf Metalle nach dem in jedem Falle angezeigten Gange benutzt.

Ausser dieser schon lange Zeit üblichen und gebräuchlichen Methode ist schliesslich noch eine erst in neuerer Zeit veröffentlichte, vom Verfasser im Verein mit Sonnenschein ausgebildete Methode der Zerstörung organischer Massen behufs Untersuchung auf Mineralgifte zu beschreiben, die neben den Vortheilen der Kaliumchlorat-Salzsäuremethode noch den Vorzug gewährt, dass bei derselben die Einführung grösserer Mengen Kalisalze, (also nicht flüchtiger Körper) in das Untersuchungsobject vermieden wird.

In Fällen, in denen es darauf ankommt, den Nachweis von abnormen Mengen von Alkalien in den Untersuchungsobjecten zu erbringen, und solche Fälle gehören nicht zu den seltensten (man denke an Kalilauge, Kleesalz etc.), ist diese Methode als die einfachste und bequemste dringend zu empfehlen, während sie auch bei Fällen, in denen der Nachweis von Alkalien nicht erforderlich, sondern nur nach Metallen zu suchen ist, deshalb der Kaliumchlorat-Salzsäuremethode vorzuziehen ist, weil sie das Einbringen fester Körper und die dadurch stets bewirkte Verlangsamung einzelner Operationen, wie z. B. des Eindampfens und Filtrirens, umgeht.

Es ist dies die Methode der Zerstörung organischer Massen durch gleichzeitige Einwirkung von Salzsäure und wässeriger Chlorsäure.

Die Anwendung derselben ist folgende:

Die gut zerkleinerten Massen (beziehungsweise die bei der Untersuchung auf Pflanzengifte gebliebenen Rückstände) werden mit destillirtem Wasser zu einem dünnen Brei angerührt, bald darauf wird diesem Brei Chlorsäure zugefügt und dann langsam und vorsichtig auf dem Wasserbade erwärmt. Die verdünnte Chlorsäure-Lösung dringt auf diese Weise in die einzelnen Gewebetheile ein und beginnt überall ihr Zerstörungswerk. Schon nach verhältnissmässig recht kurzer Zeit erhält die ganze Masse ein aufgetriebenes, schwammartiges Aussehen und es finden sich nur noch einzelne grössere und deshalb schwerer angreifbare Stückchen, die festere Structur zeigen; man thut gut, die erforderliche Menge Chlorsäure nicht auf einmal, sondern in kleinen Portionen nach einander zuzufügen. Wenn die Chlorsäure in der angegebenen Weise gewirkt hat, so schreitet man zum Zusatz von Salzsäure, die man ebenfalls nicht auf einmal, sondern in kleinen Theilen nach und nach zugiebt; fast augenblicklich tritt eine äusserst energische und starke Wirkung ein.

Die Salzsäure wirkt auf die Chlorsäure, welche bereits in die äussersten und feinsten Poren des Gewebes eingedrungen ist, zersetzend ein, sie entwickelt aus derselben reichliche Mengen Chlor, und gerade dieses im status nascendi entwickelte Chlor übt eine überaus kräftig zerstörende Wirkung aus. In kürzester Zeit ist die ganze Masse unter fortlaufender Gasentwickelung in einen gleichmässig dünnen Brei umgewandelt und schon nach ungefähr 2—3 Stunden haben sich zwei gesonderte Schichten gebildet: eine obenauf schwimmende Schicht von fast reinem, gelblich gefärbtem Fett und eine darunter befindliche, ebenfalls schwach gelblich gefärbte, fast klare Lösung, welche die in Lösung gebrachten Metalle enthält. —

Ist dieser Punkt erreicht, so verdünnt man noch warm mit wenig destillirtem Wasser und lässt langsam erkalten. Die obenauf schwimmende Fettschicht erstarrt sehr bald zu einem festen Kuchen von meistens krystallinischer Structur, den man durchsticht. — Die darunter befindliche Flüssigkeit giesst man ab. War sie nicht ganz klar, so filtrirt man und prüft alsdann auf Metalle.

Als besonders bei dieser Zerstörungsweise zu beachten, muss noch Folgendes erwähnt werden:

Das Zerstören der organischen Massen vermittelst Chlorsäure geschieht am besten in einer flachen offenen Schaale auf dem Wasserbade. Man erreicht so durch die langsame Concentrirung der Chlorsäure eine immer stärker werdende Wirkung und die Chlorsäure wird in dem Maasse, wie sie durch Einwirkung auf die organische Materie und ihre dadurch bedingte Zersetzung schwächer wird, andererseits durch die beim Eindampfen statthabende Concentrirung wieder verstärkt.

In allen den Fällen, wo auf eine flüchtige Chloride bildende Substanz Rücksicht zu nehmen ist, wird man selbstverständlich sich der offenen Schaale nicht bedienen dürfen, sie vielmehr durch einen mit gekühlter Vorlage versehenen Kolben zu ersetzen haben.

Zudem sind noch zwei Punkte als höchst wesentlich aufs Strengste und Sorgfältigste zu beobachten:

Einmal muss dafür Sorge getragen werden, dass bcim Hinzufügen der Salzsäure im zweiten Theile der Operation die Chlorsäure immer im Ueberschuss vorhanden sei, damit nicht etwa sich niedere Oxydationsstufen bilden und verflüchtigen können.

Ob wirklich ein Ueberschuss von Chlorsäure vorhanden ist, kann man mit Leichtigkeit dadurch ermitteln, dass man zur Lösung ein paar Tropfen Salzsäure hinzufügt; selbst wenn nur geringe Mengen unzersetzter Chlorsäure noch vorhanden sind, wird das an seinem intensiven Geruch leicht und scharf zu erkennende Chlorgas entwickelt.

Als zweiter wichtiger Punkt ist zu berücksichtigen, dass die Concentration beim Eindampfen nicht zu weit vor sich gehe.

Wird nämlich die Chlorsäure zu concentrirt, so übt sie eine zu energische Wirkung auf die organischen Massen aus. Die ganze Masse färbt sich schnell schwarz (zuerst beginnt das Schwarzwerden an den Rändern) und die Wirkung steigert sich oft so sehr, dass kleine, von lebhaften Feuererscheinungen begleitete Explosionen stattfinden.

Man kann jedoch noch im entscheidenden Augenblicke durch Zusatz von kaltem destillirten Wasser die Gefahr leicht und vollständig verhindern.

Mit einiger Aufmerksamkeit sind also, die möglicherweise Gefahr bringenden Zufälle leicht zu bemerken und zu verhindern.

Sollte übrigens die Zerstörung der Massen nach dem Concentriren mit Chlorsäure nicht die gewünschte sein, so wird ein zweiter Zusatz von Wasser und Chlorsäure stets das verlangte Resultat ergeben. Nachdem man die Methode einige Male angewandt hat, wird man stets das Richtige leicht und sicher zu treffen im Stande sein und die einzelnen Operationen vollständig beherrschen.

Sollte man genöthigt sein, sich die Chlorsäure selbst darstellen zu müssen, so sind es zwei Wege welche hier in Betracht kommen:

Einmal die Darstellung aus chlorsaurem Baryt, durch Ausfällen in wässriger Lösung mit Schwefelsäure, wobei ein Ueberschuss an Schwefelsäure streng zu vermeiden ist, da er die Haltbarkeit des Präparates gefährdet, und zweitens die Fällung einer Lösung von chlorsaurem Kali durch Kieselfluorwasserstoffsäure und Concentriren der vom Kieselfluorkalium abfiltrirten wässrigen Chlorsäure.

In den meisten Fällen wird man jedoch in der Lage sein, die Chlorsäure fertig beziehen zu können, da sie jetzt im Handel genügend rein und brauchbar vorkommt.

Die vom Verfasser seit 5 Jahren bezogene[1]) Handelschlorsäure hat in dieser Zeit nicht ein mal Grund zur Klage gegeben.

Nachdem so die allgemeinen bei fast allen Untersuchungen ganz oder zum Theil sich wiederholenden Operationen der Untersuchung vorausgeschickt sind, wollen wir im Folgenden auf den Nachweis und die charakteristischen Reactionen der einzelnen Gifte übergehen und an diese Beschreibung eine Schilderung eines allgemeinen Ganges für die Absonderung und den Nachweis aller häufigen vorkommenden Gifte nebeneinander anschliessen.

Es wird auf diese Weise durch blosse Hindeutungen auf den voranstehenden Theil genügende Aufklärung gegeben und so die Erörterungen auf das geringste Maass beschränkt werden können.

Von den speciell zu beschreibenden Giften soll mit den ätzenden Säuren und Alkalien sowie Phosphor begonnen werden, alsdann die Alkaloide folgen, an welche die Mineralgifte sich anreihen werden.

I. Säuren.

Die Vergiftung mit Säuren ist fast immer durch die Spuren, welche die Säuren an den Körpertheilen, welche sie berührt haben, sowie an den Kleidern und dergl. hinterlassen haben, schon äusserlich wahrzunehmen.

---

[1]) Bezogen von Dr. Wilh. Lagrange. Berlin N.W. Georgenstr. 33.

Das Erbrochene, die Speisereste und die Leichentheile selbst zeigen stets, wenn Gegengifte nicht genommen sind, eine stark saure Reaction. Es muss jedoch in jedem Falle der Nachweis geführt werden, dass nicht bloss die Säure vorhanden, sondern dass sie auch in freiem Zustand vorhanden war, da ja vielfach durchaus unschädliche und oft angewandte Salze dieselben Säuren gebunden enthalten.

I. Schwefelsäure.

Der Nachweis dieser Säure wird nicht selten verlangt, da sie oft zur Schädigung von Kleidungsstücken, zur Verletzung des Gesichtes böswilliger Weise benutzt wird und auch vielfach bei Unvorsichtigkeit und Fahrlässigkeit Vergiftung hervorruft.

Sectionsbefund. An den Gesichtstheilen, im Munde, der Speiseröhre etc. finden sich meist verdächtige, weisse (theilweise bräunliche) Flecken.

Die zu untersuchenden Theile sind meist angeätzt und zeigen stark saure Reaction; es sei jedoch ausdrücklich bemerkt, dass selbst bei intensiven Schwefelsäurevergiftungen die Reaction neutral sein kann, wenn nach der Vergiftung viel Wasser oder andere Flüssigkeiten getrunken und viel erbrochen ist.

Nachweis. Die meistens äusserlich schon durch Angeätztsein kenntlichen Objecte werden mit warmem destillirten Wasser längere Zeit digerirt, wenn nöthig filtrirt; die wässrige Lösung wird mit Lackmus auf saure Reaction geprüft; eine weitere Prüfung mit Chlorbarium folgt; ein Niederschlag, weiss, schwer, unlöslich in Salzsäure zeigt Schwefelsäure an. Es ist jedoch zu bemerken, dass auch, wie erwähnt, Sulfate diese Reaction geben, man muss daher stets weiter zum Nachweis der freien Schwefelsäure schreiten:

a) Die freie Schwefelsäure enthaltende Lösung giebt bei ihrem Zusammenbringen mit frisch gefälltem gut gewaschenen Schwefelzink eine sehr deutliche Entwicklung von Schwefelwasserstoffgas (nachweisbar durch Bleipapier). Unterschied von organischen Säuren.

b) Die freie Schwefelsäure haltende Flüssigkeit bräunt auf dem Wasserbade in einem Schälchen mit Zucker eingedampft, den Zucker stark, färbt ihn meistens schwarz.

c) Wird das wässrige Extract vorsichtig und langsam auf dem Wasserbade verdampft, der Rückstand mit Alkohol aufgenommen, filtrirt, nach Zusatz von Wasser wieder verdampft, nochmals mit absolutem Alkohol ausgezogen, so erhält man eine die freie Schwefelsäure enthaltende Lösung, die man mit Chlorbarium in angegebener Weise prüft, oder aus der man durch Erhitzen mit fein vertheiltem Quecksilber oder Kupfer in einer Retorte schweflige Säure entwickelt und in einer gut gekühlten Vorlage condensirt.

Die schweflige Säure wird durch Bläuung von mit Jodsäure und Stärke getränktem Papier und durch Entwicklung von Schwefelwasserstoff beim Zusammenbringen des mit Natronlauge neutralisirten Destillates mit Zink und Schwefelsäure nachgewiesen.

Die quantitative Bestimmung der Schwefelsäure hat durch Fällung mit Chlorbarium in stark salzsaurer Lösung zu erfolgen.

2. Salzsäure.

Vergiftungen mit Salzsäure gehören zu den Seltenheiten.

Sectionsbefund: Aehnlich wie bei Schwefelsäure: Anätzung, saure Reaction.

Nachweis: Extraction mit Wasser, Nachweis von Chlorwasserstoffsäure mit Silbernitrat; kann jedoch von Chloriden herrühren, deshalb ist stets Nachweis der freien Säure erforderlich. Derselbe kann geschehen:

a) Durch Schwefelzink wie bei Schwefelsäure.

b) Durch Destillation (nach Ausfällung mit Galläpfel-Decoct und Filtration) bis zur Trockniss und Untersuchung des Destillates mit Silbernitrat in salpetersaurer Lösung.

3. Salpetersäure.

Vergiftungen mit Salpetersäure sind selten.

Sectionsbefund: Die Vergiftung macht sich stets durch die an den geätzten Stellen sich findenden gelben Flecken bemerkbar; die Flecken werden durch Kalilauge nicht entfärbt, sondern dunkler, röthlichbraun.

Nachweis: Destillation (ev. mit Schwefelsäure) und Prüfung des Destillates auf Salpetersäure: a) In Schwefelsäure gelöstes Brucin mit einem Tropfen einer salpetersäurehaltigen Lösung versetzt giebt eine schöne Rosafärbung.

b) Die zu prüfende Lösung mit Eisenvitriol versetzt und auf concentrirte Schwefelsäure gegossen, erzeugt eine dunkelbraune Zone.

c) Indigolösung wird durch Salpetersäure entfärbt.

d) In Schwefelsäure gelöstes Diphenylamin giebt mit salpetersäurehaltigen Lösungen (tropfenweise) versetzt eine starke blaue Färbung.

4. Königswasser.

Als Gemisch von Salz- und Salpetersäure wird es durch den Nachweis der es zusammensetzenden Bestandtheile, gefunden.

5. Oxalsäure.

Vergiftungen mit Oxalsäure sind häufig.

Sectionsbefund: Die Leichen sind aufgeweicht, die inneren Theile der Leiche gallertartig und röthlich gefärbt.

Nachweis: Eindampfen der zu untersuchenden Theile zur Trockniss, Extraction mit Alkohol, Verdunstungsrückstand des Alkohols mit Wasser aufgenommen und auf Oxalsäure geprüft:

a) Mit Gypswasser geben die Oxalsäure und ihre Salze einen in Mineralsäuren löslichen, in Essigsäure unlöslichen Niederschlag.

b) Beim Erhitzen mit Superoxyden, z. B. Braunstein, giebt freie Oxalsäure eine Entwickelung von Kohlensäure.

Sind Gegengifte gegeben und so unlösliche Salze gebildet, so muss durch Kochen mit kohlensaurem Natron aufgeschlossen und dann erst das so gebildete oxalsaure Natron nachgewiesen werden.

Zur Reindarstellung der Oxalsäure wird das Natronsalz durch Bleiacetat zersetzt, der entstehende Niederschlag gewaschen, in Wasser suspendirt mit Schwefelwasserstoffgas zerlegt, und in der vom Schwefelblei abfiltrirten Flüssigkeit die Oxalsäurekrystalle durch vorsichtiges Eindampfen gewonnen.

Das oxalsaure Kali wird genau wie die Oxalsäure nachgewiesen: Sectionsbefund ist derselbe.

II. Alkalien (kaustische).

Die Alkalien (kaustische) rufen auf den damit in Berührung kommenden Körpertheilen Aetzungen, ähnlich wie die Säuren hervor.

In analoger Weise wie die kaustischen Alkalien, nur schwächer, wirken die kohlensauren Alkalien.

I. Kali.

Die Vergiftungen, welche mit kaustischem Kali vorkommen, sind meistens solche mit Kalilauge, da solche im Handel gebräuchlich ist.

Sectionsbefund: Bei solchen Vergiftungen ist stets eine stark alkalische Reaction der verletzten Theile und deutliche Anätzung, ähnlich wie bei Säuren, wahrzunehmen. Die geätzten Stellen sind glatt und schlüpfrig.

Nachweis: Zum Nachweis wird die stark alkalisch reagirende Flüssigkeit, die durch Extraction mit Wasser gewonnen ist, in einem Kolben auf ca. $\frac{1}{2}$—$\frac{1}{3}$ ihres ursprünglichen Volumens abdestillirt: ist die alkalische Reaction nicht verschwunden, so kann sie nicht von bei etwa eingetretener Verwesung gebildetem Ammoniak herrühren.

Zum Nachweis des Kalis selbst zerstört man einen Theil der Massen in der oben angegebenen Weise (S. 700), mit Chlorsäure und Salzsäure, dampft ein, glüht und extrahirt die Asche mit Wasser, in demselben löst sich das Kali und wird nun mit Platinchlorid in salzsaurer Lösung nachgewiesen: ein gelber, krystallinischer, in Alkohol unlöslicher Niederschlag, der ev. zur quantitativen Bestimmung durch Wägen auf einem bei 110⁰ getrockneten Filter dienen kann.

Als qualitativer Nachweis dient noch:

Die Fällung eines schweren Niederschlages durch Weinsteinsäure (doch darf die Lösung nicht zu verdünnt sein); man thut gut, die kalihaltige Lösung zur Weinsteinsäurelösung tropfenweise zuzufügen.

Die Fällung eines gallertartigen Niederschlages durch Kieselfluorwasserstoffsäure.

Die charakteristische Blauviolettfärbung der Flamme und das Auftreten der für Kali bezeichnenden Spectralbänder bei Beobachtung im Spectralapparate.

Der Nachweis von kohlensaurem Kali erfolgt in derselben Weise wie bei Aetzkali.

Auf dem Objectträger unter Zusatz von Salpetersäure krystallisirt, zeigt Kali gestreifte dünne Prismen.

2. Natron.

Analog, doch minder heftig wie die Wirkung des Kalis, ist die des Natrons.

Der Sectionsbefund ist derselbe.

Der Nachweis wird in derselben Weise wie beim Kali geführt. Die Natronsalze geben mit antimonsaurem Kali in neutraler wässeriger Lösung einen krystallinischen Niederschlag, sie werden ausserdem durch die charakteristische Gelbfärbung der Flamme, sowie die betreffenden Spectrallinien im Spectrum erkannt.

Lässt man Natron auf einem Objectträger unter Zusatz von Salpetersäure krystallisiren, so zeigt es rhombische Platten.

Kohlensaures Natron wird wie Aetznatron nachgewiesen.

3. Ammoniak.

Auch Vergiftungen mit Ammoniak (Salmiakgeist) kommen recht häufig vor.

Sectionsbefund: Der Befund bei diesen Vergiftungen ist ähnlich dem bei Kali und Natron, die Aetzungen sind scharf und deutlich, das Blut dünnflüssig.

Nachweis: In vielen Fällen wird Ammoniak schon an dem charakteristischen Geruch und dem Entweichen der alkalischen reagirenden Gase erkannt.

Man destillirt das wässerige Extract des Untersuchungsobjectes in eine gut gekühlte Vorlage über, bis der Rückstand neutral oder schwach sauer reagirt ($^2/_3$ der ganzen Menge überzudestilliren genügt meistens). Dass bei Theilen, welche schon stark verwest sind und selbst Ammoniak entwickelt haben, der Nachweis schwer oder gar nicht zu führen ist, leuchtet ein.

Im Destillat wird Ammoniak nachgewiesen:

Durch Entstehung eines gelben Niederschlages auf Zusatz von Phosphormolybdänsäure; der Niederschlag ist in Säure unlöslich, dagegen löslich in Alkalien.

Durch Bildung einer Rothfärbung, beziehungsweise bei grösseren Mengen eines rothen Niederschlages bei Zusatz von Nessler's Reagens. Durch Fällung der Lösungen vermittelst Platinchlorid: Bildung eines gelben krystallinischen Niederschlages, der beim Glühen nur metallisches Platin zurücklässt.

Durch Bildung weisser Nebel, wenn der Lösung ein in Salzsäure getauchter Rührstab genähert wird.

Kohlensaures Ammoniak wie Ammoniak.

III. Phosphor.

Vergiftungen mit Phosphor gehören nicht zu den Seltenheiten, wenn auch die Fälle, in welchen derselbe in verbrecherischer Absicht gegeben wurde, wenig häufig vorkommen, da ja schon das Leuchten der damit versetzten Speisen, der intensive Geruch und Geschmack vor dem Genusse warnen.

Sectionsbefund: Bei Phosphorvergiftungen wird fast immer Reizung und Entzündung im Magen wahrgenommen. Oft wird bei den Speiseresten, Eingeweidetheilen u. dergl. noch ein Aufsteigen von Dämpfen und starkes Leuchten, das besonders stark beim Umrühren der zu untersuchenden Theile auftritt, bemerkt. Fettleberbildung wird gleichfalls oft beobachtet.

Nachweis: Von den verschiedenen Methoden des Nachweises von Phosphor in Leichentheilen u. dergl. sollen hier als hauptsächliche Methoden nur das Lipowitz'sche, das verbesserte Sonnenschein-Mitscherlich'sche und das Destillationsverfahren mit Kalilauge eingehender besprochen werden. Die übrigen Nachweisungsmethoden liefern, da sie durch verschiedene Nebenumstände erschwert oder verhindert werden, kein stets sicheres Resultat.

Zum vorläufigen Nachweis von Phosphor kann die Schwärzung eines mit Silbernitratlösung getränkten Papierstreifens durch die entweichenden Dämpfe dienen; man hängt einen solchen Streifen in das die Objecte enthaltende Gefäss und schliesst dasselbe. — Dass ein Leuchten auf Anwesenheit von Phosphor deutet, ist bereits erwähnt.

1. Erhitzt man die zu untersuchenden Massen mit Kali in einem Kolben und leitet die sich entwickelnden Gase in eine Lösung von Silber-

nitrat, so wird bei Anwesenheit von Phosphor die Lösung bald durch Reduction zu metallischem Silber geschwärzt; nach dem Abfiltriren des schwarzen Niederschlages kann man, nachdem man das überschüssige Silber durch Fällen mit Salzsäure abgeschieden, den Phosphor durch Eindampfen und Fällen mit Ammoniummolybdat in Gestalt von Phosphorsäure nachweisen; es ist jedoch zu bemerken, dass diese Prüfungsmethode dann erfolglos ist, wenn sich im Untersuchungsobject Schwefel befindet.

2. Nach Lipowitz weist man Phosphor dadurch nach, dass man das zu prüfende Object mit Schwefelsäure schwach ansäuert und nach Zusatz einiger Stückchen Schwefel destillirt. Das Destillat ist auf Phosphor zu prüfen. Die auf dem Rückstand sich ausscheidenden Schwefelkügelchen werden bei Anwesenheit von Phosphor beim Erwärmen leuchten und rauchen, und wenn sie durch rauchende Salpetersäure oxydirt werden, den Nachweis von Phosphorsäure durch Fällung des gelben Niederschlages mit Ammoniummolybdat in salpetersaurer Lösung liefern. — Nur bei Anwesenheit von Oelen liefert diese Methode keine sicheren Resultate.

3. Nach dem von Sonnenschein verbesserten Mitscherlich'schen Verfahren wird Phosphor folgendermaassen nachgewiesen:

Die zu untersuchenden, gut zerkleinerten Objecte werden, mit Schwefelsäure stark angesäuert, in einen langhalsigen Kolben gebracht. Der Kolben ist durch einen durchbohrten Stopfen verschlossen; durch die Durchbohrung geht ein zweimal rechtwinklig gebogenes Glasrohr, das an dem im Kolben befindlichen Ende kurz U-förmig umgebogen ist, so dass sich die Oeffnung dicht unter dem Stopfen befindet, während der zweite verticale Schenkel durch ein mit kaltem Wasser gefülltes Kühlgefäss geht und in ein kleines Silbernitratlösung haltendes Gefäss taucht.

Wird nun der Kolbeninhalt bis zum Sieden langsam erhitzt, so bemerkt man bei Anwesenheit von Phosphor, oft im Halse, stets aber im Glasrohr ein blitzartiges Leuchten, das sich schliesslich constant an der in das Kühlwasser tauchenden Stelle des Rohres hält.

War Phosphor zugegen, so wird sich das Silber in der untergestellten Absorptionsflüssigkeit geschwärzt haben und Phosphorsäure gebildet sein, welche nach Abscheidung des überschüssigen Silbers durch Salzsäure mit Ammoniummolybdat nachzuweisen ist.

Aber selbst wenn der Phosphor durch theilweise Oxydation in phosphorige Säure übergeführt ist, wird stets in der Vorlage Phosphorsäure, durch den beim Erhitzen übergegangenen Phosphorwasserstoff entstanden, nachzuweisen sein und als Beweis dafür dienen, dass Phosphor oder eine niedere Oxydationsstufe desselben in den Objecten vorhanden gewesen sei. Ein Ueberspritzen etwa vorhandener phosphorsäurehaltiger Körper aus den Untersuchungsobjecten ist durch die getroffenen Vorrichtungen unmöglich.

Die quantitative Bestimmung des Phosphors, wie sie oft vom Richter verlangt wird, ist in phosphorsäurefreien Körpern leicht durch Oxydation und Fällung mit molybdänsaurem Ammoniak, Lösen des Niederschlages in Ammoniak und Fällen dieser Lösung mit Magnesiamixtur, Trocknen, Glühen und Wägen der pyrophosphorsauren Magnesia auszuführen.

Sind jedoch die Untersuchungsobjecte (Leichentheile und dergl.) phosphorsäurehaltig, so muss man ein genaues Gemisch herstellen, davon in einem Theile nach dem Filtriren die Phosphorsäure fällen und im anderen Theile nach der Oxydation mit Chlorsäure dieselbe Bestimmung ausführen; aus der Differenz beider Bestimmungen erhält man annäherungsweise den Gehalt an freiem Phosphor durch Berechnung.

Zum Schlusse möchte ich noch darauf hinweisen, dass bei Phosphorvergiftungen vielfach, da besonders häufig Phosphorzündhölzchen in Anwendung kommen, neben dem Phosphor sich Blei, von der in den Zündhölzern enthaltenen Mennige herrührend, auffinden lassen und so auch als Beweisthatsache für das Vorhandensein einer Phosphorvergiftung dienen können.

Analog wie bei dem Phosphor ist der Nachweis der Vergiftung bei der phosphorigen Säure, wie dies bereits bei den Sonnenschein-Mitscherlich'schen Apparate erwähnt ist.

Die tödtliche Dose ist bei Phosphor sehr verschieden, je nach der Art und Weise, in der er zur Wirkung kommt: in gelöster Form, in Oel und dergl.; in fein zertheiltem Zustande wirkt er viel energischer als in grossen compacten Massen, sie wird gewöhnlich von 2—6 Centigramm angenommen.

IV.· Blausäure und Cyankalium.

I. Blausäure.

Die Blausäure ist wegen ihrer ausserordentlich schnellen und energischen Wirkung ein vielfach bei Selbstmorden angewandtes Mittel, es fehlen jedoch auch nicht die Fälle, wo dieselbe zur Ausführung von Verbrechen gedient hat.

Sectionsbefund: bei der Blausäurevergiftung finden sich auffällige äussere Erscheinungen, mit Ausnahme des in den Leichentheilen scharf auftretenden Blausäuregeruches, nicht.

Nachweis: Man nimmt im Allgemeinen an, dass Blausäure nur kurze Zeit nach der Vergiftung nachweisbar sei, weil die Blausäure schneller der Zersetzung anheimfalle. Dies ist allerdings des öfteren zutreffend, es sind jedoch Fälle beobachtet, in denen noch nach dem Liegen der Leiche während 10 Tage Blausäure absolut sicher nachgewiesen werden konnte.

Obwohl in den meisten Fällen ein auffälliger Geruch wahrzunehmen ist, so darf doch umgekehrt das Fehlen desselben nicht als Beweis für das Nichtvorhandensein einer Blausäurevergiftung angesehen werden.

Zum Nachweis destillirt man die zerkleinerten Theile nach Zusatz von Alkohol, wenn ein solcher nicht, was allerdings sehr zu empfehlen ist, schon vorher zur Conservirung erfolgt ist, aus einem langhalsigen Kolben in eine Lösung von Silbernitrat über (in letztere muss das Entwickelungsrohr des Kolbens tauchen).

Bei Anwesenheit von Blausäure entsteht ein weisser Niederschlag; erfolgt bei länger fortgesetzter Destillation die Bildung neuer Mengen des Niederschlages nicht mehr, so wechselt man die Vorlage und fügt in das Destillationsgefäss, das mit einem bis zum Boden gehenden Trichterrohr versehen ist, eine Lösung von Weinsäure. Der zuerst in der Silberlösung erzeugte Niederschlag wird auf einem bei 110° getrockneten Filter gesammelt, gewogen und dann zum weiteren Nachweis der Blausäure benutzt.

Zu dem Behufe wird der Niederschlag mit Wasser und Salzsäure in einem wohlverschlossenen Kölbchen geschüttelt, schnell filtrirt, gewaschen und das Filtrat zu folgenden Versuchen verwandt.

Ein Theil wird mit Kalilauge, einem Eisenoxydulsalz (Vitriol) einem Eisenoxydsalz (Chlorid) versetzt und dann mit Salzsäure übersättigt:

Bei Gegenwart von Blausäure tritt die Bildung eines blauen Niederschlags (Berliner-Blau) ein, der besonders gut bei geringeren Mengen nach dem Absetzenlassen und Filtriren wahrzunehmen ist.

Ein zweiter Theil des Filtrates wird mit Ammoniak und gelben Schwefelammonium versetzt, auf dem Wasserbade zur Trockne gebracht und der mit salzsäurehaltigem Wasser aufgenommene nöthigenfalls filtrirte Rückstand mit Eisenchlorid versetzt:

Die Entstehung einer blutrothen Färbung beweist die Gegenwart von Blausäure.

Ist im Destillat neben dem Cyansilber auch Chlorsilber ausgeschieden, ein Fall, der öfters eintreten kann, so muss das Chlor durch Schmelzen mit kohlensaurem Natron und Fällen aus salpetersaurer Lösung durch Silbernitrat in einem besonders gewogenen Theile des Silberniederschlags bestimmt und in Abrechnung gebracht werden.

2. Cyankalium.

Vergiftungen mit Cyankalium sind häufiger als Blausäurevergiftungen, weil Cyankalium durch seine Verwendung in der Industrie leichter zu erhalten ist.

Die Wirkung und der Sectionsbefund ist analog dem der Blausäure; es wird im Magen durch die dort vorhandenen Säuren freie Blausäure entwickelt.

Der Nachweis ist analog wie bei Blausäure unter Zusatz von Weinsäure, doch muss man sich hier wie bei dem Nachweis der Blausäure vorher aufs Genauste von der Abwesenheit von Blutlaugensalz, das, obwohl es ungiftig ist, doch mit Weinsäure Blausäure entwickeln kann, überzeugt haben.

Will man neben Blausäure noch Kali nachweisen, so geschieht dies in der bei Kali angegebenen Weise durch Einwirkung von Chlorsäure und Salzsäure etc.

V. Mineralische Gifte.

I. Quecksilber.

Von den verschiedenen Salzen des Quecksilbers ist zweifelsohne das Sublimat (Quecksilberchlorid) als das wichtigste zu bezeichnen. Wir wollen auch deshalb dieses Salz zuerst behandeln.

Sectionsbefund: Bei einer Sublimatvergiftung finden wir die Schleimhäute des Magens und der Därme aufgeweicht, entzündet, zum Theil weiss bis grau gefärbt. Die Theile, welche das Gift passirt hat, sind sämmtlich angeätzt.

Nachweis. Für den Nachweis von Sublimat hat man zunächst das betreffende Untersuchungsobject mit Aether zu extrahiren und das Extract zu verdunsten; der mit Wasser aufgenommene Verdunstungsrückstand dient dann zur Anstellung der verschiedenen Reactionen. Diese Behandlung mit Aether scheint aus dem Grunde bei Quecksilbervergiftung stets als zuerst ausführbar angezeigt, weil sich gerade Sublimat durch seine Löslichkeit in Aether von fast allen Quecksilbersalzen unterscheidet. Quecksilberbijodid und ölsaures Quecksilberoxyd verhalten sich analog.

Legt man in eine schwach angesäuerte Quecksilberlösung einen Streifen Kupferblech oder besser Goldblech, so schlägt sich auf demselben das Quecksilber in Gestalt eines dünnen Ueberzuges vollständig nieder; besser noch ist es, zwei Goldblechstreifen, die mit den Polen einer schwachen galvanischen Batterie verbunden sind, in die Flüssigkeit zu bringen.

Durch Zusammenrollen des vorher mit Aether, Alkoholund Wasser abgewaschenen Blechstreifens und Einbringen in ein Glasröhrchen, in welchem man es erhitzt, erhält man dann im kälteren Theile des Rohres ein Sublimat von metallischen Quecksilberkügelchen, die man lösen und zu weiteren Reactionen verwenden kann.

Man kann auch den Goldstreifen in Salpetersäure tauchen und die so erhaltene salpetersaure Quecksilberlösung zur weiteren Prüfung benutzen.

Ausser den angeführten Proben zeichnen sich Quecksilbersalze noch dadurch aus, dass sie:

Mit Jodkalium einen rothen in Quecksilberchlorid und Jodkalium löslichen Niederschlag geben.

Mit Kali geben die Oxydsalze einen braunen (Quecksilberoxychlorid), bei grösseren Mengen Kalis einen gelbrothen Niederschlag (Quecksilberoxyd).

Mit kohlensaurem Natron oder Aetzkalk im Glasrohr erhitzt geben die Quecksilberverbindungen einen Anflug von metallischen Quecksilberkügelchen.

Mit chromsaurem Kali geben sie in nicht zu verdünnten Lösungen einen rothgelben Niederschlag.

Schwefelwasserstoff erzeugt in Quecksilberlösungen zuerst einen weissen Niederschlag, dann wird derselbe durch gelbroth, roth, rothbraun immer dunkler bis schliesslich schwarz. Es bilden sich nach einander Doppelsalze von unzersetztem Salz und immer mehr Schwefelquecksilber bis der zuletzt resultirende Niederschlag reines Schwefelquecksilber ist; dasselbe ist in Schwefelammonium unlöslich, löslich in Schwefelkalium, fast unlöslich in Salpetersäure; unter Luftabschluss erhitzt, sublimirt es als rothes Schwefelquecksilber.

Quecksilberamidochlorid, Quecksilberoxyd, salpetersaures Quecksilberoxyd, schwefelsaures Quecksilberoxyd erzeugen dieselben Leichenerscheinungen wie Sublimat.

Der Nachweis geschieht, nachdem man sich vorher durch Aetherextraction von der Abwesenheit von Sublimat überzeugt hat, durch Behandeln der Objecte mit Salzsäure beziehentlich mit Salpetersäure und Prüfung in der angegebenen Weise.

Die Quecksilberoxydulsalze, Calomel, salpetersaures Quecksilberoxydül werden durch Salpetersäure oxydirt und wie Oxydsalze nachgewiesen, stets aber muss die erwähnte Aetherextraction vorausgehen.

Um Calomel von Sublimat zu unterscheiden, erwärmt man das Object mit kohlensaurem Natron, prüft im Filtrat auf Chlor, im Rückstand durch Lösen in kalter Salpetersäure und Zusatz von Salzsäure auf Quecksilberoxydul.

Die Oxydulsalze unterscheiden sich dadurch von den Oxydsalzen, dass sie einen schwarzen Niederschlag mit Kalilauge geben und aus ihren Lösungen durch Salzsäure als Calomel gefällt werden.

Hingegen werden sie nicht von kohlensaurem Baryt, Kaliumbichromat, Oxalsäure, Natriumphosphat gefällt, wie es bei den Oxydsalzen der Fall ist.

Beim Nachweis des Calomel ist wohl auf die leichte Ueberführung desselben in Sublimat zu achten.

Zinnober wird durch Chlorsäure und Salzsäure in Lösung gebracht und dann wie angegeben nachgewiesen.

2. Blei.

Vergiftungen mit Blei sind fast nur bei den löslichen Bleisalzen beobachtet worden.

Sectionsbefund: In den Schleimhäuten finden sich häufig weisse Flecken, Punkte, die jedoch sehr bald verschwinden; Darm und Magenschleimhaut sind bei chronischen Vergiftungen erweicht und gelb bis braun gefärbt.

Nachweis: Behandlung des Objectes mit starker Salpetersäure oder Salpetersäure und Chlorsäure. Das Filtrat wird nach Verjagung der überschüssigen Säure mit Wasser verdünnt und mit Schwefelwasserstoff behandelt. Der entstandene Niederschlag wird auf ein Filter gesammelt, getrocknet und in einem Tiegel mit Cyankalium geschmolzen. Nach längerem Schmelzen wird die Masse mit Wasser ausgezogen, durch ein getrocknetes und gewogenes Filter filtrirt und mit Wasser und zuletzt mit Alkohol gewaschen, getrocknet (bei 115°) und gewogen.

Das so gewonnene metallische Blei kann dann in Salpetersäure gelöst und zu weiteren Prüfungen verwandt werden.

Der bei vorstehender Behandlung mit Salpetersäure (resp. gleichzeitig mit Chlorsäure) ungelöst bleibende Rückstand wird stets zur weiteren Prüfung getrocknet, eingeäschert und mit Salpeter verpufft. Der hierbei resultirende Rückstand wird mit Natriumcarbonat zum Schmelzen erhitzt, die erkaltete Schmelze mit Wasser ausgelaugt, das ungelöst Gebliebene gewaschen, in Salpetersäure gelöst und dann auf Blei geprüft:

Es sei bemerkt, dass Blei sich in Spuren vielfach in nicht vergifteten Leichen findet (durch Genuss in bleiernen Gefässen bereiteter Speisen).

Schwefelwasserstoff giebt mit Bleilösungen einen anfangs hellen, dann dunkelbraun bis schwarz werdenden Niederschlag der in Schwefelammonium unlöslich ist.

Mit Cyankalium geschmolzen geben, wie erwähnt, Bleisalze Abscheidung metallischen Bleies.

Ammoniak fällt einen weissen im Ueberschuss des Fällungsmittels unlöslichen Niederschlag.

Chromsaures Kali giebt einen gelben, in verdünnter Salpetersäure unlöslichen, durch Ammoniak roth werdenden Niederschlag.

Schwefelsäure und lösliche Sulfate bewirken einen schweren weissen in Wasser schwerlöslichen Niederschlag, löslich in kaustischem Kali, Ammoniumtartrat und Natriumhyposulfit.

Salzsäure: einen in kaltem Wasser schwer, in heissem Wasser leichter löslichen, schön krystallinischen Niederschlag.

Vor dem Löthrohr erhitzt geben Bleiverbindungen neben dem Korn von metallischem Blei einen gelblichen Beschlag, der mit Hinterlassung eines bläulichen Scheines flüchtig ist.

Die übrigen Bleisalze werden nach Lösung genau wie vorher angegeben nachgewiesen.

3. Kupfer.

Kupfervergiftungen sind häufig, tödtlicher Ausgang verhältnissmässig selten.

Sectionsbefund: Magenschleimhäute entzündet und angeätzt, öfter grün gefärbt. Erbrechen, Kolik, Durchfall.

Nachweis: Zum Nachweis wird die Lösung der zerstörten Leichentheile, durch Abdampfen von überschüssiger Säure befreit, mit Wasser verdünnt, einer längeren Behandlung mit Schwefelwasserstoff unterzogen, das ausgefällte braune Schwefelkupfer auf einem Filter gesammelt, geglüht und unter Zusatz von Schwefelblumen im Wasserstoffstrome als Halbschwefelkupfer quantitativ bestimmt. (Spuren Kupfer in fast allen Leichen durch Genuss kupferhaltiger Speisen.)

Zur weiteren Feststellung kann man das Kupfer in Salpetersäure lösen und damit die einzelnen Proben anstellen.

Kupfersalze geben in Lösung mit Ammoniak im Ueberschuss versetzt eine intensiv blaue Färbung.

Ferrocyankalium erzeugt in Kupferlösungen einen braunen in Salzsäure unlöslichen Niederschlag; bei grosser Verdünnung eine Braunfärbung der Lösung.

Kali einen bei geringer Menge grünlichen, bei grösserem Ueberschuss des Kalis blauweissen Niederschlag, der durch Kochen schwarz wird. Die Fällung wird verhindert bei Anwesenheit von Weinsäure, Citronensäure und ihren Salzen.

Eisen (metallisch) überzieht sich in Kupferlösung gebracht mit metallischem Kupfer.

Die Flamme wird durch Kupfer grün gefärbt. Die Boraxperle wird in der äusseren Flamme grün, in der inneren Flamme braunroth gefärbt.

Nachweis der einzelnen Kupfersalze wie angegeben.

4. Silber.

Vergiftungen mit salpetersaurem Silberoxyd, denn nur dieses ist in Betracht zu ziehen, gehören zu den Seltenheiten.

Sectionsbefund: Die berührten Theile sind stets angeätzt, theils weisslich, theils schwarz gefärbt.

Nachweis: Der Nachweis geschieht, am besten durch Schmelzen mit Salpeter und kohlensaurem Natron, Auslaugen und Waschen des Unlöslichen mit Wasser, Lösen in Salpetersäure und Prüfung dieser Lösung.

Salzsäure giebt mit Silbersalzlösung einen weissen käsigen in verdünnten Säuren unlöslichen Niederschlag, der sich in Ammoniak leicht und vollständig löst und aus dieser Lösung durch Salpetersäure wieder ausfällt.

Schwefelwasserstoff erzeugt einen in Schwefelammonium und Ammoniak unlöslichen, in Salpetersäure löslichen Niederschlag.

Zink fällt metallisches Silber.

Chromsaures Kali erzeugt einen braunrothen, in Ammoniak und Säuren löslichen Niederschlag.

Jodkalium einen in Salpetersäure und Ammoniak unlöslichen gelben Niederschlag, der durch letzteres weiss gefärbt wird.

5. Wismuth.

Die Giftigkeit dieses Metalls wird von den Einen behauptet, von Anderen bestritten.

Nachweis: Das Vorhandensein wird nach Zerstörung der organischen Massen durch Chlorsäure etc. durch Einleiten von Schwefelwasserstoff und hierdurch bedingte Fällung als Schwefelwismuth erwiesen. Das in möglichst wenig Salpetersäure gelöste Schwefelmetall giebt in viel Wasser gegossen eine milchige Trübung von Wismuthoxychlorid.

Beim Schmelzen mit Cyankalium und kohlensaurem Natron wird metallisches Wismuth gebildet. Vor dem Löthrohr giebt es auf der Kohle einen gelbrothen, in der Reductionsflamme verschwindenden Beschlag.

Kali und Ammoniak fällen einen im Ueberschuss unlöslichen Niederschlag von Wismuthoxydhydrat.

6. Arsen.

Dieses Gift kann als das zu verbrecherischen Zwecken am häufigsten verwandte bezeichnet werden. Schon aus den ältesten Zeiten sind Vergiftungen mit Arsen bekannt.

Es ist demnach auch nicht zu verwundern, dass der Nachweis dieses Giftes besonders genau und bis in die kleinsten Details durchgeführt worden ist und wir jetzt im Besitze von Methoden sind, mit denen wir noch Hundertstel Milligramme mit absoluter Sicherheit und Schärfe in Leichentheilen und dergl. nachzuweisen im Stande sind.

Von den Arsenikpräparaten ist es vorwiegend wieder die arsenige Säure (Arsenik), welche vielfach bei Vergiftung angewandt wird und soll deshalb zuerst die Wirkung und der Nachweis dieser Säure geschildert werden.

Sectionsbefund: Meist sind die Schleimhäute stark entzündet, an einzelnen Stellen finden sich, in das Gewebe eingebettet, kleine Körnchen von Arsenik, die bei der stets vorzunehmenden genauen Durchmusterung der Untersuchungsobjecte mit der Lupe gefunden werden und dann für sich zu untersuchen sind. — Durch Arsenik wird meistens der Eintritt der Verwesung gehemmt und die Leichentheile werden mumificirt. Es darf jedoch, da Fälle, wo diese Erscheinungen nicht eintreten, auch vorkommen, durch die Abwesenheit dieser Merkmale nicht auf das Nichtvorhandensein einer Arsenikvergiftung geschlossen werden.

Nachweis: Eine eingehende Kritik und Beschreibung aller der Methoden zu geben, welche bislang zum Nachweis von Arsenik empfohlen sind, und ihre Zahl ist keine kleine, würde für den Umfang vorliegenden Werkes zu weit führen, und wir begnügen uns deshalb, die in der Praxis sich als besten erwiesen habenden Methoden zu beschreiben.

a) Die wohl zerkleinerte, mit Wasser angerührte Masse wird mit Chlorgas, bis die organischen Massen käsig geworden, behandelt, nach 24 stündigem bedeckten Stehen in einer mit gekühlter Vorlage versehenen Retorte destillirt bis zum Verjagen des Chlors und dann sowohl das Destillat wie der Rückstand genauer geprüft.

Eine kleine Abänderung besteht in der Aufnahme des mit Chlor behandelten Rückstandes mit die Arsensäure lösendem Alkohol. Die so erhaltene, mit Salzsäure versetzte Lösung dient dann zur weiteren Prüfung.

b) Von der wissenschaftlichen Deputation wurde eine Commission gewählt, die folgendes Verfahren vorschlug, das jedoch, obwohl sehr scharf, dadurch unpraktisch erscheint, dass eine dickflüssige an den Wänden des Glasgefässes sich fest ansetzende Substanz leicht Zerspringen des Gefässes beim Erwärmen zur Folge haben wird und ausserdem geringe Mengen Arsen als Chlorür bei Gegenwart von Chloriden sich verflüchtigen könnten.

Die Methode besteht im Erhitzen der zerkleinerten Massen mit ca. $^1/_6$ (bei sehr dünnflüssigen Massen ca. $^1/_{12}$) ihres Gewichtes concentrirter Schwefelsäure in einer Retorte bis zur Verkohlung und Behandlung mit einem gleichen Quantum Salpetersäure (von 1,2 spec. Gew.) in derselben Weise. Nach Verjagung der Salpetersäure wird mit Wasser ausgelaugt und die wässerige Lösung zur Untersuchung benutzt.

c) Eine an Methode a sich anschliessende Methode besteht in der Behandlung der mit Wasser oder Kali aufgeweichten Theile mit Chlorgas, Verjagung des überschüssigen Chlors, Behandeln des Filtrates mit Schwefelwasserstoff bei 70° längere Zeit (über 12 Stunden), Filtriren des entstandenen Niederschlages nach Verjagung überschüssigen Schwefelwasserstoffes, Trocknen und Erwärmen des getrockneten Niederschlages mit rauchender Salpetersäure. — Nach der hierdurch bewirkten Zerstörung bez. Lösung folgt eine Uebersättigung mit kohlensaurem Natron, ein Eindampfen der Lösung zur Trockne, Glühen der Masse, Auslaugen der erkalteten Masse mit Wasser und genauere Prüfung der vom Unlöslichen abfiltrirten mit Schwefelsäure übersättigten Lösung.

Nach den Versuchen von Sonnenschein ist diese übrigens sehr gute Methode nur dann nicht ausreichend, wenn es sich um Nachweis ausserordentlich geringer Mengen Arsenik handelt.

Dass übrigens das erwähnte Verfahren durch Behandlung des Schwefelwasserstoffniederschlages mit rauchender Salpetersäure etc. bei allen auch nach anderen Methoden erhaltenen, auf Arsen zu prüfenden Schwefelwasserstoffniederschlägen anzuwenden ist, ist klar.

d) Eine weitere Methode besteht in der Verflüchtigung des Arsens als Arsenchlorür durch Einwirkung von Salzsäure.

Die mit Kochsalz im Ueberschuss vermischten Untersuchungsobjecte werden in einer geräumigen tubulirten, mit einem Trichterrohr versehenen Retorte, die mit einer gut gekühlten Vorlage (oder auch einem Kühler) verbunden ist, mit Schwefelsäure vorsichtig bis zur Entwickelung aller im Chlornatrium zur Verfügung stehenden Salzsäure behandelt. Die Temperatur wird bei dieser Behandlung vorsichtig und langsam immer mehr bis schliesslich zum Kochen gesteigert.

Zur vollständigen Auffangung etwa nicht vollständig condensirten Arsenchlorürs dient ein an der Vorlage angebrachtes in destillirtes Wasser tauchendes Absorptionsrohr. Die überdestillirte Arsenverbindung dient zum weiteren Nachweis. — Als besonders wichtig bei diesem Verfahren ist zu beobachten, dass stets das Kochsalz vorwalte, damit keine Reduction durch möglicherweise gebildete schweflige Säure eintrete. Es wird deshalb auch Behandlung mit der ca. 4—6fachen Menge Salzsäure angewandt, jedoch kann der Fall eintreten, dass Spuren Arsenik nicht übergehen und im Destillat deshalb nicht gefunden werden.

Wegen dieser Umstände hat Sonnenschein das Verfahren in folgender Weise verändert und sehr gut erprobt gefunden:

e) Es wird in einem auf dem Chlorzinkbade befindlichen Kolben aus Schwefelsäure und Kochsalz Salzsäure entwickelt und in die in einer tubulirten, mit gut gekühlter Vorlage (und mit dem sub d beschriebenen in Wasser tauchenden Absorptionsrohr) versehenen Retorte befindlichen Leichentheile, welche mit Wasser angerührt sind, geleitet, durch ein in die das Untersuchungsobject umgebende Flüssigkeit kaum eintauchendes, zwischen Retorte und Entwickelungsgefäss durch Quetschhahn abzuschliessendes Glasrohr. — Die Entwickelung des Salzsäuregases wird so lange fortgesetzt, bis die in der Retorte befindliche, sich bei der Absorption des Gases erwärmende Masse vollständig damit gesättigt ist. Nach Eintritt dieses Punktes wird unter stetiger Entwickelung von Salzsäuregas mit Erwärmen der zu diesem Behufe im Wasserbade stehenden Retorte begonnen und so lange mit der Gasentwickelung fortgefahren, als noch eine tropfbare Flüssigkeit überdestillirt; ist dies nicht mehr der Fall, so wird das Entwickelungsrohr durch den Quetschhahn geschlossen, das Entwickelungsgefäss entfernt und noch kurze Zeit die Retorte weiter erwärmt.

Nach dem Erkalten des Apparates werden die in der Vorlage und dem Absorptionsgefäss befindlichen Flüssigkeiten vereinigt und zur weiteren Untersuchung benutzt.

Der in der Retorte gebliebene Rückstand wird nun mit chlorsaurem Kali (wenn nöthig neuen Mengen Salzsäure) oder mit Chlorsäure statt des chlorsauren Kalis versetzt, erhitzt und nach Zerstörung der organischen Massen (siehe Einleitung) und Verjagung des reinen Chlors mit Schwefelwasserstoff etc. behandelt (siehe c).

Der Niederschlag von Arsensulfür wird durch Chlorsäure und Salzsäure oxydirt und nach Verjagung überschüssigen Chlors dem erwähnten Gemisch der Destillate zugesetzt.

Dasselbe wird, wenn eine quantitative Bestimmung erforderlich ist, durch Chlorsäure und Salzsäure oxydirt, mit Ammoniak übersättigt und dann durch Magnesialösung die Arsensäure als arsensaure Ammoniak-Magnesia gefällt und in bekannter Weise bestimmt. — Zur qualitativen Bestätigung der Anwesenheit von Arsen wird der so gewogene Niederschlag (arsensaure Ammoniakmagnesia) dann weiter verwandt.

f) Eine sehr zu empfehlende und verhältnissmässig kurze und sehr sichere Methode des Arseniknachweises ist endlich noch folgende:

Die zerkleinerten Leichentheile werden nach der in der Einleitung beschriebenen Methode mit Chlorsäure (oder chlorsauren Kali) und Salzsäure sorgfältig zerstört und das erhaltene Filtrat wird nach Verjagung des meisten überschüssigen Chlors mit Schwefelwasserstoff behandelt.

Eine Verflüchtigung selbst ganz minimaler Spuren Arsens ist ausgeschlossen, da der Arsensäure keine flüchtige Chlorverbindung entspricht. Nachdem das Durchleiten mit Schwefelwasserstoff längere Zeit fortgesetzt wurde, bis kein merklicher Niederschlag mehr entsteht, wird es unterbrochen und die den Niederschlag enthaltende stark nach Schwefelwasserstoff riechende Flüssigkeit erwärmt, bis der Geruch verschwunden ist, und dann von Neuem durchgeleitet. Dieses abwechselnde Durchleiten und Erhitzen geschieht so lange, bis keine Veränderung mehr dadurch hervorgerufen wird, also alles Arsen reducirt und gefällt ist.

Der erhaltene Schwefelwasserstoffniederschlag wird nach dem Absetzen filtrirt, gewaschen, mit dem Filter in einer Lösung von Schwefelkalium (besser als Schwefelammonium weil dieses Spuren Kupfer löst) digerirt, filtrirt, aus dem Filtrat durch vorsichtigen Zusatz von Salzsäure im Ueberschuss das Arsen wieder als Schwefelarsen gefällt, auf einem Filter gesammelt und gewaschen.

Der gut getrocknete Niederschlag wird dann mit rauchender Salpetersäure erwärmt, die abgesetzte Lösung filtrirt, mit Weinsäure, Salmiak und Ammoniak (letzteres im Ueberschuss) versetzt, und nach dem Stehenlassen an einem warmen Ort (wenn nöthig nochmals erfolgter Filtration) mit Magnesiamixtur ausgefällt.

Die so abgeschiedene arsensaure Ammoniakmagnesia wird (nach circa 12 stündigem Stehen) auf einem bei 100° getrockneten und gewogenen

Filter gesammelt, mit kaustischem Ammoniak gut ausgewaschen, bei 100° getrocknet und gewogen. Der Niederschlag kann dann in Schwefelsäure gelöst und in den Wasserstoffentwickler zur weiteren Prüfung gebracht werden.

Zur Darstellung des Arsens in Gestalt eines metallischen Spiegels bedient man sich der Eigenschaft, dass der aus Zink und Schwefelsäure (oder Salzsäure) bei Gegenwart von Arsenverbindungen entwickelte Arsenwasserstoff durch Glühhitze in metallisches Arsen und in Wasserstoff zerlegt wird.

Hat man daher nach einer der erwähnten Methoden das Arsen abgeschieden und wieder in Lösung (nicht salpetersäurehaltig oder schweflige Säure haltig), so bringt man dieselbe in den sogenannten Marsh'schen Apparat.

Derselbe besteht aus einem mit bis zum Boden reichendem Trichterrohr versehenen Wasserstoffentwicklungsgefäss, dessen Gas erst einen mit Stücken trocknen Chlorcalciums oder mit mit Schwefelsäure benetzten Bimsteinstücken gefüllten Cylinder und eine oder mehrere mit Aetzkali gefüllte U-Röhren passiren muss, ehe es in ein an mehreren Stellen eng ausgezogenes, aus schwer schmelzbarem Kaliglase bestehendes Glasrohr gelangt, um dann durch eine Lösung von Silbernitrat zu entweichen.

Dass bei Beschickung dieses Apparates sowohl, wie bei den voraufgehenden Operationen stets nur absolut reine und wiederholt auf Abwesenheit von Arsen geprüfte Reagentien in Anwendung kommen dürfen, sei nochmals ausdrücklich wiederholt. Man thut gut den Schwefelwasserstoff aus Schwefelcalcium oder Schwefelbarium zu entwickeln, da wie Otto nachgewiesen hat, mit dem aus Schwefeleisen entwickelten Schwefelwasserstoff häufig Spuren Arsen übergehen.

In jedem Falle überzeuge man sich, bevor man die qu. Lösung in den Gasentwickler bringt, durch ca. einstündiges Gehenlassen des Apparates nochmals von der Reinheit der Reagentien. Ist, nachdem die Entwickelung längere Zeit gedauert und das schwerschmelzbare Glasrohr währenddessen vor einer ausgezogenen Stelle durch eine untergestellte Flamme im Glühen erhalten wurde, nicht die Spur eines metallischen Anfluges hinter der glühenden Stelle wahrzunehmen, dann erst giesse man in den Entwickler die zu prüfende Lösung.

Entsteht jetzt ein Anflug von Arsen, und hat man die Lösung vorher in der sub. f angebenen Weise mit Ammoniak, Weinsäure und Magnesialösung behandelt, so ist bei Auftreten des Spiegels im Marsh'schen Apparat kein Zweifel, dass dasselbe von Arsen herrühre; es sollen aber dennoch hier ausdrücklich die Unterschiede zwischen einem durch Arsen und einem durch Antimon entstandenen Spiegel hervorgehoben werden.

Antimonspiegel:	Arsenspiegel.
Glänzend schwarz, schwerer flüchtig, sublimirt in Kugeln.	Schwarzbraun, leicht flüchtig, sublimirt in rhomboëdrischen Krystallen.
Mit Salpetersäure weisse Antimonsäure, mit Silbernitrat unverändert.	Mit Salpetersäure löslich, nach dem Verdunsten der Lösung erzeugt Silbernitrat einen braunrothen Niederschlag.
Die Lösung in Königswasser giebt mit Ammoniak und Schwefelammonium eine Flüssigkeit, die beim Verdunsten orangefarbiges Schwefelantimon hinterlässt. Schwefelantimon ist löslich in Salzsäure.	Die salpetersaure Lösung giebt mit Ammoniak und Schwefelammonium eine Flüssigkeit, die gelbes Schwefelarsen beim Verdunsten hinterlässt. Schwefelarsen ist unlöslich in Salzsäure.
Schwer löslich in Chlor und unterchlorigsaurem Natron.	Leicht löslich in Chlor und unterchlorigsaurem Natron.
Joddämpfe färben den Spiegel carminroth; diese Jodverbindung ist nicht flüchtig, wird beim Erwärmen heller.	Joddämpfe färben den Spiegel gelb; diese Jodverbindung ist flüchtig.
Jodhaltende Jodwasserstoffsäure bleibt anfangs ohne Wirkung und färbt später carminroth.	Jodhaltige Jodwasserstoffsäure löst auf und hinterlässt einen gelben Rückstand nach dem Verdunsten.

Ist Arsenik nach diesen Methoden mit Sicherheit constatirt, so wird noch oft die Frage gestellt, ob das gefundene Arsen nicht von aussen her in die Leiche gedrungen sein kann. Ein Eindringen aus arsenhaltiger Erde ist nach den Angaben von Orfila und Sonennschein nicht anzunehmen; dennoch ist es aber gut, Kirchhofserde, die Kleider, Schmuckgegenstände der Leiche (Kränze) zu prüfen, weil besonders letztere arsenhaltige Farben häufig haben, und weil im Falle, dass in der Umgebung der Leiche kein Arsen gefunden, des Auffinden desselben in der Leiche desto gravirender ist.

Die Lebensweise vor der Vergiftung und besonders ob in der Zeit vor der Vergiftung arsenhaltige Medicamente genossen sind, ist ebenfalls genau zu erforschen.

Der Befund und der Nachweis bei den anderen Arsenpräparaten ist derselbe wie bei arseniger Säure und wird nur durch die Auffindung eines ev. vorkommenden zweiten Körpers (Chlor, Kupfer oder Schwefel) erweitert.

7. Antimon.

Vergiftungen mit Antimon kommen hauptsächlich durch Brechweinstein vor.

Sectionsbefund: Die berührten Theile sind entzündet und angeätzt.

Nachweis: Die Körpertheile und dergl. werden durch Chlorsäure und Salzsäure bei niedrigerer Temperatur wie angegeben zerstört. Man thut gut im mit einer Vorlage versehenen Kolben zu arbeiten, um etwa sich verflüchtigendes Antimonchlorür nicht zu verlieren.

Die Lösung wird wie bei Arsen angegeben mit Schwefelwasserstoff behandelt, der Niederschlag in Schwefelammonium gelöst, (Unterschied von Wismuth dessen Sulfid sich nicht in Schwefelammonium löst) mit Salzsäure aus dieser Lösung gefällt und in möglichst wenig Salzsäure gelöst. In dieser Lösung wird durch Zusatz von viel Wasser Antimonoxychlorid gefällt (Algarothpulver).

Man kann auch die Antimonlösung in einen Wasserstoffapparat (siehe Arsen) bringen: es entsteht dann ein Spiegel von den bei Arsen beschriebenen Eigenschaften.

In Antimonlösungen, welche mit genügenden Mengen Weinsäure und Salmiak versetzt sind, bringt Magnesialösung nach Uebersättigen mit Ammoniak keinen Niederschlag hervor.

Die Antimonsalze (Chlorür, Sulfid, Oxyd) rufen dieselben Erscheinungen hervor und werden in derselben Weise nachgewiesen.

8. Zinn.

Vergiftungen mit Zinnsalzen sind äusserst selten.

Nachweis. Die Vergiftung mit Zinn wird nachgewiesen dadurch, dass man, wie angegeben wurde, mit Chlorsäure zerstört, mit Schwefelwasserstoff behandelt, den entstandenen Niederschlag in gelbem Schwefelammonium löst und mit Salzsäure aus dieser Lösung wieder ausfällt. Das so erhaltene Schwefelzinn wird gelöst und näher untersucht.

Quecksilberchlorid scheidet bei Gegenwart von Zinnoxydulsalzen, je nach der Menge der letzteren, weisses Chlorür oder metallisches Quecksilber beim Erwärmen aus.

Zinnverbindungen geben mit Cyankalium und Soda auf Kohle vor dem Löthrohr erhitzt ein Korn von metallischem Zinn.

Die durch Schmelzen mit Cyankalium reducirten, in Salzsäure gelösten Zinnverbindungen geben mit Goldchlorid einen purpurfarbenen Niederschlag, verdünnt eine Färbung.

9. Zink.

Vergiftungen mit Zink sind selten.

Nachweis: Durch Chlorsäure und Salzsäure (S. 701) werden die betreffenden Objecte zerstört, mit Schwefelwasserstoff wie angegeben ausgefällt, und in der vom Schwefelwasserstoffniederschlag aus saurer Lösung abfiltrirten Flüssigkeit das Zink als Schwefelzink nach Uebersättigen mit Ammoniak durch Schwefelammonium gefällt; dieses in Säure gelöst und geprüft.

Zinkverbindungen geben mit Soda auf der Kohle erhitzt, einen heiss gelben, kalt weissen Niederschlag, der mit Kobaltlösung befeuchtet sich beim Glühen grün färbt (Riemann'sches Grün).

Mit Kali werden Zinksalze weiss, gallertartig gefällt, der Niederschlag löst sich im Ueberschuss des Fällungsmittels in der Kälte und wird aus dieser Lösung nur durch anhaltendes Kochen aber nicht durch Chlorammonium gefällt (Unterschied von Thonerde); erhitzt färbt sich der Niederschlag gelb, beim Erkalten wird er wieder weiss.

Schwefelwasserstoff giebt einen in stärkeren Mineralsäuren löslichen, in Essigsäure unlöslichen Niederschlag von weissem Schwefelzink.

10. Eisen.

Vergiftungen mit Eisensalzen sind äusserst selten.

Nachweis: Soll es nachgewiesen werden, so werden die organischen Körper durch Chlorsäure und Salzsäure, oder Verpuffen mit Salpeter zerstört und das Eisen nach Fällung der in saurer Lösung durch Schwefelwasserstoff fällbaren Metalle im Filtrat durch Ammoniak und Schwefelammonium gefällt. Nach Lösung des Schwefeleisens wird dasselbe auf irgend eine bekannte Methode (Titriren, Fällen mit Ammoniak oder dergl.) quantitativ bestimmt, da nur abnorm grosse Mengen als giftig bezeichnet werden können.

Von den charakteristischen Reactionen sei hier nur auf die Fällung als Berlinerblau durch Blutlaugensalz, die Rothfärbung der Oxydsalze mit Rhodankalium, die Schwärzlich-Grünfärbung mit Schwefelammon und die Färbung der Boraxperle (in der äusseren Flamme beim Erhitzen roth, kalt gelb, in der inneren Flamme grün) hingewiesen.

11. Chrom.

Von chromsauren Salzen ist nur Kaliumchromat bez. -bichromat zu berücksichtigen.

Befund. Bei Vergiftungen damit sind die Schleimhäute angeätzt.

Nachweis. Die Objecte werden nach dem gewöhnlichen Gange zerstört. Nach der Behandlung mit Schwefelwasserstoff in saurer Lösung wird das Filtrat eingedampft, mit Salpeter geschmolzen, mit Wasser extrahirt und auf Chrom geprüft.

Man kann auch die Objecte direct trocknen und mit Salpeter verpuffen. Die Chromate geben mit Silbernitrat einen rothbraunen Niederschlag, mit Bleiacetat einen gelben, mit Ammoniak erhitzt roth werdenden Niederschlag.

Mit Wasserstoffsuperoxyd und Aether geben die Chromate der Alkalien eine intensive blaue Färbung (Ueberchromsäure).

Die Phosphorsalzperle wird durch Chrom grün gefärbt.

12. Barium und Calcium.

Vergiftungen mit diesen alkalischen Erden kommen kaum oder doch nur höchst selten vor.

Man weist sie dadurch nach, dass man das Object trocknet, einäschert mit concentrirter Lösung von kohlensaurem Natron kocht, filtrirt, im Filtrat auf die unlösliche Salze bildenden Säuren (Schwefelsäure, Phosphorsäure) prüft, den gewaschenen Rückstand mit Salzsäure (verdünnt) aufnimmt, und in dieser Lösung Barium oder Calcium nachweist.

Die Barytsalze zeichnen sich durch ihr in Säuren unlösliches Sulfat, fällbar durch Gypswasser (Unterschied von Kalk), durch den in verdünnten Säuren fast unlöslichen Niederschlag von Kieselfluorbarium (auf Zusatz von Kieselfluorwasserstoff), die Grünfärbung der Flamme und das Auftreten der charakteristischen Spectrallinien aus.

Die Kalksalze geben mit Oxalsäure einen in Essigsäure unlöslichen Niederschlag von oxalsaurem Kalk.

Das Chlorcalcium ist löslich in absolutem Alkohol (Unterschied von Barium) und giebt der Flamme eine mattrothe Färbung; es liefert die charakteristischen Spectrallinien.

Durch Citrate wird die Fällung der Kalksalze durch Kohlensäure, Phosphorsäure, Oxalsäure verhindert.

VI. Alkaloïde.

Unter dem Theile Alkaloïde sollen dem Umfange des Werkes entsprechend nur diejenigen, welche häufiger vorkommen und zu berücksichtigen sind, Erwähnung finden. Der allgemeine Gang findet sich am Schlusse mit dem allgemeinen Untersuchungsgang für Metalle zusammen.

I. Morphium.

Bei den häufigen theils mit reinem Morphium, theils mit Opium u. dgl. vorkommenden Vergiftungen sind in einzelnen Fällen Congestionen nach Lungen und Gehirn bemerkbar.

Nachweis. Die zu untersuchenden Objecte werden nach der in der Einleitung beschriebenen Weise abwechselnd mit Alkohol und Wasser behandelt. Die schliesslich in Wasser und Alkohol gleich löslichen Extracte werden mit Ammoniak im geringen Ueberschuss versetzt und an einem mässig warmen Ort so lange stehen gelassen, bis der Geruch nach Ammoniak vollständig verschwunden ist. Der hierbei ausgeschiedene, gesammelte und mit kaltem Wasser auf dem Filter gewaschene Niederschlag wird in heissem Alkohol gelöst, filtrirt, die Lösung verdunstet und der Rückstand eingehend geprüft.

Andererseits kann man das Object, nach Entfernung der übrigen Alkaloïde mit Ammoniak stark übersättigen, unverzüglich mit Amylalkohol heiss ausschütteln, filtriren, das Filtrat verdampfen und den Rückstand, nach nochmaligem Eindampfen mit Salzsäure, prüfen.

Die Morphiumsalze sind in Wasser, verdünntem Alkohol, fixen Alkalien und Kalkwasser löslich, unlöslich in Aether, Amylalkohol und Chloroform.

Das Morphin (frei) ist löslich in Amylalkohol und Alkohol (kochend) dagegen schwer löslich in Wasser, fast unlöslich in Ammoniak.

Neutrale Eisenchloridlösung giebt mit Morphinsalzen eine intensive Grünfärbung.

Jodsäure wird in Gegenwart freier Säure zu Jod reducirt, das durch Schütteln mit Schwefelkohlenstoff an der Rosafärbung, welche es dem Schwefelkohlenstoff ertheilt, erkannt wird.

Werden Morphiumsalze in concentrirter Schwefelsäure gelöst und in diese Lösung ein Krystall von Salpeter geworfen, so umgiebt sich letzterer mit einer braunen Zone. (Sonnenschein und Husemann.)

Platinchlorid giebt einen gelben käsigen Niederschlag, Phosphormolybdänsäure einen flockigen, gelben, Quecksilberchlorid einen weissen krystallinischen Niederschlag.

Microchemisch ist Morphium an den charakteristischen Nadeln des salzsauren Salzes zu erkennen.

Es sei bemerkt, dass zur Erhaltung sicherer und entscheidender Reactionen die zu prüfende morphiumhaltige Lösung möglichst rein erhalten werden muss.

2. Opium.

Für den Nachweis des Opiums ist neben dem Nachweis des eben besprochenen Morphiums noch der des zweiten charakteristischen Bestandtheiles, der Meconsäure von Wichtigkeit, ebenso oft noch der des Narcotins. Letzteres wird durch Ausschütteln der aus den zu prüfenden Objecten wie oben erhaltenen Alkoholauszüge mit Aether in alkalischer Lösung und Verdunsten des Aetherextractes gesondert, und wenn nöthig durch nochmaliges Behandeln der sauer gemachten Lösung des Aetherverdunstungsrückstandes mit Aether, Abgiessen des Aethers, Alkalischmachen der Lösung und Extrahiren mit Aether, aus dem Verdunstungsrückstand des letzteren reiner gewonnen.

Das Narcotin krystallisirt in Rhomboedern (spitz) oder büschelförmig gruppirten Nadeln.

Phosphormolybdänsäure fällt Narcotin bräunlichgelb, flockig.

Concentrirte Schwefelsäure löst es mit gelber Farbe, die auf Zusatz von einer Spur Salpetersäure in Carmoisinroth übergeht.

Meconsäure wird dadurch nachgewiesen, dass der beim Verdunsten der aus saurer Lösung erhaltenen alkoholischen Auszüge bleibende Rückstand, wie angegeben, mit saurem Wasser gekocht und die erhaltene Lösung nach dem Erkalten und Filtriren mit Bleiessig so lange versetzt wird, als noch ein Niederschlag entsteht. Der so erhaltene Niederschlag wird abfiltrirt, in Wasser suspendirt, durch Schwefelwasserstoff zerlegt und in der von Schwefelblei abfiltrirten Lösung die Meconsäure nach dem vorsichtigen Verdunsten derselben nachgewiesen.

Das Filtrat von dem durch Bleiessig gefällten Niederschlag dient nach Entfernung des Bleis durch Schwefelwasserstoff und Verjagen des Schwefelwasserstoffs zum Nachweis des Morphins, welches auf Zusatz von Ammoniak (wie oben gezeigt) ausgeschieden wird, während im Filtrat von dem durch Ammoniak gefallenen Niederschlag Narcotin nachzuweisen ist.

Die Meconsäure krystallisirt in Säulen oder Schuppen.

Eisenchlorid giebt eine blutrothe, durch Zusatz von Goldchlorid nicht veränderliche Färbung.

Silbernitrat fällt einen weisslichgelben Niederschlag.

Die anderen vielen Pflanzenbasen des Opiums aufzuführen, wäre, da sie für forensischen Nachweis ohne Bedeutung sind, unnütz.

3. Strychnin.

Vergiftungen mit diesem in verschiedenen Strychnosarten vorkommenden äusserst stark wirkenden Gifte kommen häufig vor, da das Gift als Fuchsgift vielfach zugänglich ist.

Befund. Die Symptome der Vergiftung selbst sind so charakteristisch und scharf ausgeprägt, dass sie stets eine Andeutung von stattgehabter Strychninvergiftung geben. Es entsteht Athemnoth, Zuckungen und starrkrampfartige Erscheinungen; der Körper krümmt sich rückwärts, sodass Füsse und Kopf, der hinten über geworfen ist, sich zu berühren streben. Die Augen treten hervor, der Leib ist hart und gespannt. Die Todtenstarre hält lange vor.

Nachweis. Der aus den Objecten durch Extraction und Behandlung des Extractes mit Alkohol und Wasser, wie in der Einleitung beschrieben, erhaltene schwach saure Auszug wird mit Kalilauge übersättigt und mit Chloroform oder Aether geschüttelt. Der beim Verdunsten des Chloroforms (bez. Aethers) bleibende Rückstand, wird durch Schütteln mit Aether nach dem Ansäuren gereinigt, dann aus ihm durch Schütteln in alkalischer Lösung mit Aether das ev. vorhandene Strychnin extrahirt und genauer geprüft.

Als für das Strychnin hauptsächlich charakteristisch gilt die Eigenschaft, dass es in concentrirter Schwefelsäure farblos sich lösend auf Zusatz von oxydirenden Körpern[1]) erst blau, dann purpurfarben, violett, roth und schliesslich gelb (oder grünlich) wird. Die erwähnte Probe stellt man nach Sonnenschein am besten so an, dass man die mit Schwefelsäure zerriebene, zu prüfende Substanz auf einem weissen Schälchen mit einem Rührstabe, der in eine Lösung von gepulvertem Bichromat in Schwefelsäure getaucht ist, umrührt; man erkennt so die geringsten Spuren deutlich an der eintretenden Blaufärbung.

----

[1]) Als solche können dienen: Chromsäure, Mangansuperoxyd, Mennige, übermangansaures Kali, jodsaures Kali und am Besten Kaliumbichromat.

Morphium, welches die Schärfe der Reaction beeinträchtigen könnte, wird dadurch abgetrennt, dass man die alkalische Lösung mit Aether schüttelt. Morphium bleibt ungelöst, Strychnin geht in Lösung.

Was die Reactionen, welche einige andere Körper wie Anilin, Curarin, Papaverin, Solanin, Narcein, Veratrin etc. geben und welche der angeführten ähnlich sind, anbetrifft, so ist zu bemerken, dass diese Körper sämmtlich (mit Ausnahme von Anilin) schon auf Zusatz der Schwefelsäure gefärbt werden und sich hierdurch wesentlich von Strychnin unterscheiden; Anilin aber giebt mit Schwefelsäure eine weisse und unlösliche Verbindung, die auf Zusatz von Kaliumbichromat erst gelblich, dann bläulich wird, später eine schön violette Färbung annimmt und schliesslich dunkel fast schwarz wird; es ist demnach hinlänglich von Strychnin verscmeden.

Strychninsalze schmecken intensiv bitter, sind in Wasser löslich (Strychnin als Base sehr schwer) und geben

    mit Goldchlorid einen amorphen später krystallinisch werdenden gelben, in verdünnten Säuren unlöslichen Niederschlag,

    mit Platinchlorid einen gleichen, sich ebenso verhaltenden Niederschlag,

    mit Gerbstofflösung einen flockigen weissen Niederschlag,

    mit Phosphormolybdänsäure einen hellgelben voluminösen Niederschlag.

4. Coniin.

Diese aus dem Schierling (conium maculatum) stammende Base wird oft dadurch erkannt, dass man, abgesehen von dem zu liefernden chemischen Nachweis, in den zu untersuchenden Objecten organisirte Theile pflanzlichen Ursprungs findet, die man botanisch identificiren kann.

Die Blätter des Schierlings sind dreifach gefiedert auf dicker, runden festgekielten, an der Basis mit randhäutiger Scheide versehenen Kielen sitzend. Die kleineren Blättchen sind eirund und gesägt, die Spitze läuft stachelförmig aus. Alle Theile der Pflanze sind kahl und matt, und riechen besonders beim Uebergiessen mit Kalilauge intensiv widerlich.

Nachweis: Das als Hauptbestandtheil giftig wirkende Coniin wird aus den zu untersuchenden Objecten nach Extraction mit Alkohol (siehe oben Einleitung) etc. mit Kalilauge und Aether ausgeschüttelt und bleibt nach dem Verdunsten des Letzteren zurück.

Es hat den eigenthümlichen, besonders bei Gegenwart von überschüssigem Kali auftretenden, stechenden widerwärtigen Geruch, ist ein wasserhelles Oel, löslich in Aether, Alkohol und ätherischen und fetten Oelen, bei 212° (oder nach anderen Angaben bei 168°) ohne wesentliche Zersetzung siedend und flüchtig und bildet mit Säuren in Wasser und Alkohol leicht, in Aether schwer lösliche, nicht krystallinische Salze.

Platinchlorid giebt ein tiefrothes krystallinisches, auf 100° erhitzt Coniin ausscheidendes Doppelsalz.

Gerbstofflösung eine weisse Trübung.

Goldchlorid einen hellgelben Niederschlag.

5. Atropin.

Dieses schon seit den ältesten Zeiten bekannte Gift erzeugt als Symptom hauptsächlich Pupillenerweiterung.

Nachweis. Man behandelt die Objecte in der schon wiederholt angegebenen Weise (siehe Einleitung) mit Alkohol und Wasser bei einer 40° nicht übersteigenden Temperatur.

Der zuletzt erhaltene Rückstand wird mit Alkali übersättigt und mit Aether ausgeschüttelt. Die ätherische Lösung hinterlässt beim Verdunsten Atropin, das durch nochmalige Behandlung durch Schütteln mit Aether in saurer und alkalischer Lösung wie angegeben gereinigt wird; die so erhaltene reine Lösung giebt:

mit Platinchlorid einen gelben sich ballenden Niederschlag,

mit Tanninlösung eine schmutzig weisse Fällung,

mit Goldchlorid einen gelben, krystallinisch werdenden Niederschlag,

mit Jodlösung einen weissen Niederschlag

und zeichnet sich vor allem durch die pupillenerweiternde Wirkung aus. — Mikroskopisch erkennt man die geringsten Mengen an den in Büscheln gruppirten zarten Nadeln.

Der Nachweis der dieselben Eigenschaften und Wirkungen (nur schwächer) zeigenden verwandten Alkaloïde, Solanin und Daturin ist genau dasselbe wie bei Atropin und braucht deshalb nicht besonders erwähnt zu werden.

Bei allen ist auf den eventuellen Nachweis botanischer Elemente grösstes Gewicht zu legen.

6. Colchicin.

Vergiftungen mit dem aus der Herbstzeitlose (Colchicum autumnale) stammenden Pflanzenbase sind häufiger.

Befund. Es finden sich bei solchen Vergiftungen die Schleimhäute, die Milz, Rückenmark, Gehirn stark geröthet. Das Muskelfleisch ist rosenroth, meist wird die Verwesung verlangsamt.

Nachweis. Das mit Alkohol gewonnene saure Extract des Untersuchungsobjectes wird durch Aether extrahirt, der nach dem Verdunsten das meiste Colchicin zurücklässt.

Man kann auch mit Magnesia usta alkalisch machen und mit Chloroform ausschütteln.

Als charakteristische Reaction ist anzusehen, dass die anfangs violettblaue, später rothbraune gefärbte salpetersaure Lösung (es muss concentrirte Säure angewendet werden) des Alkaloïdes auf Zusatz von Kali intensiv orangegelb gefärbt wird. Concentrirte Schwefelsäure bringt in der salpetersauren Lösung an den Contactstellen vorübergehend Violett-färbung hervor.

Phosphormolybdänsäure fällt einen flockigen orangegelben Niederschlag,
Tannin einen flockigen voluminösen Niederschlag,
Jodlösung einen kermesfarbnen,
Goldchlorid einen gelben Niederschlag.

7. Digitalin.

Digitalin, der wichtigste Bestandtheil von Digitalis purpurea, wirkt pupillenerweiternd, entzündet die Magenschleimhäute.

Nachweis. Eine wirklich charakteristische scharfe Reaction für Digitalin ist nicht bekannt; mit Schwefelsäure gelöst und mit einem in Bromwasser getauchten Rührstab umgerührt, giebt es eine violettrothe Färbung. Um es rein zu isoliren, fällt man den wässerigen Auszug des Objectes mit Bleiessig; nachdem man aus dem Filtrat vom Bleiniederschlag das überschüssige Blei durch Natriumcarbonat, den Kalk durch Oxalsäure und die Magnesia durch Phosphorsäure gefällt hat, schlägt man das Digitalin durch Tannin nieder und macht aus dem so erhaltenen feuchten Tanninniederschlag das Gift durch Bleioxyd und Extraction mit Alkohol frei. Die erhaltene Lösung ist dann genauer chemisch und physiologisch zu prüfen.

Das Digitalin hat einen ·sehr bitteren Geschmack und giebt mit concentrirter Schwefelsäure und Gallenlösung anfangs eine schön rothe Zone, später eine rothe Lösung; es ist in Säuren löslich und reducirt alkalische Kupferlösung.

Am sichersten wird es, wenn dies möglich, durch den Nachweis pflanzlicher Formelemente erkannt.

8. Picrotoxin.

Das in den Kokkelskörnern sich findende Picrotoxin kommt selten bei Vergiftungen in verbrecherischer Absicht in Anwendung. Es hat einen scharf bitteren Geschmack, krystallisirt in glänzenden vierseitigen Säulen, löst sich leicht in heissem Alkohol und schwerer in kaltem Alkohol oder in heissem Wasser, noch schwerer in kaltem Wasser; es wird durch Jodlösung nicht gefällt und reducirt Fehling'sche Kupferlösung.

Kenntlich ist es, nachdem es durch Extraction mit Alkohol aus dem Object und Behandeln des Extractionsrückstandes mit Aether in saurer Lösung gewonnen ist, durch seinen bitteren Geschmack, die Reduction der Kupferlösung und die mikroskopischen Krystalle.

Botanischer Nachweis einzelner Rudimente ist am sichersten.

An diese Behandlung der organischen Basen wollen wir noch zum Schluss kurz einige Bemerkungen über Kohlenoxydvergiftung und Chloroform schliessen.

9. Kohlenoxydgas [1]).

Unglücksfälle und Selbstmorde kommen durch Kohlenoxydgas häufig vor. Die Leichenstarre ist bei diesen Vergiftungen stark, die Organe sind blutreicher als gewöhnlich und das Blut ist hellroth.

Der Nachweis für Kohlenoxyd wird ausser durch den Sectionsbefund durch die chemische und spectroskopische Probe geliefert.

Saugt man durch das Object vermittelst eines Aspirators Luft, das man nach dem Durchstreichen der Objecte in Waschflaschen mit Schwefelsäure und Eisenacetat wäscht, so ruft diese Luft, schliesslich in eine Palladiumchlorürlösung geleitet, eine Abscheidung metallischen Palladiums hervor.

Im Blut wird Kohlenoxyd durch Spectralprobe nachgewiesen. Die von gewöhnlichem normalen Blute nicht wesentlich verschiedenen Spectralbänder (Absorptionsbänder) im Gelbgrün des Spectrums werden nämlich durch Zusatz und Schütteln des Kohlenoxydblutes mit Schwefelammonium nicht verändert, während sie bei normalem Blute zu dem dem reducirten Hämaglobin entsprechenden Bande verschmolzen werden.

Nach Hoppe-Seyler ist Kohlenoxydblut auch insofern verändert, als es mit einem gleichen Volum Natronlauge auf einer weissen Porzellanschale versetzt schön zinnoberroth gefärbt wird, während gewöhnliches Blut unter gleichen Verhältnissen missfarbig, schmutzigbraungrün wird.

10. Chloroform.

Vergiftungen mit Chloroform werden am besten durch Destillation der Objecte und Prüfung des Destillates dadurch nachgewiesen, dass man einen Theil desselben mit alkoholischer Kalilauge und Anilin erwärmt und das Chloroform am charakteristischen Geruch des dabei gebildeten Isonitrils erkennt. Diese Reaction ist äusserst scharf und zutreffend.

Ist das Chloroform resorbirt, so destillirt man am besten auf dem Wasserbade durch ein Rohr, das wie beim Marsh'schen Apparat an mehreren eng ausgezogenen Stellen im Glühen erhalten wird; hinter der glühenden Stelle befindet sich ein Streifchen in Jodkaliumkleister getränkten Papieres. Ist Chloroform vorhanden, so wird es durch die Glühhitze in seine Bestandtheile zerlegt; das Chlor entwickelt aus dem Jodkalium Jod und dieses färbt das Papierstreifchen blau, während flüchtige Chlorkohlenstoffverbindungen sich als weisse Nadeln an den kalten Stellen des Rohres ansetzen.

---

[1]) Vgl. über Kohlenoxyd S. 644.

Nachdem wir so die Reactionen und den Nachweis der einzelnen häufiger vorkommenden organischen und unorganischen Gifte beschrieben, wollen wir zum Schluss noch auf die Wege eingehen, mittelst welcher man im Stande, ist die verschiedenen Gifte nebeneinander, ohne durch den Nachweis, des einen die Möglichkeit des Nachweises eines anderen zu schädigen, nachzuweisen.

I. Nachweis mineralischer Gifte.

Allgemeiner Gang.

Nachdem die organischen Massen, wie in der Einleitung angegeben, zerstört sind, wird in der bei Arsen (sub 6) angegebenen Weise mit Schwefelwasserstoff behandelt.

Der resultirende Niederschlag wird auf einem Filter gesammelt und das Filtrat einstweilen (mit a bezeichnet) bei Seite gestellt.

Der Niederschlag wird noch feucht mit gelbem Schwefelammonium (oder besser Schwefelkalium, weil dieses kein Kupfer löst) digerirt und filtrirt. Aus dem Filtrate werden durch Salzsäure die Schwefelmetalle wieder ausgefällt, filtrirt, getrocknet und in einem geräumigen Porzellantiegel mit Salpetersäure zur Trockne und alsdann nach Hinzufügung eines Ueberschusses von Aetznatron in einem Silbertiegel zum Glühen gebracht. Die erkaltete Schmelze wird nach dem Aufweichen mit Wasser mit $1/_3$ des ganzen Volums Alkohol (0,83 spec. Gewicht) versetzt und an einem warmen Orte vollständig absetzen gelassen. Antimon setzt sich als Natriumantimoniat ab, Zinn und Arsen bleiben in Lösung. Der abfiltrirte, mit einem Gemisch von gleichen Volumen Alkohol (wie oben) und Wasser, später 1 Vol. Wasser $1/_2$ Vol. Alkohol gewaschene Niederschlag wird dann gelöst und auf Antimon geprüft.

Das Filtrat wird nach Verjagen des Alkohols mit Salzsäure angesäuert, mit Schwefelwasserstoff behandelt, der Niederschlag abfiltrirt und mit kohlensaurem Ammoniak digerirt. Nach dem hierauf erfolgten Filtriren bleibt Zinn ungelöst zurück, während Arsen in Lösung geht und aus derselben durch Zusatz von Salzsäure und Einleiten von Schwefelwasserstoff gefällt wird. Jedes einzelne Metall wird alsdann für sich nach der im speciellen Theil angegebenen Methode nachgewiesen.

Die in Schwefelkalium unlöslichen Schwefelmetalle werden mit Salpetersäure erwärmt, und so bis auf Quecksilber, das ungelöst zurückbleibt, gelöst. Der Rückstand wird mit Königswasser gekocht und die eingedampfte Lösung mit Alkohol, durch den etwa gebildetes Bleisulfat nicht gelöst wird, während Quecksilber als Sublimat in Lösung geht, extrahirt.

Die vom Schwefelquecksilber abfiltrirte salpetersaure Lösung wird nun mit Alkohol und Schwefelsäure zur Fällung des Bleies als Sulfat mehrere

Stunden bei Seite gestellt. Die vom ev. ausgeschiedenen Bleisulfat abfiltrirte Lösung wird durch Zusatz von Ammoniak auf Wismuth (fällt
weiss) und grossen Ueberschuss des Fällungsmittels auf Kupfer (Blaufärbung) geprüft (man kann noch nach Uebersättigen mit Essigsäure eine
zweite Probe auf Kupfer durch gelbes Blutlaugensalz machen).

Die oben mit a bezeichnete Lösung wird nach dem Einengen mit
Ammoniak und Schwefelammonium übersättigt, filtrirt und mit schwefelammoniumhaltigem Wasser gewaschen.

Der entstandene Niederschlag wird in concentrirter Salzsäure gelöst,
filtrirt, mit Kaliumchlorat und Salzsäure oxydirt und mit Ammoniak übersättigt: Niederschlag von Eisen, Thonerde und Phosphaten der alkalischen
Erden. — In Lösung gehen die Zinksalze, die mit Schwefelwasserstoff aus
dem mit Essigsäure angesäuerten Filtrat als Zinksulfid fallen.

Das vom Schwefelammonium-Niederschlag geschiedene Filtrat wird
nach Zerstörung des Schwefelwasserstoffs mit Salzsäure und Chlorsäure
und nach dem Concentriren auf alkalische Erden nach bekannten analytischen Methoden geprüft. Nach Abscheidung derselben wird das Filtrat
in zwei Theile getheilt; der eine wird mit phosphorsaurem Natron auf
Magnesia, der andere durch Eindampfen und Glühen auf Alkalien untersucht.

Hat man irgend ein Metall nach diesem Gange gefunden und abgeschieden, so prüft man es natürlich durch weitere eingehende Reactionen
auf seine Identität; ob es in löslicher oder unlöslicher Form, ob als Oxyd
oder Oxydul vorhanden war; das Nähere hierzu finden wir im speciellen
Theil bei den einzelnen Körpern.

Die beim Behandeln mit Chlorsäure und Salzsäure gebliebenen festen
Rückstände werden getrocknet, verkohlt und mit Salpeter in einem geräumigen Tiegel verpufft und bis zum Schmelzen erhitzt.

Nach dem Erkalten wird die Schmelze mit Wasser ausgelaugt und
die wässrige Lösung auf Phosphorsäure und Schwefelsäure nach Abscheidung
der Kieselsäure durch Eindampfen mit Salzsäure geprüft.

Der in Wasser unlöslich gebliebene, in verdünnter Salpetersäure
gelöste Rückstand lässt, wenn Zinn vorhanden war, dieses als Zinn-
säure zurück, während in der Lösung auf Blei, Silber und Baryt zu
prüfen ist.

Dass natürlich bei allen diesen Operationen mit absolut reinen Reagentien gearbeitet werden muss und, wenn Spuren gefunden werden, zu
berücksichtigen ist, ob dieselben nicht durch irgend welchen Zufall oder un-
wesentlichen Umstand in die qu. Objecte gekommen sein können, braucht
wohl kaum erwähnt zu werden.

Allgemeiner Gang für Fälle, wo keine besonderen Gifte ver-
muthet sind, also auf alle organischen und unorganischen Gifte
zu prüfen ist.

Bei einem solchen Fall überzeugt man sich, wie angegeben, zuerst
von der Reaction (Säuren und Alkalien). Hierauf prüft man auf die angegebene Weise einen Theil des Objectes im Sonnenschein-Mitscherlich-
schen Apparat (siehe Phosphor) auf Phosphor, und kann hierbei im Destillat
gleichzeitig Blausäure wahrnehmen. Ist solche vorhanden, so wird die
grössere Masse in der unter Blausäure angegebenen Weise auf dieselbe
geprüft. Sämmtliche hierbei bleibenden Rückstände werden vereinigt und
in der in der Einleitung angegebenen Weise mit Alkohol in saurer Lösung zur Extraction der Alkaloïde behandelt.

Der hierbei erhaltene saure in Wasser und Alkohol gleichmässig lösliche Rückstand, der stets sauer bleibt!, wird nun (nach dem Stass-Otto'-
schen Verfahren) in diesem Zustande zuerst mit Aether bis zur Erschöpfung extrahirt, es gehen hierbei in Lösung: Colchicin, Digitalin und
Picrotoxin (Spuren Atropin), von denen die beiden Ersten mit Gerbstofflösung fällbar sind, das Picrotoxin nicht.

Es wird nun mit Alkali übersättigt und wieder mit Aether geschüttelt:
es lösen sich die übrigen Alkaloïde mit Ausnahme des Morphins. — Die
beim Verdunsten des Aethers bleibenden noch ziemlich unreinen alkaloïd-
haltigen Rückstände werden nun durch abwechselndes Ausschütteln mit
Aether in saurer Lösung (wobei nur Farbstoffe und dergl. in Aether übergehen) und in alkalischer Lösung (wobei die Alkaloide in Aether übergehen und durch Verdunsten desselben gewonnen werden) gereinigt.

Die schliesslich erhaltenen reinen Alkaloïdsalze kann man noch durch
Behandeln mit Wasser und Schwefelsäure und Ausschütteln des Alkaloïds
nach Uebersättigen mit kohlensaurem Kali durch Alkohol rein gewinnen.

Von den so erhaltenen Alkaloïden sind:

geruchlos und starr:

Brucin, Veratrin, Narcotin, Strychnin, Atropin,

flüssig und stark riechend:

Coniin und Nicotin. Von letzteren ist das Coniin mit Chlorwasser fällbar,
das Nicotin nicht.

Von den starren, geruchlosen Alkaloïden werden mit Schwefelsäure
allein gefärbt in der Kälte Brucin (rosenroth), beim Erwärmen Veratrin
(gelb, orange und kirschroth nacheinander) und Narcotin (gelb, blau, violett
und dunkelroth nacheinander).

Mit Schwefelsäure und Kaliumbichromat färbt sich Strychnin
blauviolett in der Kälte, während Atropin einen blumenartigen Geruch giebt.

Das noch in alkalischer wässriger Lösung gebliebene Morphium wird durch Schütteln mit heissem Amylalkohol, nach Uebersättigen mit Chlorammonium extrahirt und nach dem Verdunsten desselben gereinigt.

Wenn man so die Alkaloïde getrennt und vorläufig nachgewiesen hat, identificirt man sie durch die eingehenden Reactionen genauer.

Der Gang der Fällung der Alkaloïde durch Phosphormolybdänsäure, kohlensaures Kali etc., der für einzelne Fälle nur empfehlenswerth ist, würde hier angeführt zu weit führen und muss deshalb nur angedeutet, im Uebrigen aber auf Sonnenscheins Angaben (siehe dessen gerichtl. Chemie) verwiesen werden.

Eine zweite Methode der Isolirung der Alkaloïde besteht im Extrahiren des bei der Alkoholwasserextraction erhaltenen Rückstandes mit heissem Amylalkohol und Entziehen der Alkaloïde aus dem Amylalkohol durch heisses salzsäurehaltiges Wasser; ein Verfahren das zur Reingewinnung öfter zu wiederholen ist.

Nach einer dritten Methode endlich wird statt des Aethers Benzin verwandt, welches die meisten Alkaloïde allerdings leichter löst, aber den Nachtheil eines höheren Siedepunkts hat, was besonders bei flüchtigen Alkaloïden in Betracht kommt.

Ob in einem Falle die eine oder andere Extractionsmethode anzuwenden oder die verschiedenen Methoden zu combiniren sind, kann nur Praxis und Erfahrung ergeben.

Sämmtliche bei der Alkaloïduntersuchung gebliebenen Rückstände werden vereinigt, mit Chlorsäure und Salzsäure zerstört und wie angegeben auf anorganische Gifte weiter geprüft.

An diese rein chemischen Untersuchungen schliesst sich noch als zweiter Theil derjenige, welcher die von Gerichtschemikern oft verlangten mikroskopischen Prüfungen behandelt.

Es sollen nur die am häufigsten vorkommenden Prüfungen, nämlich auf Blut, Haare und Samenflecken kurz angeführt werden.

A. Blutnachweis.

Die vom Richter dem untersuchenden Chemiker fast immer gestellte, so zu sagen stereotyp gewordene, Frage bei Blutuntersuchungen lautet „ist der verdächtige Fleck Blut und im Bejahungsfalle, ist es Thierblut oder Menschenblut?"

Analog dieser Fragestellung zerfällt auch der Blutnachweis in zwei gesonderte Theile: 1. Den Nachweis von Blut überhaupt und 2. die Unterscheidung von Menschenblut und Thierblut.

1. Der Nachweis von Blut im Allgemeinen zerfällt in einen chemischen, mikroskopischen und spectroskopischen Theil.

Der chemische Nachweis wird sich ausser auf die allgemeinen Bestandtheile des Blutes, Eiweiss, Eisen etc. auf die gerade nur das Blut charakterisirenden Bestandtheile desselben, und dies ist hauptsächlich der Blutfarbstoff, zu erstrecken haben.

Die allgemeinen Reactionen: Coagulation von Eiweiss, durch salpetersaure oder essigsaure Fällung mit Milons Reagens, Nachweis von Eisen oder Stickstoff (letzteres nach Lassaigne durch Erhitzen mit Natrium etc.) sind nur von allgemeiner, bestätigender Bedeutung; wichtiger ist der Nachweis des Blutfarbstoffes. Derselbe geschieht wie folgt:

Mit Natriumwolframiat giebt Blut einen braunrothen, in verdünnten Säuren unlöslichen, aber in Ammoniak mit dunkler Färbung löslichen und aus dieser Lösung durch Säuren wieder ausfällbaren Niederschlag (Sonnenschein).

Wird eine noch so schwache, kaum äusserlich als gefärbt zu erkennende wässrige Blutlösung vor den Spalt des Spectralapparates gebracht, so treten im Spectrum die für Blut charakteristischen Absorptionsbänder zwischen den Frauenhofer'schen Linien D und E auf.

Sehr charakteristisch für die Anwesenheit von Blut ist es, wenn man den Blutfarbstoff krystallinisch gewinnen kann; man erreicht dies am besten dadurch, dass man eine Spur des zu prüfenden Fleckes auf einem Objectträger mit Eisessig (derselbe muss höchst concentrirt sein und hängt von seiner Concentration die Möglichkeit der Häminkrystalldarstellung wesentlich ab) erweicht, nach Hinzufügung von Kochsalz (Spuren) und mehr Eisessig bis zum Sieden erwärmt und dann langsam verdunsten lässt. Man prüft alsdann nach Befeuchten mit Wasser und Bedecken mit einem Deckglase das Object mikroskopisch und findet bei Anwesenheit von Blut die durch ihre gerstenkorn- oder wetzsteinartige Form ausgezeichneten, manchmal auch rhomboedrischen, oft kreuzförmig gruppirten Häminkrystalle, die in Wasser und Essigsäure unlöslich, dagegen in Alkalien löslich sind. Sie zeichnen sich durch ihre gelbbraune später dunkelbraun werdende Färbung und durch ihr Verhalten im polarisirten Licht aus.

Schaltet man nämlich zwischen Ocular und Objectiv des Mikroskopes ein Nicol'sches Prisma und zwischen Object und Spiegel ein zweites Prisma ein, und stellt dieselben so, dass das Gesichtsfeld möglichst hell erscheint, so sieht man die Krystalle dunkelbraun auf hellem Grunde; dreht man jetzt das obere Prisma um 90°, so erscheinen dieselben hellleuchtend, goldglänzend, auf schwarzem Gesichtsfelde.

Aehnlich krystallisirende Körper wie Indigo, der übrigens schon an der blauen Farbe der Krystalle zu unterscheiden ist, Harnsäure etc. zeigen dies Verhalten und überhaupt die Farbe und das Lösungsverhalten der Häminkrystalle nicht, sind also nicht mit ihnen bei einiger Aufmerksamkeit und Kenntniss zu verwechseln.

Zum Schluss soll noch eine Probe erwähnt werden, welche, obwohl sie auch bei einigen, wenn auch seltener vorkommenden Stoffen im bejahenden Sinne eintritt, dennoch deshalb von Bedeutung ist, weil sie selbst mit Kali, Seife, Schmutz, Koth, warmem Wasser u. dergl. behandeltes Blut noch mit grösster Schärfe angiebt und deshalb, wenn sie ein positives Resultat giebt, zwar nur bedingt die Anwesenheit von Blut anzeigt, wenn sie aber in negativem Sinne ausfällt als absoluter Beweis für die Abwesenheit von Blut dienen kann.

Es ist dies die Probe mit Guajakharz. Bringt man nämlich in eine Lösung von frisch getrocknetem und gepulvertem Guajakharz in Terpentinliquor[1]) eine Spur eines Blut haltenden Fleckes, so färbt sich anfangs der Fleck, später aber die ganze Flüssigkeit intensiv blau.

Man kann übrigens bei grösseren, schon verwaschenen Flecken dieselben mit Jodkalium extrahiren und mit Zinkacetat das Filtrat ausfällen; der so erhaltene Niederschlag wird dann zur weiteren Prüfung und Darstellung der Häminkrystalle benutzt.

2. Ausser diesen Blutproben ist noch die mikroskopische Prüfung der Objecte auf etwa vorhandene charakteristische Formelemente von höchster Bedeutung, da sie nicht nur Beweis von der Abwesenheit von Blut liefert, sondern gestattet, das Blut seiner Abstammung nach genau und sicher zu unterscheiden und festzustellen. Man befeuchtet zu dem Behufe die losgelösten Flecken mit schwefelsäurehaltigem Glycerin oder auch, was sich als sehr praktisch erwiesen, mit mit Kohlensäure übersättigtem Wasser, bedeckt mit einem Deckgläschen und lässt aufweichen, während man gleichzeitig genau mikroskopisch beobachtet.

Wie man am besten den verdächtigen Fleck löst, hängt von den Nebenumständen ab und lässt sich nicht ein für alle Mal sagen. Ist das Blut auf Holz, Eisen u. dergl., so schabt man es am besten ab und erweicht die Abschabsel. Bei Geweben bringt man besonders stark gefärbte Fädchen direct ins Erweichungsmittel bez. unters Mikroskop. Bei Erde extrahirt man am besten mit Wasser und dann mit schwach ammoniakhaltigem Wasser.

Es werden sich bald einzelne besonders auffällige Formelemente von bestimmter Structur loslösen und zu ihrer alten Form aufquellen. Man nimmt runde Scheibchen wahr, die einen runderhabenen Rand nach beiden Seiten und in der Mitte eine Abplattung zeigen; sie sehen von der Seite gesehen wie ein Löffelbiscuit, von oben gesehen wie ein Schälchen aus. Einige von ihnen erhalten nach dem Aufweichen fast vollständig glatte

---

[1]) Derselbe wird dadurch bereitet, dass man reines Terpentinöl mit gleichen Volumen Chloroform und Alkohol versetzt, zu diesem Gemisch $^1/_{10}$ des Volums des Terpentinöls an Eisessig zufügt und nun solange Wasser zutropft, wie die Flüssigkeit noch klar bleibt.

Ränder wieder, während die Mehrzahl doch mehr zackige und eckige Umrisse zeigt. An der Form der Blutscheiben selbst kann man mit Sicherheit den Unterschied zwischen dem Blut von Fischen, Amphibien, Vögeln einerseits und Säugethieren andererseits machen. Erstere haben nämlich ovale, elliptische Form, während die Säugethiere kreisrunde Blutscheibchen zeigen (eine Ausnahme bildet das Kameelgeschlecht, das elliptische Blutscheiben hat). Die Frage, ob Blut vom Säugethier oder einem anderen Thiere, Vögel oder dergl. herrührt, ist deshalb absolut sicher auf Grund der beobachteten Form zu beantworten. Anders steht es mit Beantwortung der Frage, ob Blut Menschenblut oder Thierblut, ev. von welchem Thiere sei. Die Unterschiede des Blutes der einzelnen Säugethiere beziehentlich des Menschen bestehen einzig und allein in der Verschiedenheit des Blutscheibendurchmessers und nie wird, da die Unterschiede nur Tausendstel Millimeter (wie aus den unten angeführten Zahlen ersichtlich) betragen, ein gewissenhafter Mikroskopiker, selbst wenn er mit den besten Messapparaten und der eingehendsten Erfahrung ausgerüstet ist, wenn er auf Grund vieler eingehenden, an besonders gut aufgequellten Blutscheibchen gemachten Messungen den Durchschnittsdurchmesser der fraglichen Blutscheiben festgestellt hat, mehr sagen können, als das untersuchte Blut ist möglicherweise, es ist wahrscheinlich, es ist höchst wahrscheinlich Menschenblut. Ist allerdings nur die Alternative gestellt, ob das Blut Vogelblut oder Menschenblut ist, dann lässt sich die Frage durchaus positiv beantworten.

Die Blutscheibchen der einzelnen Thiere haben ca. folgende Durchmesser (nach Schmidt):

Mensch	0,0077 mm	(0,0074 — 0,0080 mm)
Hund	0,0070 -	(0,0066 — 0,0074 -)
Schwein	0,0062 -	(0,0060 — 0,0065 -)
Ratte	0,0064 -	(0,0060 — 0,0068 -)
Maus	0,0061 -	(0,0058 — 0,0065 -)
Kaninchen . . .	0,0064 -	(0,0060 — 0,0070 -)
Ochse	0,0058 -	(0,0054 — 0,0060 -)
Katze	0,0056 -	(0,0053 — 0,0060 -)
Pferd	0,0057 -	(0,0054 — 0,0048 -)
Schaf	0,0045 -	(0,0040 — 0,0048 -)

Ausser diesen Blutscheiben (rothen) kommen noch die sogenannten farblosen bedeutend grösseren, nicht abgeplatteten, innerlich granulirten Blutzellen als sehr charakteristisch in allerdings wesentlich geringerer Anzahl vor.

Die Messungen der Blutscheiben werden durch das Objectiv- oder Ocularmikrometer in der bekannten Weise ausgeführt.

Zum Schlusse möchten wir noch erwähnen, dass wie bei allen Untersuchungen, so ganz besonders bei Blutuntersuchungen stets Gegenproben mit bekannten Objecten zur Controle und zum Vergleich anzustellen sind.

Man thut wohl daran, sowohl getrocknetes (auf Geweben eingetrocknetes) als frisches Blut zum Vergleich heranzuziehen.

Ausser auf die charakteristischen Formelemente des Blutes ist sorgfältig auf andere darin vorkommende organische Gebilde (Pflanzentheile, Federtheile, Haare und dergl.) zu achten, weil dieselben oft von ausschlaggebender Bedeutung sind.

B. Haare.

Der Vergleich und die Identitätsfeststellung von Haaren ist in criminellen Fällen oft von höchster Bedeutung.

Es können im Folgenden natürlich nur die allernöthigsten und wichtigsten Merkmale und Eigenschaften des Haares besonders des menschlichen Haares angegeben werden, während im Uebrigen auf die grösseren Specialwerke von Pfaff (das menschliche Haar), die Handbücher der gerichtlichen Medicin etc. zu verweisen ist.

Das menschliche Haar besteht aus Haarbalg, Wurzel und Schaft. Der Haarbalg ist die Einstülpung der Kopfhaut, welche zur Aufnahme des Haares dient; die Wurzel ist der in dieser Einstülpung befindliche untere keulenförmige Theil des Haares; mit dem „Haarknopf oder Haarkolben" sitzt das Haar auf dem Haarbalg; der Schaft ist das eigentliche ausserhalb der Haut befindliche Haar. Die einzelnen Theile des Balges und der Wurzel finden sich eingehend in Köllicker's Gewebelehre beschrieben und verweisen wir darauf. Der Schaft selbst oder das eigentliche Haar besteht aus folgenden Theilen: 1. Das Oberhäutchen (cuticula), ein Epidermisüberzug in Form einer durchsichtigen, aus kernlosen, dachziegelförmig übereinander gelegten Schüppchen (die besonders bei Behandlung mit Alkalien hervortreten) gebildeten Schicht.

2. Die Rindensubstanz. Sie ist der Haupttheil des Schaftes und besteht aus den durch Vereinigung der platten länglichen, häufig mit Pigmentkörnern gefüllten, gebildeten Haarfasern; sie zeigt ihrer ganzen Länge nach deutliche Längsstreifung und ist oft dunkel punktirt oder gefleckt.

Viele, besonders die feinen Haare bestehen nur aus diesen beiden Bestandtheilen, bei anderen, jedoch bei keiner Haarspecies beständig, kommt noch hinzu: 3. Die Mark- oder Achsensubstanz. Dieselbe zieht sich, in Gestalt zweier Reihen körniger polyëdrischer Zellen; von der Gegend des Haarknopfes bis fast in die Spitze des Haares. Oft erscheint der Markstrang dunkel gefärbt und man zog aus dieser angeblich vom Pigment herrührenden Färbung viele Schlüsse auf das Ergrauen, die frühere Farbe des Haares, das Alter der Personen, von denen das Haar stammte u. dgl.;

neuere Untersuchungen haben jedoch als zweifellos festgestellt, dass die Färbung nicht von Pigment, sondern von eingeschlossener Luft herrühre, also alle diese Schlüsse wegfallen müssen.

Die Farbe des Haares ist wesentlich bedingt durch die Färbung der Rindensubstanz.

Die Dicke, Länge, Form und Anordnung der Haare bieten solche Verschiedenheiten dar, dass man wohl sagen kann, kaum ein Haar gleicht dem anderen und deshalb die gewissenhafte Beurtheilung vorgefundener Haare äusserst schwierig ist.

Die Länge der Haare ist sehr verschieden und, abgesehen von den Fällen, wo ganze, unzerrissene oder zerschnittene Haare vorliegen, von geringerer Bedeutung. Wichtiger ist die Dicke, es mögen hier einzelne Daten folgen:

	Mann	Frau	Greis	Knabe (15 Jahr)
Nackenhaar . .	0·054	0·058	0 050	0·048 m
Stirne	0·062	0·077	0·051	0·051 -
Schläfe	0·068	0·065	0·063	0·054 -
Scheitel . . .	0·075	0·076	0·057	0·052 -
Augenbraue . .	0·090	0·059	0·073	0·051 -
Wirbel	0·062	0·073	0·049	0.062 -
Backenbart . .	0·104	—	—	— -
Kinnbart . . .	0·125	—	0·101	— -
Pubes	0·121	0·113	0·079	— -

Als Vergleich mögen folgende Messungen von Thierhaaren dienen.

Kaninchenhaar	lang	0·056 m
	Flaum	0·012 -
	Bart	0·198 -
Katzenhaar	lang	0·056 -
	Flaum	0·012 -
	Bart	0·198 -
Hund	Bauch	0·021 -
	lang	0·050 -

Die Dicke des Markstrangs zur Schaftbreite ist ca. folgende:

	Mann	Weib	Greis	Knabe
	Mark : Schaft			
Nackenhaar .	— —	0·007 : 0·043	— —	0·090 : 0 061
Stirne	0·012 : 0·091	0 008 : 0·054	0·011 : 0·043	— —
Schläfe . . .	0·014 : 0·096	0·013 : 0·066	0·014 : 0·063	— —
Scheitel . . .	0·010 : 0·053	0·012 : 0 081	0·012 : 0·067	0·011 : 0·055
Braue	0·010 : 0 042	0·014 : 0·060	— —	0·011 : 0·053
Backenbart .	— —	— —	0·030 : 0·120	— —
Pubes	0 015 : 0·099	0·012 : 0·105	0·014 : 0·067	— —

Thierhaare:

		Pudel					Anderer Hund		

Pudel $\left\{\begin{array}{l} 0{\cdot}007 : 0{\cdot}024 \\ 0{\cdot}009 : 0{\cdot}025 \\ 0{\cdot}009 : 0{\cdot}027 \end{array}\right.$ Anderer Hund $\left\{\begin{array}{l} 0{\cdot}006 : 0{\cdot}019 \\ 0{\cdot}009 : 0{\cdot}021 \\ 0{\cdot}009 : 0{\cdot}024 \end{array}\right.$

Katze $0{\cdot}039 : 0{\cdot}060$ Kaninchen $0{\cdot}057 : 0{\cdot}075$

Aus vorliegenden Messungen und darauf basirten weiteren Untersuchungen ergiebt sich:

Dass aus der Dicke eines einzelnen Haares kein sicherer Schluss auf seinen Standort gemacht werden kann. Ebenso wenig kann das Geschlecht hieraus erkannt werden.

Aus dem Fehlen des Markstranges in den Haaren einen Schluss zu ziehen, dass das Haar von kleinen Kindern herrühre, ist nicht möglich.

Sicherer ist die Dicke für die Entscheidung, ob ein Haar Menschenhaar oder Thierhaar ist, als Merkmal zu benutzen.

Haare von mehr als $0{\cdot}106$ mm Durchmesser finden sich nur ausnahmsweise bei Menschen, ebenso wie längere Haare von nur $0{\cdot}010$ Breite. Ausschreitungen nach beiden Seiten sind demnach mit grosser Wahrscheinlichkeit als Thierhaare anzusprechen.

Von noch grösserer Wichtigkeit zur Unterscheidung des Menschen- vom Thierhaare ist das Verhältniss der Breite der Marksubstanz zur Breite des ganzen Haares. Bei Hunden, Hasen, Katzen u. s. w. ist der Markstrang im Verhältniss zur Breite des Schaftes von einem Durchmesser, der sich beim Menschen selbst nicht einmal beim Barthaar findet; die grösste Mark- zur Schaftbreite war beim Menschen: $0{\cdot}032 : 0{\cdot}123$ mm, beim Thier dagegen (Kaninchen) $0{\cdot}057$ mm : $0{\cdot}075$. Wird also bei dünnerem Haar ein sehr breiter Markstrang gefunden, so ist es keinenfalls ein Menschenhaar; zudem ist beim Menschen der Markstrang des Haares gleichmässig fortlaufend oder eine Reihe regelmässiger körniger Zellen, während er bei den Thieren, je nach der Art, durch dazwischen liegende lichtbrechende Bläschen regelmässig unterbrochen ist.

Sind mehrere Haare gefunden, dann kann man allerdings aus den durch ihre Untersuchungen erhaltenen Resultaten weitgehendere Schlüsse ziehen, als bei einem einzelnen Haar.

Die Form der Haare selbst ist sehr verschieden. Der Querschnitt ist oft rund, bei dickem gekräuselten Haare der Stärke der Kräuselung entsprechend mehr oder minder platt gedrückt. Am Ende laufen die Haare in eine Spitze aus, die bei längeren Haaren allmählich zuläuft, bei kurzen Haaren (Nase, Brauen, Wimper etc.) plötzlich stark conisch sich verjüngt.

Nach dem Verschneiden erhält das Haar eine breite, gerade angrenzende Endfläche, die sich mit der Zeit wieder abstumpft, jedoch niemals wieder spitz, sondern höchstens halboval wird.

Man kann daraus Folgendes schliessen:

Ein längeres, nur schwach oder allmählich gebogenes in eine Spitze auslaufendes Haar ist, da ja Männerhaare doch stets verschnitten werden, ein Frauenhaar oder ein Kinderhaar; ein längeres mit Wurzel versehenes, am anderen Ende stumpf bis halboval endigendes Haar, das gleichmässige Dicke zeigt, ist ein Haupthaar und zwar ein einmal verschnittenes oder abgerissenes Haar und kann das Haar eines Mannes sein; ein Haar mit Wurzel, dessen Ende durch eine scharfe Fläche oder zerfaserte Ausläufe begrenzt ist, und dessen Markstrang bis zu diesem Ende geht, ist kurz vor der Trennung vom Haarboden abgerissen oder abgeschnitten; ein an beiden Seiten stumpf endigendes Haar ist abgerissen oder abgeschnitten.

Bei dem Untersuchen und Vergleichen der Haare in forensischen Fällen sind alle einzelnen Merkmale aufs Genauste und Sorgfältigste in Betracht zu ziehen, z. B. ob sie an Blut kleben, ob Fetttheile, Fettpolster, Hauttheile, Samenthiere und dergl. daran befindlich, ob sie mit Höllenstein, Blei oder dergl. gefärbt, ob sie zerschlagen, zerschnitten, zerfasert sind, welche Anordnung der einzelnen Zellen der Marksubstanz, welche Spitze, was für eine Farbe sie haben und dergl. mehr. Aus Zusammenstellung aller dieser Momente lassen sich dann oft recht genügende Schlüsse ziehen.

Was die Veränderung der Haare an schon begrabenen Leichen betrifft, so ist erst durch Chevalier bewiesen, dass sich die Farbe der Haare bei längerem Begrabensein der Leichen verändern.

Zum Schlusse sei noch bemerkt, dass sich bei Arsenvergiftungen in den Haaren Arsen nachweisen lässt.

C. Samenflecken.

Das Suchen nach solchen Flecken kommt meist in Bettzeug, Hemden und Kleidungsstücken vor. Man muss zuerst naturgemäss die Stellen prüfen, welche durch Samen am leichtesten befleckt werden. Die Prüfung muss bei passender Beleuchtung mit grösster Genauigkeit durchgeführt werden, weil die Flecken oft sehr schwer zu finden sind. Sie halten sich verhältnissmässig lange und unverändert und erscheinen als scharf dunkel begrenzte meist stark gesteifte Flecken von gelblich grauer Farbe. Oft bilden sie eine aufliegende, glasartige Schicht, oft kaum einen Anflug.

Für den Nachweis des Spermas ist unbedingt die mikroskopische Auffindung der charakteristischen Samenfäden (spermatozoa) nöthig.

Der Eiweiss und Phosphate haltende, alkalisch reagirende Samen hat frisch einen eigenthümlichen, an den Geruch von frischgewaschener Wäsche erinnernden Geruch. Die für den Nachweis wesentlichsten Bestandtheile desselben sind die Samenfäden; es sind dies birnförmige, theils ovale Gebilde, die mit einer langen fadenförmigen, schwanzartigen Verlängerung versehen sind.

Sie kommen in grösserer Menge im Samen vor, es sei jedoch bemerkt, dass ihre Zahl öfter abnimmt, ja sogar Fälle beobachtet sind, in denen sie im Sperma ganz fehlen.

Ausser ihnen finden sich noch Kugeln, Bläschen, Körner, Epithelialzellen, Schleim und dergl. im Samen.

Zum Nachweis der Samenfädchen, ohne welche man nie auf Anwesenheit von Samen mit Sicherheit schliessen darf, entfernt man, wenn der Fleck eine dicht aufliegende Schicht bildet, dieselbe durch Loslösen mit einem Messer, erweicht ihn mit ammoniakhaltigem Wasser und untersucht mikroskopisch.

Ist der Fleck nicht abnehmbar, sondern fein und dünn, so schneidet man ihn aus, rollt den Ausschnitt kugelförmig zusammen, bringt ihn in ein Spitzglas und erweicht ihn mit warmem Wasser ca. $\frac{1}{2}$ Stunde unter mehrmaligem Wenden und Drücken, fügt einige Tropfen Ammoniak hinzu, lässt die trübe Flüssigkeit nach Herausnahme des Ausschnittes absetzen und prüft den Bodensatz wiederholt mikroskopisch bei 300—400facher Vergrösserung. Man kann auch direct einen befleckten Faden mit ammoniakalischem Wasser erweichen und prüfen.

Man nimmt dann Splitterchen scharfkantiger, glasartiger Structur wahr, die durchfurcht erscheinen; nach längerem Quellen lösen sich die Theile immer mehr auf und man erkennt sehr bald ovale bis birnförmige Gebilde, die fadenförmige Verlängerungen zeigen, ihre Grösse beträgt ca. $\frac{1}{20}$—$\frac{1}{22}$ Millimeter, wovon ca. $\frac{1}{120}$ auf den kopfartigen Theil kommt.

Man muss jedoch stets vollständig mit diesem fadenförmigen Ansatz versehene birnförmige Körper wahrnehmen, wenn man auf Gegenwart von Samenfäden schliessen will, das blosse Auffinden einzelner kopfartiger und davon getrennter fadenartiger Theile reicht nicht aus, da hier leicht Verwechselungen eintreten können.

Honorartarif für Handelslaboratorien.

Aufgestellt von

Dr. O. Mertens,

ver. Handelschemiker in Cöthen.

Nr.	Gegenstand der Untersuchung	Einzusendende Menge	Untersuchung qualitativ $\mathcal{M}$	quantitativ $\mathcal{M}$
1.	**Ackererde**			
	Vollständige Analyse	15 kg	—	100
2.	**Alkalimetrische Bestimmungen**			
	Soda, Potasche etc..	500 g	—	3—6
3.	**Aschen**			
	Bestimmung eines Bestandtheils .	30—60 g	—	6—8
	„ von Phosphorsäure und			
	Kali	30—60 g	—	12
	Vollständige Aschenanalyse . . .	100 g	—	20—40
4.	**Bier**			
	Alkohol	1 l	—	4
	Extract	1 l	—	4
	Asche	1 l	—	3
	Phosphorsäure	1 l	—	6
	Fremde Bitterstoffe	1 l	15—30	—
	Vollständige Analyse	5 l	—	36—40
5.	**Branntwein und Liqueure**			
	Alkohol	¼ l	—	4
	Mineralsäuren	¼ l	2	4
	Schädliche Farbstoffe	100 g	4—12	—
	Fuchsin	50 g	3	—
	Metallische Beimengungen . . .	50 g	3	—
6.	**Brot**			
	Feuchtigkeit	100 g	—	2
	Asche	100 g	—	2

Nr.	Gegenstand der Untersuchung	Einzusendende Menge	Untersuchung qualitativ *M.*	quantitativ *M.*
	Mineralstoffe	100 g	3	8—10
	Mutterkorn	100 g	3	—
7.	**Butter**			
	Fett	100 g	—	6
	Wasser	100 g	—	3
	Asche	100 g	—	2
	Caseïn	100 g	—	6
	Milchzucker	100 g	—	6
	Fremde Fette (n. Hehner) . . .	200 g	—	12—15
	Fremde Beimengungen	200 g	3	12—18
8.	**Brennmaterialien**			
	Feuchtigkeit, Asche, verbrennliche Substanzen	2 kg	—	6
	Schwefel	250 g	—	6
	Kohlenstoff und Wasserstoff . . .	200 g	—	14
9.	**Cacao und Chocolade**			
	Fett	50—100 g	—	6
	Asche	50 g	—	2
	Zucker	50—100 g	—	6
	Holzfaser	50—100 g	—	6
	Theobromin	50—100 g	—	18
	Fremde Zusätze	100—200 g	4	—
10.	**Conditoreiwaaren**			
	Giftige Farben	5—15 Stück	4—6	—
	Fremde Zusätze	10—20 St.	3—8	—
11.	**Düngemittel**			
	Lösliche Phosphorsäure	500 g	—	—
	„　　　　„　　mit Uran .	—	—	4
	„　　　　„　　mit Molybdän	—	—	6
	Unlösliche Phosphorsäure . . .	500 g	—	6
	Stickstoff	500 g	—	6
	Kali	250 g	—	6
	Feuchtigkeit	250 g	—	2
	Asche	250 g	—	2
12.	**Essig**			
	Essigsäure	½ l	—	3
	Freie Mineralsäuren	½ l	3	—

Nr.	Gegenstand der Untersuchung	Einzusendende Menge	Untersuchung qualitativ *M.*	quantitativ *M.*
	Scharfe Pflanzenstoffe	$\frac{1}{2}$ l	3	—
	Metallische Beimengungen . . .	$\frac{1}{2}$ l	3	—
13.	**Fett**			
	Wasser	100 g	—	2
	Fremde Zusätze	200 g	6—12	—
14.	**Fruchtsäfte**			
	Zucker	100 g	—	6
	Fremde Farbstoffe oder Zusätze .	200 g	4—12	—
15.	**Futtermittel**			
	Feuchtigkeit	200 g	—	2
	Fett	200 g	—	6
	Asche	200 g	—	2
	Proteïn	200 g	—	6
	Holzfaser	200 g	—	6
	Sand	100 g	—	3
	Lösliche Extractivstoffe aus der Differenz berechnet.			
16.	**Gewürze**			
	Extract	50 g	—	4
	Asche	50 g	—	2
	Aetherisches Oel	100 g	—	6
	Vanillin	50—80 g	—	20
17.	**Gerbmaterialien**			
	Bestimmung des Gerbstoffs . . .	500 g	—	6
18.	**Gyps**			
	Schwefelsaurer Kalk	250 g	—	5
19.	**Honig**			
	Asche	50 g	—	2
	Zucker	100 g	—	6
	Fremde Bestandtheile	200 g	3—6	—
20.	**Kaffee und seine Surrogate**			
	Extract	200 g	—	4
	Asche	100 g	—	2
	Coffeïn	100 g	—	15
	Fremde Beimengungen	200 g	3	—
	Künstliche Färbung	100 g	3	—

Nr.	Gegenstand der Untersuchung	Einzusendende Menge	Untersuchung	
			qualitativ *M.*	quantitativ *M.*
21.	**Käse**			
	Vollständige Analyse	500 g	—	20
	Fremde Bestandtheile	250 g	3—6	—
22.	**Kalk, Kalkstein, Mergel, Thon, Mineralien etc.**			
	Bestimmung des Aetzkalks . . .	250 g	—	3
	„ des kohlensauren Kalks	250 g	—	3
	„ eines in Salzsäure löslichen Bestandtheils	250 g	—	6
	Bestimmung eines in Salzsäure unlöslichen Bestandtheils	500 g	—	6—9
	Vollständige Analyse eines Thones, Cementsteins	2 kg	—	60
23.	**Kartoffeln**			
	Stärkemehlgehalt	1 kg	—	3
24.	**Knochenkohle**			
	Feuchtigkeit	100 g	—	2
	Kohlensaurer Kalk	100 g	—	3
	Gyps	100 g	—	5
	Schwefelcalcium	100 g	—	4
	Kohlenstoff	100 g	—	6
	Phosphorsäure	50 g	—	6
25.	**Legirungen, Erze, Metalle**			
	Bestimmung eines Bestandtheils .	250 g	—	4—6
26.	**Mehl**			
	Feuchtigkeit	100 g	—	2
	Asche	50 g	—	3
	Kleber	200 g	—	4—6
	Fremde Beimengungen	200 g	3—6	—
	Mutterkorn	100 g	3	—
27.	**Milch**			
	Spec. Gewicht	1 l	—	2
	Wasser resp. Trockensubstanz . .	1 l	—	3
	Fett	½ l	—	6
	Caseïn und Albumin (Stickstoffbestimmung)	1 l	—	6
	do. getrennt bestimmt	—	—	10
	Milchzucker	1 l	—	6

Nr.	Gegenstand der Untersuchung	Einzusendende Menge	Untersuchung qualitativ ℳ.	quantitativ ℳ.
	Asche	¼ l	—	3
	Fremde Zusätze	1 l	3	6—18
	Vollständige Milchuntersuchung	3 l	—	20—25
28.	**Petroleum**			
	Entzündungstemperatur	100 g	—	2
29.	**Papier**			
	Giftige Farben	1 Bogen	3—6	—
30.	**Seife**			
	Fett	100 g	—	6
	Alkali	50 g	—	3
	Wasser	50 g	—	3
	Vollständige Seifenuntersuchung .	250 g	—	15—20
31.	**Spielsachen**			
	Giftige Farben	1 Stück	3—6	—
32.	**Stärke**			
	Verschiedene Sorten (mikroskopisch)	100 g	4	—
33.	**Thee**			
	Asche	50 g	—	2
	Extract	100 g	—	4
	Gerbsäure	50 g	—	4
	Theïn	50 g	—	15
	Fett	30 g	—	6
	Färbung	50 g	3	—
	Fremde Beimengungen	50 g	3—8	—
34.	**Wasser**			
	Vollständige Brunnen-, Fluss- oder Drainwasseruntersuchung . . .	10 l	6	36—45
	Vollständige Untersuchung von Mineralwasser	10—15 l	12	60—100
	Güte als Trinkwasser (Ammoniak, Salpetersäure, Salpetrige Säure, organ. Substanzen, Chlor, Schwefelsäure, Kalk, Magnesia) . . .	5 l	4	24
	Gesammt- und bleibende Härte .	1 l	—	6
35.	**Wein**			
	Alkohol	1 Flasche	—	4
	Extract	1 „	—	4
	Glycerin	1 „	—	6

48*

Nr.	Gegenstand der Untersuchung	Einzusendende Menge	Untersuchung qualitativ *M.*	quantitativ *M.*
	Säure	¹/₂ Flasche	—	2
	Zucker	1 „	—	6
	Asche	¹/₂ „	—	3
	Gerbstoff	1 „	—	4
	Farbstoff	1 „	3	—
	Beurtheilung der Güte des Weins .	1 „	4—6	—
	Vollständige Weinuntersuchung .	5 l	—	36—50
36.	**Wurst**			
	Mehl	50 g	2—3	—
	Farbstoffe	50 g	2—5	—
37.	**Zucker und Zuckersäfte**			
	Bester Rohrzucker im Rohzucker .	50 g	—	2
	Zucker, Nichtzucker und Wasser im Rohzucker	100 g	—	3
	Zucker, Nichtzucker, Wasser, Asche	100 g	—	5
	do. do. do. do. in Melasse	100—200 g	—	6
	Invertzucker	50 g	—	6
	Zucker in Scheideschlamm und Rübenrückständen	250 g	—	6
38.	**Zuckerrüben**			
	Zucker und spec. Gewicht . . .	2—3 Stück	—	3

Taxe

für

Untersuchung von Futtermitteln.

Aufgestellt von Dr. A. Stutzer, Dirigent der agriculturchem. Versuchsstation
zu Bonn.

Fett	5 M.		Stärkemehl	6 M.
Rohproteïn	5 „		Spec. Gewicht der Kartoffeln	2 „
Proteïn (durch $Cu\,O_2\,H_2$ ab-			Verdauliches Eiweiss . . .	10 „
geschieden)	6 „		Salpetersäure	6 „
Feuchtigkeit	2 „		Einzelne Bestandtheile der	
Asche	1 „		Asche und überhaupt jeder	
Fett, Rohproteïn, Feuchtig-			einzelne Mineralstoff (mit	
keit, Asche zusammen . .	10 „		Ausnahme von Kali) . .	4 „
Rohfaser	8 „		Kali	10 „

Atomgewichte

der

für den Praktiker wichtigsten Elemente.[1]

Aluminium	. . .	27·3	(27·5)	Molybdän	. . .	95·8	(96)
Antimon	. . .	122		Natrium	. . . .	22.96	(23)
Arsen	. . .	74·9	(75)	Nickel	. . . .	58·6	(58·8)
Baryum	. . . .	136·8	(137)	Phosphor	. . .	30.96	(31)
Blei	. . . . .	206·4	(207)	Platin	. . . .	194·34	
Bor	. . . . .	11		Quecksilber	. .	199·8	(200)
Brom	. . . . .	79·75	(80)	Sauerstoff	. . .	15.96	(16)
Cadmium	. . .	111·6	(112)	Schwefel	. . .	31.98	(32)
Calcium	. . . .	39·9	(40)	Silber	. . . .	107·66	(108)
Chlor	. . . . .	35·37	(35·5)	Silicium	. . . .	28	
Chrom	. . . .	52·4	(52·5)	Stickstoff	. . .	14·01	(14)
Eisen	. . . .	55·9	(56)	Strontium	. . .	87·2	(87·5)
Fluor	. . . . .	19·1	(19)	Titan	. . . . .	48	
Jod	. . . . .	126·53	(127)	Uran	. . . . .	240	
Kalium	. . . .	39.04	(39)	Vanadin	. . . .	51·2	
Kobalt	. . . .	58·6	(59)	Wasserstoff	. . .	1	
Kohlenstoff	. . .	11·97	(12)	Wismuth	. . .	210	
Kupfer	. . . .	63·3	(63)	Wolfram	. . .	184	
Magnesium	. . .	23·94	(24)	Zink	. . . . .	64·9	(65)
Mangan	. . . .	54·8	(55)	Zinn	. . . . .	117·8	(118)

[1] Bei den in der Technik vorkommenden Berechnungen werden sehr häufig die (in Klammern stehenden) bisher gültigen Atomgewichte angewendet. Sie haben den Vortheil, dass sie als ganze oder doch abgerundete Zahlen sich viel leichter dem Gedächtniss einprägen und kommt der Unterschied in den Resultaten für praktische Zwecke nicht in Betracht. Im Folgenden sind die Factoren mit Hülfe der neueren Atomgewichtszahlen als der richtigeren berechnet.

Die beim Gebrauche dieses Buches häufiger vorkommenden Factoren.[1])

	Gefunden.	Gesucht.	Factor.
Aluminium . . .	$Al_2 O_3$	Al_2	0·5328
Ammonium . . .	$NH_4 Cl$	NH_3	0·3186
	$(NH_4)^2 SO_4$	$2 (NH_3)$	0·2580
	$2 (NH_3)$	$N_2 O_5$	3·1693
	N	NH_3	1·2127
Arsen	$2 (Mg NH_4 As O_4) + H_2 O$	As_2	0·3949
		$As_2 O_3$	0·5211
		$As_2 O_5$	0·6053
		$As_2 S_3$	0·6475
	$As_2 S_3$	As_2	0·6096
		$As_2 O_3$	0·8044
		$As_2 O_5$	0·9343
Baryum	$Ba SO_4$	$Ba O$	0·6567
Blei	$Pb O$	Pb	0·9282
		$Pb S$	1·0720
		$Pb SO_4$	1·3591
	$Pb SO_4$	Pb	0·6829
		$Pb O$	0·7357
		$Pb S$	0·7887
Brom	$Ag Br$	Br	0·4255
Calcium	$Ca O$	$Ca CO_3$	1·7856
		$Ca SO_4$	2·4296
	$Ca SO_4$	$Ca O$	0·4116
	Cl	$Na Cl$	1·6490
Chlor	$Ag Cl$	Cl	0·2473
		$H Cl$	0·2543
		$Cl Na$	0·4078
		$Cl K$	0·5202
Chrom	$Cr_2 O_3$	Cr_2	0·6864
		$2 Cr O_3$	1·3137
Eisen	$Fe_2 O_3$	Fe_2	0·7002
		$2 Fe O$	0·9000
Fluor	$Ca Fl_2$	Fl_2	0·4948

---

[1]) In der Regel wird man bei Anwendung der Factoren mit drei Decimalstellen schon auskommen.

	Gefunden.	Gesucht.	Factor.
Jod	$Ag\,J$	J	0·5403
Kalium	$2\,K\,Cl$	$K_2\,O$	0.6319
	$K_2\,Pt\,Cl_6$	K_2	0·1610
		$K_2\,O$	0·1940
		$2\,K\,Cl$	0·3070
		$K_2\,SO_4$	0·3588
Kobalt	$Co\,O$	Co	0·7859
	$C_0\,(NO_2)^3 + 3\,K\,NO_2$	Co	0·1298
		$Co\,O$	0·1652
Kohlenstoff . . .	CO_2	C	0·2727
		$Ca\,O$	1·2730
		$Ca\,CO_3$	2·2727
		$Mg\,CO_3$	1·9071
Kupfer	$Cu\,O$	Cu	0·7986
	$Cu_2\,S$	Cu_2	0·7983
		$2\,Cu\,O$	0·9996
Magnesium . . .	$Mg_2\,P_2\,O_7$	Mg_2	0·2161
		$2\,Mg\,O$	0·3602
		$2\,Mg\,CO_3$	0·7565
		$Ca_3\,P_2\,O_8$	1·3963
Mangan	$Mn_3\,O_4$	$3\,Mn$	0·7203
		$3\,Mn\,O$	0·9301
	$Mn\,S$	Mn	0·6315
		$Mn\,O$	0·8160
Molybdän	$Mo\,S_3$	Mo	0·4996
Natrium	$2\,Na\,Cl$	Na_2	0·3939
		$Na_2\,O$	0·5307
	$Na_2\,SO_4$	Na_2	0·3243
		$Na_2\,O$	0·4368
Nickel	$Ni\,O$	Ni	0.7859
Phosphor	$Mg_2\,P_2\,O_7$	P_2	0.2795
		$P_2\,O_5$	0·6398
	$Na_4\,P_2\,O_7$	$P_2\,O_5$	0·5338
	$P_2\,O_5$	$Ca_3\,P_2\,O_8$	2·1825
	$Ca_3\,P_2\,O_8$	$P_2\,O_5$	0·4582
	$2\,(Fe\,PO_4)$	$P_2\,O_5$	0·4702
Quecksilber . . .	$Hg\,O$	Hg	0·9261
		$Hg\,S$	1·0742
	$Hg\,S$	$Hg\,O$	0·9309
		Hg	0·8622

	Gefunden.	Gesucht.	Factor.
Schwefel	$Ba\,SO_4$	S	0·1375
		SO_3	0·3434
		$H_2\,SO_4$	0·4214
		SO_2	0·2747
		$Na_2\,SO_4$	0·6094
		$Ca\,SO_4$	0·5837
	SO_3	S	0·4000
		$2\,N$	0·3500
		$2\,NH_3$	0·4250
Silber	$Ag\,Cl$	Ag	0·7527
Silicium	$Si\,O_2$	Si	0·4673
Stickstoff	Pt	N_2	0·1441
	$N_2\,O_5$	N_2	0·2598
	NH_3	N	0·8236
Strontium	$Sr\,SO_4$	$Sr\,O$	0·5637
	$Sr\,CO_3$	$Sr\,O$	0·7015
Titan	$Ti\,O_2$	Ti	0·7505
Vanadium	$Vd_2\,O_5$	Vd_2	0·5620
Wasserstoff . . .	$H_2\,O$	H_2	0·1114
Wismuth	$Bi_2\,O_3$	Bi_2	0·8977
Wolfram	$Wo\,O_3$	Wo	0·7935
Zink	$Zn\,O$	Zn	0·8026
	$Zn\,S$	Zn	0·6699
		$Zn\,O$	0·8347
Zinn	$Sn\,O_2$	Sn	0·7868

Einige Factoren organischer Substanzen.

Gefunden.	Gesucht.	Factor.
N	Rohproteïn	6·25
Schwefelsäure	Aepfelsäure	1·675
(SO_3)	Weinsäure	1·875
Traubenzucker	Rohrzucker	0·950
	Stärkemehl	0·900

Buchdruckerei von Gustav Schade (Otto Francke) in Berlin N.